John North

Viewegs Geschichte der Astronomie und Kosmologie

In Viewegs Reihe zur Geschichte der Naturwissenschaften wollen wir neue Aspekte und Interpretationen der Wissenschaftsgeschichte einem breiten Publikum zugänglich machen. International anerkannte Historiker schreiben allgemeinverständlich über ihr Spezialgebiet und zeigen so spannende Zusammenhänge der Wissenschaftsentwicklungen in den letzten Jahrhunderten auf.

Peter J. Bowler
Viewegs Geschichte der Umweltwissenschaften

William H. Brock
Viewegs Geschichte der Chemie

Donald Cardwell
Viewegs Geschichte der Technik

John North
Viewegs Geschichte der Astronomie und Kosmologie

Vieweg

John North

Viewegs Geschichte der Astronomie und Kosmologie

Aus dem Englischen übersetzt
von Rainer Sengerling

Originalausgabe:

Authorised translation from English language edition
"The fontana history of Astronomy and Cosmology".

Ursprünglich erschienen bei Friedr. Vieweg & Sohn Verlagsgesellschaft 1997

Der Verlag Vieweg ist ein Unternehmen der Bertelsmann Fachinformation GmbH.

ISBN 978-3-540-41585-5
DOI 10.1007/978-3-642-59201-0

ISBN 978-3-642-59201-0 (eBook)

Vorwort

Man kann ohne Übertreibung sagen, daß es die Astronomie seit über fünftausend Jahren als exakte Wissenschaft gibt. In dieser ganzen Zeit berührte sie die letzten Fragen der Menschheit. Ihre Geschichte niederzuschreiben stellt uns vor zahllose Probleme. Wir beginnen mit einer Zeit, die wir weitgehend durch Schlußfolgerungen kennen; wir gehen dann zu Zeiten über, von denen wir wissen, daß das meiste Indizienmaterial verlorengegangen ist; und wir enden bei den letzten Dekaden eines Jahrhunderts, das den Astronomen Beachtung und wirtschaftliche Mittel in nie dagewesenem Umfang beschert hat. Aus einem typischen Jahrhundert der hellenistischen Ära, einem goldenen Zeitalter der Astronomie, mögen wir eine Handvoll Texte haben. Im Gegensatz dazu werden heute jedes Jahr mehr als zwanzigtausend astronomische Artikel veröffentlicht, und, über fünf Jahre genommen, ist die Zahl der Astronomen, unter deren Namen diese erscheinen, von der Ordnung vierzigtausend.

Wenn diese Geschichte also am Anfang wie eine Skizze anmutet, ist sie notwendigerweise am Schluß eine Silhouette, die den Gegenstand ebenso durch das definiert, was sie ausläßt, als dadurch, was sie enthält. Sie schreitet in einem solchen Maß immer schneller voran, daß der Raum, der einem Dutzend höchstwichtiger neuer Bücher gewidmet wird, ein kleiner Bruchteil davon ist, was am Anfang einer heute ganz trivial erscheinenden Aussage eingeräumt wird. Das ist kein Zufall. Was die Ausführlichkeit betrifft, habe ich einerseits die intellektuelle Herausforderung, die sich den aufeinanderfolgenden Generationen von Astronomen stellte, und andererseits den Widerhall ihres Werkes im Geistesleben und in der Gesellschaft als Richtschnur genommen. Das erfordert gegen Anfang des 20. Jahrhunderts eine gewisse Virtuosität. Die Erfindung eines Raketengyroskops, das in der Antike ein technologisches Wunder gewesen wäre, bleibt ebenso unerwähnt, wie leider auch jeder der hundert Leute, die es möglich gemacht haben. Und Ähnliches gilt in der Theorie. Es gibt zum Beispiel keinen Königsweg zum Verständnis von Einstein, Eddington und Hawking, abgesehen davon, ihre wissenschaftlichen Schriften zu lesen.

Dieses Buch ist ein Geschichtswerk und kann nicht einmal ansatzweise ein astronomisches Lehrbuch ersetzen, obwohl ich mich nicht betrogen fühlen würde, wenn es die Fünfjahres-Phalanx auf 40 001 erhöhen sollte. Es ist ein Geschichtsbuch, und solche werden gewöhnlich, wenn nicht für Historiker, so doch wenigstens für Leute in einem geschichtlichen geistigen Rahmen geschrieben. Natürlich gibt kein professioneller Historiker jemals zu, von einer Gesamtdarstellung der Geschichte entzückt zu sein, aber andererseits ist die Art der Geschichte, die nur Berufshistoriker zufriedenstellt, kaum wert, geschrieben zu werden.

Das Buch verdankt seine Existenz der Intuition meiner Frau, Marion North. Sie überzeugte mich davon, daß es vonnöten sei, und sie war es, die eine Möglichkeit fand, die zum Schreiben nötige Zeit zu schaffen, das heißt, offene Spalten im Fels der Fachbereichsverwaltung aufzustemmen.

J. D. NORTH
Universität Groningen
Januar 1993

Für freundliche Hinweise zur Korrektur früherer Auflagen möchte ich Edward N. Haas, James Morrison sowie besonders Gaston Fischer und Rainer Sengerling meinen Dank aussprechen.

J. D. N.
September 1996

Über Zahlen und Einheiten

Viele sehr große und einige sehr kleine Zahlen werden hier nur in Worten wiedergegeben, dabei wird dem deutschen Sprachgebrauch entsprechend für *tausend Millionen* das Wort Milliarde gebraucht. Der Autor des Originals macht an dieser Stelle ausdrücklich darauf aufmerksam, daß er (entsprechend der amerikanischen Konvention) diese Zahl als „billion" bezeichnet. Bei den Einheiten von Masse, Länge und Zeit wird gewöhnlich dem metrischen System der Vorzug gegeben; in ein paar Fällen, wo dies abwegig gewesen wäre, wurde davon abgewichen. (Ein Beispiel: Viele Teleskope, zum Beispiel das berühmte 200-Zoll in Palomar, sind weithin unter den in Zoll ausgedrückten Durchmessern ihrer Spiegel bekannt.) Der Vertrautheit wurde der Vorrang vor der Konsistenz eingeräumt, und so wurde kein Versuch unternommen, sogenannte „SI-Einheiten" in Strenge einzuführen.

Der Leser dürfte zweifellos mit der Teilung der Winkelgrade in Sechzigstel vertraut sein. Die babylonische Erfindung des Sexagesimalsystems wird in Kapitel 3 diskutiert. Sechzigstel eines Grades sind Bogenminuten, Sechzigstel davon Bogensekunden usw. Die alte Schreibweise für einen Winkel von 23 Grad 5 Minuten und 14 Sekunden wäre $23°5'14''$ gewesen. Eine solche Schreibweise könnte in offensichtlicher Weise auf die dritte Ordnung (Sechzigstel von Sekunden) und entsprechend die vierte Ordnung ausgedehnt werden, aber dann wird sie sperrig. Es ist heute Konvention, sie durch 23;05,14 zu ersetzen. Dieselbe Notation kann bei unseren vertrauten und ziemlich inkonsistenten Zeiteinheiten verwendet werden (zum Beispiel 5d 21;56,07,16,34h, wobei „d" Tage und „h" Stunden bedeuten).

Die folgenden astronomischen Konstanten sind nützlich:

1 astronomische Einheit (mittlere Entfernung Erde--Sonne)
= 149 674 000 km
1 Parsec (Entfernung, die einer Parallaxe von 1″ entspricht)
= 206 265 astron. Einheiten
1 Lichtjahr (die vom Licht in einem Jahr zurückgelegte Strecke)
= 9 460 Milliarden km

Einführung

Als Berechnungen von Menschen statt von Computern erledigt wurden und Zahlen rätselhafter waren als heute, herrschte die weitverbreitete Auffassung, daß eine Wissenschaft, die ihre Ergebnisse auf zehn Dezimalen genau angibt, sicher die Bezeichnung „exakt" verdient. Man glaubte, daß die Astronomie in gewissem Sinn höher anzusiedeln sei als Wissenschaften, die Blumenblätter zählen, die *A* und *B* mischen, um *C* zu erhalten, oder die den Tod eines Patienten „innerhalb von ein bis zwei Wochen" voraussagen. So gesehen, konnte der Astronomie weit über zweitausend Jahre lang keine der empirischen Wissenschaften das Wasser reichen. In einem höheren Sinn war die Astronomie über eine viel größere Zeitspanne hinweg eine exakte Wissenschaft, indem sie in einer sehr logischen und systematischen Weise entworfen wurde und indem ihre Argumentationslinien denen der Mathematik nachgebildet wurden. Oft mußten jene sogar erst unter ihrer Mitwirkung geschaffen werden. Die Astronomie und ihre Schwester, die Geometrie, wurden in der Vergangenheit so hoch eingeschätzt, daß sie als Modelle oder Prototypen für die empirischen Wissenschaften schlechthin angenommen wurden, denen sie Form und Struktur zu geben halfen. Falls die Astronomen einen besonderen Stolz auf die alten Ursprünge der Exaktheit ihrer Fachrichtung entwickeln sollten, sollte es in diesem zweiten Sinne geschehen.

Die Astronomie war für eine so verantwortliche Rolle ganz und gar nicht geeignet. Schließlich unterscheidet sie sich von den meisten anderen Wissenschaften in zumindest einer wichtigen Hinsicht. Sie untersucht Objekte, die zum größten Teil für experimentelle Zwecke nicht zu manipulieren sind. Der Astronom beobachtet, analysiert das Gesehene und konzipiert Prinzipien, um zu erklären, was gesehen wurde und was morgen gesehen werden wird. Selbst in unseren Tagen der interplanetaren Raketen ist die Disziplin eher analytisch als experimentell. Diese Qualität erklärt wenigstens zum Teil, weshalb die Astronomie die stark formalisierte Wissenschaft wurde.

Wie und wo dies geschah, können wir nicht mit Bestimmtheit sagen. Die Antwort hängt in gewissem Maß davon ab, wie großzügig wir mit unseren Maßstäben sind. Es wurde behauptet, daß die Sequenzen von mondförmigen Zeichen, die in Knochenartefakte geschnitzt sind und aus Kulturen von 36 000 und 10 000 v. Chr.stammen, die Tage des Monats repräsentieren. Die Länge des Monats – von Neumond zu Neumond – beträgt ungefähr neunundzwanzigeinhalb Tage, aber jede primitive Rechnung hätte natürlich Extratage eingeführt, an denen der Mond unsichtbar war. Nun mögen in einigen Fällen die Zählungen von der ersten bis zur letzten Sichtbarkeit der Mondscheibe und in anderen bis zur nächsten neuen Sichtbarkeit durchgeführt worden sein. Daß man auf diesen Knochenstücken gefundene Gruppierungen, die von siebenundzwanzig bis einunddreißig reichen, als Indiz für eine Mondzählung ansah, sollte nicht verhöhnt werden. Die Zahlen der in den Gruppierungen, die angeblich den vier Monatsvierteln entsprechen, enthaltenen Markierungen variieren stark. Solche Indizien sind von Natur aus – selbst statistisch – schwer zu handhaben. Die These ist durchaus plausibel; die Ähnlichkeit der auf diesen Knochen ausgemeißelten Markierungen mit der Mondscheibe scheint oft wirklich beabsichtigt, und mehr können wir mit gutem Gewissen nicht sagen.

Es ist verlockend, im Zählen von Mondtagen einen ersten Schritt auf eine Himmelsmathematik hin zu sehen. Früher oder später muß ein solcher Schritt unternommen worden sein: Ganz abgesehen von einer möglichen religiösen Bedeutung und dem Zusammenhang mit der menschlichen Fruchtbarkeit, dürfte das Halten eines Kerbholzes für die Monatstage für jeden nützlich gewesen sein, der das Mondlicht bei Nacht schätzte. Wir müssen uns davor hüten, unsere eigenen Vorurteile in die Vorgeschichte einfließen zu lassen. Es wird gemeinhin unterstellt, daß ein primitiver Kalender das Zählen der Tage erfordert und daß die Sonne wegen ihrer Nützlichkeit bei der Einrichtung eines Kalenders, wie ihn die frühesten Bauernvölker brauchten, zuerst intensiv studiert wurde. Die Jahreszeiten hatten für den Jäger lange vor Einführung des Ackerbaus Bedeutung und waren ihm offenbar bekannt, und man kann ziemlich sicher sein, daß die Sonnenkalender – im weitesten Sinne einer Kontrolle der Jahreszeiten – ursprünglich nichts mit einem *Zählen* von Tagen zu tun hatten. Sie beruhten eher auf dem im Laufe des Jahres wechselnden Muster der Auf- und Untergänge der Sonne über dem Horizont.

Die Zeit, zu der der Wechsel von der Jäger- zur Bauernkultur stattfand, hängt stark von der geographischen Region ab. In Südwestasien siedelten bäuerliche Gemeinden vor 8000 v. Chr., und in Südostasien dürfte es ebenso alte Gemeinden geben. Die Landwirtschaft breitete sich im Mittelmeerraum in einem Zeitraum von über tausend Jahren aus, bevor sie Britannien und die Außenbereiche von Europa erreichte, was um 4400 v. Chr. geschah. Zweifellos wurden in allen Regionen gelegentlich lokale astronomische Ideen entwickelt. Sicherlich wurden einige vom einen Zentrum zum anderen weitergegeben, und das war nicht immer mit einer entsprechenden Wanderungsbewegung der Völker verbunden. Es ist schwer, die relative Bedeutung dieser beiden Tendenzen zu beurteilen, aber irgendwie gab es im vierten Jahrtausend v. Chr. einen Sprung in der Intensität, mit der der Himmel in Nordeuropa studiert wurde. Den Beweis für diese Änderungen liefern die archäologischen Befunde. Vielleicht stellt sich mit der Zeit noch heraus, daß diese Entwicklungen anderswo gleichzeitig oder bereits früher stattgefunden haben, aber sie sind bemerkenswert genug, um als Beginn unserer Geschichte genommen zu werden.

Wir haben allen Grund, diese frühe, europäische astronomische Aktivität in unsere Darstellung aufzunehmen. *Sie war in dem Sinne wirklich wissenschaftlich, als sie das, was beobachtet wurde, auf eine Reihe von Regeln zurückführte.* Das soll nicht heißen, daß ihre Motivation unserer heutigen ähnelte. Ich habe keinen Zweifel daran, daß die Hauptgründe für die Rationalisierung der Himmelserscheinungen von religiösem bis mystischem Charakter waren und daß sie das bis weit in geschichtliche Zeiten blieben. Die meisten Völker haben im Lauf ihrer Entwicklung Sonne, Mond und Sterne als *lebendig* und oft von *menschlichem* Charakter angesehen. Ihre Geschichten von den Himmelskörpern stützen sich stark auf eine *Analogie* zwischen jenen und der menschlichen Existenz. Wir könnten behaupten, in solchen Analogien seien die Anfänge der Wissenschaft zu sehen, wir wollen dieses Element aber nicht übertreiben. Die Astronomie war immer stark mit der Religion verbunden – zunächst, vermutet man, weil sich beide mit denselben Objekten befaßten. Sonne, Mond und Sterne *waren* in vielen Gesellschaften Gottheiten. Um dieser Allianz mit der Religion volle Gerechtigkeit widerfahren zu lassen, hätte ich ein ganz anderes Buch schreiben müssen, aber sie zugunsten der „exakten" Teile der Wissenschaft ganz zu übergehen, hätte bedeutet, den Wald mit den Bäumen zu verwechseln.

In der ganzen Geschichte wurden mit Sorgfalt Omina und Zeichen am Himmel aufgespürt – sie galten als Mittel, die übermenschlichen Mächte, die das Universum zu regieren scheinen, in ihrem Verhalten vorherzusagen oder ihnen sogar zuvorzukommen. Es überrascht nicht, daß die Himmelskörper zu den Dingen gehörten, denen die größte Aufmerksamkeit zuteil wurde. Ihnen wurde schon deswegen göttliche Natur zugeschrieben, weil sie – wie besonders die Sonne – von solch offensichtlicher Bedeutung waren. Als Material für Omina haben sie den Vorzug, daß ihr Verhalten eine gewisse Regelmäßigkeit aufweist. Hier kommt zunächst eine magische Auffassung der Natur zum Tragen, ihr folgt aber in einem späteren Stadium die Erkenntnis, daß es *leichter* ist, bei den Sternen systematisch und präzise zu sein als bei Schaflebern, beim Wetter oder beim Vogelflug. Die Astrologie florierte zum Beispiel im Nahen Osten, nachdem dieses Prinzip einmal erkannt war. Dies mag die allerersten, systematischen astronomischen Theorien nicht ganz erklären, aber es wäre töricht vorzugeben, die Astronomie sei etwas zu Edles, um von etwas dieser Art abhängig gewesen zu sein.

Die Wissenschaft der Sterne wurde ursprünglich nicht um ihrer selbst willen betrieben, aber das menschliche Gefühl für System und Ordnung ist so ausgeprägt, daß die Astronomie mit der Zeit in einem gewissen Maß Selbstzweck wurde und die Bodenhaftung verlor. Die Astronomen schafften es am Ende, die meisten, wenn nicht alle, alten Wurzeln ihrer Disziplin herauszureißen. Sie wurde zunehmend als ein unabhängiges System von Erklärungen gesehen – als ein System, das nicht durch seine Nützlichkeit, sei es in der Astrologie, der Navigation oder sonstwo, oder durch seine Relevanz im Blick auf die göttliche Erschaafung der Welt gerechtfertigt zu werden brauchte.

Zugegeben, für das gewöhnliche Volk war der nichtastronomischer Kontext oft weit wichtiger als die Wissenschaft. Ich hoffe, daß ich diesen nicht in ungebührlicher Weise zugunsten der formaleren Aspekte der Wissenschaft vernachlässigt habe. Aber wenn es so ist, geschah dies, weil die Astrologie und die kosmische Religion fast Gemeinplatz sind und als Symptome der menschlichen Veranlagung angesehen werden. Andererseits hat die lange Liste der Erfolge in der Astronomie in der ganzen menschlichen Geistesgeschichte wenig Konkurrenz.

Inhaltsverzeichnis

1 Vorgeschichte

Vorgeschichtliche Astronomie

Die Muster der Auf- und Untergänge von Sonne, Mond und Sternen am Horizont spielte in der Astronomie von prähistorischen Zeiten bis heute eine zentrale Rolle. Von einem gegebenen Ort aus gesehen, gehen die Sterne an allen Tagen des Jahres an denselben Punkten des Horizonts auf bzw. unter. (Für den Augenblick dürfen wir langzeitliche Änderungen in ihren Positionen vernachlässigen.) Die Auf- und Untergänge können zu gewissen Jahreszeiten nicht sichtbar sein – nämlich dann, wenn sich die Sonne relativ zu ihnen in einer solchen Position befindet, daß die fraglichen Phänomene bei Tage geschehen. Die Auf- und Untergangsstellen der Sonne selbst wechseln von Tag zu Tag. An den Tagundnachtgleichen (Äquinoktien) im Fühling und Herbst geht die Sonne im Osten auf und im Westen unter. In der nördlichen Hemisphäre gehen die Punkte des Auf- und Unterganges mit dem Frühling immer mehr in den Norden, bis an der Sommersonnenwende ein Maximum erreicht ist. Die Punkte gehen dann nach Süden – durch die Stellen der Herbst-Tagundnachtgleiche –, bis ein maximaler südlicher Azimut (horizontale Richtung) an der Wintersonnenwende erreicht ist. Die Punkte gehen schließlich wieder nach Norden, bis die Stelle der Frühlings-Tagundnachtgleiche erreicht und das Jahr vollendet ist.

Die bloße Sprache, mit der wir heute diese Ereignisse beschreiben, enthält gewisse Information – wie die, daß zu gewissen Zeiten des Jahres (den „Tagundnachtgleichen") Tag und Nacht von gleicher Länge sind –, die frühen Völkern nicht bekannt war, aber das grobe Wissen um die zyklische Bewegung der Auf- und Untergangspunkte und ihre Korrelation mit dem Wachstumszyklus in der Natur war sehr früh gegeben. Dies können wir aus den vielen vorgeschichtlichen archäologischen Überresten ersehen, die auf die Auf- und Untergangspunkte an den Sommer- und Wintersonnenwenden zeigen. (Es waren offenbar die Extrema, die zählten; die Tagundnachtgleichen waren für die frühen Völker anscheinend von geringerer Bedeutung.) In den frühesten Zeiten, in denen Strukturen nach dem Himmel ausgerichtet wurden, scheinen die Richtungen auf die Auf- und Untergänge einer Handvoll heller Sterne zu zielen, und nicht auf Sonne oder Mond.

Seit etwa 4500 v. Chr. wurden lange Hügelgräber – verlängerte Erdwälle – so angeordnet, daß sie auf die Auf- und Untergänge heller Sterne gerichtet sind. Es ist oft extrem schwierig zu entscheiden, wann und wo ein Stern den entfernten natürlichen Horizont kreuzt, wenn dieser Horizont von Wald bedeckt ist. Die jungsteinzeitlichen Menschen überwanden diese Schwierigkeit auf zahlreiche Weisen, die alle von außergewöhnlicher Intelligenz und Hingabe zeugen. Beginnen wir mit den langen Hügelgräbern: Diese keilförmigen Gemeinschaftsgräber, von denen viele von Gräben flankiert sind, waren oft so in die Landschaft gebettet, daß beim Blick darüber die Sichtlinie ganz leicht über den natürlichen Horizont angehoben wurde. Der glatte Rücken des Hügelgrabs bildete so einen künstlichen Horizont. Solche langen Hügelgräber konnten auch als künstliche Horizonte dienen, wenn man transversal zu ihnen blickte. Gute Gründe sprechen für die Annahme,

Bild 1.1 Eine vernünftige Rekonstruktion der Gesamterscheinung von Stonehenge im frühen zweiten Jahrtausend v. Chr. *(reproduced by courtesy of Janet and Colin Bord/Fortean Picture Library)*

daß die Beobachtung der Auf- und Untergänge oft von Leuten durchgeführt wurden, die in den Gräben an der Seite des Hügelgrabes standen und vielleicht auch entlang der Gräben schauten.

Die jungsteinzeitlichen Leute bauten andere mit Gräben versehene Monumente hauptsächlich aus Erde, oft waren diese von sehr großem Maßstab und befolgten ähnliche Ausrichtungsprinzipien. Ein Beispiel ist der sogenannte „Cursus“ von Stonehenge, der heute kaum zu sehen ist, aber es gibt viele andere. Wenn wir jedoch das dritte Jahrtausend erreichen, wird deutlich, daß der Sonne mehr Aufmerksamkeit gewidmet wird. Es kamen kreisförmige Monumente, die die Wendepositionen der Sonne verkörperten, in Mode. Stonehenge ist das bekannteste Beispiel dafür, aber die vertrauten Strukturen dort sind spät und vom Ende eines Jahrtausends, das in zahlreichen anderen Zentren in Britannien und Nordeuropa vergleichbare Aktivitäten gesehen hatte, wenn diese gewöhnlich auch in einem kleineren Rahmen waren. Solche Steinkreise waren bloß eine haltbarere Ausführung von Kreisen aus Holzpfosten, die in derselben Weise Sturzbalken (Oberschwellen) trugen. In der Mitte dieses dritten Jahrtausends sehen wir diese Technik auf die kreisförmige Grabarchitektur, die runden Hügelgräber, übertragen, und in dieser Form dauerte sie über tausend Jahre an.

Diese besondere Phase in der prähistorischen astronomischen Tätigkeit ist deshalb für uns so wichtig, weil sie für die Verbindung Zeugnis ablegt, die die Astronomie mit der Geometrie einging. Der Schlüssel zum Verständnis dieser kreisförmigen Monumente ist ihre verwickelte dreidimensionale Struktur. Im Grundriß mögen sie konzentrische Kreise von Pfählen zeigen, aber oft Ringe, die von ovalem Umriß sind. Ihre Höhen sind freilich nicht weniger wichtig als ihre Grundrisse, und sie können nur durch Betrachtung der Wege der Sichtlinien in drei Dimensionen richtig verstanden werden. Es gab sehr viele verschiedene Spielarten, aber immer bestand die Technik darin, die Sichtlinie zur Extremposition der Sonne (Sommer- und Wintersonnenwende) zu markieren, indem man das Sonnenbild in einem „Fenster" einfing, das von mindestens zwei aufrechtstehenden und mindestens zwei querliegenden Balken gebildet wurde, von denen jeweils einer entfernt und einer nah war. Streng genommen war es nicht nur irgendein Teil der Sonne, der beobachtet wurde, sondern (gewöhnlich) ihr oberer Rand, so daß der erste Lichtschein der Sonne bei Sonnenaufgang und der letzte bei Sonnenuntergang im Mittsommer und -winter gesehen wurde.

Diese Oberschwellen-Strukturen waren so wie die langen Hügelgräber und andere Erdstrukturen vorher künstliche Horizonte. Man blickte von sorgfältig präparierten Orten aus, die oft in einem kreisförmigen Graben um das Monument lagen, und gelegentlich ging der Blick über den umgebenden Damm. Oft wurde beim Entwurf nicht nur für den Grundriß, sondern auch für die Höhe der Pfosten oder Steine eine Standardlänge verwendet. Diese Einheit wurde von Alexander Thom aus Messungen an relativ späten Steinmonumenten abgeleitet und „magalithisches Yard" genannt, aber sie wurde schon vor der Periode der großen Megalithmonumente verwendet. Es gibt sogar Grund anzunehmen, daß die *Winkel* der Sonnenhöhe durch Verhältnisse dieser Einheit ausgedrückt wurden. Bei Woodhenge, einem lange verschwundenen Monument in der Nähe von Stonehenge, das sechs Ovale von Holzpfosten umfaßt, wurde zum Beispiel ein bevorzugter Winkel, der dem Aufgang der Sonne zur Wintersonnenwende entspricht, durch eine Steigung von eins zu sechzehn festgelegt.

Bei einigen Monumenten gibt es klare Anzeichen einer Mondbeobachtung. Der Mond hat ein der Sonne ähnliches Verhaltensmuster, außer daß seine Extrema für Auf- und Untergang mehreren Zyklen folgen, von denen der wichtigste der Monatszyklus ist. Man kann in Kürze sagen, daß er jeden Monat gewisse Extrema erreicht, die selbst wieder als Objekte betrachtet werden können, die ihre Bewegung entlang des Horizontes haben und dabei wiederum gewisse Extrema erreichen. Diese absoluten Extrema scheinen das vorgeschichtliche Interesse geweckt zu haben. In voller Strenge sind sie nicht als „absolute" Extrema zu beschreiben, da auch sie fluktuieren und als Objekte einer noch höheren Stufe mit ihren eigenen Extremen behandelt werden können. Es wurde die Ansicht vertreten, daß selbst diese Stufe der Schwankung den Völkern der Bronzezeit, also von Ende des dritten Jahrtausends an, bekannt war.

Zweifellos wurden die Mondextrema des Auf- und Untergangs in monumentaler Form festgehalten, und das vermutlich eher aus rituellen und religiösen Gründen als für die Aufstellung eines Kalenders in einem komplizierteren Sinn. Die religiöse Dimenson überschattet alles. In Woodhenge wurde das Grab eines dreijährigen Mädchens gefunden, dessen Schädel in einer Weise gespalten ist, die eine rituelle Opferung vermuten läßt. Es stellt sich heraus, daß sich drei durch das Monument festgelegte Hauptstrahlen im Zentrum des Kindergrabes kreuzen. Eine Linie zum Mittsommeraufgang verläuft rechtwinklig dazu, eine Linie zum Mittwinteraufgang bildet mit dem ersten Strahl ziemlich genau einen rechten Winkel, und eine Linie zum nördlichen Extrem des Mondunterganges ist (im Grundriß) genau in der Gegenrichtung des Mittwinterstrahles. Wer etwas von der zugrundeliegenden Astronomie versteht, dürfte hier einen Fehler vermuten. Gehen in der Breite von Woodhenge die Linien von Auf- und Untergang für Mond und Sonne nicht in deutlich verschiedene Richtungen? Die Antwort lautet, daß bei geeigneter Wahl der Höhen, die durch die künstlichen Horizonte des Monumentes festgelegt werden, die Richtungen (Azimute) der Strahlen in exakte Übereinstimmung gebracht werden können. Die Erbauer von Woodhenge taten dies und bezogen, was sie getan haben, auf das Grab des rituellen Opfers.

Es gäbe noch viel von den geistigen Errungenschaften dieser nördlichen Völker der Jungstein- und Bronzezeit zu berichten. Wir können weit mehr über ihre rein astronomischen und geometrischen Leistungen aussagen als darüber, wie sie ihre Vorstellungen vom Himmel in ihr gesellschaftliches und religiöses Leben einbrachten. Zu den Sternen, die offenbar die größte Aufmerksamkeit auf sich zogen, gehörten Deneb, der in einer ziemlich konstanten Nordrichtung unterging, Rigel, der Fuß des heutigen Sternbildes Orion, und Aldebaran, der lange das Auge von Taurus (Stier) war. Wahrscheinlich war die Opferung von Stieren lange mit den Auf- und Untergängen von Aldebaran verknüpft. Ob das ganze Sternbild Taurus als ein Stier angesehen wurde, läßt sich unmöglich sagen. Vielleicht war ein frühes Sternbild ein Vorläufer einer Figur, die in Uffington im südlichen England in die Kalkfelsen gehauen ist. Das „Weiße Pferd von Uffington" ist ein Geschöpf ungewisser Art, aber daß der Stern Aldebaran, von einem nahegelegenen Weg aus gesehen, darüber aufging, ist gewiß. Und hier erhebt sich eine Frage, die früher oder später kommen muß.

Die Orte, über denen die Sterne aufgehen, ändern sich langsam; im Lauf von ein bis zwei Jahrhunderten müssen die Änderungen aber wahrnehmbar geworden sein. Die Ursache ist die sog. Präzession der Äquinoktialpunkte, die von Hipparchos im zweiten Jahrhundert v. Chr. – wenn auch anders dargestellt – entdeckt worden sein dürfte. An manchen jungsteinzeitlichen Plätzen dauerten die religiösen Aktivitäten weit über tausend Jahre an, und es steht außer Frage, daß die betreffende Drift früher oder später irgendwie wahrgenommen wurde.

Das soll natürlich nicht heißen, daß die Präzession der Äquinoktialpunkte entdeckt wurde, und noch weniger, daß sie in der Jungsteinzeit quantitativ erfaßt war. Es gab in den frühen Jahren des 20. Jahrhunderts eine „panbabylonische" Bewegung, und einige ihrer Anhänger wollten die Entdeckung ihren eigenen Helden zuschreiben. Aber wieder muß betont werden: Hipparchos war der erste, der nicht nur den Vorgang als solchen erkannte, sondern ihn in einem präzisen astronomischen Koordinatensystem beschrieb.

Man hat viele Versuche unternommen, die Glaubensgebäude dieser frühen nördlichen Völker aus erhaltenen Artefakten und später geschriebenen Berichten zu rekonstruieren – zum Beispiel aus römischen Berichten über die Druiden und aus der frühen skandinavischen Literatur. Es gibt zahlreiche Anzeichen für Sonnen- und Mondkulte; einer der interessantesten Funde wurde in Trundholm (Seeland, Dänemark) gemacht und ist eine von Pferden gezogene Sonnenscheibe aus der Bronzezeit. Viele eingravierte Symbole gehören zweifellos zur Sonne oder zum Mond, aber das meiste läßt der Interpretation Raum, und der moderne Kult von Freud macht die Sache keineswegs einfacher. Insbesondere die Literaturauswertung birgt Schwierigkeiten. Die Römer interpretierten, was sie antrafen, im Rahmen ihrer eigenen Erfahrung, und mittelalterliche skandinavische Quellen sind oft von christlichen Vorurteilen verfälscht. Zudem sind sie alle sehr späte Zeugnisse.

2 Antikes Ägypten

Während wir uns in Nordeuropa bei unserer Kenntnis der vorgeschichtlichen Kultur im allgemeinen und der Astronomie im besonderen hauptsächlich auf archäologische Überreste stützen müssen, gibt es in Ägypten schriftliche historische Aufzeichnungen, die bis in die Zeit um 3000 v. Chr. zurückreichen – das ist vielleicht die Zeit der ersten bedeutenden Phase in Stonehenge. Das uns vertraute Bild von Ägypten gehört zum dritten und zweiten Jahrtausend vor Christus. Es ist ein Bild der Pharaonen, der Pyramiden und der Sphinx, der Schätze des Tutenchamun und der ägyptischen Götter – zum Beipiel Osiris, Isis, Ptah, Horus und Anubis. Es gibt aus dieser Zeit keine technischen astronomischen Schriften, die mit denen Babyloniens späterer Jahrhunderte verglichen werden könnten. Ägypten mußte auf die persischen Eroberungen des ersten Jahrtausends vor Christus warten, um von den kosmologischen Ideen aus dem Nahen Osten angeregt zu werden.

Die intensiveren Aktivitäten gehören zu einer Zeit, nachdem Alexander der Große 332 v. Chr. von Persien aus den ägyptischen Thron errungen hatte. Diese letzte Periode fällt unter die Dynastie der Ptolemäer. Sie waren von mazedonisch-griechischer Abstammung und hatten in den Kriegen, die Alexanders Reich nach dessen Tod im Jahr 323 aufteilten, die Kontrolle über das Land gewonnen. Das soll nicht heißen, daß es keine einheimische Astronomie gab. Einiges Interesse an der Astronomie zeigte sich bereits in einer *Kosmologie*, die den Herrschern Sethos I. (1318–1304 v. Chr.) und Ramses IV. (1166–1160 v. Chr.) zugeordnet wird. Die Ägypter hatten damals seit langem Erfahrung mit der Zeitmessung und dem Entwurf von Kalendern, indem sie einfache astronomische Techniken benutzten. Auch sie richteten ihre Gebäude nach dem Himmel aus.

Orientierung und die Pyramiden

Einige frühe ägyptische Quellen berichten von einem Kult, der den Sonnengott Re mit einem früheren Schöpfergott Atum in Verbindung bringt. Zunächst war dieser hauptsächlich um einen Tempel im Norden der alten ägyptischen Hauptstadt Memphis konzentriert. Der Platz war den Griechen unter Heliopolis, „Stadt der Sonne", den Ägyptern unter On bekannt. (Im Buch Genesis wird Potiphera [der Schwiegervater von Joseph][1] als Priester von On bezeichnet.) In geschichtlicher Zeit haben die Priester von Heliopolis eine Kosmogonie aufgestellt, nach der sich Re-Atum selbst aus Nun, dem Ur-Ozean, erschaffen haben soll. Seine Nachkommen waren die Götter der Luft und der Feuchtigkeit, und erst nach ihnen wurden der Erdgott Geb und die Himmelsgöttin Nut als deren Abkömmlinge geschaffen. Die neun Gottheiten von Heliopolis (die Große Enneade) sind mit Osiris, Seth, Isis und Nephthys, der Nachkommenschaft von Geb und Nut, vollständig.

[1] Anm. d. Übers.: Kurze Anmerkungen des Übersetzers sind in eckige Klammern gesetzt.

Bild 2.1 Die ägyptische Göttin Nut, die vom Gott Schu getragen und von ihrem Liebhaber Geb (der Erde) getrennt wird. Ihre Füße sind im Osten, und die Sterne laufen im Laufe der Nacht entlang ihres Körpers. (Nach dem Papyrus Nisti-ta-Nebet-Taui, 18. Dynastie, 14. Jahrhundert v. Chr.)

Die Sonne wurde in Heliopolis noch in weiteren Formen als nur Re-Atum verehrt – zum Beispiel als „Horus vom Horizont" (Harachte) und als Chepre in Gestalt eines Skarabäus. Diese verschiedenen Persönlichkeiten sind interessant, und zwar nicht nur wegen der hübschen Analogie zwischen dem Sonnengott, der die Sonne vorantreibt, und dem Käfer, der seinen Ball aus Dung über den Boden rollt. Chepre war die Sonne beim morgendlichen Aufgang, und Re-Atum beim Untergang am Abend. Diese verschiedenen Sonnencharaktere spiegelten präzise die entscheidenden Sonnenbeobachtungen wider, die in der ganzen vorgeschichtlichen Welt gemacht wurden.

Der Kult von Re-Atum war zur Zeit der ersten großen Pyramiden, das heißt um 2800 v. Chr., voll etabliert. Trotz aller äußeren Einfachheit besteht anscheinend eine gewisse Beziehung zwischen den Pyramiden und der Sonne sowie den Sternen. Der Architekt der ersten großen Steinpyramide, der für König Zoser gebauten „Stufenpyramide", war Imhotep, der als Astronom wie als Magier und Arzt in die ägyptische Geschichte einging. Er wurde später nicht ohne Grund zum Gott erhoben. Als er die Stufenpyramide baute, gab es auf der Welt nichts Vergleichbares: Ihre komplexe unterirdische Struktur unterscheidet sie sogar von ihren Nachfolgern. Einige von ihnen, insbesondere die Große Pyramide der Gruppe von Gizeh, waren, im einfachen Sinn der vier Himmelsrichtungen, viel genauer sonnenorientiert. Das ist etwas, das sie mit den ägyptischen Tempeln gemein haben. Eine der interessantesten Reihen von Grundrissen bezieht sich auf die Osiris-Tempel bei Abydos, wo sich eine Reihe von Rekonstruktionen von der ersten bis zur sechsundzwanzigsten Dynastie verfolgen läßt. Zunächst zeigt der Eingang nach Süden, bei den nächsten vier Strukturen zeigt er nach Norden, bei den letzten drei nach Osten.

Die Pyramiden erstaunen vor allem als Ingenieurleistung, weniger als Beispiele komplizierter Orientierung. Immerhin ist die Genauigkeit ihrer einfachen Ausrichtung bemerkenswert: In einigen Fällen sind die mittleren Fehler von der Ordnung einiger Bogenminuten, und die Nivellierung des Felsbettes, auf dem die Große Pyramide steht, ist so gut, daß der Unterschied im mittleren Niveau zwischen der Nordwestecke und der im Südosten nur ein paar Zentimeter beträgt.

In mehreren Fällen sind die Pyramiden von schräg nach oben gerichteten Schächten durchzogen, die gewöhnlich als Lüftungsschächte beschrieben werden. Einige Autoren meinen aber, sie seien auf die oberen Kulminationspunkte ausgewählter Sterne ausgerichtet worden. Bei der Großen Pyramide von Gizeh führt eine Eingangspassage, die in einem Winkel von 26;31,23° abfällt, von der Nordseite zum Zentrum (in diesem Fall eine unterirdische Kammer), und wenn man von einer geringfügigen Winkelvariation von Bruchteilen eines Grades absieht, haben sechs der anderen neun Pyramiden in Gizeh und die einzigen beiden gut erhaltenen Pyramiden in Abu Sir dieselbe Eigenschaft. Bei der Chephren-Pyramide beträgt der Winkel 25;55°. (Wir haben es hier mit Pyramiden aus einem Zeitraum von ein bis zwei Jahrhunderten vor und nach 2500 v. Chr. zu tun.) Gab es damals irgendeinen wichtigen Stern, der bei dieser Höhe kulminierte? (Natürlich unterscheiden sich die geographischen Breiten um große bis kleine Beträge von der von Gizeh. Falls ja – was es dann immer für ein Stern war, es mußte sich um einen Stern, der den Nordpol umkreist, und eine *untere* Kulmination handeln, da die Höhe des Pols über dem Horizont fast 30° beträgt. Der hellste Stern in der Nachbarschaft des damals aktuellen Pols ist α Draconis (Thuban), und dies ist vermutlich der Stern, auf dessen unteren Kulminationspunkt die Gänge gerichtet waren. Warum wurde ein Stern in der *unteren* Kulmination beobachtet? Vielleicht, weil das Sternbild, das wir als Großen Bären kennen und das damals als Vorderbein eines Stieres angesehen wurde, in einer aufrechten Position neben ihm war. Die Ägypter identifizierten mehrere Sternbilder um den Pol: Das bedeutsamste war anscheinend das Vorderbein des Stiers (nicht mit Taurus zu verwechseln), zu anderen gehörten ein Flußpferd, ein Krokodil und ein Duckdalben (Pfahl zum Festmachen von Schiffen).

Sonnenritual

Die Ruinen des Amun-Re-Tempels in Karnak, das auf dem Theben gegenüberliegenden Nilufer liegt, haben einen Korridor, der über vierhundert Meter von Nordwesten nach Südosten durch die Mitte der Gebäude dort verläuft. Der zentrale Hof und die Kammern stammen aus der Zeit des Mittleren Reichs (2052 bis 1756 v. Chr.), aber die am meisten beeindruckenden Teile stammen von Thutmosis III. (1490–1436 v. Chr.), und bis in die christliche Zeit wurden regelmäßig Ergänzungen vorgenommen. Es hat große Kontroversen um die Bedeutung der präzisen Ausrichtung dieser Achse gegeben, aber auch hier scheint es so, daß man von einem künstlichen Horizont Gebrauch gemacht hat, der etwas höher als die Linie der fernen Hügel verlief, so wie es im Norden seit langem Praxis war. Über ein Jahrtausend lang dürfte der letzte Schein der untergehenden Sonne vom Allerheiligsten aus zu sehen gewesen sein, ohne daß man weit aus der Achse des Tempels heraustreten mußte. So war die Religion wieder ein erwiesener Anstoß zu einer, wenn auch einfachen, Astronomie.

Das ägyptische Pantheon wuchs stetig über die Jahrhunderte, wobei verschiedene lokale Traditionen in die offizielle Religion aufgenommen wurden. Das den Göttern zugeschriebene Verhalten wurde dadurch immer widersprüchlicher. Es gab freilich immer eine strikte Hierarchie der Bedeutung, und im 14. Jahrhundert v. Chr. war der Gott Amun, „der Verborgene" , der oberste. Als der häretische König Amenophis IV. meinte, die Nation solle zur Verehrung von etwas Sichtbarerem als Amun bekehrt werden, entschied er, daß es die Sonnenkugel Aton verdiene, zum einzig wahren Gott erhoben zu werden.

Er baute eine neue Hauptstadt, Amarna, die mit sonneninspirierter Kunst angefüllt wurde. Und als er sein eigenes Grabmal bei Tell el-Amarna baute, lagen alle Gänge und Räume, die zur Grabkammer führten, auf einer einzigen Achse (die südöstlich und nordwestlich ausgerichtet war). Diese „reine“ Sonnenkonvention, die an die zweitausend Jahre älteren Grabkammern von Nordeuropa erinnert, bedeutet einen Bruch mit der Begräbnistradition seiner Vorfahren und Nachfolger, nach der man die Grabkammer entweder durch einen Gang betrat, der zu dem Hauptkorridor im rechten Winkel verlief, oder nach der der Hauptflur gestaffelt war, um so den direkten Zugang zu brechen.

Amenophis gab sich den neuen Namen „Echnaton“, was „dem Aton wohlgefällig“ bedeutet. Die extreme Form seiner Sonnenreligion war kurzlebig, aber Sonnenrituale überdauerten in vielen Spielarten, beispielsweise bei der Einsetzung von Herrschern. Wir haben bei den ägyptischen Resten aus dieser Geschichtsepoche großes Glück, es liegt nämlich eine Anzahl von Illustrationen der Sonnenanbetung vor, vornehmlich von den Wänden der Königsgräber in Tell el-Amarna (der moderne Name für Achet-Aton, „Horizont des Aton“). Die Wände der Eingangspassage zu Tutenchamuns Grab und vier seiner Kammern vermitteln eine Vorstellung von der ägyptischen Sonnensymbolik. Alle sind genau nord-süd- und ost-west-orientiert. Der Zugang ist von Osten nach Westen. Jede der vier Kammern hat einen bekannten rituellen Zweck, der auf den Wänden dargestellt ist, und diese haben zweifellos etwas mit ihren älteren Entsprechungen gemein. Eine (Richtung Süden) war die Kammer ewigen Königtums, eine weitere (nach Osten) die Kammer der Wiedergeburt, eine dritte (nach Westen) die Kammer der „Abreise ins Totenreich“, und die vierte (nach Norden) die der Wiederherstellung des Körpers. Der tote Osiris würde, so dachte man, nach seiner ausdauernden Suche nach Wiedergeburt in der Form der aufgehenden Sonne Re wieder erscheinen. Die für die Anordnung der Sonnenrituale Verantwortlichen mußten eine vernünftige intuitive Ahnung vom Sonnenverhalten gehabt haben, aber es finden sich hier keine Anzeichen für eine verfeinerte Untersuchung des Mondes, die der im nördlichen Europa dieser Zeit offenbar vorhandenen vergleichbar gewesen wäre.

Der Kalender

Die Nomadenstämme von Nordafrika, die zuerst als Bauern im Niltal gesiedelt hatten, bemerkten nach einiger Zeit einen Zusammenhang zwischen dem Verhalten des Flusses und dem Stern Sirius (Sothis genannt). Man stellte fest, daß das Ansteigen des Nils, dessen Fluten das Tal bewässerten, damit zusammenfiel, daß der Sirius nach einer langen Zeit der Unsichtbarkeit zum erstenmal wieder kurz vor Sonnenaufgang am östlichen Horizont zu sehen war. Dieses Ereignis, heute als sein „heliakischer Aufgang“ bekannt, fand Mitte Juli und damit nicht an einer besonderen Stelle des Sonnenjahres statt. Die drei Jahreszeiten für die Ägypter bezogen sich auf des Verhalten des Flusses, und so lauteten die Namen der Monate, die an ihrem Anfang standen: „Flut“, „Auftauchen“ und „Niedrigwasser“ oder „Ernte“. Die anderen Monatsnamen kamen von Mondfesten. Anscheinend war die Sonne für sie zunächst vor allem als Indikator des Jahreszyklus von Bedeutung. Es ist unwahrscheinlich, daß die Sonnenwenden für die Ägypter ebenso bedeutend waren wie für die nördlichen Völker. Es wäre im übrigen interessant, was diese zu einem Jahr mit nur drei Jahreszeiten gesagt hätten.

Die drei miteinander verzahnten Systeme – das stellare, das lunare und das solare – in Einklang zu bringen war eine der Hauptaufgaben der ägyptischen Astronomie und blieb bis in moderne Zeiten ein zentraler Punkt der Astronomie. Das Fest des Sirius/der Sothis folgte mehr oder weniger dem Sonnenjahr von etwa $365\frac{1}{4}$ Tagen, aber die Länge von zwölf Monaten, jeder von neunundzwanzig oder dreißig Tagen, kam im Schnitt auf nur 354 Tage. Daher haben die Ägypter zumindest seit der Mitte des dritten Jahrtausends eine der ältesten Kalenderregeln der Geschichte: Ein nach dem Mondgott *Thot* benannter Extramonat wurde nur dann eingefügt („interkaliert"), wenn der Sirius/die Sothis im zwölften Monat heliakisch aufging.

Während die ägyptische Gesellschaft immer besser organisiert wurde, wurde der Kalender weiterentwickelt. Die Länge des Sonnenjahres wurde auf 365 Tage festgelegt, und die „Monate" wurden auf dreißig Tage standardisiert, von denen jeder in drei „Wochen" von zehn Tagen aufgeteilt war. Dieses System, das vielleicht aus dem 29. bis 30. Jahrhundert v. Chr. stammt, hat viele Vorteile. Die Woche ist etwas Konventionelles ohne große astronomische Bedeutung, aber es gibt eine offenbare Zweideutigkeit im Wort „Monat". Für wen der sichtbare Mond eine religiöse Bedeutung hat, für den sind die einzigen Probleme, die dieser Kalender löst, Probleme der Buchführung. Es überrascht kaum, daß das ägyptische Jahr von 365 Tagen für die Astronomen attraktiv war, denn es vereinfacht die Umrechnung von langen Zeiträumen in Tage. Selbst Kopernikus, der der hellenistischen Praxis folgte, benützte es für seine astronomischen Tafeln.

Der neue Kalender geriet unvermeidlich in Schwierigkeiten, als der geringe Fehler in der Jahreslänge (d. h. das ungefähre Viertel eines Tages) akkumulierte. Die Lösung war, ein neues Mondjahr zu ersinnen, das mit dem bürgerlichen Jahr harmonierte. Um 2500 v. Chr. wurden neue Schaltungsregeln aufgestellt, und über zweitausend Jahre waren in Äypten drei Kalender nebeneinander im Gebrauch.

Die Stunden bei Tag und Nacht

Der Wunsch der Ägypter, die Nacht in kleinere Abschnitte zu teilen, verband sich auf eine merkwürdige Art mit ihrem bürgerlichen Kalender, um uns die Tageseinteilung in vierundzwanzig Stunden zu bescheren. Jede Gesellschaft, die bei Nacht rituelle Handlungen vornimmt, entwickelt irgendwann Mittel, mit denen das Fortschreiten der Nacht beurteilt werden kann. Die Ägypter schreiben weitschweifig über die nächtliche Schiffspassage des Sonnengottes Re durch die „andere" Welt zwischen Sonnenuntergang und -aufgang, und die Stadien wurden durch die Bewegungen der Sterne bezeichnet. Um zu sehen, wie das geschah, müssen wir für einem Augenblick zum Kalender zurückkehren.

Der heliakische Aufgang (ein Stern ist nach einer Periode, in der er nur im Tageslicht aufging, zum erstenmal morgens sichtbar) war ein wichtiger Begriff im ägyptischen Kalender. Ein heller Stern wurde als Marker gewählt – wir haben bereits gesehen, daß Sirius/Sothis der bedeutendste von allen war. Nach seinem heliakischen Aufgang ging ein Stern jeden Tag etwas eher als die Sonne auf, bis ein weiterer geeigneter Marker heliakisch aufging. Aber wer soll diese Sterne auswählen, und nach welchem Prinzip? Die Lösung war ziemlich einfach. Wir haben gesehen, daß der bürgerliche Kalender das Jahr in sechsunddreißig „Wochen" von je zehn Tagen teilte. Es wurden daher sechsunddreißig Sterne oder Sternbilder gesucht, die durch ihre heliakischen Aufgänge die Anfänge dieser sechsunddreißig Wochen bezeichneten. (Anscheinend wurden sie dem Sirius/der Sothis so ähnlich wie möglich gewählt, alle waren etwa siebzig Tage im Jahr unsichtbar.)

Wir wollen nun die Gründe vergessen, aus denen die Sterne gewählt wurden, also die Gründe, die mit der Einteilung des Jahres oder dem *Kalender* zu tun haben. Wir haben einfach sechsunddreißig Sterne oder Sterngruppen, denen Bedeutung zugemessen wird, und in jeder Nacht gehen sie in einigermaßen gleichen Intervallen auf. Nachdem sie in einem Sonnentag etwa einen Umlauf machen, könnte man sich vorstellen, daß in einer durchschnittlichen Nacht achtzehn der sechsunddreißig Sterne nacheinander aufgehen. Leider ist das Problem aber in mancherlei Hinsicht kompliziert. Fast in der ganzen Dämmerung sind die Sterne unsichtbar: *Totale* Finsternis wurde als wesentlich erkannt. Die ausgewählten Sterne standen südlich vom Himmelsäquator, kreuzten also nicht den idealen Horizont genau im Osten. (Sie lagen genauer in einem Gürtel, der südlich der Ekliptik, der Bahn der Sonne durch die Sterne, und ungefähr parallel zu ihr verläuft.) Keinesfalls sind alle Nächte gleich lang – in ägyptischen Breiten ist die Mittwinternacht noch einmal halb so lang wie eine Mittsommernacht. Wir brauchen die theoretischen Gründe dafür nicht weiter vertiefen: Obwohl die Nacht durch diese Sterne nur selten im Jahr in exakt zwölf Teile geteilt wurde, *wurde sie schließlich so angesehen.* Anhaltspunkte für diese Art der Nachteinteilung liefern Diagramme auf der Innenseite von Sargdeckeln aus der elften Dynastie (22. Jahrhundert v. Chr.).

Der Tag wurde später in Analogie zur Nacht in zwölf Stunden geteilt. Und so kommen wir zu den vierundzwanzig Stunden des vollen Tages, von denen uns selbst die „rationalen" Bestrebungen im Frankreich der Revolution nicht zu lösen vermochten.

Man nimmt an, daß die Sargdeckel Kleinausgaben von Darstellungen auf den Decken bekannter Grabmäler von Herrschern des Mittleren Reiches und danach sind. Die früheste [erhaltene] davon befindet sich in einem unvollendeten Grab von Senenmut, dem Wesir der Königin Hatschepsut, ihm folgten die in den unterirdischen Kenotaphen von Sethos I., Ramses IV. und späteren Herrschern. Fast tausend Jahre trennen die Decke von Sethos von dem berühmten Papyrus-Manuskript Carlsberg 1, das jene kommentiert. Dieser Toten-Text enthält eine Anleitung zum Bau einer Schattenuhr mit vier Unterteilungen an ihrer Basis. Sie ist in Bild 2.2 in zwei Positionen dargestellt: Die auf der linken Seite ist für den Nachmittag, die auf der rechten für den Morgen. Eine Uhr aus der Zeit von Thutmosis III. (1490–1436 v. Chr.) hat fünf Unterteilungen.

In welchem Maß die periodische Änderung der Längen von Tag und Nacht den frühen Völkern bewußt war, läßt sich unmöglich sagen, aber das Wissen darum muß mit der Erfindung der Wasseruhr deutlich zugenommen haben. Das früheste Anzeichen stammt aus der Zeit von Amenhotep III. (1397–1360 v. Chr.), bezieht sich aber auf die Kalenderrechnung während der Herrschaft von Amenhotep I. (1545–1525 v. Chr.), und von einer Grabinschrift dieser früheren Zeit wissen wir von Versuchen, das Verhältnis der Längen der längsten und der kürzesten Nacht auszudrücken. Das angegebene Verhältnis

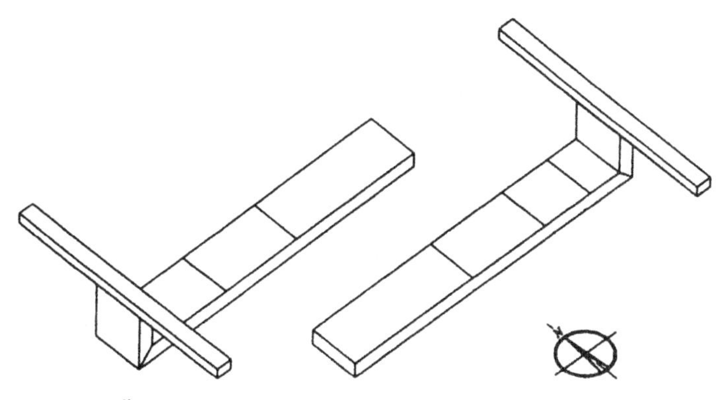

Bild 2.2 Ägyptische Schattenuhr

(14 : 12) ist nicht übermäßig genau, aber es kommt auf das Prinzip an. Wir kennen sogar den Namen des verantwortlichen Mannes: Amenemhet.

Nachdem den Eroberungen Alexanders die Hellenisierung Ägyptens folgte, wurde der babylonische Tierkreis – das ist der Satz von Sternbildern um die Ekliptik – in die ägyptische Astronomie eingeführt. Dabei wurden einfach die sechsunddreißig Sterneinteilungen in sechsunddreißig Abschnitte des Tierkreises zu je zehn Grad transformiert. Sie sind die „Dekane" oder „Gesichter" (Facies, Prosopon) der griechischen (hellenistischen) und späteren Astrologie.

Im 15. Jahrhundert v. Chr. erkannte man, daß die Aufgänge der Dekanalsterne wenig geeignet waren, das öffentliche und religiöse Leben zu regulieren, und ein anderer Satz von Sternen wurde gewählt. Diese wurden nicht am Horizont beobachtet, sondern wenn sie den Meridian kreuzten. Wieder war das keine exakte Angelegenheit: Bei der Beobachtung der Meridiandurchgänge bezog man sich auf den Kopf, die Ohren und Schultern eines sitzenden Mannes. Drei königliche Gräber der Rammessidenzeit (ungefähr 1300–1100 v. Chr.) waren jeweils mit vierundzwanzig Tafeln (zwei pro Monat) verziert, die es möglich machten, so die Stunde abzuschätzen. Es wurde vermutet, daß diese Sternuhren mit Hilfe von Wasseruhren aufgestellt wurden, denn es sind mehrere Wasseruhren mit darauf eingraviertem astronomischem Material erhalten.

Trotz des großen kulturellen Reichtums und des langen Zeitraums, in dem der Himmel von den Ägyptern genau beobachtet wurde, geschweige denn der Achtung, die sie vielen Himmelskörpern entgegenbrachten, hatten sie mit Ausnahme des Kalenders kein Verlangen, nach einer tiefen systematischen Erklärung dessen zu suchen, was sie beobachteten. Obwohl sie eine Schrift hatten, scheinen sie keine regelmäßigen Aufzeichnungen über Planetenbewegungen, Eklipsen oder sonstige Phänomene von offenbar irregulärer Art angefertigt zu haben. Die Ägypter lasen eher Legenden als Mathematik aus den Sternen ab. Geschmückte Monumente, von denen mehr als achtzig als irgendwie astronomisch klassifiziert werden können, repräsentieren die kosmischen Gottheiten der Mythologie, darunter die Sonnen- und Mondgottheiten, die Planeten, die Winde, die Sternbilder, Erde, Luft, Himmel, die Hauptpunkte des Horizonts, usw. Sie zeugen für eine große Vertrautheit mit den Sternbildmustern, die freilich nicht mit den unseren identisch sind. Die große

Reputation, der sich die Ägypter in den letzten beiden Jahrtausenden erfreut haben, beruht jedoch auf einer Verwechslung.

Für die Römer waren „die Ägypter" diejenigen, die in Ägypten lebten, und so zählten oft solche aus dem griechischen Kulturkreis dazu. Fast immer, wenn von ägyptischer Astronomie oder Astrologie die Rede ist, ist ihre *hellenistische* ägyptische Entsprechung gemeint. Tierkreise in Tempeln und Grabmalen sind hellenistisch und übernehmen viel von mesopotamischen Kulturen. Der erste bekannte ägyptische Tierkreis war eine Decke im Tempel von Esna, der aus der Zeit nach 246 v. Chr. stammt. Er wurde während der Napoleonischen Ägyptenexpedition kopiert, in der Zwischenzeit aber zerstört. Der bekannteste – er befindet sich heute im Louvre – stammt aus Dendera und war einst Teil der Decke einer Kapelle auf dem Dach des Hathor-Tempels (vor 30 v. Chr.). Die Ursprünge dieser Tierkreise sind wegen der Darstellungen der Sternbilder eindeutig, dazu zählen unser Steinbock und Schütze, die auf viel älteren babylonischen Grenzsteinen zu finden sind.

Wenn wir unseren Blick verengen und nur den mathematischen oder theoretischen Fortschitt betrachten, dann können wir die Kalenderschemata als stärkste ägyptische Tradition ansehen. So überrascht es nicht, daß die Ägypter vielleicht im vierten Jahrhundert v. Chr. einen fünfundzwanzigjährigen Mondzyklus erkannten. Sie setzten fünfundzwanzig ägyptische Jahre (exakt 9 125 Tage) mit 309 Monaten („synodischen" Monaten – Neumond bis Neumond) gleich. Das ist eine ausgezeichnete Näherung, der Fehler beträgt nur einen Tag in fünf Jahrhunderten. Diese Entdeckung verdient es, neben die der mathematischen Astronomen von Mesopotamien gestellt zu werden. Seit dem sechsten Jahrhundert v. Chr. – Ägypten war unter persischer Herrschaft – paßten die Ägypter die babylonischen Mondmonate ihrem eigenen bürgerlichen Kalender an.

Ptolemäus, der größte Astronom des Altertums, war ein Alexandriner und gehört in eine spätere Epoche. Nach dem Zusammenbruch des Römischen Reiches, zu dem Ägypten lange gehörte, wurde das Land christianisiert, und die koptische Literatur, die eine Abart der griechischen Schrift für einheimische Dialekte benützte, brachte das astronomische Wissen in einer sehr oberflächlichen Form nach Äthiopien. Aber dieses war im Grunde wieder hellenistisch und hatte keine älteren ägyptischen Wurzeln. Wenn wir an einer mehr wissenschaftlichen Studie des Himmels interessiert sind, müssen wir weiter nach Osten blicken – nach Mesopotamien.

3 Mesopotamien

Die mesopotamische Kultur

Die Art Astronomie, die während der langen Zeitspanne, über die wir schriftliches Material vorliegen haben, in Mesopotamien entwickelt wurde, unterscheidet sich so radikal von der der Ägypter vorher und der Griechen und Hindus nachher, daß es ganz natürlich scheint, sie voneinander zu scheiden. Wenn man das tut, riskiert man, der falschen Ansicht Vorschub zu leisten, diese Kulturen seien einfach und monolithisch gewesen. Dinge von allgemeinem kosmologischem Interesse gehen in die Mythologie aller Völker ein, selbst wenn die örtlichen Variationen Legion sind. Die Sprache bildet ein natürliches Hindernis für die Verbreitung von Gedanken, und der Nahe Osten kannte viele Sprachen, aber der Stolz der Völker war so ausgeprägt, daß oft selbst Nachbarstädte mit einer gemeinsamen Sprache verschiedene Planetengottheiten verehrten. Unter diesen Umständen ist es unmöglich, dieser Region auf knappem Raum mehr als nur oberflächlich gerecht zu werden; aber zumindest einen Punkt müssen wir stets bedenken. All die Wissenschaften in der modernen Welt, die von mathematischen Methoden Gebrauch machen, stehen in der Schuld der Astronomen Babylons aus den letzten fünf bis sechs Jahrhunderten vor Christus, in denen die mesopotamischen Leistungen ihren Höhepunkt erlebten. Wir müssen also unter die vielgestaltige Oberfläche tauchen, wollen wir erkennen, was an der mesopotamischen astronomischen Praxis charakteristisch ist.

Im sechsten Jahrhundert v. Chr. erfreute sich Babylon einer kurzen Epoche der Unabhängigkeit, nachdem es lange von den Assyrern beherrscht worden war. Nach der Zerschlagung des assyrischen Reiches machten sich die Babylonier daran, ihre verlorene Machtstellung wiederzugewinnen und an die Zeit vor tausend Jahren anzuknüpfen, als der große Hammurabi Herrscher war. Die Macht der Perser wuchs jedoch auch schnell, und 539 v. Chr. gelang Kyros dem Großen der Sieg über Nabonid, den letzten babylonischen König. Die Auswirkungen dieser Ereignisse sind vielen durch den biblischen Bericht der Freilassung der Israeliten vertraut, die nach der Zerstörung Jerusalems durch Nebukadnezar nach Babylon gebracht worden waren.

Schließlich wurde das Perserreich von Alexander dem Großen besiegt, und die Verbindungen mit der griechischen Kultur wurden gestärkt. Alexander zog 331 v. Chr. in Babylon ein. Nach seinem Tod im Jahre 323 und der Teilung seines Reiches geriet Babylon nach verschiedenen Rückschlägen unter die Herrschaft von Seleukos, dem politisch fähigsten Nachfolger Alexanders und Gründer einer neuen Dynastie. Seleukos sorgte für eine fortwährende Einwanderung von Griechen in dieses neue griechische und mazedonische Reich in Asien. Und wenn wir nach dieser Zeit allgemein von „griechischer Gelehrsamkeit" sprechen, müssen wir auch dieses riesige Kulturgebiet im Mittleren Osten berücksichtigen – ganz zu schweigen vom hellenisierten Ägypten mit Alexandria.

Vor diesem Hintergrund ist es nützlich, vier geschichtliche Epochen zu unterscheiden: erstens die Hammurabi-Dynastie und ihre Vorzeit, zweitens die assyrische Periode (1000–612), drittens die Zeit der Unabhängigkeit (612–539), der die Perserherrschaft folgte (539–331), und zuletzt die Seleukidenzeit (331–247).

Die Hammurabi-Dynastie

Während der letzten hundertfünfzig Jahre haben Archäologen mehrere mesopotamische Tempel mit ihren massiven Türmen, den „Zikkurats", ausgegraben. In Uruk zum Beispiel reicht ein Komplex bis ins 4. Jahrtausend zurück, während in der alten sumerischen Stadt Eridu ein Teil der Bausubstanz von 5000 v. Chr. stammen könnte. Die ältesten schriftlichen Aufzeichnungen stammen aus den Tempeln, auf die wahrscheinlich die politische Macht weitgehend konzentriert war. Ihnen gehörte das meiste Ackerland, und sie spielten eine zentrale Rolle in der Aufsicht über die Bewässerung. Obwohl nicht ganz klar ist, wie die religiöse Machtbasis mit der Macht der weltlichen Herrscher verbunden war, gibt es keinen Zweifel, daß innerhalb der Priesterschaft eine außerordentlich komplizierte Bürokratie heranwuchs. Die Sumerer erfanden die Keilschrift, wo mit einem keilförmigen Griffel Zeichen in weichen Ton eingedrückt wurden, den man dann an der Sonne austrocknen ließ. Die Babylonier – ein semitisches Volk – verwendeten sie und paßten sie ihrer eigenen Sprache an, indem sie ein Gemisch aus phonetischer Rechtschreibung und sumerischen Ideogrammen verwendeten.

Sie übernahmen auch das sumerische Zahlensystem, was von großer wissenschaftlicher Bedeutung ist, weil es (im Gegensatz zu den römischen Zahlen) eine Stellenwert-Schreibweise wie unser eigenes benutzt. Wo wir mit einem Zehnerintervall arbeiten, hatten sie eines von 60 – das ist der ganze Unterschied. Dieses „Sexagesimalsystem" reicht bis ins dritte Jahrtausend zurück. Die Zahlen bis 60 wurden in einer einfachen, an unsere römischen Zahlen erinnernden Weise aufgebaut, die auf einer Wiederholung eines Keilzeichens für Zehn und eines vertikalen Strichs für 1 beruhte. (so würde >>| | | 23 bedeuten.) Über 60 wurden die Zahlen durch Zwischenräume (die wir mit Kommas darstellen können) getrennt, so daß etwa 2,9,14 $2 \times 60^2 + 9 \times 60^1 + 14$ bedeuten könnte. Komplikationen konnten entstehen, wenn in diesem System dieselbe Anordnung für *Brüche* benützt wurde. Es ist nämlich so, als würden wir in unserer Dezimalschreibweise ohne Unterschied eine Zahlenfolge wie 3546 für 3546, 354,6, 35,46 usw. benützen. Wir brauchen eine Art Punktierung, um den gebrochenen Teil vom Rest abzutrennen. Die Konvention unter modernen Benutzern von Sexagesimalbrüchen ist die Verwendung des Semikolons. So schreibt man heute 2,7,17;52,13 , um die Zahl $2 \times 60^2 + 7 \times 60^1 + 17 + 52/60 + 13/60^2$ darzustellen.

Wir empfinden vielleicht ein Unbehagen, unsere Dezimalschreibweise auf ein so mächtiges System zu übertragen, aber die Mischung sollte nicht zu großer Konfusion Anlaß geben, da wir das babylonische Erbe nur verwenden, wenn wir eine Zeit in Stunden, Minuten und Sekunden oder einen Winkel in Graden, Minuten usw. ausdrücken. Wir haben das babylonische System als „mächtig" bezeichnet – das liegt einfach daran, daß 60

Bild 3.1 Teil einer babylonischen Tafel aus Sippar (um 870 v. Chr.), die sich heute im Britischen Museum befindet. Ein beigefügter Text verzeichnet die Restauration des antiken Bildes (hier auf dem Altar zu sehen) des Sonnengottes Schamasch.

so viele Primfaktoren enthält. (Es ist ein großes Versehen Gottes, daß er uns keine zwölf Finger gegeben hat.)

Die Sumerer und die Babylonier nach ihnen wurden Experten in diesem Zahlensystem, und zu ihrer Unterstützung ersannen sie eine der nützlichsten wissenschaftlichen Erfindungen überhaupt: die *Rechentafel*. Sie hatten Multiplikationstafeln, Tafeln für Kehrwerte, für Quadrate und selbst für Quadratwurzeln. Die Babylonier waren Meister in der Anwendung von Verfahren, die wir nur als algebraisch bezeichnen können. Sie konnten lineare und quadratische Gleichungen lösen, selbst manche Typen von Gleichungen höheren Grades. Sie benützten geometrische Beweise algebraischer Formeln, wie wir es tun, wenn wir der griechischen Tradition folgen. Diese Techniken blühten unter der ersten babylonischen Dynastie auf, die mit Hammurabi dem „Gesetzgeber" begann und drei Jahrhunderte dauerte. (Sie war nicht später als 1531 zu Ende, einige behaupten bereits 1651 v. Chr.) Alles deutet darauf hin, daß verhältnismäßig viele in der gebildeten Priesterschaft in der Arithmetik Experten waren, und das ist für den astronomischen Stil, den sie der Welt gaben, von großer Bedeutung.

Die früheste dokumentierte Epoche der mesopotamischen Geschichte spricht für eine große Vielfalt örtlicher Kulte, die sich mit Änderungen in der politischen Macht ausbreiteten und selbst von der älteren sumerischen Bevölkerung auf ihre semitischen Nachfolger übergingen. Viele der Götter hatten nichts mit dem Himmel zu tun, aber die Stadt Ur favorisierte eine lokale Gottheit namens Sin, ein Mondgott; die Städte Larsa und Sippar folgten dem Sonnengott Schamasch, und mehrere hatten die Ischtar – später der Planet Venus, aber vielleicht einst eine Personifizierung der Fruchtbarkeit. Babylon selbst hielt Marduk die Treue – einem Gott, dem als „Schöpfer" die Oberhoheit eingeräumt wurde, als Hammurabi die Götter der Stadtstaaten zu einem einzigen Pantheon zusammenfaßte.

Keinesfalls können alle Götter mit Sternen identifiziert werden: Die drei höchsten – Anu, Enlil und Ea – entsprechen Himmel, Erde und Wasser. Man kann jedoch mit einigem Recht behaupten, die meisten alten babylonischen Götter seien in gewisser Weise *kosmisch* gewesen. Ein starkes Interesse an kosmischen Dingen ist in der ältesten uns überlieferten Literatur augenfällig. Das babylonische Gilgamesch-Epos enthält Hinweise auf eine rituelle Beobachtung von Sonne, Mond und Planeten über den Spitzen entfernter Gipfel.

Nach dem Trauma des Todes seines Begleiters kommt Gilgamesch auf seiner Reise zum Gebirge Maschu, „dessen Gipfel die Gestade des Himmels erreichen und das nach unten bis in die Unterwelt hinab reicht." Hier betete er zum Mond (Sin), ihn selbst zu verschonen. Im Berg gab es ein Tor, das die Sonne auf ihrer täglichen Reise passierte und das von zwei Skorpionleuten, einem Mann und einer Frau, bewacht wurde; diese erlaubten ihm aber einzutreten. Gilgamesch wandelte elf Stunden in völliger Dunkelheit, ferner eine zwölfte, die offenbar Dämmerung war, bevor er auf der anderen Seite herauskam und in einen schönen Garten mit Büschen voller Juwelen trat. Er entdeckte eine Pflanze, die Unsterblichkeit verleihen kann, sie wurde aber von einer Schlange weggeschnappt, die sie verschlang, sich dann häutete und ihr Leben erneuerte. Vermutlich liegt hier eine Allegorie der Sonnenbewegung vor. Der Sonne wurde wie der Schlange die Fähigkeit unterstellt, das Leben erneuern zu können, aber Gilgamesch wurde diese Option versagt. Die düstere Botschaft des Epos besteht darin, daß die Menschheit sterblich ist.

Alte babylonische Rollsiegel – gravierte Zylinder, die so groß sind wie eine Federspitze und die auf weichem Ton abgerollt werden, um ein Bild zu reproduzieren – stützen den Gedanken, daß die Elemente solcher Geschichten wohlbekannt sind. Sie zeigen oft den Sonnengott, wie er durch einen Gebirgspaß zwischen zwei Torposten schreitet und manchmal den Schlüssel zum Tor schwenkt. Löwen stehen an den Toren, ein übliches Sonnenattribut, und von den Armen des Gottes gehen Sonnenstrahlen aus. Es gibt in Babylonien keine Berge, die vom Tigristal aus zu sehen wären. Jeder Gebirgs-Sonnengott, der dort verehrt wurde, dürfte von Elam im Osten (und der Region um die Stadt Susa) oder von den Bergketten gekommen sein, die sich von dort nordwestlich bis in die heutige Türkei erstrecken. In der frühesten Epoche wird der Sonnengott mit einer sägeartigen Waffe in der Hand dargestellt, und wenn er sich nicht mit seinen Händen emporhebt, dann steht er mit einem Fuß auf einem Berg. In den Darstellungen des Mittleren Reiches – um 2800 v. Chr., aber noch vor den schriftlichen Quellen – nimmt, passend zum neuen Terrain, ein Schemel den Platz des Berges ein. Dies zeigt die Bedeutung örtlicher Umstände. Wie die Mythologie von ihnen mitbestimmt wird, so muß es sich mit den religiösen Techniken der Himmelsbeobachtung verhalten haben.

Unter Hammurabi wurde nicht nur das Pantheon, sondern auch der Kalender vereinheitlicht, und den Monaten wurden babylonische Namen gegeben. Da der Monat ungefähr, aber nicht genau 29,5 Tage lang ist und da die Zahl der Monate in einem Sonnenjahr nicht ganz ist (sie liegt bei 12,4), ist bei jedem Kalender, der beides berücksichtigen soll, eine Interkalationsordnung nötig. Es wurden Regeln gefunden, die bestimmten, ob ein Monat neunundzwanzig oder dreißig Tage oder ob ein Jahr zwölf oder dreizehn Monate haben sollte. Obwohl sie alles andere als perfekt waren und nicht allgemein angewendet wurden, blieben sie bis 528 v. Chr. in Gebrauch.

Die Babylonier sind immer mit der Astrologie in Verbindung gebracht worden, freilich nicht immer völlig zu Recht. Die mit diesem Wort gewöhnlich belegte Beschäftigung kam erst relativ spät auf und geht viel auf *griechische* Einflüsse zurück, aber es stimmt, daß die babylonische Weissagung sehr frühzeitig einen kosmischen Charakter annahm. Es gibt eine große Kollektion von Omina, insgesamt etwa siebentausend, die ursprünglich viele Tausende von Erscheinungen enthielt, die für die Auslegung offenstanden. Die Reihe ist nach ihren Anfangsworten als „Enuma Anu Enlil" bekannt. Die Omina sind uns seit der Zeit der Kassitenherrschaft über die Babylonier (so um 1500 bis 1250 v. Chr.) auf Schreibtafeln erhalten, aber viele davon stammen höchstwahrscheinlich von Quellen so früh wie die akkadische Dynastie (um 2300 v. Chr.). Viele dieser Omina betreffen die astrologische Bedeutung der Position und der Erscheinung des Planeten Venus. Die dreiundsechzigste Tafel einer Reihe von Omina ist eines der wichtigsten aller frühen astronomischen Dokumente, denn sie handelt von Methoden zur Berechnung der Erscheinung und des Verschwindens der Venus sowie von der astrologischen Interpretation dieser Phänomene.

Die Venus-Tafeln (mehrere Kopien sind erhalten) werden auf die Zeit von König Ammissaduqa datiert, dessen Herrschaft 146 Jahre nach dem Beginn der Herrschaft Hammurabis begann. Wir sprachen früher von heliakischen Auf- und Untergängen von Fixstenen. Auf der Ammissaduqa-Tafel steht eine eigentlich komplette Liste der heliakischen Auf- und Untergänge des Planeten Venus für eine Zeitspanne von einundzwanzig Jahren, wobei jedem Ereignis eine astrologische Auslegung hinsichtlich der Geschicke von Klima und Krieg, Hunger und Krankheit, Königen und Nationen gewidmet ist.

Planetenbewegungen – eine Abschweifung

Um diese bemerkenswerten Tafeln besprechen zu können, müssen wir zuerst etwas ausholen und von einem modernen Standpunkt die einschlägigen Bewegungen erklären. Obwohl es der antiken Sicht dieser Dinge nicht entspricht, ist es nützlich, sich diese Bewegungen in einem sonnenzentrierten Planetensystem vorzustellen. Alle dem bloßen Auge sichtbaren Planeten haben denselben Umlaufsinn um die Sonne: Wenn wir von der Nordhälfte des Himmels auf das Sonnensystem blicken, geschehen die Umläufe im Gegenuhrzeigersinn. (Hier sind die langzeitlichen Bewegungen gemeint, die nichts mit den scheinbaren Tagesbewegungen, den Auf- und Untergängen zu tun haben, die von der Drehung der Erde um ihre eigene Achse herrühren.) Ein Planet, der von einem Ort auf der Nordhalbkugel der Erde beobachtet wird, wird natürlich täglich auf- und untergehen. Über einen langen Zeitraum vor dem Hintergrund der Fixsterne gesehen, hat er aber die Tendenz, langsam nach links, also gegensinnig zur Tagesbewegung, zu laufen. Er wird jeden Tag etwas später aufgehen. Das gilt auch für die Sonne, denn – wie man sich schnell klarmacht – so wie die Erde im Gegenuhrzeigersinn um die Sonne läuft, so geht die Sonne, bezogen auf die Erde, im Gegenuhrzeigersinn um die Erde. Bild 3.2 illustriert diesen allgemeinen Sachverhalt. Diese Art der Bewegung wird „rechtläufig" oder „direkt" genannt. Für spätere Verweise: Die „Längenkoordinaten" von Planeten und Sternen werden immer in diesem Sinn genommen, wenn deren Positionen in bezug auf die Ekliptik oder den Äquator aufgezeichnet werden.

Die Planeten sind bezüglich der Sterne im allgemeinen in rechtläufiger Bewegung, aber zeitweilig läuft ein Planet in der Gegenrichtung, was wir als „rückläufige" Bewegung bezeichnen. Die Venus ist der Sonne näher als wir und kann so zwischen uns und der Sonne oder jenseits von dieser liegen. Wenn die Venus in der jenseitigen Position ist, läuft sie in direkter Bewegung, denn sie hat an der direkten Bewegung der Sonne teil und

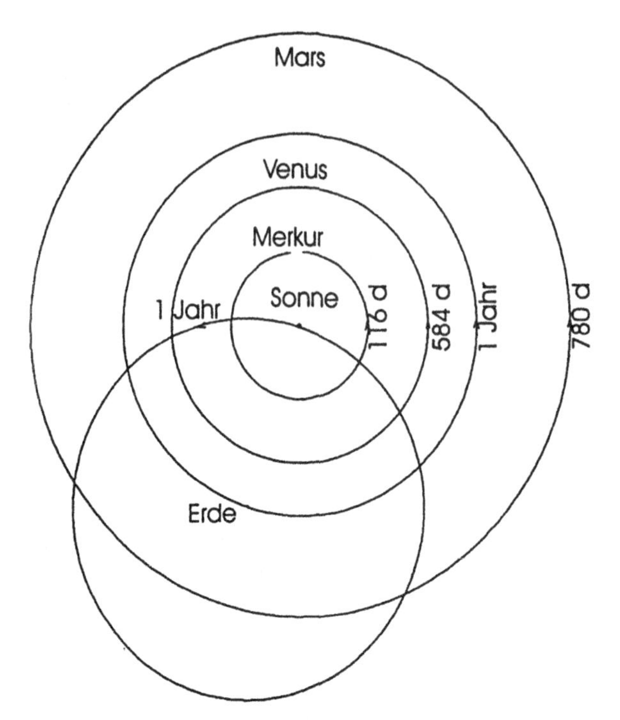

Bild 3.2 Heliozentrisches oder geozentrisches System?

dann kommt noch ihre eigene dazu. Wenn sie jedoch näher ist, kann sie eine rückläufige Bewegung (für unseren nördlichen Beobachter eine Bewegung von links nach rechts) haben, die schneller ist als die direkte Bewegung der Sonne (rechts nach links), an der sie – von der Erde aus gesehen – teilhat. Es wird nun gewisse Punkte geben, wo sie, von der Erde aus gesehen, scheinbar überhaupt keine Bewegung hat. Sie sind in Bild 3.3 (wo die Linie Sonne–Erde festgehalten ist) mit MS und AS gekennzeichnet, was *morgendlicher* bzw. *abendlicher stationärer* Punkt bedeutet. Wenn wir uns den Planeten als Begleiter der auf- und untergehenden Sonne denken, kommen wir schnell darauf, daß der Planet in der Position MS am Morgen zu sehen ist und vor der Sonne aufgeht, am Abend aber vor der Sonne unter den Horizont taucht und daher nicht sichtbar ist. Wenn er sich an seinem anderen stationären Punkt AS befindet, wird man ihn nur am Abend sehen.

Wenn die Venus in der Nachbarschaft der *oberen Konjunktion* (OK in der Abbildung) oder der *unteren Konjunktion* (UK) ist, wird sie nicht gesehen, denn sie geht in den Sonnenstrahlen unter. Sie muß ungefähr 10° Entfernung von der Sonne haben, um überhaupt gesehen werden zu können. (Dieser Winkel hängt von vielen Faktoren ab, aber wir brauchen hier nicht weiter ins Detail zu gehen.) Die Punkte ME und ML in der Figur sind die, an denen die Venus zum *ersten* und *letzten* Mal in ihrem Zyklus als *Morgen*stern zu sehen ist; und AE und AL sind die Punkte des *ersten* und *letzten* Erscheinens als *Abendstern*.

Bild 3.3 ist einigermaßen maßstäblich gezeichnet. Die Venus braucht 584 Tage für einen vollen Sonnenumlauf. Wie lange sie nicht zu sehen ist, hängt von verschiedenen Faktoren wie der geographischen Breite und der Jahreszeit ab. Als Faustregel gilt: Ein

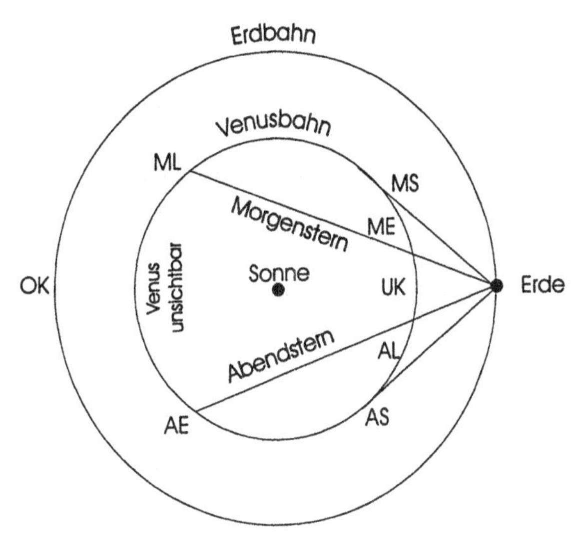

Bild 3.3 Auf- und Untergänge der Venus

Dutzend Wochen Unsichtbarkeit in der oberen Konjunktion und vierzehn Tage in der unteren Konjunktion sind nicht ungewöhnlich.

Der Merkur, der einzige weitere Planet zwischen uns und der Sonne, hat ein der Venus ähnliches Verhaltensmuster. Die äußeren Planeten (bis zur Entdeckung des Uranus im 18. Jahrhundert waren das Mars, Jupiter und Saturn), deren Umlaufbahnen außerhalb der unseren liegen, verhalten sich anders. Sie können zum Beispiel um Mitternacht hoch am Himmel stehen, was für Merkur und Venus offenbar nicht in Frage kommt. Aber auch sie können rückläufige Bewegungen zeigen, und auch sie haben Zeiten der Unsichtbarkeit, nämlich wenn ihr Winkelabstand von der Sonne bei der (oberen) Konjunktion klein ist.

Die Phänomene des ersten und letzten Erscheinens der Planeten waren für die Babylonier von großem Interesse. Vermutlich wurde die Aufmerksamkeit erst auf sie gelenkt, nachdem eine Tradition der Beobachtung der heliakischen Auf- und Untergänge der Fixsterne eingeführt war. Sie sollten sich von großer Wichtigkeit für die Grundlegung von Theorien erweisen, die zur Vorhersage von Planetenpositionen imstande waren, denn sie lieferten die ersten Bezugspunkte, bezüglich derer die Planetenpositionen zu bestimmten Zeiten angegeben werden konnten.

Die Venustafeln und die Astralreligion

Die Venustafeln von Ammissaduqa geben für einen Zeitraum von ungefähr 21 Jahren die Jahre, Monate und Tage an, an denen der Planet die Positionen AL, ME, ML und AE erreichte. Möglicherweise hat man schon damals gewußt, daß sich die Folge der Phänomene fast genau alle acht Jahre (genauer: alle 99 babylonische Monate minus 4 Tage) wiederholt. Dann sind jeweils fünf komplette Zyklen der vier Phänomene durchlaufen. Wir können diese Äquivalenz darauf zurückführen, daß die synodische Periode der Venus (die auf die Erde-Sonne-Linie bezogene Zeit für einen Umlauf um die Sonne) 583,92 Tage beträgt. Fünf solche Perioden dauern 2919,6 Tage, während acht Jahre von 365,25 Tagen 2922,0 Tage ausmachen. Die Astronomen machten in der ganzen späteren Geschichte viel Gebrauch von dieser Fast-Gleichheit, da sie erkannten, daß es relativ einfach ist, für den Planeten Venus nach den ersten acht Jahren leidlich gute Ephemeriden aufzustellen, weil sich die Planetenkoordinaten an fast denselben (Sonnen)kalenderdaten wiederholten. Für alle Planeten existieren ähnliche zyklische Beziehungen, allerdings keine so einfachen.

In einer Ausgabe der Tafeln wird offenbar, daß wir es nicht mehr mit einem Satz unmodifizierter Beobachtungen zu tun haben, denn es gibt ein erkennbares Muster in den Daten. Die Perioden der Unsichtbarkeit sind stets entweder auf drei Monate oder sieben Tage angesetzt, und man kann sehen, daß die Daten in Sätzen gruppiert sind, wobei von Satz zu Satz gleiche Erhöhungen auftreten. (So geht es von einem ME im Monat 1, Tag 2 zu einem späteren AE im Monat 2, Tag 3, zu einem späteren ME im Monat 3, Tag 4 usw.) Dies ist ein eindeutiger Hinweis dafür, daß die *Periodizität* der Phänomene erkannt wurde, und stellt damit einen bedeutenden Meilenstein in der Geschichte der wissenschaftlichen Astronomie dar. Leider kann die Tafel nicht mit Sicherheit datiert werden. Sie stammt aus der Zeit vor der Zerstörung von Assurbanipals Bibliothek durch die Meder im Jahre 612 v. Chr., könnte aber acht bis neun Jahrhunderte älter sein.

Die präzise Folge von Daten in den grundlegenden Ammissaduqa-Tafeln erlaubte B. L. van der Waerden, sie zu datieren und damit zwei von drei babylonischen Chronologien, die zuvor von den Historikern favorisiert wurden, zu verwerfen. Die Hammurabi-Dynastie wird nun gewöhnlich auf 1830 bis 1531 gelegt, wobei seine eigene Herrschaft von 1728 bis 1685 und die Ammissaduqas von 1582 bis 1562 v. Chr. dauerte.

Die Venustafeln wurden über viele Jahrhunderte immer wieder für religiöse und astrologische Zwecke kopiert. Der Planet wurde, wie oben erwähnt, mit der Göttin Ischtar identifiziert, und der Kalender, der ihr Erscheinen verzeichnete, war der einer Sonne und eines Mondes, die wiederum mit den Göttern Sin und Schamasch in Verbindung gebracht wurden. Astrologische und religiöse Motive können in dieser frühen Zeit nicht voneinander getrennt werden. Die *verehrten* Gottheiten waren aufgrund ihres Verhaltens am Himmel – so dachte man – imstande, zu *bestimmen*, was in Dingen der Liebe, des Krieges usw. geschieht. („Wenn die Venus hoch am Himmel steht, bereitet der Beischlaf Vergnügen . . . " usw.) Der dritte Aspekt der Sache, die *Voraussage* der Ereignisse mit Hilfe der Planeten, war etwas, das auf natürliche Weise folgte, sobald die Vorhersage ihrer Positionen wissenschaftlich möglich wurde. Freilich mußte man an ihre göttliche Macht glauben. Im Lauf der Zeit schwand dieser religiöse Glauben oder ging ganz verloren, der Glaube an die Möglichkeit einer *Vorhersage allein auf Grund von Planetenpositionen* blieb jedoch bestehen. Durch den Wegfall der Religion dürfte die Astrologie wissenschaftlicher geworden sein, hat dabei aber Rationalität eingebüßt. In der klassischen Antike und dann im Mittelalter und danach haben die Astrologen unter Mühen versucht, etwas von der verlorengegangenen Rationalität des Gegenstandes wiederherzustellen, indem sie Theorien des himmlischen Einflusses aufstellten.

Die assyrische Periode

Babylon fiel 1530 v. Chr. an die Hethiter, wurde allerdings bald dem Kassitenreich einverleibt. Die Epoche ging um 1160 v. Chr. zu Ende, aber während dieser Zeit wurde die astronomische Tradition schrittweise gestärkt. Die astrologische Reihe, die Listen von Omina enthält und als *Enuma Anu Enlil* bekannt ist, wurde niedergeschrieben. (Diese Folge von Tafeln haben wir oben erwähnt, weil sie uns die Venusdaten aus der Zeit von Ammissaduqa erhalten hat.) Babylon hatte bereits einen Ruf für die Gelehrsamkeit, und es ist aufschlußreich, daß die Assyrer bereits vor der assyrischen Herrschaft den babylonischen Dialekt in ihren Inschriften verwendeten. Sternlisten wurden aufgestellt, die das Kommen und Gehen der Monate mit den heliakischen Aufgängen von Sternen verknüpften. Sie werden oft irreführend als „Astrolabe" bezeichnet, aber sind eher unter ihrem assyrischen Namen „Die je drei Sterne" bekannt. Sie enthielten typischerweise insgesamt sechsunddreißig Sterne, zwölf „Sterne von Anu", die dem Himmelsäquator nahe waren, zwölf „Sterne von Ea" südlich davon und zwölf „Sterne von Enlil" im Norden. (Merkwürdigerweise tauchen gelegentlich auch die Namen der Planeten auf. Deren heliakische Aufgänge haben nämlich keine festen Daten.) Es scheint heute wahrscheinlich, daß die „Pfade" der drei Götter nicht Bänder am Himmel, sondern Abschnitte des östlichen Horizonts sind, innerhalb derer die Sterne aufgehen. Bekannte Exemplare des „Die je drei Sterne" kommen aus Babylon, Assur, Ninive und Uruk. Einige dieser speziellen Tontafeln waren rechteckig, andere waren kreisförmig und ähnelten einem Dartbrett mit zwölf Sektionen.

Gewisse Zahlzeichen auf zweien davon (die eine rechteckig und die andere kreisrund) wurden als Anzeichen dafür interpretiert, daß die Babylonier den Tag (und auch die Nacht) in zwölf gleiche Teile teilten. (Vergleiche, was wir über dieselbe ägyptische Teilung gesagt haben.) Diese Unterteilung, die bei strikter Anwendung die Länge der Stunden mit der Jahreszeit variieren läßt, wurde im ganzen Nahen Osten und am Ende in ganz Europa gebräuchlich. Der griechische Historiker Herodot berichtet im fünften Jahrhundert v. Chr., die Griechen hätten ihren zwölfteiligen Tag von den Babyloniern übernommen. Sie wurde trotz ihrer wahrscheinlich astronomischen Herkunft die Methode der Zeitrechnung des gemeinen Volkes. Auf der anderen Seite gibt es die Methode der „gleichen Stunden", bei der anhand der Tagesdrehung des Himmels oder mittels einer Wasseruhr genau gemessen wird. Ein Elfenbeinprisma, das aus dem Ninive einer späteren Epoche (achtes Jahrhundert v. Chr. oder später) stammt und sich heute im Britischen Museum befindet, zeigt, daß die Umrechnung zwischen den beiden Zeitsystemen damals als ein astronomisches Problem aufgefaßt wurde. Die Astronomen verwendeten ein System von zwölf Doppelstunden (bēru), die jeweils in dreißig Teile (uš) unterteilt waren – ein Teil entspricht also vier Minuten unserer Zeit.

Aus der „Die je drei Sterne"-Tradition erwuchs eine andere: eine Reihe von Tafeln, die als mul-Apin bekannt sind. Was man über sie weiß, wurde aus Texten aus mehreren Jahrhunderten zusammengestückelt, aber der grundlegende Satz bestand anscheinend in gerade einem Paar von Tafeln. Nach Auswertung von Dutzenden von Fragmenten kennt man die erste fast ganz und die zweite zum größten Teil. Sie enthalten mit Ausnahme der Omina offenbar eine Zusammenfassung des größten Teils des babylonischen astronomischen

Wissens vor dem siebten Jahrhundert v. Chr.Es gibt Verbesserungen gegenüber den älteren Listen der „Sterne von Ea, Anu und Enlil", es existieren Listen von Sternen, die aufgehen, während andere untergehen, und von Zeiten der Sichtbarkeit von gewissen Sternen. Die Tafeln erlauben, sich von den babylonischen Sternbildern und ihren Namen und Mustern ein Bild zu machen. Sie sind nicht ganz die unseren, wenngleich unsere durch die Vermittlung der Griechen letztlich auf sie zurückgehen. (Zum Beispiel ist Apin, was „Pflug" bedeutet, unser Sternbild Triangulum, ergänzt um den Stern γ Andromedae.)

Die Sterne gehen in der Wüste nicht in einer eindeutigen Weise auf und unter, wie sie es in der Hollywood-Ausgabe von Arabien zu tun pflegen. Wie in kühleren Breiten der Wasserdampf zusätzlich zur übrigen atmosphärischen Absorption die Sicht merklich beeinträchtigt, so ist im Nahen Osten der Horizont oft wegen atmosphärischer Turbulenzen und Staub undeutlich. Da die Beobachtung der Aufgänge so oft eine Sache auf gut Glück war und zudem der Blick von Gebäuden verstellt sein konnte, gaben die mul-Apin-Tafeln Listen von sekundären Sternen (den ziqpu-Sternen) an, die kulminierten (den Meridian kreuzten), wenn die fundamentaleren aufgingen. Unter „fundamentalem Stern" verstehen wir den Stern, über dessen Horizontposition Zeit und Kalender berechnet werden. Diese Liste von ziqpu-Sternen ist wissenschaftlich bedeutend, weil sie einen Schritt auf ein verläßlicheres Zeitmaß hin darstellt. Es gibt zum Beispiel Berichte von Mondfinsternissen, die spätestens aus dem siebten Jahrhundert v. Chr. stammen und die Zeit unter Verweis auf die Kulmination von ziqpu-Sternen messen, die für kleine Zeitunterschiede durch Wasseruhren ergänzt wurden. (Die verwendete Zeiteinheit war das uš: 4 Minuten unserer Zeit.)

Die mul-Apin-Reihe macht keinen Gebrauch von den Tierkreiszeichen, um die Sonnenbahn am Himmel in Zwölftel zu teilen, sondern verwendet ein ähnliches System, denn sie listet die Sternbilder in der *Mond*bahn auf. Es gibt anscheinend achtzehn benannte Sternbilder, die Götter in der Mondbahn, statt der späteren zwölf des Tierkreises. Freilich fällt die Mondbahn am Himmel mehr oder weniger mit der Sonnenbahn zusammen – die Bahnebenen sind um fünf Grad gegeneinander geneigt –, so daß die längere Liste die kürzere enthält. Dem Text zufolge meinte man, die Sonne, der Mond und die fünf Planeten würden auf derselben Bahn laufen. Trotz der achtzehnteiligen Aufteilung des Himmels war das Sonnenjahr damals sicherlich in zwölf Monate unterteilt.

Ein weiteres Beispiel für die Art, in der die mul-Apin-Reihe für einen wachsenden mathematischen Anteil an der Astronomie zeugt, besteht in ihrer Liste mit den Zeiten, wann eine vertikale Stange (Gnomon) von der Höhe einer Elle zu den verschiedenen Jahreszeiten einen Schatten der Länge 1, 2, 3, 4, 5, 6, 7, 8, 9 oder 10 Ellen wirft. Wieder ist dies strenggenommen kein Meßprotokoll, sondern vielmehr eine rationalisierte Liste, die gewisse grobe Proportionalitätsregeln zwischen der seit dem Sonnenaufgang verstrichenen Zeit und der Schattenlänge verkörpert. Obwohl die Liste primitiv ist, ist sie doch echt wissenschaftlich, und wir finden dieselbe systematische Reduktion der Beobachtung auf eine rationale Ordnung auch an anderen Stellen der Tafeln. Sie geben zum Beispiel Regeln zur Berechnung der Auf- und Untergangszeiten des Mondes in Beziehung zu dessen Phase an. (So findet der Untergang bei Neumond unmittelbar vor dem Sonnenuntergang statt, danach ist er jeden Tag um ein weiteres Fünfzehntel der Nacht verzögert, und nach der fünfzehnten Nacht gibt es analoge Regeln für den Aufgang.) Dieselben Regeln waren noch in römischer Zeit in Gebrauch. Dieses Material beruht nicht nur auf arithmetischen Prozeduren, es ist auch sehr praktisch. Ein einfaches Schema für die Aufnahme von zusätzlichen Tagen in den Kalender beruht auf dem Datum, an dem der Mond im ersten Monat des Jahres die Plejaden passiert. In einem „idealen Jahr" – so heißt es in der Regel – geschieht dies am Tag 1. Wenn es am Tag 3 eintritt, dann ist eine Interkalation notwendig.

Den Planeten wird vergleichsweise eine viel geringere Beachtung geschenkt, und selbst die in diesem Werk vorgestellte Mondtheorie ist elementar im Vergleich zu dem, was zu der Zeit, als viele der heute erhaltenen Kopien hergestellt wurden, zur Verfügung stand. Sie hatten eine lange Geschichte, aber stammten wahrscheinlich von irgendwo in der Nähe des Breitengrads von Ninive und vom Beginn des ersten Jahrtausends. Was auch immer ihr genaues Datum sein mag, sie sind ein Beleg für ein starkes Bemühen um ein theoretisches Rahmenwerk der Astronomie.

Babylonische Unabhängigkeit und persische Herrschaft

Während der ganzen Epoche, die den Untergang des assyrischen Reichs, die Wiedergeburt Babylons unter chaldäischer Herrschaft und dann die persischen Eroberungen sah, schienen das geistige Leben und die Ausübung der Religion unberührt weiterzulaufen. Die Texte wurden weiterhin in Keilschrift und in der sumerischen und akkadischen Sprache geschrieben, selbst nachdem beide im Zivilleben der aramäischen Sprache und dem Alphabet Platz gemacht hatten. Die Omina wurden von einem neuen Stil der Weissagung verdrängt. Sie beruhte auf dem Horoskop, das heißt der Anordnung am Himmel zu einem Zeitpunkt, der für signifikant gehalten wurde: der Beginn einer Reise, eine Schlacht, die Geburt eines Menschen oder was auch immer. Es gab eine systematische Beobachtung der Phänomene der Planeten und des Mondes sowie der Eklipsen. Sie war nicht sporadisch, sondern wurde ohne ernsthafte Unterbrechung bis in die späte Seleukidenzeit durchgeführt. Die Aufzeichnungen, die für wertvoll gehalten wurden, sind als Texte in seleukidischen Archiven erhalten. Die beiden Hauptkategorien bestehen in dem, was A. Sachs die „astronomischen Tagebücher" nannte, und (seltener) in Datensammlungen für besondere Arten astronomischer Erscheinungen, wie sie über mehrere Jahre hindurch beobachtet wurden.

Die Tagebücher (sie liegen seit 568 v. Chr. vor) verzeichnen vielerlei „bedeutsame" Ereignisse: Planetenpositionen in Beziehung zu den Fixsternen, das Wetter, Sonnenhalos, Erdbeben, Epedemien, Wasserstände, sogar Marktpreise. Winkelpositionen wurden in „Fingern" und „Ellen" (von denen jede vierundzwanzig Finger hatte) angegeben, die übliche Längenmaße waren. Hier ist ein Finger anscheinend 2 bis 2,5 Grad.

Die Sammlungen von Beobachtungen sollten sich auf lange Zeit als von großer Wichtigkeit erweisen. So wählte der alexandrinische Astronom Ptolemäus das Jahr von Nabonassars Thronbesteigung (748 v. Chr.) als Beginn seines Kalenders ausdrücklich, weil die alten Beobachtungen seit dieser Zeit bewahrt wurden. Einige der Eklipsendaten in heute zur Verfügung stehenden Sammlungen reichen bis 731 v. Chr. zurück. Mond- und Sonnenfinsternisse, beide in Perioden von 18 Jahren angeordnet, Beobachtungen des Jupiters (zwölfjährige Perioden), der Venus (achtjährige Perioden – die Gründe dafür wurden oben erklärt) und weitere für Merkur und Saturn sind hier aufgenommen. Im Lauf der Zeit wurden mehr Einzelheiten dazugenommen, indem zum Beispiel Konjunktionen mit Fixsternen und Entfernungen zu ihnen aufgezeichnet wurden. Die Registrierung von Planetenperiodizitäten war auch neu, sie waren zwar offenbar viel früher bekannt, aber nicht einmal in den mul-Apin-Texten explizit verzeichnet. Sie wurden jetzt zunehmend als eine Hilfe zur Vorhersage genommen, kurze Perioden für den groben Gebrauch und längere Perioden, wenn eine größere Genauigkeit gefordert war.

Die achtzehnjährige Periode von Sonne und Mond ist in der späteren Geschichte der Kalenderrechnung von großer Bedeutung. Die Babylonier entdeckten eine Periode, mit der sich der Zyklus der Eklipsen mehr oder weniger wiederholt, und zwar nicht nur im Charakter, sondern auch in der Tageszeit. Sie entdeckten, daß dies nach 18 Jahren, oder genauer $6585\frac{1}{3}$ Tagen (18,03 Jahren), bzw. einer ganzen Zahl (223) von *synodischen Monaten* (Neumond bis Neumond) geschieht. Sie hatten mit dieser Entdeckung Glück, weil die Tageszeit einer Eklipse stark von der Bewegung des Mondes „in Anomalie" abhängt, um den modernen Fachausdruck zu benutzen. Der *anomalistische Monat* ist die Zeitspanne zwischen zwei aufeinanderfolgenden Perigäumsdurchläufen (das Perigäum ist der erdnächste Punkt der Mondbahn), und zufällig sind 223 synodische Monate ungefähr 239 anomalistische Monate.

Dies ist eine passende Stelle, um den *drakonitischen Monat* einzuführen, der unter Bezug auf die Mondknoten gemessen wird. Das sind die Punkte am Himmel, in denen die Mondbahn die Sonnenbahn kreuzt. Wenn man sich die beiden Möglichkeiten einer Eklipse vorstellt, dürfte einem klar sein, daß sich dazu Sonne und Mond gleichzeitig in der Nähe eines Knotens aufhalten müssen. (Der Mond kann sich etwa um fünf Grad von der Sonnenbahn entfernen, und die scheinbaren Winkelgrößen der beiden Himmelskörper betragen nur ungefähr ein halbes Grad.) Nun sind 223 synodische Monate gerade ungefähr 242 drakonitische Monate, und der Umstand, daß wir wieder eine ganze Zahl haben, macht die Periode von achtzehn Jahren so wertvoll in der Eklipsenberechnung.

Die Periode von 223 Monaten wird immer noch von einigen modernen Autoren fälschlicherweise ein *Saros* genannt, womit sie ein griechisches Wort benützen, das zur Bezeichnung einer viel größeren babylonischen Periode (3 600 Jahre) verwendet wurde. Der moderne Gebrauch hat eine lange und verschlungene Geschichte, geht aber nur bis etwa 1000 n. Chr. und die *Enzyklopädie* von Suidas („Suda"-Lexikon) zurück. Die alten Griechen nahmen manchmal, um den Dritteltag loszuwerden, eine Periode von 669 Monaten, den sogenannten *Exeligmos.* Dieses kannten die Babylonier früher auch.

Es wurde manchmal irrtümlich vermutet, daß die 223monatige Periode vornehmlich benutzt wurde, um Sonnen- und Mondkalender in Einklang zu bringen, aber ihr Wert ging für die Astronomen offensichtlich darüber hinaus. Wer die Genauigkeit überprüfen möchte, möge die heutigen Zahlen für die Längen der benannten Monate nehmen: synodischer M. 29,5306 Tage, anomalistischer M. 27,5546 Tage und drakonistischer M. 27,2122 Tage. Für später: Eine vierte Art Monat ist der *siderische,* in dem der Mond, von der Erde aus gesehen, zur selben Stelle am Sternenhimmel zurückkehrt. Seine mittlere Dauer beträgt 27,3217 Tage. Bei allen Tagesangaben sind hier mittlere Sonnentage gemeint.

Im Vergleich zu diesen Entdeckungen muß das Auffinden der für einen Lunisolarkalender (einer der Monate und Jahre verbindet) erforderlichen Periodizitäten als eine relativ triviale Angelegenheit erscheinen. Dennoch wurde dies in allen nahöstlichen Religionen, im antiken Griechenland und später in der islamischen und christlichen Welt, als eine Sache großer Bedeutung gesehen. Im sechsten Jahrhundert verwendeten die Babylonier eine Zeitlang eine Achtjahresperiode (99 synodische Monate), und später eine siebenundzwanzigjährige Periode (334 Monate). Die Periode mit der größten Verbreitung setzte jedoch neunzehn Jahre mit 235 Monaten gleich. Wie exzellent diese Beziehung ist, kann leicht mit der obigen Angabe zum synodischen Monat verifiziert werden. Dabei könnten wir aber leicht einen wichtigen Punkt übersehen. Denn was sollen wir als die Länge des Jahres ansetzen?

Wenn wir 365,25 Tage nehmen, kommen wir auf eine Diskrepanz von etwa 0,06 Tagen. Wie wir wissen, ist 365,25 nur ein Näherungswert. Wieder müssen wir zwischen zwei Möglichkeiten unterscheiden, unsere Zeiteinheit – diesmal das Sonnenjahr – zu definieren. So wie wir den siderischen Monat haben, so gibt es ein *siderisches Jahr*, bei dem die Sonne auf die Fixsterne bezogen wird. Die mindestens seit der Zeit der Griechen üblichere astronomische Definition bestimmt das Jahr (das *tropische Jahr*) auf andere Weise, nämlich durch die Wiederkehr der Sonne zu einem der Äquinoktial- oder einem der Solstitialpunkte. Heute bezieht man sich gewöhnlich auf die Rückkehr der Sonne in den Frühlings-Äquinoktialpunkt oder „Frühlingspunkt" – den abstrakten Punkt, der später als Ursprung des astronomischen Koordinatensystems dienen wird. Die Ekliptik und der Himmelsäquator treffen sich dort, oder die Sonne passiert im Frühlingsäquinoktium den Punkt auf ihrer Reise vom Süden zum Norden der Himmelskugel. Wir dürfen nicht annehmen, daß seine Ursprünge so abstrakt sind, schließlich haben, wie wir dargelegt haben, die vorgeschichtlichen Ursprünge der Astronomie die Beobachtung dieser Punkte im Sonnenjahr enthalten.

Weshalb sollten die beiden Definitionen verschiedene Ergebnisse zeitigen? Daß sie es tun, wurde so richtig erst durch den griechischen Astronomen Hipparchos im zweiten Jahrhundert v. Chr. entdeckt. Von höherer Warte aus kann man sagen, dies sei eine Folge der Tatsache, daß die Erdachse keine konstante Orientierung im Raum hat, was dazu führt, daß sich der Frühlingspunkt relativ zu den Sternen bewegt. So beträgt das tropische Jahr (heute) 365,2422 und das siderische Jahr 365,2564 mittlere Sonnentage.

Der Unterschied ist gering. Aber die babylonische Astronomie war genau, und man kann aus mehreren von ihren zyklischen Relationen schließen, daß sie unter Annahme des *siderischen Jahres* abgeleitet wurden. Da die frühen griechischen Astronomen allgemein das *tropische Jahr* verwendeten, haben wir hier einen von mehreren fundamentalen Unterschieden zwischen diesen beiden wichtigen Astronomengruppen.

Wie bei der Sonne und dem Mond gibt es bei der Sonne und den Planeten einfache Periodenbeziehungen, die von den Babyloniern frühzeitig gefunden wurden. Wir haben die Venus bereits besprochen, die in acht Jahren fünfmal die Sonne umrundet und achtmal zum selben Ort in den Sternen zurückkehrt. Wir wollen diesen Befund mit (8J, 5u, 8z) abkürzen und können dann sagen, zumindest einige der folgenden Beziehungen wurden lange, bevor sie in seleukidischer Zeit aufgezeichnet wurden, benützt: Merkur (46J, 145u, 46z), Mars (79J, 37u, 42z) und auch (47J, 22u, 25z), Jupiter (83J, 76u, 7z) und auch (71J, 65u, 6z) Saturn (59J, 57u, 2z). Wie diese Perioden benützt wurden, ist in einer Textgattung beschrieben, die A. Sachs „Goal-Year-Texte" genannt hat.

Die Babylonier wußten, daß diese Beziehungen nicht exakt sind, und benutzten zusätzliche Regeln zu ihrer Korrektur. Bei der Venus sagte man beispielsweise, sie führe bei 5 Umläufen um die Sonne $2\frac{1}{2}$ Grad weniger als 8 Erdumrundungen relativ zum Fixsternhimmel aus. Solche Betrachtungen führten zur Angabe längerer Perioden. Im Fall der Venus: Da 1/144 zum Kreis fehlt, gibt es bei 720 ($720 = 144 \times 5$) Umrundungen der Sonne [synodischen Perioden] gerade 1 151 ($8 \times 144 - 1$) Rückkehren, und das in 1 151 Sonnenjahren.

Die für die anderen Planeten oft zitierten langperiodischen Beziehungen wurden in ähnlicher Weise gefunden. Ein gewisses Vergnügen an der Berechnung dieser langen Zeitspannen führte dazu, daß dies fast ein eigenes Thema wurde, das in Indien im Osten und – in eingeschränkter Form – in Griechenland im Westen Gefallen fand. Nach einem Bericht (Seneca) lehrte der Babylonier Berossos, der ein Bel-Priester war und im dritten Jahrhundert v. Chr. auf der griechischen Insel Kos eine astronomische Schule gründete, es gebe immer dann einen Weltbrand mit einer darauffolgenden Flut, wenn sich alle Planeten im letzten Grad des Sternbilds Krebs versammeln. Hier haben wir den Gedanken der Periodizität. Mit den beschriebenen Periodizitäten wird die Wiederkehr planetarer Einflüsse leicht zu einem Teil der religiösen und astrologischen Lehre und paßt gut zu der Idee, die Geschichte allgemein und auch die menschliche Existenz seien ein wiederkehrendes Phänomen. Um die Zeitspanne zu finden, nach der sich die Geschichte wiederhole, müsse man nur das kleinste gemeinsame Vielfache der langen Planetenperioden ermitteln. Dies war vielleicht zu viel verlangt. In einigen Berichten der Bel-Geschichte werden einfache, runde Jahreszahlen genannt, zum Beispiel 2 160 000 Jahre (600×3600). Die viel spätere Hindu-Periode, die als das Mahāyuga bekannt ist, ist gerade doppelt so lang und beweist die offenbare Verbindung mit der babylonischen Zeitrechnung. Als die Griechen ihr Konzept eines Großen Jahres festlegten, enthielt dies auch große Vielfache von 360.

Die Zahl 360, die wir als die Gradzahl eines Kreises wiedererkennen, ist fast so gut wie eine babylonische Unterschrift. Im frühen fünften Jahrhundert v. Chr. hatten die Babylonier das Zeug zu einem Koordinatensystem, denn sie hatten damals begonnen, die Einteilung des Tierkreises in zwölf „Tierkreiszeichen" von gleicher Länge vorzunehmen und diese nach den Konstellationen oder wichtigen Sterngruppen zu benennen: Widder, Stier (oder Plejaden), Zwillinge, Krebs . . . Wie in späteren Zeiten brachte das jedoch das Risiko, daß das Sternbild und das Sternzeichen desselben Namens verwechselt werden. Die mögliche Verwirrung wurde noch schwerwiegender, als die Präzessionsdrift der Äquinoktialpunkte die Sterne völlig aus ihren alten Tierkreiszeichen schob. Das babylonische Koordinatensystem, das bezüglich einzelner Sterne statt des Frühlingspunktes fixiert ist, war nicht ideal, obwohl es leicht zu verstehen ist – weil die Sterne im Gegensatz zum Frühlingspunkt sichtbar sind.

Daß sich die Systeme unterschieden, aber die Unterschiede oft nicht berücksichtigt wurden, wird nirgendwo anschaulicher als bei der gewöhnlichen babylonischen Aussage, der Frühlingspunkt liege bei 8° im Widder. Diese Bemerkung fand Eingang in eine zweitklassige mittelalterliche Astronomie, und als der Zusammenhang verloren war, hatte sie überhaupt keinen Sinn mehr. (Ihr wurde später im Zusammenhang mit der Theorie der Trepidation – ein Thema, auf das wir in Kapitel 8 zurückkommen – eine neue Bedeutung gegeben.)

Der erste griechische Text, der den astronomischen Gebrauch der Gradeinteilung aufweist, stammt von Hypsikles aus der Mitte des zweiten Jahrhunderts v. Chr.Er wurde von Hipparchos übernommen, dem einflußreichsten Astronomen vor Ptolemäus. Strabo hingegen schreibt ein Jahrhundert später, Eratosthenes habe den Kreis in sechzig Teile geteilt.

Die Seleukiden-Zeit

Die Festlegung eines Systems von Himmelskoordinaten – in diesem Fall die Teilung des Tierkreises in zwölf Tierkreiszeichen von jeweils dreißig Graden – war für den Fortschritt der mathematischen Astronomie von größter Bedeutung. Die genauen Umlaufszeiten der Planeten können auch ohne sie aufgrund von Beobachtungen über lange Zeiträume gefunden werden, für eine Analyse der Feinheiten der Planetenbewegungen ist ein solches System aber wesentlich. Die Motive für diese Analyse müssen zum Teil intellektuell-geistige gewesen sein, sie hatten aber auch viel mit Religion und astrologischer Weissagung zu tun.

Die alten mesopotamischen Sternreligionen hatten nur eine grobe Astrologie einfacher Omina zuwege gebracht. Verschiedene nahöstliche Religionen wie die Orphik und der Mithraskult unterstützten eine etwas entwickeltere Tierkreisastrologie, und einige von ihnen gelangten bei der Ausbreitung des Perserreiches in die römische und griechische Welt. Eine dieser orientalischen Religionen verdient besondere Erwähnung: der Zoroastrianismus. Diese religiöse Lehre, die dem Propheten Zoroaster (Zarathustra) zugeschrieben wird, wurde allmählich die dominierende Religion im Iran und wird dort sowie in Indien immer noch von isolierten Gemeinden praktiziert. Sein Lehrgebäude enthält einen ethischen Dualismus von guten und bösen Geistern und mischte sich leicht mit alten babylonischen Mythen, zum Beispiel dem Mythos, der den Kampf zwischen Marduk und der Tiamat beschreibt. Seine Bedeutung für die Astrologie ist aber weniger offensichtlich. In seinen späteren Versionen half er die Lehre zu verbreiten, der natürliche Ort der Seele liege im Himmel – oder spezifischer in den abendländischen Ausgaben: in den Planetensphären. B. L. van der Waerden hat sich für eine Verbindung zwischen den Lehren Zarathustras und dem Aufkommen von Geburtshoroskopen, vornehmlich in Griechenland, ausgesprochen. Da gab es den Gedanken, die Seele, die vom Himmel komme, wo sie an der Drehung der Sterne teilhatte, werde auch nach der Vereinigung mit einem menschlichen Körper von den Sternen regiert. Diese Vorstellung findet sich zum Beispiel im *Phaidros* des Athener Philosophen Plato.

Dieses philosophische Motiv dürfte den phänomenalen Aufstieg der Astrologie in der hellenistischen Welt nicht ganz erklären; dieser war jedenfalls ganz real und machte die astrologische Voraussage zum Verkaufsschlager. Die Griechen hatten von Zarathustra im fünften Jahrhundert v. Chr., ein Jahrhundert vor Plato, gehört, aber es ist interessant, daß für die Einführung der philosophischen Ideen Zarathustras bei den Griechen weitgehend einer der größten griechischen Astronomen, ein Zeitgenosse Platos, verantwortlich war. Der Gelehrte war Eudoxos von Knidos.

Wie groß der philosophische Einfluß des Zoroastrianismus auch war, astronomisch war dieser naiv. Es gab einige Routinen, die vom astronomischen Wissen profitiert haben dürften, wie die Voraussage der Ernte aus dem Tierkreiszeichen, in dem der Mond am Morgen der ersten Sichtbarkeit des Sirius steht, aber wir haben keinen Grund zu der Annahme, daß die Perser bei der tatsächlichen *Voraussage* solcher Dinge irgendeinen Fortschritt machten. Und selbst diese astrologische Lehre war wahrscheinlich entliehen. Die mathematische Astronomie, die für die Ausübung der horoskopischen Astrologie notwendig ist, verdankt fast alles den Babyloniern. Das älteste bekannte Keilschrift-Horoskop ist auf 410 v. Chr. datierbar und stammt aus einem babylonischen Tempel. Die Griechen schenkten bereits in Platons Jahrhundert den „Magiern" oder den „Chaldäern" Vertrauen, und in der ganzen klassischen Antike stehen diese Attribute als Synonyme für „Astrologen". Das sollte nicht wie so oft in der Vergangenheit den brillanten Beitrag der Babylonier zur Mathematik verdecken, mit der ihre Astrologie untermauert war.

Über 300 Keilschrifttafeln aus dieser Kategorie gibt es noch; viele davon sind beschädigt, und einige liegen in Fragmenten vor, die auf Museen in verschiedenen Ländern verteilt sind. Sie werden gewöhnlich in „Prozedurtexte" (in denen die Berechnungsmethoden erklärt werden) und „Ephemeriden" (in denen die Ergebnisse der Berechnungen wie in einem modernen nautischen Almanach für einen Zeitraum aufgeführt sind) eingeteilt. Die Ephemeriden (das griechische Wort *ephemeris* bedeutet einfach „täglich") sind über dreimal so zahlreich wie die Prozedurtexte. Alle stammen aus Babylon (Ausgrabung von 1870 bis 1890) und Uruk (ausgegraben zwischen 1910 und 1914), so daß wir selbst heute nicht alle Errungenschaften jener Menschen kennen dürften.

Es ist möglich, daß die Konzentrierung auf das Mondproblem zu vergleichbaren Lösungen für die Planeten führten. Wieviele Tage hat ein Monat? Ein babylonischer Monat begann mit dem ersten Erscheinen der dünnen Mondsichel nach Sonnenuntergang. Die Tage wurden ebenfalls vom Abend an gezählt. Nach dieser Definition hat ein Monat eine ganze Zahl von Tagen, und die Erfahrung lehrte, daß die Zahl entweder 29 oder 30 war. Aber wie entscheiden wir das im voraus? Heute haben wir ein allgemeines Bild der Situation, ein Modell, auf das wir geometrische Standardverfahren anwenden können, um eine Antwort abzuleiten. Selbst heute ist das alles andere als leicht. Die Babylonier, denen die Vorfahren kein derartiges Modell hinterlassen hatten, mußten die Arbeit umgekehrt tun. Lassen sie uns zunächst versuchen, die inneren Schwierigkeiten, denen sie sich gegenübersahen, einzuschätzen, indem wir zeigen, wie unsere Analyse vorgehen würde.

Wir beginnen mit der groben Näherung, daß ein Monat gerade 30 Tage dauert. Die Sonne schreitet auf dem Tierkreis um 1° pro Tag voran, so daß sie sich von Konjunktion bis Konjunktion mit dem Mond um 30° bewegt. Dann hat der sich schneller bewegende Mond 390° zurückgelegt, oder 13° pro Tag der dreißigtägigen Periode. (Ein genauerer Mittelwert ist 13,176°, die Mondgeschwindigkeit variiert allerdings beträchtlich.) Um nun vorherzusagen, wann der zunehmende Mond zum ersten Mal zu sehen ist, müssen mehrere Faktoren berücksichtigt werden:

1. Wegen der Helligkeit der Sonne müssen beide einen gewissen Mindestabstand haben.

2. Die Relativgeschwindigkeit von Sonne und Mond entscheidet, wie lange der Mond braucht, um diese Distanz zurückzulegen. Die durchschnittliche Relativgeschwindigkeit ist etwa 12° pro Tag; diese „tägliche Elongation" kann um zwei bis drei Grad in beiden Richtungen abweichen.

3. Der kritische Abstand wird von der Helligkeit des Hintergrundhimmels beeinflußt, die wiederum von dem Winkel zwischen dem Horizont und der Verbindungslinie

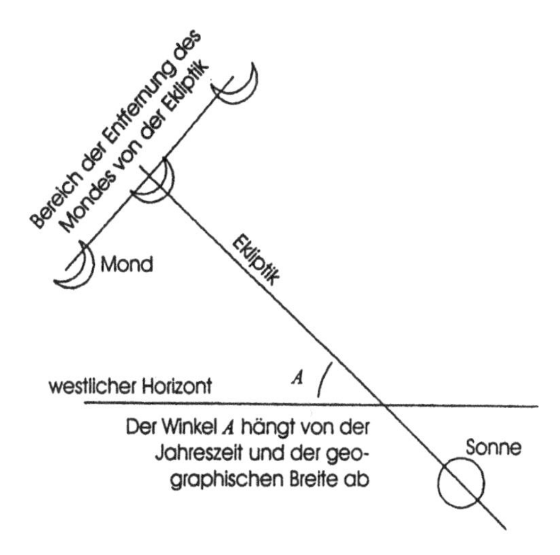

Bild 3.4 Erste Sichtbarkeit der Mondsichel

zwischen der untergehenden Sonne und dem zunehmenden Mond (s. Bild 3.4) bestimmt wird. Dieser Winkel wiederum ist von verschiedenen Faktoren abhängig: (a) von der Jahreszeit, die den Platz der Sonne auf ihrer Tierkreisbahn, der „Ekliptik", angibt, (b) von der Abweichung des Mondes von dieser Bahn, seine „ekliptikale Breite", die 5° übersteigen kann, und (c) von dem geographischen Ort (geogr. Breite) des Beobachters, der die Winkel bestimmt, unter denen die Sterne den Horizont beim Auf- und Untergehen schneiden.

Dies faßt unsere wahrscheinliche Vorgehensweise zusammen. Das Erstaunliche ist nun, daß es die Babylonier irgendwie schafften, die verschiedenen Faktoren durch Analyse ihrer Beobachtungen des Monatsbeginns herauszudestillieren. Das machten sie mit rein arithmetischen Methoden, das heißt ohne Rückgriff auf geometrische Modelle. Wenn wir ihre Ergebnisse hier in graphischer Form darstellen, geschieht das nur aus Ökonomie. Wer einen Eindruck des Originals bekommen möchte, sollte in Werken wie O. Neugebauers *Astronomical Cuneiform Texts* nachschauen, wo das Material transkribiert und analysiert ist.

Für die Darstellung der wechselnden Sonnen-, Mond- und Planetenbewegung sind zwei Hauptsysteme zu erkennen. Das erste, als „System A" bekannte, nimmt an, daß die Geschwindigkeit (z. B. der Sonne) in einem gewissen endlichen Bereich des Tierkreises einen konstanten Wert besitzt, dann auf einen anderen Wert springt, den sie für eine merkliche Zeit beibehält, bevor sie wieder wechselt usw. Wenn wir uns die Geschwindigkeit (nicht die Position) über der Zeit aufgetragen denken, erhalten wir eine „Stufenfunktion". In der graphischen Darstellung sieht dies wie eine Festungsmauer mit etwas unregelmäßigen Zinnen aus. „System B" ist ausgefeilter und nimmt an, jede Stufe – in der Tabelle der Positionen oder sonstigen Größen durch eine neue Zeile gegeben – sei von einem konstanten positiven oder negativen Betrag, außer wo ein vorgegebenes Maximum oder Minimum durchschritten wird. In diesen Fällen kehrt sich die Richtung der Änderung (Zuwachs oder Abnahme) um.

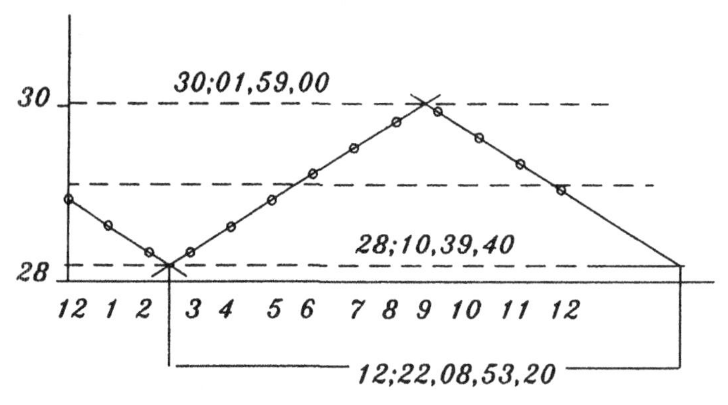

Bild 3.5 Die babylonische Zackenfunktion

Dieser Wechsel des Zuwachses tritt gemäß strikter Regeln ein, die am leichtesten mit Hilfe von Bild 3.5 zu erklären sind. In diesem besonderen Fall, der den Ephemeriden für das Jahr 179 der Seleukidenzeit (133–132 v. Chr.) entnommen ist, sind auf der horizontalen Achse gewissermaßen Monatseinheiten abgetragen, die in der ersten Spalte der Tafel genannt sind. Es stellt sich heraus, daß die eingetragenen Punkte den Zeitpunkten entsprechen, in denen die mittleren Konjunktionen von Sonne und Mond eintreten. Die vertikale Achse entspricht der zweiten Spalte in der Tafel, wo Sexagesimalzahlen um 28 und 29 stehen. (Erst als die Zahlen von heutigen Wissenschaftlern analysiert wurden, wurde klar, was sie darstellten.) Von einer weiteren Spalte, die in der Abbildung nicht berücksichtigt ist, läßt sich zeigen, daß sie die Längen von Sonne und Mond zur Zeit ihrer Konjunktion angibt. Da sich nun ergibt, daß die zweite Spalte die Differenzen zwischen aufeinanderfolgenden Einträgen in dieser dritten Spalte enthält, gibt diese zweite Kolonne in unserer Sprechweise offenbar die Sonnengeschwindigkeit (die Änderung der Länge pro Monat) an. Die aus Geradenstücken aufgebaute Zackenlinie (unsere graphische Darstellung rein arithmetischer Größen) steht für etwas, wofür wir heute zumindest eine Sinuskurve nehmen sollten. Insgesamt war das eine außerordentliche Leistung.

Die Periode der Zackenfunktion (in Monaten) ist leicht zu finden – sie ist in die Figur mit 12;22,08,53,20 eingetragen. Das ist der akzeptierte Wert der Jahreslänge, ausgedrückt in synodischen Monaten. Er wurde selbstverständlich nicht durch direkte Beobachtung gewonnen, sondern aus einer dieser zyklischen Beziehungen, auf die wir schon hingewiesen haben. In diesem Fall war es anscheinend die, die 810 Jahre mit 10 019 Monaten gleichsetzt. Natürlich müssen letztlich Beobachtungen beteiligt gewesen sein, aber Rechenvorteile müssen ebenfalls Eingang in die Rechnung gefunden haben. Leider sind nur die Endresultate des Unterfangens bekannt.

Andere Äquivalenzen wurden auch gefunden, zum Beispiel die von 225 Jahren und 2 783 Monaten, was 12;22,08 Monate aufs Jahr ergibt. Diese Zahl findet sich in Tafeln, die sowohl auf System A als auf System B basieren. Eine der überraschenderen Entdeckungen der Leute, die sich mit diesen Keilschrifttafeln abmühten, ist, daß das System A zwar älter ist, beide Systeme aber trotzdem während der gesamten Zeit, aus der Tafeln erhalten sind (250 bis 50 v. Chr.), im Gebrauch waren, und das in Babylon wie in Uruk.

Verhältnismäßig wenige Mondephemeriden decken mehr als ein Jahr ab. Die meisten haben Spalten für die Geschwindigkeiten und Positionen von Mond und Sonne. Einige führen in einer früheren Spalte entsprechend der Sonnenposition die Längen von Tag oder Nacht auf. Für uns läuft das auf eine Rechnung unter Anwendung der sphärischen Geometrie hinaus, aber den Babyloniern standen nur arithmetische Methoden zu Gebote. In einigen Fällen gab es Spalten für die Breite des Mondes und andere für die Größen der Verfinsterungen. *Jeden* Monat wurde eine Prozedur – eine Formel – zur Auffindung der Eklipsengröße angewendet, ob nun eine Finsternis fällig war oder nicht. Dies könnte als im Gegensatz zu einer empirischen Wissenschaft stehend empfunden werden, aber es spricht sicher für einen hohen Grad der Abstraktion und einen klaren Begriff von einer mathematischen Funktion. Unter den Rechenverfahren befanden sich einige zur Korrektur von Ergebnissen, die aufgrund einer Sonnengeschwindigkeit zustandegekommen waren, die man in einem frühen Stadium der Rechnung als konstant angesetzt hatte, von der man aber wußte, daß sie variabel ist. Bei System B war diese Korrektur zwangsläufig schwieriger als bei System A, was dessen Überleben zum Teil erklärt.

Man wußte, daß Mond- und Sonnenfinsternisse unmöglich sind, wenn der Mond zur Zeit des Neumondes oder Vollmondes eine zu große Breite hat. Das Problem der Sonnenfinsternisse ist viel schwieriger als das der Mondfinsternisse, und alles, was in ihrem Fall gesagt werden konnte, war, daß eine Eklipse unmöglich war. Um im vorhinein zu entscheiden, daß sie eintreten würde, hätten sie viel mehr Information über die Entfernungen und die Größen von Erde, Sonne und Mond gebraucht. Es existiert kein sicherer Beweis dafür, daß Wiederkehrmuster von Sonnenfinsternissen – ein weiterer Schlüssel zu ihrer Voraussage – bekannt waren, obwohl dies einige behauptet haben.

Die bisher erwähnten Tafeln handeln von langen Perioden in der Sonnen- und Mondbewegung, aber es gibt andere, die ähnliche Methoden für tägliche Änderungen benutzen. Von denen lassen sich zum Beispiel die Äquivalenz von 251 synodischen und 269 anomalistischen Monaten (wegen der Definitionen s. oben) ableiten. Hier wurden 29;31,50,08,20 Tage als Länge eines synodischen Monats und 27;33,20 Tage für den anomalistischen Monat genommen. Damit die hohe Genauigkeit dieser Zahlen deutlich wird, soll angemerkt werden, daß die heutigen Werte bis auf ein bzw. vier Teile in sechs Millionen mit ihnen identisch sind. (Es hat in der Zwischenzeit viel kleinere Änderungen bei den Umlaufzeiten gegeben, so daß der Vergleich nicht absolut zutrifft.) Historisch interessanter ist der Vergleich zwischen der hier zitierten Länge des babylonischen synodischen Monats und derjenigen in den sog. Toledanischen Tafeln aus dem Hochmittelalter. Die beiden sind für alle Zwecke identisch.

Als die Babylonier der Seleukidenzeit ihre Aufmerksamkeit den Planeten zuwandten, kamen ihre Algorithmen – um in unserem graphischen Bild zu bleiben – der idealen Sinuskurve einen Schritt näher. (Es gibt tatsächlich Tafeln für die Breite des Mondes, in denen die einfachen Zackenlinien bereits modifiziert sind und wie in Bild 3.6 sozusagen auf das Ideal hin gebogen sind.) Bevor wir erklären, wie die Babylonier vorgingen, dürfte es ebenfalls von Vorteil sein, ein grobes Bild davon zu haben, welche Bahn die Planeten für einen irdischen Beobachter ziehen. Die folgende nichthistorische Abschweifung ist als Hintergrundmaterial für dieses und die folgenden Kapitel gedacht, die von anderen klassischen Theorien der Planetenbewegung handeln.

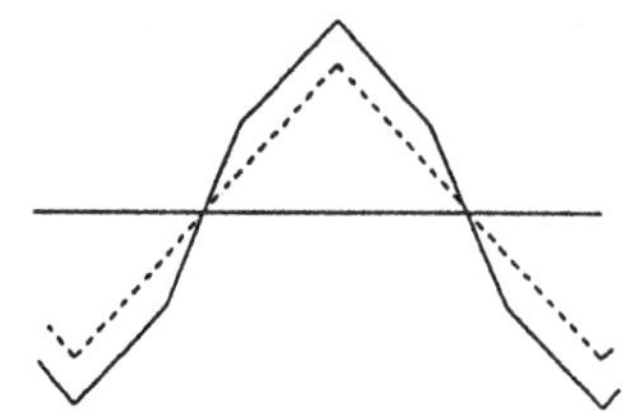

Bild 3.6 Babylonische Theorie der Mondbreite

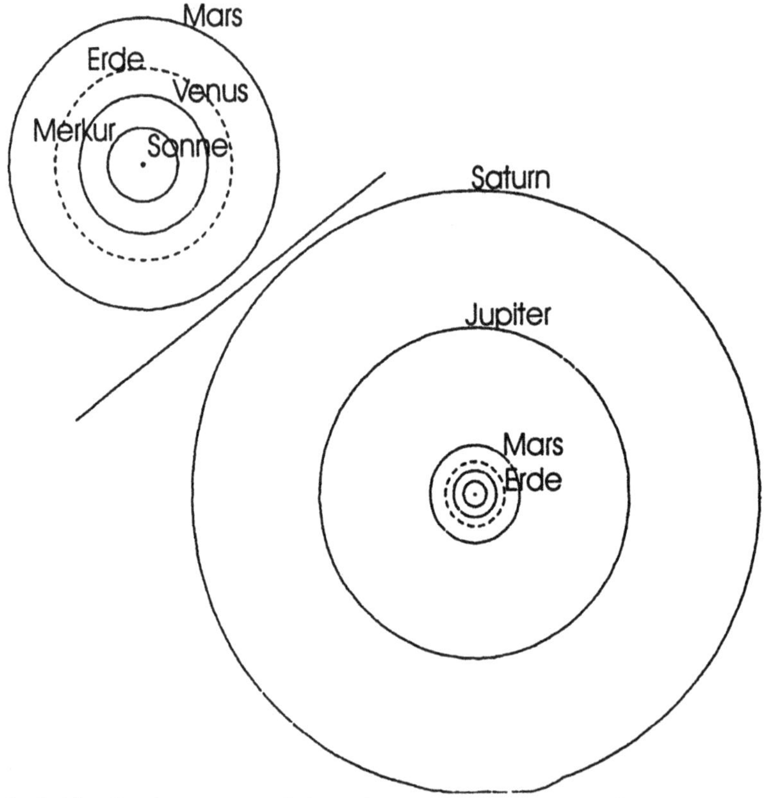

In beiden Zeichnungen sind die Bahnen näherungsweise maßstäblich, außerdem paßt die obere Figur, wie angedeutet, in die Mitte der unteren.

Bild 3.7 Planetenbahnen

Zwei Auffassungen der Planetenbewegungen

Von den Planeten, die vor dem 18. Jahrhundert registriert wurden und die alle um die Sonne laufen, steht der Merkur der Sonne am nächsten, dann folgt die Venus, dann die Erde. Mars, Jupiter und Saturn haben Umlaufbahnen, die außerhalb der Erdbahn liegen (s. Bild 3.7). Die „inneren“ und „äußeren“ Planeten haben, von der Erde aus gesehen, etwas unterschiedliche Verhaltensmuster. Alle Bahnen sind, wie Kepler zeigen konnte, Ellipsen mit der Sonne in einem Brennpunkt, aber in einer ersten Näherung können die Bahnen als kreisförmig genommen werden, wobei die Sonne im gemeinsamen Zentrum steht. Wir stellen uns ein Schaubild des Systems vor, wo in dem Punkt, der die Sonne darstellt, ein Reißnagel steckt. Wenn wir den Nagel entfernen und ihn durch den Punkt, der die Erde repräsentiert, stecken, bleiben die relativen Positionen der Planeten ungeändert, und wir können uns nun die Planeten als auf Kreisbahnen bewegt vorstellen, die um die sich bewegende Sonne zentriert sind.

Betrachten wir ein einfaches Beispiel – das des inneren Planeten Merkur, den man sich jetzt als Satelliten der Sonne vorzustellen hat. Der Sonnenkreis hat die Funktion des *Deferenten*, was soviel wie „tragender Kreis" heißt, und der Satellitenorbit, der getragene Kreis, agiert als *Epizykel*. Der andere innere Planet, die Venus, kreist auf einem größeren Epizykel. Bei den äußeren Planeten sind diese Rollen vertauscht, aber wir brauchen vorläufig nicht weiter ins Detail zu gehen.

Die Beschreibung einzelner Planetenbewegungen mit Hilfe von Epizyklen ist in der Geschichte der Astronomie von großer Bedeutung. Allerdings muß betont werden, daß jeder Planet gesondert behandelt wurde und daß es ein langer und mühsamer Weg bis zur Erkenntnis war, daß die Sonne im Epizykel-Deferent-System jedes Planeten vertreten ist. Erst als dies (von Kopernikus) voll realisiert wurde, war es möglich, die Planeten in einem einzigen System zusammenzuführen.

Diese Art der Erklärung ist zu großer Verfeinerung fähig: Indem man die Epizyklen gegenüber der Ebene der Sonnenbahn leicht verkippt, ist es zum Beispiel möglich zu berücksichtigen, daß sich die Planeten nicht exakt in dieser Ebene befinden, sondern eine Bewegung in Breite haben. Die „ekliptikale Länge" wird auf der Ekliptik von einem Nullpunkt aus gemessen, in dem die Ekliptik, die Sonnenbahn, den Himmelsäquator kreuzt. Die „ekliptikale Breite" ist dann die Koordinate, die in Richtung der Pole der Ekliptik (nördlich und südlich) gemessen wird.

Die Epizyklenbeschreibung war typisch für die spätere griechische Astronomie, aber nicht für die babylonische. Sobald sie einmal verstanden war, war die Aufgabe des Astronomen stark vereinfacht. Die Strategie war, ein geometrisches Modell anzunehmen und dann aus ihm Schlüsse zu ziehen, zum Beispiel über die Muster der Auf- und Untergänge der Planeten. Die theoretischen Folgerungen konnten dann mit der Beobachtung verglichen werden. Wenn das Modell wert erschien, beibehalten zu werden, dann erlaubten diese und weitere Beobachtungen dem Astronomen, die numerischen Eigenschaften des Modells (Parameter wie die Relativgrößen der Kreise, die Winkelgeschwindigkeiten auf den Kreisen usw.) zu bestimmen oder zu verbessern. Die zuerst auf der Weltbühne erschienenen Babylonier arbeiteten mehr oder weniger in der umgekehrten Reihenfolge: Was für die Griechen – wie für uns – eine abgeleitete Eigenschaft ist, war für sie ein Startpunkt, ein Datum. Betrachten wir zum Beispiel ihr Interesse an Auf- und Untergängen am Horizont – ein Interesse, das sie mit den meisten frühen Kulturen teilten. Solche Beobachtungen liefern für einen Astronomen nur wenig-versprechende Informationen, und es ist ein Wunder, daß sich daraus mächtige Theorien ergaben, wenn es dazu kam.

Wir haben bereits das erste und letzte Erscheinen des Fixsterns Sirius erwähnt, der einen Teil des Jahres im Sonnenlicht verloren ist, sowie den Umstand, daß die Planeten aus ähnlichen Gründen für eine Zeitlang der Sicht entzogen sind. Die inneren Planeten

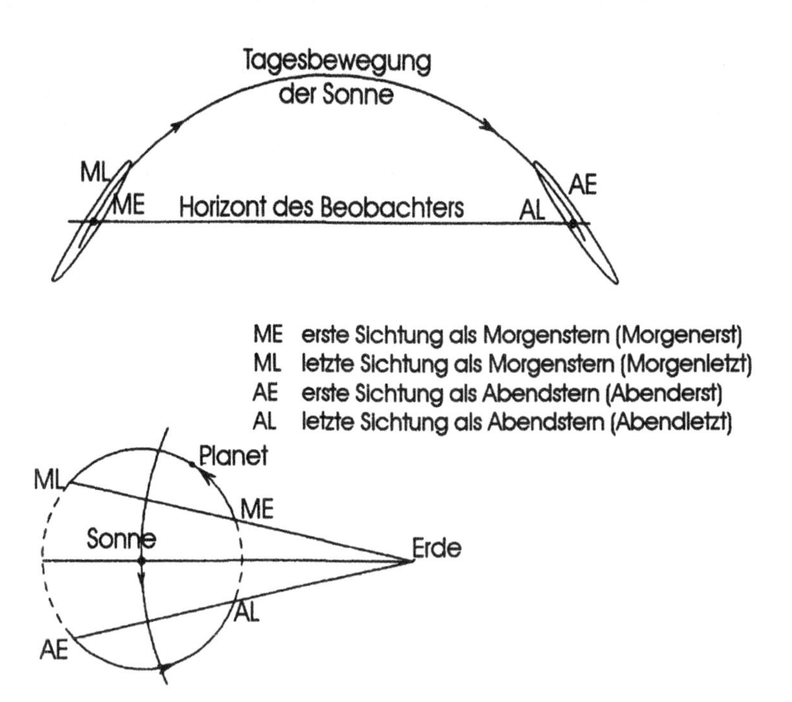

Bild 3.8 Morgendliche und abendliche Auf- und Untergänge von Planeten

Merkur und Venus, die sich niemals so weit von der Sonne entfernen, daß sie zu ihr in Opposition stehen, haben Verhaltensmuster, die wir schon früher berührt haben (s. Bild 3.8 und unser früheres Bild 3.3). Wieder einmal können wir die Sache aus einer modernen Perspektive ansehen. Wenn sich ein innerer Planet auf den Teilen der Umlaufbahn befindet, die durch eine gestrichelte Linie dargestellt sind, ist sein Winkelabstand von der Sonne so gering, daß er im Sonnenschein verblaßt. Am Punkt ME ist er das erstemal sichtbar, in diesem Fall als *Morgenstern.* Von der Erde aus gesehen, läuft der Planet auf seiner täglichen Bahn am Himmel, als würde er von der Sonne getragen. Daß das am Morgen – kurz vor Sonnenaufgang – zu sehen ist, sollte aus dem oberen Teil der Abbildung ersichtlich sein, wo die Bahn, mit der Kante fast auf den Betrachter gerichtet, skizziert ist. ML ist der Punkt, an dem er zum letzten Mal als Morgenstern zu sehen ist, und AE und AL sind die Punkte des ersten und letzten Erscheinens als Abendstern.

Wenn wir es mit inneren Planeten zu tun haben, die in der Nähe desselben Horizonts wie die Sonne sein müssen, ist unsere vierfältige Teilung (ME, ML, AE, AL) unzweideutig. Der *heliakische Aufgang* ist dann, wie wir gesehen haben, das erste sichtbare Erscheinen am östlichen Horizont vor dem Sonnenaufgang (ME) und der *heliakische Untergang* ist der letzte sichtbare Untergang gleich nach dem Sonnenuntergang (AL). Mars, Jupiter und Saturn hingegen können gesehen werden, wie sie unmittelbar nach Sonnenuntergang aufgehen oder unmittelbar vor Sonnenaufgang untergehen, so daß wir für ihre Diskussion eine Extraqualität wie „erster Morgenuntergang" brauchen könnten. Oft werden für Auf- und Untergänge die Wörter „akronyktisch" (akronychisch) und „kosmisch" verwendet – sie sind aber zweideutig. Es empfiehlt sich daher, sie überhaupt nicht zu definieren. Wenn man bei der Lektüre auf sie stößt, sollte man wissen, daß das erste Adjektiv *abendliche* (erste oder letzte) und das zweite *morgendliche* Ereignisse betrifft.

Wie die Sonne um die Erde und jeder Planet um die Sonne geht, ergibt sich eine spiralige Bahn, wie sie in Bild 3.9 und 3.10 für Merkur und Venus (mit mehr Details) gezeigt sind. Der Planet entfernt sich nie stark von der Ebene, in der die Bahn der Sonne durch die Sterne (die Ekliptik) liegt, längs der wir die (Himmels-)Länge messen. In einer alternativen Darstellung der Planetenbewegung können wir die Länge über der Zeit auftragen. Dies ist in Bild 3.11 geschehen, wo die horizontale Achse etwa ein Jahr umfaßt (die Unterteilungen markieren Intervalle von dreißig Tagen) und die vertikale Achse die Längenskala (von 0 bis 360 Grad) ist.

Die diagonale Linie durch die Mitte der Merkurkurve zeigt die Bewegung der Sonne, um die der Merkur zu oszillieren scheint. Der Merkur umrundet die Sonne etwa viermal im Jahr. (Seine siderische Umlaufszeit beträgt 0,24 tropische Jahre.) Im Schaubild sind die Punkte der ersten und letzten Sichtbarkeit (mit der Bezeichnungsweise des letzten Abschnitts) und die sogenannten *stationären Punkte* oder *Planetenumkehrpunkte* bezeichnet, wo der Planet vor dem Hintergrund der Fixsterne stillsteht und seine Bewegung von recht- auf rückläufig ($S1$) oder umgekehrt ($S2$) wechselt.

Der Fall der äußeren Planeten mag durch den Mars illustriert werden (Bild 3.12[1] und 3.13). Bild 3.13 deckt eine Zeitspanne von über sechs Jahren ab. Da die vertikale Achse für die Länge, eine im Wesen zyklische Koordinate, steht, sind die Linien, die die Sonne (annähernd gerade) und den Mars repräsentieren, wiederholt gebrochen. Einige allgemeine Prinzipien werden trotzdem offensichtlich. In der Mitte einer langdauernden, einigermaßen regulären Phase direkter Bewegung hat man Sonnennähe, die den Planeten schwer erkennbar macht, dagegen befindet sich der Planet zur Zeit der rückläufigen Bewegung annähernd in Opposition zur Sonne (180 Längengrade Abstand). Der Abstand der „Sonnenlinien" beträgt natürlich ein Jahr, und so ist leicht erkennbar, daß die Schleifen in den Marskurven etwas weniger als zwei Jahre auseinanderliegen. Die siderische Umlaufszeit des Mars beträgt tatsächlich 1,88 tropische Jahre.

Damit ist unsere nichtgeschichtliche Abschweifung zu Ende.

Babylonische Planetentheorie

Wir haben bereits gesehen, wie wichtig das Interesse an Horizonterscheinungen für die Prinzipien war, die den Venustafeln von Ammissaduqa zugrundeliegen. Es ist interessant, daß die Babylonier bei der Analyse des Verhaltens der ersten und letzten Erscheinung, morgens und abends, diese als *getrennte Phänomene* behandelten. Es war, als hätten beide ihre eigene Existenz als ein Himmelsobjekt, das sich auf der Ekliptik befindet. Betrachten wir zum Beispiel die mit ME bezeichneten Punkte der Merkurkurve in Bild 3.11. Nimmt man nun eine große Zahl solcher Punkte, liegen sie auf einer einigermaßen geraden Linie parallel zur Sonnenkurve, die aber keinesfalls eine perfekte Gerade ist. Die Babylonier benützten

---

[1] Anm. d. Übers.: Bild 3.12 zeigt ein Exzentermodell des Mars. Die Figur ist analog zu Bild 3.10, nur ist der „Epizykel" (jetzt Exzenter genannt) größer als der Deferent.

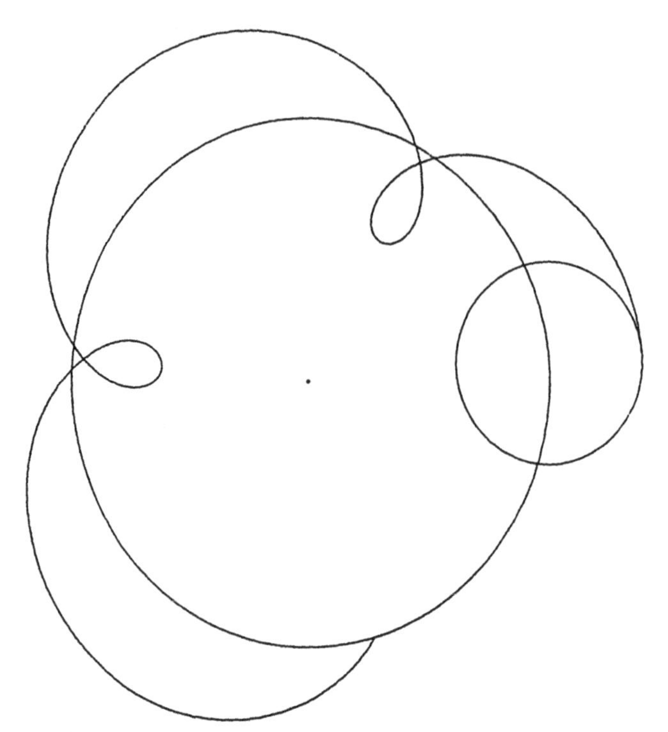

Bild 3.9 Die Spiralbahn des Merkur bezüglich der Erde

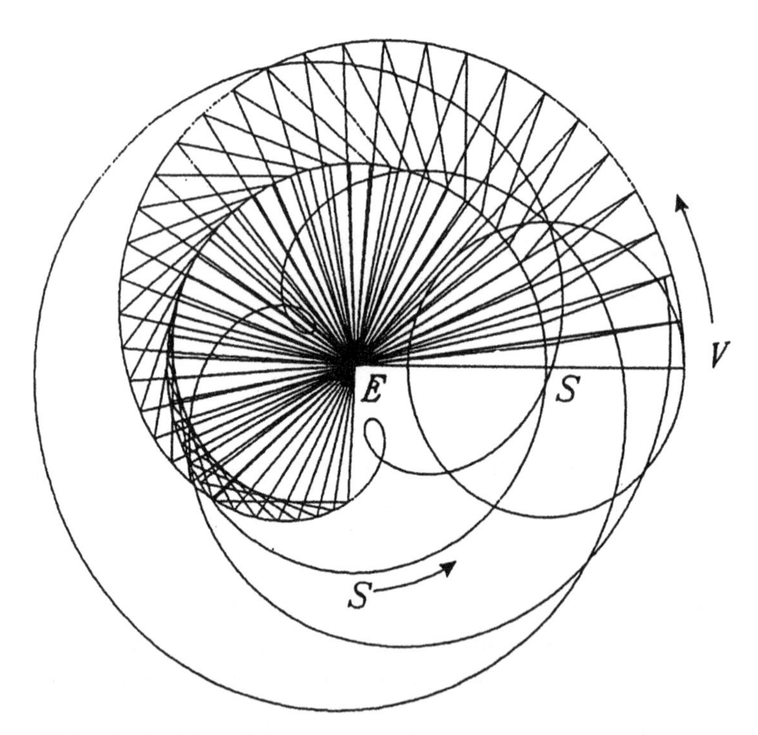

Bild 3.10 Die Spiralbahn der Venus bezüglich der Erde

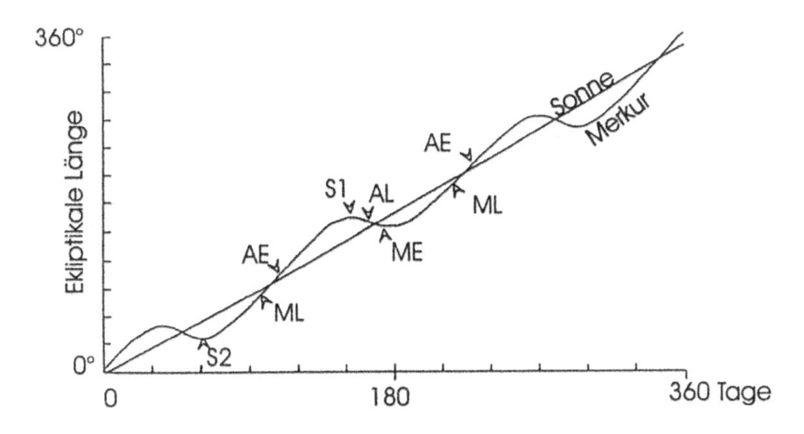

Die im Lauf eines Jahres wechselnden Längen von Merkur und Sonne.

Bild 3.11 Schaubild der Merkurlänge

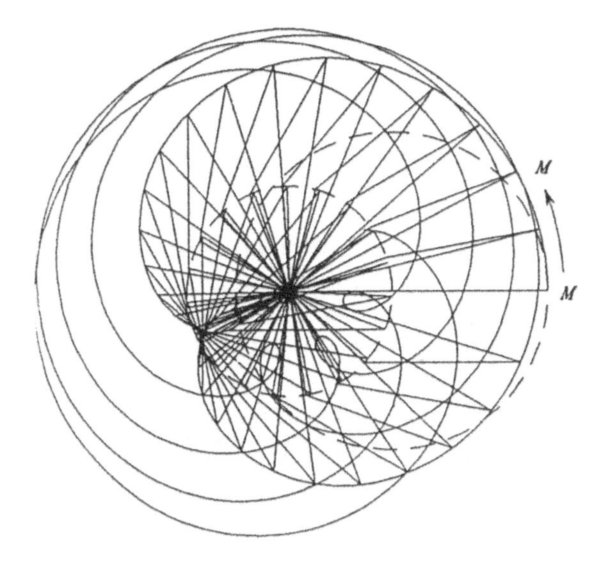

Bild 3.12 Die Spiralbahn des Mars bezüglich der Erde

dieselben arithmetischen Methoden wie bei Sonne und Mond, um die Abweichungen von der Geraden (in unserer Darstellung) zu erklären. Das Problem ist – graphisch ausgedrückt –, die Linie in Abschnitte zu unterteilen und dabei die Bruchstellen und Gradienten geeigneter Segmente zu finden. Diese Gradienten (Winkelgeschwindigkeiten) wurden anscheinend durch bequeme Ganzzahlbeziehungen wie: „Der Merkur geht in 848 Jahren 2 673mal auf" ausgedrückt.

Dies war keine leichte Aufgabe. Daß die Babylonier an einen Mondkalender gebunden waren, brachte eine zusätzliche Komplikation, denn die Planetenperioden haben natürlich nichts mit der Mondbewegung zu tun. Im Endeffekt machte dies nicht viel aus, denn – wenn

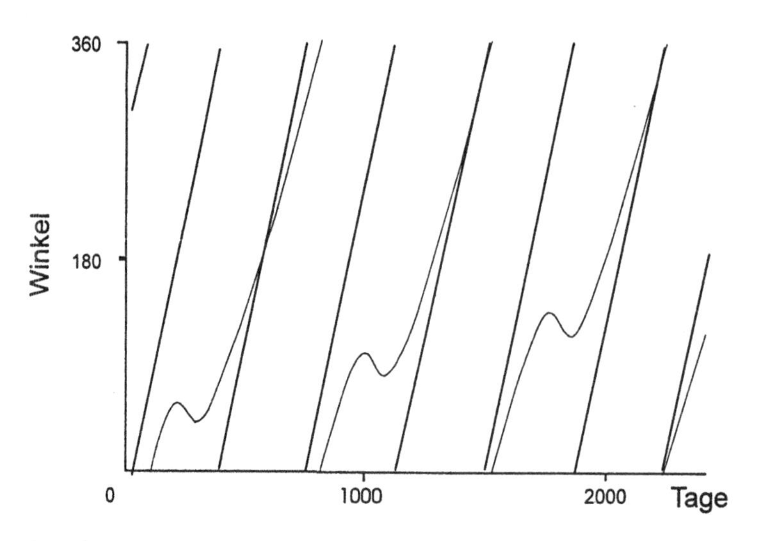

Die über einen Zeitraum von 2 400 Tagen wechselnden Längen von Mars (Linien mit Schleife) und Sonne (vgl. Bild 3.11). Die Zeitachse ist die horizontale Achse.

Bild 3.13 Schaubild der Marslänge

sie auch ihre Daten nicht in Tagen ausdrückten – sie benützten als Einheit ein Dreißigstel eines *mittleren* synodischen Monats. Diese wird heute gewöhnlich *Tithi* genannt. Das Wort kommt aus der späteren Hindu-Astronomie, in der dieselbe Einheit in Gebrauch war. Der *Tithi* hat ungefähr eine Tageslänge. Die Mondbewegung ändert sich in komplizierter Weise, aber da der *Tithi* nach Definition ein Mittelwert ist, kann es im Prinzip in einem perfekt funktionierenden astronomischen System verwendet werden. Das soll nicht heißen, daß es sich um eine astronomisch geschickt gewählte Einheit handelt, aber sie hatte klare Vorteile für Leute, die durch die Religion an den alten Lunisolarkalender gebunden waren.

Nachdem ein Satz von Regeln für das Verhalten der Erscheinungen vom Typ *ME* aufgestellt war, wurden analoge Regeln für die Phänomene *ML*, *AE* und *AL* gefunden. Das allgemeine Prinzip bestand im Auffinden der Beträge (in Längen und *Tithis* der Zeit), die bei den aufeinanderfolgenden Erscheinungen zu den Basiswerten (für *ME*) hinzuzuaddieren waren. Die resultierende Kurve, mit der wir diese arithmetischen Prozeduren darstellen können, ist eine vernünftige Approximation der Sinusform, wie wir sie bei den Kurven oben kennengelernt haben.

Ein hochentwickeltes Element im Verfahren war die Einführung gewisser „Phänomene" in das Rechenschema, die nicht tatsächlich beobachtet werden konnten. Die Situation kann vielleicht am besten anhand der Analogie mit dem Fall des Vollmondes erklärt werden. Genau in diesem Moment ist der Mond häufig unterhalb des Horizonts, aber auf die Berechnung hat es keinen Einfluß, ob er zu sehen ist oder nicht. Die anderen „Phänomene", die wir diskutiert haben (*ME*, *ML*, *AE* und *AL*) begannen zunächst auch als beobachtbare Ereignisse, wurden aber dann in berechenbare Ideale überführt – sozusagen ideale Punkte auf unserer idealen Kurve.

Bei allen Planeten wurden ähnliche Rechenprogramme durchgeführt, und bei den äußeren Planeten schenkte man auch den beiden *Stillständen* Aufmerksamkeit. Vom Jupiter ist viel Datenmaterial erhalten. Eine Marstafel aus Uruk ist wegen ihrer plausiblen Darstellung der stark schwankenden Geschwindigkeit dieses Planeten bemerkenswert. Alle damals bekannten Planeten sind in den Tafeln von Babylon und Uruk vertreten, und an beiden Orten war eine Vielfalt verschiedener Methoden zur arithmetischen Darstellung in Gebrauch. Wenn man sagt, die allgemeinen Prinzipien seien überall ziemlich dieselben gewesen, ist das, als würde man sagen, alle Flugzeuge seien sich mehr oder weniger gleich; aber in einem Buch wie diesem ist es nicht möglich, mehr darüber zu bringen. Eines sollte zumindest erwähnt werden: Wie einige Tafeln zeigen, wurden einzelne Punkte, die zwischen den Schlüsselphänomenen (ME, AE, erster Stillstand usw.) auf der Kurve liegen, durch Zwischenpunkte ergänzt, die nicht durch eine einfache lineare Interpolation (nicht durch Geradenstücke, wie wir sagen würden) ermittelt wurden, sondern aufgrund von Schemata, die auf Differenzen zweiter und sogar dritter Ordnung beruhten. Es gibt Wissenschaften, die nicht einmal heute diesen Grad der Verfeinerung erreicht haben.

4 Griechenland und Rom

Astronomie bei Homer und Hesiod

Die babylonischen astronomischen Dokumente enthalten Hinweise auf zwei komplementäre Prozesse: die Aufstellung von Theorien zur Darstellung und Voraussage von Beobachtungen und die Anwendung dieser Theorien zur Voraussage von Erscheinungen. Es ist natürlich in der Regel der zweite Vorgang, dem wir in erhalten gebliebenen Tafeln begegnen, und der erste ist daraus zu rekonstruieren. Diese zweite Tätigkeit erforderte eine Anzahl von Fertigkeiten und konnte von Leuten ausgeübt werden, die in Routinearbeiten geschult waren, von denen sie nur wenig verstehen mußten. Gelegentlich setzten sie auf die von ihnen erstellten Tafeln ihren Namen, manchmal sogar die Namen ihrer Vorfahren und des Herrschers sowie das Datum. Dies suggeriert einen Grad der Professionalität, der irgendeine formelle Ausbildung wahrscheinlich macht, die die *Grundgedanken* der quantitativen fundamentalen Theorien einschloß.

Bei den altgriechischen Kulturen war das nicht viel anders, nachdem man die Kunst, große Mengen von Beobachtungsdaten zu verarbeiten, aus östlichen Quellen gelernt hatte. Dies geschah allerdings relativ spät. Die bedeutendsten Einflüsse kamen erst im zweiten Jahrhundert v. Chr. zur Wirkung, und der Wechsel ist hauptsächlich das Verdienst von Hipparchos. Inzwischen hatten die Griechen jedoch eine eigene geometrische Methode entwickelt, die in der Geschichte eine außerordentliche Bedeutung erlangen sollte. Sie modellierten den Himmel auf einer Kugel mit Sternen, Planeten und Kreisen darauf und erklärten die einfachen täglichen und jährlichen Bewegungen durch die Rotation der Himmelskugel.

Unsere Ansicht der griechischen Astronomie neigt dazu, von Ptolemäus, ihrem größten Fachmann, geprägt zu sein, doch zu seiner Zeit (dem zweiten Jahrhundert n. Chr.) waren die babylonischen Rechenmethoden sehr wirkungsvoll auf die einheimische geometrische Astronomie aufgepfropft worden. Das verstellt leicht den Blick darauf, wie sorglos die ersten der großen griechischen Astronomen mit den Beobachtungsdaten umgingen. Wie wir noch sehen werden, gilt dies selbst für den größten von ihnen: Eudoxos aus dem vierten Jahrhundert v. Chr.

Die Griechen entwickelten ein bemerkenswertes Bild des Universums als Ganzes und erklärten sein Funktionieren auf einer rationalen und philosophischen Basis, die sich zur Zeit von Eudoxos von den Schöpfungsmythen und Legenden der früheren Zeiten freimachte. Die Griechen hatten ihren Anteil an einigen der Traditionen vorgeschichtlicher Astralreligionen, die wir bereits beschrieben haben, und es gab einigen kulturellen Austausch mit den großen Nachbarkulturen – zum Beispiel mit der ägyptischen und der persischen. Aber man weiß sehr wenig über den Stand des astronomischen Wissens im frühen Griechenland, selbst zur minoischen und mykenischen Zeit. Die Monatsnamen tauchen in den berühmten Linear-B-Tafeln auf, und im Hinblick auf ihre Kunst ist eine Form der Sonnen- und Mondanbetung wahrscheinlich. 400 bis 500 Jahre nach Mykene kam das Zeitalter, das wir von den Werken Homers (vermutlich aus der Mitte des achten Jahrhunderts) und Hesiods (um 700 v. Chr.) kennen.

Homers *Ilias* und *Odyssee* enthalten nur Fragmente, die für unser Thema relevant sind, aber diese sind von großem Interesse. Im ersten Werk wird der Schild Achills mit der Erde verglichen, die von einem Ozeanstrom umgeben ist, der die Quelle allen Wassers und der Götter ist. In der *Odyssee* steht, der Sternhimmel sei aus Bronze oder Eisen und werde von Pfeilern getragen. Mehrere Sterngruppen werden benannt – die Plejaden und Hyaden (Gruppen im Taurus), Orion, Bootes und der Wagen, der ungewöhnlich ist, weil er nicht aus dem Ozean aufsteigt. (Er ist dem Pol zu nahe, um auf- und unterzugehen.) Ein Abendstern und ein Morgenstern werden erwähnt, sie wurden damals aber möglicherweise nicht als ein einziger Planet (es dürfte sich um die Venus handeln) erkannt. Die „Wendungen der Sonne" scheinen sich auf die Sonnenwenden zu beziehen. Auf die Mondphasen wird oft angespielt, die Winde und Jahreszeiten werden personifiziert, und Athene wird einmal mit einer Sternschnuppe verglichen. Obwohl diese Heldendichtung für die Fürstenhöfe bestimmt war, ist die Astronomie ziemlich hausbacken, und die in Hesiods *Werke und Tage* ist nicht viel besser. Das ist ein Handbuch in Versen, das das Jahr des Bauern von der Warte der Sonne und Sterne aus (heliakische Aufgänge, usw.) mit den wechselnden Jahreszeiten in Verbindung bringt. Es finden sich keine Echos babylonischen Fachwissens.

Kosmologie im sechsten Jahrhundert

Aristoteles, der größte Philosoph der Antike, rief im vierten Jahrhundert v. Chr. eine Tradition ins Leben, die Ansichten früherer Denker zu sammeln und der Kritik zu unterziehen, und zwar so energisch, als würden diese noch leben. Einiges von seinem Material stammt aus dem späten sechsten Jahrhundert, aber wie andere, die frühe Lehren sammelten, hing er weitgehend von unzuverlässigen Übermittlern ab. Das trifft in erster Linie auf die vier frühesten philosophischen Denker von Rang zu: Thales, Anaximander, Anaximenes und Pythagoras, die alle im sechsten Jahrhundert lebten. Thales wurde von Aristoteles als Begründer der ionischen Naturphilosophie angesehen. Man erzählte sich Geschichten über seinen ausgeprägten praktischen Sinn, zum Beispiel, daß er sein astronomisches Wissen dazu verwandte, eine reiche Olivenernte vorauszusagen. Er sicherte sich das Ölpressen-Monopol und machte so ein Vermögen. Andererseits wurde er auch als ein Visionär dargestellt, der nach den Worten einer thrakischen Dienerin so in eine Himmelsstudie vertieft war, daß er nicht sah, wohin er trat, und in einen Brunnen fiel. (Aristoteles überlieferte die erste, Platon die zweite Geschichte.) Ihm wird die Voraussage einer Sonnenfinsternis zugeschrieben, die während einer Schlacht zwischen den Lydern und Persern eintrat und die heute gewöhnlich auf den 28. Mai 585 v. Chr. datiert wird. Diese Geschichte war stark umstritten, man kann sie getrost vergessen, sie wirft aber Licht auf die Mythenbildung zur Zeit des Aristoteles.

Aristoteles stellte seinen Schülern die Aufgabe, einen Abriß der Geschichte des menschlichen Wissens zu verfassen. Eudemos von Rhodos bekam die Astronomie und die Mathematik übertragen, und von ihm erfahren wir, daß diese von Thales nach einer Ägyptenreise nach Griechenland gebracht wurden. Andere meinten, Thales habe Anleihen in Babylon gemacht. Man könnte nun fragen, woher wir überhaupt wissen, daß er entlehnt hat. Es wurde behauptet, er habe nichts weniger als die Methode des geometrischen Beweises eingeführt, aber die Beweislage ist äußerst dürftig und läßt außer acht, daß die europäischen Traditionen der halbformalen geometrischen Beweisführung womöglich viel älter sind.

Anaximander und Anaximenes hatten kosmologische Ansichten, die einander fast so glichen wie ihre Namen. Der zweite war vermutlich zur Zeit des Falls von Sardes (546 v. Chr.) der Schüler des ersten. Wie Thales kamen die beiden von Milet, der südlichsten der großen ionischen Städte von Kleinasien (wie Sardes am westlichen Rand der heutigen Türkei gelegen), was uns an die große Verbreitung der sog. griechischen Zivilisation erinnert. Von den größten antiken griechischen Astronomen kam Eudoxos von Knidos, Apollonios von Perge, Aristarchos von Samos und Hipparchos von Nizäa und Rhodos, die alle in Kleinasien oder vor dessen Küste liegen; Euklid und Ptolemäus lehrten in Alexandria, wenn auch im Abstand von mehr als vierhundert Jahren, und Archimedes lebte und arbeitete in Syrakus auf Sizilien.

Anaximander hat angeblich eine Karte der bevölkerten Welt gezeichnet und eine Kosmologie erfunden, die den physikalischen Zustand der Erde und seiner Bewohner erklären konnte. Das unendliche Universum war darin die Quelle einer unendlichen Zahl von Welten, von denen unsere nur eine war, die sich abgespalten und ihre Teile durch deren Drehbewegung gesammelt hat. Diese Analogie mit der Wirbelbewegung hat vielleicht mehr mit der Beobachtung von Kochtöpfen zu tun als der von Schleudern, und doch wurden ganz ähnliche Theorien in Newtons Jahrhundert verfolgt. Massen von Feuer und Luft wurden, so die Annahme, nach außen geschickt und bildeten dann die Sterne. Die Erde war eine schwebende Kreisscheibe, und Sonne und Mond waren von Luft umgebene kreisförmige Körper. Die Sonne ließ aus dem Wasser Lebewesen entstehen, und die Menschen stammten von den Fischen ab.

Diese Gedanken mögen uns heute seltsam erscheinen, sie vermitteln aber einen Eindruck von einer Art wissenschaftlichen Denkens, das keinesfalls trivial ist. Wenn Anaximenes die Ideen von Anaximander ausarbeitet und die Luft als Urmaterie hinstellt, aus der die Körper durch Kondensation und Verdünnung gebildet werden, bringt er logische Argumente vor, die auf Alltagserfahrung beruhen. (Sie waren zugegebenermaßen nicht immer gut ausgewählt. Er betrachtet das Atmen durch den gespitzten und offenen Mund, das Ausatmen in die kalte Luft, usw.) Wieder führt er Drehbewegungen als Schlüssel zum Verständnis ein, wie sich die Himmelskörper aus Luft und Wasser bilden können. Solche Versuche einer Physik der Schöpfung sind typisch für das griechische Denken, und daß man in diesen frühen Jahrhunderten den Umlauf der Himmelskörper noch nicht voll im Griff hatte und nicht wußte, wie sie sich unterhalb des Horizonts, dem Rand der Welt, verhalten, schmälert nicht ihre Bedeutung für die spätere Geschichte des kosmologischen Denkens.

Der Name Pythagoras bedarf keiner Einführung; der Satz aus der Geometrie, der an ihn erinnert, hat freilich wenig mit ihm zu tun – zumindest in der euklidischen Form, in der er gelehrt wird oder bis vor kurzem gelehrt wurde. Er lebte im späten sechsten und frühen fünften Jahrhundert. Trotz seiner großen Anhängerschaft haben wir nichts Schriftliches von ihm, aber es sieht so aus, als habe er die kosmischen Ideen von Anaximander und Anaximenes eine Stufe weitergebracht, indem er sagte, das Universum sei dadurch entstanden, daß der

Himmel das Unendliche eingeatmet habe (beachte die Metapher), um Gruppen von Zahlen zu bilden. Warum Zahlen? Er behauptete, alle Dinge seien Zahlen. Anspruch auf Ruhm verleiht ihm hauptsächlich seine Entdeckung der arithmetischen Basis der Tonintervalle, die Anlaß zu mystischen Formen der Zahlentheorie gab, die auch heute noch ihre Anhänger haben. Pythagoras scheint davon überzeugt gewesen zu sein, daß alles, von den Meinungen, günstigen Gelegenheiten und Ungerechtigkeiten bis zu den entferntesten Sternen, in der Arithmetik wurzelt und einen entsprechenden Platz in der Struktur des Universums im Ganzen hat. Ob dieser mystische Glaube nun verteidigt werden kann oder nicht, es gab seither kaum eine geschichtliche Epoche, in der er nicht bedeutende Nachwirkungen auf das wissenschaftliche Denken hatte.

Aristoteles berichtet uns von einem geometrischen Modell des Universums, das von den Pythagoräern vorgeschlagen wurde und das ein Zentralfeuer beinhaltet, um das die Himmelskörper in Kreisen laufen. Das Zentralfeuer war nicht die Sonne, obwohl die Erde sicher den Charakter eines ihrer Planeten hatte. Um die Mondfinsternisse zu erklären, postulierte Pythagoras eine Gegenerde. Langsam, aber sicher, begann sich ein charakteristisch physikalischer Stil des griechischen Denkens zu entwickeln, und er sollte bald wichtige Ergebnisse liefern.

Griechische Kalenderzyklen

Um diese Zeit, vielleicht etwas vorher, wurde der Tierkreis aus babylonischen Quellen ins Griechische eingeführt, und babylonische Einflüsse waren anscheinend auch sonst am Werk. Die Sonnenwenden waren schon lange beobachtet worden, aber nun verwendete man einige Aufmerksamkeit darauf, diese jahreszeitlichen Ereignisse aufzuzeichnen, um entweder den bürgerlichen Kalender oder das kalendarische Schema, in das die astronomischen Beobachtungen gepaßt wurden, zu verbessern. Etwa im Jahrhundert vor Eudoxos, Platon und Aristoteles hatte man großes Interesse an einer Verbesserung des bürgerlichen Kalenders, aber daß man dies als keine ausgesprochen astronomische Angelegenheit ansah, wird durch die etwas zufällige Art deutlich, in der die Verwaltungen Korrekturen anbrachten, wenn die Sonnen- und Mondzyklen aus dem Gleichlauf gerieten. Vielleicht begriffen die Magistrate auch einfach nicht, worauf es ankam.

Ob man zu Recht von einer „Schule" der Astronomie sprechen kann, die von den Athener Astronomen Meton und Euktemon gegründet wurde, sei dahingestellt, beide haben anscheinend beim Vorschlag eines regulären Kalenderzyklus von 19 Jahren, dem sog. Metonischen Zyklus, zusammengearbeitet. Von Meton wird tatsächlich berichtet, er habe auf der Pnyx in Athen ein Instrument zur Beobachtung der Sonnenwenden aufgestellt. Wir haben bereits gesehen, daß die Babylonier den neunzehnjährigen Zyklus kannten, der die Sonnen- und Mondzyklen in Übereinstimmung bringt – 235 Monate sind fast genau 19 Jahre. Ein unmittelbarer dokumentarischer Beweis dafür ist nicht überliefert. Meton und Euktemon machten 432 v. Chr. eine Beobachtung, allerdings eine, deren Zuverlässigkeit lange später von Ptolemäus angezweifelt wurde. In mesopotamischen Texten tritt der Neunzehnjahres-Zyklus etwa ein halbes Jahrhundert später zum erstenmal auf. Beide Astronomengruppen machten den Zyklus zur Basis von Regeln zur Einschaltung von zusätzlichen Tagen (wie dem 29. Februar), um eine Taktverschiebung des Kalenders zu verhindern: 235 Monate wurden von Meton (nach Ptolemäus) mit 6940 Tagen gleichgesetzt. Nach Geminos, einer späten Autorität, waren von den 235 Monaten 110 „hohle" Monate von 29 Tagen und 125 volle Monate von 30 Tagen. Vermutlich setzte Meton ein Schema für die Schaltung auf. Es gibt keine Anzeichen dafür, daß dies als Athener bürgerlicher Kalender verwendet wurde, aber die Geschichte des Kalenders ist ein Sumpf von Alternativen, und man legt sich hier besser nicht fest. Ob die Babylonier den neunzehnjährigen Zyklus vor den Athenern kannten, können wir nicht sagen. Aber sie haben offenbar andere Schaltregeln benutzt – solche, die auf den Aufgängen des Sirius beruhen und etwa aus derselben Zeit stammen –, und höchstwahrscheinlich kamen sie den Griechen zuvor.

Jedenfalls wurden die Kalenderzyklen eine griechische astronomische Spezialität. Ein Jahrhundert nach Meton und Euktemon verbesserte Kallippos ihren Zyklus weiter, indem er vier Perioden (76 Jahre) nahm und einen Tag strich (27 759 Tage). Der Kallippos-Zyklus wurde noch später von Hipparchos und Ptolemäus in einer modifizierten Form benutzt. Wieder ist jedoch klar, daß die Verbesserung von Hipparchos (304 Jahre werden 111 035 Tagen und 3 760 synodischen Monaten gleichgesetzt) niemals praktisch verwertet wurde. Die einfacheren Zyklen von neunzehn bzw. sechsundsiebzig Jahren genügten für die meisten Zwecke, und der erstere wurde von der christlichen Kirche in die Berechnung des Osterfestes aufgenommen, wo er bis zum heutigen Tage in Gebrauch ist.

Die Griechen und die Himmelskugel

Die griechische Astronomie des fünften Jahrhunderts war wie die des Nahen Ostens mit der Untersuchung meteorologischer Phänomene allgemein – Wolken, Winde, Blitz und Donner, Sternschnuppen, Regenbogen usw. – verflochten. Diese Komponente blieb mit einem astrologischen Unterbau bis in die heutige Zeit erhalten, aber auf lange Sicht war die Saat der geometrischen Methoden, die in den frühen griechischen Verfahren enthalten waren, weit bedeutender. Die Entdeckung, daß die Erde eine Kugel ist, wird traditionell Parmenides von Elea (südliches Italien, um 515 v. Chr. geboren) zugeschrieben, der auch entdeckt haben soll, daß der Mond von der Sonne beleuchtet wird. Eine Generation später scheinen Empedokles und Anaxagoras eine korrekte qualitative Erklärung der Sonnenfinsternisse, die Verdunkelung der Sonnenfläche durch den dazwischengehenden Mond, gegeben zu haben. Die Astronomie war recht mäßig verbreitet in der Epoche, die zu dem ersten großen Zeitalter des mathematischen Fortschritts, des vierten Jahrhunderts, führte, das mit dem bemerkenswerten Planetenschema von Eudoxos begann und mit den ersten noch vorhandenen Abhandlungen über sphärische Astronomie von Autolykos und Euklid endete. Kleine, aber wichtige Entwicklungen fanden gleichwohl statt. So wurde im fünften Jahrhundert von Demokrit ein Sternkatalog verfaßt, und viele berühmte Exemplare folgten seinem Beispiel. Es ist schwer zu sagen, was sie alle enthielten: Einige waren bloße Auflistungen von Sternen, und erst ab Hipparchos haben wir klare Anzeichen für ein konsistentes Koordinatenschema auf der Kugel.

Um 500 v. Chr. war man in Babylon dazu übergegangen, Sterne durch Zahlenangaben ihrer ekliptikalen Längen statt durch Bezug auf die Tierkreissternbilder zu charakterisieren. Es brauchte nochmals sechs Jahrhunderte, bis man wie heute von einem Nullpunkt aus zählte, der durch den Schnittpunkt des Himmelsäquators und der Ekliptik gegeben ist. Ptolemäus führte dies bei seiner Definition des (tropischen) Jahres ein. Die Babylonier zählten von den Nullpunkten jedes Tierkreiszeichens an, die jeweils von 0 bis 30 Grad gingen. Das System ist in der Astrologie noch im Gebrauch. Die babylonischen Sternzeichen wurden um 8° bis 10° aus der Lage verschoben, wo ein „ptolemäischer" Astronom sie plazieren würde (in den Systemen B bzw. A), und wir haben bereits angemerkt, daß Spuren dieser Diskrepanz in mittelalterlichen westlichen Quellen zu finden sind, wo der Gedanke von Gelehrten wiederholt wurde, die keine Ahnung hatten. Dieses System mag nicht ganz ausgereift erscheinen, die Griechen des fünften Jahrhunderts hatten jedenfalls nichts Vergleichbares.

Die Entdeckung der Kugelgestalt der Erde und die Vorteile der sphärischen Beschreibung des Himmels beflügelten die Griechen der Zeit von Platon und Aristoteles, also des vierten Jahrhunderts, besonders aber einen Mann: Eudoxos von Knidos (von etwa 400 bis 347 v. Chr.) legte eine sehr bemerkenswerte Planetentheorie vor, die ganz auf sphärischen Bewegungen basiert. Gemessen an der Voraussagekraft, konnte diese Theorie dem Vergleich mit den babylonischen arithmetischen Schemata nicht standhalten, aber es war in vielem überlegen. Erstens zeigte sie der Nachwelt die große Stärke geometrischer Methoden, und zweitens hatte sie durch einen Zufall der Geschichte – ihre Übernahme durch Aristoteles – über 2 000 Jahre lang Anteil an der Ausgestaltung der philosophischen Anschauungen über die allgemeine Form des Universums.

Das homozentrische System des Eudoxos

Eudoxos wurde in Knidos geboren, einer alten spartanischen Stadt auf einer Halbinsel in der südwestlichen Ecke von Kleinasien. In seiner Jugend studierte er Musik, Arithmetik sowie Medizin, und in Astronomie unterrichtete ihn der berühmte Mathematiker Archytas von Tarent. Während eines ersten Aufenthalts in Athen studierte er beim dreißig Jahre älteren Platon. Er reiste später, vielleicht in diplomatischer Mission, nach Ägypten, wo er einen achtjährigen Kalenderzyklus (die *Oktaëteris*) aufgestellt haben soll, während er bei den Priestern in Heliopolis war. Nach seiner Rückkehr nach Kleinasien gründete er eine Schule in Kyzikos, die der Akademie Platons in Athen, der er zumindest noch einmal einen Besuch abstattete, Konkurrenz machte. (Kyzikos war eine griechische Stadt, die 387 v. Chr. den Persern preisgegeben wurde.) Die Schule in Kyzikos soll so viele Schüler angezogen haben, daß Eudoxos bei seiner Rückkehr nach Athen Platon in Verlegenheit brachte. Eudoxos bekannte sich zu dem Prinzip, daß das Vergnügen das höchste Gut sei, und wahrscheinlich hatte Platon ihn im Sinn, als er in seinem Werk *Philebos* über dieses Thema schrieb. Sei dem, wie ihm wolle, der Einfluß von Eudoxos auf die Arithmetik, die Geometrie und Astronomie war beträchtlich. Zu seinen Schülern gehörte der große Menächmus, der Erfinder der Kegelschnitte. Eudoxos war weitgehend verantwortlich für einige der besten Teile – die Bücher V, VI und XII – von Euklids *Elementen der Geometrie.* Die Vorteile seiner strengen Zahldefinitionen wurden erst in jüngster Zeit voll gewürdigt, als man erkannte, daß sie denen von Dedekind und Weierstraß aus dem 19. Jahrhundert stark ähneln. Seine Planetentheorie zog von Anfang an viel Aufmerksamkeit auf sich.

Wir haben die Planetenbewegungen bereits vom modernen Standpunkt aus besprochen (im vorletzten Abschnitt des letzten Kapitels). Es wurde oft gesagt – nach Simplikios, einer viel späteren Autorität, stammt das von Sosigenes –, daß es Platon war, der der Nachwelt die Aufgabe stellte, die beobachteten Planetenbewegungen durch „gleichförmige und geordnete" Bewegungen am Himmel zu erklären. (Geminos bemerkt beiläufig, die Pythagoräer hätten diese Forderung als erste erhoben; sie hätten eine andere Auffassung für unziemlich gehalten.) Während die Ansichten dieses großen Philosophen von großem Interesse sind, wird sein Einfluß auf die Mathematik und Astronomie überschätzt. Sein Beitrag war nicht direkt, sondern besteht in seinem Eintreten dafür, daß beide Teil der Ausbildung der Gesetzeswächter und der gewöhnlichen Bürger sein sollten. Mit seinem Einfluß als Propagandist ist immer noch zu rechnen: Er sah diese Studien als ein Mittel, den Geist für den Blick über die vergänglichen Dinge dieser Welt hinaus und auf eine Realität dahinter zu schulen, die nur gedanklich zu erfassen ist. Man könnte sagen, daß Platon als Astronom wenig mehr als ein Strohhalm im Wind war, hätte er nicht dazu beigetragen, ein für diese Disziplin günstiges Klima zu *schaffen*, indem er mit Beredtsamkeit den Standpunkt vertrat, das Universum arbeite nach mathematischen Gesetzen, die nur von einem geeignet geschulten Verstand verstanden werden könnten.

Die damals neue Entdeckung der Kugelgestalt der Erde war zu der des Himmels erweitert worden und hatte offenbar bereits Einfluß auf das Denken in Athen gewonnen. Im zehnten Buch der *Politeia* (Der Staat), eines seiner schönsten Werke, stellt Platon einen Mythos vor, der mit vielen poetischen Bildern von Sokrates erzählt wird. Es ist die Erzählung des Er, eines im Kampf gefallenen Mannes, dessen Seele das Reich der Toten besucht, um nach seiner wundersamen Wiederbelebung zurückzukehren. Er erzählt, wie Ers Seele zuerst zu einem bestimmten mysteriösen Ort ging, der im Detail beschrieben wird, und wie sie schließlich den Mechanismus des ganzen Planetensystems sah: ineinandergeschachtelte whorls [Wirtel, Quirle][1] („bowls" [Schalen], nach einer von mehreren möglichen Interpretationen des Textes, und „hoops" [Reifen, Ringe], gemäß einer anderen), die sich um eine Spindel aus Stahl drehten und jeweils einen Planeten trugen. Diese ruhte wiederum auf den Knien der Notwendigkeit, so war sowohl für die tägliche Drehung als auch die Planetenbewegungen gesorgt. Die Wirtel wurden bei ihren unterschiedlichen charakteristischen Geschwindigkeiten von den Moiren (den Töchtern der Notwendigkeit) gedreht, und auf jedem sang eine Sirene einen einzigen Ton, so daß es zusammen einen harmonischen Klang gab.

Die Gegenerde der Pythagoräer taucht in diesem Text nirgendwo auf. Es gibt keinen Hinweis, daß der Tierkreis gegen den Äquator geneigt ist, aber es ist nicht angebracht, im Mythos von Er so tief nach solchen Feinheiten zu suchen. Aber dieser Mythos suggeriert, daß man sich *physikalische Modelle* des Universums schuf und nicht einfach nur beschrieb. Um so ein Universum wie das von Er zu beschreiben, hätte man sicherlich *vollständige* Kugelschalen eingeführt; was auch immer die Wirtel waren, sie dürften oben offen gewesen

[1] Anm. d. Übers.: In deutschen Platon-Übersetzungen findet man neben Wirtel auch „Wülste", die als nach oben geöffnete Halbkugeln identifiziert werden.

sein, um den Blick in das Getriebe des Kosmos zu erlauben. In einem späteren Werk, dem *Timaios*, beschreibt Platon die Erschaffung des Universums aus den vier Elementen durch den Demiurg in einer Weise, die noch klarer zeigt, daß er ein wirkliches Modell im Sinn hat. Was er nun beschreibt, läuft auf eine einfache Armillarsphäre hinaus – ein Modell der Himmelskugel, das mit Ringen versehen ist.

In Platons *Nomoi* (Die Gesetze) sagt „ein Fremder aus Athen", ihm sei erst im Erwachsenenalter bewußt geworden, daß sich jeder der Planeten auf einer einzelnen Bahn bewegt und daß es falsch ist, sie „Wanderer" oder „Irrende" zu nennen. Platon hatte sie in seinem *Staat* als herumwandernd (erratisch) bezeichnet, und so ist dies vielleicht eine autobiographische Angabe. Die Vermutung liegt nahe, daß es Eudoxos war, der ihn bekehrte.

Von Eudoxos sind keine Schriften erhalten, dennoch kann sein System aus den Schriften von anderen, insbesondere von Aristoteles – einem späten Zeitgenossen – und Simplikios rekonstruiert werden. Simplikios war ein Platoniker, der einflußreiche Kommentare über Aristoteles' Werk schrieb, er war aber kein Mathematiker. Da er um 500 n. Chr. geboren wurde und nach 533 n. Chr. starb, würde sein Zeugnis, neun Jahrhunderte danach, zweifelhaft sein, wären da nicht zwei bis drei unschätzbare Bemerkungen: Er beschreibt die Figur, die aus der Konstruktion des Eudoxos folgt, als „Hippopede", als Pferdefessel, als Achter; und er spricht von einem Angriff auf Eudoxos wegen der Breite, die er dadurch der Planetenbahn gab. Im Zusammenhang mit der allgemeinen Form der Theorie, in der er mehr oder weniger mit Aristoteles übereinstimmte, sagt er uns eine ganze Menge, wie wir noch sehen werden.

Das System des Eudoxos besteht aus konzentrischen Kugeln – Kugeln mit der Erde als Mittelpunkt. Sie sind ineinandergeschachtelt, aber in diesem Universum eines Mathematikers ist die Unterschiedlichkeit ihrer Größen ohne Belang. Der Gedanke, daß man Sphären braucht, war nicht immer so offenbar, wie er heute scheint; doch angenommen, daß sphärische Modelle, real oder imaginär, damals diskutiert wurden, dürfte es klar gewesen sein, daß man für die Sonne mindestens zwei Kugeln braucht, die eine für die schnelle Tagesdrehung und die andere für die gegensinnige Jahresbewegung der Sonne. Die zweite Sphäre muß natürlich um die Pole der Ekliptik drehbar gelagert sein. Der Mond konnte ähnlich beschrieben werden. (In beiden Fällen stellt man sich das Objekt auf dem Äquator der inneren Kugel plaziert vor.) In Wirklichkeit fügte Eudoxos sowohl für die Sonne als auch den Mond eine dritte Sphäre hinzu. Beim Mond sollte sie wohl der Gegebenheit Rechnung tragen, daß die Mondbahn um etwa fünf Grad gegenüber der Ekliptik geneigt ist, die sie in Punkten (Knoten) schneidet, die langsam auf dem Tierkreis rückwärts laufen (und in ungefähr 18,6 Jahren einen Umlauf machen.) Eine rudimentäre Kenntnis der Eklipsen könnte zu dieser Einsicht geführt haben. Wenn dem so ist, dann ist bei Aristoteles und Simplikios die Reihenfolge der zweiten und dritten Sphäre falsch, ansonsten ist ihre Behandlung aber vernünftig. Verwirrenderweise scheint Eudoxos für die Bewegung der *Sonne* auch eine dritte Sphäre hinzugenommen zu haben, im Glauben, daß die Sonne an den Winter- und Sommersonnenwenden nicht immer am selben Punkt des Horizonts aufgeht. Simplikios sagt, die Vorgänger von Eudoxos hätten das gedacht, und den Gedanken findet man bei mehreren späteren Autoren wiederholt.

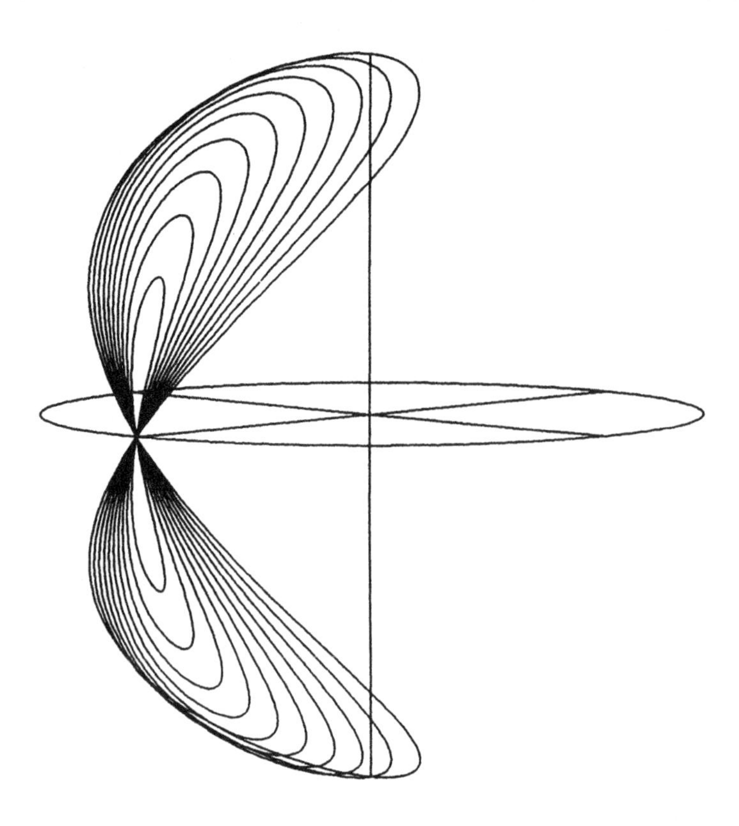

Bild 4.1 Eine Auswahl von Hippopeden

In Eudoxos' Erklärung der *recht-* und *rückläufigen* Bewegungen des Planeten kamen seine drehbaren Sphären voll zur Geltung. Er zeigte, wie sich die mehr oder weniger im Tierkreis verlaufende Planetenbewegung konstruieren läßt. Bei dieser Bewegung durchläuft der Planet eine Achterschleife, die wiederum gemäß seiner langfristigen Bewegung am Himmel herumtransportiert wird. Um diese Figur, die Hippopede, zu erzeugen, nahm er einfach ein Paar Kugeln, von denen sich die eine in der einen Richtung und die andere mit *derselben Geschwindigkeit* in der *entgegengesetzten Richtung* um eine Achse dreht, die in der ersten Sphäre verankert ist, aber nicht mit deren Drehachse zusammenfällt.[2] Zehn Beispiele der fraglichen mathematischen Kurve, die verschiedenen Winkeln zwischen den beiden Achsen entsprechen, sind leserfreundlich in derselben Abbildung (Bild 4.1) dargestellt. Man denke sich, der Planet durchlaufe mit der Zeit eine Hippopede, deren „Längsachse" [die Hippopede ist im Gegensatz zu einer Acht keine ebene Kurve!] in der Ekliptik liege. Bei Drehung der Anordnung um die Pole der Ekliptik wird der Planet entlang einer Bahn in der Nähe des Tierkreises geführt, und es läßt sich einrichten, daß es dabei gelegentlich zu rückläufigen Bewegungen kommt. Zu dieser dritten Bewegung gesellt sich die Tagesdrehung des Himmels, die „Rotation der Fixsterne".

Wenn man die Tagesdrehung wegläßt, dürfte die Bahn den allgemeinen Charakter der in Bild 4.2 gezeichneten Linie haben. Die Figur ist korrekt gezeichnet, allerdings mit

[2] Anm. d. Übers.: Wie oben befindet sich der Planet auf dem Äquator der inneren Kugel. Die Pole der anderen Kugel liegen auf der Ekliptik.

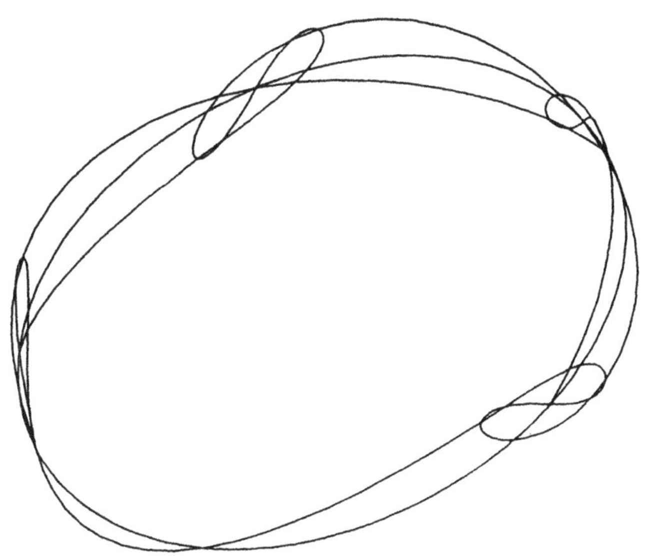

Bild 4.2 Eine qualitativ annehmbare, aber in der Wirklichkeit unmögliche Planetenbahn nach Eudoxos

willkürlichen Werten für die Geschwindigkeiten und Neigungen. Wir dürfen im Augenblick die Frage einer genauen Darstellung der beobachteten Planetenbewegung zurückstellen.

Indem man auf diese Weise zumindest qualitativ die Planetenbahnen annäherte, reduzierte man ihre scheinbar regellosen Bewegungen auf ein Gesetz. Kurzum, sie waren überhaupt nicht wirklich unberechenbar, und Platon war offenbar über diese Entdeckung entzückt. Doch was war das wirkliche Ziel von Eudoxos? Man hat guten Grund zu der Annahme, daß die Begeisterung der Griechen über die von ihm gegebene Erklärung weniger mit ihrer Fähigkeit zur präzisen Voraussage als mit ihren geometrischen Vorzügen zu tun hatte. Um Eudoxos' Leistung richtig einschätzen zu können, müssen wir zumindest kurz die geometrische Rekonstruktion skizzieren, die G. Schiaparelli gegeben hat. Unter Benutzung einfacher Sätze der griechischen Geometrie, die zu Eudoxos' Zeit zur Verfügung standen, zeigte er, daß die Hippopede eine Schnittlinie eines bestimmten Zylinders, eines gewissen Doppelkegels und der Kugel ist, auf der die Kurve liegt (Bild 4.3). Der Zylinder berührt die Kugel von innen am Kreuzungspunkt der Hippopede, und der Kegel hat dort seinen Scheitel.

Dieses schöne Ergebnis, auf das die Beschreibungen von Aristoteles und Simplikios nur sehr dunkel hinweisen, ist von einer damals nicht gänzlich unbekannten Art. Archytas, der Lehrer von Eudoxos, betrachtete bei der Lösung des Problems der Würfelverdopplung die Schnitte von *drei* Rotationsflächen: einem Torus, einem Kegel und einem Zylinder. Wer das Gefühl hat, Eudoxos sollte nicht ausgestochen werden, aber in diesem Zusammenhang nicht von transzendenten Kurven vierter Ordnung sprechen will, könnte vielleicht gerne zu der Kugel und dem Zylinder eine weitere einfache Fläche, auf der die Hippopede liegt, hinzufügen: eine Fläche, die überall eine Parabel als Schnittlinie hat. (Stellen Sie sich ein Blatt Papier vor, das so gebogen ist, daß zwei gegenüberliegende Kanten Parabeln bilden, und auf das die Linie der Hippopede gezeichnet wird. Wir haben keinen vernünftigen Grund

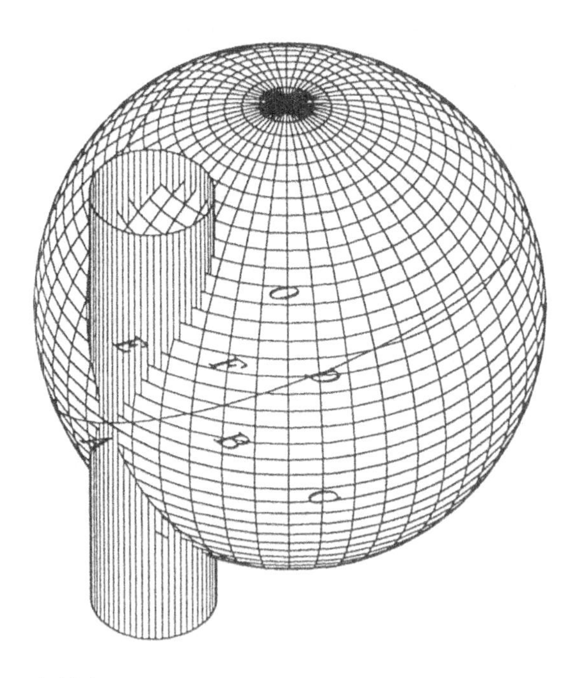

Bild 4.3 Hippopede als Schnittkurve von Kugel und Zylinder

anzunehmen, daß Eudoxos von dieser Eigenschaft seiner Hippopede wußte, aber dasselbe gilt strenggenommen auch für die sich schneidenden Zylinder und Kegel. Wahrscheinlich war ihm wenigstens dieses Paar bekannt.

Dieses Modell ist für die Geschichte der geometrischen Astronomie so bedeutend, daß es angebracht ist, den Beweis der Zylindereigenschaft zu skizzieren, und sei es nur, um den hohen Standard einer astronomischen Lehre aufzuzeigen, die heute mehr als 2 300 Jahre alt ist. Wir unterscheiden zwischen der tragenden und der getragenen Kugel. In Bild 4.4 blicken wir längs der Achse der ersten hinab, der Zylinder (auf dem die Punkte F, E, A liegen) ist zu dieser parallel. (Es ist aufschlußreich, sich zu fragen, weshalb er nicht parallel zur Achse der anderen ist oder zum Beispiel symmetrisch zwischen ihnen liegt.) A ist der Startpunkt des Planeten, und der Bogen $\widehat{AB}$ ist die in einer bestimmten Zeit durchgeführte Bewegung längs des Äquators der getragenen Sphäre. Wenn man von oben herab sieht, scheint dieser eine Ellipse, und der Winkel AOB in der Figur ist kleiner als der Raumwinkel. Dieser ist tatsächlich dem Winkel AOC in der Abbildung gleich, wo C ein Punkt ist, der zur selben Zeit auf dem Äquator der tragenden Kugel läuft. B und C haben in der zweidimensionalen Zeichnung natürlich dieselbe Höhe, d. h. CB ist senkrecht zu OA. Betrachten wir nun die zusammengesetzte Bewegung des Planeten zur fraglichen Zeit, wie sie sich beim Blick auf die Ebene des Schaubilds (d. h. in einer orthogonalen Projektion darauf) darstellt. Er bewegt sich mit der getragenen Bewegung nach B hinauf und schwenkt dann mit der Bewegung der Trägerkugel nach links, wodurch $\overline{OB}$ in $\overline{OE}$ überführt wird. Der Winkel BOE ist nach Konstruktion gleich AOC. Es ist nun zu beweisen, daß E auf einem Kreis, der Schnittlinie des Zylinders, liegt. D sei der Schnittpunkt des Lots auf BC in B mit OC. Es genügt nun zu zeigen, daß $\overline{CD}$ von konstanter Länge ist, denn dann liegen alle Punkte vom Typ D (unter Einschluß von F) auf einem Kreis um O. Der Winkel FEA ist damit ein rechter, und E liegt dann auf einem Kreis mit dem Durchmesser $\overline{FA}$.

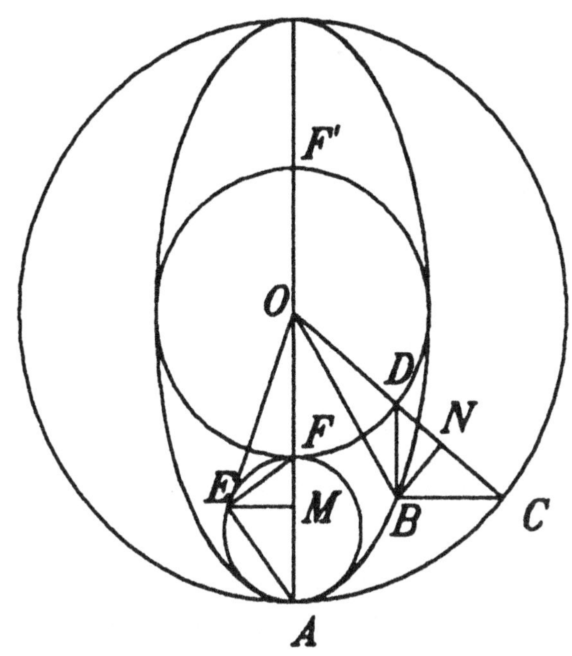

Bild 4.4 Die Geometrie der Hippopede

Der Beweis der konstanten Länge von $\overline{CD}$ aus den Ellipseneigenschaften ist unmittelbar. Wenn man aber den relevanten Teil des Diagramms dreidimensional betrachtet, ist der Beweis auf der Basis der Seitenverhältnisse in ähnlichen Dreiecken [1. Strahlensatz] nicht schwer zu führen.[3] Dies ist leichter als die Visualisierung; und beträchtlich leichter, als den Satz des parabolischen Zylinders zu beweisen. Ich möchte erwähnen, daß sich dessen Brennpunkt in einem Viertel der Entfernung von A nach F' befindet.

Wir haben das Zeug zu einem mächtigen geometrischen Modell der Planetenbewegungen, aber bedauerlicherweise leidet es an schwerwiegenden Einschränkungen. Diese werden manchmal falsch dargestellt. Es stimmt nicht, daß alle Schleifen in den Planetenrückläufen identisch sind – wir haben das in Bild 4.2 gesehen –, noch ist es wahr, daß die Breitenbewegung des Planeten notwendigerweise groß ist. Die Rückläufe von Saturn und Jupiter können ganz plausibel dargestellt werden, ohne übermäßige Breiten einzuführen (Bild 4.5 gehört zum Jupiter). Leider hat das Modell, sofern keine weiteren Sphären hinzugenommen werden, nur zwei Hauptparameter, die verändert werden können: das Verhältnis der Geschwindigkeit der Hippopede und der des Planeten auf jener sowie die Größe dieser Hippopede (die von der Verkippung der beteiligten Sphären abhängt). Die genügen einfach nicht, um an die wirklichen Bewegungen des Mars, der Venus oder des Merkur anzupassen. Wenn die Geschwindigkeiten einigermaßen stimmen, dann sind die Längen der Rücklaufbögen völlig falsch, und umgekehrt.

Von einem modernen Standpunkt aus betrachtet, hängen die relativen *Geschwindigkeiten* der Hippopede selbst und der Bewegung auf ihr mit den Winkelgeschwindigkeiten des Planeten und unserer Erde im Umlauf um die Sonne zusammen, wohingegen die *Größe*

[3] Anm. d. Übers.: Anleitung: Führe das Verhältnis $\overline{OD}/\overline{OC}$ auf den Kosinus des Kippwinkels zurück.

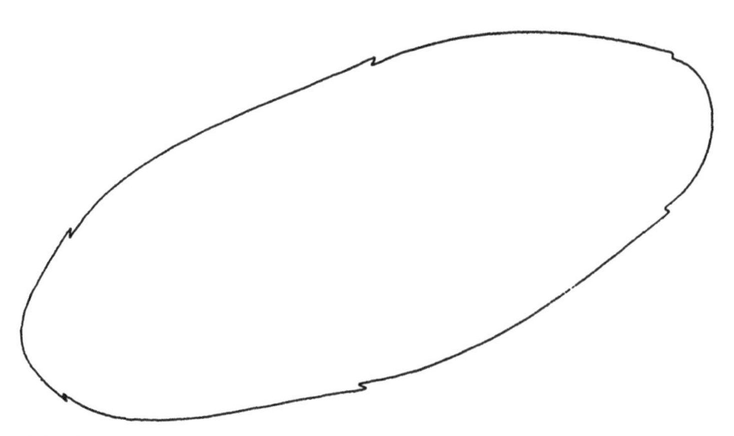

Bild 4.5 Ein korrekt gezeichnetes eudoxanisches Modell für den Jupiter (eine perspektivische Ansicht der dreidimensionalen Bahn; eine der Schleifen ist links unten vergrößert dargestellt)

der Hippopede im Verhältnis zur Kugel mit der Größenrelation der Umlaufbahnen des Planeten und der Erde zu tun hat. Wir wollen nicht in Details gehen, aber es sollte klar sein, daß sich unter entsprechenden Umständen die Hippopede als Ganzes im Verhältnis zur Bewegung des Planeten auf ihr so schnell bewegt, daß dieser nie in eine Phase des Rücklaufs eintritt. Dies geschieht in den erwähnten Fällen. Und zweitens, wenn wir die Länge des Rücklaufbogens in dem Modell aufgrund der Beobachtung festlegen, müssen wir jede Größe, die die Hippopede in der Folge hat, akzeptieren. Nicht nur, daß diese im Fall von Mars und Venus übermäßig ausfallen, sondern die Breitenbewegung der Planeten hat nichts mit den Größen der Umlaufbahnen zu tun. Vielmehr kommt sie daher, daß die Bahnen der Planeten mitsamt unserer Erde in leicht unterschiedlichen Ebenen liegen.

Aristotelische Kosmologie

In den Entwürfen von Eudoxos bleiben viele Fragen unbeantwortet oder sind erst gar nicht zu stellen, nicht zuletzt die nach seinen Motiven. Da er in einer griechischen Kolonie in Kleinasien lehrte – Kyzikos ist an der südlichen Küste des Marmarameeres gelegen; man erreicht es, wenn man vom heutigen Istanbul in südwestlicher Richtung über das Wasser fährt –, wußte Eudoxos wohl um die Verbindungen der Astronomie mit der Astrologie und der Religion, aber die Geisteshaltung der Griechen stimmte damals nicht mit denen ihrer asiatischen Nachbarn überein. Die Sternanbetung dürfte den Griechen nicht ganz fremd gewesen sein, aber sie nahm in ihrer Religion eine untergeordnete Stellung ein, wie das sogar für die Verehrung der Sonne und des Mondes gilt, obwohl sie Gottheiten waren (Helios und Selene). Der große Dichter und Dramatiker Aristophanes, der etwa um die Zeit der Geburt von Eudoxos starb, charakterisierte den Unterschied zwischen der Religion der Griechen und der der Ausländer mit der Bemerkung, während die letzteren der Sonne und dem Mond opferten, würden die Griechen persönlichen Göttern wie Hermes Opfer darbringen. Die hellenistische Religion hatte sich schon seit langem immer mehr von den alten und allzu simplen Sternreligionen entfernt; einige Jahrhunderte später kam es freilich mit der Ankunft der östlichen Astrologie zu einer Trendwende.

Zur Zeit von Eudoxos waren die Philosophen froh, den Himmelskörpern einen Platz in ihrem Pantheon zu bereiten. Für Pythagoras waren sie göttlich, und Platon zeigt sich schockiert von Anaxagoras' atheistischer Behauptung, die Sonne sei eine brennende Masse und der Mond eine Art Erde. Für Platon waren die Sterne sichtbare Götter, denen das oberste und ewige Sein Leben eingegeben hat. Seine Religion war nicht mehr eine Sternreligion für das einfache Volk, sondern eine für geistige Idealisten. In den Händen seiner zahlreichen Nachfolger, von denen viele christlich waren, erwies sich die Platonische Weltsicht höchst einflußreich. Selbst sein Rivale Aristoteles verteidigte die Göttlichkeit der Sterne und stellte sie als ewige Substanzen in unveränderter Bewegung dar. Gottheiten mögen sie gewesen sein, aber das ist etwas ganz anderes als die Lehren dieser „Chaldäer" (der Babylonier und ihrer Nachbarn), die für sich in Anspruch nahmen, aus himmlischen Zeichen sowohl Leben und Tod von Nationen und Einzelpersonen als auch das Wetter und das davon Abhägige vorherzusagen.

Wir wissen nicht, welche Haltung Eudoxos diesen Dingen gegenüber einnahm; zweifellos war er aber in seiner Astronomie weitgehend von den geistigen Freuden des Geometers motiviert – etwas, das vielen Allgemeinhistorikern völlig fremd scheint. Wenn auch Ciceros Zeugnis in seinem Werk *Über die Weissagung* relativ spät ist, steht doch darin, Eudoxos habe daran festgehalten, den Chaldäern, die aufgrund des Geburtsdatums das Leben jedes Menschen voraussagten, sei kein Glauben zu schenken. Zu Ciceros Zeit war die römische Welt mit diesen Praktiken vertraut, weshalb einige diesen Hinweis als unzeitgemäß betrachtet haben, doch es gibt keinen Grund dafür. Es könnte nämlich aus einer Quelle stammen, die sich auf eine nichtastronomische Methode, das Leben von Menschen vorauszusagen, bezog; denn es gab babylonische Techniken, die nur auf dem Kalender beruhten und lange vor Eudoxos in Ägypten bekannt waren. Wenn dem so ist, dann ist das Argument entkräftet, Eudoxos habe damit die Astrologie in ihren bekannteren Formen verwerfen wollen.

Ob nun Eudoxos Motive hatte, die wir heute als rein geistig bezeichnen würden, oder nicht, wir können seine Ergebnisse im Sinne späterer astronomischer Ambitionen nicht als vollständig betrachten. Daß wir das Verhalten von Jupiter und Saturn in sein Modell einpassen können, bedeutet nicht, daß Eudoxos das machte. Daß *wir* es leicht finden, die Schemata zu variieren, indem wir zum Beispiel die Geschwindigkeiten der getragenen und tragenden Sphären verändern, heißt nicht, daß das in der Antike auch so war. Zum größten Teil liefert das Verfahren unbrauchbare Ergebnisse. Unter den geometrischen Merkwürdigkeiten können wir Folgendes erwähnen: Wenn wir in dem Grundsystem aus zwei Sphären die tragende Sphäre doppelt so schnell rotieren lassen wie die getragene, ist die resultierende Kurve einfach ein Kreis, der die gegenteilige Neigung hat wie der Äquator der getragenen Kugel. Solche Möglichkeiten warnen uns davor, über die Natur der nächsten Entwicklungsschrittes zu spekulieren, der um 330 v. Chr. von Kallippos von Kyzikos unternommen wurde.

Kallippos war zufällig der Schüler von Polemarchus, der wiederum ein Schüler von Eudoxos gewesen war; und er folgte Polemarchus nach Athen, wo er bei Aristoteles blieb und mit dessen Hilfe die Entdeckungen von Eudoxos korrigierte und vervollständigte.

So berichtet Simplikios und fährt fort, Kallippos habe die Zahl der Sphären für Sonne und Mond um je zwei und mit Ausnahme von Jupiter und Saturn um jeweils eine für die Planeten erhöht. Das legt nahe, daß man mit diesen beiden Planeten zufrieden war, genau dem Paar, das wir am besten in das Modell von Eudoxos einpassen können. Unter diesen Umständen ist die Unterstellung unwürdig, die Griechen jener Epoche seien nur an einem *qualitativen* Modell des Rückwärtslaufs der Planeten interessiert gewesen. Simplikios geht so weit zu sagen, Eudemos hätte die Erscheinungen aufgelistet, die Kallippos zu einer Erweiterung des Systems veranlaßt hätten.

Üblicherweise wird die Gesamtzahl der Sphären bei Eudoxos mit 26 und bei Kallippos mit 33 angegeben, aber diese Angabe von Gesamtzahlen bedeutet noch kein einheitliches Schema oder einzelnes System. Anscheinend waren diese beiden Männer damit zufrieden, für jeden Planeten oder jedes Himmelslicht ein eigenes Schema anzunehmen. Welche Fortschritte Kallippos auch immer machte, wir wissen, daß sich Aristoteles über seine Ideen verbreitete und in ein einheitliches mechanisches System überführte, was vermutlich ein Satz abstrakter geometrischer Theorien war. Als solches hielt die Theorie über zweitausend Jahre einen bedeutenden Platz in der Naturphilosophie inne.

Aristoteles war bei weitem der einflußreichste antike Philosoph der Naturwissenschaften. Er wurde 384 in Stagira in eine privilegierte Familie hineingeboren: Sein Vater hatte als Leibarzt dem Großvater Alexanders des Großen gedient, und Alexander war wiederum sein Schüler. Aristoteles studierte unter Platon in Athen bis zu dessen Tod (348 v. Chr.), und nachdem er in Mysien, Lesbos und Mazedonien gewesen war, kehrte er nach Athen zurück, wo er seine eigene Philophenschule, das Lyzeum, gründete. Seine umfangreichen Schriften sind überaus systematisch und kohärent und decken einen großen Teil des menschlichen Wissens ab. Da sie über eine lange Zeit hinweg verfaßt wurden, enthalten sie natürlich einige kleinere Inkonsistenzen. Die wichtigste einzelne Quelle von Aristoteles' Kosmologie, sein *De caelo* („Über den Himmel" – man verwendet gewöhnlich den lateinischen Titel) war eine frühe Abhandlung und enthält nicht alles, was von seinem Werk am einflußreichsten war. Zum Beispiel ist die Theorie des „Unbewegten Bewegers" nicht aufgeführt, die wir in seiner *Physik* nachschlagen müssen. Dieser wurde als Ursprung aller Bewegung der Sphären im Universum angenommen und sollte sich in dessen äußerstem Teil aufhalten.

Aristoteles schreibt in einem halbhistorischen Stil, indem er eine Rückschau auf die Hauptargumente seiner Vorgänger hält. Das längste Kapitel in *De caelo* betrifft die Himmelskugel – eine damals von den Griechen allgemein akzeptierte Konstruktion – und die Erde von ähnlicher Form in deren Zentrum. Er erwähnt die Theorien der Pythagoräer und einer namentlich nicht genannten Schule, nach der sich die Erde im Mittelunkt des Universums *dreht*. Er verwirft diesen Gedanken wie den einer *Bahn*bewegung der Erde. Beide akzeptieren wir freilich heute. Er scheint durch Eudoxos' Theorie zu der Überzeugung gelangt, daß sie „Abweichungen und Drehungen" der Sterne implizieren und daß wir diese in der Tat nicht beobachten. Eudoxos hatte unwissentlich der Lehre der feststehenden Erde zum Sieg verholfen. Hätte er noch gelebt, hätte er vielleicht darauf hingewiesen, daß das Argument fehlgeht, sofern sich die Sterne in großen Entfernungen befinden.

Aristoteles gibt verschiedenartige Argumente für die Kugelgestalt der Erde und des Universums an. Die natürliche Bewegung irdischer Materie ist überall nach unten, auf ein Zentrum hin gerichtet, um das sich unvermeidlich eine Materiekugel aufbaut. Da ist auch die Beobachtung, daß die Linie, die bei einer Mondfinsternis helle und dunkle Regionen der Mondoberfläche teilt, immer konvex ist – was natürlich ohne Zusammenhang kein perfektes Argument ist. Er verweist auf Mathematiker, die den Erdumfang zu messen versuchen (Archytas oder Eudoxos?) und ihn auf 400 000 Stadien oder etwa 28 700 Kilometer festlegen – das ist weniger als drei Viertel der richtigen Zahl, aber die älteste uns bekannte Abschätzung. Die Kugel ist nach Aristoteles die vollkommene Form, indem sie bei Drehung um einen beliebigen Durchmesser immer denselben Raum einnimmt.

Das Universum stellt er sich Lage um Lage über einer kugelförmigen Erde aufgebaut vor. Nur eine Kreisbewegung ist nach ihm zu endloser Wiederholung ohne Umkehr fähig; und die Drehbewegung steht über der linearen Bewegung, weil, was ewig ist oder zumindest immer existiert haben könnte, vor dem anderen Vorrang hat. Kreisbewegungen sind für Aristoteles ein kennzeichnendes Merkmal der Vollkommenheit, und so hat der Himmel einen besonderen Platz in jeder Diskussion der Vollkommenheit erhalten. Auf der Erde war die natürliche Bewegung aufwärts (für Rauch usw.) oder abwärts (für irdisches Material) gerichtet, im Himmel dagegen war die natürliche Bewegung kreisförmig und zu keiner wesentlichen Änderung fähig, die ein Zeichen von Unvollkommenheit und Unfähigkeit gewesen wäre. Der Himmel setzt sich aus einfachen und unvermischten Körpern zusammen, die nicht aus den uns vertrauten Elementen – Erde, Luft, Feuer und Wasser –, sondern aus einem fünften Element, dem Äther, bestehen. (Von diesem *fünften* und unvergängliche Element (Wesenheit oder *Essenz*) kommt unser Wort „Quintessenz".)

Aristoteles hat also einen Himmel, der in scharfem Kontrast zu der sublunaren (unter dem Mond befindlichen) Welt des Wechsels und des Zerfalls steht. Er ist einzigartig, nicht erschaffen und ewig – das sind Eigenschaften, die späteren christlich-aristotelischen Apologeten Probleme bereitet haben. Er trat hier den Überzeugungen der Atomisten Demokrit und Leukippos entgegen, die sich für leeren Raum (den Aristoteles aus philosophischen Gründen zurückwies) und eine Vielzahl von Welten ausgesprochen hatten. Er stellte sich auch Heraklit entgegen, nach dem die Welt periodisch zerstört und wiedergeboren wird, ferner Platon, der geglaubt hatte, die Welt sei vom Demiurg erschaffen worden.

Überraschenderweise widersetzt sich Aristoteles auch der Vorstellung der himmlischen Harmonie, wie wir sie im Mythos von Er kennengelernt hatten. Dort habe man die absurde Behauptung, wir würden keinen Ton hören, weil er seit unserer Geburt in unseren Ohren sei. Und wie stünde es mit dem allgemeinen Prinzip: je größer das Objekt, desto stärker der Ton. Der Donner wäre vergleichsweise nichts. Aber Aristoteles schaffte es nicht ganz, sich der himmlischen Harmonie entgegenzustemmen, und sein Eintreten für die relative Vollkommemheit der Ätherregionen half den Platonischen Glauben an die Göttlichkeit der Himmelskörper am Leben zu halten.

Wegen der Einzelheiten des Planetensystems bei Aristoteles müssen wir uns seiner *Metaphysik* zuwenden. Hier scheint er die Theorie des Kallippos zu akzeptieren. Doch er sagt, „wenn all die Sphären *zusammengenommen*" erklären sollten, was wir sehen, dann müßte es für jeden der planetaren Körper (die tragenden und die getragenen Sphären – um meine vorigen Worte zu benutzen) weitere „zurückrollende" Sphären geben, um den Effekten der darüberliegenden, nicht zu dem fraglichen Planeten gehörenden Sphären entgegenzuwirken. Für den Jupiter zum Beispiel genügen seine eigenen Sphären, um seine Bewegung relativ zur Sternsphäre zu erklären. Dann müssen alle Sphären des Saturn, da sie ja außerhalb liegen, neutralisiert werden, indem man dem Jupiter entgegengesetzt wirkende Sphären zuteilt, deren Pole dem Saturn entsprechen, denen aber betragsgleiche und entgegengesetzte Winkelgeschwindigkeiten zu geben sind. Wenn wir zum Mars kommen, haben wir die Sphären des Jupiters zu neutralisieren, aber nicht die des Saturn, die bereits berücksichtigt sind, usw. Die Sphären bei Kallippos sind wie folgt, wobei die erforderliche Zahl der Gegensphären in Klammern angegeben sind: Saturn vier (drei), Jupiter vier (drei), Mars fünf (vier), Venus fünf (vier), Merkur fünf (vier), Sonne fünf (vier), Mond fünf (Null). Die Gesamtzahl ist somit 55, und Aristoteles nennt tatsächlich diese Zahl. Er macht eine verwirrende Anmerkung, die nie überzeugend aufgeklärt wurde – nämlich, daß bei Weglassen der Extrabewegungen von Sonne und Mond die Gesamtzahl 47 beträgt. Ich habe den Verdacht, daß er in einer früheren Stufe dem Mond vier Gegensphären zugewiesen hat, um die feste Orientierung der Erde sicherzustellen.

Aristoteles hat also einen mechanistischen Blick auf ein Universum von Kugelschalen verschiedener Funktion, von denen einige Planeten tragen. Die Bewegungen werden nicht mehr postuliert, als wären sie bloße Begriffe aus einem Geometriebuch, sie werden auch nicht gerechtfertigt im Sinne platonischer Intelligenzen, sondern im Sinne einer Physik der Bewegung, einer Physik von Ursache und Wirkung. Die erste Sphäre von allen, der erste Himmel, zeigt beständige Kreisbewegung, die er an alle tieferliegenden weitergibt; aber was treibt den ersten Himmel an? Was bewegt, muß selbst unbewegt und ewig sein. Es gibt eine ausführliche theologische Interpretation dieses ersten Bewegers, dessen Tätigkeit die höchste Stufe der Freude ist und mit reiner Selbstkontemplation einhergeht, einer natürlichen Bedingung für etwas Göttliches. Man könnte sich also vorstellen, daß Aristoteles – was letzte Ursachen betrifft – alles hat, was er braucht. Gewisse spätere Kommentatoren meinen, der erste Beweger der äußersten Sphäre genüge für das ganze System. Aristoteles hingegen spricht davon, daß jede planetare Bewegung vom eudoxanischen Typ ihren eigenen ersten Beweger habe, so daß es davon insgesamt 55 (oder 47) geben dürfte, und es sieht so aus, als würde er sie am Ende alle als Götter akzeptieren. Wem dieser Gedanke in der späten Antike oder im Mittelalter mißfiel, sprach stattdessen von „Intelligenzen“ oder Engeln.

Bei Simplikios lesen wir, daß ein System konzentrischer Sphären immer noch gelehrt wurde und daß es von Autolykos von Pitane (um 300 v. Chr.) akzeptiert wurde. Autolykos verfaßte Bücher der „sphärischen Astronomie“, d. h. der Geometrie der (Himmels-)kugel, und diese hatten bis ins Mittelalter eine gewisse Verbreitung im Arabischen, Hebräischen und Lateinischen, aber sie enthalten keine Theorie im Stile des Eudoxos. Autolykos verteidigte die Theorie jedoch gegen einen gewissen Aristotherus, der in der Geschichte als der Lehrer des Astronomen und Dichters Aratos bekannt ist. Die Theorie wurde als unzureichend erkannt, weil sie die Helligkeitsänderungen der Planeten nicht erklären konnte. Simplikios deutet an, Aristoteles sei sich dessen bewußt gewesen.

Herakleides und Aristarchos

Herakleides, fast ein Zeitgenosse von Aristoteles in Athen, war ein Mann, dessen Ruhm in der Geschichte der Astronomie seine Verdienste bei weitem übertrifft. Er war eine schillernde Gestalt, dessen vielbewundertes literarisches Werk nicht überdauert hat, und es heißt, er sei plötzlich verstorben, als ihm im Theater eine goldene Krone überreicht wurde. Dies war nur gerecht, weil er durch Betrug dazu kam: Er hatte – so lautet eine Geschichte – Boten vom Orakel in Delphi dazu überredet zu sagen, die Götter hätten versprochen, eine Seuche von seiner Stadt Heraklea zu nehmen, wenn er zu Lebzeiten gekrönt und nach seinem Tod als Held verehrt würde.

Während er bei dieser Ambition das Nachsehen hatte, scheint er bei den Historikern mehr Erfolg zu haben. Er soll behauptet haben, die Umlaufbahnen von Merkur und Venus hätten die Sonne zum Zentrum, während sich die Sonne um die Erde drehe. Daß dies ein Schritt auf das kopernikanische System gewesen wäre, verleiht ihm besonderes Interesse. Es ist einigermaßen wahrscheinlich, daß er an die Drehung der Erde um ihre Achse glaubte – eine Lehre, auf die Aristoteles anspielt –, er ist jedenfalls der früheste Astronom, von dem man weiß, daß er daran festgehalten hat. Kopernikus nennt tatsächlich seinen Namen in diesem Zusammenhang. Vielleicht ist eine silberne Krone angebracht.

Die Idee, daß die Sonne das Zentrum der Bahnen von Venus und Merkur bildet, wäre in die Astronomie der „eudoxanischen" Epoche, d. h. zu Herakleides Lebzeiten, sehr schwer einzubauen gewesen. In einer Epizyklentheorie tritt die Frage natürlicher auf. Sie wird in diesem Zusammenhang von Theon von Smyrna erwähnt, aber der lebte im frühen zweiten Jahrhundert n. Chr.Ein Kommentar zu einer Textstelle von Platon, in dem ein noch späterer Schreiber, Chalcidius, Herakleides erwähnt, wurde als Überlieferung dieser Lehrmeinung angesehen. Wenn aber dort steht, die Venus befinde sich „manchmal oberhalb und machmal unterhalb der Sonne", ist doch anhand einiger Zahlenangaben klar, daß einfach „auf dem Tierkreis voraus" und „auf dem Tierkreis zurückliegend" gemeint ist.

Der erste Astronom, der klar eine heliozentrische Theorie vorgelegt hat, ist Aristarchos von Samos. Er wurde um 330 v. Chr. auf der Insel Samos, vor der Westküste von Kleinasien, nahe Milet geboren. Aus diesem Zentrum ionischer Kultur kam im darauffolgenden Jahrhundert noch ein Astronom und Mathematiker: Konon von Samos, und der wiederum war ein Freund von Archimedes. Und Archimedes ist es, von dem wir von der heliozentrischen Theorie des Aristarchos erfahren. Denn das einzig erhaltene Werk von Aristarchos ist seine Abhandlung „Größe und Entfernung von Sonne und Mond", und diese nimmt natürlich die Erde als Zentrum, von der aus Entfernungen gemessen werden.

Wie Archimedes am Beginn seines *Sandrechners* schreibt, stammen die Hypothesen von Aristarchos, daß die Fixsterne und die Sonne stationär sind und daß die Erde in einer kreisförmigen Bahn um die Sonne getragen wird, die im Mittelpunkt der Umlaufbahn steht. Schließlich, daß die Sphäre der Fixsterne, die dasselbe Zentrum wie die Sonne hat, im Ausmaß so groß ist, daß die vermutete Erdkreisbahn zur Entfernung der Fixsterne im selben Verhältnis steht wie das Zentrum der Kugel zu ihrer Oberfäche.

Archimedes kritisierte Aristarchos wegen der letzten, unsinnigen Feststellung, die das Verhältnis eines Punktes zu einer Oberfläche ins Spiel bringt. Er unterstellte, dieser habe eher das Verhältnis der Durchmesser von Erde und Sonne und das Verhältnis der Kugel, in der die Erde umläuft, und der Fixsternsphäre als gleich angenommen. Einige moderne Sachverständige akzeptieren diese Lesart, andere hinwieder meinen, das Verhältnis von Punkt zu Oberfäche solle nur ein extrem großes Verhältnis bedeuten – so groß, daß wir keine Sternparallaxen (Änderungen in der scheinbaren Sternposition) erwarten sollten, wenn die Erde um die Sonne läuft.

Was auch immer seine Absichten waren, zweifellos glaubte Aristarchos an die Bewegungen, die wir heute im allgemeinen mit dem Namen Kopernikus (der wußte mit Sicherheit von seinem Vorgänger) verbinden. Das Eigentümliche daran ist, daß nur ein Astronom der Antike bekannt ist, der diese Ideen unterstützte: Seleukos von Seleukeia. Seleukos soll versucht haben, die Hypothesen zu beweisen. Er lebte in der Mitte des zweiten Jahrhunderts v. Chr. und hatte seine Blüte etwa achtzig Jahre nach Aristoteles' Tod im Jahr 230 v. Chr.Seleukeia liegt am Tigris, aber daß Seleukos später von Strabo als ein Chaldäer bezeichnet wurde, besagt wahrscheinlich mehr als seine mesopotamische Herkunft: Es legt nahe, daß er die Astronomie im Stil der Babylonier *ausübte*. Er war sicherlich kein Leichtgewicht, nach Strabo entdeckte er nämlich periodische Veränderungen in den Gezeiten des Roten Meeres, die – wie er erkannte – mit der Mondposition im Tierkreis verknüpft waren.

Wenn Aristarchos wirklich glaubte, daß die Sonne sich genau im Mittelpunkt der Erdbahn befindet, dann ist es sehr unwahrscheinlich, daß er die Schwankungen in der Jahresbewegung der Erde, d. h. die Ungleichheit der Jahreszeiten, erklären konnte. Wie wir sehen werden, war diese Ungleichheit bekannt und im folgenden Jahrhundert von Hipparchos (im Rahmen des geozentrischen Systems) erklärt worden. Das Versagen von Aristarchos in solchen technischen Dingen ist wahrscheinlich nicht der Hauptgrund dafür, daß die heliozentrische Theorie nicht populär wurde. Weit bedeutender dürfte der Einfluß der geozentrischen Kosmologie des Aristoteles gewesen sein – mit ihrer ansprechenden Doktrin der natürlichen Bewegung von Körpern auf das Weltzentrum hin oder von ihm weg, das von Aristoteles mit dem Mittelpunkt der Erde identifiziert wurde. Die Fragestellung hatte auch eine religiöse Dimension, und nach Plutarch meinte der stoische Gelehrte Kleanthes, Aristarchos sollte für die Behauptung, die Erde bewege sich, wegen Gottlosigkeit angeklagt werden. Kleanthes ist für den Eifer berüchtigt, mit dem er die Religion in die Philosophie einführte, aber seine Haltung dem Heliozentrismus gegenüber befremdet, wenn man seinen Glauben bedenkt, das Universum sei ein Lebewesen mit Gott als Seele und der Sonne als Herzen.

Aristarchos nur im Zusammenhang mit seiner heliozentrischen Theorie zu nennen hieße, einen wichtigen Aspekt der frühen griechischen Astronomie – nämlich ihre praktische Seite – zu übersehen. Der Architekt Vitruvius berichtet, daß er die *Skaphe* erfunden habe, eine halbkugelförmige Schale, in der ein Gnomon (Anzeiger) steht, dessen Schatten die Zeit auf einem Netz von Stundenlinien anzeigt. Viele solche Sonnenuhren sind erhalten, folgen jedoch nicht alle denselben geometrischen Prinzipien. Sie zu entwerfen war ein bedeutender Ansporn für die Astronomie und Geometrie. Die Kunst der astronomischen Projektion – vergleichbar mit der der Kartenprojektion – sollte bald mit dem Entwurf des ebenen Astrolabiums hohe Dividende ausschütten. Dieses werden wir im Zusammenhang mit Hipparchos besprechen.

Wenn wir auch die Genauigkeit der astronomischen Beobachtungen von Aristarchos nicht überbewerten dürfen, weist sein Werk *Größen und Entfernungen* auf das Wechselspiel zwischen mathematischen und Beobachtungsmethoden in der griechischen Astronomie hin. Er legte eine Serie von Ableitungen vor, die die Größen und Entfernungen von Sonne, Mond und Erde miteinander verknüpften und für die Art berühmt sind, wie die zugrundeliegenden Annahmen explizit ausgesprochen sind, ferner für die Techniken, die die künftige Trigonometrie ankündigten. Unter seinen Grundannahmen befinden sich die, daß

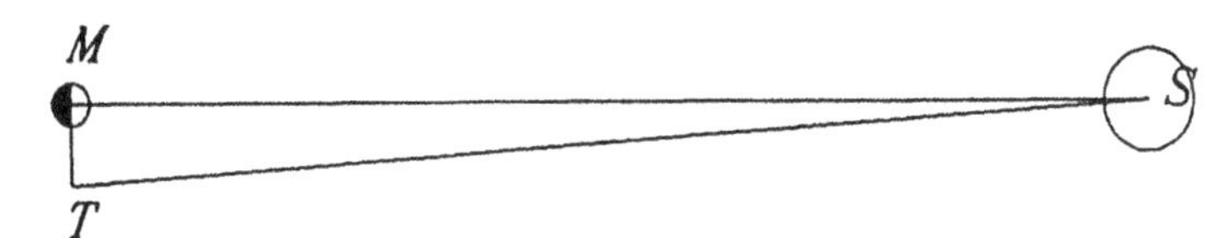

Bild 4.6 Entfernungen von Sonne und Mond nach Aristarchos

der Mond sein Licht von der Sonne empfängt, daß bei Halbmond das Auge des Beobachters auf dem Großkreis zwischen der hellen und der dunklen Region liegt, schließlich daß dann der Winkel Mond–Erde–Sonne 29/30 eines Viertelkreises (87°) beträgt. (s. das nicht maßstabsgetreue Bild 4.6, in dem T den Beobachter auf der Erde, S die Sonne und M den Mond bedeuten.) Er nimmt die scheinbaren Winkeldurchmesser von Mond und Sonne als den 720sten Teil eines Kreises (0,5°) an, was dem Durchschnittswert von Größen, die in Wirklichkeit variieren, nahe kommt. Wenn wir mit m und s die Entfernungen zum Mond und zur Sonne bezeichnen, dann können *wir* unmittelbar $m/\cos 87^\circ = s$ hinschreiben. Nun ist $1/\cos 87^\circ$ ungefähr 19,1 – Aristarchos gibt „mehr als 18 und weniger als 20" an, nachdem er in seinem Beweis ein Theorem benützt hat, das in unserer Schreibweise

$$\frac{\tan A}{\tan B} > \frac{A}{B} > \frac{\sin A}{\sin B}$$

lauten würde.

Wie immer diese Zahl angenommen wird – da die Winkelgrößen von Sonne und Mond etwa gleich sind, ist das Verhältnis ihrer wahren Größen – wie er sah – durch sie gegeben. Weitere Theoreme bezüglich ihrer Volumina folgten ganz einfach. Unglücklicherweise wurde der ganze Satz von Rechnungen durch die Zahl für den Grundwinkel (87°) verdorben, die etwa 89,8° hätte betragen sollen. Der genaue Zeitpunkt, wann der Mond genau zur Hälfte beleuchtet ist, ist natürlich extrem schwer festzustellen, und der Winkel ist mit einfachen Mitteln schwer zu messen. Die Methode allerdings war einwandfrei.

Apollonios und die epizyklische Astronomie

Apollonios von Perge (Perge ist eine antike Stadt im Süden von Kleinasien) lebte in der zweiten Hälfte des dritten Jahrhunderts v. Chr. bis ins folgende Jahrhundert hinein. Er besuchte Alexandria. Es ist zweifelhaft, ob er dort lang bei den Schülern Euklids studierte, wie Pappos behauptete. Er war jedoch sicherlich einer der größten griechischen Mathematiker der Antike und vielleicht nur mit Archimedes zu vergleichen. Er war für die Geometrie der Kegelschnitte (Parabel, Hyperbel, Geradenpaar, Kreis und Ellipse) dasselbe wie Euklid für die elementare Geometrie. Er stellte sein eigenes Werk und viel von dem seiner Vorgänger in einer verblüffend logischen Art dar. Er zeigte auch, wie die Kurven auf Weisen zu konstruieren sind, die stark an die moderne algebraische Geometrie erinnern. Diese Methoden sollten sich im Jahrhundert von Kepler, Newton und Halley, die den Text des Apollonios genau studierten, als für die Astronomie enorm wichtig erweisen.

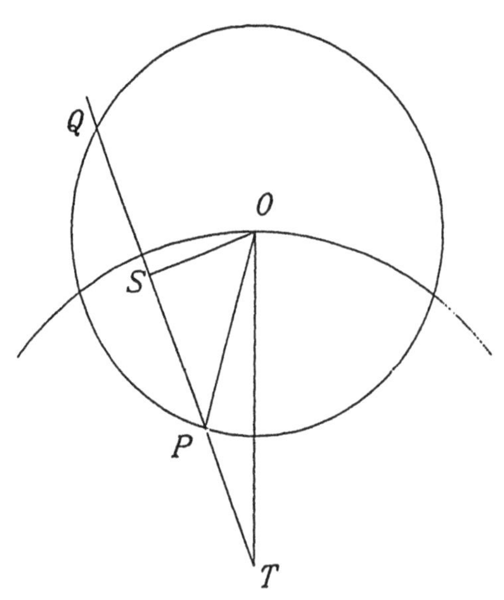

Bild 4.7 Theorem von Apollonios

Apollonios' Interesse an der Astronomie ist aus verschiedenen indirekten Hinweisen bekannt. Ein Schreiber erzählt, er sei als Epsilon bekannt gewesen, weil dieser griechische Buchstaben wie der Mond geformt sei, den er am intensivsten studiert habe. Eine andere Quelle führt die Erde-Mond-Entfernung an, die nach ihm fünf Millionen Stadien (etwa 0,96 Millionen Kilometer) beträgt, was etwa zweieinhalbmal zu groß ist. Ein weiterer Autor, der Astrologe Vettius Valens (um 160 n. Chr.) behauptet, Tabellen von Sonne und Mond benützt zu haben, die Apollonios verfaßt haben soll. Dabei könnte es sich allerdings um einen anderen desselben Namens gehandelt haben. Die interessanteste Angabe zu seinen astronomischen Neigungen betrifft ein Theorem von ihm in der Theorie der Planetenbewegung. Nach Ptolemäus (um 140 n. Chr.) fand Apollonios eine Beziehung zwischen der Geschwindigkeit eines Planeten, der sich in einem Epizykel bewegt, der Geschwindigkeit des Mittelpunkts dieses Epizykels um den Deferenten (s. den vorletzten Abschnitt des vorigen Kapitels, wo diese Gedanken vorweggenommen sind) und zwei Entfernungen in der Figur, die die Situation beschreibt, in der der Planet (zwischen Vorwärts- und Rückwärtsbewegung) zu verharren scheint.

Diese Situation ist in Bild 4.7 dargestellt, wo O das Zentrum des Epizykels und P der Planet ist. Er erscheint einem Beobachter auf der Erde (am Punkt T) stationär. Die Bewegung von P rechtwinklig zur Sichtlinie TQ muß zwei entgegengesetzt gleiche Komponenten aufweisen: Eine kommt von der Translation (Parallelverschiebung) des Kreises mit der Geschwindigkeit von O, die andere kommt von seiner Drehung um O und zeigt in Richtung der Tangente an den Epizykel in P. Zerlegt man diese Geschwindigkeiten in der heute üblichen Weise, kommt man leicht zu folgendem Satz: Das Verhältnis der Winkelgeschwindigkeit im Deferenten zu der auf die [variierende] Richtung OT bezogenen Winkelgeschwindigkeit im Epizykel ist gleich dem Verhältnis der Strecken $\overline{PS}$ und $\overline{PT}$. (S halbiert dabei die Sehne $\overline{QP}$.)

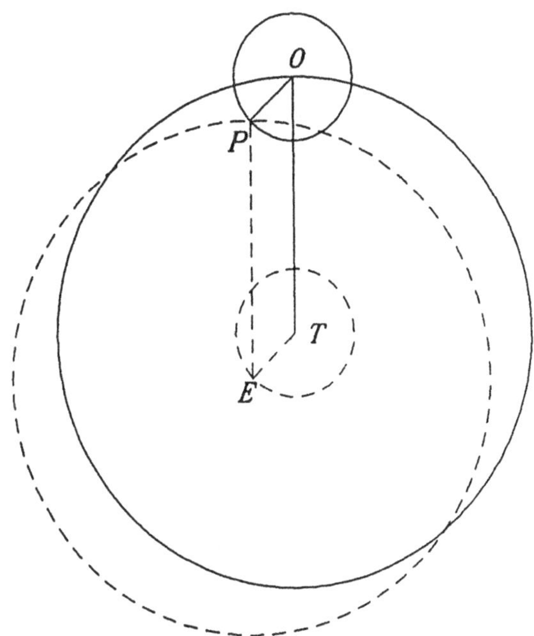

Bild 4.8 Äquivalenz der exzentrischen und epizyklischen Bewegung nach Apollonios

Das Resultat läßt sich auch mit den Methoden der klassischen Geometrie gewinnen – so wurde es in Ptolemäus' *Almagest* über drei Jahrhunderte später abgeleitet. Es spielt keine Rolle, welche Methode Apollonios von Perge benützte; zweifellos war er fähig, mit Bewegungen in zwei Dimensionen umzugehen. Das ist von großer Bedeutung, weil er eine Schlüsselfigur in der frühen Entwicklung der Idee der Epizyklenbewegung zu sein scheint. Als Ptolemäus die oben erklärte Beziehung bewies, tat er das nach seinen Worten sowohl für eine Epizyklenanordnung (wie oben) als auch für eine äquivalente Anordnung, wo der Planet auf etwas läuft, was man heute einen beweglichen Exzenter-Kreis nennt.

Die Gleichwertigkeit der beiden Entwürfe kann aus Bild 4.8 abgelesen werden, wo die ausgezogenen Linien die Epizyklenanordnung zeigen und die gestrichelten Linien die Alternative. Übersehen Sie vorläufig die gestrichelten Linien. Um von T nach P zu gelangen, kann man von T nach O und von dort nach P gehen, oder man kann von T nach E gehen, wobei $\overline{TE}$ gleich und parallel zu $\overline{OP}$ ist, und von da nach P, wobei $\overline{EP}$ gleich und parallel zu $\overline{TO}$ ist. Die Gleichheit der erwähnten Längen bedeutet, daß E und P, wie gezeigt, auf den gestrichelten Kreisen liegen. E wird gewöhnlich als ein *exzentrischer Punkt* (aus dem Zentrum verschobener Punkt) und der größere gestrichelte Kreis als *exzentrischer Kreis* oder *Exzenter* bezeichnet, aber man sollte bedenken, daß es ein *beweglicher* Kreis ist.

Von einem rein geometrischen Standpunkt aus, wo der Unterschied zwischen großen und kleinen Kreisen keine Folgen hat, sind die beiden Konstruktionen äquivalent, und der einzige zwingende Grund, sie mit verschiedenen Worten zu belegen, ist historisch.

Die exzentrischen Kreise, die wir in späteren Konstruktionen antreffen werden, sind einfach feste Kreise, deren Mittelpunkte außerhalb der Erde liegen. Hier ist der rechte Ort, darauf hinzuweisen, daß auch sie epizyklischen Bewegungen (einer besonderen Art)

gleichwertig sein können. Nehmen wir an, der große durchgezogene Kreis in Bild 4.8 ist fest und hat T, die Erde, als Mittelpunkt. Durchläuft nun O den großen Kreis und bleibt dabei OP stets parallel zur festen Geraden TE, dann liegt P auf einem festen exzentrischen Kreis (dem großen gestrichelten Kreis in der Abbildung) mit dem Mittelpunkt in E.

Hipparchos und die Präzession

Abgesehen von Vettius' zweideutiger Bemerkung über gewisse Tabellen, die von Apollonios aufgestellt sein sollen, wissen wir nichts von irgendwelchen Versuchen, die dieser unternommen haben könnte, um seine Epizyklentheorien der Planetenpostion mit Beobachtungen in Beziehung zu bringen. Sein theoretisches Werk veranlaßte jedoch andere, genau das zu tun, und alle Anzeichen deuten darauf hin, daß eine Beimischung babylonischer Methoden wesentlich war. Der erste griechische Astronom, der bekanntermaßen arithmetische Methoden systematisch auf geometrische astronomische Modelle anwandte, ist Hipparchos, der zwischen 150 und 125 v. Chr. seine Blütezeit hatte. Geboren in Nizäa (dem heutigen Iznik, Türkei) im Nordwesten von Kleinasien, hat Hipparchos wohl hauptsächlich auf der Insel Rhodos gearbeitet. Sein Beitrag zur Astronomie war sehr bedeutend, und seine numerischen Methoden sind oft bis in die Einzelheiten aus dem *Almagest* des Ptolemäus bekannt, der kein vergleichbares Werk eines anderen Astronomen zitiert.

Wir können die Bedeutung des babylonischen Einflusses auf die Entwicklung der Astronomie besser würdigen, wenn wir uns folgendes vor Augen halten. Wenn wir alles auflisten müßten, was aus der griechischen Welt vor Ptolemäus bekannt ist, würden wir kaum mehr als zwanzig Berichte von genauen Beobachtungen vor Hipparchos finden. Die früheste bezieht sich auf die Beobachtung einer Sommersonnenwende am 27. Juni 432 v. Chr. in Athen. Die anderen kommen alle aus Alexandria und beginnen mit einer Folge von Mondokkultationen von Sternen von Timocharis. Das soll nicht heißen, daß es keine Berichte von anderen, qualitativen, Beobachtungen gäbe. Unter den berühmteren ist der von Thales' Beobachtung einer Sonnenfinsternis im Jahr 584 v. Chr., von der es ohne guten Grund heißt, er habe sie vorausgesagt. Dasselbe trifft auf eine Helikon von Kyzikos zugeschriebene Voraussage einer Sonnenfinsternis zu, die von einigen Gelehrten auf den 12. Mai 361 v. Chr. datiert wird. Diodorus Siculus berichtet von einer Finsternis, die während eines militärischen Aufeinandertreffens zwischen Agathokles und den Karthagern (15. August 310?) eintrat. Von Archimedes, der 212 v. Chr. starb, nimmt man an, daß er die Sonnenwenden beobachtet hat; aber wir haben darüber keine detailliertere Information. Selbst die oft wiederholte Geschichte, er habe den Durchmesser der Sonne zu einem halben Grad (der 720ste Teil des Kreises) gemessen, ist unbewiesen.

Dieses Bild unterscheidet sich grundlegend von der Szene im Nahen Osten. Freilich gab es selbst in der Astronomie zahlreiche Kontakte zwischen den griechischen und den östlichen Kulturen. Wir haben bereits vom Kalender und vom Tierkreis gesprochen, und zum Beispiel teilt Cicero an einer Stelle mit, er habe eine von Eudoxos niedergeschriebene Feststellung gesehen, in der sich dieser gegen die astrologischen Voraussagen der Chaldäer aussprach. Winkelmaß und sexagesimale Arithmetik treten im Griechischen zum erstenmal in Hypsikles' Buch *Anaphorikos* auf – das war nicht lange vor Hipparchos. Hipparchos hatte aber gewiß Zugang zu babylonischen Daten und Theorien, die weit komplexer waren als alles, was man in anderen griechischen Quellen findet. F. X. Kugler erkannte gegen Ende des 19. Jahrhunderts als erster, daß Hipparchos fundamentale Periodenbeziehungen für seine Theorie des Mondes (so viele Monate kommen sovielen Jahren gleich) von der babylonischen Mondtheorie übernommen hat, was wir System B nennen. Seitdem ist man auf viele weitere Beispiele für Anleihen geringerer Bedeutung gestoßen. Wahrscheinlich wurde entweder ein Auszug der babylonischen Archive, der für den Eigengebrauch erstellt worden war, ins Griechische übersetzt, oder ein griechischer Astronom, der die Sprache kannte, hatte selbst Zugang zum Archiv und erstellte so einen Abriß. Babylonische Methoden blieben in ihrer traditionellen Form bis in die Zeit nach Ptolemäus, selbst im römischen Ägypten, im Gebrauch. Hipparchos selbst dürfte sie an der Quelle kennengelernt haben.

Wesentlich für jedes Programm, das geometrische Modelle mit Beobachtungsdaten verband, war etwas, das wir heute Trigonometrie nennen würden. Hipparchos spielte eine bedeutende Rolle bei deren Begründung. Er schrieb ein Buch über Sehnen und stellte eine einfache Tabelle von Sehnen auf. Eine Sehne ist eine Gerade, die zwei Punkte eines Kreises verbindet. Im Einheitskreis ist sie natürlich dem zweifachen Sinus des halben Mittelpunktswinkels gleich, und so dürfte eine Tabelle der Sehnen demselben Zweck dienen wie eine Sinustafel. Hipparchos teilte nach babylonischem Brauch den Umfang in 360 Grade, und die wiederum in 60 Minuten; seinen Standardradius nahm er in dieselbe Zahl von Einheiten und Untereinheiten aufgeteilt an. Ptolemäus setzte später den Radius auf 60 Einheiten fest – ein Standard, der erst im 16. Jahrhundert aus der Mode kam. Die indische Astronomie behielt jedoch lange die hipparchische Norm bei und folgte Hipparchos in der Berechnung von Sehnen für sukzessiv halbierte Winkel, wobei man mit einfachen Sehnen wie die für 90° oder 60° begann. Dies erklärt, weshalb in späteren astronomischen Texten oft die Winkel 22°, 15° und 7° als fundamental bezeichnet werden.

Wie wir von Eudoxos' Werk wissen, war die griechische dreidimensionale Geometrie hoch entwickelt. Höchstwahrscheinlich führte Hipparchos Probleme auf der Kugeloberfläche – zum Beispiel Probleme, die Auf- und Untergänge der Sonne und der Sterne betrafen – auf Probleme zurück, die mit Kreisen und Dreiecken in der Ebene auskamen. Anscheinend hat er jedoch solche Probleme öfter arithmetisch gelöst, wobei er die babylonischen Techniken zweifellos ausbaute. Bei einer weiteren geometrischen Methode ist die dreidimensionale Himmelskugel mit den entsprechenden Großkreisen in derselben Weise auf eine Ebene zu projizieren, wie die Erdoberfläche auf Erdkarten projiziert wird. Zweifellos hat Hipparchos diese Technik erfolgreich angewandt und dabei Projektionen unterschiedlicher Art verwendet.

Besonders eine ist wichtig, weil sie bis heute Einfluß auf den Entwurf astronomischer Instrumente hat. Es ist die sog. stereographische Projektion. Sie kann leicht veranschaulicht werden, wenn man das Netzwerk aus Kreisen, das die Himmelskugel aufspannt, als aus Draht bestehend annimmt. Wenn die Kugel mit einem ihrer Pole auf einer ebenen Platte steht und eine helle punktförmige Lichtquelle am anderen Pol plaziert wird, dann bilden die auf die Platte geworfenen Schatten der Drähte eine stereographische Projektion. Läge die Platte in der Äquatorebene, würde sich – das macht man sich schnell klar – dasselbe Schattendiagramm, nur halb so groß, ergeben. Darum wird die stereographische Projektion manchmal als Projektion von irgendeinem Pol auf die Äquatorebene beschrieben. Kreise gehen bei der Projektion in Kreise über, und Winkel auf der Kugel in gleichgroße Winkel in der Ebene.

Weshalb diese Ideen so bedeutend sind, wird durch die Annahme verständlich, daß die Sterne, der Äquator, die Ekliptik und andere Kreise auf der Himmelskugel bei der Tagesdrehung alle um den Pol laufen. Wir wollen diese Kreise von einem anderen, nun *festen* Satz unterscheiden, der die Positionen der Objekte am Himmel zu spezifizieren erlaubt. Ein Kreis ist unser lokaler Horizont, ein weiterer die Meridianlinie; und wir können uns eine Linie denken, die um den Himmel herum gerade ein Grad über dem Horizont gezogen ist, dann eine weitere bei einer Höhe von 5°, usw. bis in den Zenit bei 90° vom Horizont. Und wir können Linien (vgl. die Meridianlinie) hinzufügen, die der Bestimmung der Sternrichtungen im Azimut dienen. Dieses Netz fester Linien könnte auch durch ein Drahtnetz dargestellt werden, es müßte aber natürlich vom sich bewegenden Netz unterschieden werden. Der Schatten des letzteren würde rotieren, aber der des Netzes der lokalen Koordinaten nicht.

Genau so ist nun das Instrument, das als (ebenes) Astrolabium bekannt ist, zu verstehen. In seiner älteren Form wurde es gewöhnlich aus Messing hergestellt. Wir lassen seinen Gebrauch als Beobachtungsinstrument außer Acht, bei dem man es vom Daumen herabhängen ließ und die Höhe eines Objekts mit einem um den Mittelpunkt drehbaren Lineal maß. Als Instrument zur Berechnung hatte es eine feste Platte von festen Koordinatenkreisen, über der ein sog. *Rete* (auch Netz oder Spinne) aus durchbrochenem Metallwerk mit Zeigern für die hellsten Sterne und Teile der sich bewegenden Kreise, Äquator und Ekliptik (Tierkreis), rotieren konnte. Das erste Teil entspricht unserem festen Satz von Schattenlinien und das zweite den beweglichen Schattenlinien. Es gab gewöhnlich eine flache Büchse, die „Mater", in der die Scheiben gelagert waren, aber diese hat nichts mit der Rechenfunktion des Astrolabiums zu tun. Durch die Mittelpunkte der beiden Scheiben ist ein Bolzen gesteckt, um den sich das Rete dreht und der den Nordpol darstellt. (Es könnte im Prinzip auch der Südpol sein, doch das ist fast nie der Fall. Die Projektion geht sozusagen vom Südpol aus.) Von allen Kreisen auf dem Rete ist die Ekliptik die auffallendste, auf der Platte hingegen ist der Horizont der wichtigste.

Bild 4.9 ist eine einfache Illustration des Musters der wichtigsten Linien des Instruments. Wenn wie dort zwei Sonnenpositionen eingetragen sind, dann ist der Bogen der Sonnendrehung um den Pol wie bei den Sternen der mit *A* bezeichnete Winkel. Dieser dürfte oft auf einer Skala am Rand, entweder in Grad oder direkt in Stunden, ablesbar gewesen sein.

Die Entwicklung des Astrolabiums ging über zwei Jahrtausende, und die vielen Verwendungszwecke zu erklären würde eine eigene Abhandlung erfordern. Einige zusätzliche kurze Anmerkungen zu seiner Geschichte finden sich im letzten Abschnitt des Kapitels. Wahrscheinlich verdanken wir Hipparchos die Erfindung des Astrolabiums. Unsere Quelle ist Synesios (um 400 n. Chr.). Sicherlich kannte Ptolemäus die Theorie der stereographischen Projektion, und wenn Synesios recht hatte, dann können wir darüber spekulieren, wie es Hipparchos anstellte, so viele gleichzeitige Sternauf- und -untergänge zu berechnen, wie er in seinen Schriften niederlegte, darunter sein einziges erhaltenes Werk: *Ein Kommentar zu den Phänomenen von Aratos und Eudoxos.*

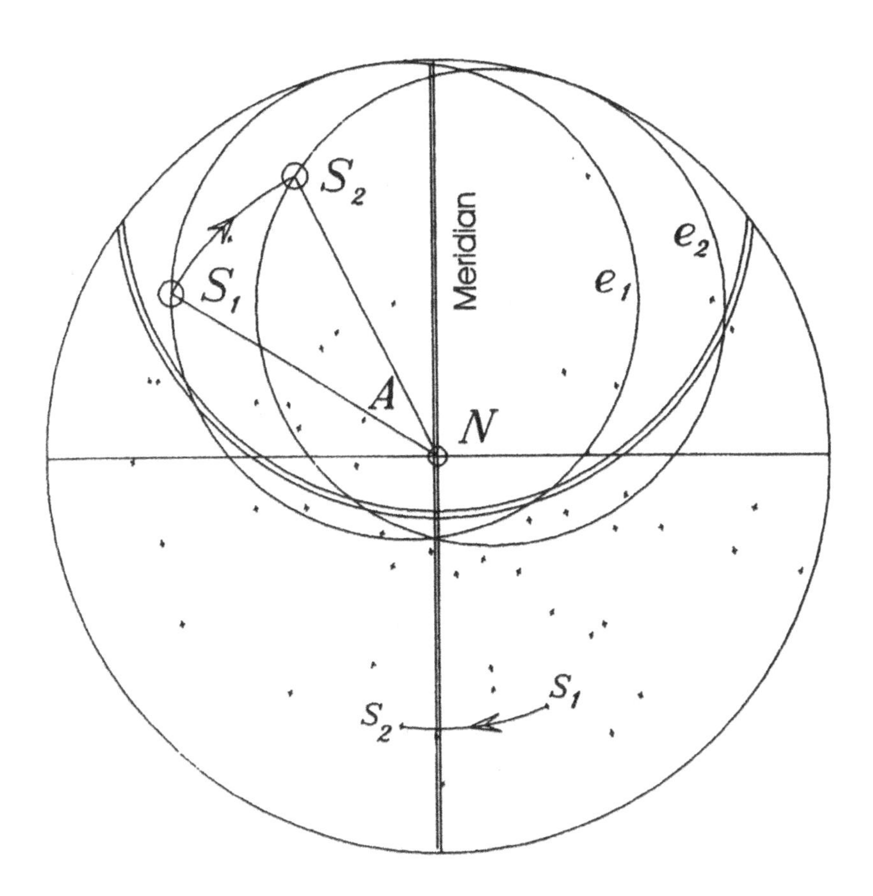

Bild 4.9 Die Hauptkreise auf einem Astrolabium

Dieses Diagramm illustriert das Prinzip des Astrolabiums. S_1 und S_2 sind zwei Positionen der Sonne bei der Drehung um die Pole (N ist im Mittelpunkt angedeutet). Die entsprechenden Lagen der Ekliptik, des Sonnenumlaufs über das Jahr hinweg, sind ebenso eingetragen (e_1 und e_2) wie die Positionen der Sterne. Die Bewegung von gerade einem Stern ist eingezeichnet. Die Sternenscheibe hätte auch größer ausfallen und so dem Südpol nähere Sterne enthalten können, aber gewöhnlich wurde eine Sternkarte konstruiert, die gerade groß genug ist, um die gesamte Ekliptik zu enthalten – für nördliche Beobachter waren wohl fast alle sichtbaren Sterne enthalten. Die eingezeichnete Bewegung, die den Winkel A überstreicht, dauert einige Stunden. Der lokale Horizont und der Meridian, die hier durch Doppellinien repräsentiert sind, bewegeen sich nicht mit der Sonne und den Sternen. Die Sonne bei S_1 ging offensichtlich etwa eine halbe Stunde zuvor über dem Horizont auf. Der Ort des Kreisbogens, der den Horizont darstellt, hängt von der geographischen Breite ab, für die das Astrolabium konstruiert wurde. Die Bilder 4.15 und 4.16 vermitteln eine Vorstellung von der Ausführung des Instruments.

Aratos, der Eudoxos nachgefolgt war, hatte ein Lehrgedicht (*Phainomena*) geschrieben, über das der Mathematiker Attalus von Rhodos einen Kommentar verfaßte, kurz bevor Hipparchos dem Beispiel folgte. Dies war keine neue Tradition: Ein babylonischer Text von um 700 v. Chr., der zwanzig Sätze von gleichzeitig kulminierenden Sternen auflistet, zeigt, daß solche Dinge lange für wichtig gehalten wurden. Der Unterschied zwischen Hipparchos' Werk und dem seiner Vorgänger bestand darin, daß er die Punkte (Grade) der Ekliptik auflistete, die zur selben Zeit wie die Sterne kulminierten. (Wir nennen diese Größe die *Mediation* eines Sterns.) Was zunächst als eine nutzlose Übung erscheint, war dazu bestimmt, den Astronomen zu erlauben, *bei Nacht die Zeit herauszufinden*, wann sie ihre Beobachtungen machten. Für Hipparchos selbst lohnte es sich noch viel mehr, und er machte bei seinen Berechnungen wahrscheinlich von einem Instrument vom Astrolabiumtyp viel Gebrauch. Wir wissen zumindest, daß er einen dreidimensionalen Globus mit den Sternbildern besaß.

Diese Arbeit von Hipparchos markiert den Anfang eines Systems durchgehend verwendeter Sternkoordinaten. Hipparchos hatte nicht unsere „reinen" Systeme von ekliptikaler Breite und Länge einerseits oder Deklination und Rektaszension andererseits. Diese entwickelten sich allmählich aus dem seinen, einem System von Deklination und Mediation, das bald in die indische Astronomie Eingang finden sollte. Hipparchos stellte seinen eigenen Sternkatalog auf – freilich hatte nicht jeder Stern seine eigenen Koordinaten, vielmehr wurden in einigen Fällen vermutlich nur Angaben zu Sternen, die in Linie waren, und Schätzungen der Entfernungen gemacht. Aristyllos und Timocharis hatten im dritten Jahrhundert v. Chr. einige Deklinationen aufgelistet. Nach Plinius bemerkte Hipparchos einen neuen Stern – was das auch immer gewesen sein mag. Als er bemerkte, daß dieser sich bewegte, fragte er sich, ob das auch für andere gelten würde, und so fand er, daß tatsächlich *alle Sterne kleine Bewegungen parallel zur Ekliptik aufweisen.* Ihre ekliptikalen Längen nehmen zu.

Bis ins Zeitalter von Kopernikus wurde das als Bewegung der achten (Stern-)Sphäre angesehen. Wie wir heute aus der kopernikanischen Perspektive sagen würden, ist es das *Bezugssystem*, das sich bewegt. Eine langsame Bewegung der Erdachse auf einem Kegel läßt die Äquinoktialpunkte auf der Ekliptik von Ost nach West laufen. Die „Präzession der Äquinoktialpunkte" beträgt etwas mehr als $50''$ pro Jahr oder $1°$ in 72 Jahren. Hipparchos setzte die Zahl auf wenigstens ein Grad im Jahrhundert an – eine sehr bemerkenswerte Entdeckung. Doch wurde sie allein aufgrund von Sternpositionen gemacht?

Die Bewegung der Tagundnachtgleichen hat zur Folge, daß es einen Unterschied macht, ob die Länge eines Jahres durch die Rückkehr der Sonne zu einem bestimmten Stern oder durch Rückkehr zu einem der Äquinoktial- oder Solstitialpunkte definiert wird. Das zweite, das „tropische Jahr", ist, wie wir im letzten Kapitel gesehen haben, kürzer als das erste, das „siderische Jahr". Hipparchos war sich dessen bewußt, und obwohl er sicherlich die langsame Bewegung durch Betrachtung der von Timocharis angegebenen Sternpositionen zu finden suchte, kamen seine genauesten Befunde ziemlich sicher durch Vergleich des siderischen und tropischen Jahres zustande. Seine Daten für das letztere stammen aus Äquinox-Beobachtungen zwischen 162 und 128 v. Chr. und Beobachtungen von Mondfinsternissen (die nützlich sind, weil sie eine akkurate Mond-Erde-Sonnen-Linie liefern). Er kam am Schluß zu einer sehr genauen Zahl für das tropische Jahr: $365\frac{1}{4}$ Tage minus 1/300 Tag. (Wir kennen seine Zahl für das siderische Jahr nicht und können nur eine rohe Abschätzung aufgrund der oberen Grenze, die er für die Präzessionsbewegung angibt, machen.)

Es ist instruktiv, zu sehen, wie wenig wir über die Reihenfolge und so die Motivation von so vielem dieser astronomischen Arbeit wissen. War es das Jahr oder die Sternpositionen oder die Zeit in der Nacht, was Hipparchos auf die Spur der Präzession brachte. Man hat Grund zur Annahme, Timocharis habe die Länge des (Mond-)*Monats* untersucht, als er seine Sternpositionen angab. Seine Mondmessungen schließen keine Bogenmessung ein – sie sind nur Sternokkultationen mit der Zeit in Temporalstunden[4].

Es wird in heutiger Zeit von den sogenannten Pan-Babyloniern viel Unsinn über eine nahöstliche Entdeckung der Präzession gesagt. In gewissem Sinn war ein „Wissen um die Präzession" im Besitz jedes vorgeschichtlichen Beobachters, der fand, daß die Auf- und Untergänge der Sterne nicht an den von seinen Vorfahren markierten Stellen stattfanden. Irgendwie war sie den babylonischen Astronomen bekannt, die als erste den Unterschied zwischen den tropischen und den siderischen mittleren Längen der Sonne realisierten. Doch das soll nicht heißen, daß diese frühen Beobachter wie Hipparchos die Diskrepanz vernünftig deuten konnten. Es ist bedeutsam, daß Hipparchos die Universalität der langsamen Sternendrift erst nach einer Zeit erkannte, in der er sie auf die Sterne im Tierkreis beschränkt hielt.

Hipparchos: Sonne, Mond und Planeten

Hipparchos machte von zwei geometrischen Einrichtungen Gebrauch, die früher von Apollonios verwendet wurden: dem Exzenter und dem Epizykel. Der erste reicht aus, um die Sonnenbewegung ganz gut zu erklären, und aus den Längen der vier Jahreszeiten leitete Hipparchos Parameter ab, um ihm zur Verfügung stehende Beobachtungsdaten einzupassen. Er entschied, daß die Exzentrizität 1/24 vom Exzenterradius beträgt und daß die Richtung des Apogäums Gemini 5° ist. Das letztere Ergebnis ist vernünftig, aber die erste Angabe ist wesentlich zu groß. (Die Exzentrizität betägt ungefähr 1/60.) Was hier jedoch erwähnenswert ist, ist freilich nicht Hipparchos' Genauigkeit, sondern daß er Beobachtungsdaten babylonischer Art griechischen Modellen anpaßte. Er machte ähnliche Versuche bei der Mondbewegung, doch hier sah er sich weit größeren Problemen gegenüber, obwohl er babylonischen Quellen extrem genaue Werte für die Hauptbewegungen des Mondes, die vier verschiedenen Monatsarten (synodischer, siderischer, drakonitischer und anomalistischer Monat), entnehmen konnte.

Hipparchos war vor allem daran interessiert, Perioden von Sonnen- und Mondfinsternissen zu finden; vermutlich um ihrer selbst willen, aber auch weil sie genaue Positionen – und damit Bewegungen – von Sonne und Mond zu ermitteln helfen. Er hatte das Glück, seine eigenen Eklipsendaten mit denen der Babylonier vergleichen zu können. Von keinem früheren griechischen Astronom ist bekannt, daß er solches Material entlehnt hat, aber

[4] Anm. d. Übers.: Die Temporalstunden ergeben sich bei Teilung des Tages bzw. der Nacht in 12 gleichlange Teile. Ihre Dauer hängt daher von der Jahreszeit (und der geographischen Breite) ab, was im Namen (temporal = zeitlich) seinen Niederschlag findet.

wiederum ist der Gebrauch, den er davon machte, noch bedeutender. Er entwarf ein einfaches Epizyklen-Mondmodell, das wegen der Art, wie seine Bewegungen die beobachteten Mondbewegungen simulierten, bemerkenswert ist. Die Bewegung des Epizykels um die Erde ließ er der bekannten mittleren Mondbewegung in der ekliptikalen Länge folgen, während er die Bewegung des Mondes im Epizykel mit der beobachteten „Bewegung in Anomalie" synchronisierte. (Der anomalistische Monat ist die Zeitspanne, nach der der Mond wieder dieselbe Geschwindigkeit hat; dies ist für alle Zwecke die Zeit von Perigäum zu Perigäum.) Er fand eine geometrische Prozedur, die ihm auf der Grundlage der beobachteten Eintrittszeiten von drei Mondfinsternissen die Ableitung der relativen Größen der Kreise und der auf ihnen ablaufenden Bewegungen erlaubte. Er brachte seine Methode bei zwei Sätzen von jeweils drei Mondfinsternissen zur Anwendung, einmal benützte er das erklärte Epizyklenmodell, einmal das gleichwertige Exzenter-Modell. (Wegen dieser Äquivalenz siehe den früheren Abschnitt über Apollonios.)

Seine Berechnungen waren fehlerhaft, aber die Methode war exzellent und zeugte von großer Originalität, und Ptolemäus entwickelte sie dreihundert Jahre später weiter. Hipparchos' Modell gibt ganz gut die Wiederkehr des Mondes zur Opposition und Konjunktion wieder. Nach Ptolemäus war sich Hipparchos wohl bewußt, daß es für die dazwischenliegenden Positionen weniger gut ist, er scheint aber keine Verbesserungen vorgenommen zu haben.

Hipparchos beschränkte sich nicht auf ein Modell, das nur die Länge des Mondes voraussagt. Wieder mit Hilfe von eigenen und babylonischen Daten bestimmte er die maximale Breite des Mondes über der Ekliptik zu 5°. Er hatte eine klare Vorstellung von der dreidimensionalen Anordnung von Sonne, Mond und Erde bei Sonnen- und Mondfinsternissen, und er entwickelte geometrische Verfahren, um aus den verfügbaren Beobachtungen die tatsächlichen Entfernungen der Sonne und des Mondes von der Erde zu gewinnen. Seine Ergebnisse waren sehr unvollkommen, aber es gereicht ihm sehr zur Ehre, daß er sie zusammen mit oberen und unteren Grenzen angab. So wurde die mittlere Mondentfernung mit 59 bis $67\frac{1}{3}$ Erdradien angegeben. Kein früherer Astronom war dem richtigen Wert – etwas mehr als 60 Erdradien – so nahe gekommen. Für die Sonnenentfernug gab er eine Zahl an, die weniger als ein Fünfzigstel des wahren Werts beträgt, aber er wußte wenigstens, wie hilflos er war: Er konnte die Sonnenparallaxe (s. Bild 4.10) nicht messen, sondern mußte eine Zahl raten. Er wählte sieben Bogenminuten, in Wirklichkeit liegt die Zahl bei acht Sekunden.

Nach Ptolemäus führte Hipparchos keine besonderen Modelle der Planetenbewegung ein, sondern kritisierte die seiner Vorgänger. Auch hier scheint er Kompendien babylonischer Daten zusammengestellt zu haben, die er vielleicht mit eigenen vermischte, und Ptolemäus konnte sie voll ausbeuten. Hipparchos' kritischer Scharfsinn wurde in anderem Zusammenhang gebraucht. In der Mitte des dritten Jahrhunderts v. Chr. hatte Eratosthenes eine Beschreibung unserer Welt mit einer Schätzung ihres Umfangs (252 000 Stadien oder 48 000 Kilometer, was ein Fünftel zu viel ist) gegeben. Hipparchos war ein strenger Kritiker vieler Stellen in diesem Werk. Keine der Schriften des Eratosthenes ist jedoch erhalten, und wir können überhaupt nicht sicher sein, daß er je den Erdumfang oder (wie oft zitiert wird) die Schiefe der Ekliptik aufgrund von Messungen gefunden hat.

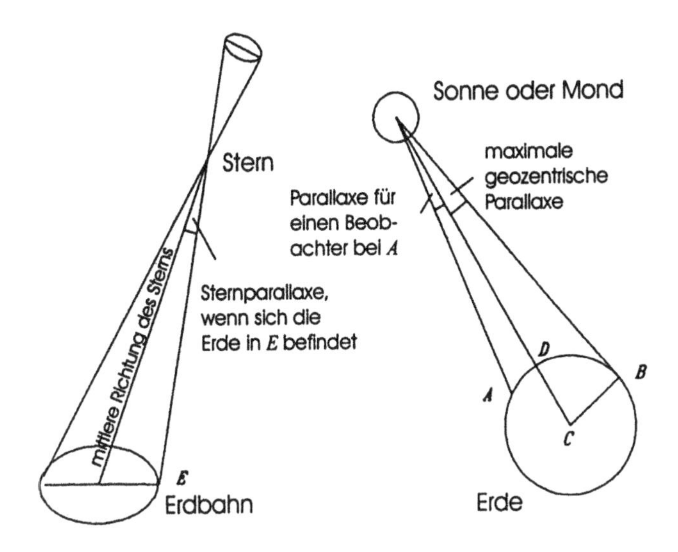

Bild 4.10 Parallaxe

Die „Parallaxe" ist ganz allgemein der Winkel, um den ein Objekt verschoben erscheint, wenn man es von einem anderen Ort aus betrachtet. Für später merken wir an, daß sich die Verschiebung eines nahen Sterns beim Umlauf der Erde um die Sonne so ändert, daß der Stern vor dem Hintergrund der entfernten Sterne im Lauf der Zeit eine winzige Ellipse am Himmel beschreibt (s. linke Figur). Die vollständige Ellipse wird in einem Jahr beschrieben. So eine *Sternparallaxe* (oder „Jahresparallaxe") muß von der *geozentrischen Parallaxe* unterschieden werden, die bei der Korrektur von vorausgesagten Sonnen- und Mondpositionen so wichtig ist. Falls diese aus Modellen des Planetensystems berechnet werden, sind sie auf den *Mittelpunkt der Erde* bezogen. Unsere Beobachtungen von Sonne und Mond werden aber von einem Punkt aus gemacht, der mehr als 6 350 km von diesem Zentrum entfernt ist. Wenn diese Objekte genau über uns stehen, ist die Parallaxe natürlich Null, da wir (bei *D* in der rechten Figur), das Erdzentrum und das Objekt in einer Linie stehen. Der Parallaxenwinkel hat offenbar sein Maximum, wenn das Objekt unserem Horizont nahe ist und wir uns in der Figur bei *B* befinden. Wenn wir lose von Sonnen- und Mondparallaxe sprechen, meinen wir diese *Maximal*werte. Sie sind offensichtlich direkt mit den Entfernungen der fraglichen Himmelskörper und dem Erdradius verknüpft; seit dem 18. Jahrhundert ist es bei genauen Angaben üblich, den *Äquator*radius zugrundezulegen. Daher kommt der voll-entwickelte Begiff der „mittleren äquatorialen Horizontalparallaxe".

Hipparchos war für den Richtungswechsel der griechischen Astronomie – weg von einer qualitativen geometrischen Beschreibung und hin zu einer voll empirischen Wissenschaft – verantwortlich. Er verfaßte nie eine systematische Abhandlung der gesamten Wissenschaft, und seine vielen kurzen Arbeiten gingen wahrscheinlich verloren, weil sie für gewöhnliche Leser zu schwierig waren. Sein Ansehen in der Antike war trotzdem beträchtlich. Ptolemäus machte viel Gebrauch von seinen Schriften – andererseits ist eine moderne Tradition, nach der Ptolemäus wenig mehr als ein Plagiator von Hipparchos war, kaum einer Widerlegung wert. Sein Einfluß ist, wie früher mitgeteilt, ziemlich sicher in der indischen Astronomie nachzuweisen, und von Indien kam er, wie wir sehen werden, wieder in den Westen zurück, um sich mit anderen Schriften in einer späteren (ptolemäischen) Tradition zu mischen. Hipparchos ist daher in dieser seltsamen Legierung zweimal vertreten.

Ptolemäus und die Sonne

Zu der Zeit, da sich die babylonischen Einflüsse in der Arbeit von Hipparchos bemerkbar machten, begann die mesopotamische Astrologie in Ägypten zu florieren. Ägypten war damals zumindest oberflächlich hellenisiert, nachdem es von Alexander dem Großen (356–323 v. Chr.) besiegt und nach seinem Tod von seinen Gefolgsleuten und deren Nachkommen regiert worden war. Alexander war von keinem geringeren Gelehrten als Aristoteles unterrichtet worden, aber es ist der Lauf seiner Eroberungen, der die uns interessierenden Bewegungen im Geistesleben am besten erklärt. Alexander war der größte militärische Befehlshaber der Antike. Nachdem er im Alter von zwanzig Jahren den Thron bestiegen hatte, sicherte er Mazedonien, Griechenland und seine Nordgrenze, bevor er 334 v. Chr. den Hellespont überschritt, vorgeblich um die griechischen Städte in Kleinasien zu befreien. Nach dem Sieg über die persischen Armeen schob er den Vorstoß in östliche Richtung nach Mesopotamien auf, bis er Phönizien, Palästina und Ägypten besetzt hatte. Er ging dann nach Osten, besiegte die Perser (unter Darius) auf ihrem eigenen Territorium und zog dann ins heutige Turkistan. Von dort rückte er bis Indien vor und dehnte die östlichen Grenzen seines Reichs bis zum Unterlauf des Indus aus. Nachdem er im Alter von nur dreiunddreißig Jahren an einem Fieber gestorben war, teilten seine Generäle die eroberten Territorien auf und kämpften darum.

Wir haben bereits von der darauffolgenden Herrschaft der Seleukiden in Babylonien gesprochen. Die Stadt Alexandria war von Alexander selbst, vielleicht als künftige Hauptstadt, gegründet worden. Sein Freund und General Ptolemäus Soter wurde Satrap von Ägypten und ernannte sich dann 304 selbst zum König. „Ptolemäus" war der Name aller mazedonischen Könige von Ägypten. Unter ihrer Herrschaft wurde der alte Regierungssitz von Memphis nach Alexandria verlegt, das an Bedeutung gewann und eine der einflußreichsten Städte der Antike wurde.

Alexandria war nicht nur als Zentrum des Handels, sondern auch der Gelehrsamkeit bedeutend und behielt seine Vorrangstellung in der Region in der Zeit der römischen Herrschaft bei. Unter Soter wurden zwei große Institutionen in der Nähe des Palastes gegründet: das Museum und die Bibliothek. Das Museum – es gab mehrere weniger berühmte Beispiele von mit den Musen zusammenhängenden Orten – beherbergte eine Gruppe bezahlter Gelehrter unter dem Vorsitz eines Priesters. Vorträge und Symposien wurden dort abgehalten, an denen die Ptolemäer sogar bis in die Zeit der berühmten Cleopatra, der letzten von ihnen, oft selbst teilnahmen. Ein großes Feuer während der Belagerung durch Julius Caesar vernichtete 47 v. Chr. die Bibliothek, aber die Sammlung wurde unter römischer Herrschaft wieder aufgebaut. Die späteren Mißgeschicke des Museums fallen hauptsächlich in die Zeit nach der Epoche ihrer geistigen Bedeutung, nämlich das zweite Jahrhundert christlicher Zeit. Es litt unter vielen Wechseln im dritten Jahrhundert, doch bis zum Ende des vierten Jahrhunderts waren Gelehrte von Rang da, als Theon, der Vater der berühmten Gelehrten Hypatia das letzte Mitglied war. Vater und Tochter waren beide in Astronomie und den Wissenschaften bewandert, und beide schrieben Kommentare über das Werk des Astronomen Ptolemäus.

In diesen Jahrhunderten hatte die Stadt dazu gedient, Ideen der östlichen Nachbarn in eine mediterrane Form zu bringen. Die arabischen Eroberer dürften schließlich Alexandrias östliche geistige Orientierung ausgenutzt haben, so daß es zuletzt ein weitgehend islamisches Zentrum wurde. Selbst die herrschenden Ptolemäer waren ägyptisiert worden, und ein Großteil der alten ägyptischen Religion erschien wieder, aber mit griechischen Namen. Die Landessprache überlebte, insbesondere außerhalb der Städte, unter der Schicht einer griechischen herrschenden Klasse und kam dann als koptische Sprache wieder zum Leben.

Über die Entwicklung der griechischen Astronomie zwischen der Zeit des Hipparchos und der von Ptolemäus ist auffällig wenig bekannt. Und da Ptolemäus gewöhnlich Hipparchos behandelt, als wäre er sein einziger bedeutender astronomischer Vorgänger, können wir nur annehmen, daß die Theorie in dieser langen Zeit wenig Fortschritte machte. Da ist jedoch ein Mathematiker, den wir nicht übersehen sollten: Menelaos war eine Generation vor Ptolemäus tätig und bewies einen Satz von besonderem Wert für die Berechnung in der sphärischen Astronomie.

Wer den Satz des Menelaos für ein ebenes Dreieck, das von einer Transversalen geschnitten wird, kennt, weiß vielleicht nicht, daß er ein Spezialfall eines analogen Satzes ist, wo Großkreise auf einer Kugel die Geraden ersetzen. Wo wir in der ebenen Version einfache Längen von Linien haben, haben wir bei der Kugel Sehnen von Kreisbogen.

Der Astronom, Mathematiker, Astrologe und Geograph Ptolemäus (Klaudios Ptolemaios) wurde um 100 n. Chr. geboren und starb etwa siebzig Jahre später. Sein Name „Ptolemäus“ zeigt, daß er ein Ägypter war, der von griechischen, zumindest hellenisierten Ahnen abstammte, während sein Vornamen „Claudius“ darauf deutet, daß er die römische Staatsbürgerschaft hatte. Sein astronomisches Werk ist einem anderweitig unbekannten „Syrus“ gewidmet, und zu seinen unmittelbaren Lehrern gehörte wahrscheinlich ein gewisser Theon, bei dem er sich für die Überlassung der Aufzeichnungen von Planetenbeobachtungen bedankt. (Dies war natürlich nicht Hypathias Vater. Theon, Ptolemäus und sogar Cleopatra waren gebräuchliche ägyptische Namen. Im Mittelalter und in arabischen Schriften wurde Ptolemäus oft fälschlich als König bezeichnet.) Über diese einfachen Tatsachen hinaus wissen wir eigentlich nichts Persönliches über ihn.

Ptolemäus' ausgedehntes Schrifttum legt nahe, daß er dabei war, eine Enzyklopädie der angewandten Mathematik zusammenzutragen. Von Büchern über Mechanik sind nur die Titel bekannt. Ein Großteil seiner *Optik* und seiner *Planetenhypothesen* (Hypotheses planetarum, Hypothesen der Planeten, Planetarische Hypothesen) kann aus griechischen und arabischen Ausgaben rekonstruiert werden. Einige weniger bedeutsame Arbeiten (*Analemma* und *Planisphärium*) wie seine monumentale *Geographie* sind in Griechisch genauso erhalten wie seine große Abhandlung der Astronomie, der *Almagest*.

Der Titel dieses, seines besten Buches ist selbst ein interessanter Indikator kultureller Bewegungen. Er begann im Griechischen als „Mathematische Zusammenstellung“ und wurde dann „Die Große (oder Größte) Zusammenstellung“. Als ihn die Araber im neunten Jahrhundert übersetzten, wurde nur das Wort „Größte“ genommen, allerdings in einer Annäherung an das griechische Wort (*megiste*), so daß dann *al-majisti* daraus wurde. Von dort bis zum lateinischen *Almagesti* oder *Almagestum* im 12. Jahrhundert und dann zu unserem *Almagest* waren es nur noch kleine Schritte.

Dieses aus 13 Büchern bestehende Werk beginnt mit einer Angabe von Gründen für das Festhalten an einer weitgehend aristotelischen Philosophie, die aber auch den Einfluß der Stoiker zeigt. Er schreibt, wir könnten im Alltagsleben moralische Einsichten gewinnen, doch um vom Universum Kenntnis zu erhalten, müßten wir theoretische Astronomie studieren. Er folgt dem Vorbild von Aristoteles, wenn er die Physik auf einer unteren Ebene ansiedelt, da sie von der wechselhaften und vergänglichen unteren Welt handelt. Die Astronomie andererseits hilft der Theologie, weil sie unsere Aufmerksamkeit auf die erste Ursache der Himmelsbewegungen, den göttlichen Ersten Beweger, lenkt. Nach solch relativ kurzen philosophischen Worten zu Beginn wendet er sich ziemlich allgemeinen kosmologischen Argumenten qualitativer Art zu, die die Himmelskugel und die darin beobachteten unterschiedlichen Bewegungen betreffen. Wieder folgt er mehr oder weniger Aristoteles in seinen physikalischen Argumenten für die Kugelgestalt, die zentrale Lage und feste Orientierung der Erde. Ptolemäus betrachtet auch ihre im Verhältnis zum Himmel unbedeutende Größe. Er macht keinen Hinweis auf die Diskussion der Erdgröße bei Eratosthenes und Poseidonios (Posidonius).

Dieser letzte Punkt ist interessant, weil uns Kleomedes, fast ein Zeitgenosse von Ptolemäus, über die Messungen des Eratothenes unterrichtet. Kleomedes schreibt in derselben Arbeit auch über die Brechung der Lichtstrahlen, die die Erdatmosphäre passieren. Anscheinend wußte Ptolemäus davon nichts. Vielleicht war Kleomedes der Entdecker dieser letzten, hochwichtigen Erscheinung. In seinem *Almagest* betrachtet Ptolemäus die Brechung nur als etwas, das die Größe von Himmelskörpern dicht über dem Horizont beeinflußt. In der *Optik* behandelt er die atmosphärische Brechung in größerem theoretischem Detail – aber das war eine spätere Arbeit.

Es folgt dann eine mathematische Einleitung mit dem Satz des Menelaos, einer Tabelle von Sehnen bis zu drei Sexagesimalstellen und anderen Punkten, die wir als „Trigonometrie“ klassifizieren sollten. Seine Tafel für Gradintervalle beruht auf einem Wert für die Sehne von 1°, den er mit einem intelligenten Näherungsverfahren ermittelt. Bereits in den Büchern I und II wendet er seine mathematischen Techniken auf astronomische Probleme an. Ein Punkt, der in den folgenden Büchern immer wiederkehrt, ist die Schiefe der Ekliptik.

Aus den Extremen der Sonnendeklination fand er den Wert dieses fundamentalen Parameters als zwischen 23;50° und 23;52,30° liegend. Da Eratosthenes und Hipparchos 23;51,20° zitieren, was in diesem Rahmen liegt, übernimmt er diesen relativ schlechten Wert. (Ein besserer wäre 23;40,42° gewesen.) Seine Instrumente waren unvollkommen, und das ahnte er wohl auch. Aber man möchte schon wissen, ob seine Bewunderung für Hipparchos sein Urteil oder sogar seine Instrumente außer Kraft zu setzen vermochte.

In Buch III des *Almagest* übernimmt Ptolemäus Hipparchos' Sonnentheorie. Er verglich seine eigenen Äquinoktiendaten mit denen von Hipparchos und eine Sonnwendbeobachtung mit einer anderen von Meton und Euktemon im Jahr 432 v. Chr., also fast sechs Jahrhunderte vorher. Hier unterlief ihm ein Kalenderfehler von einem Tag, aber selbst das genügte, seine Zahl für das tropische Jahr zu verwerfen und wieder die Zahl von Hipparchos zu akzeptieren. Diese war über elf Zeitminuten zu groß, aber die Theorie erklärte die meisten Sonnenerscheinungen so gut, daß er wenig Anlaß haben konnte, sie zu ändern.

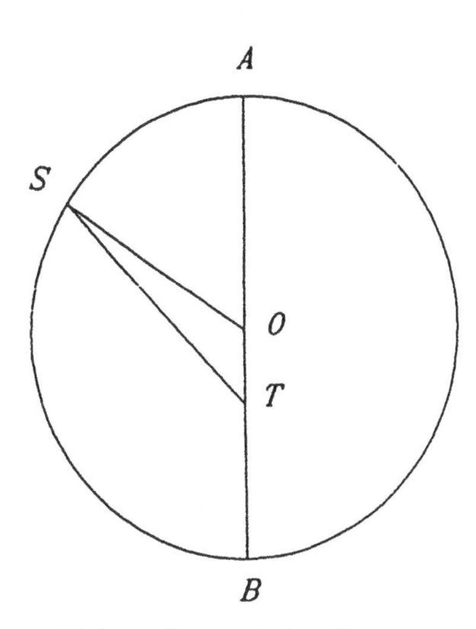

Bild 4.11 Exzentrisches Sonnenmodell

Ptolemäus fügte Tabellen an, die die rasche Berechnung zweier Winkel gestatteten, die zur Festlegung der Sonnenposition gebraucht werden. Die von ihm angewandten Techniken wurden später durch ihn auf die komplizierteren Bewegungen der Planeten erweitert und geben eine Vorstellung dieser Theorien der Himmelsbewegungen allgemein. Zwei Parameter werden zunächst für die Sonne gebraucht, und wir nehmen gleich einen dritten hinzu. Wenn wir das einfache Exzenter-Modell unterstellen (uns aber an seine Äquivalenz mit einem Epizyklenmodell erinnern), sind diese Paramerter 1. die mittlere Bewegung der Sonne auf dem Deferenten (genauer: um sein Zentrum) und 2. die Exzentrizität ($\overline{OT}$ als Bruchteil von $\overline{OS}$ in Bild 4.11). Der Winkel, den wir letztlich wissen wollen, ist der Winkel ATS. Hier ist O das Deferent-Zentrum und T der Beobachter auf der Erde, wobei die letzte als verschwindend klein angenommen wird. Der Winkel ATS ist die mittlere Bewegung (Winkel AOS), vermindert um den Winkel OST. Offensichtlich ist der Winkel AOS (die mittlere Bewegung) leicht gegen die Zeit (Tage, Stunden oder beides) zu tabulieren, denn er wächst mit einer konstanten Rate. Mit Hilfe der Trigonometrie kann der Winkel OST leicht als Funktion der mittleren Bewegung und der Exzentrizität ausgedrückt werden. (Ptolemäus nannte den Winkel die *Prosthaphairesis*; wir sollten ihn eine *Gleichung* oder eine *Anomalie* nennen.) Er stellte daher eine Tabelle auf, mit der dieser schnell aus der mittleren Bewegung zu ermitteln war, die aus der ersten Tabelle abgelesen wurde.

Ein Parameter bleibt, wenn Ptolemäus uns erlauben soll, die Position der Sonne zu bestimmen. Wir brauchen das Datum, an dem sie einen Basispunkt wie das Apogäum oder Perigäum passierte; alternativ könnten wir ihre Position zu einem bestimmten Datum angeben. Ptolemäus wählte als seine Standardepoche den Tag 1 des Jahres 1 des babylonischen Königs Nabonassar (26. Februar 747 v. Chr.). Das frühe Datum hat zur Folge, daß man nicht mit negativen Jahreszahlen umzugehen hat.

Wäre er im Besitz genauerer Daten gewesen, hätte Ptolemäus einen weiteren Parameter aufnehmen können, denn die Symmetriegerade (AB, die Apsidenlinie, die Apogäum und Perigäum verbindet) bewegt sich in der Tat. Er war davon überzeugt, daß die Jahreszeiten zu seiner Zeit alle genauso lange dauerten wie zu Hipparchos' Tagen, und so schloß er, daß die Apsidenlinie raumfest ist.

Ihm entging nicht eine Feinheit, die wir heute als *Zeitgleichung* bezeichnen. Die Tagesbewegung der Sonne über den Himmel wurde fast in der ganzen Geschichte zur Messung von kurzen Zeitintervallen herangezogen. Diese Bewegung ist jedoch doppelt unregelmäßig. Wie vom Exzenter-Modell wiedergegeben wird, variiert die Geschwindigkeit der Sonne entlang der Ekliptik im Lauf des Jahres; aber auch die Bewegung um die Pole (d. h. die auf den Himmelsäquator bezogene Bewegung) ist variabel, weil die Sonne in einer Ebene (die Ebene der Ekliptik) läuft, die gegenüber der Äquatorialebene um mehr als 23° geneigt ist. Ptolemäus erklärte, wie diese Unregelmäßigkeiten auszugleichen sind. Bis auf den heutigen Tag tragen die besten Sonnenuhren eine Tabelle, um der Zeitgleichung zu genügen, und dieser Korrekturterm geht direkt auf Ptolemäus zurück.

Ptolemäus und der Mond

Buch IV des *Almagest* enthält eine sorgfältige Diskussion der Mondtheorie des Hipparchos, die einen konzentrischen Deferenten mit neuen, durch Beobachtung gewonnenen Paramertern annimmt. In Buch V fand Ptolemäus beim Vergleich mit seinen eigenen Beobachtungen, daß sie nur gut stimmte, wenn Sonne, Erde und Mond auf einer Geraden liegen (bei Konjuktionen und Oppositionen, oder *Syzygien*, wie man sie zusammen nennt). Das überrascht nicht, waren doch die Sonnen- und Mondfinsternisse immer der bedeutendste Faktor bei der Festlegung der Details des einfachen Modells gewesen. Rechtwinklig zu diesen Punkten (bei den „Quadraturen") betrug der Fehler mehrere Monddurchmesser – eine nicht gerade befriedigende Situation. Ptolemäus hatte hier eine neue Störung in der Mondbewegung, die heute als *Evektion* bekannt ist, entdeckt. Ihre Entdeckung war ein großer Fortschritt, aber wie er ihr Rechnung trug, war nicht minder bemerkenswert.

Die Einzelheiten seiner Begründung sind nichts für einen kurzen Abriß, allein sein endgültiges Modell läßt sich kurz erklären. Wie Hipparchos nahm Ptolemäus an, der Mond bewege sich rückläufig auf einem Epizykel, meinte dann aber, das Zentrum des Deferenten (C in Bild 4.12) sei zur Erde exzentrisch und bewege sich ebenfalls auf einem kleinen Kreis mit der Erde (T) im Mittelpunkt. Er mußte nun die Geschwindigkeiten so wählen, daß der Epizykel bei Quadraturen mit der Sonne näher an die Erde herangezogen wurde. Dies erreichte er, indem er die Linie zur mittleren Sonne (mS) mit der Winkelhalbierenden zwischen TO und TC zusammenfallen ließ. Eine weitere Verfeinerung bestand darin, daß er den gleichmäßig wachsenden Winkel auf dem Epizykel nicht von der Linie TO, sondern von der Linie EO aus zählte. Dies läuft auf die Berücksichtigung einer weiteren (einer dritten) Störung hinaus. Es ist ein Zeichen für das Genie des Ptolemäus, daß er neue Parameter in solcher Weise in sein Modell integrieren konnte. Wer auf die griechische Versessenheit auf Kreisbewegungen näher eingehen möchte, sollte auf die Auswege achten, auf denen sich Ptolemäus über ihre Einschränkungen erheben konnte.

Dieses Modell zeitigte für die Länge des Mondes vernünftige Ergebnisse, die sicherlich besser waren als alles Dagewesene. Die Ekliptik wurde in unsere Abbildung aufgenommen, um zu demonstrieren, wie sich die Schlüssellängen ändern. Darin ist mM der mittlere

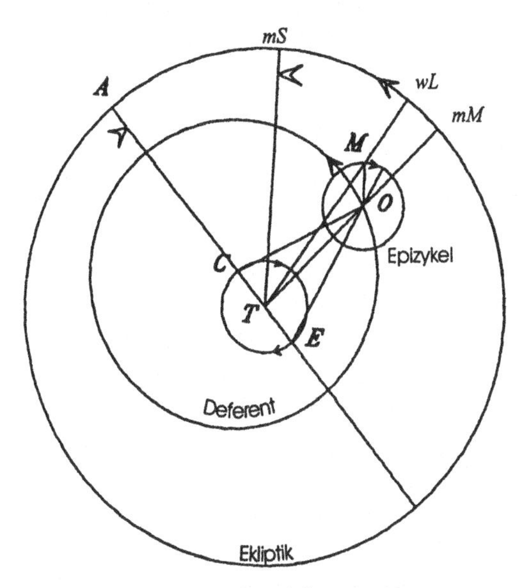

Bild 4.12 Das Mondmodell von Ptolemäus

Mond, A das sich bewegende Apogäum des Deferenten und wL ist die wahre Länge des Mondes. So wie es ist, hat das Modell einen offenbaren Mangel: Es ergibt eine enorme Schwankung in der *Entfernung* des Mondes (M) von der Erde, mit der Folge, daß sein scheinbarer Durchmesser während eines Umlaufs fast um einen Faktor 2 variieren sollte. Man braucht kein Astronom zu sein, um zu wissen, daß dem nicht so ist und daß Änderungen der Mondscheibe relativ unbedeutend sind. Ptolemäus schweigt sich über diesen Punkt aus. Er hatte die Länge gut genug erklärt, und indem er den Deferenten und den Epizykel in eine Ebene legte, die um 5° gegenüber der ekliptischen Ebene verkippt ist, konnte er auch die Änderungen des Mondes in der Breite erklären.

Es wurde oft gesagt, er habe sein Modell nicht als Beschreibung der Bewegung wirklicher Körper im Weltraum gesehen und daß es nur ein Mittel zur Berechnung von Koordinaten sei, weshalb er sich nicht um die Änderungen der Mondscheibe gekümmert haben dürfte. Von seinem Werk *Planetenhypothesen* wissen wir jedoch, daß er sich um die Schaffung eines Planetensystems bemühte, in dem der *ganze* epizyklische Apparat für alle Himmelskörper enthalten war. Wenn er die Variation bemerkte – und sie konnte ihm kaum entgangen sein –, muß das eine große Enttäuschung für ihn gewesen sein.

Buch V des *Almagest* endet mit einer Diskussion der Entfernungen von Sonne und Mond; es enthält ferner die erste theoretische Diskussion der Parallaxe, d. h. der Korrektur, der man die scheinbare Position des Mondes unterziehen muß, um seine Position relativ zum Erdmittelpunkt zu erhalten. (Man gehe auf Bild 4.10 zurück. Der Erdradius ist ein nicht unbedeutender Bruchteil der Mondentfernung. Die Sonnenentfernung – in Erddurchmessern ausgedrückt – war bei Ptolemäus um einen Faktor 20 zu klein.) Nun konnte er, von den theoretisch bekannten Bewegungen von Sonne und Mond ausgehend, zu einer geometrischen Erklärung der Eklipsen übergehen und die Umstände ihres Eintretens *ableiten*, anstatt zu hoffen, Muster ihrer Wiederkehr zu entdecken. Ptolemäus konnte nicht die geographischen Grenzen angeben, innerhalb derer Sonnenfinsternisse zu beobachten sind. Dieses schwierige Problem bekam aber erst Cassini in der Mitte des 17. Jahrhunderts in den Griff.

Ptolemäus und die Fixsterne

Bevor er die Planeten behandelte, wandte sich Ptolemäus den Längen, Breiten und Größen (in sechs Helligkeitsklassen) der Fixsterne zu. Sein Katalog von 1 022 Sternen, 48 Sternbildern und einer Handvoll Nebeln bildete den Rahmen für fast alle anderen, die in der islamischen und westlichen Welt bis zum 17. Jahrhundert Bedeutung hatten. Er beruhte auf Material von Hipparchos, das nicht mehr vorhanden ist, und berücksichtigte natürlich dessen Theorie der Präzession. Wenn Hipparchos nur ein Grad pro Jahrhundert als untere Grenze genannt hatte, nahm Ptolemäus dies als exakten Wert an. Er addierte nicht einfach, wie oft gesagt wird, eine Präzession zu den Koordinaten, um einen Katalog von Hipparchos auf den neuesten Stand zu bringen; sein Vorgänger hatte seine Daten vielmehr in einer ganz anderen Form hinterlassen: Beschreibungen, Ausrichtung von Sternen, gleichzeitige Aufgänge usw. Wieder vollbrachte Ptolemäus ein Kunststück, wenn auch seine Sternlängen nicht so besonders genau sind.

Der Grund für diesen letzten und unbedeutenden Makel ist der starke innere Zusammenhang der oberflächlich unabhängigen Teile in Ptolemäus' Werk. Er beurteilte stellare Längen in vielen Fällen in bezug auf den *Mond*, aber ein Fehler in der Sonnenbewegung (die – wie wir gerade gesehen haben – in das Mondmodell eingeht) verfälschte seine Messungen um geringe Beträge. Die meisten, die in späteren Jahrhunderten Sternpositionen brauchten, gaben sich damit zufrieden, seine Längen um die Präzession zu vermehren und so seinen Katalog zu aktualisieren. Die besten Astronomen brachten ihre Beobachtungsergebnisse ein, doch Ptolemäus' Gründlichkeit war lange unerreicht.

Ptolemäus und die Planeten

Die Bücher IX, X und XI des *Almagest* behandeln die Längen der inneren (Merkur und Venus) und der äußeren Planeten (Mars, Jupiter und Saturn). Wie wir in Kap. 3 sahen, werden zwei verschiedene Anordnungen des Epizykels in bezug auf den Deferenten benützt, und da Merkur seine besonderen Schwierigkeiten mit sich bringt, sind in diesem Fall weitere Verfeinerungen nötig. Wieder geben wir nur die Endresultate der Ptolemäischen Arbeiten an. Hier hatte er von seinen Vorgängern viel weniger verläßliche Daten als bei Sonne und Mond. Er hatte natürlich das Konzept des Epizykels und – über Hipparchos – einige babylonische Periodenbeziehungen von der Art: „In 59 Jahren kehrt der Saturn zweimal zur selben Länge und 57mal zur selben Anomalie (demselben stationären Punkt in seinem Rücklauf) zurück." Aus solchen Periodenbeziehungen konnte er Tafeln der mittleren Bewegungen aufstellen, die er dann freilich auf die daraus zu entwickelnden Modelle feinabstimmen mußte.

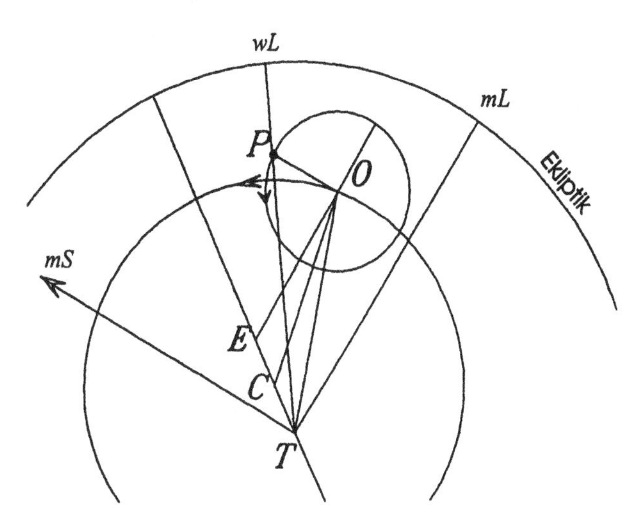

Bild 4.13 Ptolemäus' Modell für einen äußeren Planeten

Wir haben bereits gesehen, daß die Sonne in Epizyklentheorien eingeht. Grob gesagt, ist für die inneren Planeten die mittlere Sonne der Mittelpunkt des Epizykels, während für die äußeren Planeten der Epizykelradius, der den Planeten trägt ($\overline{OP}$ in Bild 4.13), immer parallel zur Geraden von der Erde zur mittleren Sonne (mS) ist. Der Leser dürfte bemerken, daß in diese Figur, wo C das Zentrum des Deferentkreises ist, auf der T und C verbindenden Geraden ein Extrapunkt E eingezeichnet ist, der zu C denselben Abstand wie T hat, aber auf der anderen Seite liegt. Dieser, der sogenannte ***Ausgleichspunkt*** [punctum aequans, engl. equant point], war Ptolemäus' Kunstgriff, um noch eine Anomalie einzuführen. Man war zuvor immer davon ausgegangen, daß der Epizykel gleichförmig um den Mittelpunkt des Deferenten läuft. (Es ist vorstellbar, daß Apollonios anders dachte, aber das ist ein strittiger Punkt.) Nachdem er versucht hatte, die Größe des Epizykels abzuleiten, fand Ptolemäus, daß seine Bahnbewegung in einer Weise zu variieren schien, die nicht gerade gut mit der einfachen Annahme eines exzentrischen Deferentkreises harmonierte. Er paßte deshalb ihre Winkelgeschwindigkeit an, indem er sie nicht um C, sondern um E konstant machte. (In Bild 4.13 ist die Gerade EO parallel zu der von T nach mL, der mittleren Länge.)

Diese Einführung eines Ausgleichspunkts war um so mehr zu loben, weil sie den Bruch mit dem überkommenen Dogma bedeutete, alles müsse mit gleichförmigen Kreisbewegungen erklärt werden. Ptolemäus führte einen (in unserer Abbildung nicht gezeigten) Ausgleichs*kreis* ein, auf dem ein Punkt in der Verlängerung von EO mit konstanter Geschwindigkeit umlief: Das hätte ihn eigentlich vor Kritik schützen müssen, aber das tat es nicht, und wir finden, daß 14 Jahrhunderte später Kopernikus den Ausgleichspunkt verabscheute.

Wenn man zu Venus und Merkur übergeht, tauschen Epizykel und Deferent aus bereits genannten Gründen ihre Rollen. Die Venus hat einen großen Epizykel, aber sonst eine relativ einfache Bewegung. Das Modell für Merkur zeigt jedoch Ptolemäus in seinem Einfallsreichtum. Es vereint alle Ideen, denen wir bisher begegnet sind, in sich. Das Ausgleichs-Zentrum zum Beispiel ist E in Bild 4.14, und es gibt einen Epizykel, der auf

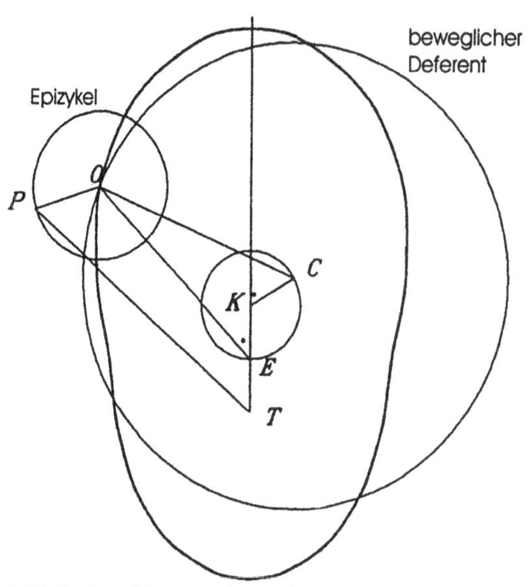

Bild 4.14 Ableitung der ovalen Deferentkurve aus dem ptolemäischem Modell für Merkur

einem Deferentkreis läuft. Aber jetzt bewegt sich der Mittelpunkt C des Deferentkreises. Wir sind beim Modell für die Länge des Mondes einer ähnlichen Einrichtung begegnet, aber hier ist der kleine Kreis, auf dem C umläuft, nicht bei T, sondern bei einem Punkt K jenseits E (so daß $\overline{KE}$ und $\overline{TE}$ gleich sind). Die Position von C zu einem bestimmten Zeitpunkt ist festgelegt, indem die beiden mit kleinen Kreisen gekennzeichneten Winkel gleich sein sollen. Mit anderen Worten: O und C laufen bei einer konstanten Winkelgeschwindigkeit in entgegengesetztem Sinn herum. Ptolemäus kam zu diesem komplexen Modell aufgrund fehlerhafter Beobachtungen, die ihn annehmen ließen, Merkur habe ein doppeltes Perigäum und das liege nicht dem Apogäum gegenüber, sondern an Punkten, die um 120° von der erwarteten Perigäumsstelle entfernt sind. Was auch immer die Verdienste seiner Beobachtungen waren, er brachte hier der Astronomie ihr erstes Oval. Für jede Position von C gibt es eine einzige entsprechende Position von O, und der Pfad, dem O folgt, ist im wesentlichen die resultierende Deferentkurve, auf der der Epizykel läuft. Ihre Form ist in der (nicht maßstabsgetreuen) Figur durch die dicke Linie dargestellt. Sie ist ein Oval, das in der Taille sozusagen eingeschnürt ist, und ist für kleine Exzentrizitäten nicht allzu sehr von einer Ellipse entfernt. Eine Passage in einem der Bücher, die im 13. Jahrhundert am Hof von Alfons X. von Kastilien zusammengetragen wurden, zeigt, daß sein Autor sie für einen *Schnitt* durch einen Kiefernzapfen (pine cone) (vgl. unseren Gebrauch der Wendung „Kegelschnitt") hielt.

Ptolemäus war nicht nur daran interessiert, beobachtete Planetenbewegungen zu erklären, sondern auch ihre Berechnung einfach zu gestalten. Wenn wir die hier vorgestellten Modelle Revue passieren lassen, haben wir eine Situation, in der es für jede „mittlere Bewegung" – d. h. einen mit konstanter Rate wachsenden Winkel – einen weiteren Winkel gibt, der geringfügig davon abweicht und der verwendet wird, wenn wir die beitragenden Winkel zur endlichen wahren Länge verbinden. Die kleinen Differenzen werden Gleichungen genannt; wir haben beim Fall der Sonne bereits ein Beispiel kennengelernt. Um die praktische Rechnung zu vereinfachen, stellte Ptolemäus außer Tabellen der mittleren Bewegungen auch spezielle Tabellen von Gleichungen zusammen. Diese können Funktionen der mittleren Bewegungen oder von Zwischenergebnissen der Rechnung sein. Letzten Endes hatte der Astronom lediglich Winkel zusammenzuzählen oder voneinander abzuziehen. Auch so dürfte die Berechnung eines vollen Satzes von Planetenpositionen für einen vorgegebenen Zeitpunkt ein bis zwei Stunden erfordert haben, und noch mehr, wenn die Planetenbreiten gebraucht wurden.

In Buch XIII wurden wie im Fall des Mondes Breiten in Ptolemäus' Schema eingeführt, und so kam in die ansonsten zweidimensionale Behandlung eine dritte Dimension hinein. Er nimmt die Ebene des Planetendeferenten gegenüber der Ebene der Ekliptik geneigt an. Im Fall der äußeren Planeten war die Neigung fest, bei den inneren Planeten ließ er sie oszillieren. Er forderte, daß die Epizyklen in noch anderen Ebenen lägen. Wir können den Grund für seine Schwierigkeiten leicht sehen. Sein System war *erd*zentriert, während die Ebenen der Planetenbahnen durch die *Sonne* gehen. (Die auf die Planeten wirkenden Gravitationskräfte sind auf die Sonne gerichtet.) Es hätte für seine unsichtbare Schwierigkeit eine gewisse Kompensation bedeutet, hätte er die Ebenen der Epizyklen parallel zur Ebene der Ekliptik genommen. Genau dies hat er offenbar später getan, als er die *Handlichen Tafeln* zusammenstellte. In ihnen haben wir nur die Prozeduren, die wir bei der Anwendung der Modelle durchzuführen haben, und keine Rechtfertigung der Modelle selbst, so daß wir nicht sagen können, wie er seine Entdeckung machte. Hier haben wir einen weiteren Hinweis auf das große Genie von Ptolemäus in der Auswahl und Analyse astronomischer Beobachtungen für theoretische Zwecke. Die Astronomie hat viele Facetten, aber in dieser höchst wichtigen Beziehung kam Ptolemäus keiner gleich, bevor Johannes Kepler die Beobachtungen von Tycho Brahe analysierte.

Wie die Parameter eines bestimmten Modells aus tatsächlichen Beobachtungen abgeleitet werden können, ist auf knappem Raum nicht darzustellen, doch sind einige kurze allgemeine Bemerkungen am Platz. Unter der Annahme, daß die Bewegungen auf *Kreisen* erfolgen und *gleichförmig* sind (so daß die Winkel vom Zentrum aus zur Zeit proportional sind), bedeutet das Auffinden der Parameter zumindest die Lösung des folgenden geometrischen Problems: *Gegeben seien drei Punkte auf einem Kreis. Finde einen Punkt – inner- oder außerhalb des Kreises –, so daß die zu den drei Punkten gezogenen Geraden vorgegebene Winkel bilden* (im astronomischen Fall sind dies natürlich beobachtete Winkel). Man glaubt, Apollonios habe dieses allgemeine geometrische Problem gelöst[5]. Hipparchos hat jedenfalls die Lösung auf die Fälle Sonne und Mond angewendet. Später kamen die Astronomen darauf, daß man eine einfachere Lösung erhält, wenn man zu speziellen Zeiten mißt. Wenn man zum Beispiel die Sonne bei Äquinoktien und Sonnenwenden beobachtet, sind die Winkel Vielfache des rechten Winkels.

[5] Anm. d. Übers.: Das Problem läßt sich mit Hilfe des Satzes vom Umfangswinkel leicht graphisch lösen. Hier ist aber von einer trigonometrischen Lösung die Rede.

Ptolemäus' Einfluß. Astrologie

Ptolemäus erscheint in unserem Blick auf die späte Antike so groß, daß man übersehen könnte, daß die Astronomie weiterbetrieben wurde, wenn auch auf einer geistig viel tieferen Ebene . Darüber wissen wir natürlich relativ wenig. Es existiert zum Beispiel aus dem Jahrhundert nach Ptolemäus eine Papyrusrolle (*P. Heid. Inv. 4144* mit *P. Mich. 141*), die Aufschluß über den Gebrauch eines rohen Schemas zur Positionsbestimmung des Mars gibt. Dieses macht offenbar von einem Epizyklenmodell Gebrauch, aber von einem, das mit den sog. Zonen des babylonischen „Systems A" verschnitten war. Es gibt andere Hinweise darauf, daß babylonische Schemata im römischen Ägypten bekannt waren. Die hellenistische Astrologie florierte, und Methoden, die leichter anzuwenden waren als die von Ptolemäus, dafür aber ungenau waren, waren begehrt. In etwas, das sich den griechisch-babylonischen Techniken annäherte, schienen die Astrologen gefunden zu haben, was sie brauchten, und es gibt Fragmente von Texten, die sich auf die Sonne, die Planeten und (besonders zahlreich) auf den Mond beziehen. Eine Neuerung in diesen primitiven Entwürfen ist die Behandlung, die der Breite des Mondes gewidmet wurde.

Dieser seltsame Verschnitt aus arithmetischen und geometrischen Methoden macht eines klar: Es ist ein Irrtum zu glauben, daß es zwischen Hipparchos und Ptolemäus einen stetigen Fortschritt in der theoretischen Astronomie gegeben haben müsse. Die Methoden, die selbst von Hipparchos verwendet wurden, waren ein Flickwerk aus geometrischen und arithmetischen Elementen – und unter dieser letzten Überschrift sollten wir die „Zick-Zack"-Techniken und die Methoden der Zeitzyklen subsumieren, nach denen sich die Phänomene wiederholen. Man kann mit einigem Recht sagen, daß Ptolemäus *allein* für den Aufbau der Astronomie aus einem zusammenhängenden Satz fundamentaler Prinzipien verantwortlich war. Mit Hilfe der Ideen seiner Vorläufer konnte er Mutmaßungen darüber anstellen, wie sich die Himmelskörper im Weltraum bewegen. Nachdem er die Parameter der Modelle durch Anpassung an die Beobachtung gefunden hatte, konnte er Phänomene als Konsequenzen seiner geometrischen Annahmen voraussagen. Kurzum, wo andere Wiederholungsmuster gefunden hatten, gab Ptolemäus *Gründe* für diese Muster an. Mit Ptolemäus wurde die Astronomie erwachsen.

Die weniger guten Astronomen übten nichtsdestoweniger ihr Geschäft aus, und diejenigen mit einer eher akademischen Neigung fingen an, Kommentare zum *Almagest* zu verfassen. Das begann mit Pappos und Theon, beide aus Alexandria. Der *Almagest* wurde zuerst um 800 ins Arabische übersetzt, aber es folgten bald verbesserte Versionen. Er erreichte das westliche Europa in zwei lateinischen Übersetzungen: Die eine stammt von 1160 aus dem Griechischen, die andere – viel bekanntere – 1175 von Gerard von Cremona aus dem Arabischen.

Da waren hauptsächlich zwei Klassen von Gelehrten, deren Bedürfnisse er *nicht* entsprach: die Astrologen und die Naturphilosophen (oder Kosmologen, wie wir sie nennen könnten). Für die Astrologie verfaßte Ptolemäus ebenfalls einen Standardtext: den *Tetrabiblos* („Viererbuch" – „ein Werk aus vier Teilen"). Seine *Planetenhypothesen* trugen viel dazu bei, eine ausgefeiltere Version der aristotelischen Kosmologie zu schaffen. Diese beruhte auf der Annahme, daß es im Universum weder leere Räume gibt noch ein Überlappen von Materie. So mußte der äußerste Punkt, der von einem Planeten in seinem Epizykel erreicht wurde, dem Minimalabstand des nächst darüberliegenden entsprechen. Diese Annahme verwandelte Ptolemäus' getrennte Planetenmodelle in ein universelles *System*. Da die relativen Größen der Kreise im geometrischen Modell jedes einzelnen Planeten durch die ptolemäische Astronomie festgelegt sind und da die Skale der Kreise eines Planeten die der Kreise des darüberliegenden Planeten festlegt, ist die ganze Skale des Universums (bis zum Saturn) durch die unterste Kugel festgelegt, wobei die dem Mond mögliche Bewegung die innerste Grenze bildet. Nachdem Ptolemäus eine Entfernung für den Mond hatte, konnte man Entfernungen für alle Planeten angeben. Die Entfernungen haben eine plausible Größe (in Millionen von Meilen ausgedrückt), aber entsprechen natürlich nicht der Wirklichkeit. Die islamischen Autoren bemächtigten sich dieses Schemas, das durch eine von al-Farghānī (er wirkte um 850) verfaßte Zusammenfassung des *Almagest* im Mittelalter ein Standardbestandteil des Lehrplans westlicher Universitäten wurde. Es inspirierte zum Beispiel Dante bei seiner *Göttlichen Komödie*.

Der *Tetrabiblos* erreichte ebenfalls über den Islam den europäischen Raum, aber in diesem Fall war viel zusätzliches astrologisches Gepäck dazugekommen. Obwohl sein Gegenstand sicher nicht nach dem modernen wissenschaftlichen Geschmack ist, ist er nichtsdestoweniger ein meisterhaftes Buch und auch ein wissenschaftliches. Wie wir gesehen haben, hatte die Astrologie – unter anderem – babylonische Wurzeln, und wir können sogar spezifische Punkte des astrologischen Kontakts zwischen der hellenistischen Welt und Babylon nachweisen. Am berühmtesten ist die Wanderung des Bel-Priesters Berossos, von Babylon nach Ionien, wo er um 280 v. Chr. auf der Insel Kos eine astrologische Schule gründete. Griechische Gelehrte bezeichneten sich oft als Schüler der Chaldäer. Selbst wenn sie vermeintlich ägyptisches Gedankengut übernahmen, war das oft babylonisches Material aus zweiter Hand. Um 150 v. Chr. war es in Alexandria möglich, daß Abhandlungen geschrieben wurden, die angeblich von der Feder des (wie wir wissen – mythischen) Königs Nechepso und seines Priesters Petosiris stammten. Diese Bücher genossen große Autorität in der römischen Welt, wie andere Schriften, die dem Gott Thot, dem „dreimal großen Hermes" der Griechen – Hermes Trismegistos –, zugeschrieben wurden. Diese Werke stehen zum *Tetrabiblos* im selben Verhältnis wie eine Kristallkugel zu einem professionellen Wirtschaftsexperten: Beide sind nicht ganz zuverlässig, und beide können falsche Motive haben, doch zwischen ihnen liegen Welten, was ihre Techniken betrifft.

Während die babylonische und assyrische Wahrsagerei hauptsächlich das öffentliche Leben und das Leben des Herrschers betraf, wandten die Griechen die Kunst im großen Stil auf das Leben des Einzelnen an. Diese Aktivitäten erhielten ungewollt Auftrieb durch die Lehren von Platon und Aristoteles über die Göttlichkeit der Sterne, und in der Spätantike dachten viele Astrologen, sie würden die Bewegungen von Göttern auslegen. Mit dem Aufstieg des Christentums wurde diese Haltung natürlich unterdrückt, dennoch blühte sie in der Literatur der ganzen römischen Antike und war ein Charakteristikum des christlichen Abendlandes bis fast zum heutigen Tag. Ptolemäus' *Tetrabiblos* war so ein Handbuch für Leute vieler verschiedener Überzeugungen.

Es beginnt mit einer Verteidigung der Astrologie, und angeblich liegt der Gedanke zugrunde, die Einflüsse der Himmelskörper seien rein physikalisch. Am Ende läuft es jedoch auf eine Kodifizierung ungerechtfertigten Aberglaubens hinaus, der weitgehend von Ptolemäus' Vorläufern überkommen ist. Buch II handelt von kosmischen Einflüssen auf die Geographie und das Wetter, wobei das letztere in späteren Jahrhunderten ein beliebter und in theologischer Beziehung ungefährlicher Gegenstand war. Die Bücher III und IV befassen sich mit Einflüssen auf das menschliche Leben, wie sie sich vom Zustand des Himmels ableiten lassen. Seltsamerweise ist keinerlei Mathematik zur Berechnung der Häuser enthalten, von der die Astrologen in späteren Jahrhunderten so besessen waren. (Etwas mehr zu diesem Thema findet sich in Kapitel 10.)

In der römischen Spätantike waren die sog. „Chaldaei" und „mathematici" – Wörter, die wir einfach mit „Astrologen" übersetzen können – sehr zahlreich, wenn man die häufige Kritik nimmt, die die römischen Magistrate und die Satiriker auf sie richteten. Man weiß von einigen Vertreibungen aus Rom und Italien vor dem ersten Jahrhundert, und im vierten Jahrhundert waren Edikte gegen sie in Kraft, als die religiösen Skrupel christlicher Kaiser zu den alten Einwänden politischer Natur hinzukamen. Im Jahr 357 erklärte Konstantius die Wahrsagerei zum Kapitalverbrechen, und der Bann wurde 373 und 409 erneuert.

Die antike Tradition der astrologischen Weissagung hatte einen merklichen Einfluß auf die medizinische Praxis. Der Stil der lateinischen Literatur stand auch unter dem Einfluß der Astrologie, beispielsweise durch das Gedicht aus dem ersten Jahrhundert, das als *Astronomica* bekannt ist und von dem stoischen Philosophen Marcus Manilius stammt. Die Stoa war eine philosophische Sekte mit einer langen, um 300 v. Chr. beginnenden Geschichte. Eine ihrer Hauptlehren war, daß es das Ziel des Philosophen sein sollte, durch den Gebrauch der Vernunft mit der Natur in Einklang zu leben. Im Laufe der Zeit befaßte sich die Sekte zunehmend mit ethischen Fragen, und es überrascht nicht, daß die babylonische Idee einer stellaren Notwendigkeit, die die Welt regiert, unter den stoischen Philosophen ein geneigtes Publikum fand. Manilius propagierte den Gedanken, daß das menschliche Leben völlig von den Sternen bestimmt sei. Er tat dies in einer Arbeit, die zweifellos mehr wegen ihrer technischen Einzelheiten aus dem Bereich der Astrologie als wegen der philosophischen Ideen zu ihrer Untermauerung geschätzt wurde. Die Philosophen halfen jedoch, deutlich astrologischen Ideen Achtbarkeit zu verschaffen. Um 265 n. Chr. schlug Plotinus, der Begründer des Neoplatonismus, eine verwandte Doktrin vor: Daß Magie, Gebete und Astrologie alle zugleich Bestand haben könnten, weil jeder Teil des Universums durch eine Art gegenseitige Sympathie auf den Rest einwirkt. Solche Gedanken gaben späteren Generationen von Gelehrten, die mit dem Feuer spielen wollten, viel Auftrieb.

Ein literarisches Werk, das solchen Einflüssen zu begegnen half, war die *Stadt Gottes* [De civitate Dei] des hl. Augustinus (354–430). In ihm warnte er, die Astrologen würden den freien Willen unterjochen, indem sie das Leben eines Menschen aus den Sternen vorhersagten. Wenn die Weissagungen einträfen, sei dies auf Zufall oder Dämonen zurückzuführen. Er war selbst ein Anhänger sowohl der Astrologie als auch von Teufelsritualen gewesen, und sein Vermächtnis war gut begründet und für viele mittelalterliche Kirchenmänner zwingend. Doch sie glaubten wie er weiter an Gottes Vorsehung und an himmlischen Einfluß, und so standen sie vor einem Dilemma. Wie konnten die Menschen frei sein, wenn alles vorbestimmt war – entweder von Gott, der die Zukunft nur wissen kann, wenn diese auch wirklich eintritt, oder durch den Einfluß von völlig voraussagbaren Bewegungen? Der übliche Ausweg war, zu sagen, die Sterne würden uns in eine bestimmte Richtung drängen, aber nicht dazu zwingen, gegen unseren freien Willen zu handeln. Sie „geben eine Tendenz vor, aber sie zwingen nicht". Gebete würden dem Menschen helfen zu widerstehen. Andere

Kirchenväter berührten diese Fragen auch. Origenes zum Beispiel versuchte verzweifelt, die Astrologie vom Fatalismus zu reinigen.

Diese Fakten haben eine offenbare Relevanz für die Praxis der *Astronomie*. Ohne Rücksicht auf irgendwelche wirklichen Verbindungen begegneten ihr die Leute – und das waren fast alle – mit tiefem Argwohn, weil sie ihre mögliche Unabhängigkeit von der Astrologie nicht begreifen konnten. Es gibt einige berühmte Astrologennamen aus der römischen Welt: Vettius Valens aus dem zweiten Jahrhundert, Palchus, Eutokios und Rhetorios aus dem fünften. Zweifelsohne ist viel Material aus der Zwischenzeit ohne Spur verschwunden. Aber danach kommen wir zu einer Epoche, in der im Westen die Ausübung der Astrologie stark unterdrückt wurde, bis es im achten Jahrhundert zu einer Wiedergeburt kam. Und von der Spätantike an neigt die westliche Astrologie, wie wir sie praktiziert finden, dazu, vollkommen übernommen zu sein.

Das Astrolabium

Die Astronomie wurde in Byzanz weiterpraktiziert, dem oströmischen Reich, das seinen Namen von der Neugründung der alten Stadt Byzantium als „Neu-Rom" durch Kaiser Konstantin im Jahre 330 bezieht. (Von ihm kommt der Name der Stadt „Constantinopolis" oder „Konstantinopel".) Der Philosoph und Mathematiker Proklos († 485) wurde zum Beispiel um 410 in Byzanz geboren. Er war mit den komplizierten Details der astronomischen Theorien des Ptolemäus vertraut, stand aber dem willkürlichen Charakter – wie er sie fälschlich einschätzte – von Ptolemäus' Hypothesen kritisch gegenüber. Er war nicht darüber erhaben, eine Neufassung des *Tetrabiblos* anzufertigen, wo sicherlich noch mehr Skeptik am Platz war. Ein Gelehrter von geringerem Rang, der aber in jeder Geschichte der astronomischen Instrumente wichtig ist, war Synesios von Kyrene (gest. zwischen 412 u. 415). Er war ein Schüler der Hypatia in Alexandria gewesen. Er war Soldat und war, nachdem er eine Christin geheiratet hatte, nur widerstrebend bereit, die Taufe zu empfangen und sich 410 als Bischof von Ptolemais einsetzen zu lassen. Er hatte anscheinend Zeit gefunden, einige Verbesserungen am Astrolabium zu machen, einem Instrument, das wir früher im Zusammenhang mit Hipparchos erwähnt haben. Er schenkte einem Freund in Konstantinopel ein Instrument dieser Art aus Silber, mitsamt einem Begleitschreiben, in dem er das Gerät und seinen Gebrauch beschrieb.

Seine Verweise auf das Gerät sind wertvoll, und in gewisser Weise überrascht ihre Spärlichkeit, weil der große römische Architekt Vitruvius, der etwas nach 27 n. Chr. starb, eine Wasseruhr beschrieben hatte, die die jahreszeitlichen Tag- und Nachtstunden (Temporalstunden) anzeigen konnte und, nach seiner Beschreibung zu urteilen, eine Art Astrolabium als Zifferblatt hatte. Der Vitruvische Mechanismus wird insgesamt eine „anaphorische Uhr" genannt, da sie auf Aufgangszeiten[6] beruht. In Frankreich wurden Fragmente späterer anaphorischer Uhren gefunden, und es gibt weitere Gründe anzunehmen, daß das Gerät in der Antike ganz und gar nicht selten war, doch frühe Literatur ist überraschend wenig vorhanden.

[6] Anm. d. Übers.: Anaphora, gr. – das Hinauftragen, die Erhebung

Gleichwohl es mehrere unterschiedliche Geräte gibt, die zu verschiedenen Zeiten mit dem Namen „Astrolabium" belegt wurden, tritt eine Sorte des gewöhnlichen ebenen Astrolabiums weit häufiger als alle anderen auf. Es enthält eine oder mehrere Kreisscheiben, auf die eine durchbohrte Kreisscheibe desselben Materials, gewöhnlich Messing, gelegt ist. Die durchbohrte Scheibe ist um eine Nadel im gemeinsamen Zentrum der Scheiben (s. Bild 4.9 u. 4.17) drehbar. Wie wir gesehen haben, ist die durchbrochene Scheibe oder das „Rete" (das lateinische Wort *rete* bedeutet einfach Netz) im wesentlichen eine Sternkarte. Sie ist durchbrochen, damit gewisse Kreise, die auf der Scheibe darunter eingraviert sind, sichtbar sind: Das sind die festen lokalen Koordinatenlinien (Meridian, Horizont, Linien der Höhe 5°, 10° ... über dem Horizont usw.), bezüglich derer die Positionen der Himmelskörper beurteilt werden. Es ist die Relativbewegung der beiden Scheiben (Rete und Tympanon), auf die es ankommt. Es ist nicht notwendig, daß die durchbrochene Platte die Himmelskugel darstellt und die Platte den Horizont, den Meridian usw. Obwohl dies fast allgemein der Fall ist, können die Rollen von Rete und Tympanon vertauscht sein, wie es tatsächlich in der anaphorischen Uhr von Vitruvius der Fall war.

Zur Größe: Tragbare Versionen des Intruments sind zwischen zehn und zwanzig Zentimetern im Durchmesser, obwohl jede Menge kleinerer und größerer Beispiele erhalten sind. In späteren Jahrhunderten war die ganze Apparatur des Astrolabiums sowohl für die Beobachtung als auch die Berechnung gedacht. Für den ersten Zweck waren ein Schäkel mit einem Ring angebracht, so daß man das Instrument senkrecht am Daumen der einen Hand herabhängen lassen konnte, während man mit Hilfe der Visiereinrichtungen (Absehen) auf dem um das Zentrum drehbaren Diopterlineal Himmelskörper beobachten konnte. Dieses wird gewöhnlich *Alhidade* genannt und befindet sich auf der Rückseite des Geräts. Es wird von einem zweiten Lineal (Regel) ohne Visiereinrichtung unterschieden, das auf einigen – aber nicht allen – über dem Rete liegt.

Das ebene Astrolabium nutzt gewisse Eigenschaften der sog. „stereographischen" Projektion aus, wobei einige dieser Eigenschaften schon Hipparchos bekannt waren. Man kann eine ungefähre Vorstellung seines Grundprinzips gewinnen, ohne seine komplizierte Geometrie zu verstehen. Stellen Sie sich zuerst zwei Sätze von Punkten und Kreisen am Himmel um uns vor, einen Satz fest, den anderen rotierend. Die *festen* Kreise mögen mit dem Horizont beginnen: Darüber liegt ein paralleler Kreis, sagen wir fünf Grad in der Höhe, darüber ein weiterer bei der Höhe zehn Grad usw. bis zum Zenit. Die *bewegten* Objekte sind die Sterne und anderen Himmelskörper, die Ekliptik und tatsächlich alles, was sich mit der täglichen Drehung um die Pole bewegt.

Die Astronomen bauten häufig ein dreidimensionales Modell dieses Doppelsystems, eine „Armillarsphäre" (*armilla* ist das lateinische Wort für Ring). Sie wurde sogar für Beobachtungen benutzt, hat sie doch die angenehme Eigenschaft, daß das ganze System für einen Augenblick korrekt eingestellt ist, wenn ein Objekt des Modells in die Richtung des entsprechendes Himmelsobjekts gebracht ist. Wenn man die Sonnenposition berücksichtigt – die Zeit berechnet sich aus der Stellung der Sonne zum Meridian –, eröffnet sie uns einen Zugang zum allgemeinen Problem der Zeitmessung. Eine Armillarsphäre kann natürlich für viele andere astronomische Zwecke verwendet werden, denn sie ist nichts anderes als ein Diagramm in drei Dimensionen. (Es sei angemerkt, daß es sich im wesentlichen um eine Darstellung von Winkeln, nicht Entfernungen handelt.)

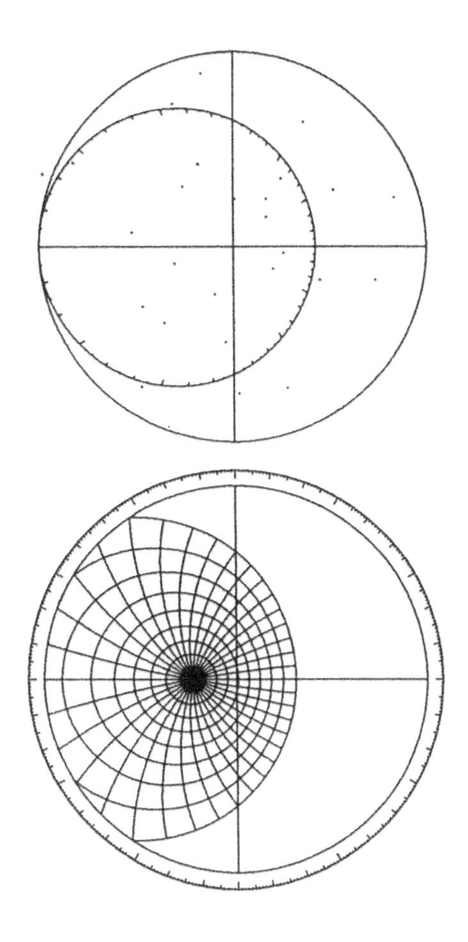

Das Rete (obere Figur) enthält die Ekliptik und die Sterne, während das Tympanon (untere Figur, mit einer Skala am Rand) den Horizont und Linien konstanter Höhe bzw. Azimut (die „Almukantarate" oder Azimutalkreise bzw. Höhenkreise) zeigt.

Bild 4.15 Die beiden Hauptkomponenten eines Astrolabiums

Hier sind wir nur an der *Idee* der Armillarsphäre interessiert, gleichwohl sollte bemerkt werden, daß diese Geräte gelegentlich mit großer Raffinesse gefertigt waren. Ptolemäus beschreibt in seinem *Almagest*, wie man einen Himmelsglobus herstellt, der die Präzession aufweist, und ein paar Designer von Armillarsphären folgten seiner Anleitung. Die Armillarsphäre wurde von Lehrern der Astronomie im ganzen Mittelalter und danach viel benutzt.

Nun kann unsere Armillarsphäre auf viele verschiedene Weisen auf eine Ebene abgebildet werden, aber die einfachsten werden die sein, bei denen der Nordpol (oder der Südpol) in den *Mittelpunkt* der Karte projiziert wird, so daß sich der bewegte Teil der Karte darum drehen kann. Genau dies ist beim Astrolabium der Fall. Die Ebene, auf die die Kreise

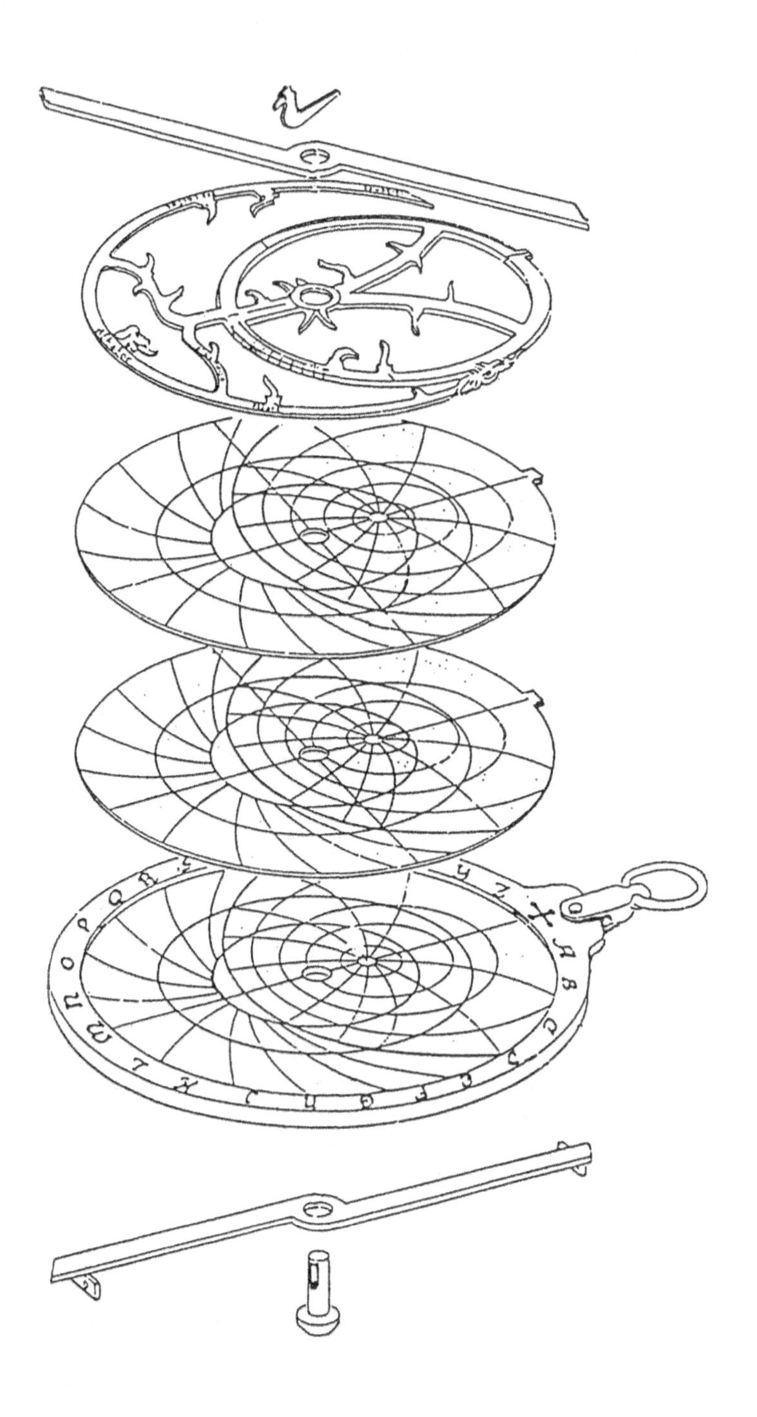

Bild 4.16 Die Bauteile eines typischen mittelalterlichen Astrolabiums

projiziert werden, ist irgendeine, zum Äquator parallele Ebene. Die sich bewegende Ekliptik ist, da sie gegenüber dem Äquator geneigt ist, nicht um die Pole zentriert, aber immer noch ein Kreis (und nicht zum Beispiel eine Ellipse). Dasselbe trifft auf den Horizont und die Höhenparallelen (die man *Almukantarate* nennt, was von einem arabischen Wort abgeleitet ist) zu.

Man kann sich ein Bild der Projektion machen, indem man in Gedanken an einen der Pole der Armillarsphäre eine intensiv leuchtende, punktförmige Lichtquelle bringt, die auf einen zum Äquator parallelen Schirm die Schatten der beiden Sätze von Ringen, den festen und den bewegten, wirft. Eine Alternative wäre, einem arabischen Schriftsteller zu folgen, der uns folgende Vorstellung empfiehlt: Ein Kamel sei über eine Armillarsphäre getrampelt und habe sie dabei flach gedrückt, freilich so, daß die beiden Teile immer noch relativ zueinander beweglich sind.

Das Astrolabium hat zahlreiche Anwendungen – typischerweise werden über vierzig erklärt –, aber viele davon erfordern eine korrekte Ausrichtung des beweglichen Retes relativ zum festen Tympanon, was die beobachtete Höhe eines Sterns betrifft. Das Rete wird gedreht, bis die Sternmarkierung auf der richtigen Höhenlinie (Almukantarat) auf dem Tympanon darunter liegt. Die Sonne ist effektiv ein Stern, der entlang der Ekliptik auf dem Rete läuft. Um ihre Position zu kennen, braucht man ihre Länge. Diese mag zum Beispiel einem Kalender entnommen werden, in dem die Sonnenlänge für jeden Tag des Jahres aufgelistet ist, aber einfacher zieht man eine sog. „Kalender-Skala" zu Rate, die auf der Rückseite der meisten Astrolabien zu finden ist und Länge und Tag korreliert. (s. Bild 4.17 wegen einer solchen Skala) Da die Sonnenposition in bezug auf den Meridian ein Maß für die Tageszeit ist, war das Astrolabium immer ein nützliches Gerät zur Zeitmessung, bei Tag und Nacht. Bei Nacht wird das Rete zwar mit Hilfe eines Sterns eingestellt, aber die Sonnenposition auf dem Rete ist aus der Kalenderskala bekannt. Am Tage kann das Rete mittels Sonnenbeobachtung positioniert werden.

Wenn auch Hipparchos anscheinend sein Erfinder ist, ist Ptolemäus' *Planisphärium* die älteste erhaltene Abhandlung mit einer systematischen Darstellung der Theorie der stereographischen Projektion. Das griechische Original davon ging verloren, aber das Werk hat in arabischer Übersetzung überlebt und wurde im zehnten Jahrhundert von einem islamischen spanischen Astronomen überarbeitet; zu guter Letzt erreichte es 1143 Westeuropa in einer lateinischen Ausgabe.

In dem oben erwähnten Brief nimmt Synesios für sich in Anspruch, als erster seit Ptolemäus über die Theorie der Astrolabiumsprojektion geschrieben zu haben, aber wenn dem so war, kann eine viel bessere Arbeit von Theon, dem Vater seiner „verehrten Lehrerin" Hypatia, höchstens einige Jahre später erschienen sein. Nur das Inhaltsverzeichnis existiert noch, aber es paßt gut zu einem späteren Werk von Philoponos (gest. um 555) und noch besser zu einer syrischen Behandlung desselben Themas durch den Bischof Severus Sebokht († 665).

Die Identität des ältesten erhaltenen tragbaren Astrolabiums ist umstritten, aber aus der östlich-islamischen Welt haben wir eine frühe Kopie eines Exemplars aus dem neunten Jahrhundert und ein datiertes Original von etwa 928 n. Chr.Es gibt ein feines persisches Exemplar, das auf das Jahr 374 der Hedschra (984 n. Chr.) datiert wird und für eine lange Handwerkstradition zeugt sowie bestätigt, was wir aus literarischen Quellen des achten

Bild 4.17 Ein persisches Astrolabium, das für Schah Abbas II. (17. Jh.) angefertigt wurde. Links ist die Frontseite mit dem beweglichen Rete und dem fixierten Tympanon darunter und rechts die Rückseite mit der Alhidade (Beobachtungslineal) und verschiedenen trigonometrischen Skalen abgebildet.

Jahrhunderts von Bagdad und Damaskus wissen. Innerhalb einiger Jahrhunderte finden wir Texte und Geräte aus jedem bedeutenden Zentrum der Zivilisation zwischen Indien und dem Atlantik. Das persische Handwerk blieb von vollendeter Qualität, Europa erreichte diesen Stand erst im 16. und 17. Jahrhundert.

Die Abhandlung des Ptolemäus war sicher nicht von der Art, das Astrolabium je populär machen zu können, allein in den späteren islamischen und christlichen Kulturkreisen erschienen gleichermaßen Dutzende alternativer Texte. Die europäischen Schriften waren zahlreich, lassen sich aber in nur drei Hauptlinien einteilen, die alle vom muslimischen Spanien ausgehen. Nirgendwo gab es irgendein anderes wissenschaftliches Gerät, das vom künstlerischen oder symbolischen Standpunkt aus von vergleichbarer Bedeutung gewesen wäre. Zugegeben, als Instrument für genaue Beobachtung war das Astrolabium von keinem großen Wert, und für die Berechnung war es gewöhnlich zu klein, um mehr als eine

Näherungslösung für komplexe Probleme zu liefern. Als Lehrmittel und zur Klärung von Positionsfragen in der Astronomie blieb es unübertroffen.

Neue Typen des Instruments wurden entwickelt, speziell in der islamischen Welt. Aufgrund seines Entwurfs ist die Horizontscheibe des Standardastrolabiums nur für eine einzige geographische Breite von Nutzen. Die meisten haben eine Kollektion von verschiedenen Einlegescheiben, und der Benutzer wählt die am besten geeignete.

Abgesehen von oberflächlicher Variation in Stil und Kunstfertigkeit, änderten sich die Astrolabien im Lauf der Jahrhunderte wenig. Es gab Astrolabien, die für den Gebrauch an jedem Ort entworfen waren und nur ein einziges Tympanon hatten; aber sie waren schwierig zu bedienen, und es wurden viel weniger produziert. Die Astrolabien wurden gewöhnlich von den Astronomen für den Eigengebrauch hergestellt, aber einige für Adlige und vermögende Leute waren reich mit Ornamenten versehen und vorzüglich graviert. Ein Astrolabium war für die meisten gewöhnlichen Leute zu teuer, doch im Spätmittelalter kannten es sehr viele, da es – stark vergrößert – die Frontseite der astronomischen mechanischen Uhren bildete. Tatsächlich war es, getreu seiner vitruvischen Ahnenschaft, der Prototyp des Zifferblatts. Die mechanische Uhr hatte vielleicht im England des späten 13. Jahrhunderts ihren Ursprung und war eine direkte Konsequenz des Wunsches, den sich bewegenden Himmel in einer greifbaren Form darzustellen.

Im Osten und Westen blieb das Astrolabium bis weit ins 17. Jahrhundert hinein sowohl ein Arbeitsgerät für den Astronomen als auch ein Symbol. Es symbolisierte nicht nur den Kosmos, sondern die Astronomie, nachdem es so viele vom Sehen kannten, aber von seiner Komplexität überhaupt nichts verstanden. Trotz aller Zusätze war es ein greifbares Erinnerungsstück an den griechischen Genius, der die Astronomie mit der Geometrie verband.

5 China und Japan

Das antike China: Das Aufkommen der Staatsastronomie

Das antike China entwickelte in einem sehr frühen Stadium seiner Geschichte eine Schrift auf der Basis von Bilderschriftzeichen. Chinesisch ist das einzige große Schriftsystem, das bis auf den heutigen Tag eine ideographische Form bewahrt hat, und zwar über einen Zeitraum von weit über dreitausend Jahren. Das erste große Wörterbuch wurde bereits um 121 n. Chr. verfaßt. Daher hat man trotz ständiger zeitlicher und räumlicher Änderungen der Sprache ein einigermaßen gesichertes historisches Wissen über die Verhältnisse im alten China.

Wie in anderen Kulturen ist es schwierig, die Grenzen zwischen der frühen Religion, der Astrologie und der Astronomie zu ziehen. Genau wie in Mesopotamien wurden mehrere Methoden der Voraussage entwickelt, die auf der Auslegung vieler Arten von Zeichen beruhten. Einige waren den im Westen verwendeten auffallend ähnlich. Ein Beispiel bildet das Interpretieren von Rissen in den erhitzten Schulterblättern von Tieren (Skapulomantie). Der Hauptunterschied in China war, daß die Risse mit etwas Glück das Aussehen eines Standardschriftzeichens hatten. Gewissermaßen war die Astrologie einfach eine zusätzliche Form der Weissagung. Wie bei Ländern im Westen befaßte sie sich weniger mit dem Schicksal gewöhnlicher Sterblicher als mit dem Fürsten und dem Staat, der Ernte, dem Krieg und dem Gemeinwohl. Es existieren zum Beispiel starke Parallelen zwischen einem Text aus der Bibliothek des Assurbanipal (7. Jh.) und dem chinesischen *Shih Chi* [Shih-chi, Aufzeichnungen des Historikers] von Ssuma Chhien [Ssu-ma Ch'ien, Se-ma Tsien] (90 v. Chr.); beide deuten Planetenbewegungen im Sinne des königlichen Schicksals und dem seiner Feinde.

Einen auffallenden Unterschied zwischen den Himmelsbeobachtungen in diesen Kulturen gab es: Während in den Ländern im Westen Chinas das Hauptaugenmerk zunächst allgemein auf den *Horizont* gerichtet war, wurde in China den Sternbildern um den *nördlichen Himmelspol* und denen um den *Himmelsäquator* große Bedeutung zugemessen. (Natürlich gibt es auf beiden Seiten viele Ausnahmen. Wechselten bei der Belagerung Trojas nicht die Wachposten gemäß der Richtung der Deichsel im Großen Wagen (Großen Bären)?) Indem sie die Aufmerksamkeit auf die Sterne um den nördlichen Himmelspol konzentrierten, die niemals auf- und untergehen, betrachteten die Chinesen die Himmelskörper in ihrer Beziehung zur Sonne, besonders wichtig war die Opposition zur Sonne. Sie lokalisierten Sterne mit gedachten Linien durch Zirkumpolarsterne und Sterne, die tatsächlich auf- und untergehen. In der nördlichen Hemisphäre kennen wir alle die Methode zur Ortung des Polarsterns, bei der man nach derselben Technik einer Geraden durch zwei Sterne am Ende des Großen Bären folgt. Die Chinesen bestimmten mit Paaren solcher Linien genau die Lage von Sternen.

Vielleicht schon um 1500 v. Chr., sicherlich aber ab dem sechsten Jahrhundert v. Chr. teilten die Chinesen den Himmel in 28 Mondhäuser, die jeweils als ein Abschnitt des Äquators oder als die darin befindlichen Sterne angesehen wurden, in dem sich der Mond im betreffenden Augenblick gerade aufhielt. Der historische Einfluß ist hier schwer auszumachen. Es existiert ein Orakelknochen, der älter ist als 1281 v. Chr. und der Sterne namentlich erwähnt, von denen einige, aber nicht alle identifiziert sind. Ein anderer Orakelknochen bezieht sich auf eine Sonnenfinsternis, die als die von 1281 v. Chr. erkannt wurde. Möglicherweise haben die Chinesen im ersten Jahrtausend v. Chr. das Prinzip der Weissagung aus den Sternen und dem Mond von der mesopotamischen Kultur übernommen, aber ihren Auslegungen die eigenen Konstellationsmuster zugrundegelegt, die auf einem äquatorialen statt einem ekliptikalen System beruhten.

Die Chinesen nahmen weiterhin astrologische Ideen aus dem Westen auf, übernahmen sie aber selten in ihrer ursprünglichen Form. Im 14. Jahrhundert finden wir in chinesischen Quellen (zum Beispiel im *Thu Shu Chi Chhêng*) Horoskope, die, von Äußerlichkeiten abgesehen, europäischen Horoskopen bemerkenswert ähnlich sind. Der Grund dafür liegt einfach darin, daß beide einen gemeinsamen Ursprung haben, nämlich die islamische und die noch frühere griechische Astrologie. Die Chinesen neigten in solchen Fällen dazu, die Zahl der alternativen Interpretationen stark zu vermehren. Sie taten dies unter dem Einfluß von alten, bereits eingeführten Systemen der Wahrsagerei, von denen einige zum Beispiel auf biologischen Theorien, andere auf dem Kalender beruhten. Selbst wenn wir hier – etwa bei der Sache mit den günstigen und ungünstigen Tagen – auf offenbar westliche Einflüsse stoßen, ist es oft möglich, daß einer ähnlichen früheren Tradition die neue aufgepropft wurde.

Im alten China war die Astronomie mit der Regierung und der Zivilverwaltung aufs engste verbunden. Die vielleicht berühmteste Illustration ist ein Vorfall im achten Jahrhundert v. Chr., der im *Shu Ching* [Shu-ching, Das kanonische Buch der Schriften] berichtet wird. Sie handelt von einer Kommission, die von dem legendären Kaiser Yao zu sechs Astronomen geschickt wurde, von denen zwei – die Brüder Hsi und Ho – namentlich genannt werden. Sie wurden beauftragt, zu verschiedenen Orten zu reisen und die Sonnenauf- und untergänge zu beobachten, um die Sonnenwenden zu bestimmen, sowie weitere Beobachtungen anzustellen, die für den Entwurf eines Kalenders wichtig sind. In einem späteren Kapitel des *Shu Ching* findet sich ein Bericht von einem Kommandounternehmen unter der Führung von Prinz Yin zur Bestrafung anderer Astronomen, die bei der Voraussage oder Abwendung einer Eklipse versagt hatten. Diese Legenden, drei Jahrtausende lang der offizielle Bericht vom Beginn der chinesischen Astronomie, haben über Jahrhunderte ein Bild einer ehrwürdigen Wissenschaft geschaffen. Heute weiß man, daß sie einer frühen mythologischen Überlieferung entstammen, in der Hsi-Ho der Name der Mutter oder des Wagenlenkers der Sonne ist. Die Brüder Hsi und Ho gibt es nicht mehr.

Die durchgängig animistische Auffassung der Chinesen, die Natur sei von Geistern oder Seelen bewohnt, gab ihrer Astronomie einen Charakter, der im Westen nicht unbekannt war, aber unter Gelehrten eine geringere Rolle spielte. Im Konkreten haben wir chinesische Doktrinen wie die, daß in der Sonne ein Hahn und im Mond ein Hase sei – wobei der Hase unter einem Baum sitzt und Arznei in einem Mörser stampft usw. Auf einem abstrakteren Niveau ist die Lehre, daß es in Entsprechung zu Sonne und Mond zwei große Prinzipien gebe, das *Yin* und das *Yang*; das erste ist weiblich und verbunden mit Kälte und Nacht, das zweite männlich und verbunden mit Wärme und Tag. Dieses spirituelle System wurde auch auf die Planeten ausgedehnt, und *Yin-Yang*-Techniken der magischen Wahrsagerei haben auch in heutiger Zeit große Bedeutung.

Das frühe chinesische Interesse an kosmologischen Dingen war nicht ausgeprägt wissenschaftlich, im westlichen Sinne des Wortes. Es wurde kein großes deduktives System entwickelt, wie wir es bei Aristoteles und Ptolemäus antreffen. Der große Gelehrte, den wir als Konfuzius (551–478 v. Chr.) kennen, tat nichts, um diese Situation zu verbessern. In erster Linie war er ein politischer Reformer, der sicherstellen wollte, daß die menschliche Welt die Harmonie der natürlichen Welt widerspiegele. So schrieb er ein Kapitel über ihre Beziehung, aber es ging bald verloren, und eine Vielzahl von Geschichten über ihn brachten ihm den Ruf ein, am Himmel kein großes Interesse zu haben. Man sollte sich an die Definition des Konfuzianismus als „Anbetung des Universums durch die Verehrung seiner Teile“ erinnern, ein Programm, das sich von dem der großen Systemarchitekten im Westen erheblich unterscheidet.

Die Chinesen sprechen selten von einem jenseitigen Gott, der die Welt erschaffen hat. Der Himmel ist der höchste Gott, und der Kaiser ist der Sohn des Himmels und Oberhaupt der Staatsreligion. Das wichtigste Opfer für den Himmel fand in der Nacht der Wintersonnenwende statt, wenn das *Yang* nach seinem tiefsten Stand wieder zunimmt. Natürlich existierten viele andere und verwandte kaiserliche Riten. Es ist klar, daß ihre Aufzeichnung in dem Buch *Chou Li* [Chou-li, Riten des Chou] um das zweite Jahrhundert v. Chr. eine Situation beschreibt, die sich seit langem entwickelt hatte. Die Aufgaben des kaiserlichen Astronomen und des kaiserlichen Astrologen sind dort unterschieden. Die Planetenbeobachtung gehörte zum zweiten Bereich, beispielsweise die Beobachtung des zwölfjährigen Jupiterzyklus, der – so hieß es – dem Zyklus von Gut und Böse in der Welt entsprach. Wie in anderen Kulturen beobachtete der Astrologe das Wetter – hier die Farben von fünf Wolkentypen, den Zustand der zwölf Winde usw. Über mehr als zwei Jahrtausende leiteten diese Erbbeamten Ministerien mit einem großen Mitarbeiterstab. Sie waren die Zeitmesser, selbst für die Stunden, und die Chinesen entwickelten eine ganze Reihe von Wasseruhren. Einige davon waren extrem komplizierte hydromechanische Gebilde, die mit Wasserkraft astronomische und andere Modelle betrieben. Es heißt, Chang Hêng habe um 132 n. Chr. als erster einen Weg gefunden, wie man eine Armillarsphäre mit einem Wasserrad so antreibt, daß sie mit dem Himmel Schritt hält. Die allgemeine Idee wurde, wenn auch sporadisch, weiter entwickelt.

Zur Zeit der nördlichen Sung-Dynastie (960–1126) gab es in der Hauptstadt zwei getrennte Observatorien, ein kaiserliches und eines, das zur Hanlin-Akademie gehörte. Beide waren mit Wasseruhren und Beobachtungsinstrumenten ausgestattet. Sie sollten unabhängig voneinander Beobachtungen machen und dann die Ergebnisse vergleichen. Als Phêng Chhêng 1070 Hofastronom wurde, entdeckte er, daß die beiden Astronomenstäbe über Jahre hinweg einfach die Berichte voneinander abgeschrieben und sogar die Positionen der Himmelskörper alten Tabellen entnommen hatten. Sein Nachfolger Shen Kua merkte, daß die Prüfer bei den Staatsprüfungen nicht kompetenter waren als ihre Vorgänger.

Da Kalender wichtige Symbole dynastischer Macht waren und bei Wechseln des Herrscherhauses oft total revidiert wurden, konnten alte Kalender politisch sensibles

Material sein. Vielleicht sind deswegen so wenige alte astronomische Dokumente erhalten, wenn man etwa mathematisches Material zum Vergleich heranzieht. Verschwiegenheit war Pflicht, was einige der Schwierigkeiten erklärt, die die jesuitischen Missionare im China des ausgehenden 16. Jahrhunderts hatten. Der politische Charakter der Kalender bedingte ihre hohe Zahl: In der Zeit zwischen 370 v. Chr. und 1851 wurden nicht weniger als 102 produziert. Viele davon haben Sterntafeln und Planetenephemeriden zusätzlich zu Sonnen- und Mondmaterial, was sie zu exzellenten geschichtlichen Indikatoren für den Fortschritt in der astronomischen Theorie macht.

Vom vierten Jahrhundert v. Chr. an nahm die Zahl der Arbeiten, die dem sichtbaren Sternenuniversum und den Sterngruppierungen gewidmet waren, ständig zu. Wenn es auch keine großen kosmologischen Systeme wie in Westen gab, existierten doch einfache kosmologische Vorstellungen. Zum Beispiel war in der *Kai Thien*-Kosmologie, deren Alter man nicht genau kennt, die aber älter als das vierte Jahrhundert v. Chr. sein dürfte, der Himmel als eine halbkugelförmige Schale über einer halbkugelförmigen Erde (vielleicht irgendwie viereckig zurechtgestutzt) gezeichnet. Diese Anordnung mag aus babylonischen Quellen stammen. Mancherorts hatte sie bis ins sechste Jahrhundert n. Chr. Bestand, und manchmal wurden Zahlenwerte für ihre Ausmaße angegeben, die freilich ziemlich willkürlich erscheinen.

Die älteste, erhaltene chinesische Beschreibung, die den Himmel als *vollständige* Kugel darstellt, stammt von Chang Hêng aus dem späten ersten Jahrhundert n. Chr.Sein Umfang wurde in $365\frac{1}{4}$ Einheiten – jede Einheit war so lang wie die von der Sonne in einem Tag durchlaufene Distanz – aufgeteilt, was einer Jahreslänge entspricht, wie sie mindestens seit dem 13. Jahrh. v. Chr. bekannt war. Älter als Chang war die Hsüan Schule, eine Denkerschule, nach der der Himmel unendlich ausgedehnt war, und diese Sicht fand Unterstützung bei der neukonfuzianischen Philosophie nach dem 12. Jahrhundert n. Chr.Sie harmonierte mit den buddhistischen Ideen und war nicht im offenen Widerspruch zur sphärischen Vorstellung wie diese zur *Kai Thien*-Kosmologie. Nach einer weiteren Theorie war die Sonne beim Durchgang durch die Mittagslinie fünfmal so weit entfernt wie beim Auf- oder Untergang, was nahelegt, daß man sich den Himmel als eine stark elliptische Kuppel vorstellte.

Es existieren auch „philosophische" Systeme von kosmologischen Gedanken, aber vielleicht suchen wir nach ihnen nur, um Parallelen zu dem ziehen zu können, was zur selben Zeit in Griechenland geschah. Im Gegensatz zum platonischen und aristotelischen Denken war das chinesische nicht offen philosophisch, sondern eher historisch. Nach Joseph Needham liegt der Grund dafür darin, daß die chinesische Religion keinen Gesetzgeber in menschlicher Gestalt kennt, so daß die Chinesen nicht an Naturgesetze dachten. Ein bedeutendes Beispiel für das Schreiben in einem historischen Stil ist das 90 v. Chr. vollendete *Shih Chi* von Ssuma Chhien – einem Mann, der die höchste astronomische Stellung im Staatsdienst innegehabt hatte. Ein Kapitel des Buches gibt einen Überblick der zeitgenössischen astronomischen Lehre, wobei viel über meteorologische Phänomene geschrieben ist. Spätere offizielle Geschichtsdarstellungen der Dynastien schlossen gewöhnlich astronomische Kapitel ein, in denen auch astrologische Vorzeichen mit einem möglichen Bezug zur Zukunft des Staates behandelt wurden. Sie enthielten typischerweise Anleitungen zum Berechnen von Planetenpositionen auf der Grundlage mäßig genauer (synodischer) Perioden und Instruktionen zur einfachen Berechnung von Mondfinsternissen. Der astronomische Stil änderte sich wesentlich, als im ersten Jahrhundert n. Chr. mehr Gebrauch von Eklipsen gemacht wurde.

Zur Unterstützung einer Kalenderreform von Chia Khuei um 85 n. Chr. wurden Instrumente zur Messung der Schiefe der Ekliptik konstruiert. Im frühen vierten Jarhundert n. Chr. entdeckte der Astronom Yü Hsi (Schaffensperiode 307–338) anscheinend unabhängig von westlicher Kenntnis die sich ändernde Länge der Sterne, unsere „Präzession der Äquinoktialpunkte", die zuerst von Hipparchos gefunden wurde. Die chinesische Astronomie blieb jedoch mehr ein Sammeln von Daten als ein Schöpfen komplexer mathematischer Theorien. Viele einfache Regelmäßigkeiten wurden entdeckt, doch wenn sie in einem besonderen Fall nicht eintrafen, wurde die Beobachtung einfach als „Unregelmäßigkeit" betrachtet und als solche bezeichnet. (Die Gedanken werden hier ganz natürlich auf die Rolle der Wunder in den westlichen Religionen gelenkt.) Viele chinesische Autoren glauben offenbar, daß zwar grobe Analogien in der Welt zu finden seien, daß die Wirklichkeit aber zu kompliziert sei, um in allgemeine Prinzipien gefaßt zu werden.

Diese Haltung hatte zumindest eine sehr glückliche Folge. In der westlichen Astronomie wurden Phänomene – wie Kometen, Novas, und Unregelmäßigkeiten im Erscheinungsbild der Sonne –, die sich nicht so einfach durch Gesetze erfassen ließen, weit weniger ernst genommen. Die geschichtsbewußten Chinesen dagegen unterhielten gewaltige Aufzeichnungen *all* dieser Erscheinungen, die sich später – und auch heute noch – als bedeutende Quelle astronomischer Information erweisen sollten. Sonnenflecken – für Europa eine im 17. Jahrhundert mit dem Teleskop gemachte Entdeckung – wurden in China bereits zur Zeit von Liu Hsiang um 28 v. Chr., vielleicht schon lange vorher, registriert. Zwischen damals und 1638 n. Chr. existieren weit über hundert Hinweise auf Sonnenflecken in offiziellen Geschichtswerken, und viele mehr in lokalen Aufzeichnungen. Die Chinesen verstanden es, die Sonne durch trübes Glas oder Jade hindurch zu betrachten, und aus Dunst und Sandstürmen konnte auch Vorteil gezogen werden. Es ist interessant, daß Thomas Harriot, als er im England des 17. Jahrhunderts erstmals sein Teleskop auf Sonnenflecken richtete, ebenfalls den natürlichen Dunst ausnützte.

In China besteht eine lange und ungebrochene Tradition im Entwerfen von Sternkarten. Das ist keine Überraschung, glaubte man doch, Omina am Himmel hätten Bedeutung für die Sternregion, in der sie gesichtet wurden, und diese Regionen wurden mit Gebieten auf der Erde – fremden Territorien, Provinzen, Städten oder sogar Teilen des kaiserlichen Palastes – in Verbindung gebracht. Einer der berühmtesten Himmelsbezirke wird von zwei Sternreihen flankiert, die als die Mauern des kaiserlichen Palastes gesehen werden, die den „purpurnen verbotenen Bezirk" einschließen. Auf Sonnenhalos, Sonnenflecken, farbige Wolken, Nordlichter oder wirklich fast alle weiteren astronomischen oder meteorologischen Geschehnisse wurde geachtet, insbesondere vor Schlachten, die natürlich gewöhnlich territoriale Aspekte hatten.

Obwohl sie nicht die ältesten unter den Karten sind, auf die Chhien Lu-Chih (fünftes Jahrhundert) für seine eigene zurückgriff, waren die von Shih Shen, Kan Tê und Wu Hsien im vierten Jahrhundert v. Chr. sowie ihr kombiniertes Äquivalent von Chhen Cho im vierten Jahrhundert n. Chr. alle wichtig für die spätere Tradition. Sie erlaubten Chhien, eine Karte zu zeichnen, auf der er den Sternen Farben zuwies, womit er den verantwortlichen

Astronomen anzeigte. (Man weiß von früheren Karten, aber kennt keine Einzelheiten) Die kombinierte Liste mit insgesamt 1 464 Sternen (vgl. Ptolemäus' frühere 1 022) war in 284 Sternbilder – eine stattliche Zahl – gruppiert.

Obwohl die Koordinaten äquatorial waren, wurden zuletzt, der westlichen Tradition folgend, ekliptische Koordinaten aufgezeichnet, was wenigstens eine bedeutende Entdeckung zur Folge hatte. Um das Jahr 725 stieß der Mönch I-Hsing, der vom Ingenieur Liang Ling-Tsan gebaute Instrumente benutzte, auf Sternkoordinaten, die von denen in den alten Listen abwichen. Die Präzession konnte natürlich die meisten Diskrepanzen erklären, aber nicht zehn oder mehr Fälle von Bewegungen, die auch die ekliptikalen *Breiten* änderten. Nun haben die Sterne zusätzlich zur Präzession ihre „Eigenbewegungen", wie schließlich von Halley im 17. Jahrhundert entdeckt werden sollte. Man kann unmöglich sagen, I-Hsing hätte „die Eigenbewegungen der Sterne entdeckt". Seine Instrumentenfehler waren zweifellos für viele der beobachteten Effekte verantwortlich. Er legte keine systematische Untersuchung vor, und nichts kam letztlich dabei heraus. Dennoch besteht kein Zweifel, daß der beobachtete Effekt teilweise auf Eigenbewegungen, die nichts mit der Präzession zu tun haben, zurückzuführen ist.

Über I-Hsing werden viele Geschichten erzählt, die ein Licht auf seinen Ruhm als Magier intellektuellen Zuschnitts werfen. In einer davon, sie entstammt einer Sammlung aus dem Jahre 855 n. Chr., geht es um die Verhaftung eines Freundes, der unter Mordanklage stand. Im Tempel der Armillarsphäre mit seinen Hunderten von Assistenten ordnete I-Hsing an, sieben Schweine zu fangen und in einen Topf zu werfen. In der Folge klagte der Kaiser, der Leiter des astronomischen Büros habe entdeckt, daß das Sternbild des Großen Bären fehle. I-Hsing sagte, er könne sich nur an eine entfernt ähnliche Geschichte erinnern, wo der Mars einmal verloren gegangen war. Die neue Panne lege er als eine ernste Warnung vor Frost oder vielleicht Dürre aus, aber das könne abgewendet werden, wenn der Kaiser den buddhistischen Predigten folge und eine Generalamnestie erlasse. Die Amnestie brachte tatsächlich die Sterne an den Himmel zurück; und als der Topf geöffnet wurde, waren die Schweine verschwunden. Wenn wir die unbezweifelten Talente des betreffenden Astronomen einmal beiseite lassen – daß die Geschichte im Ernst erzählt werden konnte, zeigt deutlich, wie sehr sich die chinesischen und westlichen Stile der Astronomie zu dieser Zeit unterschieden.

China zwischen dem 10. und 16. Jahrhundert

Die chinesische Astronomie hatte einen starken Zusammenhalt: Durch Sprache und Schrift zusammengebunden, wurde sie als Werk einer einzigen nationalen Gruppe angesehen. Sie wurde freilich von Zeit zu Zeit durch Kontakte zu Astronomen aus westlichen Ländern bereichert und, mit einer Zumischung von koreanischer Astronomie, im sechsten bis achten Jahrhundert an Japan weitergegeben. Sehr frühe Kontakte mit Babylon wurden vermutet, weil die Chinesen seit der Mitte des zweiten Jahrtausends v. Chr. die Tage in Sechzigereinheiten zählten. Persische Astronomen besuchten China sicherlich im achten und neunten Jahrhundert heutiger Zeitrechnung und brachten die babylonischen und griechischen Rechenmethoden.

Bild 5.1 Aus einer chinesischen Sternkarte aus dem zehnten Jahrhundert (Tunhuang-Manuskript, British Museum). Auf der linken Seite der Purpurne Palast und der Große Bär (in einer Polarprojektion), auf der rechten Seite ein 12-Grad-Ausschnitt mit Teilen von unserem Schützen und Steinbock (in einer „Mercator"-Projektion).

Damals waren große politische Veränderungen im Gange. Aristokratische Landbesitzerclans hatten die Macht, und der Kaiser war an der Spitze der Hierarchie. Der elitäre Staatsdienst stand trotz eines strengen Systems von Prüfungen nur den oberen Klassen der Gesellschaft offen, und das System ermutigte nicht den Unternehmergeist. Über drei Jahrhunderte wirtschaftete die Tang-Dynastie ab, bis sie in eine Reihe rivalisierender Königreiche zerfallen war. Mit der nördlichen Sung-Dynastie (960–1126) kam wieder etwas wie ein neuer „allumfassender Staat". Die Steuer schwächte die alten Familien, das Zentrum der Wirtschaftskraft verlagerte sich vom Norden – dem alten Zentrum der Han-Zivilisation – in die tieferen Bezirke des Yangtsekiang-Tales, und die Gesellschaft wurde offener für Innovationen.

Diese Situation spiegelt sich in der Astronomie wider. Der zweite Sung-Kaiser hatte bekanntlich eine große astronomische Bibliothek, und ein Werk, das davon erhalten ist, ist von großem Interesse, weil es anscheinend Parallelen zur griechischen und arabischen Tradition wassergetriebener Darstellungen des Kosmos aufzeigt. Diese „astronomische Uhr" wurde im *Hsin I Hsiang Fa Yao* (Neue Beschreibung einer Armillarsphärenuhr) von Su Sung (1020–1101) beschrieben. Er war während einer politisch unruhigen Zeit erster Geheimrat, doch schaffte er es, ein gewaltiges kaiserliches Vorhaben zu leiten, das medizinische Schrifttum zu verschmelzen und die alten medizinischen Klassiker zu drucken. Die Uhr wurde zwischen 1088 und 1095 unter seiner Leitung gebaut und hatte eine Hemmung, die eine Technik umkippender Eimer auf einem Kettenlauf nutzte.

Die Beschreibung des Mechanismus enthält auch die älteste gedruckte Sternkarte, die auf einer neuen Durchmusterung des Himmels beruhte. Da so viel von der chinesischen Wissenschaft durch Bücher, die im Holzschnittverfahren gedruckt waren, verbreitet war, überrascht es nicht, in diesem Medium spätestens ab dem elften Jahrhundert Belege für Sternkarten zu finden. (Ein handgefertigtes Beispiel von etwa 940 n. Chr. ist in Bild 5.1 gezeigt.)

Ein Gelehrter von noch größerem Ruf, der demselben Kaiser diente und dessen Vertrauter wurde, um dann in Ungnade zu sterben, war Shen Kua (1031–95). Er war ein guter Mathematiker, der die Mathematik auf eine Anzahl von Problemen – auf die Musik

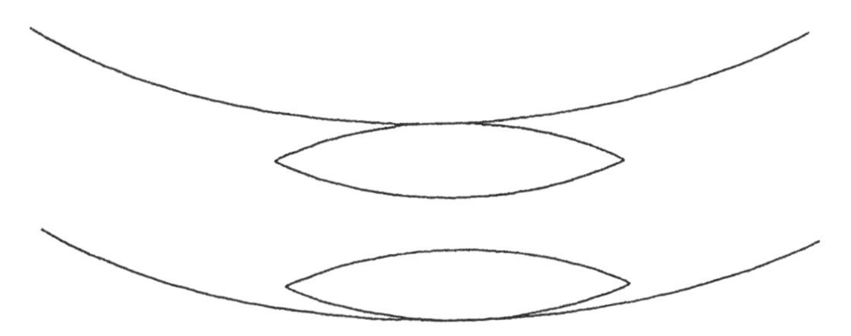

Bild 5.2 Shen Kuas Weidenblatt-Modell

und die Harmonielehre zum Beispiel – anwendete und einige Versuche unternahm, dasselbe mit der Astronomie zu tun. Besonders interessant ist, daß Shen Kua ein geometrisches Modell zur Erklärung des Rücklaufes der Planeten vorschlug, während frühere chinesische Astronomen wie die Babylonier dafür hauptsächlich arithmetische Metoden benutzt hatten. Gemessen am griechischen Standard dürfte seine Theorie als primitiv angesehen werden. Sie soll uns hier daran erinnern, daß eine Lösung mit Kreisbewegungen allein nicht für alle Leute die selbstverständliche Wahl war. Nach Shen Kua folgt der Planet einem Kreis, bis er an einen „weidenblattartigen" Teil seines Weges kommt, der außerhalb oder innerhalb der Hauptbahn liegt, dann macht er den Umweg, bevor er auf den Hauptweg zurückkehrt (s. Bild 5.2).

Eine von Shens frühen Aufgaben am Hof war, verbesserte Geräte herstellen zu lassen – dazu gehörte ein Gnomon für Sonnwendmessungen und eine Armillarsphäre. Für die Ausrichtung der Polarachse des letzteren Gerätes wurde ein schwacher Stern in der Nähe des nördlichen Himmelspols benutzt. Da er nicht ganz am Pol war, beschrieb er einen kleinen nächtlichen Kreisbogen. Shen fertigte eine Röhre von solcher Größe, daß man beim Blick auf den schwachen Stern einen Kreis offenen Himmels von gerade der Größe des Sternenweges sah.

Der fragliche Stern gehörte zu einer Folge von Sternen, die als Polarstern verwendet wurden; seine Drift in einen akzeptablen Bereich (um den Himmelsnordpol) und aus ihm heraus war natürlich eine Sache der Präzession. Es ist bemerkenswert, daß sehr viele Sterne chinesische Namen haben, die ihre frühere oder spätere Verwendung als Polarstern anzeigen und die etwa bis zum Jahr 3000 v. Chr. reichen. In Shens Tagen war dieser Stern unser 4339 Camelopardalis. Im fünften Jahrhundert war er nur etwas mehr als ein Grad vom wirklichen Pol entfernt gewesen, aber nun fand Shen, daß seine Distanz über drei chinesische Grad (einer betrug, wie oben erwähnt, 360°/365,25) hinausging.

Eine andere Entscheidung von Shen war, den Ring der Armillarsphäre, der die Mondbahn repräsentierte, zu verwerfen, weil er nicht in der Lage war, die rückläufige Bewegung der Mondknoten wiederzugeben.

Dies waren keine großen Reformen, aber sie halfen, ein traditionell kleinliches System zu vereinfachen. Dasselbe hätte auf die von ihm vorgeschlagene Kalenderreform zugetroffen, wäre sie angenommen worden. Er empfahl einen reinen Sonnenkalender anstelle des seit den alten Zeiten benutzten Lunisolarkalenders. Er hatte mit seiner Einschätzung recht, daß es Widerstand geben würde, eine radikale Reform sollte erst Mitte des 19. Jahrhunderts kommen. Selbst diese nach dem Taiping-Aufstand eingesetzte war von kurzer Dauer. 1912 übernahm China schließlich den westlichen (Gregorianischen) Kalender für die meisten öffentlichen Zwecke.

Die Epoche der mongolischen Herrschaft in China, der Yuan-Dynastie [Yüan], dauerte von 1260 bis 1368 und sah eine Wiederbelebung der Astronomie infolge persischen und arabischen Einflusses. Der größte chinesische Astronom war damals Kuo Shou-Ching (1231–1316), ein großer Mathematiker und ein Entwerfer ausgefeilter Wasseruhren obendrein. Kuo führte ein ununterbrochenes Beobachtungsprogramm durch und schrieb ein wichtiges *Shou Shih Li* (Kalender der Arbeiten und Tage, 1281). Eine prächtige Armillarsphäre, die um 1276 n. Chr. unter seinem Direktorat für die Breite von Phin-Yang in Shansi gefertigt wurde, ist noch erhalten, wenn nicht im Original, so doch als eine Kopie von 1437. Ebenso erhalten ist der Turm von Chou Kung, eine Ming-Renovierung eines Gebäudes, das von Kuo Shou-Ching um 1276 errichtet wurde. Es diente mit einem Zwölf-Meter-Gnomon dazu, die Länge des von der Sonne geworfenen Schattens und so die Sonnenwenden zu messen. Dieses prächtige Instrument hatte eine über 36 Meter lange Steinskala, die von parallelen Wassermulden zur Nivellierung flankiert wurde. Wie immer blieb die Sammlung von Daten eine Sache höchster Priorität, eindrucksvolle neue Theorien kamen keine.

Zur Zeit des europäischen Spätmittelalters, in dem die Astronomie schnell an Bedeutung gewann, zeigen sich in China Zeichen des Niedergangs. Die große Spezialität chinesischer Kunstfertigkeit, die in Bronze gegossene große Armillarsphäre mit ihren tragenden Löwen, Drachen und anderen Symbolismen, erreichte mit der nördlichen Sung-Dynastie im elften Jahrhundert den Höhepunkt. Der Fall der Hauptstadt an die Chin-Tataren brachte dieser Epoche praktischer Sachkenntnis das Ende. Vielerlei Geräte wurden für den allgemeinen Gebrauch gefertigt, zum Beispiel Sonnenuhren, Wasseruhren unterschiedlicher einfallsreicher Typen und selbst Weihrauchuhren, bei denen die Zeit nach dem Abbrennen von Weihrauch, der in eine Rille oder in ein Labyrinth von Rillen gepreßt war, beurteilt wurde. Die Ming-Dynastie (1368–1644), die so viele große Kunstwerke hervorgebracht hat, wäre von einem ernsthafteren astronomischen Blickpunkt wenig denkwürdig, wäre da nicht ein bemerkenswertes Ereignis: die Ankunft der Jesuiten in China – der Gegenstand eines späteren Abschnitts.

Korea und Japan

In der alten Mythologie von Japan hat die Sonnengöttin Amaterasu eine zentrale Rolle. Der Mondgott, ihr Bruder Tsuki-Yomi, ist vergleichsweise unbedeutend, wenn man von einigen Geschichten über die Geburt der japanischen Inselgruppe absieht, nach denen diese aus der Vereinigung von Sonne und Mond hervorgegangen sein soll. Die Sterne scheinen einen weniger bedeutenden Platz eingenommen zu haben. Es gibt frühe Spuren von gewissen Sternfesten, aber diese Idee kommt anscheinend aus China, und wenn sich solche Berichte häufen, ist das ein Ergebnis der Einführung des Buddhismus im sechsten Jahrhundert n. Chr. aus China. Diese kulturelle Invasion löste sofort eine Diskussion der Beziehung zwischen den alten japanischen Göttern und denen des buddhistischen Pantheons aus. Die auffallendste Parallele bestand zwischen der Sonnengöttin und dem Sonnenmythos, mit dem man Buddhas Persönlichkeit erklärte. Buddha Vairochana (der Lichtspender) war der daraus folgende Begriff, er beeinflußte die Gottesanbetung in Japan bis ins 19. Jahrhundert, als sie verboten wurde.

Korea war in vieler Hinsicht eine Zwischenstation für die chinesische Astronomie auf ihrem Weg nach Japan. Ein Vorfall, der die Ausbreitung von Ideen über Asien illustriert, beginnt mit nicht weniger als drei Schulen indischer Experten, die im achten Jahrhundert im Tang-Nationalobservatorium beschäftigt waren. Im siebten und achten Jahrhundert stiegen zwei indische Astronomen, Qutan Luo und Gautama Siddhārtha, tatsächlich zum Direktor des astronomischen Büros in China auf. 729 trat ein neuer Kalender in Kraft, das *Dayan li*, das von I-Hsing entworfen worden war. Drei Jahre später gab es am Hof Streit über seine Genauigkeit, den der indische Astronom Qutan Zhuan, der sich übergangen fühlte, entfacht hatte. Er beschuldigte seinen Autor, aus indischen Arbeiten abgeschrieben und eigene Fehler hinzugefügt zu haben. Deshalb wurde ein Wettbewerb zwischen drei Kalendern, einem indischen (dem *Navagrāha*, in China unter dem Namen *Jiuzhi li* bekannt) und der alten sowie der neuen chinesischen Version, abgehalten. In dieser Konkurrenz erwies sich das *Dayan li* als weitaus bester. Das indische *Jiuzhi li* hatte daher wenig Einfluß auf die offizielle chinesische Praxis, aber es gelangte nach Korea und wurde dort tatsächlich für eine lange Zeit angenommen. Es beeinflußte in einem gewissen Maß auch die koreanische Mathematik, denn es enthielt trigonometrische Tafeln und Erklärungen zu ihrem Gebrauch.

Nicht nur die Astronomie, sondern auch viele andere technische und wissenschaftliche Berufe wurden in Japan nach der Einwanderung von Menschen aus Korea und China im sechsten, siebten und achten Jahrhundert eingeführt. Bis zum ersten Einströmen europäischer Wissenschaft (1543) beruhte die japanische Astronomie fast ganz auf der der Chinesen und Koreaner. 607, zu Zeiten der Sui-Dynastie in China (581 bis 618), schickte der japanische Kaiser eine Gesandtschaft nach China. Im nächsten Jahrhundert wurden koreanische Meister eingeladen, ihre Kunst in Japan zu lehren, und als die chinesische Naturanschauung dort Fuß zu fassen begann, wurden institutionelle Muster nach dem chinesischen Modell geschaffen. Nach dem Vorbild des astronomischen Büros in China wurden einem „Ausschuß des Yin-Yang“ Aufgaben in Astrologie, *Yin-Yang*-Weissagung und Kalenderwesen übertragen, vorwiegend um Hofzeremonien zu datieren. Was die analytischen Fähigkeiten betrifft, werden wir heute wohl den dritten Aufgabenbereich als den anspruchsvollsten ansehen, doch in China rangierten die Astrologie und die Alchimie auf der Skala der menschlichen Weisheit immer höher. Sogar in der Tokugawa-Periode (1600–1867), als ein konfuzianisches Wertesystem das Schogunat (die Militärverwaltung) veranlaßte, die mathematischen Aspekte der Astronomie mehr zu würdigen, hatte die Erbfamilie der *Yin-Yang*-Weissager einen höheren Rang.

Lange bevor die Militärkaste an die Macht kam, war die japanische Regierung von einer erblichen Hofaristokratie monopolisiert, die das von China übernommene bürokratische System zerstörte. Ein Erbsystem der Verantwortlichkeit für Astrologie und Kalenderwesen – es wurde weitgehend von zwei Familien, dem Abe- und dem Kamo-Clan kontrolliert – war nicht um einen wissenschaftlichen Standard bemüht, auch die nüchterne mathematische Kalenderwissenschaft wurde immer mehr zur Geheimwissenschaft. Dies bewahrte den Kalender wenigstens vor wiederholten Revisionen. Man hatte viel mehr

Interesse an günstigen und ungünstigen Tagen als an der astronomischen Qualität des Kalenders. Die Japaner fertigten und benützten nicht viele Instrumente, die mit denen der chinesischen Astronomen vergleichbar gewesen wären, der private Gebrauch von zeitmessenden Instrumenten war sogar unter hohe Strafen gestellt. Als die offiziellen Standards verkamen, kam jedoch ein Element der Konkurrenz in das Kalenderwesen. Unautorisierte Bauernkalender wurden in großer Zahl herausgegeben, und die buddhistische *sukuyō dō*-Schule war bei der Voraussage von Eklipsen ein Herausforderer und Konkurrent der Hofrechner. Das Wissen blieb tatsächlich fast ganz von antiquierten chinesischen Quellen abhängig, bis beide Kulturen durch die Einwirkung der europäischen Tradition im 16. Jahrhundert in eine neue Aktivität versetzt wurden.

Die jesuitischen Japan-Missionen

Die Jesuiten, die Mitglieder der Gesellschaft Jesu, sind ein von Ignatius von Loyola gegründeter Orden. Er war in einer Schlacht verwundet worden und hatte sich in der Genesungszeit gewandelt. Er scharte einige Gefährten um sich und gründete einen geistlichen Orden, der 1540 die päpstliche Zustimmung erhielt. Die strenge Disziplin des Ordens war vom Militär übernommen, aber viele seiner Mitglieder begannen sich bald auch als eine intellektuelle Elite zu sehen. Fast sogleich schickten sie sich an, die christliche Botschaft in alle Winkel der bekannten Welt zu tragen, vornehmlich mit den Reisen des hl. Franz Xaver nach Indien und Japan (1541–52).

Die nächste große Mission, die für die Astronomie von Interesse ist, war die teils wissenschaftliche, teils apostolische von Matteo Ricci und Michael Ruggerius (der, wie wir noch sehen werden, 1583 in China begann) und Ferdinand Verbiest (der ihnen dorthin folgte). In beiden östlichen Ländern hatte ihre Tätigkeit eine große Wirkung, wenn auch zwischen 1600 und 1640 jeder Missionar in Japan hingerichtet oder deportiert wurde. Nach 1638 waren die einzigen Ausländer, die in Japan geduldet wurden, die Chinesen und die Niederländer, und sie mußten den Handel über Nagasaki abwickeln. Ihre offiziellen japanischen Dolmetscher lasen jedoch weiterhin westliche Bücher, und so beeinflußte die westliche Gelehrsamkeit ihre Kultur indirekt. In China bestand die Gesellschaft Jesu nur, bis sie 1773 unterdrückt wurde. Trotz Einfuhrverboten erreichten westliche Bücher in gewissem Umfang Japan: über in China durchgeführte Übersetzungen und dann nach einer Lockerung des strikten Verbots (1720) zur Zeit des achten Schoguns Yoshimune.

Franz Xaver landete 1549 in Japan. Trotz anfänglicher Spachschwierigkeiten wurde seine Botschaft am Ende von vielen Japanern angenommen. Sie zeigten sich sehr interessiert, zum Beispiel etwas über kosmische Erscheinungen, Planetenbewegungen und Eklipsenberechnung zu erfahren, weil sie die Überlegenheit der westlichen Methoden über die von China gekommenen erkannten. Die Astronomie war ein Mittel, die oberen Schichten zum Glauben zu bekehren. Nachdem man die Elite gewonnen hatte, zogen die niedereren Schichten der Gesellschaft in Scharen nach.

Bereits um 1552 lehrte Franz Xaver die Kugelgestalt der Erde und andere aristotelische Ideen in Japan. Einen exzellenten Einblick in die japanische Haltung all dem gegenüber gewährt ein Punkt-für-Punkt-Kommentar zu einem westlichen Werk, das um 1650 von

Mukai Genshō (1609–77) veröffentlicht wurde. Er stellt die Ansichten von „denen, die vertikal schreiben und mit Stäbchen essen" und „denen, die horizontal schreiben und mit bloßen Händen essen" gegenüber. Er hielt die Westler für erfinderisch in technischen Dingen, die mit Erscheinungen oder der Nützlichkeit zu tun haben, aber für zurückgeblieben in der Metaphysik, insbesondere im Verstehen von Himmel und Hölle. Indische Ideen hatten seiner Meinung nach nur spirituelle Bedeutung und waren phantastisch und unbegreiflich. Was die chinesische und japanische Tradition betrifft, blieb Genshō in seiner Bewunderung für sie ein loyaler Neukonfuzianer. Dies könnte gegen sein besseres Wissen gewesen sein, zumindest zeigten er und andere ähnliche Kommentatoren, daß sie von westlichen Protagonisten von Erscheinung und Nützlickeit viel gelernt hatten.

Der erste offizielle Astronom beim japanischen Schogun, Shibukawa Harumi, war ein kompetenter Autor in Sachen mathematische Astronomie, er war auch für die erste bedeutende eigene Kalenderreform in Japan verantwortlich. Er benutzte hauptsächlich einen chinesischen Kalender (*Shou-shih*) von 1282, aber bezog sich auf zwei andere, von denen einer von chinesischen Jesuiten stammte (das *Shih-hsien* von 1644). Er verarbeitete keine neuen Beobachtungen, war aber zumindest fachkundig genug, um den Kalender einer japanischen Länge anzupassen. Nach einer großen Kontroverse wurde sein *Jōkyō*-Kalender (1684) angenommen, und schließlich hatte Japan etwas, was es eigen nennen konnte. Wenn auch in vielem traditionell, enthielt er einige geistreiche, neue mathematische Techniken; und wäre er bei einer Sitzung der Royal Society in London vorgelegt worden, wären einige Aspekte davon, etwa seine Interpolationstechniken, nicht für uninteressant gehalten worden.

Ein Mann, der viel mehr für die Hinwendung der japanischen Astronomie zu europäischen Modellen verantwortlich war, hieß Asada Gōryū (1734-99, dies war sein Pseudonym, sein wirklicher Name war Ayube Yasuaki). Als Mitglied einer Familie von konfuzianischen Zivilbeamten unter der Kizuki-Lehensverwaltung hatte er Zugang zu chinesischen und jesuitisch-chinesischen Werken, und er erwarb sich einige Reputation, als seine Berechnung der Sonnenfinsternis von 1763 viel genauer als die offiziellen Voraussagen war. Er war als Arzt bei einem Feudalherrn angestellt, der ihm nicht erlaubte, nach Belieben Astronomie zu treiben. So floh er nach Osaka und verdiente seinen Unterhalt, indem er dort bei wohlhabenden Handelsleuten als Mediziner praktizierte. Er lehrte auch Astronomie, und mit Hilfe neuer Instrumente, von denen Asada viele – auch Teleskope – selbst hergestellt hatte, begann seine Schule, neue Daten von einer in der japanischen Wissenschaft unerreichten Genauigkeit zu sammeln. Als er eine Theorie der Planetenbewegung veröffentlichte, die weitgehend auf der des lange überholten Systems von Tycho Brahe beruhte, enthielt diese vernünftige neue Parameter, die er und seine Schüler gewonnen hatten.

Viele dieser Schüler gehörten der Samurai-Klasse an, und Asada wurde von anderen Landesherren und dem Schogunat selbst ein höheres Amt angeboten. Aber die Scham über seine frühere Desertion ließ ihn die Angebote ausschlagen. Im späteren Leben nahm er an dem inzwischen angelaufenen Programm Anteil, holländische wissenschaftliche Arbeiten ins Japanische zu übersetzen. Er half, eine Synthese der Astronomie zu verfassen, die ein seltsames chronologisches Durcheinander war – mit Elementen von Newton, Kepler, Kopernikus und Ptolemäus ohne Rücksicht auf die Reihenfolge der Entdeckung. Er war von Natur aus ein Algebraiker und würdigte nie voll die Vorteile der geometrischen Modelle. Die

Newtonsche Gravitationstheorie beherrschte er nie. Indem er jedoch bestehende europäische Daten analysierte, entwickelte er eine Anzahl nützlicher Techniken und fand sogar eine ganz passable Formel für die Länge des tropischen Jahres.

Der letzte große traditionelle Astronom, der mit Asada den Ehrgeiz teilte, seiner Disziplin eine andere Richtung zu geben, war Shibukawa Kagesuke (1787–1856). Der jesuitische Einfluß spielte kaum mehr eine Rolle, aber auswärtige Beziehungen hatten ihre Schattenseiten für einen Mann, dessen Bruder hingerichtet worden war, weil er einem deutschen Reisenden geholfen hatte, verbotene Ware aus dem Land zu schmuggeln. Shibukawa, der im astronomischen Büro arbeitete, hatte das Privileg, alle ausländischen Bücher, die er erhalten konnte, zu lesen. Sein Kampf, die damals kursierenden unzulänglichen Daten zu berichtigen, ist fast tragisch zu nennen. Ein Großteil des Materials war von Astronomen gefälscht, die keinerlei Gefühl für das Bedürfnis hatten, die Wirklichkeit darzustellen. Am Ende trug er in technischen Dingen den Sieg davon. Er sah, daß sich seine Landsleute bald mit den Lehren von Kopernikus und Newton vertraut machen müßten, und auch hier bereitete er den Boden, allerdings mit weniger Sympathie für das Endresultat. „Laßt uns die mathematischen Prinzipien des Westen einschmelzen und in die Form unserer eigenen Tradition umgießen" schrieb er in Abwandlung eines chinesischen Sprichworts.

Die jesuitischen China-Missionen

Matteo Ricci (1552–1610) war der Sohn eines Apothekers in Macerata in Italien. Er trat dem Jesuitenorden bei und studierte unter anderem Astronomie am Collegium Romanum in Rom. Der dort lehrende Christoph Clavius (1537–1612), ein Freund Galileis und einer der besten europäischen Astronomen, hatte großen Einfluß auf ihn, wenn auch gesagt werden muß, daß Clavius die kopernikanische Idee eines sonnenzentrierten Universums nicht akzeptierte. Ricci verließ Rom im Jahr 1577 und segelte von Lissabon nach Goa und von dort nach Macao, das er 1582 erreichte. 1583 kam er in China an und ließ sich in Ch'ao-ching [Chao-ch'ing, etwas oberhalb von Kanton] in der Provinz Kwangtung nieder. Nachdem er im ganzen Reich mehrere Missionsstationen gegründet hatte, ließ er sich zuletzt 1601 in Peking unter dem Schutz von Kaiser Wan-li nieder und blieb dort bis zu seinem Tod.

Nachdem sie aufgrund ihrer Fachkenntnis in der Kalenderrechnung Zugang zu offiziellen chinesischen Kreisen gefunden hatten, gaben Ricci und seine Gefährten eine sorgfältig zusammengestellte Auswahl europäischen Materials heraus, die konkurrierendes chinesisches Material in den Schatten stellte. Riccis Schrifttum in Chinesisch war weitgehend über Theologie und Ethik, aber er übersetzte und kürzte auch die Artikel von Clavius über das Astrolabium, den Kalender, die sphärische Trigonometrie und mathematische Themen, unter anderem die ersten sechs Bücher von Euklid. Es wurde ihm hierbei von einem Schüler Hsu Kuang-ch'i [Hsü Kuang-ch'i] geholfen. Er gab in mehreren Auflagen eine große Weltkarte (179 auf 69 cm) heraus, die den Chinesen erstmals einen Begriff von der Verteilung von Land und Meer über den Globus verschaffte. Unter anderen nützlichen astronomischen Techniken führten die Jesuiten die der neuen europäischen Algebra und später die Logarithmen und den logarithmischen Rechenschieber als Rechenhilfe ein.

Selbstverständlich war die Wirkung von alldem enorm, und der chinesischen Wissenschaft, die während der Ming- und frühen Ch'ing- (oder Qing-, Tsing-) Dynastie praktisch statisch geworden war, wurde eine völlig neue Richtung gegeben. In ihren Briefen in die Heimat zeichneten die Jesuiten jedoch ein rosigeres Bild der chinesischen Wissenschaft. Sie erweckten in den Europäern den Eindruck, daß sie eine große astronomische Kultur vorfanden. Unter anderem war sie eine reiche Mine von möglicherweise wertvollen Daten aus der fernen Vergangenheit, und als solche zog sie – und zieht sie immer noch – Aufmerksamkeit auf sich, die nur oberflächlich historisch ist.

Das erste Teleskop wurde 1618 von Johann Schreck (Vater Terrentius) nach China gebracht und dem Kaiser 1634 übergeben. Schreck war ein talentierter Freund Galileis, der mit ihm und Kepler korrespondierte. Zu Schrecks Zeit begannen die Jesuiten eine monumentale Zusammenstellung des zeitgenössischen Wissens, traditionell und westlich – ein Projekt sowohl von wissenschaftlichem als auch geschichtlichem Wert, das bis weit ins 18. Jahrhundert fortgeführt wurde.

Der letzte der großen jesuitischen Wissenschaftler-Missionare nach China war Ferdinand Verbiest (1623–88), ein flämischer Jesuit, der am Hof von Kaiser Kangxi (K'ang Hsi) [Sheng Tsu] aus der Ch'ing-Dynastie (Mandschu) diente. Verbiests veröffentlichte Korrespondenz ist eine beeindruckende Sammlung in Lateinisch, Portugiesisch, Spanisch, Russisch, Französisch und Holländisch, und die bedeutendste seiner erhaltenen Eingaben an den Kaiser umfaßte mehr als tausend Seiten chinesischen Text. Die größte Stärke des Jesuitenordens war seine Gelehrsamkeit: Er war für den Missionsdienst tatsächlich von Adam Schall, seinem Vorgänger in China, ausgewählt worden, der acht Jahre am Jesuitenkolleg in Gent gelehrt und seine Fähigkeiten in Mathematik und Astronomie schätzen gelernt hatte. Verbiest erreichte China 1669. Schall, der 1666 gestorben war, hatte seit 1631 mit zwölf chinesischen Helfern an einem riesigen Übersetzungsprojekt gearbeitet. Mit Terrentius (Johann Schreck) und Jacobus Rho hatte Schall die wesentlichen Abschnitte von 150 westlichen Büchern übersetzt, und Verbiest schrieb für die Chinesen im selben Geist.

Die jesuitische Planetenastronomie in China war im Grunde die von Tycho Brahe, – erdzentriert, aber mit vielen Vorzügen des früheren kopernikanischen Systems. Die astronomischen Instrumente, die Verbiest in seine Schriften aufnahm, basierten auch auf denen von Tycho – sie waren vernünftig, aber sicher nicht auf dem Stand der astronomischen Forschung in den 1670ern. Der Kalender ist von größerem Interesse, da er wie immer eine politische Dimension hatte. Es gab am chinesischen Hof rivalisierende Parteien, eine davon verteidigte muslimische Kalendertechniken.

Verbiest verfaßte ein sehr einflußreiches lateinisches Werk, die *Astronomia Europaea* (Europäische Astronomie), das vor 1680 geschrieben, aber erst 1687 in Dillingen verlegt wurde. Trotz seines Titels gab es eine Reihe von 1668 und 1669 in China gemachten und bereits in Chinesisch veröffentlichten Beobachtungen wieder. Eines seiner offensichtlichen Ziele war, die Überlegenheit der europäischen Gelehrsamkeit und Technologie über ihre chinesischen Entsprechungen zu demonstrieren. Instrumententechnologie, Kalendertheorie, Optik, Gnomonik, Pneumatik, Musik, Uhrenkunde und Meteorologie zum Beispiel kommen hier mit fundamentaler Astronomie in Berührung. Beim Durchblättern amüsiert einen das unterschwellige Prahlen, daß sie, die Europäer in China, gute Kanonen gießen, Uhren, automatische Orgeln und Fernrohre bauen, perspktivisch zeichnen usw. – alles in der besten europäischen Tradition. Wie die meisten jesuitischen Schriften entfachte es das Interesse von einigen westlichen Gelehrten an einem System der Astronomie mit einem ansehnlichen Alter. Das hatte einige Vorzüge, die die Jesuiten jedoch nicht sahen, weil sie durch die Ablehnung eines sonnenzentrierten und möglicherweise unendlichen Weltraums durch die katholische Kirche gebunden waren. Es ist eine Ironie, daß andere Gelehrte in Europa die Idee des unendlichen Raums just zu der Zeit propagierten, da die Jesuiten die Chinesen von der Hsüan Yeh-Lehre, nach der die Himmelskörper in einem unendlichen Raum schweben, abbrachten. Sie war in ihrem ganzen Charakter so verschieden, daß die chinesische Kosmologie bis lange nach dem Auszug der Jesuiten aus China wenig beachtet blieb.

6 Amerika vor Kolumbus

Astronomie der Maya, Azteken und Südamerikaner

In einer Region, die im Norden von Arizona und New Mexico und im Süden von Honduras und El Salvador begrenzt wird, sah Zentralamerika in den zweitausend Jahren, bevor Kolumbus Amerika entdeckte, den Aufstieg und Untergang einiger fortgeschrittener Stadtkulturen. Die vier bedeutendsten sind die Olmeken, die Zapoteken, die Azteken und die Maya. Zumindest die Maya entwickelten die Fähigkeit, astronomische Ereignisse mit mathematischen Techniken zu analysieren. Irgendwann in ihrer Entwicklung scheinen alle von ihnen eine Theorie eines geschichteten Universums geteilt zu haben, bei der jede Schicht nur eine Art Himmelskörper enhält. Zunächst kam über der Erde die Schicht des Mondes, und dann folgte eine für die Wolken, eine weitere für die Sterne, dann die für die Sonne, die Venus, die Kometen und so weiter bis zur dreizehnten, wo der Schöpfergott residierte. Wenn nichts sonst, dann gibt dieses Schema denen eine Antwort, für die das griechische System eines sphärischen Universums selbstevident oder unvermeidlich ist.

Kolumbus traf zuerst Bewohner von Yucatán in einem großen Kanu auf hoher See an und besuchte kurz ihre Heimat. Andere folgten, und Erbeutungen von Gold und Berichte von mit Steinen gebauten Städten führten bald zur Erforschung und Eroberung durch Cortes und andere. Es ist eine der großen Tragödien der ganzen Episode, daß – nach den Worten von Diego de Landa, dem ersten Bischof von Yucatán – „eine große Zahl" von Büchern der Maya von Yucatán wegen des darin vermuteten Aberglaubens verbrannt wurde. Bevor wir uns jedoch entrüsten, sollten wir bedenken, daß de Landa entsetzt Zeuge von Kinderopferungen wurde; einige wurden sogar in seinen Kirchen von als bekehrt geltenden Maya vorgenommen.

De Landa ließ einen im wesentlichen korrekten Bericht über den Maya-Kalender zurück, und Maya-Daten können mit einer hohen Genauigkeit angegeben werden. Bücher wurden nicht nur zerstört, sondern gingen auch durch Nachlässigkeit verloren. Anscheinend sind heute nur fünf Maya-Bücher oder Fragmente erhalten, eines davon ist ein zusammengeklebter Block von Seiten, aber sie enthalten Mond- und Sonnenkalender und einen Venuskalender von großem Interesse. Der beste davon ist der nach seinem gegenwärtigen Aufbewahrungsort benannte *Dresdner Codex*, der auch viele Zeichnungen der Maya-Götter enthält.

Alle Maya-Bücher sind aus einem einzigen Bogen Baumrindenpapier von bis zu 6,7 m Länge und 20 bis 22 cm Höhe hergestellt und so gefaltet, daß Seiten entstehen, die etwa halb so breit wie hoch sind. Von den Maya-Büchern stammt das Dresdner Exemplar aus dem 13. bis 14. Jahrhundert. Es wurde wahrscheinlich 1519, also kurz nach der Entdeckung und Eroberung Yucatáns, von Cortes an Kaiser Karl V. geschickt. Die Bücher haben auf beiden Seiten (s. Bild 6.1) Glyphen und Bilder, die Hinweise auf einen komplexen Kalender und die Anwendung der Astronomie im religiösen Ritual und der Weissagung geben. Es gibt mehrerlei Almanache, darunter Bauernalmanache mitsamt Multiplikationstabellen für ihren

Bild 6.1 Ein Teil des Dresdner Codex, eines astronomischen Textes der Maya, der von den Umläufen der Venus handelt. Er ist vielleicht eine aus dem dreizehnten Jahrhundert stammende Kopie eines viel älteren Originals. Die mittlere Szene stellt den heliakischen Aufgang des Planeten dar. Die Spere (auch in der unteren Szene) repräsentieren die todbringenden Lichtstrahlen. *(Trustees of the British Museum, London)*

Gebrauch. In einigen ist das Glück jedes Tages in Zyklen von 260 und 364 Tagen vermerkt. Ein weiterer Glückszyklus war der *katun*, eine Periode von zwanzig „näherungsweisen" oder „vagen" Jahren von 365 Tagen. (Die Maya zählten in Zwanzigern.) Es existieren genaue Tafeln, die die synodische Umdrehung des Planeten Venus wiedergeben und ebenfalls mit Glyphen versehen sind, die das Schicksal der Menschheit entsprechend dem Tag des heliakischen Aufgangs des Sterns zeigen. Die Maya hatten die Venus so studiert, daß sie die Bedeutung der Periode von 2 920 Tagen oder acht ungefähren Jahren kannten, nach denen die Venus ihren Lauf um die Sonne wiederholt. (Heliakische Aufgänge usw. wiederholen sich danach im Venuskalender, wie wir im Zusammenhang mit der babylonischen Astronomie gesehen haben.)

Götter werden oft genannt, darunter – in der Reihenfolge der Häufigkeit – die Götter des Regens, des Mondes, des Todes, der Schöpfung, des Maises und der Sonne.

Ihre Almanache für gegebene Sätze von unterschiedlich angeordneten Tagen (4 × 65, 5 × 52, 10 × 26, usw.) dienen verschiedenen Zwecken wie Netzmachen, Feuerbohren, Maispflanzen, Heirat sowie Schwangerschaft und Geburt. Einige der Berechnungen gehen in die Millionen. Es gibt Material über das Neujahrszeremoniell und über das Wetter. Daß die erhaltenen Bücher von den Themen handeln, die uns hier am meisten interessieren, erscheint bloßer Zufall, nachdem anderes Material aus der mexikanischen Region einen weit größeren Themenkreis abdeckt.

Auf viele der astronomischen Praktiken und Ansichten der Maya wurde aus den archäologischen Überbleibseln zurückgeschlossen. Die der Azteken von Zentralmexiko sind aus ihrer Literatur besser bekannt, insbesondere aus einem unter dem Namen *Codex Mendoza* bekannten Werk, das zur Zeit der Eroberung geschrieben wurde. Die Azteken opferten zu festgesetzten Nachtzeiten bestimmten Sternen Weihrauch – daran nahm ihr König, der berühmte Montezuma II., noch nach der spanischen Eroberung teil. Montezuma wurde angeblich am selben Kalendertag geboren wie der Gott Quetzalcoatl – der Morgenstern, unsere Venus, die aber als männliche Gottheit angesehen wurde. Es gab immer und in allen Kulturen Formen der Sonnenanbetung, die Beispiele sind zu zahlreich, um sie zu erwähnen. Ein früherer Aztekenkönig hatte in der Mitte des 15. Jahrhunderts auf halber Höhe der großen Tempeltreppe in der Stadt Tlatelolco (heute Teil von Mexico-City) einen großen Porphyr-Pfeiler aufstellen lassen. Der war mit Sonnensymbolen überdeckt, von denen uns einige glauben lassen, sie seien bei der Berechnung von Eklipsen benutzt worden. Man weiß sicher, daß die Azteken bei Sonnenfinsternissen Bucklige geopfert haben.

Die Anbetung der Venus war nicht weniger allgemein und bedeutend als die der Sonne und gab Anlaß zu lobenswerten astronomischen Voraussagetechniken. Der Planet wurde regelmäßig und genau beobachtet. Da war ein Bild – inzwischen ist es wegen der Gewohnheit der Touristen, Flaschen darauf zu werfen, zerstört – in der Nähe eines heiligen Unterwelt-Sees bei Chich'en Itzá, in den menschliche Opfer geworfen wurden. Dieses zeigte eine quadratische Sonne, die über dem Horizont aufgeht, und trug ein Datum, das dem 15. Dezember 1145 entspricht. Moderne Berechnungen ergeben, daß an diesem Tag tatsächlich ein seltener Durchgang der Venus über die Sonnenscheibe zu sehen war.

Der frühe spanische Historiker Juan de Torquemada, der ein Jahrhundert nach der Eroberung lebte, konnte mit Eingeborenen die astronomischen Zeremonien besprechen, die in gewissem Maß immer noch stattfanden. Er meint, die Weissagung sei damals hauptsächlich auf andere Weise als aufgrund der Himmelsbeobachtung erfolgt, wenn auch Atahualpas General sagte, das Kommen der Spanier sei astrologisch vorhergesehen worden. Wesentlich ist hier nicht, ob das zutrifft, sondern daß es mit der damaligen Praxis in Einklang war. Unter einer Anzahl astronomischer Vorzeichen wird eines von Atahualpa, dem letzten eingeborenen Herrscher von Peru, selbst angeführt, der den Tod eines Mannes einem Kometen im Schwert unseres Sternbildes Perseus zuordnete.

Torquemada berichtet, er habe auf dem Dach des königlichen Palastes in Texcoco (Azteken) Stangen in Löchern gesehen und auf den Stangen seien Bälle von Baumwolle oder Seide gewesen, um bei der Messung von Himmelsbewegungen hilfreich zu sein. In einigen bildlichen Darstellungen benützt ein Priester anscheinend gekreuzte Stangen als Visiereinrichtung. Aber wozu? Torquemadas Informant sagte, das solle dem König helfen, der mit seinen Astrologen den Himmel und die Sterne betrachte. Während eines der Hauptanliegen dieser Völker die Regelung des landwirtschaftlichen Kalenders gewesen sein muß, gab es zweifellos Rituale, die ein Eigenleben führten, nachdem ihre Ursprünge vergessen waren, und noch andere Rituale, die durch Analogie abgeleitet waren. Die Venus gibt keinen unmittelbaren Führer zu den Jahreszeiten ab, gleichwohl man dies erreichen kann, wenn man ihre Bewegung mit der der Sonne in Beziehung setzt. Der Historiker Fr. Bernardino de Sahagún berichtet, daß die Azteken der Venus Gefangene opferten, wenn diese sich zum erstenmal im Osten zeigte, indem sie Blut gegen den Stern spritzten. Zweifellos war die Venus für die Völker Mittelamerikas von außerordentlicher Bedeutung, und die erhaltenen Maya-Bücher geben uns einen Begriff davon, was auf diesem Gebiet erreicht wurde.

Was wir so als „Astronomie" bezeichnen, war wahrscheinlich häufig eine Kunst wenig formaler und beschreibender Art, selbst wenn sie in die Rituale einging, was die meisten gewußt haben dürften. Auf diesem Niveau war sie ohne Zweifel im allgemeinen Bewußtsein. Ein gutes Beispiel findet sich im *Popol Vuh* (Buch des Volkes): Eine Maya-Geschichte, die erzählt, was dem mit dem Morgenstern identischen Held in der Unterwelt widerfuhr. Er wurde gefangengenommen und geköpft, aber sein Schädel spie seinen Speichel auf die Tochter des Herrn des Todes; sie empfing ein Kind, das wiederum der Morgenstern wurde. Das *Popol Vuh* ist eine von mehreren Quellen, aus denen wir die kosmische Natur eines Ballspiels erfahren haben, das über den ganzen Kontinent gespielt wurde. Der Ball aus Gummi stellte die Sonne dar, und der Sieg ging an das Team, das den Ball zuerst durch einen Steinring in etwa sechs Metern Höhe werfen konnte. Mehrere Spielplätze sind erhalten. Gebräuchliche Brettspiele hatten oft einen kosmischen Bezug. Im mexikanischen Patolli-Spiel zum Beispiel wird ein Stein, der für einen Himmelskörper steht, durch vier Abteilungen des Brettes bewegt, die Himmelsbezirke darstellen.

Die steinernen Ringe und Wände entlang der für die Ballspiele benutzten Plätze waren in einigen Fällen offenbar auf astronomische Ereignisse ausgerichtet, aber es gibt zahlreiche andere Steinmonumente in ganz Süd-, Mittel- und Nordamerika mit Pfeilern, Eingängen und Fenstern, die eine klare Ausrichtung auf Sonnenauf- und untergänge an den Sonnenwenden aufweisen. Einige haben hieroglyphenartige Markierungen, die der Auslegung breiten Raum geben. Ein bereits 1775 bei Chapultepec gefundener Stein begrub drei gekreuzte Pfeile unter sich, die genau auf den Sonnenaufgang an den Tagundnachtgleichen und an den Sonnenwenden zeigten. Ausrichtungen auf die Hauptpunkte Norden, Süden, Osten und Westen sind nichts Besonderes, speziell bei den Pyramiden von Mexiko und Mittelamerika. Es gibt wenige schriftliche Hinweise auf die astronomischen Aspekte der Religion in Peru, aber es existieren dort Monumente, die auf die Sonnenposition an den Sonnenwenden ausgerichtet sind. Im südlichen Landesteil findet man auf den Hügeln hinter Nasca [Nazca] Linienstrukturen mit geraden Reihen weißlicher Steine, die astronomisch ausgerichtet sein dürften. Über die Linien hinweg gehen ausgedehnte Umrisse von Vögeln, die vom Boden aus nicht zu sehen sind, aber Vögeln auf Nasca-Webstücken aus der Zeit um Christi Geburt ähneln.

In Europa sind die Ausrichtungen vorgeschichtlicher Bauwerke das einzige Zeugnis für einen astronomischen Charakter. In Mittelamerika gab es reichlich lebendige Zeugen. Ein früher spanischer Schriftsteller, der Geistliche Toribio Motolinía, berichtet von einem Fest, das an der Tagundnachtgleiche in der aztekischen Hauptstadt stattgefunden hat. Das religiöse

Hauptgebäude, eine heute Templo Mayor genannte Doppelpyramide, war nicht ganz korrekt gebaut worden, und so wollte es Montezuma niederreißen und neu errichten lassen. Die Pyramide wird von zwei Zwillingstempeln gekrönt, zwischen denen der Sonnenaufgang an Äquinoktien vom Beobachtungsturm des westlich liegenden Quetzalcoatl-Tempels zu beobachten gewesen wäre. Viele städtische Zentren haben ein Erscheinungsbild, das von ebenso sorgfältiger Planung zeugt. Das berühmteste ist die Tempelanlage von Teotihuacán, die in einer relativ kurzen Zeitspanne, die um 50 v. Chr. endete, entstand. Sie ist die größte und einflußreichste von allen mittelamerikanischen Städten der vorkolumbianischen Zeit und umfaßt eine riesige Sonnen- und eine kleinere Mondpyramide. Die Stadt wurde gewiß mit großer Genauigkeit längs einer Achse angelegt, die sich aus der Nordrichtung durch Drehung um etwas mehr als 15° im Uhrzeigersinn ergibt. Dieser Winkel war aller Wahrscheinlichkeit nach mit der Richtung des Plejadenaufgangs verknüpft. Die Gründung dürfte im zweiten Jahrhundert n. Chr. erfolgt sein. Das paßt gut zur Anordnung, und es gibt weitere Gebäude in Süd- und Mittelamerika, die anscheinend eine ähnliche Konvention befolgen.

Was die Sterne betrifft, so finden wir auf dem ganzen amerikanischen Kontinent, daß den Plejaden [Siebengestirn] Beachtung geschenkt wurde. Wie so oft in der babylonischen und griechischen Astronomie sind diese mit der Venus verbunden. Von Peru bis zu den Eskimos waren sie auch mit Ernte und Regen verknüpft, so daß sie in der aztekischen Astronomie wie der Marktplatz und anderswo wie der Mais, die Tauben oder der Kornspeicher hießen. Siebenzählige Dinge waren offensichtlich bevorzugt. Für die Algonkinindianer waren die Plejaden die sieben erhitzten Steine eines rituellen Bades. Die Legenden über sie sind Legion: In vielen sind sie junge Tänzer oder Tänzerinnen. Für die Maya wie für die Micmac waren sie die Rassel der Klapperschlange. Das macht die Assoziation mit der Straße des Todes in Teotihuacán verständlich, denn aus einigen der Erdwälle wurden Rasselfiguren ausgegraben.

Dem Großen Bären ist auch eine große Sammlung von Geschichten gewidmet, aber diese betreffen, wie das Rätsel der vielen Gemeinsamkeiten mit den Legenden Eurasiens, eher die Anthropologie als die Geschichte.

Das vorkolumbianische Nordamerika

Die mittel- und südamerikanische Fähigkeit, Stämme zu Königreichen zu einen, erreichte mit der Inka-Kultur ihren Höhepunkt. Gold war seit dem zweiten Jahrhundert v. Chr. bekannt und wurde ein Symbol der Götter, der Könige und der Sonne, die die Inkas als ihren Vorfahren ansahen. Die spanische Gier nach Gold trug zum Niedergang dieser bemerkenswerten Zivilisation bei, obwohl dieser im Innern begann, als Atahualpa revoltierte. In Nordamerika gab es keine vergleichbare Zivilisation, wenn auch viele der einfachen astronomischen Rituale der Beobachtung von Auf- und Untergängen geteilt wurden. Es gab keine einheimische Schriftsprache, und die gelegentlichen Aufzeichnungen, die Archäologen in Stein gehauen vorfanden, sind zu rudimentär, um mit Sicherheit interpretiert zu werden. Die Mondscheibe war, manchmal in Verbindung mit einem Stern, vor allem im Süden von Nordamerika ein bevorzugtes Symbol. Nach einer ehrgeizigen Interpretation symbolisiert dieser die Supernova von 1054 n. Chr., die vermutlich zuerst gesichtet wurde, als der Mond in der Nähe stand.

Die bekanntesten Strukturen aus der vorkolumbianischen Zeit sind Erdwälle, von denen einige nicht mehr als einige Meter Durchmesser haben, während sich andere über viele Hektare erstrecken. Sie gehen hauptsächlich auf drei verschiedene Kulturen zurück. Die Adena-Kultur des Jahrtausends v. Chr. schuf einige Erdwälle in Tierform. Ein Beispiel bildet der Great Serpent Mound in Adams County in Ohio. Die darauf folgende Hopewell-Kultur zog geometrische Formen vor. Die Mississippi-Kultur um 1000 n. Chr. baute große, oft pyramidenförmige Erdwälle mit Plattformen, auf denen irgendwelche Gebäude standen. Diese waren noch in Benützung, als das Mississippi-Tal im 16. Jahrhundert erstmals von Europäern erforscht wurde. Wir haben Grund zur Annahme, daß diese Bauwerke nicht nur Ausrichtungen nach den Sonnenwenden, sondern auch nach den Extremlagen des auf- und untergehenden Mondes anzeigen.

Die Sterne waren vielleicht ebenfalls in rituelle Betrachtungen einbezogen. Das sog. Big Horn Medicine Wheel in Wyoming und das Moose Mountain Medicine Wheel in Saskatchewan, Kanada haben ähnliche Anordnungen von Hügelgräbern um sich herum. Sie scheinen nach dem Sonnenaufgang zur Sommersonnenwende und auf drei helle Sterne hin ausgerichtet, die im Sommer in der Morgendämmerung sichtbar sind. Die Unsicherheiten sind hier viel größer als in den recht ähnlichen vorgeschichtlichen Bauwerken Europas und den großen Monumenten von Mittelamerika, weil die nordamerikanischen Strukturen allgemein roher und weniger stabil sind. Da ist auch noch das Problem, daß die Berichte über Gespräche mit Indianern – die einige dieser Stätten immer noch als Zentren ritueller Aktivitäten nutzen – kaum Anhaltspunkte dafür enthalten, daß deren astronomische Assoziationen zur fraglichen Zeit bekannt waren.

Wie die Wahrheit auch immer aussehen mag, gegenwärtig können wir nur in einem Akt intellektueller Barmherzigkeit sagen, daß die vorkolumbianischen Bewohner Nordamerikas eine Astronomie mit mehr als einem Funken Theorie entwickelt hätten. In Mittelamerika treffen wir dagegen Völker an, die sicher unabhängig von ihren Zeitgenossen auf der anderen Seite der Welt entdeckten, daß – nach den Worten von Galilei – „das Buch der Natur in der Sprache der Mathematik geschrieben ist". Ihr Gebrauch der Mathematik macht ihre Astronomie doppelt interessant.

7 Indische und Persische Astronomie

Wedische Astronomie

Die Völker des Indischen Subkontinents verbanden wie alle frühen Völker ihre Erzählungen von göttlichen und übernatürlichen Mächten mit dem, was sie am Himmel sahen. Die wedische Religion, die Quelle der modernen Hindu-Religion, ist von großem historischen Interesse, weil sie zu den ältesten Religionen gehört, die in literarischer Form – in diesem Fall in Sanskrit – aufgezeichnet sind. Sie zeigt uns die Wechselwirkung zwischen dem Kosmischen und dem Göttlichen.

Die älteste der wedischen Schriften, der Rigweda, gibt mehr als einen Bericht der Erschaffung der Welt. Die Hauptversion sagt, die Welt sei von den Göttern als ein Gebäude aus Holz gebaut worden, wo der Himmel und die Erde irgendwie von Pfählen gestützt werden. Später wurde vorgeschlagen, die Welt sei aus dem Körper eines Urriesen erschaffen worden. Diese letzte Idee gab Anstoß zu einem Prinzip, das in der späteren wedischen Literatur zu finden ist und nach dem die Welt von einer Weltseele bewohnt wird. Verschiedene andere Kosmogonien folgten, in denen manchmal der Erschaffung des Ozeans der Vortritt eingeräumt wird und Platz für die Erschaffung von Sonne und Mond geschaffen wird. Nachdem Himmel und Erde allgemein als die Eltern der Götter betrachtet werden, haftet jedoch allem eine gewisse Zirkularität an; das Wasser wurde manchmal in die Elternschaft mit einbezogen.

Es existieren zahlreiche Mythen von astralen Göttern, zum Beispiel der Sonne, dem Ehemann der Morgenröte, die in einem Streitwagen von sieben Pferden gezogen wird; und es gibt einfache Regeln für die Opferzeiten. Aber die wedische Literatur gibt keinen klaren Hinweis darauf, daß in Indien vor dem fünften Jahrhundert v. Chr. mathematische Techniken zur Beschreibung der Bewegung von Himmelskörpern diskutiert wurden. Es gibt jedoch viel frühere Beweise für Kontakte mit Mesopotamien in der neoassyrischen Epoche, beispielsweise bei den Omina. Einige Aussagen in den wedischen Texten können auf solche in mul-Apin zurückgeführt werden. Die Einflüsse aus dieser Richtung erwiesen sich am Ende als für den Charakter der indischen Astronomie entscheidend.

Die wedischen Texte machen viel Gebrauch von Zeitspannen verschiedener Länge, den sog. *Yugas* von zwei, drei, vier, fünf oder sechs Jahren, Perioden von zwölf Monaten zu je dreißig Tagen sowie Perioden von Halbmonaten mit vierzehn oder fünfzehn Tagen. Klare Indizien für irgendwelche ausgefeilte Kalenderschemata sind keine zu finden, aber das *naksatras*-Schema ist ein hochentwickelter Aspekt der Mondbeobachtung während der letzten Jahrhunderte vorchristlicher Zeit. Hier markieren 27 Sterne (manchmal 28, möglicherweise auch Sterngruppen), von denen jeder mit einer anderen Gottheit verknüpft ist, die in einem Monat durchlaufene Bahn des Mondes am Himmel. Das System hatte eine lange und verwickelte Geschichte und reichte im Mittelalter bis nach Europa, wo es in die Astrologie und Geomantie Eingang fand. Wir erwähnten früher eine ähnliche Lehre aus China.

Einflüsse von Mesopotamien und Griechenland

Die mesopotamische Astronomie erreichte Indien im späten fünften Jahrhundert, als die Achämeniden Nordwestindien eroberten. (Sie waren die Dynastie, die zwischen 558 und 330 in Persien die Macht innehatte. Wir sind schon mehrfach auf sie zu sprechen gekommen.) Anzeichen für den Kontakt findet man darin, daß der Schriftsteller Lagadha mesopotamische, griechische, ägyptische und iranische Kalendertechniken benutzt, das heißt solche „Periodenrelationen" wie die Gleichsetzung von fünf Jahren und 1 860 Tithis (eine bereits besprochene mesopotamische Einheit) oder von 25 Jahren und 310 synodischen Monaten. (Die Ägypter hatten einen fünfundzwanzigjährigen Zyklus von 309 Monaten.) Lagadha übernahm auch die babylonische Lehre der Tageslänge, indem er nicht nur ihre arithmetische Technik der „Zackenfunktion" verwendete, sondern auch die Wasseruhr, mit der die Zeit in der Nacht gemessen werden konnte.

Ein weiteres mesopotamisches Instrument, das die Inder übernahmen, war der Gnomon, der vertikale Pfeiler, der mit seinem Schatten die Zeit anzeigen konnte. Sie unterteilten den Gnomon gewöhnlich in zwölf Einheiten. Diese Konvention blieb seltsamerweise erhalten, überlebte sogar in der westlichen Astronomie durch den Gebrauch von Tafeln, die im Osten ihren Ursprung hatten. Die Tafeln, die Zeit und Schattenlänge korrelieren, hängen natürlich von der geographischen Breite ab, was weder in Indien noch anderswo immer berücksichtigt wurde.

In den folgenden Jahrhunderten gab es sicherlich einen schwachen Strom der Astronomie nach Indien, das nächste signifikante Stadium kam aber erst mit der Seleukidenzeit, als die inzwischen von den Griechen modifizierten babylonischen Methoden ihren Weg nach Osten fanden. In den Jahren 149 und 150 n. Chr. wurde eine lange, griechische astrologische Abhandlung in Sanskrit-Prosa übersetzt, und ein Teil davon wurde der mathematischen Astronomie übergeben. 269 und 270 wurde sie von Sphujidhvaja in Verse gebracht und unter dem Titel *Yavanajātaka* herausgegeben. Die Länge des (tropischen) Sonnenjahres darin stellt sich als die von Hipparchos und Ptolemäus akzeptierte heraus.

Sphujidhvaja, dessen Motive eindeutig astrologisch waren, verwendet „lineare Zick-Zack"-Techniken für Sonnen- und Mondpositionen und eine babylonische „System A"-Methode für die Aufgangszeiten der Tierkreiszeichen, die auch von griechischen Texten bekannt ist. Der zwölfteilige Gnomon wird nun in die Regeln eingeführt. Dabei und für die Verfahren zum Auffinden der Planetenpositionen gibt Sphujidhvaja offensichtlich griechische Versionen der babylonischen Methoden an.

Auch in weiteren ähnlich gelagerten Fällen kann aus der Art der vorgeschlagenen Vorgehensweise auf einen griechischen vermittelnden Text geschlossen werden. Periodenzeiten für die Bewegungen der Planeten sind wiederholt zu finden und identisch mit anderen in viel früheren Keilschrifttexten. Daß die begleitenden Prozeduren oft verstümmelt sind, beweist schlüssig, daß die Parameter nicht unabhängig gefunden wurden.

Im „römischen" *Siddhānta* (*Romakasiddhānta*) des dritten bis vierten Jahrhunderts ist die Lehre von der Präzession deutlich zu sehen, und wieder ist dieselbe Länge für das tropische Jahr wie bei Hipparchos angegeben. Dieses Werk enthält auch Material zur Berechnung von Sonnenfinsternissen aufgrund griechischer geometrischer Modelle. Allerdings deuten viele Anzeichen auf geringfügige Adaptionen dieser Modelle und ihrer Parameter. Dasselbe trifft auf den *Paulisasiddhānta*, einen anderen mehr oder weniger zeitgenössischen Text griechischen Ursprungs, zu, aber der benützt eine Länge des Sonnenjahres, die nach einem späteren arabischen Autor (al-Battāni) auf „die Ägypter und Babylonier" zurückgeht. Der Text ist durch eine Zusammenfassung bekannt, die in ein Werk mit dem Titel *Pañcassiddhāntikā* [Pañchassiddhāntikā] aufgenommen ist, dessen berühmter Autor aus dem sechsten Jahrhundert, der Astrologe Varāhamihira, darin zusätzlichen Stoff aufgenommen hat.

Diese Werke sind von unschätzbarem Wert, weil sie uns Einsicht in die griechische Astronomie der Zeit vor Ptolemäus geben, eine Zeit, aus der wenige Texte erhalten sind. Die indischen Autoren unternehmen bei Problemen in sphärischer Trigonometrie kühne Versuche, indem sie griechische Methoden, darunter die auf der Projektion auf eine ebene Fläche (vergleiche das Astrolabium) beruhenden, verwenden. Sie führen anstelle der griechischen Sehnenfunktion die Sinusfunktion ein, und wir können ihre Gnomon-Schatten-Tafeln gewissermaßen als Tafeln der Tangensfunktion auffassen. Sie zeigen ein starkes Interesse an Problemen, die mit der Voraussage von Sonnen- und Mondfinsternissen zu tun haben. In einigen Fällen trifft man auf Spuren des babylonischen Omenschrifttums. Ihr Schaffen weist oft Mängel auf, die zu erwarten sind, wenn man die Überwindung so vieler kultureller Barrieren bedenkt; und doch ist klar, daß die indische Astronomie trotz aller Unzulänglichkeiten damals weit davon entfernt war, eine rein passive Wissenschaft zu sein.

Sie wurde über die Jahrhunderte aktiv und beharrlich verfolgt. 1825 veröffentlichte Oberstleutnant John Warren eine lange und bemerkenswerte Studie über Kalender und Astronomie in Südindien. Er berichtet von einem Kalendermacher in Pondicherry, der ihm zeigte, wie man mit Muscheln auf dem Boden als Zählsteinen und aus Tafeln, die man mittels künstlicher Wörter und Silben im Gedächtnis hatte, eine Eklipse berechnet. Sein tamilischer Informant, *der nichts von den hinduistischen astronomischen Theorien wußte*, konnte auf diese Weise eine Mondfinsternis für 1825 mit einer Genauigkeit von +4 Minuten für ihr Eintreten, −23 Minuten für ihre Mitte und −52 Minuten für ihr Ende berechnen. Die Tradition, in der dieser Mann stand, ging bis zum *Pañcassiddhāntikā* und darüber hinaus bis in die babylonische Astronomie der Seleukidenzeit zurück – das sind insgesamt mehr als zwei Jahrtausende.

Man vergißt leicht, wieviel man in der Vergangenheit rein mechanisch auswendig lernte: Eine in Verse gebrachte Sinustafel der Planetengleichungen (von Haridatta) ist nur ein Extrembeispiel einer gewöhnlichen Erscheinung, ein menschliches Äquivalent elektronischer Speicherverfahren. In Europa wurde die viel einfachere Aufgabe, den Kirchenkalender zu lernen, in ähnlicher Weise erledigt.

Eine weitere erwähnenswerte Kleinigkeit ist die gelegentliche indische Verwendung von 57;18 Teilen als Radiuslänge des Standardkreises – diese Wahl führt zu einem Umfang von 360 Teilen. Der Zusammenhang mit unserer Winkelmessung in Radianten sollte offenbar sein. (Heute nehmen wir den Radius zu eins an, womit wir den Radiant, den Winkel eines Kreisbogens der Länge eins zu 57;18° machen.) Während Ptolemäus einen Standardradius von 60 Teilen benutzte, zogen die indischen Astronomen oft 150 Teile vor.

Die Purānas und der Brāhmapakṣa

Obwohl sie von Texten, die bis in wedische Zeiten zurückreichen, und von iranischen Quellen beeinflußt waren, sind die *Purānas* Schriften mit kosmologischen Abschnitten, die aus den ersten Jahrhunderten christlicher Zeit stammen. Die Erde wird jetzt als eine flache Kreisscheibe mit dem Berg Meru im Zentrum beschrieben. Dieser Berg ist von abwechselnden Ringen von Meer und Land umgeben, so daß es sieben Kontinente und sieben Meere gibt. Die Himmelskörper werden von Rädern getragen, die von Brahma mit Seilen aus Wind um den Polarstern gedreht werden. Diese Kosmologie wurde vom Dschainismus, einer Mönchsreligion, die wie der Buddhismus die Autorität des Weda leugnet, übernommen, aber ab dem fünften und sechsten Jahrhundert wurde sie von einer neuen Form griechischer Kosmologie mit vorptolemäischen Wurzeln unterminiert. Kurzum, der Aristotelianismus erreichte Indien.

Die Quellen dieser Einflüsse aus Griechenland lassen sich nicht fassen, aber sie fielen mit den Eroberungen der Gupta-Dynastie im nördlichen und westlichen Indien zusammen. Ein weiterer Faktor dürfte die Verfolgung der nestorianischen Christen im fünften Jahrhundert durch Kaiser Zeno gewesen sein, denn sie führte zu einer Wanderung nach Osten, an der auch Gelehrte mit griechischen und syrischen Texten beteiligt waren. Viele ließen sich in Gondeshāpūr nieder. Auf alle Fälle gab es eine Übernahme einer einfachen Planetentheorie mit ihren Periodenrelationen. Die Inder übersetzten diese in ihr eigenes System der Zeitrechnung, jetzt mit Yugas beträchtlicher Größe. (Diese basieren auf der babylonischen Zahl von 4 320 000 Jahren, die nun Mahāyuga heißt, und gewissen Teilern und Vielfachen von ihr, wobei alle einen Namen haben. So ist ein Kalpa tausend Mahāyugas und ein Kaliyuga 432 000 Jahre.

Das paßte alles ganz gut zum griechischen Begriff des Großen Jahres, der Zeit, nach der die Planeten alle wieder zu einer Konjunktion zusammenfinden. Die indische Lehre erinnert nicht nur an die der Pythagoräer und der Stoa, sondern die Yugas sind selbst fast alle durch die dritte Potenz von sechzig (216 000) teilbar. Gewöhnlich werden das Doppelte, das Vier-, Sechs- und Achtfache dieser Zahl angetroffen, ferner diese mit Potenzen von zehn multipliziert. Das indische Zahlsystem war von Beginn an rein dezimal, so ist der babylonisch-griechische Einfluß selbst dort enthüllt. Das Yuga-System dürfte bereits im dritten Jahrhundert v. Chr. entwickelt worden sein.

Die Inder referierten die Planetenperioden in einer Form wie „5 775 330 siderische Monate sind ein Kaliyuga" und gaben dann das Datum an, an dem das laufende Kaliyuga begonnen hatte. (Das war ein bestimmter Tag in unserem Jahr 3102 v. Chr.) Dies genügt, um mittlere Positionen zu späteren Daten anzugeben.

Die indische Astronomie ging dem Problem der Planetenstörungen nicht aus dem Wege, aber die Inder machten sich die Sache schwer, indem sie die überkommene aristotelische Kosmologie mit ihrem Beharren auf einem rein konzentrischen Satz von Sphären sehr ernst nahmen. Diese verschnitten sie jedoch mit der griechischen Epizyklenastronomie in einer extrem interessanten Weise. Die grundlegende Astronomie war vorptolemäisch: Es gibt zum Beispiel kein Anzeichen von Ptolemäus' Ausgleichspunkt. Die Sonne und der Mond haben jeweils einen einzigen Epizykel auf ihren Deferentkreisen, die wie alle anderen Deferenten in der Erde ihr Zentrum haben. Was die Planeten betrifft, so hat jeder *zwei Epizyklen* mit einem *einzigen* Zentrum, das mit der mittleren Planetengeschwindigkeit umläuft. (Die Epizyklen werden die Manda- und Shīghra-[ighra-]Epizyklen genannt.) Jeder Epizyklus soll nun einen Punkt haben, der auf ihm umläuft. Dies soll im einen Fall mit einer Geschwindigkeit geschehen, die der im Epizykel des entsprechenden griechischen Modells ähnlich ist, im anderen so, daß der Radius, der den Punkt mit dem Mittelpunkt des Epizykels verbindet, in die Richtung des Frühlingspunkts zeigt. Diese beiden Punkte sind jedoch nur Hilfspunkte in dem Modell, und keiner ist mit dem bewegten Planeten als solchem identifizierbar. Wo soll dann der Planet liegen?

Natürlich kann man sagen, der Planet sollte einfach bei der Länge sein, die sich aus den im Text niedergelegten Verfahrensregeln ergibt, aber es gibt zwei ganz verschiedene Weisen, die Situation zu betrachten. Wir können einfach tun, was ein indischer Rechner tat: die in den Texten aufgeführten Regeln anwenden und eine Zahl für die Planetenlänge herausbekommen; oder wir können von dem griechischen Epizyklenmodell ausgehen und sehen, wie daraus die indischen Algorithmen entstehen, also wie das eine Modell in das andere umgewandelt wurde.

Der erste, „gedankenlose" Zugang ist nicht gänzlich uninteressant. Ein Komplex von Rechenregeln wird angewendet, um eine erste Näherung der Länge zu bekommen, und dieser wird wiederholt von neuem ausgewertet, bis die Wiederholung keine signifikante Änderung des Resultats mehr bringt. Diese „iterative" Prozedur war von großer Raffinesse; sie war ein sehr frühes Beispiel für eine solche und ein mächtiges dazu. Man findet sie bereits im *Paitāmahasiddhānta*, der im fünften Jahrhundert geschrieben wurde. (Dieses Werk enthält noch weiteres ausgeklügeltes mathematisches Material griechischer Art im Bereich der Trigonometrie und der Projektion auf die Ebene.) Bei diesem Verfahren wurde die erste Näherung erhalten, indem man die beiden unabhängigen Korrekturen (siehe den folgenden Abschnitt) halbierte. Deshalb verwendeten die arabischen Nachfolger der Inder die Bezeichnung „Methode der Halbierung der Gleichung".

Vom griechischen Modell auszugehen und diese komplizierten Prozeduren zu rechtferigen würde eine zu große Abschweifung bedeuten, doch eine flüchtige Darstellung der Situation kann gegeben werden. Nehmen wir zuerst das griechische Schema mit einem einfachen exzentrischen Epizykel (Bild 7.1, oben), so kann dies in ein Schema mit zwei nicht konzentrischen Epizyklen transformiert werden, wobei der zweite der Träger des Hauptepizykels ist (in der Figur unten links). (Die Transformation macht von der von Apollonios erkannten Äquivalenz Gebrauch, die wir in Kapitel 4 berührt haben.) Jeder Epizykel hat einen Radius, dem am Zentrum ein bestimmter (nicht eingezeichneter) Winkel gegenüberliegt, der als Korrektur („Anomalie" oder „Gleichung") dient und zu der mittleren Länge des Planeten hinzugezählt oder von ihr abgezogen werden muß. Die beiden fraglichen Epizyklen sind nun nicht konzentrisch, aber soweit es um die Berechnung dieser Korrekturwinkel geht, können sie konzentrisch gemacht werden (in der Figur unten rechts), solange weitere Regeln zur Korrektur der Korrekturen eingeführt werden. Natürlich ist es nicht möglich, auf knappem Raum zu erklären, wie dies getan wurde.

Das ist etwas ganz anderes als ein physikalisches Modell der Planetenkreise. Wenn auch die Inder die Erde aus rein physikalischen („philosophischen") Gründen in den Mittelpunkt der Planetendeferenten gestellt und vielleicht aus demselben Grund die Epizyklen konzentrisch gemacht haben, waren sie doch in der letzten Analyse einem bizarren

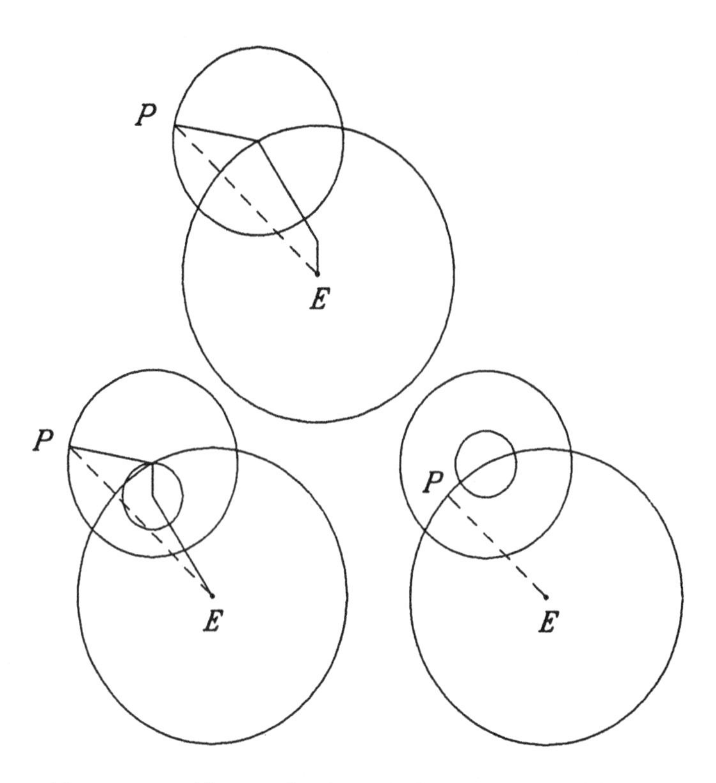

Bild 7.1 Entwicklungsstufen der indischen Planetenmodelle (Die Geraden haben gleiche Länge)

Weg gefolgt. Ein griechisches Modell wurde akzeptiert, dann geometrisch transformiert und nochmals verzerrt, bevor seine „Korrektheit" durch rein *rechnerische* Mittel wiederhergestellt wurde.

Der *Paitāmahasiddhānta* ist ein Text, der auf dem Brāhmapakṣa beruht, die Offenbarungen stammen vermutlich von Brahma. Es gab viele weitere Texte in derselben Tradition, aber besonders ein einflußreiches Werk lehnte sich eng an. Es war im Jahr 628 n. Chr. von Brahmagupta (im südlichen Rājasthān, immer noch in Sanskrit) geschrieben worden und war von beträchtlicher geschichtlicher Bedeutung. Ursprünglich unter dem Namen *Brāhmasphuṭasiddhānta* bekannt, wurde es bei den Arabern im Jahr 771 n. Chr. (oder 773) durch ein Mitglied einer indischen Botschaft in Bagdad eingeführt. Die Araber gaben ihm – bzw. einem Buch, das auf ihm beruhte und gegen Ende desselben Jahrhunderts erschien – den Namen *Zīj al-Sind-hind*, und unter diesem Namen hatte es in der islamischen, byzantinischen und westlich-christlichen Welt eine neue und einflußreiche Karriere.

Brahmagupta nahm verschiedene Abkürzungen bei der Berechnung der Planetenpositionen auf. Ferner neue und verwickelte Regeln für die Planetenlängen und Eklipsen. Sein Werk machte unter anderem von einer Größenschwankung bei einigen der Epizyklen Gebrauch. (Er war damit aber nicht der erste.) Wenn sich der Beobachter wie in Ptolemäus' Modellen nicht im Zentrum des Deferenten befindet, scheint der Epizykel bei seinem Lauf auf dem Deferenten in der Größe zu schwanken. Diese Möglichkeit, eine Korrektur an der Planetenlänge anzubringen, geht verloren, wenn der Beobachter im Zentrum des Deferenten plaziert ist, aber ob Brahmagupta beabsichtigte, damit den Wegfall eines Parameters in den indischen Modellen auszugleichen, ist ein Streitpunkt.

Die indischen Astronomen verharrten bis übers 17. Jahrhundert hinaus in dieser Tradition. Im elften Jahrhundert wurden ausgedehnte Änderungen an den Planetenparametern vorgenommen. Es floß auch Material aus der islamischen (und letztlich ptolemäischen) Astronomie nach Indien zurück, aber die verwendeten Techniken blieben im wesentlichen dieselben.

Āryabhaṭa

Āryabhaṭa I. [Arjabhata] – der 476 n. Chr. vermutlich in Bihar in der Nähe des heutigen Patna geboren wurde – sagt, die Astronomie beruhe auf einer Offenbarung von Brahma. Āryabhaṭa verwendete auch den *Paitāmahasiddhānta* als seine Hauptquelle. Er schrieb verschiedene astronomische Bücher, eines von ihnen hatte vom Anfang des neunten Jahrhunderts an viele Nachahmer in der arabischsprechenden Welt. (Die Araber nannten es den *Zīj al-Arjabhar*.) In seiner Heimat im südlichen Indien sind seine Methoden angeblich immer noch im Gebrauch – anderthalb Jahrtausende, nachdem sie zusammengestellt wurden. Āryabhaṭa verfuhr mit seinem Erbe auf eine später bei Brahmagupta unpopuläre Weise. Indem er kleinere Yugas nahm, ließ er die Planeten häufiger in ihren ursprünglichen Zustand der Konjunktion zurückkehren – nach nur 1 080 000 Jahren. Er führte wie Brahmagupta später pulsierende Planetenepizyklen ein. Daß er die griechischen Modelle kannte, ist dadurch ganz offenbar, daß er in allgemeinen Worten die Beziehung zwischen dem exzentrischen Epizykel und dem doppelten Epizykel diskutiert. Er setzte für die Planetenbewegungen und die Parameter der Modelle Werte fest, die zumindest oberflächlich neu waren.

Der ältere Bhāskara (um 629), ein berühmter Mathematiker, war einer der vielen Exponenten von Āryabhaṭas Astronomie, und seine Schriften waren wiederum Gegenstand vieler Kommentare. Er schrieb viel über Fragen der Mond- und Planetensichtbarkeit und führte eine mögliche Erfassung der Planetenbewegung in der Breite ein, indem er annahm, daß beide Epizyklen verkippt seien. Ein direkter Nachfolger in dieser Tradition war Lāṭadeva (um 500), der bei der Überarbeitung des *Sūryasiddhānta* half und dazu Beiträge leistete. Die überarbeitende Tätigkeit an diesem einflußreichen Werk hielt über tausend Jahre an. Um ihr gerecht zu werden, müßte man nicht nur die zahlreichen Beiträge selbst, sondern auch die lokalen Rivalitäten – zwischen Orten und selbst Familien – betrachten, für die sie Zeugnis ablegen. Astronomen haben häufig behauptet, sie hätten das Werk ihrer Vorgänger aufgrund von Beobachtungen korrigiert, haben aber oft nicht mehr getan, als es in eine andere arithmetische Darstellung zu bringen. Zum Beispiel teilten die Astronomen Keshava (1496) und Gaṇesha (1520) wegen einiger unterstellter Vorteile die Zeit in elf Perioden von 4 016 Tagen. Das System breitete sich von Gujarāt über das nördliche Indien aus, ohne jedoch offenkundige astronomische Vorteile zu bieten.

Der Charakter der indischen Astronomie

Die indische Rechenaktivität hat zwischen dem dritten und neunten Jahrhundert wenige Parallelen in der Welt und war selbst danach außergewöhnlich in ihrem Ausmaß. Sie ist nicht durch theoretische Originalität im Großen ausgezeichnet, sondern durch eine Freude in der Modifizierung der Rechentechnik und der Bereitstellung überarbeiteter Daten. Eine Arbeit dieser Art aus dem 18. Jahrhundert ist auf den ersten Blick leicht für eine des vorhergehenden Jahrtausends zu halten. Man fühlt sich hier an die chinesische Situation erinnert. Natürlich fand mit der Zeit, insbesondere nach dem zehnten Jahrhundert, neues Material von den arabischen und persischen Astronomen im Westen seinen Weg nach Indien zurück. Ptolemäus' *Almagest* wurde zum Beispiel 1732 ins Sanskrit übersetzt. In Dschaipur gab es so etwas wie eine Renaissance der Astronomie. Einige monumentale Instrumente wurden gebaut, aber sie waren von einer Art, die in Europa längst veraltet war. Viel antiquiertes Material folgte im 19. Jahrhundert immer noch diesen Wegen und bestand neben der viel fortgeschritteneren europäischen Astronomie. Dies überrascht nur, wenn wir die riesige Größe von Indien und seine große gesellschaftliche Komplexität vergessen.

Der Grund für die vor allem in den früheren Jahrhunderten relativ statische Situation war zweifellos, daß die Motive der indischen Astronomen weitgehend religiös und astrologisch waren. Sie waren zum Beispiel auf die Erstellung von Kalendern zur Festlegung religiöser Daten gerichtet, und es gab keinen starken Anreiz, die Astronomie mit anderen Wissenssystemen zu verbinden. Eine Verbindung zur Physik wurde beispielsweise kaum versucht, selbst lange nach europäischen Kontakten mit Indien. Ich besitze eine Ausgabe von Newtons *Principia*, die Reuben Burrow gehörte, einem britischen Mathematiklehrer und Landvermesser im Indien des späten 18. Jahrhunderts. Er schrieb auch über die indische Astronomiegeschichte – freilich war er mehr für seine Liebe zur Flasche als für seine Gelehrsamkeit berühmt. (Auf der Titelseite des Buches hatte er unflätige Dinge über Königin Anne zu sagen.) Er war dennoch einer aus einer Reihe neuer Astronomen, die für einen gegenseitigen Austausch astronomischer Ideen verantwortlich waren. Bekannter ist Lancelot Wilkinson, der dafür sorgte, daß viele europäische Arbeiten ins Sanskrit übersetzt wurden. Es gab noch viele andere. Diese Tätigkeit trug schließlich Früchte, und viel ausgezeichnete Arbeit einer neuen und originellen Art wurde getan – zum Beispiel in der Astrophysik an den Observatorien von Kodaikanal und Madras. Dort entdeckte John Evershed 1909 in Sonnenflecken radiale Materialbewegungen parallel zur Sonnenoberfläche. Seit damals hat Indien in Subrahmanyan Chandrasekhar eine der führenden Autoritäten der Welt in der Physik der Sterne hervorgebracht.

Es gäbe noch viele andere Beispiele, aber sie würden nur den Eindruck verstärken, daß sie und die traditionelle Arbeit zu wesentlich verschiedenen Disziplinen gehören, obwohl beide unter demselben Namen „Astronomie" firmierten und die Unterschiede weniger im Inhalt als in der Absicht liegen.

Persische Einflüsse auf die islamische Astronomie

Die indische Astronomie hat eine solche Einheitlichkeit, daß man sie nur schwer ignorieren kann. Im Hinblick auf den bemerkenswerten islamischen Beitrag, der noch kommen sollte, ist man versucht, die astronomischen Traditionen der anderen Völker zu vergessen, über die die Araber die politische Herrschaft gewannen. Anfangs war die arabische Astronomie relativ primitiv, und die meisten der zivilisierten Völker, die zwischen dem siebten und neunten Jahrhundert erobert wurden – Inder, Perser, Syrer Kopten und Griechen –, hatten höhere Stadien der Verfeinerung erreicht, sei es nun in der mathematischen Planetentheorie, in der Auswertung des Einflusses der Sterne auf menschliche Ereignisse oder in Kalendersystemen mit astronomischem Inhalt.

Die erste Phase in der Geistesgeschichte des Islam war die der Anhäufung von höherem Wissen. Keine kurze Abhandlung kann den vielen astronomischen Beiträgen zu diesem Prozess gerecht werden. Persien (Iran) hatte damals vielleicht weniger als Indien zu bieten, aber es war ein Mittler, und die persische Kultur war alt und reich. Kalender gehören zum Beispiel zu den langweiligsten Texten, aber gelegentlich helfen sie, astronomisches Wissen aufzudecken, das man nicht vermutet hätte.

Dies war der Fall bei zwei persischen Kalendern, die im Jahr 503 v. Chr., dem Jahr 19 der Herrschaft von Darius I., begonnen wurde. Es stellt sich heraus, daß der eine auf dem tropischen, der andere auf dem siderischen Jahr basierte. Ein älterer persischer Kalender war ein Lunisolarkalender und folgte nicht babylonischen Schaltungsregeln. Von den neuen Kalendern jedoch verwendete der religiöse eine Jahreslänge, die der des babylonischen siderischen Jahres (System B) so nahekommt, daß eine Entlehnung sicher erscheint. Die Existenz der beiden verschiedenen Jahre in den neuen Kalendern zeigt, daß der Grund für die Entdeckung der Präzession durch Hipparchos lange vorher gelegt war – und das ist keine historische Trivialität.

Mehrere vorislamische Schriften in der persischen (Pehlewi)-Sprache hatten später Einfluß auf die islamische Astronomie. Bücher der Astrologen Teukros von Babylon (wahrscheinlich aus dem ersten Jahrhundert v. Chr.) und Vettius Valens (zweites Jahrhundert n. Chr.) waren in diese Sprache übersetzt worden. Diese persischen Bücher waren bedeutend, da sie die Astrologie zu den Arabern brachten. In einem der klassischen arabischen Texte von Abū Mas'har, stellt der Verfasser die Astrologie als „die Lehre der Perser" dar. Es gab weitere Übersetzungen „indischer Bücher" und des „römischen *megistē*". Diese standen alle mindestens seit 250 n. Chr. zur Verfügung. Um 550 n. Chr. wurde mit dem *Zīk-i Shatro-ayār* das einflußreichste aller persischen Werke überarbeitet. Nach seiner Übersetzung ins Arabische (um 790) als *Zīj al-Shāh* hing das Werk stark von indischen Quellen ab. Wegen seiner Tafel der Sternpositionen war es in Spanien noch im elften Jahrhundert in Gebrauch. Das Buch ging verloren, aber aus anderen Quellen weiß man viel darüber – hier ist insbesondere al-Bīrūnī zu nennen, der Autor einer ausführlichen Untersuchung indischer Sitten und indischer Gelehrsamkeit. Sein Nullmeridian war nicht wie in indischen Tafeln durch Ujjain, sondern durch *Babylon* gelegt. Dies wurde wahrscheinlich so gewählt, weil Ktesiphon, die Hauptstadt der Sassaniden (Könige des Neupersischen Reichs zwischen 224 und 636), in der Nähe lag.

Als Bagdad 762 von al-Manṣūr gegründet wurde, wurde für das Ereignis ein Horoskop gestellt – der günstige Augenblick dafür war von zwei Astrologen gewählt worden. Der eine war der konvertierte Jude Māshā'allāh, der andere Naubakht, ein Perser, dessen Familie viel ins Arabische übersetzte. Während der folgenden Jahrzehnte, ja sogar Jahrhunderte, wurde die Übersetzung ins Arabische fieberhaft fortgesetzt, ohne allzusehr auf die Qualität der Originale zu achten. Und so schoß besonders die Astrologie, bei der Inkonsistenzen weniger offenbar sind als in der mathematischen Astronomie, ins Kraut. Seite an Seite mit den schriftlichen Autoritäten fanden die mündlichen Überlieferungen der besiegten Völker ihren Weg ins astrologische Schrifttum. Oberflächlich gesehen hatte das Christentum die Astrologie eine Zeitlang wirksam unterdrückt. Dies wäre zum Beispiel leicht auch für Syrien zu unterstellen, würde man die zügellose heidnische Astrologie in Ḥarrān nicht zählen. Für die Juden in jener Gegend gilt dasselbe. Obgleich die Astrologie von den Orthodoxen mißbilligt wurde, wurde sie in den frühen Jahren des Islam nicht nur von vielen praktiziert, sie bescherte dem Islam auch einige der hauptsächlichen astrologischen Autoren: Māshā'allāh [Maschallah], Sahl ibn Bishr, Sanad ibn 'Alī und Rabban al-Ṭabarī. Die Araber hatten eine politische Eroberung begonnen, aber die geistige Herrschaft übten weitgehend *andere auf sie* aus.

8 Der östliche Islam

Der Aufstieg des Islam

Der islamische Glauben entspringt den Lehren Mohammeds, der in seiner Geburtsstadt Mekka verfolgt wurde. Sein Glück änderte sich aber dramatisch, nachdem er 622 mit zweihundert Anhängern nach Medina geflohen war. Durch Missionieren und Feldzüge verbreitete sich der neue Glauben schnell auf der ganzen arabischen Halbinsel. Nach seinem Tod im Jahr 632 waren binnen zehn Jahren Armenien, Mesopotamien, ein großer Teil Persiens im Osten und Ägypten im Westen in den Händen seiner Anhänger. Innerhalb eines Jahrhunderts war die Eroberung der nordafrikanischen Küste abgeschlossen, ein großer Teil Spaniens war besetzt, und Angriffe wurden gegen die Mittelmeerküste vorgebracht. Ein muslimisches Vorrücken im heutigen Frankreich wurde durch den Sieg von Karl Martell in der Nähe von Poitiers (732) gestoppt. Im Osten waren zu dieser Zeit ganz Persien sowie große Teile von Kaschmir und vom Pundschab besetzt, und die Eroberungen über diese Grenzen hinaus gingen weiter. Der Islam breitete sich nach Indien aus, wo das Mogulreich errichtet wurde. Seit den Tagen Roms hatte es nichts Vergleichbares gegeben.

Zunächst dürfte der Islam unaufhaltbar erschienen sein, aber im Osten und Westen ging allmählich Boden verloren. Dreißig Jahre nach Mohammeds Tod hatte es im Islam eine Spaltung gegeben: zwischen den Sunniten und den Schiiten, den Anhängern des Dritten bzw. Vierten in seiner Nachfolge (Kalifen). Das syrische Kalifat, die *Omaijaden*, herrschte über ein Reich vom Atlantik bis China. Nach dem Sturz durch die Abbasiden im Jahr 750 wurde der Regierungssitz nach Bagdad verlegt. Allmählich waren die Araber gezwungen, sich die Macht mit Dynastien anderer Länder zu teilen, zum Beispiel (den *Seldschuken*) in Persien und der Türkei. Die ersten westlichen Orte, die von Bagdad unabhängig wurden, lagen in Spanien, wo ein aus dem Osten geflohener Omaijadenprinz 756 ein Emirat errichtete. Das Omaijadenkalifat von Córdoba dauerte bis 1031. Die Muslime wurden schließlich 1492 aus Spanien vertrieben, aber ihr Beitrag zur europäischen astronomischen Gelehrsamkeit war, wie wir sehen werden, vor allem in früheren Jahrhunderten sehr groß.

Zwischen dem zehnten und 13. Jahrhundert nahm eine Folge von Invasionen heidnischer Mongolen einen großen Teil des eroberten Territoriums für ein neues Reich weg, das seine Hauptstadt zuerst in der Mongolei, dann in Peking hatte. Diese kamen mit ihren Eroberungszügen bis nach Anatolien, wurden am Ende zum Islam bekehrt und gründeten verschiedene mongolisch-türkische Staaten. Die Kreuzzüge der christlichen Kirche betrafen direkt eine Region, die zwar an Fläche, aber nicht in geistiger Bedeutung gering war. Die lateinischen Königreiche von Jerusalem bedeuteten für das islamische Streben nach Einfluß auf die gesamte Region nicht mehr als ein kleineres Hemmnis. Mit dem Fall von Konstantinopel im Jahre 1453 und dem Ende des alten Byzantinischen Reiches hatte es seinen Abschluß gefunden.

Der Islam war von Anfang an eine bemerkenswerte Bewegung des spirituellen Imperialismus. In seinen ersten fünf oder sechs Jahrhunderten wurden die Künste und Wissenschaften der Antike gepflegt und dann unter seinem Schutz außerordentlich weiterentwickelt. Die Völker, die den Islam freiwillig oder gezwungenermaßen annahmen, besaßen eine Vielfalt von Sprachen. Griechisch war natürlich die Sprache des größten Teils des ererbten Bildungsgutes, für das wir uns interessieren, aber viele griechische Texte waren zum Beispiel im fünften und sechsten Jahrhundert ins Syrische übersetzt worden. Die Araber hatten wie die meisten anderen Völker ihre eigene einheimische Sternenkunde, aber sie war bis dahin relativ primitiv gewesen. Mit den Eroberungen der ersten beiden Jahrhunderte des Islam wurden astronomische Techniken in den Dienst der Religion gestellt – zur genaueren Bestimmung der Gebetsstunden, der Richtung des Gebets (auf Mekka zu) und der Fastenperioden. In den neuen und höchst effizienten Verwaltungszentren wurden die neuen Wissenschaften koordiniert wie nie zuvor. Wir haben bereits Beispiele dafür kennengelernt, wie die Astronomie aus Alexandria und Indien, aus Syrien und Ḥarrān, aus Persien und von den Rändern von Byzanz eingeführt wurde. Natürlich war der Astronomiebetrieb nur ein Aspekt einer viel größeren geistigen Bewegung. Die Astronomie hatte insofern eine Sonderstellung, als man sie für die Medizin nützlich erachtete, und jeder Herrscher hatte seinen Arzt. In Bagdad wurde ein pompöses Hospital erbaut, es war der Prototyp von vielen anderen und einem in Jundīshāpūr. Der Markt der Astronomie wuchs rasch.

Es wurden nicht nur die technische Astronomie und die sie unterstützende Mathematik gepflegt, sondern auch die griechische Kosmologie als ein besonderer Aspekt der griechischen Philosophie. Eine syrische neuplatonische Philosophie wurde entwickelt, die viel von himmlischem Einfluß sprach und theologische Ideen von Ḥarrān übernahm. Die jüdische und christliche Gelehrsamkeit machte man sich ebenso begierig zu eigen. Die Übersetzungen antiker Texte waren zunächst oft aus zweiter und dritter Hand, da die Perser, Inder, Juden und Syrer schon früher viel von den Griechen übernommen hatten. Die abbasidischen Kalifen von Bagdad waren berühmte Gönner der Wissenschaft, namentlich Abū Ja'far al-Manṣūr [Almansor Abu Dschafar], Hārūn al-Rashīd [Harun Ar Raschid] und 'Abdallāh al-Ma'mūn. Die resultierende Gelehrsamkeit wird zwar oft als „islamisch" bezeichnet, aber das verschleiert ihre unterschiedlichen Ursprünge. Innerhalb von ein bis zwei Jahrhunderten entstanden freilich überall in der islamischen Welt Forschungszentren, die die Astronomie und viele andere Wissenschaften auf neuen und bemerkenswerten Wegen voranbrachten.

Unter der Herrschaft von al-Ma'mūn erreichte eine staatlich finanzierte Bibliothek in Bagdad, die für die Übersetzung wissenschaftlicher Arbeiten ins Arabische eingerichtet worden war, den Höhepunkt ihrer Bedeutung. Er soll griechische Texte von Byzanz und Zypern erworben haben. Die Übersetzer arbeiteten in Teams, verglichen verschiedene Manuskriptversionen und kontrollierten, wo möglich, anhand früherer syrischer Übersetzungen. Diese Arbeiten wurden etwa zwei Jahrhunderte fortgesetzt, danach wurden sie redundant und allmählich eingestellt.

Einige der Übersetzungen wurden bereits erwähnt – zum Beispiel die des *Almagest* des Ptolemäus, des *Sindhind* und *Zīj al-Shāh.* Thābit ibn Qurra [Kurra] war ein Mathematiker und Astronom von Rang – wir werden später noch auf ihn stoßen –, der sich auch als Übersetzer betätigte. Worauf es hier ankommt, ist nicht, daß eben einige wichtige Werke Gelehrten zur Verfügung gestellt wurden, die andernfalls keinen Zugang gehabt hätten; sondern auf die Schaffung eines riesigen sprachlichen Reiches, das mit denen des Griechischen, Lateinischen, des Sanskrit, des Chinesischen und später Englischen vergleichbar ist und sehr viele Leute verschiedener Weltanschauungen und Glaubensrichtungen geistig verbindet, so daß es für ihre wissenschaftliche Tätigkeit kaum nötig war, mehr als eine Sprache zu lernen. Die „Arabische Wissenschaft" war mit anderen Worten weit mehr als die Wissenschaft der Araber.

Der Zīj

Wir sind schon auf mehrere Werke mit dem Namen Zīj im Titel getroffen, ohne daß das Wort erklärt wurde; gleichwohl sind wir dem Prinzip im Zusammenhang mit Ptolemäus schon begegnet.

Der *Almagest* des Ptolemäus enthielt einen kompletten Satz von Tafeln, die dem praktizierenden Astronomen – dessen letztendliches Interesse aller Wahrscheinlichkeit nach astrologisch war – erlaubten, mehr oder weniger alle gewöhnlichen Berechnungen in seiner laufenden Arbeit durchzuführen. Die Tafeln waren mit Einschüben zu ihrem theoretischen Unterbau versehen und für die reguläre Rechenarbeit kaum geeignet. Mit den *Handlichen Tafeln* gab er deshalb eine neue, etwas veränderte Ausgabe heraus, deren Einleitung den Gebrauch erklärte. (Abgesehen von seiner Einleitung, die im ursprünglichen Griechisch und in einigen unsortierten lateinischen Fragmenten erhalten ist, die vor dem elften Jahrhundert aus einem griechischen Original zusammengestellt wurden, liegt uns dieses Werk heute nur in einer überarbeiteten Fassung von Theon von Alexandria vor, der etwa zwei Jahrhunderte nach Ptolemäus lebte.)

Im Orient ist das gebräuchliche Wort für eine einzelne solche Tafel *Zīj*; es wechselte aus dem Persischen ins Arabische und wurde ans Latein und daraus abgeleitete Lehnwörter mit Formen wie *azig* und *açig* überliefert. Schon früh wurde das Wort auf einen kompletten Satz von Tafeln angewendet, und dies wurde bald seine Standardbedeutung. Ein weiteres Wort mit dieser Bedeutung ist das lateinische *Kanon*, das aus dem Griechischen – oft über das vermittelnde *Qanuṇ* – kommt. Alle diese Worte haben wenigstens zwei Bedeutungen: erstens die eines *Fadens* in einem Gewebe – beachte die Analogie mit den parallelen Strichen, die die Spalten einer gedruckten Tafel markieren – und zweitens die eines *Musters*, einer Art Anleitung.[1] In den romanischen Sprachen war *canones* daher der Name, der einführenden Anleitungen zum Gebrauch der Tafeln gegeben wurde.

Einige der Tafeln in einem Zīj waren rein arithmetische oder trigonometrische Hilfen. Einige waren für die Kalenderrechnung erforderlich – wo es oft um die Umwandlung von Daten von einem Kalender auf einen anderen ging. Andere hatten mit der Tageszeit und den verwandten Problemen der Auf- und Untergänge von Sonne, Mond und Planeten zu tun. Es gab Tafeln, um die täglichen, ja stündlichen Positionsänderungen dieser Himmelskörper auszuwerten – im einzelnen enthielten sie mittlere Bewegungen, Planetengleichungen (Korrekturterme, die auf den damals akzeptierten geometrischen Modellen basierten), die stationären Punkte (Kehrpunkte) in den Bahnen der Planeten, die im Tierkreis vorwärts

[1] Anm. d. Übers.: Richtschnur oder Leitfaden verbinden beide Bedeutungen!

und rückwärts laufen, sowie Planetenbreiten. Weitere Tafeln wurden für die Mondparallaxe – eine Hilfsberechnung – und für die Berechnung der Umstände von Sonnen- und Mondfinsternissen beigefügt. Da in den meisten östlichen Kulturen das Datum der ersten Sichtbarkeit des zunehmenden Mondes von herausragender Bedeutung war, waren auch Tafeln für die Lösung dieses schwierigen Problems aufgenommen.

Für viele Arten der Zeitbestimmung, zum Beispiel mit Hilfe des Astrolabiums, waren Sternkoordinaten aufgelistet, und zwar gewöhnlich in der Form einer überarbeiteten Version des Katalogs von 1 022 Sternen, der im *Almagest* des Ptolemäus zu finden ist. Üblicherweise wurden Tafeln zur Berücksichtigung der Präzession aufgenommen, denen entweder die einfache Theorie von Hipparchos und Ptolemäus – die für jedes Jahrhundert ein Grad zu den Längen dazuzählte – oder die kompliziertere Theorie der „Trepidation"[2] zugrundelag.

Es waren oft Tafelsammlungen zum Aufstellen von Horoskopen enthalten, sowie weitere, um die Anwendung solch esoterischer astrologischer Lehren wie die von der „Projektion der Strahlen" oder von den „Aspekten" zu unterstützen. Weitere gab es, um die Länge und Qualität eines Menschenlebens aufgrund astrologischer Prinzipien abzuleiten. Viele Tafeln sind notwendigerweise für eine besondere geographische Breite und Länge ausgelegt. Es finden sich daher zahlreiche geographische Tafeln mit Listen von Städten mit deren Koordinaten. Diese wurden sowohl für astrologische als auch astronomische Zwecke gebraucht, wann immer die Berechnung einen anderern Ort betraf als den, für den die Tafeln zunächst aufgestellt worden waren.

Fast immer wurden den Tafeln Instruktionen zum Gebrauch beigegeben, wenn sie zum ersten Mal zusammengestellt wurden, sie sind freilich im Lauf der Jahrhunderte oft verlorengegangen. Sie sind selten sehr lang, aber sie waren sicher sehr wichtig, indem sie den Benutzern eine oberflächliche Kenntnis der Grundprinzipien der Astronomie vermittelten – etwas, das diese nicht immer leicht anderweitig erhalten konnten. Die Zījes wurden deshalb oft von den Tafelwerken abgetrennt und kursierten als selbständige Texte.

Von der Mitte des achten Jahrhunderts bis zum Ende des 15. wurden *weit über zweihundert* erkennbar verschiedene Zījes hergestellt, von denen vielleicht zwanzig neue Parameter enthielten, die auf der Basis von Originalbeobachtungen neu berechnet waren. Wenn nichts sonst, sollte diese Zahl eine Vorstellung von der hohen Bedeutung vermitteln, die die islamische Welt der Astronomie zuerkannte. Die grundlegende *Theorie* war in den meisten Fällen die des *Almagest*, obwohl in einigen einflußreichen Fällen hinduistische oder iranische Theorien verwendet wurden. Ein berühmtes erhaltenes Beispiel für diesen östlichen Einfluß ist der Zīj von al-Khwārizmī (um 840), über den wir noch viel mehr zu sagen haben. Bagdad bildete lange das hauptsächliche neue Zentrum der Aktivitäten, im wissenschaftlichen Bereich war es der erste wirkliche Nachfolger von Alexandria. Von der Mitte des zehnten Jahrhunderts an übernahm der Iran die Führung in der Zīj-Produktion im Osten. Die Juden spielten später, vornehmlich im muslimischen Spanien, eine bedeutende Rolle. Wo auch immer die Astronomie betrieben wurde, wurden Zījes zusammengestellt – Werkzeuge, die der durchschnittliche Astronom weit mehr schätzte als die zugrundeliegende Theorie.

---

[2] Anm. d. Übers.: Nach der Trepidationslehre ist die Präzession zu manchen Zeiten schneller und zu manchen anderen Zeiten langsamer als im Durchschnitt. Die Existenz dieser Schwankungen war allerdings durch ungenaue Beobachtungen nur vorgetäuscht.

Abū Ma'shar

Abū Ma'shar [Abu Maschar, Abumasar, Albumasar] (787–886) wurde in oder in der Nähe von Balch in Chorasan [Afghanistan] geboren. Obwohl er schließlich in den Dienst der Abbasiden in Bagdad trat, die sein Volk erobert hatten, neigte er geistig dem Iran und der Schiitensekte zu. Nachdem er in seinem siebenundvierzigsten Lebensjahr von dem berühmten neoplatonistischen Philosophen al-Kindī davon überzeugt worden war, daß er Mathematik studieren müsse, um die Philosophie zu verstehen, wandte er sich der Astrologie zu. Darin erwarb er einen Ruf, der in einigen Kreisen bis auf den heutigen Tag währt. In gewisser Hinsicht ist es bedauerlich, daß dieser Mann im Kreuzungspunkt so vieler unterschiedlicher Traditionen stand und die Mittel hatte, sie zu begreifen – die griechische, die indische, die iranische, die syrische und ihre Verbindungsformen. Denn als Folge der Breite seines Wissens machte er eine Synthese ohne große Rücksicht auf ihre Konsistenz – das Gewohnheitsübel der meisten praktizierenden Astrologen. Sein philosophisches Denken war trotzdem ungewöhnlich, und seine Verwendung aristotelischer und platonischer Autoren bei seinen Versuchen, die Astrologie zu rechtfertigen, wurde ein einflußreicher Beleg in der späteren Debatte in der islamischen und in der christlichen Welt. Seltsamerweise erreichte sein Aristotelismus-Verschnitt Europa, bevor dort ein Großteil von Aristoles' eigenem Werk vorlag.

Abū Ma'shars frühere Schulung in religiöser Exegese hatte ihn zu einem Experten im Kalenderwesen und in der Zeitrechnung gemacht, und es ist keine Überraschung, daß er später für die Idee eintrat, das wissenschaftliche Wissen sei von einer göttlichen Quelle, die wir durch Offenbarung kennenlernen können, unvollkommen überliefert. Er schrieb seinen *Zīj al-hazārāt*, um das verlorene Wissen der wahren Astronomie wiederherzustellen, und in diesem Zīj machte er Gebrauch von indischen Planetenparametern und mittleren Bewegungen (er verwendete die Yugas), allerdings innerhalb eines ptolemäischen Modells. Wenn es jemals eines Beweises für die zunehmende Verfälschung des Wissens bedurfte, hier haben wir ihn; und doch wurde der Zīj vermutlich auf ein Manuskript gegründet, das bei Isfahan vor der Sintflut vergraben worden war.

Abū Ma'shars historischer Zugang zur Wissenschaft wird in einer Lehre ganz deutlich, die bei vielen Autoren im Osten und Westen Resonanz fand. Der Gedanke war, menschliche Institutionen – zum Beispiel religiöse Sekten und weltliche Mächte wie seine Herren im Kalifat – würden gemäß eines Zeitplans aufsteigen und fallen, der von gewissen Konjunktionen der Planeten Saturn, Jupiter und Mars getriggert werde. Dies war eine Doktrin der Hoffnung für die, die auf eine neue iranische Blütezeit harrten, und eine der Sorge für die, die in späteren Jahrhunderten das Ende der Welt oder die Ankunft des Antichristen erwarteten.

Die einsichtigeren Astronomen des Islam waren heftige Kritiker von Abū Ma'shar. Einer der größten davon war al-Bīrūnī, und es ist ein Indiz für die wirkliche Motivation der späteren „Astronomen", daß Bīrūnīs Werk relativ selten anzutreffen und im mittelalterlichen Europa tatsächlich unbekannt ist, während die Exemplare von Abū Ma'shars Schriften Legion sind.

Al-Khwārizmī

Ein weiterer hocheinflußreicher Astronom, der unter dem Patronat der Kalifen von Bagdad arbeitete, war al-Khwārizmī (gest. vor 850), der berühmt war für seinen Zīj, eine Sammlung weitgehend inkonsistenter hinduistischer, persischer und hellenistischer Elemente. Die grundlegende Epoche des Zīj (das Basisdatum, auf das sich die Berechnungen bezogen) war die der Ära Jezdegerd, und der Kalender war persisch. Im Laufe der Zeit wurde er von dem muslimischen Astronomen al-Majrīṭī aus Córdoba (Spanien) überarbeitet, der verständlicherweise die islamische Hedschra als Bezugszeit wählte und die Tafeln auf seinen eigenen Meridian umrechnete. Die bloße Länge dieser geistigen Kette ist bemerkenswert: Die vorptolemäische hellenistische Astronomie gelangt nach Indien, Persien und über Mittler (vielleicht al-Fazārī) zu al-Khwārizmī und dann über das Mittelmeer zum Andalus, dem muslimischen Spanien. Die lange Reise des so übermittelten, etwas veralteten Wissens war selbst dann noch nicht zu Ende. Obwohl al-Khwārizmīs Zīj die früheste, arabische astronomische Abhandlung ist, die sich erhalten hat, ist er heute nur durch eine lateinische Übersetzung bekannt, die der englische Astronom Adelard von Bath im frühen zwölften Jahrhundert angefertigt hat. Ob Adelard in Spanien gearbeitet hat, ist umstritten; er hat aber sicherlich bestenfalls al-Majrīṭīs Überarbeitung verwendet, womöglich sogar nur eine Überarbeitung davon.

Trotz dieser langen Reise kann die Hindu-Verbindung heute anhand der Parameter, die den Tafeln zugrundeliegen, bewiesen werden. Einige kommen offensichtlich vom persischen *Zīj al-Shāh* [Tafeln des Schah]. Viele der Verfahrensregeln, die in den erklärenden Kanons niedergelegt sind, zum Beispiel die Methode der „Halbierung der Gleichung", sind ebenfalls indischen Charakters. Es gibt Gründe für den Verdacht, al-Khwārizmī könnte bei seiner Arbeit vom Ausgleichspunkt Gebrauch gemacht haben, was manche vermuten ließ, dies sei eine vorptolemäische Erfindung gewesen. Aber es bleibt die Möglichkeit, daß jener unabhängig vom indischen Material direkt aus einer ptolemäischen Quelle gekommen ist.

Al-Khwārizmīs Zīj blieb nicht unkritisiert. Seine Mängel wurden sogleich von al-Farghānī, einem jungen Zeitgenossen, bemerkt – eine Tatsache, die al-Bīrūnī vermerkt hat. Diese negative Publizität scheint in Spanien kein Echo gefunden zu haben, wo al-Khwārizmīs Zīj eine enthusiastische Aufnahme fand und wo er eine erfolgreiche europäische Karriere startete. Einer der merkwürdigsten Beweise für al-Khwārizmīs Überlebensfähigkeit ist der Umstand, daß sein Zīj im 18. Jahrhundert in Samaria und im 19. in der jüdischen Genisa in Kairo in Gebrauch war.

Al-Khwārizmī schrieb ein einflußreiches Werk über die Algebra, und tatsächlich kommt unser Wort „Algorithmus" von seinem Namen, aber er schrieb auch die anscheinend älteste vorhandene Abhandlung über das Astrolabium in der arabisch-islamischen Tradition. Sie ist gegenwärtig von nur einem einzigen Manuskript bekannt.

Al-Battānī

Während des neunten Jahrhunderts wurden der *Almagest* und die *Handlichen Tafeln* in arabischer Übersetzung erhältlich, und die allgemeine Qualität der astronomischen Arbeit verbesserte sich gewaltig, als die Überlegenheit des ptolemäischen Systems anerkannt wurde. Die beiden Jahrhunderte, die auf al-Khwārizmīs Tod folgten, sahen fünf große islamische Astronomen: al-Battānī, al-Ṣūfī, Abū'l Wafā, Ibn Yūnus [Junus, Junis] und al-Bīrūnī. Sie waren keinesfalls Produkte eines einzelnen Zentrums der Aktivität, sondern arbeiteten an so weit voneinander entfernten Orten wie Rakka, Bagdad, Kairo und Afghanistan. Die islamische Welt begann sich in einer Bewegung, die wir zu Beginn dieses Kapitels skizziert haben, in getrennte Staaten aufzulösen.

Rakka liegt am linken Ufer des Euphrat (im Norden des heutigen Syrien). Al-Battānī (Albatenius, Albategnius, um 858–929) war zwar ein Muslim, kam aber aus der Region um die Stadt Ḥarrān, wo immer noch eine Sternenreligion praktiziert und sogar von den muslimischen Herrschern toleriert wurde. Thābit ibn Qurra, der eine Generation älter war, hatte ihr angehört.

Hier stellte al-Battānī seinen Zīj zusammen – dieser Name wird freilich solch einem soliden Text nicht gerecht –, den er im wesentlichen auf Ptolemäus' überlegene Methoden gründete. Trotz seines Ruhms liegt heute nur ein einziges arabisches Exemplar vor. In der Mitte des zwölften Jahrhunderts gab es Übersetzungen des Textes ins Lateinische und später ins Spanische und Hebräische, wobei dort der Meridian von Jerusalem zugrundegelegt war.

Zwischen Ptolemäus und dem Ende des achten Jahrhunderts hatten sehr wenige Astronomen eine klare Vorstellung von ihrer Wissenschaft als einer, die der Beobachtung als Test der Theorie bedarf. Im Vorwort seines Zīj machte al-Battānī klar, daß er zumindest diese im *Almagest* implizit enthaltene Vorgabe verstanden hatte, und brachte die Beobachtung gewissermaßen in Mode. Zugegeben, er war nicht der erste, der die Dringlichkeit dieser Sache erkannte. So hatte unter der Herrschaft von al-Ma'mūn († 833) eine Astronomengruppe einen neuen Zīj aufgestellt, der auf neuen, in Bagdad und Damaskus durchgeführten Beobachtungen beruhte und dem der Name *Mumtaḥan* (überprüfter) *Zīj* gegeben wurde. (Im Westen wurde er als *Tabulae probatae*, die „überprüften Tafeln", bekannt.) Ebenfalls unter den Abbasiden hatte Ḥabash al-Ḥāsib (Habasch Al Hasib, † 862) von ausgedehnten Beobachtungen von Planetenpositionen sowie Sonnen- und Mondfinsternissen Gebrauch gemacht, die ebenfalls von den beiden Orten und Samarra aus angestellt wurden.

Wir werden von dieser Art Tätigkeit noch mehr erfahren, die für die Astronomie wesentlich ist, soll sie nicht zum Stillstand kommen. Der Zīj von al-Battānī war jedoch in einem neuen und erfrischenden Stil geschrieben und wiederholte nicht sklavisch alles, was in früheren Werken niedergeschrieben war. Vielmehr konzentrierte er sich auf aktuelle Entwicklungen wie seine neu abgeleitete Zahl für die Schiefe der Ekliptik (23;35° im Vergleich zu Ptolemäus' dürftigem Wert von 23;51,20°), eine neue Richtung für das Apogäum der Sonne oder neue Formeln in der sphärischen Trigonometrie. Er nahm Beschreibungen über Instrumente auf – eine Sonnenuhr mit Temporalstunden, einen neuen Typ der Armillarsphäre, einen Mauerquadranten (Quadrant, der an einer Wand montiert wird) und ein Triquetrum (parallaktisches Lineal oder Dreistab, Ptolemäus' Beobachtungsinstrument aus drei gelenkigen Stäben). In seinen ausführlichen Tafeln ist viel Neues enthalten, und doch sind einige seiner Erklärungen der Planetentheorie hastig zusammengewürfelt und sogar fehlerhaft. Wir können dies als Anzeichen für einen talentierten Astronomen im Streß entschuldigen.

Er war nicht der erste mit einer neuen Zahl für die Schiefe der Ekliptik: Ein Jahrhundert früher hatten al-Ma'mūns Astronomen 23;31° und andere 23;33° gefunden. Noch war er der erste, der Änderungen im Sonnenapogäum feststellte – Thābit ibn Qurra (oder vielleicht die Banū Mūsā [die drei Söhne Musas]) hatte vorher mit viel Glück einen nach heutigem Wissen etwas besseren Wert gewonnen. Was al-Battānīs Arbeit auszeichnet, ist die peinlich genaue Beschreibung seiner wesentlich neuen Methoden. Sie erlaubt dem Leser, die *Qualität* des Ergebnisses zu beurteilen, wenn die Genauigkeit der Beobachtung angegeben ist. Diese war allgemein hoch, so daß er mit der Ableitung eines neuen Wertes für die Exzentrizität der Sonnenbahn (2;04,45 Teile, was für die Zeit ungefähr drei Prozent zu groß ist) Ptolemäus' exzessiv hohen Wert beträchtlich verbesserte. Große Fortschritte machte er auch bei den Werten für die Präzession und das tropische Jahr.

Sein Zīj genoß in exklusiven Kreisen des mittelalterlichen Europa hohes Ansehen. Er wurde in der Mitte des zwölften Jahrhunderts von Robert von Chester übersetzt. Dieser übersetzte auch als erster den Koran ins Lateinische. Eine weitere Version des Zīj – nach gegenwärtigem Stand die einzig erhaltene – wurde etwa um dieselbe Zeit von Plato von Tivoli herausgebracht. Sie war nicht in großer Zahl im Umlauf, aber die Astronomen, die sie wie al-Bīrūnī lobten, waren oft Astronomen ersten Ranges: Gelehrte wie Abraham ibn Ezra, Richard von Wallingford, Levi ben Gerson, Regiomontanus, Peuerbach und Kopernikus.

Vier Aspekte der islamischen Astronomie

Wenn man einen Beweis für die neugefundene Vitalität der Astronomie braucht, hat man ihn eindeutig in den beispiellosen Zahlen von Astronomen mit verdientem und langewährendem Ruf. Wir können vier nehmen, deren Werk verschiedene Aspekte der Disziplin illustriert, nämlich Al-Ṣūfī (903–986), Abū'l Wafā (940–997/8), Ibn Yūnus († 1009) und Ibn al-Haytham (Alhazen, 965 bis etwa 1040).

Al-Ṣūfī und Abū'l Wafā waren Zeitgenossen und arbeiteten beide in Bagdad, aber ihre Beiträge waren sehr verschieden. Abū'l Wafās Leistungen waren hauptsächlich mathematisch. Es ist unmöglich, ihnen hier gerecht zu werden, aber in Kürze kann man sagen, daß er sich weniger auf den Satz des Menelaos stützte und eine Zahl von eigenen neuen Sätzen einführte. Nur die scharfsinnigsten Autoren nahmen jedoch von seinen Reformen Notiz, und sein Ruhm kam aus zweiter oder dritter Hand. Al-Ṣūfī wurde leichter berühmt. In seinem *Buch der Fixsterne* machte er es sich zur Aufgabe, den Sternkatalog des Ptolemäus mit der arabischen Sterntradition und Terminologie zusammenzuführen sowie die Abgrenzungen der Sternbilder zu definieren. Die Sternbildzeichnungen, die seinem Katalog beigefügt sind, wurden auch in Europa bald kanonisch. Als Johann Bayer seine *Uranometria* (1603) schrieb, waren die latinisierten arabischen Sternnamen so gut eingeführt, daß eine Reform ein tollkühnes Unterfangen gewesen wäre. Er ließ es bleiben, und wenn es auch seitdem sehr viele Änderungen in der Terminologie gegeben hat, kommen viele der heute gebräuchlichen Sternnamen indirekt von al-Ṣūfīs Werk.

Ibn Yūnus hatte Begabungen ganz anderer Art. Obwohl er als Dichter einen beneidenswerten Ruhm erworben hatte und sicher an der Astrologie interessiert war, hat sein astronomisches Werk durchaus ein modernes Erscheinungsbild. In seiner Jugend erlebte

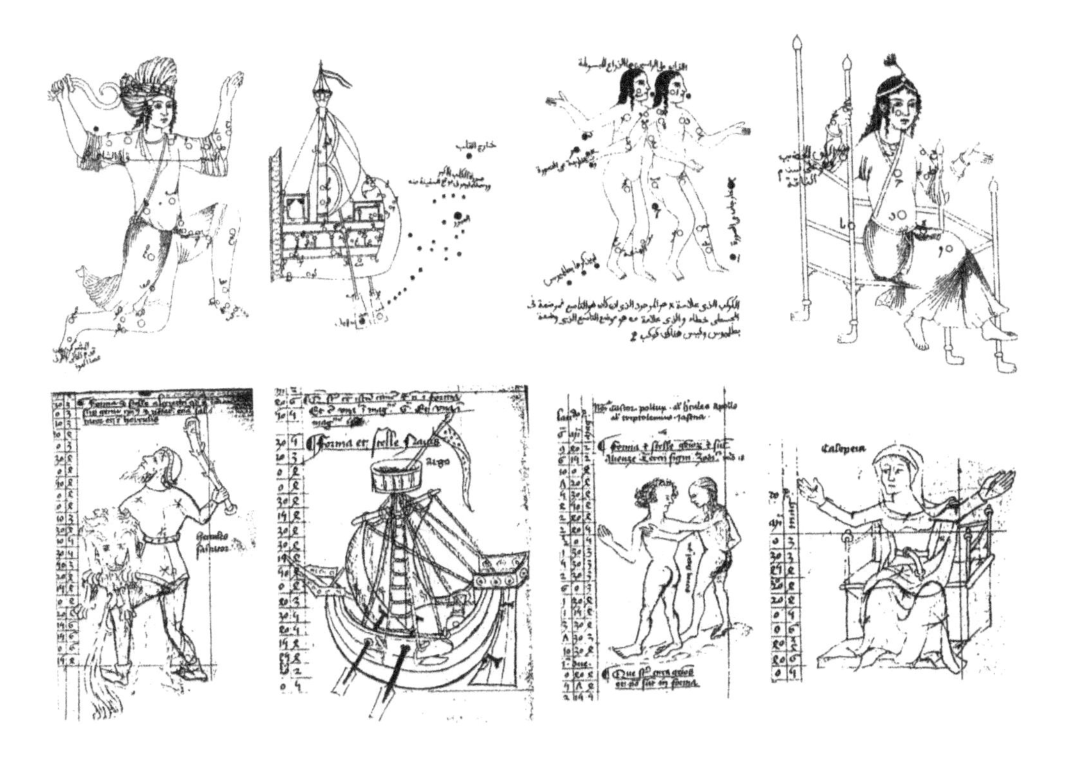

Bild 8.1 Ausgewählte arabische Sternbild-Figuren in der griechischen Tradition aus dem *Buch der Fixsterne* des muslimischen Astronoms al-Ṣūfī aus dem zehnten Jahrhundert (*obere Abbildungen*) mit ihren späteren Entsprechungen in einem westlichen Manuskript aus dem 14. Jahrhundert (*untere Abbildungen*).

er die fatimidische Eroberung Ägyptens, und er diente unter zwei Kalifen dieser Dynastie, indem er zwischen 977 und 1003 astronomische Beobachtungen für sie durchführte. Dem zweiten, al-Ḥākim, widmete er seinen Zīj, der insofern ungewöhnlich ist, als er eine Vielzahl von Beobachtungen – viele von früheren Beobachtern – enthält. Ihm werden Instrumente gewaltiger Größe in Kairo zugeschrieben – zum Beispiel eine Armillarsphäre, deren Ringe so groß sind, daß ein Reiter hindurchkommt, und ein Astrolabium mit drei Ellen Durchmesser; allerdings ist man sich hierin nicht sicher. Sicher ist aber, daß viele in seinem Zīj verwendete Parameter, über deren Beobachtungsgrundlage er sich nur unbestimmt äußert, denen seiner Vorgänger weit überlegen sind. Sein Wert von 23;35° für die Schiefe der Ekliptik wurde viel zitiert. Im 19. Jahrhundert verwendete Simon Newcomb einige seiner Eklipsen, um die säkulare Beschleunigung des Mondes zu bestimmen.

Wie viele islamische Astronomen verwandte er viel Zeit auf ein alles andere als leichtes Problem in der sphärischen Trigonometie: die Bestimmung der *Qibla*, der Richtung von Mekka, in die die Muslims beten, aus der Sonnenhöhe. Er tabellierte auch die Gebetszeiten in bezug auf die Tagesbewegung der Sonne, und hier berücksichtigte seine gewissenhafte Berechnung die atmosphärische Brechung des Sonnenstrahls am Horizont. Sein Winkel von vierzig Bogenminuten zwischen dem beobachteten und dem „wahren" Horizont ist vielleicht die erste Zahl, die für diese Größe verzeichnet ist.

Ein wichtiger Satz von Tafeln, die Ibn Yūnus auf die Parameter des *Ḥākim' īzīj* gründete, gibt die „Gleichungen" von Sonne und Mond an, aber in einer neuen Form, die einen Schritt bei der Berechnung der Mondlänge ausläßt, dafür jedoch die Tafel umfänglich macht. (Sie sind „Tabellen mit doppeltem Eingang".) Ibn Yūnus starb 1009, nachdem er – so wird erzählt – bei guter Gesundheit seinen Tod in sieben Tagen vorausgesagt hatte. Er regelte seine Angelegenheiten, schloß sich ein und rezitierte den Koran, bis er am festgesetzten Tag starb.

Der Kalif al-Ḥākim war nicht nur der Gönner von Ibn Yūnus, sondern auch von Ibn al-Haytham, einem der größten wissenschaftlichen Autoren des Mittelalters. (Er ist im Westen häufig als Alhazen bekannt.) Ibn al-Haytham ist anscheinend von Basra (Irak) nach Ägypten gekommen. Sein berühmtester Beitrag zur Wissenschaft war seine Abhandlung der Optik, die zufällig im Westen viel mehr Einfluß haben sollte als im Islam. (Ihr Einfluß reichte bis weit ins 17. Jahrhundert hinein.) Er verfaßte zwei Dutzend kleiner Bücher über Astronomie, die größtenteils von spezifischen technischen Problemen handeln und oft optische Dinge berühren. Eines davon verdient besondere Aufmerksamkeit: *Die Konfiguration der Welt.* Nachdem es endlich ins Kastilische, Lateinische und Hebräische übersetzt war, wurde dieses Werk – sein einziges vollständiges astronomisches Werk, das in Europa bekannt war – im Westen einflußreich.

Das Buch war eine Kritik des *Almagest* von Ptolemäus, den Ibn al-Haytham wegen der imaginären geometrischen Punkte, Linien und Kreise zur Erklärung der Himmelsbewegungen als ein Stück abstrakter Geometrie ansah. Diese Theorie müßte nach seiner Meinung in das Gewand der physikalischen Realität eingekleidet werden – selbst Ptolemäus hatte in seinen *Planetenhypothesen* diese Auffassung vertreten. (Möglicherweise hat Ibn al-Haytham das Werk nicht gekannt, als er die *Konfiguration* schrieb.) Die Prinzipien, nach denen dies geschehen sollte, waren traditionell: Es sollte im Universum keine Leerräume geben, die Himmelskörper sind in gleichförmigen Kreisbewegungen begriffen, ein natürlicher Körper *kann nur* eine *natürliche Bewegung haben*, und jeder im *Almagest* eingeführten Bewegung *muß ein einzelner sphärischer Körper entsprechen.* Diese letzten Gedanken hatten Nachwirkungen auf die europäische Kritik an Ptolemäus im 14. Jahrhundert, aber Ibn al-Haythams *Konfiguration* war nicht übermäßig bilderstürmerisch.

Er wurde später kritischer. Ein Buch, das zwar nicht erhalten ist, aber durch eine auf Arabisch vorliegende Verteidigungschrift von ihm bekannt ist, zeigt, wie kritisch er dem in den *Planetenhypothesen* gegebenen Ptolemäischen Modell gegenüber geworden war. Ein ernsthaftes Problem bei jeder physikalischen Darstellung der Ptolemäischen Planetenmodelle besteht, wie er sah, darin, daß die Bewegung um die Achse der Hauptsphäre des Planeten nicht gleichförmig ist, weil der Epizykel den Ausgleichspunkt statt um die Achse des Deferentkreises umläuft. Die akzeptierten physikalischen („philosophischen") Leitlinien für die natürliche Himmelsbewegung schienen so gebrochen. Er brauchte ein neues Modell anstelle des alten, und das, das er fand, hatte eine eigentümliche Ähnlichkeit mit dem des Eudoxos.

In der im *Almagest* gegebenen Theorie der Planetenbreiten werden die Epizyklen als gegenüber der Ebene der Ekliptik geneigt angenommen. Nach den bereits dargestellten physikalischen Prinzipien mußte jedem Epizykel eine *einzelne* Sphäre zugeordnet werden. Indem er das von Ptolemäus in den *Planetenhypothesen* vorgestellte physikalische Modell mit seinen geozentrischen Schalen, in denen sich die Exzenter, Ausgleichspunkte und Epizyklen befinden, modifizierte, fand Ibn al-Haytham eine Möglichkeit, den geneigten Epizykel physikalisch zu realisieren.

Die Pole der epizyklischen Sphäre plazierte er in einer Distanz vom weitesten und nächsten Punkt des Epizykels (Apogäum und Perigäum), die der maximalen Neigung des passenden Epizykeldurchmessers bei Ptolemäus entsprach. Dann gab er der Sphäre die Drehbewegung des rotierenden Epizykeldurchmessers im *Almagest*. Die Epizykelsphäre wird natürlich um die Hauptsphäre des Planeten getragen, aber Ibn al-Haytham schlug nun vor, zwischen die Haupt- und die Epizykelsphäre eine weitere zu schalten, die mit derselben Winkelgeschwindigkeit entgegengesetzt rotiert. Die resultierende Bewegung ähnelt der in der homozentrischen Theorie des Eudoxos. Ohne die Anordnung im Detail zu beschreiben, können wir sagen, daß das Ende des rotierenden Epizykeldurchmessers, von der Erde aus gesehen, eine Hippopede zeichnet – einen Achter, der um den Himmel getragen wird und die Planetenbewegung in der Breite beschreibt.

Ibn al-Haytham schrieb viel mehr in dieser Art, wobei er weniger die Voraussagequalitäten der konventionellen Theorie änderte als seiner Leserschaft den Eindruck vermittelte, er habe im Gegensatz zu Ptolemäus die wahre physikalische Konfiguration des Universums gefunden. Wo er Ptolemäus' Mondtheorie widersprach, ist das Muster seiner Beweisführung instruktiv. Er behauptete zuerst, die einzigen zwei möglichen Modelle gefunden zu haben, die der Mondtheorie äquivalent sind. Dann war es ein kurzer Schritt, diese mit dem Hinweis zu verwerfen, es sei nicht möglich, einen physikalischen Körper mit den Eigenschaften des einen oder anderen anzunehmen. Seltsamerweise erwähnt er nicht die große Schwankung der Mondentfernung in Ptolemäus' Theorie, ein Punkt, wo das Mondmodell eklatant unannehmbar ist.

Diese Art, etwas mit physikalischen Argumenten zu verwerfen, wurde im Westen wiederholt, zunächst aber ohne astronomische Auswirkungen. Im östlichen Islam jedoch wurde der große Naṣīr al-Dīn al-Ṭūsī im 13. Jahrhundert von dem, was er bei Ibn al-Haytham las, angeregt, weitere Kritik an Ptolemäus zu üben und eine alternative Theorie der Planetenbewegung anzubieten.

Naṣīr al-Dīn al-Ṭūsī und seine Anhänger

Naṣīr al-Dīn al-Ṭūsī war eine der Gestalten in der Geschichte, die einen scharfen Intellekt mit einem Überfluß an Schaffenskraft und dem Glück verbanden, eine gesellschaftliche Schlüsselposition im Zentrum der islamischen Welt einzunehmen. Dies machte es für andere leicht, seinen Wert richtig einzuschätzen, und sein geistiger Einfluß war wahrscheinlich größer als der irgendeines anderen mittelalterlichen Astronomen. Auf einem im Krieg liegenden Kontinent in Ṭūs (daher der Name) in Persien geboren, wurde er zunächst zu Hause von seinem Vater, der in einer langen Folge von schiitischen Gelehrten stand, unterrichtet, dann an mehreren Einrichtungen – vor allem in Nischapur (Naischabur), einem bedeutenden Zentrum der Gelehrsamkeit. Er war in praktisch allen Disziplinen der islamischen Gelehrsamkeit ausgebildet und betrachtete sich mit Recht als den Erben der hellenistischen Wissenschaft und Philosophie. Er fand schließlich bei den ismaelitischen

Herrschern eine sichere Stellung, in erster Linie bei al-Alamūt, dem Großmeister der Assassinen oder „dem Alten vom Berge". Mit ihren Höfen verlagerte er seinen Wohnsitz zwischen Gebirgsfesten, bis 1256 der ilkhanische Eroberer Hūlāgū, Enkel des Dschingis-Khan, die ismaelitische Herrschaft in Nordpersien beendete. Der Ruf des Astronomen sicherte ihm jetzt einen Platz in der Umgebung des Hūlāgū. Er war bei der Eroberung von Bagdad im Jahr 1258 dabei und überredete ein Jahr später Hūlāgū, ein Observatorium in Marāgha in der Nordwestecke des heutigen Persien (80 Kilometer südlich von Täbris) zu bauen. Hūlāgūs Bruder Möngke, der über ein riesiges Gebiet von China herrschte, hatte Planungen für den Bau eines Observatoriums in Peking auf den Weg gebracht, dieses wurde aber zu seinen Lebzeiten nicht fertig.

Das Observatorium von Marāgha war in vieler Beziehung die erste Forschungseinrichtung im großen Maßstab und mit einer modernen Verwaltungsstruktur. Es hatte eine umfassende wissenschaftliche Bibliothek mit einem festangestellten Bibliothekar und einem Astronomenstab von wenigstens zehn Mitarbeitern, unter denen sich zumindest ein chinesischer Gelehrter, Fao Mun-ji, wahrscheinlich aber mehrere befanden. Es war mit zahlreichen teuren Instrumenten ausgestattet: einem großen Mauerquadranten, parallaktischen Linealen, einer Armillarsphäre und im Azimut verstellbaren Quadranten. Die astronomischen Ilkhanischen Tafeln wurden dort 1272 unter der Herrschaft von Hūlāgūs Nachfolger Abāqā fertiggestellt.

Naṣīr al-Dīn al-Ṭūsī verfaßte eine lange Reihe bedeutender Bücher über Logik, Philosophie, Mathematik und Theologie. Er war für eine neue Blüte der Lehren von Ibn Sīnā (Avicenna, 980–1037) mit ihrer aristotelischen Ausrichtung verantwortlich. Er hatte außerordentliche Fähigkeiten in der Geometrie, und es überrascht nicht, daß er sie auf die Probleme in der Naturphilosophie anwendete, auf die ihn Ibn al-Haytham aufmerksam gemacht hatte. Seine Kritik der ptolemäischen Astronomie stellte er in einem Werk mit dem Titel „Der Schatz der Astronomie" (*Tadhkira*) zusammen. Er brachte deutlich zum Ausdruck, daß das Buch als eine Zusammenfassung für Nichtspezialisten zu sehen sei, in das keine schwierigen mathematischen Beweise aufgenommen sind. Es handelte von den äußerlichen Aspekten irdischer wie himmlischer Körper. Er ergänzte seine Kritik an Ptolemäus um einen positiven Beitrag in der Form einiger neuer Planetenmodelle. Eines der interessantesten davon stützt sich auf den folgenden Satz:

> Rollt ein Kreis innerhalb eines anderen mit doppelt so großem Radius auf dessen Umfang ab, dann beschreibt jeder Punkt des ersten Kreises eine Gerade (einen Durchmesser des ortsfesten Kreises).

Diese Anordnung – heute oft „Ṭūsī-Paar" genannt – ist in Bild 8.2 dargestellt, wo die gestrichelten Linien die Kontaktstellen mit dem festen Punkt auf dem Umfang des rollenden Kreises verbinden.

Der Satz ist ganz leicht zu beweisen: Bei den beiden Kreisen müssen die Umfangsstücke, auf denen es zum Kontakt gekommen ist, gleich lang sein; sie sind jeweils das Produkt eines Radius und eines Winkels. Für den festen Kreis ist der Winkel nur halb so groß wie für den rollenden Kreis, dafür beträgt der Radius das Doppelte.

Eine geradlinige Bewegung mit einer doppelt-zirkularen Bewegung zu erzeugen war eine faszinierende Sache an sich, aber wir bemerken, wie sich der rollende Kreis (oder die

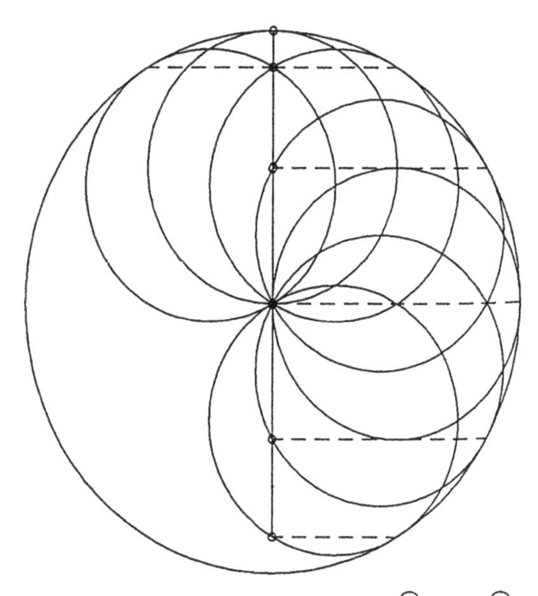

Bild 8.2 Das Ṭūsī-Paar. Die Bögen $\widehat{BC}$ und $\widehat{AC}$ sind gleich lang – wenn also der kleine Kreis im großen, ohne zu gleiten, abrollt, muß Punkt B (fest mit dem Kreis verbunden) einmal in A gewesen sein. Der bewegliche Punkt B liegt stets auf AO.

Kugel) für eine *physikalische* Interpretation eignet, wie sie Ptolemäus, Ibn al-Haytham und andere gesucht haben. Solange wir dies nicht aus den Augen verlieren, ist es in Ordnung, den Satz im Gewand der Geometrie auftreten zu lassen. Mehrere andere Astronomen von Marāgha waren darauf aus, auf der Basis seiner Ideen physikalisch gangbare Modelle zu konstruieren, die denen von Ptolemäus mehr oder weniger äquivalent sind, und der Kritik von Ibn al-Haytham, al-Ṭūsī und anderen zu begegnen. Dazu gehörten sein Kollege al-' Urdī († 1266), der das Observatorium baute, sein Student al-Shīrāzī (al Schirazi, 1236–1311) und ein Astronom, der ein Jahrhundert später lebte: Ibn al-Shāṭir (Ibn al-Schatir, 1304–75).

Al-Ṭūsī verallgemeinerte das Modell auf drei Dimensionen. Wenn er die Ebenen der beiden Kreise um einen kleinen Winkel gegeneinader geneigt annahm, fand er, daß die schwingende Bewegung jetzt dem Bogen eines Großkreises nahekam. Diese Vorstellung benützte er in der Theorie der Planetenbreite. Das ist doppelt interessant, weil sich Kopernikus sowohl genau diesen Trick als auch andere Prinzipien von al-Ṭūsī und seinen Anhängern wiederholt zunutze machte. Es ist daher kaum zu bezweifeln, daß er den einen oder anderen Text kannte, in dem sie aufgeführt waren. Griechische und lateinische Materialien, die von al-Ṭūsīs Erfindung Gebrauch machten, waren in Italien etwa zu der Zeit im Umlauf, als Kopernikus dort studierte.

In seinem *De revolutionibus* brachte Kopernikus den Ṭūsī-Trick in seinem Modell für eine variable Rate der Präzession und Variation in der Schiefe der Ekliptik zum Einsatz. Ferner benutzte er ihn in diesem Buch wie in seinem *Commentariolus*, um in seiner Theorie der Planetenbreiten eine Schwingung in den Bahnebenen zu erhalten. In dem *Commentariolus* verwendete er das einfachere ebene Modell, um eine Variation im Radius der Merkurbahn zu erhalten. Dasselbe tat er stillschweigend in seinem *De revolutionibus*. In

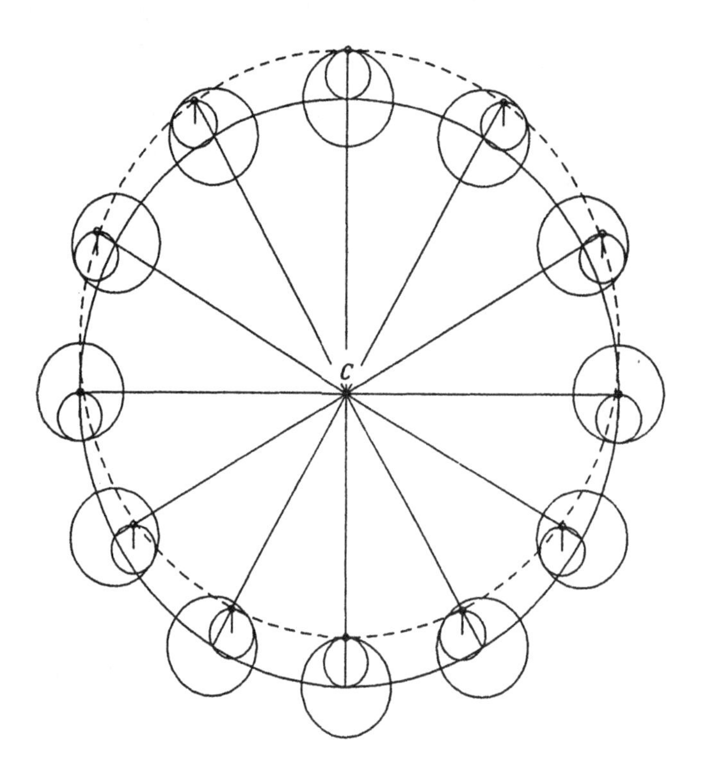

Bild 8.3 Ersetzung eines Exzenters durch Ṭūsī-artige Vorrichtungen

dem *Commentariolus* gründete er seine Modelle der Planetenlänge auf den von al-'Urḍī und Ibn al-Shāṭir entwickelten (wenn auch im Fall der inneren Planeten irrtümlich), während im *De revolutionibus* seine Modelle mit diesen and anderen von al-'Urḍī und al-Shīrāzī verwandt waren. In beiden Büchern ist das Mondmodell das von Ibn al-Shāṭir.

Statt in die Details der verschiedenen neuen Planetenmodelle zu gehen, nehmen wir als ein Beispiel die Funktionsweise von einem von ihnen. Das zu lösende Problem besteht in der Ersetzung einer Bewegung auf einem Exzenter (sprich: einem Deferentkreis) durch eine Kombination von Kreisbewegungen, wobei die Erde (Zentrum des Universums) das Hauptzentrum bildet. Obwohl wir Epizyklen benützen (die beiden, die das Ṭūsī-Paar bilden), sollte betont werden, daß wir einen weiteren Epizykel nehmen müssen, um ein Modell ptolemäischen Typs zu erhalten. Hier interessieren wir uns nur für die Ersetzung des Exzenters.

Wenn wir ein Ṭūsī-Paar nehmen und es starr an das Ende eines rotierenden Radius des Deferentkreises (Mittelpunkt *C*) heften, wird der schwingende Punkt auf dem kleinen (rollenden) Kreis aufgrund der Eigenschaften des Ṭūsī-Paares immer auf der rotierenden radialen Geraden durch *C* liegen (Bild 8.3). In der Figur sind mehrere repräsentative Positionen gezeigt, und zwar unter der Annahme, daß die Geschwindigkeit der „Rollbewegung" so gewählt ist, daß der Punkt auf dem kleineren Kreis den Radius des rollenden Kreises in einer konstanten Richtung hält. Das bewirkt, daß sich die Punkte größter und kleinster Entfernung von *C* (Apogäum bzw. Perigäum oben und unten in der Figur) genau gegen-

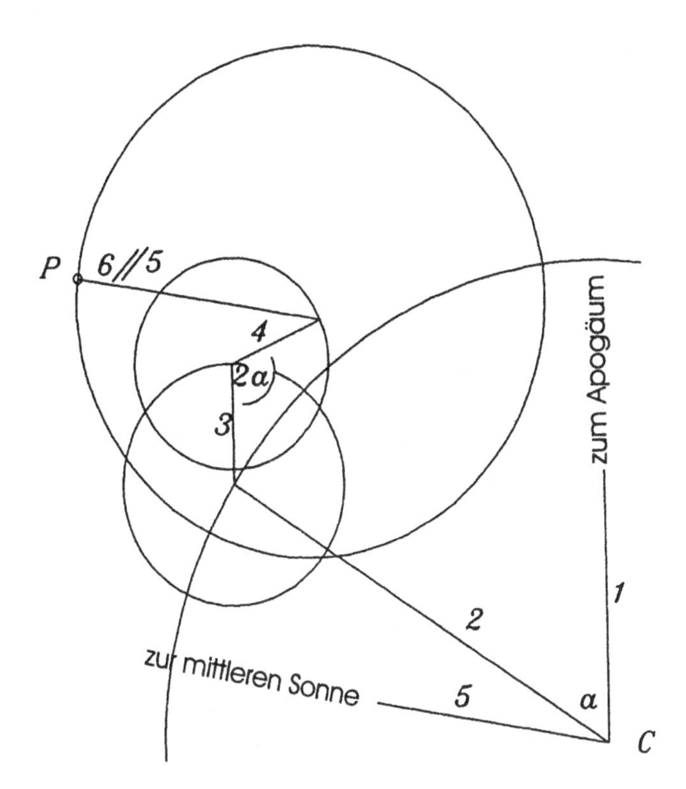

Bild 8.4 Ibn al-Shāṭirs Verzicht auf die Exzentrizität des Deferenten und den Ausgleichspunkt

überstehen. Es dürfte erkennbar sein, daß ein Exzenterkreis durch diese gegenüberliegenden Punkte fast perfekt durch das Dreikreismodell wiedergegeben wird.

Solche Modelle haben offensichtlich eine große Verallgemeinerungsfähigkeit. Inspiriert von al-Ṭūsīs Technik, ging Ibn al-Shāṭir weiter, indem er den exzentrischen Deferentkreis und den Ausgleichspunkt durch zusätzliche Epizyklen ersetzte. Der Sonne schrieb er einen Epizykel zu, den er auf einem Standardepizykel auf einem jetzt erdzentrierten Deferentkreis laufen ließ. Der Mond hatte ebenfalls einen doppelten Epizykel, aber die Proportionen und Bewegungen waren natürlich anders. Das Mondmodell korrigierte zum Teil den Hauptmakel des Modells von Ptolemäus, nämlich die enorme Schwankung der Mondentfernung, die natürlich von der unmittelbaren Beobachtung widerlegt wird. Die Planeten hatten *dreifache* Epizyklen. Die Grundlagen der Konstruktion für einen äußeren Planeten sind in Bild 8.4 gezeigt. C ist darin der Erdmittelpunkt und P der Planet, dessen Position durch die abgebildete Konfiguration bestimmt wird. (Die Zahlenangaben sollen die Folge der nötigen Schritte anzeigen. Die Linien 3 und 1 sowie 6 und 5 sind jeweils parallel. Alle vier grundlegenden Bewegungen in der Figur haben Gegenuhrzeigersinn.)

Nach Ibn al-Shāṭir ist die muslimische Mode „philosophisch akzeptabler" nichtptolemäischer Schemata anscheinend ausgestorben, wenn sie auch im mittelalterlichen Europa wieder auftauchte. Sie beruhte auf einem seltsamen und langlebigen Vorurteil, aber wir sollten ihre Spielarten nicht außer acht lassen. Angenommen, irgendwer beobachtet eine Schwingung auf einer Geraden. Es könnte nun sein, daß sich das Ganze mit einer mathematischen Formel für die zeitliche Positionsveränderung einfach als eine Bewegung auf einer Geraden darstellen läßt. Ein „Philosoph" könnte darauf bestehen, daß es mittels eines Ṭūsī-Paares und *Kreis*bewegungen *beschrieben* werden sollte. Ein dritter könnte noch weiter gehen und sagen, unabhängig von der Beschreibung *handele es sich in Wirklichkeit* um ein Paar von Kreisbewegungen. Letztere Person braucht ein unabhängiges Argument für die „Wirklichkeit". In dieser Situation suchten die Astronomen Rat bei Aristoteles, dessen philosophische Argumente aus ganz einfachen Beobachtungen gefolgert waren.

Eine weniger kontroverse, aber philosophisch schwächere Position nimmt man ein, wenn man betont, man gebe mit Hilfe der Kreise nur eine Erklärung im Sinne einer *Arbeitshypothese*. In ähnlichen Fällen beruft man sich heute typischerweise nicht auf eine Einsicht in die Realität, sondern auf die Ästhetik oder Einfachheit der resultierenden Theorie. In der Vergangenheit optierten gewöhnlich diejenigen für die weniger kontroverse Alternative, die selbst die aristotelische Sicht akzeptierten und nicht in Konflikt mit ihr geraten wollten.

Das Observatorium im Islam

So ein bemerkenswertes Observatorium wie das von Marāgha, das im 13. Jahrhundert gegründet wurde, konnte nicht ohne frühere Entwicklung einer Beobachtungstradition entstehen. Was diese betrifft, könnten wir hundert Beispiele auflisten. Dazu gehören die Beobachtung der Sonnenwenden von 829 durch Yaḥya ibn Abī Mansūr und die Sonnen- und Mondbeobachtungen, die in Dayr Murrān mit den Spezialinstrumenten durchgeführt wurden, die al-Ma'mūn in Damaskus anfertigen ließ: ein gewaltiger marmorner Mauerquadrant und ein eiserner Gnomon. Im späten zehnten Jahrhundert baute al-Khujandī einen kolossalen Meridiansextanten von achtzig Ellen, zwei parallele Wände in der Meridianebene, die eine Messingskala trugen, auf die die Sonne durch eine Apertur abgebildet wurde. Über der Skala wurde eine Scheibe mit zwei gekreuzten Durchmessern dazu benutzt, die exakte Distanz der Sonne vom Zenit zu bestimmen. Obwohl das Konzept großartig war, war al-Bīrūnī hinsichtlich seiner Grenzen zu Recht skeptisch. Wir haben die kolossalen Instrumente, die Ibn Yūnus anscheinend zur Verfügung hatte, erwähnt. Die islamische Astronomie legte zwar großen Wert auf große *Skalen* als Voraussetzung von Präzision, übersah dabei aber die mechanischen Faktoren, die so oft die Vorteile der Größe zunichte machten.

In der islamischen Welt wurden noch große Observatorien gebaut, als die Hauptinitiative in der theoretischen Astronomie bereits auf Europa übergegangen war. Wichtige Beispiele sind die von Samarkand (1420/1) und Istanbul (1574/5). Das erstere war in einem großen dreistöckigen Gebäude untergebracht und als Teil eines bedeutenden Forschungsinstituts von Ulug-Beg (1394–1449), dem Enkel des berühmten Timur-Leng, gegründet worden. Das Hauptinstrument war ein enormer Steinsextant mit Marmorverkleidung. Er stand in der Meridianebene und war in einen riesigen Graben (vierzig Meter Radius) gebettet, der in den Berg gegraben war. Seine Überreste wurden 1908 lokalisiert, und 1941 wurde Ulug-Begs Grabmal im Mausoleum von Timur-Leng in Samarkand gefunden: Das Skelett zeigte klare Anzeichen eines gewaltsamen Todes.

Zum Stab des Observatoriums gehörte al-Kāshī [Al Kaschi], der hauptsächlich als der Autor einer Abhandlung über Arithmetik (1427) bekannt ist. Sie ist die beste, die im Mittelalter im Osten verfaßt wurde und brachte die Theorie der Dezimalbrüche. Ulug-Begs Astronomen gaben unter seinem Namen einen bedeutenden Zīj heraus, der sowohl einige exzellente Sinus- und Tangenstafeln als auch verbesserte Planetenparameter und Sternpositionen enthielt. Eine ungewöhnlich hohe Zahl davon basierte auf Originalbeobachtungen statt auf einer Aktualisierung von Ptolemäus oder al-Ṣūfī. Der Sternkatalog weckte später großes Interesse in Europa, besonders in den frühen Tagen ernsthafter arabischer Studien im frühen 17. Jahrhundert.

Al-Kāshīs Beiträge zur Astronomie umfaßten den Entwurf eines neuen Typs des Aequatoriums, eines Instruments, das in vielem eine Alternative zum Zīj darstellt. Bei den einfachsten Ausführungen werden die geometrischen Modelle zur Berechnung der Planetenpositionen durch Metallscheiben mit Gradeinteilung simuliert, und diese Scheiben konnten bei korrekter Positionierung (gewöhnlich mit Hilfe einfacherer Hilfstafeln) die Ergebnisse in einem Bruchteil der Zeit liefern, in der man sich durch gewöhnliche Planetentafeln in Zījes hätte quälen müssen. Die Genauigkeit des Aequatoriums konnte sich natürlich nie mit der des Zīj messen. Obwohl die Genauigkeit des letzteren oft nur scheinbar war, benützte ein wahrer Berufsastronom für ernsthafte Rechnungen weiterhin die Tafeln.

Das Observatorium von Istanbul ist wegen seiner zeitlichen Nähe zu dem großen Observatorium interessant, das Tycho Brahe in Uraniborg eingerichtet hat. Wie in Samarkand und in den von Jai Singh im 18. Jahrhundert in Delhi, Dschaipur und Madras gebauten Observatorien war es mit Mauerinstrumenten von großem Maßstab ausgerüstet. Viel Sorgfalt wurde auf die Fundamente und die Gradeinteilung dieser wahrhaft monumentalen Instrumente gelegt, aber ihre Nützlichkeit war auf wenige Beobachtungsarten beschränkt, die hauptsächlich mit der Sonne zu tun hatten. Selbst da brachte die Undeutlichkeit des auf die Skala geworfenen Sonnenbildes (mit dem Schatten und Halbschatten der jeweiligen Apertur, die zur Bildbegrenzung eingesetzt wurde) ziemlich große Unsicherheiten in die gemessenen Winkel.

Die Armillarsphären können nicht zu den Präzisionsinstrumenten gezählt werden, weil es so schwer ist, sie mechanisch perfekt zu machen. Eine sehr bekannte Illustration aus einem ottomanisch-türkischen Manuskript des 16. Jahrhunderts, das sich heute in Istanbul befindet, zeigt ein großes Armillar-Beobachtungsinstrument aus Bronze mit einem ganz in Holz ausgeführten Tragrahmen. Nach der Zeichnung dürfte das komplette Instrument fast fünfmal so groß wie der abgebildete Benutzer gewesen sein.

Forschungsinstrumente waren natürlich immer relativ selten. Astrolabien, Armillarsphären und Globen wurden die Symbole des Astronomen und Standardteile im Repertoire des Instrumentenbauers. Wie bei der Herstellung anderer Instrumente wurde Ḥarrān ein bedeutendes Zentrum. Waren bei der Herstellung eines Astrolabiums mathematische Fähigkeiten erforderlich, war die Kunst, eine Kugel zu gießen, vielleicht ebenso schwer zu erlangen. Wer wie al-Ṣūfī bei einem Globus Präzision erwartete, wurde enttäuscht. Nicht alle Globen waren aus Metall, die metallenen waren gewöhnlich ein teurer Luxus für die Fürstenhöfe und die Reichen. Für genauere Berechnungen wurde das planisphärische

Astrolabium oder etwas Ähnliches benutzt, aber auch hier blieb die höchste Genauigkeit denen vorbehalten, die mit einem Zīj arbeiten konnten.

Ein typischer Himmelsglobus hatte nur die wichtigsten astronomischen Kreise und vielleicht zwanzig bis dreißig helle Sterne eingraviert. Die besten Globen hatten gewöhnlich einen wesentlichen Bruchteil der 1 022 Sterne, die zu finden waren. Sie wurden aufgrund ihrer Koordinaten eingezeichnet, die den Sternkatalogen von Ptolemäus oder al-Ṣūfī oder ihren Derivaten entnommen wurden. In diesen Fällen würden gewöhnlich die Sternbildsymbole ergänzt – die reichverzierten Ergebnisse spiegeln die Stile der Sternkataloge wider. Zusammen halfen sie die Tradition der Sternbild-Darstellung weiterzugeben, eine Tradition, die nach Europa kam und viele Spuren in der modernen Welt hinterlassen hat.

9 Westlicher Islam und christliches Spanien

Ankunft der Astronomie im Andalus

Vor dem Ende des zehnten Jahrhunderts erhielt die Astronomie am westlichen Ende der zivilisierten Welt einen neuen Anstoß. Vom achten bis zum 15. Jahrhundert war Spanien in einem größeren oder kleineren Ausmaß unter muslimischer Kontrolle, und so wurde es einer der beiden Hauptkanäle für die Übermittlung arabischer Wissenschaft ins christliche Europa. Die andere Hauptroute lief über Sizilien, war aber, was die Astronomie betrifft, von geringerer Bedeutung.

Spanien hatte lange vor der Ankunft der muslimischen Eroberer eine Tradition der Gelehrsamkeit. Nur wenige Gelehrte hatten im frühmittelalterlichen Europa größeren allgemeinen Einfluß als Isidor von Sevilla (um 560–636), ein enzyklopädischer Schriftsteller, der sich hauptsächlich auf römische Texte stützte. Er schrieb über kosmologische Dinge im weiten Sinne: über den Atomismus, die Verteilung der vier Elemente usw., aber seine Kenntnis griechischer Ideen war fast gänzlich indirekt. Die „isidorische" Ära in der spanischen Gelehrsamkeit überdauerte die ersten Eroberungen (das Ende des Westgotenreiches in Spanien kam im Jahr 711), aber selbst dann war die Astronomie wenig mehr als die Manipulation der Zyklen des Sonnen- und Mondkalenders, die später durch einfache Regeln für das Gebet gen Mekka und die Orientierung von Moscheen ergänzt wurde.

Im muslimischen Spanien (al-Andalus) betraten originale griechische Werke und arabische wie hebräische Kommentare zu ihnen zu einer Zeit vermehrt die Szene, da in der Folge des Niedergangs der Nachkommen von Karl dem Großen generell in Europa die Anarchie ausbrach. Mit 'Abd al-Raḥmān III. (912–961) begann das Emirat von Córdoba, das auf kulturellem Gebiet das Kalifat der Abbasiden überstrahlen sollte. Der zweite Emir hatte Agenten, die ihm Bücher von so weit entfernten Orten wie Bagdad, Damaskus und Kairo zuschickten. In der zweiten Hälfte des zehnten Jahrhunderts entstanden in Córdoba Schulen für Mathematik, Astronomie und andere Wissenschaften, die Material aus dem Osten erwarben, kommentierten und ergänzten. In Córdoba arbeitete auch al-Majrīṭī († um 1007), zu dessen vielen Leistungen eine Adaption der Tafeln von al-Khwārizmī auf den Meridian von Córdoba und der muslimische Kalender (mit auf die Hedschra bezogenen Daten) gehören.

Das Beispiel von Córdoba wurde später von arabischen Herrschern an anderen Orten der Halbinsel kopiert – zum Beispiel in Sevilla, Valencia, Saragossa und Toledo. Die Astronomie war keine bloße literarische Tätigkeit: Wenn es auch falsch wäre, ihre Bedeutung zu übertreiben, wurden doch einige nützliche neue Beobachtungen gemacht und wichtige neue Instrumente für Berechnung und Beobachtung entwickelt.

Einer der Gründe für al-Majrīṭīs geschichtliche Bedeutung besteht darin, daß er eine Zahl von Schülern hatte, die sein astronomisches Wissen im ganzen Andalus und darüber hinaus verbreiteten. Die berühmteren darunter waren al-Kirmāni († 1066), der in Saragossa

(Zaragoza) arbeitete, Abū'l Qāsim Aḥmad († 1034; auch unter Ibn al-Ṣaffār bekannt), Abū Muslim ibn Khaldūn und Ibn al-Khayyāṭ († 1055). Ein weiterer, Ibn al-Samḥ von Granada († 1035; einer mehrerer Autoren, die in lateinischen Texten unter dem Namen Abulcasim bekannt sind), verfaßte lange Abhandlungen über das Astrolabium und das Aequatorium sowie einen Zīj, der wiederum auf al-Khwārizmī zurückgriff. Falls der Eindruck entstanden sein sollte, diese Dinge seien etwas Alltägliches gewesen, möchte ich daran erinnern, daß sie im übrigen Europa bis dahin ein fast vollkommenes Geheimnis waren.

Córdoba und Europa

Córdobas kulturelle Einflüsse verbreiteten sich jedoch schnell in den christlichen Staaten im Norden der Halbinsel, und von vielen wissenschaftlichen Werken wurden lateinische Übersetzungen angefertigt. Im islamischen Spanien gab es zahlreiche Kontakte zwischen den religiösen Gruppen, und als Übersetzer kamen zum Beispiel auch die vielen zweisprachigen Juden und Mozaraber, das sind Christen, deren Kultur in vielem dieselbe wie die der Muslime war, in Frage. Bereits im zehnten Jahrhundert, lange vor der allgemeinen Bewegung, wissenschaftliches Material aus dem Arabischen ins Lateinische zu übersetzen, wurde im Benediktiner-Kloster Santa Maria di Ripoll am Fuße der Pyrenäen eine Sammlung von Abhandlungen über Arithmetik und Geometrie, Astronomie und Kalenderrechnung herausgebracht. Solche Übersetzungen fanden über das Netzwerk christlicher Köster und durch den Austausch von Gelehrten unter ihnen in ganz Europa schnelle Verbreitung. Für lange Zeit war es ein Mysterium, wie Hermann der Lahme (Hermannus Contractus, 1013–53), ein Mönch aus dem Kloster Reichenau im Bodensee, eine Abhandlung über Konstruktion und Gebrauch des Astrolabiums verfaßt haben konnte. Die Antwort ist einfach die, daß er irgendwie ein Exemplar von einem der Ripoll-Texte zu Gesicht bekommen hatte.

Ein einflußreicher Gelehrter, der die spanische Wissenschaft im zehnten Jahrhundert verbreiten half, war Gerbert von Aurillac. Während er noch ein Novize war, wurde er in die Obhut des Grafen von Barcelona gegeben, um in den freien Künsten unterrichtet zu werden. Er wurde vom Bischof von Vich [nahe Barcelona] in Mathematik, Arithmetik und Musik unterwiesen, und so war er vielleicht der erste Gelehrte von Rang, der die neue Gelehrsamkeit über die Pyrenäen brachte. In Rom, wo er den Papst mit seiner Gelehrsamkeit erstaunte, stieg er schnell in der kirchlichen Hierarchie auf: Er wurde Abt von Bobbio und Erzbischof zunächst von Reims und dann von Ravenna, bevor er der erste französische Papst (Sylvester II., † 1003) wurde. Er mehrte weniger das wissenschaftliche Wissen, als daß er das Gefühl verbreitete, diese Kenntnisse seien von Bedeutung. Sein Einfluß wirkte hauptsächlich durch Dom- und Klosterschulen, zuerst in Lothringen. Die europäische Kenntnis des Astrolabiums war zum großen Teil ihm zu verdanken, und er wiederum verdankte sie einem Text von Ripoll. Der Westen übernahm damals einiges von der arabischen Terminologie des Astrolabiums, vieles davon wurde aber allmählich durch lateinische Entsprechungen ersetzt. Andere frühe Werke über das Instrument stammen direkt oder indirekt aus dieser Quelle. Es waren Bücher, die von Gelehrten mit unabhängigem Ruf geschrieben wurden: Fulbert von Chartres, Hermann dem Lahmen und Walcher von Malvern.

Dies war eine Zeit, als die indisch-arabischen Zahlen langsam die Gunst der europäischen Astronomen fanden. Der Wandel war alles andere als plötzlich. Aus verschiedenen Gründen hielt der europäische Handel bis ins 16. Jahrhundert und sogar darüber hinaus an den römischen Zahlen fest. Doch hatten im späten 13. Jahrhundert die besten Astronomen ernsthaft begonnen, die neuen Zahlen und die zugehörigen Rechentechniken zu verwenden, über die al-Khwārizmī selbst eine Standardabhandlung geschrieben hatte. Auch hier war es wieder Spanien, das den Anstoß lieferte.

Gelehrte von anderen Teilen Europas, die mehr über diese Dinge erfahren wollten, begannen bald, zur Quelle zu reisen. Die Bewegung wurde unterstützt von der Publizität von Pedro Alfonsi, einem spanischen Juden (Moshe Sefardi), der sich zum Christentum bekehrt hatte und der um 1110 den Hof Heinrichs I. von England besuchte. Dort stieß er auf Interesse an astronomischen Angelegenheiten und traf unter anderem mit dem lothringischen Gelehrten Walcher zusammen, der nach Reisen in Italien zum Prior von Malvern ernannt wurde. Eine von Walcher vorgenommene Adaption eines Textes von Pedro über die Eklipsenberechnung gibt ein Gefühl für die intellektuelle Begeisterung in dieser neuen Bewegung. Das Werk hat viele Schwächen, und Walcher erfaßte es oft nicht in seiner Tiefe, aber er versuchte verzweifelt, die neue Astronomie zu meistern. Pedros Botschaft war einfach und explizit: Gib die alten und primitiven Rechenmethoden auf und lerne die neuen Techniken aus dem Osten. Die Techniken, die er einführte, waren jedoch die von al-Khwārizmī. Als Adelard von Bath östliche Tafeln übersetzte und teilweise anpaßte, fiel seine Wahl auf die al-Khwārizmīs, was eine Jahrhunderte währende Konfusion in die europäische Astronomie brachte. Wie bereits erklärt, waren al-Khwārizmīs Techniken nämlich nicht rein ptolemäisch, sondern mit inkompatiblen hinduistischen Theorien vermischt.

Ein weiterer Zīj, der Berichten zufolge damals zusammengestellt wurde, aber heute offenbar verloren ist, stammte von Ibn Mu'adh al-Jayyānī aus der Stadt Jaén (um 1020; im Kastilischen und Lateinischen wurde er manchmal Abenmoat genannt). Der wurde vom größten Lateinübersetzer, Gerard von Cremona (um 1114–87), der über vierzig Jahre in Toledo arbeitete, ins Lateinische gebracht. Der Einfluß von al-Khwārizmī ist wieder deutlich, obwohl seine Regeln gelegentlich verändert wurden – zum Beispiel die zur ersten Sichtbarkeit des Mondes. Durchaus nicht der uninteressanteste Abschnitt des ganzen Werkes betrifft die Einteilung der astrologischen „Häuser“, das heißt die Stellung eines Horoskops. In der Geschichte sind dafür mehrere mathematische Methoden bekannt, und hier finden wir die Anwendung einer Methode, die traditionell – aber zu Unrecht – dem großen Renaissancegelehrten Regiomontanus (1436–76) zugeschrieben wird. Ihm gehörte anscheinend einst das Manuskript, das als Druckvorlage der Abhandlung aus Jaén diente. (Auf diese Frage kommen wir in Kapitel 10 zurück.)

Al-Zarqellu und die Toledanischen Tafeln

In der zweiten Hälfte des elften Jahrhunderts – ein goldenes Zeitalter der andalusischen Gelehrsamkeit – gründete eine bedeutende Astronomengruppe in Toledo etwas wie eine Schule. Zu ihnen gehörten Ibn Sā'id und Ibn al-Zarqellu [Sarkali]. (Der Name des letzteren

Gelehrten taucht in vielen verschiedenen Formen auf, zum Beispiel al-Zarqālī, Ibn al-Zarqīyāl oder Zarqāllu und – in lateinischen Texten – Arzachel [Azarchel]. „Arzachel" († 1100) sollte in Kürze eine der am häufigsten zitierten astronomischen Autoritäten werden. Sein Name wurde freilich normalerweise im Zusammenhang mit einer Tafelsammlung genannt, für die er nur in zweiter Linie verantwortlich war. Dies soll seine Bedeutung nicht schmälern. Er war ein gelernter Handwerker, der als Hersteller von Instrumenten und Wasseruhren in den Dienst des Kadi von Toledo trat. Er blieb in dieser Stadt, bis ihn die wiederholten Invasionen der Kastilier (zwischen 1078 und 1080) zum Umzug nach Córdoba bewegten. Dort lebte er dann bis zu seinem Tod im Jahre 1100.

Ibn al-Zarqellus wahre geistige Fähigkeiten manifestieren sich in einer Reihe von Schriften. Er soll die Bewegung des Sonnenapogäums gefunden haben, die er aufgrund fünfundzwanzigjähriger Beobachtungen mit 1° in 299 Jahren annahm. Dieses Problem steht in Beziehung zu dem der Präzession oder zur Bewegung der Sterne der achten Sphäre, wie es damals gesehen wurde. Bewegt sich das Apogäum der Sonne mit ihnen?

Ibn al-Zarqellu verfaßte darüber ein heute verlorenes Werk, ein weiteres enthielt seine Theorie der Präzession. Das zweite beschreibt ein Modell für eine Schwingungsbewegung der achten Sphäre, das als von Thābit ibn Qurra stammend in die Geschichte eingegangen ist, obwohl es keine arabische Quelle gibt, die das Modell ihm zuschreibt. Eine frühe lateinische Version des Modells wird ausführlich von Johann von Spanien zitiert, der es Ibn al-Zarqellu zuschrieb. Es gab einen lateinischen Text, für dessen Autor man Thābit hielt, der aber frühestens von 1080 stammen konnte, einem Jahr, in dem Sonnenbeobachtungen in Toledo und Córdoba gemacht wurden. Die Frage ist freilich noch offen, denn von Thābits Enkel Ibrāhīm weiß man, daß er ein kompliziertes Modell dieser Art vorgeschlagen hat. Von ihm glaubte man, daß es sowohl die wechselnde Schiefe der Ekliptik als auch die zunehmende Länge des Sonnenapogäums erklärt.

Das fragliche Modell war leichter zu zeichnen als mathematisch zu entwickeln. Wir werden hier weder das eine noch das andere tun, sondern geben nur eine sprachliche Beschreibung, um eine ungefähre Vorstellung davon zu vermitteln, wie kompliziert die Methode zur Bestimmung der Bewegung der Äquinoktialpunkte war, von denen die scheinbaren Orte der Sterne abhängen. Das Modell enthält zwei kleine Kreise (mit Radius 10,75°), die an gegenüberliegenden Seiten der Himmelssphäre jeweils um einen Punkt des Äquators (die mittleren Aäquinoktialpunkte) zentriert sind. Auf jedem dieser kleinen Kreise läuft ein Punkt, wobei sich die Punkte diametral gegenüberstehen. Die Punkte tragen zwischen sich eine sich bewegende Ekliptik. Noch andere Punkte sind die Äquinoktialpunkte für die fragliche Zeit, wo die Ekliptik den Himmelsäquator kreuzt. Es sollte offenbar sein, daß die so erhaltenen Äquinoktialpunkte auf dem Äquator vor und rückwärts pendeln, aber da die Umlaufsdauer auf den kleinen Kreisen mit mehr als viertausend Jahren angenommen wurde, war die Variation in der Präzessionsdrift nicht erheblich.

Dieses Modell einer Trepidation wird heute oft als absoluter Unsinn abgetan – vergleichbar der Idee, Schlangen würden aus Steinen schlüpfen. Jede Einschätzung der Präzessionsdrift erfordert Daten aus der entfernten Vergangenheit, und da damals das Datenmaterial früherer Autoritäten eindeutig auf eine *variable* Bewegung zu deuten schien, wäre es eher gerechtfertigt, das Modell als einen Triumpf des Scharfsinns anzusehen. Auf alle Fälle wurde es fester Bestandteil des astronomischen Dogmas. Pedro Alfonsi berichtet von einer frühen Varianten: Er hatte Tafeln für eine Epoche im Jahre 1116, zu der verschiedene Parameter gegeben waren; und in den folgenden Jahrhunderten tauchten verschiedene Alternativen auf, insbesondere eine von Kopernikus entwickelte.

Ibn al-Zarqellu schrieb Originalabhandlungen über ein Aequatorium und das universelle Astrolabium. Auf dieses letzte Instrument, das im Westen als *Safea* [arab. safīha = Scheibe] bekannt ist, wurde am Ende von Kapitel 4 angespielt. Es war leichter zu fertigen als zu verstehen und hat eine komplizierte Geschichte. So behauptete Robert von Chester 1147 in London, aus dem Arabischen übersetzt zu haben, als er eine Abhandlung von „Ptolemäus" über das universelle Astrolabium herausbrachte, aber das Werk ist fast sicher eine rein westliche Fälschung. Es ist wichtig, im Auge zu behalten, wie spärlich diese Art Wissen verbreitet war und blieb. Ein Gelehrter, der wie Wilhelm der Engländer 1231 ein universelles Astrolabium allein nach schriftlichen Angeben nachbauen wollte, konnte kaum Fehler vermeiden. Die Safea war im Westen bis lang nach der im Jahre 1263 von Ibn Tibbon durchgeführten Übersetzung von Ibn al-Zarqellus Text nicht richtig verstanden.

Bei weitem einflußreicher als diese Schriften von Ibn al-Zarqellu waren seine Kanons zu den Toledanischen Tafeln, die alle anderen in Spanien und Europa allgemein bis ins frühe 14. Jahrhundert in den Schatten stellen sollten. Außerdem spricht man besser von der Entwicklung der Toledanischen Tafeln als von ihrer Aufstellung, denn sie waren wie die meisten Zījes davor und danach eine Zusammenstellung häufig inkonsistenter Elemente. Grob gesprochen, gebührt die Ehre im wesentlichen al-Khwārizmī und al-Battānī, aber es ist möglich, daß einige Mühe auf ein Beobachtungsprogramm verwandt wurde, um dieses ältere Material zu bestätigen.

Selbst bei den Kanons zu den Toledanischen Tafeln ist die ursprüngliche arabische Version verlorengegangen, aber auf Lateinisch sind zwei Versionen dieses einleitenden Materials zusammen mit vielen Varianten in der Auswahl der folgenden Tafeln erhalten. Die für die Sonnen-, Mond- und Planetenstörungen (Gleichungen) sind großenteils von al-Battānī, eine von al-Khwārizmī. Die Tafeln für die Planetenbreite stammen von al-Khwārizmī – wenn auch einige Manuskripte die von Ptolemäus enthielten. Andere für die Planetensichtbarkeit, die Umkehrpunkte und Rückläufe sind von al-Battānī und Ptolemäus. Und so gehts es im Katalog weiter – sehr weniges ist nicht im östlichen Islam zwei oder drei Jahrhunderte früher anzutreffen. Es gibt einiges astrologische Material, das möglicherweise neu ist, insofern es die Darstellung in Tabellenform betrifft, ansonsten aber nichts Neues bringt. Die Sternkoordinaten wurden natürlich aktualisiert, und in lateinischen Rezensionen waren sie oft auf den Stand der Zeit gebracht, zu der die Kopie angefertigt worden war. Eine der fundamentaleren Änderungen in den Tafeln, auf denen die Sammlung basiert, betrifft die mittleren Planetenbewegungen. Die Basis der Zeitrechnung ist die islamische Hedschra, und zugrundegelegt wurde der Meridian von Toledo. Das bedeutete, daß alle aufgeführten mittleren Bewegungen wegen der Zeitdifferenz zwischen Toledo und al-Khwārizmīs Meridian umgerechnet werden mußten. Obwohl die Differenz nicht genau bekannt war, war der Fehler nicht groß.

Die Toledanischen Tafeln beeinflußten den westlichen Islam in wenigstes einer von drei Zusammenstellungen von Ibn al-Kammād (um 1130). Lange danach (um 1205) gab Ibn al-Hā'im, ein Astronom aus Sevilla, einen Zīj heraus, in dem er behauptete, die Fehler Ibn al-Kammāds berichtigt zu haben. Ibn al-Hā'ims Zīj war einer der letzten von Rang, die im Andalus herausgegeben wurden, aber von der europäischen Warte aus hinterließ er keine Spuren. Er wurde natürlich vom berühmtesten aller spanischen Zījes überschattet, nämlich den Alfonsinischen Tafeln aus den 1270ern. Diese Tafeln, die unter dem Patronat des christlichen Königs Alfons X. von León und Kastilien, aufgestellt wurden, sind Gegenstand eines späteren Abschnitts.

Gegenüberstellung der Toledanischen Tafeln und der von al-Khwārizmī

Obwohl die alten Toledanischen Tafeln in der lateinischen Übersetzung die islamische Astronomie letztlich vollkommen mitten nach Europa brachten, taten sie dies an der Seite von al-Khwārizmīs Zīj, und es dauerte lange, bis sie die dominierende Kraft wurden. Das blieben sie dann, bis im frühen 14. Jahrhundert – und mancherorts noch später – die Alfonsinischen Tafeln ihren Platz einnahmen.

Das Übersetzen aus dem Arabischen ins Lateinische und in die kastilische Landessprache hatte in Spanien eine lange Tradition; wir haben bereits Beispiele dafür gesehen. Zu verschiedenen Zeiten gab es bedeutende Übersetzerschulen in den Pyrenäen, dem Ebrotal und Toledo zum Beispiel. Um die Gründe für diese Aktivitäten zu verstehen, müssen wir bedenken, daß sich die christlichen Gelehrten bewußt waren, daß sie und ihre Schulen in der Astronomie gewaltige Defizite hatten. Wir haben bereits das klassische Beispiel von Walcher, dem Prior der Malverner Abtei in England erwähnt, der von Pedro Alfonsi lernen wollte. Der Zīj, in den ihn Pedro (um 1116) einführte, war ein ziemlich unordentliches Flickwerk von Material, das eng mit dem al-Khwārizmīs zusammenhing. Die mittleren Planetenbewegungen wurden zum Beispiel in einer schauderhaften Weise dem christlichen Kalender angepaßt. Als sich Adelard von Bath zur Übersetzung eines Zīj – vielleicht mit Pedros Hilfe – entschloß, nahm er eine Version der Tafeln von al-Khwārizmī und nicht die Toledanischen.

Die Toledanischen Tafeln halfen zweifellos eine wachsende europäische Nachfrage zu befriedigen, aber man erkennt schwer, aufgrund welcher Kriterien sie schließlich denen al-Khwārizmīs vorgezogen wurden. Die Annahme liegt nahe, daß sie aufgrund der Genauigkeit in der Voraussage beurteilt wurden. Jedenfalls gründete Raimund von Marseille (um 1140) Tafeln für Marseille auf sie, und diese hatten in Frankreich eine gewisse Verbreitung. Robert von Chester, der 1141 nach Spanien ging und sogar Erzdiakon von Pamplona wurde, bevor er 1147 nach London zog, paßte nicht sie, sondern die Tafeln al-Khwārizmīs dem Meridian von London an. Es ist allerdings bezeichnend, daß er einiges toledanische Material einführte.

Die spanische Gelehrsamkeit wurde durch weitere Texte und sehr oft durch jüdische Gelehrte ins Ausland gebracht. Ein berühmtes Beispiel bildet Abraham bar Ḥiyya (bekannt als Savasorda, Schaffensperiode: 1110–35) aus Barcelona, der die astronomischen *Tafeln des Fürsten* verfaßte, die jüdisches, islamisches und ptolemäisches Material mischen. Wenigstens ein lateinisches Manuskript ist erhalten. Das Bezugsdatum (Epoche) ist der 21. September 1104, und das Jahr ist nicht das jüdische, sondern das altägyptisch-ptolemäisch-battānīsche Jahr von 365 Tagen. Abraham legt seine Quelle offen, indem er al-Battānīs Meridian (Rakka) benützt, was eine für einen Spanier merkwürdige Konvention ist. Ein anderer spanischer Jude war Abraham ibn Ezra von Tudela (um 1090 bis um 1164). Er schrieb sowohl in Lateinisch als auch in Hebäisch und reiste in Italien, Frankreich und England herum. Abraham verfaßte um 1143 Tafeln für Pisa, wobei er sich nach eigenem Bekunden an den Zīj von al-Ṣūfī hielt. Ein Londoner Zīj von 1150 hängt anscheinend mit den Pisa-Tafeln zusammen und könnte ebenfalls von Abraham stammen.

Solch ein intellektueller Handel währte fast das gesamte Mittelalter hindurch. Die Verbindungen zu jüdischen Gemeinden in Südfrankreich waren stark, aber die Einflüsse waren breiter. Der Austausch dauerte bis zur Zeit der Vertreibung aus Spanien an. Abraham Zacut zum Beispiel, der um 1452 in Salamanca geboren wurde und einen ewigen Planetenkalender sowie Tafeln zusammengestellt hatte, die von Kolumbus und Vasco da Gama verwendet wurden, wurde aus dem Lande vertrieben und starb um 1522 in Damaskus.

Die Toledanischen Tafeln mit ihren verschiedenen Versionen hatten eine Zeitlang das Monopol. Weit über hundert Manuskripte von ihnen haben bis heute überdauert, was eine ungewöhnlich hohe Zahl für Texte bedeutet, die praktisch nicht mehr von Interesse sind, sobald sie einmal überholt sind. Gelehrte vieler Städte adaptierten sie auf den jeweiligen örtlichen Meridian. Die Toulouse-Tafeln bezogen sich zusätzlich auf den christlichen Kalender. Eine (lateinische) Ausgabe des toledanischen Werkes aus dem 14. Jahrhundert wurde selbst ins Griechische übersetzt. Der kulturelle Kreis war geschlossen.

Das Astrolabium und der Astrolabiumsquadrant

Mindestens vierzig bis fünfzig westliche Abhandlungen über die traditionelle Form des Astrolabiums wurden vor dem Ende des 16. Jahrhunderts geschrieben, und doch bilden sie, wenn man die bereits erwähnte Gruppe dazunimmt, nur drei Familien. Alle entstammen der arabischen Kultur in Spanien. Die erste Kunde über das Astrolabium breitete sich, wie bereits erklärt, im späten zehnten Jahrhundert, offenbar von Katalanien ausgehend, nord- und ostwärts über Westeuropa aus. Dieser erste Anlauf ins klösterliche Europa scheint in der Mitte des elften Jahrhunderts im Sande verlaufen zu sein.

Danach kamen weit stärkere geistige Einflüsse, die auf vollständigeren Texten beruhten, die in der Argumentation besser und leichter verständlich waren. Von zentraler Bedeutung war einer des spanisch-arabischen Astronomen Ibn al-Ṣaffār aus dem elften Jahrhundert; er wurde (von Johannes von Spanien und Plato von Tivoli) zweimal ins Lateinische übersetzt. Das älteste datierte westliche Astrolabium – wenngleich nicht wirklich das älteste – trägt das Datum 417 (der Hedschra, d. h. 1026/7 n. Chr.), und es ist eigenartig, daß der Herstellername auf Ibn al-Ṣaffārs Bruder deutet.

Die dritte Familie von Texten stammt von einer Schule kastilischer Autoren am Hof von Alfons X. im späten 13. Jahrhundert.

Die einflußreichste der drei war zweifellos die zweite. Die Version von Johann von Spanien wurde von Raimund von Marseille und einem Autor benutzt, dessen wirkliche Identität unbekannt ist, dessen Werk aber Māshā'allāh, dem Juden von Basra und Bagdad, zugeschrieben wurde. Diese zweite Familie führte weitere arabische Terminologie (darunter die Worte „Zenit" und „Azimut") in die europäische Astronomie ein.

Wenn wir zum 13. und 14. Jahrhundert übergehen, ist der iberische Einfluß ebenso real, aber weniger offenbar, da die Astronomen ihre Quellen zu vermischen begannen. Einige der bekannteren europäischen Verfasser waren Raimund von Marseille im zwölften Jahrhundert und Sacrobosco [John Holywood] sowie Pierre de Maricourt (Petrus Peregrinus) im 13. Mit dem 14. Jahrhundert kommen wir in eine Zeit, wo in der Landessprache geschrieben wurde. Pèlerin de Prusse verfaßte eine kurze französische Abhandlung für den Thronfolger, den späteren Karl V., der 1364 zum König von Frankreich gekrönt wurde. Der englische Dichter Geoffrey Chaucer leistete mit seiner Abhandlung über das Astrolabium – die in einem Manuskript vermutlich von einem ironischen Schreiber mit dem Untertitel „Brot und Milch für Kinder" versehen wurde – einen berühmten Beitrag. Sie blieb bis in die Neuzeit die einzige in Englisch abgefaßte, befriedigende Arbeit über das Instrument, aber auch sie war vom Werk des Pseudo-Māshā'allāh abgeleitet.

Im späten 13. Jahrhundert wurde eine neue und billige Alternative zum einfachen Astrolabium gefunden. Stellen Sie sich ein Astrolabium mit einem in seiner Position *fixierten* Rete vor. (Es könnte hier hilfreich sein, Bild 4.9 oder 4.17 zu betrachten.) Mit einem durch den Mittelpunkt gespannten Faden, der eine Gleitperle zur Markierung trägt (eine kleine Perle war im Mittelalter der Standardmarkierer), kann jeder Punkt auf dem Rete, zum Beispiel ein Stern, lokalisiert werden: Wenn man den Faden über den Stern spannt, markiert man einfach seine Entfernung vom Zentrum und notiert den am äußeren Rand angezeigten Winkel. Die Drehung des Fadens um einen gegebenen Winkel bewegt die Markierung in eine neue Position, *genauso als hätte man das Rete gedreht.* Die Anordnung dürfte zwar weniger durchschaubar gewesen sein, dafür war sie mechanisch einfacher und auch leichter und billiger zu bauen als ein vollständiges Astrolabium. Gehen wir nun noch einen Schritt weiter und falten das Gesamtdiagramm (Linien des Retes *und* des Tympanons eines normalen Astrolabiums) um die Hauptachse und dann nochmal um die dazu senkrecht stehende Achse. Wir erhalten eine Masse von Linien, Punkten und Skalen, von denen viele doppelt sind, aber wenn man von der Funktion eines Astrolabiums eine gute Vorstellung hat, kann man auf diesem „Astrolabiumsquadranten" genau dieselben Probleme lösen wie auf dem Astrolabium selbst.

Um Höhen zu messen, bringt man kleine, mit Löchern versehene Visiere in eine Kante des Quadranten und neigt diesen dann, bis der Stern oder was immer sonst durch die beiden Löcher zu sehen ist. Die Vertikale wird mit einem Lot an einem Faden bestimmt und die Höhe an der Randskala abgelesen.

Die älteste bekannte Beschreibung eines solchen Instruments wurde zwischen 1288 und 1293 in Hebräisch von Jakob ben Machir ibn Tibbon, verfaßt, einem Autor, der im Lateinischen als Profatius Judaeus bekannt ist. Wenn er auch in der Provence lebte, geboren wurde er in Marseille (um 1236) und gestorben ist er in Montpellier (1305). Seine Familie kam aus Granada, das sein Großvater wegen Bürgerunruhen verlassen hatte. Sowohl sein Vater als auch sein Großvater hatten sich als Übersetzer vom Arabischen ins Hebräische einen Ruf erworben, und es wurde oft – wenn auch ohne jeden Beweis – angenommen, Ibn Tibbons sogenannter „neuer Quadrant" müßte auf einem islamischen Prototyp basiert haben. Daß er ihn den „Israeli Quadrant" nannte, läßt dies zweifelhaft erscheinen. Das Werk wurde schnell ins Lateinische übersetzt (1299 von Armengaud). Die lateinische Fassung wurde durch den dänischen Astronomen Peter Nightingale ausgebaut, und durch dessen Text wurde das Instrument bei vielen lateinischen Astronomen sehr bekannt. Seine Beliebtheit verdankte es der extrem leichten Herstellung: Eine sorgfältige Zeichnung auf

Pergament oder Papier, die auf einen hölzernen Quadranten geleimt wurde, war im Rahmen der Möglichkeiten jedes Gelehrten, wenngleich das Zurechtfinden in dem Gemisch von Skalen und überlappenden Sternmarkierungen dies nicht gewesen sein dürfte. Zweifellos aus dem ersten Grund war es ab dem 15. Jahrhundert im Osmanischen Reich sehr beliebt – gewöhnlich in Form eines lackierten hölzernen Quadranten. In der Türkei überlebte es bis ins 20. Jahrhundert, wo es von Leuten geschätzt wurde, die traditionelle astronomische Methoden für die Ordnung des religiösen Lebens benutzten.

Maschinerie des Himmels

Wir haben gesehen, daß in der Spätantike Wasser zum Antrieb von Automaten, insbesondere zeitmessenden Vorrichtungen, verwendet wurde. Hero von Alexandria (um 62 n. Chr.), der gemeinhin als einfallsreicher Techniker beschrieben wird, aber auch mehrere bedeutende mathematische Ergebnisse vorzuweisen hat, hat zahlreiche Maschinen entworfen, darunter viele, die mit Wasser, Dampf- und Luftdruck betrieben wurden. Eine Arbeit über Wasseruhren ist heute verloren. Wie sein Vorgänger Archimedes scheint Hero die Araber beeinflußt zu haben, und im zehnten Jahrhundert wies al-Khwārizmī darauf hin, daß die alten Techniken nicht verloren gegangen waren.

Klare Anzeichen von griechischem Einfluß finden sich bei al-Jazarī aus dem frühen 13. Jahrhundert. Er stand im Dienst von Naṣir al-Dīn, dem Turkmenen-König von Diyār Bakr [Diyarbakir], für den er eine Vielfalt von pfiffigen Maschinen baute. Er verhehlte nicht, daß die Idee für eine von ihm gebaute Wasseruhr aus einer anderen Arbeit stammte, die er Archimedes zuschrieb. Andere Autoren (darunter der große al-Bīrūnī) erwähnen Uhren, die von Wasser oder Sand angetrieben werden. Offenbar war man fortwährend daran interessiert, nicht nur einfach ein Rad zur abstrakten Zeitanzeige, sondern *eine Darstellung des Himmels* – sei es nun ein flaches Bild oder ein Globus – in einem 24-Stunden-Takt zu drehen.

Solche Apparate tauchen in Spanien im elften und frühen zwölften Jahrhundert auf. In einem Gedicht, das um 887 für den Emir 'Abd al-Raḥmān II. geschrieben wurde, findet sich freilich ein viel früherer Hinweis auf eine Wasseruhr. Eine Arbeit aus dem elften Jahrhundert beschreibt im Detail einen ausgefeilten Mechanismus zum Betrieb von Automaten und führt so eine Praxis fort, die seit der Antike ohne Unterbrechung eine wichtige Quelle von Ideen gewesen war, allerdings keinen direkten Bezug zur Astronomie hatte. Ein weiterer Autor beschreibt eine Himmelskugel, die sich analog zum Tagesablauf dreht und von einem Gewicht angetrieben wird. Das wiederum ruht auf einem Sandbett, dessen Niveau absinkt, indem Sand durch eine Öffnung entschwindet.

Die Wasseruhren im Fes (Marokko) des 14. Jahrhunderts enthielten Astrolabiumsscheiben. Ob zu dieser Zeit westeuropäisches Wissen in die islamische Welt Nordafrikas reimportiert wurde, ist schwer zu entscheiden und bleibt am besten offen. Sicher war aber damals, als die Uhr von Fes in der Qarawiyyin-Moschee [Qarawijjin-, Karawijin-Moschee] aufgestellt wurde, die europäische Astrolabiumsuhr mit einem *mechanischen* Antrieb nicht ungewöhnlich. Und diese äußerst wichtige Erfindung war, wie wir sehen werden, ein direktes Produkt des Wunsches, den sich bewegenden Kosmos darzustellen.

Die Alfonsinischen Tafeln in Spanien und Paris

Paris war ab den 1320ern der bedeutendste Ausgangspunkt bei der Verbreitung der „Alfonsinischen Tafeln", die bald danach die alten Toledanischen Tafeln ersetzten. Es gibt Stimmen, nach denen diese Tafeln nicht wirklich Alfonsinisch, sondern im wesentlichen eine Pariser Schöpfung waren. Ein Exemplar der ursprünglichen Tafeln ist nicht bekannt. Allerdings sind die erklärenden Leitfäden in Kastilisch erhalten, und wir können einige der Parameter in den Tafeln mit ziemlicher Sicherheit rekonstruieren. Ein Großteil des neuen Materials läßt sich auf die verschiedenen führenden Zījes zurückführen, die wir bereits allgemein besprochen haben. Lassen wir jedoch einmal Ursprünge und Verbreitung beiseite, scheint die Aussage vernünftig, ohne Alfons X. von León und Kastilien oder „Alfons den Weisen" hätte es sie nie gegeben.

Die Alfonsinischen Tafeln sind nur ein Aspekt der Gelehrtentätigkeit dieses Herrschers aus dem 13. Jahrhundert, der die Übersetzung von vielen philosophischen und wissenschaftlichen Schriften aus dem Arabischen ins Kastilische gefördert hat. Diese Aufgabe wurde bereits unter dem Patronat seines Vaters, Ferdinands des Heiligen, in Angriff genommen und erinnert stark an die großen Gönner der Astronomie im östlichen und westlichen Islam. Schon die Einführung zu den Kanons benützt Wendungen, die den König in diesem Licht erscheinen lassen. Die Tafeln verwenden das Alfonsinische Grunddatum, den Mittag des 31. Mai 1252, den Tag vor seiner Krönung, obwohl sie nach dem Prolog zwischen 1263 und 1272 zusammengestellt wurden. Diese Epoche eines christlichen Königs wird dann auf die alte spanische Ära, die islamische Hedschra und die (persische) Ära Jezdegerd bezogen. Die kulturelle Kontinuität symbolisiert die astronomische.

Die Übersetzung vom Arabischen ins Lateinische war in Toledo an den Höfen der Erzbischöfe etabliert. (Toledo war die alte westgotische Hauptstadt.) Alfons richtete eine Schule ein, der sowohl christliche und jüdische Gelehrte als auch ein zum Christentum bekehrter Moslem angehörte. Er saß dieser Gruppe gewissermaßen vor, sah ihre Arbeit durch und schrieb Teile von deren Einführung. Die Namen von fünfzehn Mitarbeitern kennt man von der vollständigen Sammlung der Alfonsinischen Bücher, die bedeutende Abhandlungen zu folgenden Themen enthält: Präzession, das universelle Astrolabium in verschiedenen Ausführungen, das sphärische Astrolabium, eine Wasseruhr und eine Quecksilberuhr, den einfachen Quadranten (der heute als der „alte" bezeichnet wird), Sonnenuhren und Aequatoria. Die reiche und enzyklopädische Sammlung umfaßt mit dem *Buch der Kreuze* auch einen astrologischen Text. Die meisten der benutzten arabischen Quellen waren spanisch-arabisch. Man darf sich aber nicht vorstellen, daß es nur einen Ideenstrom in Richtung Europa gab. Daß in einem *chinesischen* Manuskript des folgenden Jahrhunderts genau derselbe Wert der Schiefe der Ekliptik (23;32,30°) wie in zweien der Alfonsinischen Bücher auftaucht, ist erstaunlich und hat wahrscheinlich etwas mit Kontakten zu muslimischen Astronomen zu tun, die unter mongolischer Schutzherrschaft arbeiteten.

Angesichts von Diskrepanzen zwischen neuen Beobachtungen und Voraussagen aufgrund der alten Toledanischen Tafeln ließ Alfons Instrumente bauen und in Toledo Beobachtungen durchführen. Zwei jüdische Gelehrte sind als Verfasser der neuen Tafeln angegeben: Jehuda ben Moses Cohen und Isaak ben Sid. Sie führten in Toledo über ein

Jahr lang Beobachtungen durch, aber der König zog oft mit seinem Hofstaat um, und viel Arbeit wurde ohne Zweifel auch in Burgos und Sevilla erledigt.

In der verwickelten Geschichte der Verbindungen zwischen den spanischen und den Pariser Tafeln, die unter dem Namen „Alfonsinische" in Umlauf waren, gibt es verschiedene Schlüsseldokumente. Das historisch wichtigste ist die *Darstellung der Bedeutung von König Alfons hinsichtlich seiner Tafeln,* die 1321 von Johannes von Murs [Johannes de Muris, Jean des Murs] geschrieben wurde. 1322 verfaßte Johann von Lignères [oder Lignières] – dessen Schüler Johannes von Murs und Johannes von Sachsen waren – eine Arbeit, die stark von den Kanons der alten Toledanischen Tafeln abhing, aber deutlich auf die künftigen „Alfonsinischen Tafeln" hinwies: Er verwendete die Sonnenexzentrizität, die zumindest die Pariser „Alfonsinischen" Tafeln – und meines Erachtens auch die Originaltafeln – charakterisiert. Er brachte auch die Präzession (mit Trepidation) in die Positionen der Apogäen herein, verwendete zwölf Sternzeichen von 30° (Widder, Stier, Zwillinge, usw.) statt sechs von 60° und unternahm andere Schritte, die die Verwendung der spanischen Kanons widerspiegeln. (Später zogen die Pariser Sternzeichen von 60°, die gewisse arithmetische Vorteile bieten, den vertrauteren Tierkreiszeichen vor.)

Danach trugen er und seine Schüler – wobei sicher jeder von der Arbeit der jeweils anderen Kenntnis hatte – die wesentlichen Daten zu der von Johannes von Sachsen 1327 verfaßten Edition zusammen, die die beliebteste Ausgabe der Tafeln werden sollte. Johannes von Lignères schrieb zwischen 1322 und 1327 seine eigenen Leitfäden für die Tafeln, und kurz nach 1320 verbesserte er jene durch Aufnahme *kombinierter Planetengleichungen* beträchtlich. Das war ein wichtiger Schritt. Wir erinnern uns daran, daß Planetengleichungen Terme sind, die mit den stetigen und leicht berechenbaren mittleren Bewegungen zu kombinieren sind, um die endliche Position eines Planeten zu einer gegebenen Zeit anzugeben. Es gibt zwei hauptsächliche Gleichungen, die bei jeder Gelegenheit zu berechnen sind und von denen die eine von der anderen abhängt. Bei der neuen Anordnung gab es für jeden Planeten nur *eine* Tafel, die die kombinierte Gleichung angibt. Sie hing von zwei Parametern ab – dem „mittleren Zentrum" und dem „mittleren Argument" –, unter denen man in der Tafel nachzuschlagen hatte. Die resultierenden Tafeln sind mit *Die Großen Tafeln* korrekt beschrieben. Tatsächlich war ein ähnlicher Schritt drei Jahrhunderte vorher von Ibn Yūnus unternommen worden, was die Pariser aber wahrscheinlich nicht wußten.

Nichts deutet darauf hin, daß man östlich der Pyrenäen viel früher als 1321 von den ursprünglichen Alfonsinischen Tafeln wußte. Eine Bemerkung von Andaló di Negro von 1323 legt nahe, daß er die originalen Kanons zu ihrem Gebrauch kannte, während Johannes von Murs dies offenbar nicht tat. Seine Arbeit von 1321 war im wesentlichen eine Rekonstruktion. Andaló ist in der Geschichte als ein Astronom bekannt, der von dem großen italienischen Geschichtenerzähler Boccaccio übermäßig mit Lob überschüttet wurde. Zufällig weiß man von drei italienischen Gelehrten, die an dem Alfonsinischen Unternehmen beteiligt waren: Johannes von Messina, Johannes von Cremona und Egidio de Tebaldis von Parma. (Die Einbeziehung von Italienern ist keine Überraschung, da sich Alfons bis 1275 als Kandidat für die Kaiserkrone des Heiligen Römischen Reiches sah und regelmäßig mit den italienischen Staaten Botschaften austauschte.) Wir nehmen an, daß die Tafeln von Spanien nach Paris gebracht wurden, können aber nicht angeben, wie das im einzelnen geschah. Es gibt mehrere Möglichkeiten. Johannes von Murs berichtet, er habe jemanden gekannt, der die Tafeln gekannt, aber sein Wissen für sich behalten habe. Dies läßt den Kontakt mit einem in Spanien Ausgebildeten vermuten. Ein Pariser Gelehrter erwähnt in den 1340ern eine *spanische* Version des Alfonsinischen Buches der Fixsterne, „das aus dem Bücherschrank des Königs stammt". Der Schreiber berichtet auch, er habe einen Himmelsglobus gesehen, der für Alfons hergestellt worden sei und auf dem die Sterne passend markiert gewesen seien. Ob diese Dinge in Spanien gesehen wurden oder nach ihrem Transport nach Paris, ist unklar. Vielleicht tauchen eines Tages Dokumente auf, die die Lücke in unserem Wissen über die fehlenden fünfzig Jahre und über die Route der Übermittlung füllen.

Johannes von Murs zeigte beträchtliche Entschlossenheit und Geschick, als er mehrere Parameter aus seinem Material extrahierte. Es war viel schwierige Rechenarbeit zu leisten, und es ist nicht ohne Belang, daß er genau im Jahr seiner *Darstellung* einem Freund eine sexagesimale Multiplikationstafel schickte. Er nimmt für sich nicht in Anspuch, etwas Originales geleistet zu haben, aber er hielt seine Rechnung für richtig, weil die Tafeln dann mit von ihm selbst durchgeführten Beobachtungen übereinstimmten. Seine Loyalität den kastilischen Tafeln gegenüber ist nach dem Tenor seines Schreibens wohl sicher. Eine Zahl für die maximale Gleichung der Sonne (2;10°) scheint ausdrücklich von den spanischen Tafeln berechnet. Die Pariser Planetenparameter dürften viel schwerer zu extrahieren gewesen sein, kamen aber sicher aus derselben Quelle.

Der schwierigste Teil von allem dürfte die Alfonsinische Theorie der Präzession betroffen haben. Diese kombinierte, kurz gesagt, *zwei* Bewegungen: eine *stetige* (säkulare) Bewegung, wie sie von Hipparchos und den meisten frühen Anhängern vorgeschlagen worden war, und eine langzeitliche *oszillatorische* Bewegung im Stil der Theorie der Trepidation, die in zweifelhafter Weise Thābit ibn Qurra zugeschrieben wird.

Die beständige Komponente in der Alfonsinischen Präzession hat eine Rate von 360° in 49 000 Julianischen Jahren. Hier wird von einer ziemlich eigentümlichen Idee Gebrauch gemacht, insofern eine Bewegung der Sterne von einer völlig willkürlichen Entscheidung abhängig wird, wieviele Tage wir für unser Kalenderjahr ansetzen. (Die Wahl von $365\frac{1}{4}$ ist willkürlich – niemand hätte damals ihre exakte Gültigkeit behauptet. Das tropische Jahr war nach diesen Astronomen etwa 10;44 Minuten kürzer als $365\frac{1}{4}$ Tage. In 49 000 Jahren beläuft sich der Unterschied auf 365,23 Tage, und daher rührt die Wahl dieser langen Periode.)

Wenn man die Geschichte der mathematischen Astronomie nachzeichnet, ist man versucht, sich auf die großen Themen zu konzentrieren, die Kopernikus und Galilei betreffen, und die subtileren dafür zu vernachlässigen. Zum Beispiel wird ein publikumswirksamer Film über Kopernikus kaum die Trepidation erwähnen, obwohl er mit dieser Idee liebäugelte und obwohl dies die alte Schwäche illustriert, die Vorgänger unkritisch zu verehren. Historische Anhaltspunkte sind oft in anscheinend harmlosen, ja trivialen Daten verborgen. Nehmen wir zum Beispiel den Sternkatalog, der sowohl in den Alfonsinischen *Büchern der achten Sphäre* als auch in einigen gedruckten Ausgaben der Alfonsinischen Tafeln erscheint. Darin sind die Sternlängen von Ptolemäus systematisch um 17;08° erhöht. Die erste (1256) Auflage dieses Werks, die im wesentlichen auf der vermittelnden (964 n. Chr.) arabischen Sternenliste al-Ṣūfīs basiert, wurde 1276 von zwei Juden überarbeitet, Judah ben Moses und Samuel ha-Levi, und zwei Christen, Johannes von Messina und Johannes von Cremona. Der

Wert 17;08° paßt nicht zur doppelten Theorie der Präzession, wenn man das Zeitintervall zwischen Ptolemäus und 1276 der Rechnung zugrundelegt. Er paßt jedoch zu dem Intervall von 16 n. Chr. (das zufällig der Startpunkt des Alfonsinischen oszillatorischen Modells der Präzession ist) bis 1252 (dem Krönungsjahr von Alfons). Wir wissen, daß einige arabische Astronomen glaubten, Ptolemäus habe von einem verlorengegangenen Werk des Menelaos aus dem späten ersten Jahrhundert gezehrt. Wir wissen heute auch, daß Ptolemäus' Längen im Durchschnitt eher mehr als ein Grad für seine Zeit zu klein waren. Es ist daher zumindest denkbar, daß die Astronomen von Alfons, die die ungefähren Daten von Ptolemäus kannten, ebenfalls wußten, daß seine Längen für seine eigene Zeit mit einem systematischen Fehler behaftet sind, und sie daher einem Astronomen zuschrieben, der im Jahr 16 n. Chr., also ein Jahrhundert früher, arbeitete.

Im folgenden Kapitel kehren wir zur späteren Geschichte der Alfonsinischen Tafeln zurück, die die europäische Astronomie über zwei Jahrhunderte formten. Nach ihrer ersten Pariser Dekade wurden sie in England ständig und bedeutend weiterentwickelt. J. L. E. Dreyer glaubte, in den Tafeln von William Rede die „verschollenen" spanischen Tafeln in ihrer ursprünglichen Form (in England) gefunden zu haben, aber diese lassen sich ganz auf der Grundlage der Pariser Zwischenprodukte erklären.

Die spanische Rolle bei der Wiedergeburt der westlichen Astronomie war weit bedeutender als der Anstoß, der auf direktem Weg aus Richtung Byzanz kam. Der hätte sogar stärker ausfallen können, denn Byzanz hatte Zugang zu besser bearbeitetem östlich-islamischen Material, und es hatte dort nie einen völligen Bruch mit einer Tradition gegeben, die von den Arbeiten von Ptolemäus und Theon Gebrauch machte. Es hatte sogar Zeiten gegeben, da die Astronomie am Hof in Mode kam. Kaiser Heraklius aus dem siebten Jahrhundert zum Beispiel praktizierte Astronomie wie sein Nachfolger Manuel Komnenos ein halbes Jahrtausend später. Wenn wir ihr Werk als nach innen gerichtet beurteilen, liegt der Fehler vielleicht bei uns, denn dies ist weitgehend unerforschtes historisches Territorium. Im elften Jahrhundert wurden neue astronomische Schriften verfaßt, die aber jetzt von arabischen Zījes abgeleitet waren. Im 14. Jahrhundert gab es nochmals eine byzantinische astronomische Wiedergeburt, aber sie bestand hauptsächlich in Kommentaren zu lange überholten Werken, insbesondere denen von Ptolemäus. (Drei Astronomen, die hier Erwähnung verdienen, sind Theodoros Metochites, sein Schüler Nikephoros Gregoras und Nicolaus Cabasilas.) Zur selben Zeit wurden neue Sammlungen von persischen Tafeln in Übersetzungen von Gregor Chioniades erhältlich. Diese neue Aktivität hat ihre eigene Geschichte, aber sie kam zu spät, um außerhalb von Byzanz von großem Einfluß zu sein, wobei wir von der Literatur einmal absehen. Darin hatte sie wie alle griechischen Dinge in der Renaissance ein gewisses Maß an Prestige, aber sie war letztlich ohne Kraft, um den Lauf der Astronomie in einer Weise zu beeinflussen, die der der Astronomen des Andalus entspochen hätte.

10 Europa des Mittelalters und der frühen Renaissance

Einheimische Traditionen

Da sich in Europa ein starkes Interesse an den Bewegungsmustern am Himmel bis in die Jungsteinzeit zurückverfolgen läßt, überrascht es nicht, daß wir in den ältesten uns zur Verfügung stehenden Dokumenten Spuren davon finden. In seinem Bericht von den Gallischen Kriegen schreibt Julius Caesar den Druiden astronomische Kenntnisse zu, und der römische Historiker Plinius d. Ä. (23–79 n. Chr.) ergänzt einige Einzelheiten. Anscheinend haben die Kelten jeden Monat, jedes Jahr und jeden Zyklus von dreißig Jahren bei Neumond begonnen. Die Tage – im Sinne von Tag und Nacht – begannen nachts. (vgl. das englische fortnight für vierzehn Tage.) Fragmente eines Bronzekalenders wurden zusammen mit Bruchstücken einer Statue eines Gottes 1897 bei Coligny in der Nähe von Lyon in Frankreich gefunden. Unbedeutendere Fragmente eines weiteren hatte man 1802 im Antre-See bei Moirans (Jura) entdeckt. Sie scheinen vom Ende des zweiten Jahrhunderts zu stammen und zu zeigen, daß die damals gebräuchlichen Lunisolarkalender Monate von neunundzwanzig oder dreißig Tagen hatten und alle fünf Jahre zwei Monate von dreißig Tagen eingeschaltet wurden. Der Coligny-Kalender weist ein kompliziertes Muster auf, Monate und Tage auszuzeichnen, – vermutlich zur Unterscheidung von günstigen und ungünstigen. Eine solche Unterscheidung war in den Kalendern des ganzen Mittelalters gebräuchlich, vorwiegend wurde ein als „ägyptische Tage“ bekanntes System benutzt. In der frühen irischen Literatur ist belegt, daß Geburten manchmal verzögert wurden, um sicherzustellen, daß sie an einem Glückstag stattfanden. (Bemerke, daß die Kelten ihre Tage zu Dreier- und Neunergruppen zusammenfaßten. Die jüdische Woche von sieben Tagen wurde erst mit dem Christentum eingeführt.)

Eine frühere Zeiteinteilung in Jahreszeiten, wie sie speziell durch die Winter- und Sommersonnenwenden gegeben ist, hat Spuren im Brauchtum der ganzen keltischen Welt hinterlassen – namentlich in Britannien, Irland, Wales, der Insel Man und dem schottischen Hochland. Es wurde oft gesagt, die Festtage der christlichen Kirche seien klugerweise auf die älteren heidnischen Festtage gelegt worden. Das Fest von Johannes dem Täufer am Mittsommertag habe das Beltene-Fest [1. Mai] ersetzt, und zwar auf Betreiben des hl. Patrick selbst. (Patrick spielt einmal auf die Sonnenanbetung in Irland an.) Es sind jedoch selbst in den christlichen Festen heidnische Elemente enthalten, und daß die Sonnenfeste – die meisten von ihnen sind per definitionem heidnisch – fast überall verbreitet sind, macht es schwierig zu entscheiden, ob das importierte Fest viel weniger heidnisch war als die einheimische Version.

Alte germanische und skandinavische Traditionen ähnlicher Art sind schwerer auszumachen. Es existieren Felsmarkierungen aus Schweden, die Sonnenkulte nahelegen, und Sonne und Mond, Tag und Nacht sowie Sommer und Winter sind in den Versen der älteren Edda allesamt Personen. Vom lateinischen Schriftsteller Procopius erfahren wir: Wenn die Sonne an Orten, nördlich des Polarkreises, im Winter für (nach seinen Worten) vierzig

Tage verschwand, wurden die Tage abgezählt, bis es Zeit war, Beobachter in die Berge zu schicken, um nach der Sonne Ausschau zu halten und ihre Rückkehr den Leute unten fünf Tage im voraus zu melden, damit sie ihr größtes Fest vorbereiten konnten.

Unter allen Völkern des Baltikums gibt es vergleichbare Sonnenkulte, und natürlich auch in Island, aber fast immer, wenn man auf Elemente stößt, die an die systematischeren Teile der Astronomie von anderswo erinnern, sind kulturelle Einflüsse nachzuweisen. Ein gutes Beispiel bilden die sog. „Goldenen Hörner von Gallehus", zwei große hornförmige Artefakte aus Gold, die in der Nähe des dänischen Dorfes Gallehus, allerdings nicht zur selben Zeit, gefunden wurden. Sie wurden 1802 aus dem königlichen Tresor in Kopenhagen gestohlen und gingen so für immer verloren, aber genaue Zeichnungen zeigen, daß sie mit menschlichen und tierischen Gestalten überdeckt waren, die W. Hartner als stilisierte Inschriften (in Runen geschrieben) interpretiert, die sich auf die Sonnenfinsternis am 16. April 413 beziehen. Hartner erkennt in der Symbolik Spuren der hellenistischen und orientalen Astronomie.

Die Kosmologie der frühen christlichen Kirche

Die christlichen Schriften haben nach Ansicht einiger Historiker das Betreiben der Astronomie als Wissenschaft begünstigt, andere meinen das pure Gegenteil. Sie verwenden viele primitive Analogien zwischen dem Universum und der Ausstattung der Alltagswelt. Das Bundeszelt (Stiftshütte), das Moses in der Wüste baute, war die Welt, der siebenarmige Leuchter die Sonne, der Mond und die Planeten, die sechsflügeligen goldenen Figuren waren vielleicht der Große und Kleine Bär. Diese Dinge standen nicht im Widerspruch zur Wissenschaft, bis sie allmählich zu einem großen System mystischer Kommentare wurden, das – so wurde es oft empfunden – als Glaubensgut um jeden Preis zu verteidigen war. In einigen Fällen wurde dieser Mystizismus mit primitiven Anschauungen verschnitten, zum Beispiel im extremen Fall des Lactantius (etwa 240 bis etwa 320), der Erzieher beim Sohn des römischen Kaisers wurde. Er predigte gegen Aristoteles und sprach sich für eine flache Erde aus.

Es ist ein verbreiteter Mythos – der anscheinend von den Lehrern kleiner Kinder von Generation zu Generation weitergegeben wird –, daß Kolumbus entdeckte, die Erde sei rund. Freilich glaubten verschiedene Leute zu verschiedenen Zeiten Verschiedenes. Die Lehren der Griechen und ihrer intellektuellen Nachfolger war einfach genug, aber man trifft in der Spätantike und im Frühmittelalter auf viele Echos von Lactantius' Feindseligkeit gegenüber der runden Erde und den kosmischen Sphären. Die mögliche Existenz von Menschen an den Antipoden beunruhigte solche Schreiber noch über Jahrhunderte. Diese Vorläufer der Rollen aus dem Film *Neighbours* stammten ihrer Meinung nach nicht von Adam ab, waren jenseits der Erlösung und waren, da sie mit ihren Köpfen nach unten herumspazierten, nicht zu rationalem Denken imstande.

Einige der Kirchenväter taten ihr Äußerstes, um die Schriften mit der griechischen Philosophie in Einklang zu bringen: Hier verdient Ambrosius, der Bischof von Mailand (etwa 339 bis etwa 397) einen Preis für seine Bemerkung, ein Haus könne im Inneren sphärisch sein und von außen quadratisch. Mit dem Buch Genesis hatte man immer Probleme, zum Beispiel beim Ort des Wassers, das irgendwo über dem Firmament schwebte. Der hl. Augustinus (354–430) verwandelte das Christentum – zu dem er sich erst spät bekehrte – durch seinen Neoplatonismus und sein Heidentum, doch war er imstande, die Frage der Kugelgestalt zu diskutieren. Er äußerte aber keine endgültige Meinung darüber. Im Vergleich mit diesen Autoritäten sorgt Johannes Philoponos (etwa 490 bis etwa 570) für einen erfrischenden Wandel. Er war es vor allem, der die alexandrinische Schule in eine christliche verwandelte, und seine Kommentare über Aristoteles, mitsamt seiner Kritik an der Ewigkeit und Substanz des Himmels („die fünfte Essenz"), haben ein hohes geistiges Niveau. Er hätte einen Platz in der Geschichte verdient, selbst wenn er nichts anderes als *Über die Konstruktion der Welt* geschrieben hätte. Dies ist nämlich ein niederschmetternder Angriff auf Theodor von Mopsuestia, der die Schrift als wissenschaftlichen Text verwendete, der beweist, daß der Himmel nicht sphärisch ist und daß die Sterne von Engeln bewegt werden.

Diese langwährenden Debatten im frühen Christentum hatten Rückwirkungen auf ganz Europa. Große Veränderungen kamen mit dem Zusammenbruch des Weströmischen Reiches. Der Druck auf Rom hatte über ein Jahrhundert von Norden her zugenommen, als 476 Odoaker der erste Barbarenkönig von Italien wurde. Der andere große Wandel in Nordeuropa kam mit der Bekehrung vieler seiner Völker zum Christentum. Mit ihm brachte die Kirche Bücher und Wissenschaft. Der Gelehrte Isidor aus dem siebten Jahrhundert war bereits im Zusammenhang mit Ereignissen in Spanien erwähnt worden. Seine Strategie, Schwierigkeiten zu umgehen, bestand im Zitieren griechischer Autoritäten, ohne an ihnen größere Kritik zu üben.

Isidors Fall illustriert nicht recht die dramatische Mischung der Kulturen, die an den Außenposten von Europa stattfand. Hier ist Beda der Ehrwürdige, der fast sein Zeitgenosse (672–735) ist, ein besseres Beispiel. Er war in den Klöstern von Wearmouth und Jarrow (in der Nähe von Newcastle) erzogen worden, die von ihrem Abt Benedict Biscop ein paar Jahre vorher gegründet worden waren. (Das Klosterwesen hatte in Britannien um das Jahr 430 begonnen.) Benedict war weit herumgekommen: Er hatte an der berühmten Schule von Lérins (eine Insel bei Cannes) und in Rom studiert und brachte von Rom zwei Gelehrte aus noch ferneren Ländern mit. Erzbischof Theodor [von Canterbury] kam letztlich aus Tarsus in Kleinasien und Abt Hadrian von Nordafrika und Neapel. Später brachte Beda weitere Gelehrte aus Irland und dem europäischen Festland dazu, sich ihm anzuschließen.

Beda hatte Glück, und das Dutzend Bände seines herausgegebenen Werks zeugt von einer Beherrschung der meisten Zweige der konventionellen christlichen Gelehrsamkeit. Die Astronomie war nicht stark vertreten, aber Zeiteinteilung in Stunden und nach Kalender war für die Rituale des Klosterlebens, was die Grammatik für das Bibelstudium bedeutete. Bedas Arbeiten zu diesem Thema, der *Computus*, wurden Klassiker, auf die man sich über tausend Jahre bezog. Er machte von dem neunzehnjährigen Mond-Sonnen-Zyklus Gebrauch, um einen fortwährenden Osterzyklus von 532 Jahren zu konstruieren, wobei er frühere Zyklen, über die die Meinung der Kirche geteilt war, in Einklang brachte. Als Historiker führte Beda die Datierung der Ereignisse bezüglich der Geburt Christi ein. Über die Gezeiten schrieb er weitgehend aufgrund eigener Erfahrung, aber im kosmologischen Glaubensbereich übernahm er – zum Beispiel in seinem Buch *Über die Natur der Dinge* – eine buntscheckige Sammlung von Ideen über die Sterne, den Donner, Erdbeben, die Teile der Erde usw., indem er die Heilige Schrift, Isidor und Plinius als Quellen benützte. Beda lehrte wohlgemerkt tatsächlich die Kugelgestalt der Erde und grundlegende Astronomie, soweit man sie brauchte, um die Ungleichheiten von Tag und Nacht, deren Variation mit der geographischen Breite und das grobe und allgemeine Muster der beobachteten Planetenbewegungen zu erklären.

Bedas scholastische Texte erfreuten sich lange eines außerordentlichen Rufs und hielten einfache, allgemeine Prinzipien der Astronomie zu einer Zeit am Leben, als diese von vielen in der Kirche geschmäht wurden. Im elften Jahrhundert wurden seine Bücher weitgehend von den Boethiusschen verdrängt. Boethius (480–524), ein römischer Aristokrat, der heute vor allem wegen seines *Trostbuches der Philosophie* bekannt ist, hatte mit Ausnahme der Astronomie über fast jeden Aspekt der scholastischen Gelehrsamkeit geschrieben. (Dieser Umstand spiegelt vermutlich den Mangel an astronomischen Lehrbüchern im Rom seiner Zeit wider.) Allerdings suchte Theoderich – der Ostgotenkönig von Italien, der später Boethius hinrichten lassen sollte – seinen Rat, als der König von Burgund um eine Wasseruhr und eine Sonnenuhr bat.

Boethius wollte die Schriften von Platon und Aristoteles in Einklang bringen, und so besteht auf lange Sicht seine Wirkung auf die westliche Wissenschaft in der Propagierung einer Kosmologie, die mehr oder weniger die des Aristoteles war. Er stärkte die Achtung gegenüber einem Universum, das von Ketten aus Ursachen und Wirkungen regiert war. Er ebnete einer umfassenderen aristotelischen Invasion im 13. Jahrhundert den Weg, was – allerdings sehr spät – mit der Einführung eines eher physikalischen Zugangs zu kosmologischen Fragen Früchte trug.

Zwei antike Schriftsteller, die auf die mittelalterliche Astronomie einen größeren Einfluß als Boethius hatten, sind Martianus Capella und Macrobius. Beide lateinischen Autoren kamen anscheinend aus Nordafrika. Martianus verfaßte *Über die Heirat des Merkur und der Philologie*, unzweifelbar eines der populärsten lateinischen Lehrbücher des Mittelalters. Darin präsentiert jede der sieben Brautjungfern eine der sieben freien Künste – die Grammatik, Rhetorik und Dialektik, die das „triviale" Trivium bilden und das fortgeschrittenere „Quadrivium" der Wissenschaften: Geometrie, Arithmetik, Astronomie und Musik. Die Astronomie war sehr primitiv und dürfte nach dem Aufkommen islamischer Texte von denen, die sich mit ihnen auseinandersetzen wollten, als unerträglich verschwommen beurteilt worden sein, aber sie hatte das Zeug zu gutem Kino. Die Brautjungfer der Astronomie kommt auf die Hochzeitsfeier in einer Hohlkugel himmlischen Lichts, die mit einem durchscheinenden Feuer gefüllt ist und leicht rotiert. Sie trägt einen Stechzirkel und einen Globus. Diese Gegenstände symbolisierten seit langem die Astronomie.

Macrobius verfaßte im fünften Jahrhundert einen Kommentar zu Ciceros *Traum des Scipio*, in dem der Träumer eine Reise durch die Sphären unternimmt, auf der er das gesamte Universum ausgiebig betrachten kann. Dieser Rahmen erlaubte Macrobius, die Astronomie in einer literarischen Art, weniger farbig als Martianus und mehr dem Stile Ciceros und Platons entprechend, zu erklären. Beide Schriftsteller übernahmen leider mehr aus schlechteren Astronomie-Handbüchern als von den führenden Autoritäten der Antike. Der Kommentar von Martianus wurde auch sehr beliebt, und zusammen mit Macrobius versorgte er die Dichter Dante und Chaucer mit Modellen für himmlische

Reisen verschiedener Art. Tatsächlich half Dantes *Göttliche Komödie*, die Popularität der Quellen selbst, wie auch von Aristoteles, zu mehren.

Es ist kein Zufall, daß Dante in ihr, der größten aller mittelalterlichen Allegorien, ein moralisches Thema im Rahmen der aristotelischen Kosmologie behandelte. Seine *Göttliche Komödie* kann auf verschiedenen Niveaus gelesen werden, aber zunächst einmal enthält es seine Vision einer Reise zur Hölle, zum Fegefeuer und ins Paradies. Die Hölle wird als eine kegelförmige Grube mit Stufen beschrieben, den aufeinanderfolgenden Kreisen sind dabei die verschiedenen Klassen von Sündern zugewiesen. Das Fegefeuer wurde als ein Berg gesehen, der sich in einer Folge von kreisrunden Hauptstufenplatten mit mehreren Klassen bereuender Sünder erhebt. In der Hölle und im Fegefeuer ist der Dichter Vergil sein Führer, und an beiden Orten sieht und spricht er seine früheren Freunde und Feinde. Das Paradies ist hingegen ein Ort des Lichts und der Schönheit, in dem Beatrice, inzwischen ein Engel, seine Führerin ist. Dies ist eine Vision dessen, was er für den wahren Zustand der Welt jenseits der Erfahrung der Lebenden hielt. Nach seinem eigenen Bekunden ist ihr Thema, daß der Mensch, entsprechend den Akten seines freien Willens, der gerechten Belohnung oder gerechten Bestrafung entgegengeht. Wörtlich genommen sind seine Beschreibungen mehr oder weniger das, was die damals gebräuchlichen, klassischen astronomischen Autoritäten lehrten. Sein Universum ist eine modifizierte aristotelische Welt mit eingebauten Harmonien unterschiedlicher Art, und das durchgängige Motiv ist, daß das menschliche Glück aufs innigste mit diesen Harmonien verknüpft ist. Beatrice fungiert als seine Tutorin und erklärt ihm, wie die natürlichen *Formen* der Dinge funktionieren, wer das Feuer zum Mond trägt, was die Welt im Innersten zusammenhält, daß das Primum Mobile, der erste Beweger, unvernünftige und vernunftbegabte Wesen gleichermaßen bewegt. Sie erklärt zahlreiche technische Einzelheiten in allgemeiner Sprache: Die Mondflecken, die Sonnenfinsternis, die Epizyklen und ihre Wirkung bei der rückläufigen Bewegung, das Zeigen der Magnetnadel auf den Polarstern usw. Wie das zugehe, fragt sie Dante, daß er durch die Sphären fliegen könne. Wenn du, Dante, – befreit von Zwang – auf dem Grund dieser aristotelischen Welt stehen bleiben würdest, bedeutet sie ihm, das gäbe Anlaß zu Verwunderung.

Im achtundzwanzigsten Canto des *Paradiso* blickt Dante in Beatrices Augen und sieht Gott als einen unendlich kleinen strahlenden Lichtpunkt, der von neun strahlenden Ringen umgeben ist, die Beatrice mit den Himmelsbewegungen – das aristotelische oder vereinfachte ptolemäische System –, aber auch mit den drei Hierarchien oder neun Chöre von Engeln in Verbindung bringt, wie sie von Dionysios beschrieben werden. Dieser Autor eines populären neoplatonischen Werks mit Namen *Himmlische Hierarchie* war nicht, wie Dante dachte, der herausragende Athener Dionysios Areopagites, den der Apostel Paulus zum Christentum bekehrte, aber das hat nichts zu sagen. Die pedantische Beatrice konnte nicht umhin, darauf hinzuweisen, daß Gregor [der Große, Papst] anderer Meinung gewesen war. An anderer Stelle übernimmt Dante sogar ein drittes System. Die Einzelheiten brauchen uns nicht zu kümmern, aber es gibt in dieser ganzen Kombination grober astronomischer und theologischer Elemente zwei Punkte von großem Interesse. Die Quellen sind letztlich apokalyptische Schriften jüdischer Herkunft und noch frühere persische und babylonische Literatur, die irgendeinen astronomischen Ursprung hatten. Die Geschichte war zum Ausgangspunkt zurückgekehrt. Und die Engel stellen allegorisch das Walten der göttlichen Vorsehung dar, durch das die Liebe Gottes die spirituelle Ordnung des Universums aufrechterhält. Hier klingt etwas der astrologische Determinismus an, aber dieser war so christianisiert, daß er über jeden Vorwurf erhaben war. Es ist nicht ohne Belang, daß die Seelen der Gesegneten, die in den verschiedenen Himmeln angetroffen werden, genau nach astronomischen Prinzipien plaziert sind.

In Dantes Gedicht gibt es eine weitere Art der kosmischen Symmetrie, die durchaus Beziehungen zur ersten hat: eine Form des Zahlenmystizismus, der hauptsächlich die Zahl neun ins Spiel bringt. Sie findet sich zum Beispiel in der Struktur der Hölle, die die des Paradieses in einer eigentümlichen Weise spiegelt. Dante schafft es, die Zahl der Zeilen und Gesänge in die Symmetrien seiner Geschichte einzuarbeiten, und die des Kalenders auch. Die ganze Geschichte war auf ein spezielles Osterfest bezogen – man hat sich allgemein auf Ostern 1300 geeinigt –, und manche haben behauptet, er habe die Planetenpositionen eingewoben. Er hat sicherlich dem Ganzen einen persönlichen astrologischen Touch gegeben: Wie er vom Himmel des Saturn zum Fixsternhimmel aufsteigt, bemerkt er, daß er zu seinem Sternzeichen – den Zwillingen (Gemini) – gekommen ist. Er spricht, als hätten die Sterne von Gemini bei seiner Geburt Geist verströmt, und bedankt sich bei ihnen für sein Genie. Schließlich wendet er sich um, und der Blick auf die Himmelssphären vermittelt ihm Einsicht in Lauf und Charakter der Planeten. Dies ist eine Geschichte von der göttlichen Liebe, aber wir fühlen uns an einige der auffallendsten Zeilen des ganzen Gedichtes erinnert, in denen Dante im Eröffnungsgesang des *Purgatorio* Venus beschreibt:

> Das freundliche Gestirn der Liebenden
> durchglänzte lächelnd schon den ganzen Osten
> und überstrahlte sein Geleit, die Fische.[1]

Wie ernst war das gemeint? Ging die Venus in der Morgendämmerung mit den Sternen von Pisces auf, wie er darlegte? An Ostern 1301 war es so, Ostern 1300 nicht. Es wurde sogar ein fehlerhafter Almanach, den er benutzt haben könnte, aufgetan. Ob das nun zutrifft oder nicht, wir können mit einiger Zuversicht behaupten, daß Dante weit mehr an den formalen, achitektonischen Symmetrien seiner Kunst interessiert war als an speziellen astronomischen Details.

Chaucer wählte gegen Ende desselben Jahrhunderts einen anderen Zugang, als er astronomische Allegorien in seine Kunst einflocht. Als Verfasser von Abhandlungen über das Astrolabium und das Aequatorium war er ein kompetenter und erfahrener Rechner, er hatte die beste Ausgabe der Alfonsinischen Tafeln und konnte selbst in seinem dichterischen Schaffen damit korrekt umgehen. Viele seiner *Canterbury Tales* weisen unter der Oberfläche Züge astronomischer Allegorie auf, die auf ganz speziellen Himmelsereignissen zu seinen Lebzeiten oder gar zur Zeit der Niederschrift beruhen. Es gibt so viele Fälle, und sie sind so verschieden, daß man nicht weiß, wo man beginnen soll. Aber da die Erzählung des Nonnenpriesters (*The Nun's Priest's Tale*) relativ bekannt ist, können wir kurz einige Elemente daraus nehmen.

Diese Geschichte handelt von dem Hahn Chauntecleer und wie er gerade noch dem Fuchs entkam. Von Natur aus wußte der Hahn, daß es neun Uhr morgens war, wenn die Höhe der Sonne 41° beträgt und ihre Länge etwas mehr als 21° im Taurus ist. (Der Dichter

[1] Anm. d. Übers.: in der Übersetzung von Karl Vossler

setzt das nicht in so dürren Worten auseinander, aber deutlich genug.) Die gegebenen Daten passen perfekt zu einem bestimmten Datum: Freitag, den 3. Mai 1392. Das ergibt sich aus astronomischen Tafeln von dem Mönch Nikolaus von Lynn, den Chaucer kannte und an anderer Stelle erwähnte. Die Rollen in dem Gedicht haben einfache Entsprechungen am Himmel – Chauntecleer ist die Sonne, seine Frauen sind die Sterne in den Plejaden, die die Sonne am Tag der Geschichte tatsächlich passiert hat. Der Fuchs ist der Saturn. Die Geschichte hängt an vier Anordnungen am Himmel während des schicksalshaften Tages, und man kann sich gut vorstellen, daß diese im Anschluß an die Erzählung mit Hilfe des Astrolabiums erklärt wurden, von dem Chaucer so viel verstand. Wer immer noch skeptisch ist, wird vielleicht von Folgendem überzeugt: Es stellt sich heraus, daß die mittelalterliche Sternkunde vieler Länder die Plejaden als sieben Hühner auffaßte. Die Sonne passierte tatsächlich am fraglichen Tag die Plejaden, und zu Beginn der Geschichte erzählt uns Chaucer explizit, daß Chauntecleer an der Seite seiner sieben Frauen ging. Was man mit Astronomie nicht alles machen kann.

Die Universitäten und die Pariser Astronomie

Der Rahmen der formalen mittelalterlichen Erziehung im Westen beruhte auf den sieben freien Künsten. Sie bildeten den Kern des Lehrplans an den Universitäten und waren eine große Kraftquelle für diese charakteristische europäische Institution. Die Universitäten leiteten einige ihrer Organisationsmuster aus islamischen Gelehrtenschulen ab, aber neu war, daß sie, unter dem Schutz örtlicher Herrscher und des Papstes und mit Privilegien ausgestattet, auf dem ganzen Kontinent Anerkennung fanden. Letztlich war der Zweck der Universitäten, die Kirche mit einem ausgebildeten Klerus zu versorgen, aber das soll nicht bedeuten, daß sie im selben Maß wie die älteren Domschulen der Religion verhaftet waren. Die Fakultät „Künste" bildete die Grundlage, während die höheren Fakultäten Recht und Medizin sowie die höchste, Theologie, nur von einem Bruchteil der Studierenden erreicht wurde. Der Großteil der Studenten war zu Kenntnissen in den „vier Wissenschaften" verpflichtet, von denen die Astronomie eine war. Die Medizin jedenfalls erforderte Astronomiekenntnisse, denn es waren nicht nur Praktiken wie das Blutabnehmen mit den Mondphasen verknüpft, sondern die astrologische Prognose war ein wichtiger Teil des ärztlichen Repertoires.

Die Universitäten lieferten eine Elite mit Kenntnissen, die im Kirchen- und Staatsdienst gebraucht wurden. Die ersten, die diesen Namen verdienen, waren in der Reihenfolge ihrer Gründung: Bologna, Paris und Oxford. Die Gründungsdaten waren bereits im Mittelalter strittig und interessieren hier nicht, aber keiner würde leugnen, daß ihre gesellschaftliche und geistige Bedeutung am Anfang des 13. Jahrhunderts deutlich zunahm. Man brauchte neue einführende Lehrbücher, und so geschah es, daß Johannes von Sacrobosco *Über die Sphäre* schrieb, welches das am meisten verbreitete Astronomiebuch aller Zeiten werden sollte. Dieses Werk, das ein Mann verfaßt hatte, der vielleicht ein Master in Oxford und mit Sicherheit ein Lehrer in Paris war, war reich mit Zitaten klassischer Dichter versehen. Es behandelte nur elementare sphärische Astronomie und Geographie und kaum die Planetentheorie; aber ein Anfang war gemacht. Derselbe Autor verfaßte andere beliebte Lehrbücher über Arithmetik und den Computus (Kalenderrechnung).

Weitere Werke vom selben Niveau folgten – zum Beispiel von Robert Grosseteste, Oxfords erstem Kanzler und frühem Anhänger der aristotelischen Wissenschaft –, und sie wurden, was die Planetentheorie betrifft, durch einen Buchtyp ergänzt, der unter dem Gattungsnamen *Theorica planetarum* (Planetentheorie) bekannt ist. Ein gutes Beispiel für solche Bücher, die in den Schulen ab dem zwölften Jahrhundert benutzt wurden, war Johannes von Sevillas Übersetzung von al-Farghānīs Abhandlung; Roger von Hereford schrieb ein anderes. Das berühmteste westliche Beispiel stammt jedoch von einem unbekannten Verfasser und wird heute wie im Mittelalter mit seinen Anfangsworten in Latein zitiert („Circulus eccentricus vel egresse cuspidis . . . "). Seinem Autor unterliefen technische Fehlinterpretationen, und es war in der Frage der planetaren Parameter leider wenig informativ, aber es half, das astronomische Vokabular zu stabilisieren.

Mit Hilfe von Zeichnungen lehrte das Buch die Grundzüge der Planetenmodelle und stand damit im Gegensatz zu den Kanons der Tafeln, die gewöhnlich nur die Verfahrensregeln ohne Begründung brachten. Es verschaffte aber keinen Eindruck davon, wie man auf diese Planetentheorien gekommen war. Der *Almagest* des Ptolemäus, der natürlich den Hintergrund dieser Bücher bildete, hätte dies tun können, er war nämlich im zwölften Jahrhundert zweimal ins Lateinische übersetzt worden, einmal aus dem Griechischen und einmal aus dem Arabischen. (Der humanistische Kult des reinen griechischen Textes führte zu einer weiteren Übersetzung, die 1451 durchgeführt wurde.) Der *Almagest* war jedoch für den allgemeinen Gebrauch viel zu umfangreich und anspruchsvoll – und zu teuer –, er war sogar im Islam von astronomischen Abrissen ersetzt worden. Einer der besten davon, der von al-Farghānī, wurde bereits erwähnt. Er führte in Europa die Idee ein, daß die Sphären so ineinandergeschachtelt sind, daß keine freien Räume übrigbleiben. Wir haben bereits darauf angespielt, wie die Dimensionen des ganzen Universums aufeinander und letztlich auf den Mondabstand bezogen werden können, indem man dieses im wesentlichen ptolemäische Modell benutzt.

Über den Himmel von Aristoteles wurde wegen seines kosmologischen Inhalts studiert, und es wurden viele Kommentare darüber geschrieben. Daß es mit dem Rest der Naturphilosophie und der Metaphysik in einem Band erschien, hielt es am Leben. Seine duale Physik mit einer himmlischen Region, wo die natürlichen Bewegungen kreisförmig sind, und einer irdischen Region, wo sie geradlinig und nach oben oder unten gerichtet sind, wurde selten in Frage gestellt. Wo die Astronomie aber vorankam, insbesondere in Paris und Oxford, legte man auf solche Kommentare immer weniger Wert und löste sich so implizit von einer homozentrischen Planetenastronomie, die schon vor der Geburt von Ptolemäus überholt war.

Auf den ersten Blick mag der Charakter der mittelalterlichen Universität für das Wachsen der Astronomie – als auf die *beobachtete* Welt bezogene Wissenschaft betrachtet – eher ungünstig erscheinen. Die mittelalterliche Haltung dem Wissen gegenüber war stark von den Techniken beeinflußt, die bei der Diskussion der Heiligen Schrift eingesetzt wurden, eines Erbes, das es zu reinigen und in seine ursprüngliche Fassung zu bringen, dann zu analysieren und zu kommentieren galt, bevor es an die späteren Generationen weitergegeben wurde. Als besseres Datenmaterial zur Verfügung stand und als die Gelehrten etwas die geistigen Freuden kennenlernten, geschweige denn das Versprechen der astrologischen Voraussage, entstand zum Glück ein neuer Typus des europäischen Astromomen. So erhöhte sich das Tempo des geistigen Lebens, und nur gelegentlich kam es zum Beispiel durch politische Bedrohung oder Seuchen (vor allem die Pest von 1348–9) zu Verzögerungen. Diese Gefahren jedoch nützten der Sache der Wissenschaft in einer wichtigen Hinsicht: Sie förderten die Reisen der Gelehrten. Infolge der sich schnell ändernden gesellschaftlichen und geistigen Ordnung wurden viele weitere Universitäten gegründet, vornehmlich im 14. Jahrhundert und später.

Es gab nicht nur einen Augenblick der Erleuchtung. Roger Bacon (etwa 1219 bis etwa 1292) führt in seine Schriften eine leicht empirische Note ein, aber er war kein Astronom. Thomas von Aquin (1225–74) verlieh mit seinem Ruf dem Gedanken Gewicht, daß bei der Suche nach der Wahrheit die Offenbarung durch den Verstand – und Aristoteles – zu ergänzen sei; aber auch er war kein Astronom. Wegen der wirklichen Anzeichen für einen Wandel sollten wir eher einen bescheideren Gelehrten wie Guillaume de Saint-Cloud betrachten, der seine Blüte gegen Ende des 13. Jahrhunderts erlebte. Von seinem Leben wissen wir wenig, außer daß er irgendwie mit dem französischen Hof verbunden war. 1285 verzeichnete er die Beobachtung einer Konjunktion von Saturn und Jupiter. Er trug einen akkuraten „Almanach" zusammen, der die berechneten Positionen von Sonne, Mond und Planeten in regulären Intervallen zwischen 1292 und 1312 angab. In der Einleitung besprach er sowohl die Beobachtungen und die Planetentafeln (Toledo und Toulouse), auf denen der Almanach beruhte, als auch die Korrekturen, die er an diesen anzubringen für nötig hielt.

Im Zusammenhang mit seiner Arbeit an Almanachen mit Ankündigungen von Sonnen- und Mondfinsternissen betrachtete William die Projektion des Sonnenbildes durch eine Lochblende. Damit sollten nach seinen Angaben Augenschäden vermieden werden, die bei der Sonnenfinsternis vom 4. Juni 1285 so häufig auftraten. Roger von Hereford hatte dieselbe Technik im zwölften Jahrhundert erwähnt, und einem Vorschlag von William folgend, benützte Levi ben Gerson 1334 wirklich Camera-obscura-Bilder, um einen Wert für die Exzentrizität der Sonnenbahn zu erhalten.

Levi beobachtete die Sonne an den Sommer- und Wintersonnenwenden, indem er eine Kombination von Camera obscura und „Jakobstab", einem selbst erfundenen Instrument, benützte. Kepler beobachtete 1600 eine Sonnenfinsternis auf fast dieselbe Weise. Die Ableitung der Exzentrizität gründet sich darauf, daß der Durchmesser des Bildes umgekehrt proportional zur Sonnenentfernung ist, so daß der Zusammenhang zwischen den Beobachtungsgrößen und der Geometrie der exzentrischen Kreisbahn sehr direkt ist.

Die praktische Seite der Astronomie hatte gegen Ende des 13. Jahrhunderts schnell zu wachsen begonnen, und diese Entwicklung setzte sich ohne wirkliche Unterbrechung auch danach in Eoropa fort. Guillaume de Saint-Cloud schrieb auch ein ungewöhnliches Werk über eine Sonnenuhr („Directorium"), die mit einem Magnetkompaß als Hilfsgerät bei der Aufstellung ausgestattet war. Aber, um eine andere praktische Sache zu illustrieren, er verfaßte einen neuen Kirchenkalender, der 1292 begann und wegen der Sorgfalt, die seinen astronomischen Grunddaten gewidmet wurde, bemerkenswert ist. Grosseteste und Bacon hatten lange vorher über Unzulänglichkeiten des bestehenden Kalenders geklagt, und andere taten dies bis zur Gregorianischen Kalenderreform von 1582 regelmäßig. Guillaume de

Saint-Cloud war vielleicht naiv gewesen, wenn er zugleich ideale und gangbare Alternativen zu präsentieren versuchte. Daß die Reform fast vier Jahrhunderte in Arbeit war, hatte jedoch weniger mit dem Konservatismus der Kirche zu tun als damit, daß die Kirchenkonzilien dringendere politische Aufgaben hatten.

Der größte Teil von Italien, Spanien, Portugal, Polen, Frankreich und die katholischen Niederlande schlossen sich fast sofort (noch vor Ende 1582) an. Aus Gründen religiösen Stolzes folgten die protestantischen Länder oft sehr langsam der Führung der katholischen Kirche. Selbst in England, wo die Reform so lange befürwortet worden war, war das nicht anders. Dort legte eine Anzahl gelehrter Astronomen, darunter John Dee, Thomas Digges und Henry Savile einen positiven Bericht vor, aber die englischen Bischöfe erinnerten an die Exkommunikation der Königin Elisabeth durch den Vorgänger des Papstes und blockierten die vorgeschlagene Reform. Die deutschen Protestanten sprachen eine weniger gemäßigte Sprache: Die Reform war, gemäß einer Quelle, das Werk des Teufels. Schottland übernahm die Reform im Jahr 1600, England aber zögerte bis 1752, als sich bereits die meisten europäischen Länder eingereiht hatten. Auf Parlamentsbeschluß wurden im Oktober jenes Jahres und fünf Jahrhunderte nach dem Tod des Möchtegern-Reformers Grosseteste elf Tage vom englischen Kalender gestrichen. In der Folge gab es viel Unruhe – „Gebt uns unsere elf Tage zurück!" wurde ein Wahlkampfslogan, wie einer von Hogarths Drucken erinnert –, aber am Ende siegte die Vernunft. Ein gewisser Rev. Peirson Lloyd drückte es in einer Predigt so aus: „Hätte England am alten System festgehalten, wären im Lauf der Zeit die beiden Festtage *Weihnachten* und *Ostern* auf denselben Tag gefallen." Er verzichtete darauf, seinen Schäfchen zu sagen, wieviele tausend Jahre vergehen würden, bis es soweit wäre. Andererseits, wie viele von denen, die für die Annahme des Vertrages von Maastricht eintreten, kennen seinen Inhalt?

Wir kehren zum Ende des 13. Jahrhunderts zurück: Durch Beobachtung fand Guillaume de Saint-Cloud, daß die Sternpositionen darauf deuteten, daß die Thābit zugeschriebene Theorie um ungefähr ein Grad falsch sei. Aus diesem Grund favorisierte er eine *ständige* Präzessionsbewegung. Alles in allem war sein Zugang zur Astronomie ungewöhnlich kritisch und konstruktiv, aber mit seiner Verwendung neuer Beobachtungen setzte er ein Beispiel, dem nur wenige schon bereit waren zu folgen. Es scheint so – wir können es freilich nicht beweisen –, daß er mit seinem Beispiel Johannes von Lignères und seine Schüler in der Arbeit gefördert hat, die in den verschiedenen Ausgaben der Alfonsinischen Tafeln ihren Höhepunkt erlebte. Wie wir im letzten Kapitel gesehen haben, stammen diese aus den 1320ern.

Ein weiterer Astronom dieser Generation, der eine Neigung zum Praktischen und gute Pariser Verbindungen hatte, war Peter Nightingale, der zeitweilig Kanonikus an der Roskilde-Kathedrale in Dänemark war. Er hatte in Bologna Astronomie und Astrologie studiert, als er 1292 nach Paris ging, wo er ungefähr zehn Jahre blieb, bevor er nach Roskilde zurückkehrte. Wie William verfaßte auch er einen Kalender, der orthodoxer ausfiel und extrem beliebt werden sollte. Peter Nightingale zeigt uns mit seinem Beispiel einen weiteren folgenreichen Aspekt der mittelalterlichen Astronomie: die Erfindung und Verbesserung von *Recheninstrumenten.* Er entwickelte ein einfaches Aequatorium (Paris, 1293) und andere Geräte zur Berechnung von Eklipsen. Wie im Fall des Aequatoriums, das von Campanus von Novara, einem anderen Gelehrten, der in Paris, allerdings in den 1260ern studiert hatte, gebaut wurde, können diese Instrumente als bewegte ptolemäische Diagramme aus Metall beschrieben werden. Der arme Student dürfte sie aus Holz oder Pergament hergestellt haben.

Paris war zu dieser Zeit das wichtigste europäische Zentrum der Astronomie. Man kann den Eindruck gewinnen, die Bedingung für die Zulassung zum Astronomiestudium dort sei gewesen, daß man „Johannes" hieß. Da gab es einen Johannes von Sizilien, einen von Lignères, von Murs, von Sachsen, von Speyer und von Montfort, und das alles in zwei bis drei Dekaden. Jeder drückte der Astronomie seinen Stempel auf, und alle hatten einen starken Anteil an der Verbesserung und Reorganisation der Alfonsinischen und anderer Tafeln, bei der auf leichte Handhabbarkeit und Schnelligkeit der Rechnung Wert gelegt wurde. Als eines von vielen Beispielen haben wir Johannes von Murs' Tafeln der Konjunktionen und Oppositionen von Sonne und Mond (für 1321–96), eines Aspekts der kirchlichen Kalenderrechnung. Nicht umsonst lud ihn der Papst (Clemens VI.) zusammen mit Firmin de Bellaval als Berater bei der Kalenderreform (1344–5) nach Rom.

Alle diese Gelehrten interessierten sich darüberhinaus für den Entwurf von Geräten zur Beobachtung und Rechnung. In der ersten Kategorie können wir den Einsatz eines im Meridian fixierten Quadranten (Mauerquadrant) und das parallaktische Lineal (Triquetrum, Dreistab) von Ptolemäus nennen – hier sollte etwas zugunsten eines Instruments gesagt werden, das keine Kreisskala braucht, wenn diese von der Werkstatt nicht akkurat hergestellt werden kann. Beobachtungsaufzeichnungen sind vergängliche Dinge. Daß wir so wenige haben, bedeutet daher nicht, daß diese Pariser nur Rechner waren. Wir wissen, daß dem nicht so war. Ein Manuskript von Johannes von Murs enthält Eintragungen von Beobachtungen, die zwischen 1321 und 1324 an fünf verschiedenen Orten angestellt wurden.

In die Kategorie der Recheninstrumente fallen jedoch viel mehr Beispiele. Nehmen wir beispielsweise Johannes von Lignères: Wir haben Abhandlungen von ihm über einen neuen Typ der Armillarsphäre, die Safea, das Aequatorium vom Campanus-Typ und ein „Directorium" [Gerät der Häuser] – ein mit dem Astrolabium verwandtes Instrument, das aber speziell zur Anwendung einer *astrologischen* Doktrin, der Lehre der „Richtungen", geeignet ist. Die meisten Astronomen hatten ihren Preis. Die wenigen biographischen Daten, die wir von diesen Parisern haben, sind uns nur bekannt, weil sie im Dienst von Prinzen und hohen Kirchenleuten standen, den Klassen, die den ergiebigsten Markt für die Astrologie bildeten.

Richard von Wallingford

Die Oxforder Astronomie war im 13. Jahrhundert weitgehend mit der Herstellung einfacher Lehrtraktate über die Sphäre und den Kalender befaßt, ferner mit kosmologischen Fragstellungen, die sich aus *Über die Himmel* von Aristoteles ergaben. Die Toledanischen Tafeln waren damals in Gebrauch, und die Leitfäden dazu halfen die astronomische Wissenschaft zu konsolidieren und das Vokabular zu fixieren, aber erst Anfang des 14. Jahrhunderts gab es Anzeichen größerer Originalität. Ein Satz von Tabellen, die John Maudith, der Astronom des Merton-Kollegs, in der Zeit 1310–16 verfaßt hatte, zog die Aufmerksamkeit verschiedener Gelehrter auf die Trigonometrie, die der sphärischen Astronomie zugrundeliegt. Er lieferte auch die ersten einschlägigen Übungen für einen der bemerkenswertesten Astronomen des Mittelalters: Richard von Wallingford (etwa 1292 bis 1336).

Gemeinhin legt man die Rangfolge früher Astronomen nach der Originalität fest, mit der sie sich neue Planetensysteme ausdachten, aber dabei verliert man den Blick für das, was im 14. Jahrhundert für am nötigsten gehalten wurde, nämlich Methoden schneller Berechnung und Darstellung. Bei seinen Bemühungen, diese bereitzustellen, hatte Richard von Wallingford eine Menge origineller Ideen, die auf große geistige Qualitäten deuten und bedeutende, aber weitgehend verborgene Rückwirkungen hatten.

Richard von Wallingford war ein in Oxford ausgebildeter Benediktinermönch, wo er auch bis 1327 lehrte. In diesem Jahr kehrte er als Abt in sein Kloster St. Albans – Englands erstes Kloster – zurück. Er reiste nach Avignon, dem damaligen Sitz des Papstes, um die päpstliche Bestätigung in seinem neuen Amt zu erhalten, doch als er wieder in England war, entdeckte er, daß er sich mit Lepra angesteckt hatte. Dennoch wurde er von seinen Mönchen nicht gemieden; sie waren sogar so stolz auf seine Erfolge, daß sie ihn bis zu seinem Tod als Abt behielten. Sein *Quadripartitum* war die erste umfassende Abhandlung der sphärischen Trigonometrie, die im christlichen Europa geschrieben wurde. Sie war auf der Grundlage des *Almagest*, der Toledanischen Kanons und einer kurzen Abhandlung, vielleicht von Campanus von Novara, entwickelt worden. Während er Abt war, fand er Zeit, sie durchzuarbeiten und dabei ein Werk des sevillianischen Astronomen Jābir ibn Aflaḥ aus dem zwölften Jahrhundert zu berücksichtigen (das ist einer von zwei Gelehrten, die im Westen als Geber bekannt sind, wobei der andere als Alchemist berühmter ist).

Bevor er Oxford verließ, schrieb Richard drei andere Werke und einige kleinere Arbeiten. Sein *Exafrenon* war eine Abhandlung über astrologische Meteorologie, ein zurückhaltendes, aber unoriginelles Buch. Er schrieb auch über ein von ihm entworfenes Instrument: den „Rectangulus". Das dritte handelte von seinem Aequatorium, das er „Albion" nannte.

Das *Quadripartitum* bot exakte Lösungen für Probleme der Kugelgeometrie, wo zum Beispiel sphärische Dreiecke auftreten, aber solche Berechnungen waren mühsam. Die Armillarsphäre konnte Näherungslösungen geben, aber war schwierig, akkurat zu bauen. Der Rectangulus bestand aus einem System von sieben geraden, drehhbar gelagerten Stangen, um Probleme derselben Art zu lösen. Wie die Armillarsphäre war er im Prinzip für die Beobachtung benutzbar, indem er direkt Koordinaten lieferte. Weil die Stangen gerade waren, war eine große Genauigkeit der Konstruktion und der Gradeinteilung möglich. Zum Ausgleich hatte er einige Nachteile, aber der Entwurf zeugte von großer Erfindergabe. Das geometrische Problem besteht darin, Vektoren in drei Dimensionen zu kombinieren. Das zu lösende mechanische Problem ergab sich daraus, daß man nicht sieben Stäbe in sieben Ebenen um einen einzigen Punkt drehbar lagern kann. Das erinnert an den Rubik-Würfel oder seine sphärische Entsprechung.

Richard Wallingfords bedeutendstes vollendetes Buch ist seine *Abhandlung über das Albion*. Das Albion („all by one" – alles mit einem) ist das bemerkenswerteste in der ganzen Gattung der Planeten-Aequatoria. Es simulierte nicht direkt die Bewegungen der Planetenkreise, für die es wie die meisten seiner Vorgänger jeweils ein metallenes Äquivalent hatte. Stattdessen wurden, den Gebrauch von Tafeln spiegelnd, mit Hilfe von Scheiben die Planetengleichungen berechnet, die dann zu den mittleren Bewegungen hinzugezählt (oder von ihnen abgezogen) wurden, indem man die Scheiben um die geeigneten Winkel drehte. Dies erforderte ungleichförmig eingeteilte Skalen; und um die Skalen zu erweitern, legte Richard einige davon spiralförmig aus. Jede Windungszahl der Spirale war im Prinzip möglich, aber dreißig war nicht ungewöhnlich. Als Läufer wurde ein Faden durch das Zentrum gespannt. Das Ganze erinnert stark an die kreisförmigen Rechenschieber (Rechenscheibe, Rechenuhr), die mit dem Aufkommen der elektronischen Rechner mehr oder weniger veralteten.

Das Albion hatte insgesamt mehr als sechzig Skalen, einige davon oval. Ihre Kompliziertheit war nicht ganz offenbar, sondern in den verschiedenen Weisen der Gradeinteilung verborgen. Das Gerät enthielt zwei Astrolabien verschiedener Typen, eines davon war eine „Safea", aber sie waren nicht wesentlich. Es gab fast kein Problem der klassischen Astronomie, das auf dem Albion nicht zu lösen war. Als Hilfsinstrument gab es, zusätzlich zu den Instrumenten für die Planetenpositionen, die Parallaxe, die Geschwindigkeiten, Konjunktionen, Oppositionen und Eklipsen von Sonne und Mond an.

Der andere Typ des Aequatoriums, das einfache Analogon der Planetenmodelle, war leichter zu verstehen und blieb beliebter, war aber in seinen Möglichkeiten viel eingeschränkter. Die Vielseitigkeit des Albions brachte ihm zuerst in England und später im südlichen Europa hohes Ansehen, und es blieb in verschiedenen namenlosen Formen bis zum 16. Jahrhundert in Mode. Zumindest sieben Abhandlungen leiten sich von ihm ab, und die Astronomen begannen, Beschreibungen seiner Hilfsinstrumente, besonders seiner Parallaxen- und Eklipsengeräte, abzufassen. Der Wiener Johannes von Gmunden verfaßte die vielleicht am meisten kopierte (um 1430). Regiomontanus (1436–76) nahm sie zum Vorbild und brachte eine ziemlich schludrige Ausgabe heraus, und Johannes Schöner beschrieb sein Eklipsengerät. Das eindruckvollste gedruckte Werk über seinen Gebrauch war das *Astronomicum Caesareum* (1540) von Peter Apian aus Ingolstadt, das dieser dem Kaiser und seinem Bruder widmete. Voll mit beweglichen Scheiben war es eines der am verschwenderischsten illustrierten und farbigsten wissenschaftlichen Werke der ersten vier Jahrhunderte der Buchdruckkunst.

Diese Autoren übernahmen bestimmte grundlegende Prinzipien von Richard (sie können hier nicht ausgeführt werden, betreffen aber die graphische Darstellung funktionaler Abhängigkeiten) und erweiterten sie in Weisen, die in der späteren Geschichte bedeutsame Rückwirkungen hatten. In Frankreich schrieb der Mathematiker und Kosmograph Oronce Fine (1494–1555) ab 1526 mehrere Abhandlungen über Aequatoria, die von ähnlichen Prinzipien Gebrauch machten; Aragon Francisco Sarzosa tat damals dasselbe; und es gab mehrere andere Fälle ähnlich verfeinerter Techniken, denen in späteren Jahrhunderten der Name „Nomographie" gegeben wurde.

Das sorgfältige Druckerzeugnis von Apian zog sich die Kritik von Kepler zu, der es eine Verschwendung von Zeit und Geist nannte, aber sein Zweck war auch nicht, dem ernsthaften Kepler zu gefallen – der jedenfalls nicht darüber erhaben war, leichte Wege zur Rechnung oder, wie hier, zu fürstlicher Gönnerschaft zu suchen.

Die Uhr und das Universum

In St. Albans, einem reichen Kloster, konnte Richard von Wallingford für den Bau einer mechanischen Uhr über extrem große Geldsummen verfügen. Wir wissen von einem Hinweis in einem Kommentar über *Die Sphäre* von Sacrobosco, den Robert der Engländer 1271 geschrieben hatte, daß die Astronomen damals – bis dahin ohne Erfolg – an dem Problem gearbeitet hatten, die Drehung eines Rades so zu kontrollieren, daß es zur Erddrehung synchron lief. Von vielen Hinweisen auf den Bau teurer Kirchenuhren in den 1280ern und später wissen wir, daß die Schlüsselerfindung, die mechanische Hemmung, über vierzig Jahre alt war, als Richard mit seiner Arbeit begann. Trotzdem enthält der unsortierte Stapel von Dokumenten und Entwurfszeichnungen, den er bei seinem Tod hinterließ, die älteste erhaltene Beschreibung einer mechanischen Uhr, die – eines der historischen Paradoxe – die mechanisch ausgeklügeltste des Mittelalters war.

Die Uhr ging nach der Auflösung der Klöster zur Zeit Heinrichs VIII. verloren. Der Antiquar John Leland berichtete, daß sie die Planetenbewegungen und die wechselnden Gezeiten zeigte (diese wurden automatisch aus den Mondpositionen mit einer mittelalterlichen Standardmethode vermutlich für die Londoner Brücke berechnet.) Das Ganze war aus Eisen – Richards Vater war Schmied gewesen – und hatte eine enorme Größe (der Rahmen war etwa drei Meter im Durchmesser). Angebracht war die Uhr in seiner Abteikirche an der Wand des südlichen Querschiffs.

Dieser Mechanismus ist für die Geschichte der Astronomie hochbedeutend. Er war nicht nur eine sich bewegende Nachbildung des Universums, wie es sich dem mittelalterlichen Astronomen darstellte, sondern fast jeder Aspekt des Entwurfs war von der astronomischen Praxis inspiriert, bis hinunter zur Methode der Berechnung der Übersetzungsverhältnisse und der Tabellierung der Zwischenräume bei den Zahnrädern. Die Stunden wurden im 24-Stunden-Takt angeschlagen – 17 Glockenschläge um 17 Uhr usw.–, und es wurden die gleichlangen Stunden des Astronomen, nicht die von der Jahreszeit abhängigen Temporalstunden des normalen Volkes angezeigt. Er hatte Schraubenradgetriebe und ein ovales Rad, um der Mondbewegung um eine Astrolabiumsscheibe eine sorgfältig berechnete, variable Geschwindigkeit zu geben. (Es blieb ein theoretischer Fehler von sieben Millionsteln.) Der Apparat verfügte über Differentialgetriebe für einen Mondphasen- und Eklipsenmechanismus.

Die Uhr von St. Albans, die nach Richards vorzeitigem Tod fertiggestellt wurde, hatte ein einziges Zifferblatt und unterschied sich darin völlig von der etwas späteren astronomischen Uhr („Astrarium"), die Giovanni de' Dondi (1318–89) zwischen 1348 und 1364 baute. Als Sohn eines Astronomen und Arztes, der 1364 eine Uhr für Padua entworfen hatte, wurde Dondi Leibarzt bei Kaiser Karl IV. Sein Astrarium wurde 1381 von einem der Viscontis, der Herzöge von Padua, erworben. 1463 wurde es von Regiomontanus gesehen und für ihn nachgebaut, war aber 1530 nicht mehr zu reparieren, als es Kaiser Karl V. hatte kopieren lassen.

Der Dondische Mechanismus hatte einen siebenseitigen Rahmen mit einem Zifferblatt für jeden Planeten, die Sonne und den Mond. Es gab einen pfiffigen digitalen Kalendermechanismus. Jeder Planetenmechanismus war im wesentlichen ein ptolemäisches Getriebe. Seine mechanische Virtuosität reichte nicht an die Richards von Wallingford heran (mit gleitenden Stangen und exzentrischen Rädern, die oval geformt waren, um ein Einkuppeln bei variierenden Entfernungen zu gestatten), aber er war aus der Nähe zweifellos ansprechender. Sein Messingrahmen war sicherlich elegant. Wie der einfachere Typ des Aequatoriums, das die ptolemäischen Modelle simulierte, vermochte er das Universum nicht als ein einheitliches System darzustellen. Man könnte sagen, darin habe er mehr dem *Almagest* von Ptolemäus als dessen *Planetenhypothesen* entsprochen. Die Uhr von Richard von Wallingford setzte dagegen die alte Tradition der anaphorischen astronomischen Uhr der Antike fort, die das Universum in einer einzigen Anzeige beschrieb.

Die meisten frühen Kirchenuhren hatten keine Anzeige, sondern ließen nur eine Glocke läuten, doch im Laufe der Zeit hatten die meisten großen Kathedralen und Münster Uhren, die mit etwas astronomischer Symbolik auf einer *einzigen* Anzeige ausgestattet waren – oft kamen bewegte menschliche Figuren und andere Automaten hinzu. Hier hatten die Wasseruhren des Islam den Weg gewiesen.

Oxford und die Alfonsinischen Tafeln

Richard von Wallingford stand im Mittelpunkt der Astronomie von Oxford, als er 1327 sein *Albion* schrieb, und doch erwähnte er in diesem Werk die Alfonsinischen Tafeln nicht. Um 1330 benutzte er eine Ausgabe von ihnen. Um 1340 nahm William Rede vom Merton College (Oxford) eine Pariser Ausgabe mit sexagesimaler Zeiteinteilung und übertrug sie für den Oxforder Meridian in Tafeln der vertrauteren, älteren („Toledanischen") Form. Daß es noch erhaltene Versionen für andere englische Städte gibt (für Colchester, Cambridge, York und London, die für Leicester und Northampton stammen bereits aus den 1320ern), erinnert uns daran, daß viel Astronomie in religiösen Einrichtungen außerhalb der Universitäten praktiziert wurde, freilich von Männern mit einer Universitätsausbildung.

Dies waren jedoch alles relativ einfache Adaptionen, in Oxford wurden allerdings zwei viel gründlichere Überarbeitungen durchgeführt: die erste von einem Unbekannten, vielleicht William Batecombe, die zweite im folgenden Jahrhundert von John Killingworth.

Die Tafeln von 1348 gehen viel weiter als die Arbeit sparenden *Großen Tafeln* von Johannes von Lignères, die Tabellen mit doppeltem Eingang waren, die eine einzige Gleichung lieferten. Die Tafeln von 1348 erlaubten, die Planetenlängen – abgesehen von einer kleinen Korrektur wegen der Präzession – mehr oder weniger direkt zu entnehmen. Diese Tafeln waren ausführlich und konnten als Nachschlagewerk für Informationen über die direkten Bewegungen, Stillstände, Rückläufe der Planeten und andere Daten von astrologischer Bedeutung verwendet werden. Wieder einmal haben wir Indizien dafür, daß die Astrologie ein wichtiges Motiv für das intensive Studium der Astronomie darstellte. 1348 war freilich das Jahr, in dem der schwarze Tod Oxford heimsuchte, und die Gelehrten der Zeit vermerkten, dies hätte ihre Gedanken auf Gott gerichtet. Zweifellos wandten sie sich deshalb gelegentlich auch der Astrologie zu.

Die Tafeln von 1348 wurden von Gelehrten in anderen Teilen Europas aufgegriffen. Es existieren frühe Manuskripte aus Schlesien und Prag mit anderen Versionen. Heinrich Arnold aus Zwolle (in den nördlichen Niederlanden) benützte sie und nannte sie „die Englischen Tafeln". M. Finzi führte im Italien des 15. Jahrhunderts eine Übersetzung ins

Hebräische durch, bei der ihm ein namenloser Christ aus Mantua half. Giovanni Bianchini, der berühmteste italienische Astronom zur Mitte des 15. Jahrhunderts, stellte unter ihrem Einfluß ein ähnliches Tafelwerk her, das von den führenden Zeitgenossen wie Peuerbach und Regiomontanus viel benützt wurde. Über dieses und eine osteuropäische Ausgabe des 14. Jahrhunderts, die als die *Tabulae resolutae* bekannt ist und von Kopernikus während seines Studiums in Krakau durchgearbeitet wurde, bildeten die 1348-Tafeln den Kern der Tafeln von Johannes Schöner, die unter demselben Namen (1536 und 1542) erschienen. Diese wiederum wurden jahrzehntelang weit und breit benutzt, aber ihre Ursprünge waren lange vergessen. Es wiederholte sich die Geschichte des Albion, aber damals im Mittelalter war die Wahrheit die Wahrheit Gottes, und um die Autorenschaft wurde nicht wie um Ländereien gestritten.

Nach den Tafeln von 1348 wurde von John Killingworth (um 1410 bis 1445) ein verdienstvoller weiterer Satz der Oxforder „Alfonsinischen" Tafeln geschaffen. Diese waren dazu gedacht, bei der Berechnung eines vollen Planeten-Almanachs (Ephemeriden) benutzt zu werden. Eine Kopie, die für Humphrey, den Herzog von Gloucester angefertigt wurde, war von ausgesuchter Schönheit und reichlich mit Blattgold unterlegt. Es ist nicht klar, ob das das Genie des Autors widerspiegeln sollte, das sicherlich ganz außergewöhnlich war. In den Tafeln steckt nämlich einiges an Theorie, das er nicht explizit niedergeschrieben hat und das heute nur wenige reproduzieren könnten, ohne auf die Differentialrechnung zurückzugreifen.

Philosophen und der Kosmos

Um 1380 hatte Europa dreißig aufstrebende Universitäten, von denen die meisten klein und neugegründet waren, die aber lebhaft miteinander konkurrierten. Außer Prag und Wien gab es nichts, was sowohl östlich von Paris und nördlich der Alpen war. Um 1500 sind fast fünfzig weitere Gründungen in die Liste aufzunehmen. Viele davon waren von geringerer Bedeutung, aber mehr als ein Dutzend der Neugründungen lag in deutschsprachigen Ländern. Von dort und von noch weiter im Osten gelegenen Orten kam eine neue Welle der Begeisterung für die Astronomie, die über ein Jahrhundert die der älteren Zentren übertraf.

Diese Bewegung war nicht unabhängig von den religiösen Veränderungen, die zur selben Zeit stattfanden, wenn auch die Beziehung zwischen ihnen nicht einfach war. Obwohl zum Beispiel Wien ein bedeutendes Zentrum der Wissenschaft war, lange bevor dort um 1365 die Universität gegründet wurde, erreichte es erst mit der Spaltung der katholischen Kirche Bedeutung. Danach bot es eine natürliche Heimat für die mitteleuropäischen Lehrer und Studenten, denen in Paris das Leben schwergemacht worden war, weil sie den profranzösischen Papst nicht unterstützten. Später wurde die Universität von den Böhmen überschwemmt, die von Prag vertrieben wurden, nachdem sie mit der immer aggresiveren deutschen Mehrheit zusammengestoßen waren.

Die Universität Leipzig sollte in den stürmischen Tagen des Jan Hus durch Sezession von Prag gegründet werden. Hus war der Nachfolger des englischen Reformers John Wycliffe, und es gibt viele ähnliche Geschichten, die sich auf das wachsende Nationalitätsgefühl bezogen, in der Wissenschaft und der Religion gleichermaßen. Die tragische Geschichte von Jan Hus und Hieronymus (Jeronym) von Prag, die beide im Verlauf des Kampfes für eine Kirchenreform als Häretiker (1415 und 1416) hingerichtet wurden, ist allbekannt. Es folgte die systematische Verfolgung und Exekution von Juden – 1421 sollten in Wien an einem einzigen Tag 240 Personen auf dem Scheiterhaufen verbrannt werden. Wir sollten nicht vergessen, daß viele der Gelehrten, deren astronomische Ideen wir hier behandeln, in gewisser Weise an der akademischen Diskussion Anteil hatten, die solche Aktionen rechtfertigte. Wenn auch unschuldig, trugen sie zu einer insgesamt christlich philosophischen und theologischen Weltsicht bei, die solche Dinge möglich machte. Ihr Leben als Astronomen war genauso wenig wie das ihrer Nachfolger heute aufgegliedert. Sie waren gewöhnlich Theologen und befaßten sich mit den in ihren Augen tieferen Fragen und damit, wer das Recht habe, sie zu entscheiden. Und die Wurzeln vieler dieser Fragen waren ausgesprochen in die mittelalterliche Astronomie gebettet. Wie wir in einem späteren Kapitel noch sehen werden, wandelte sich diese Diskussion nach Kopernikus in eine weniger gefährliche, die die Natur des Wissens einer wissenschaftlichen Theorie betraf.

Einer der berühmtesten Lehrer, die von Paris nach Wien zogen, war Heinrich von Langenstein (um 1325 bis 1397), einer der bekanntesten Kritiker von Ptolemäus. (Er wird oft Heinrich von Hessen genannt.) Wie mehrere andere westliche Astronomen des Spätmittelalters folgte er dem Beispiel der östlichen Vorgänger, indem er die Planetenschemata im *Almagest* mit physikalischen Argumenten kritisierte. Nachdem er Paris verlassen hatte, verbrachte Heinrich seine letzten Lebensjahre in Wien, wo er eine wichtige Rolle bei der Neuordnung der Universität spielte. Er war jedoch ein geborener Schulmeister, und seine *Widerlegung der Exzenter und Epizyklen* (1364 in Paris geschrieben) ist ein ziemlich schwer lesbares Buch, das zum großen Teil in einer kleinkarierten akademischen Kritik des Standardtextes *Theorica planetarum* besteht. Sein ernsthafteres Ziel war, aufzuzeigen, daß die Kreise der ptolemäischen Astronomie nicht als physikalisch wirklich existierende Mechanismen im Himmel aufgefaßt werden können.

Richard von Wallingford hatte, zweifellos unter dem Einfluß der lateinischen Ausgabe von Ibn al-Haytham, schon früher diese Feststellung gemacht, aber in einer so beiläufigen Art, daß sie ein Gemeinplatz gewesen sein muß. Für Heinrich von Hessen waren die Kreise der Astronomie bloße mathematische Konstruktionen, die nur durch die auf ihnen beruhenden Voraussagen gerechtfertigt waren. Heinrich war mit Ptolemäus' Behandlung der Planetenentfernungen und -größen unzufrieden, ihm gefiel der Ausgleichspunkt nicht, ferner die Unregelmäßigkeiten, die die Theorie der Planetenbreite in die der Planetenlänge brachte. Kurzum, er wünschte sich ein Universum, das einfacher funktionierte als das ptolemäische. Leider haben wenige Philosophen je verstanden, wie komplex der Begriff Einfachheit ist.

Seine Argumente sind auf den ersten Blick kompliziert, aber sie beruhen auf einigen Annahmen über die Natur der Bewegung, die heute nicht als akzeptabel angesehen würden. Ein Beispiel: „Wenn Epizyklen existierten, würde derselbe einfache Körper gleichzeitig verschiedene Bewegungen ausführen", und dies könne nicht sein, „da ein und dieselbe Ursache nicht gleichzeitig verschiedene Wirkungen am selben Körper zeitigen kann." Obwohl einige Gelehrte allmählich begriffen, worum es ging, hatten die meisten Schwierigkeiten, zu verstehen, wie zwei verschiedene Bewegungen zu einer einzigen zusammengesetzt werden können

– wie bei einem Schiff, das vom Wind vom Kurs abgebracht wird –, und umgekehrt eine Bewegung in zwei zu zerlegen. Und warum? Weil sie eine Bewegung als etwas Wirkliches, Einzigartiges und Letztes ansahen. Das ist eine Ironie, denn das Ziel war aufzuzeigen, daß die ptolemäischen Kreise überhaupt nicht real, sondern rein hypothetisch sind. Durch das Studium der aristotelischen Physik und von Ibn al-Haythams einflußreichem Werk *Über die Konfiguration der Welt* waren sie daran gewöhnt, in diesen Bahnen zu denken.

Ein gewisser Magister Julmann schrieb 1377 in derselben Weise, er übernahm viel von Heinrich, und wo er eigenes Material beisteuerte, werden wieder die Schwierigkeiten sichtbar, die er mit dem Gedanken hatte, daß mehrere Bewegungen in einem Körper zusammenkommen. Dieses Problem schien besonders drängend, wenn ein „ptolemäisches" Sphärenmodell von der Art, wie es in den *Planetenhypothesen* von Ptolemäus oder in al-Farghānīs *Planetentheorie* anzutreffen ist, veranschaulicht werden sollte. Das Modell für die Längen war schon kompliziert genug, wenn man dann noch die Idee realer epizyklischer Sphären, die auch die Planetenbewegung in der Breite erklären, hinzunimmt, entwickelt man schnell eine gewisse Sympathie für die fraglichen Autoren.

Ein akademischer Politiker von viel größerem Genie war Nikolaus von Kues (um 1401 bis 1464), der zuerst in den Niederlanden von Mitgliedern einer frommen Sekte erzogen und dann an den Universitäten Heidelberg und Padua ausgebildet wurde. Er ist vornehmlich als platonischer Philosoph bekannt, aber er interessierte sich auch für die Astronomie, mit einigen seltsamen Resultaten. In Padua besuchte er mit seinem Freund Paolo Toscanelli – später ein berühmter Geograph – Astrologie-Vorlesungen von Prosdocimo Beldomandi. Nach seiner Ordination zum Priester wurde er ein Freund des Humanisten Piccolomini, der zufällig für einen einfachen Sternatlas verantwortlich ist. Und nachdem er im diplomatischen Dienst für den päpstlichen Hof gestanden hatte, wurde er Kardinal (1446). Nikolaus von Kues war so reich, daß er sehr gute astronomische Instrumente kaufen konnte. Glücklicherweise sind sie uns erhalten. 1458 wurde Piccolomini zum Papst Pius II. gewählt, aber er konnte seinen jähzornigen Freund nicht schützen, dessen Wunsch nach Reformen in Deutschland ihn in Schwierigkeiten brachte. Nikolaus von Kues war einer derjenigen, die unter anderem den Kalender reformieren wollten, aber da erreichte er im Grunde nichts. Hier haben wir jedoch einen Mann vor uns, dessen sich nur an allgemeinen Analogien orientierende Imagination zu Gedanken über die Stellung der Erde im Universum führte, die später prophetisch erscheinen sollten.

Das einflußreichste seiner Bücher war *De docta ignorantia* (Über die gelehrte Ignoranz), das er 1440 beendete. Darin machte er viel von einem „Prinzip des Zusammenfallens der Gegensätze" Gebrauch, einem Prinzip, dem die Hegelianer und Marxisten auch heute noch huldigen. Der Leitgedanke war, mit seiner Hilfe alle Probleme lösen zu können. Offenkundige Widersprüche werden im Unendlichen vereint. Jedes Ding ist in allen anderen gegenwärtig, die größte Zahl fällt mit der kleinsten zusammen („Das Maximum der Kleinheit"), der Punkt fällt mit der unendlichen Kugel in derselben Weise zusammen usw.

Nun wäre das kaum der Erwähnung wert, hätte Nikolaus nicht aus dem letzten Prinzip geschlossen, daß es weder ein bestimmtes Zentrum noch einen bestimmten Rand des Universums geben könne, da ein Punkt das ganze Universum enthält (oder spiegelt). Insbesondere könne nicht gesagt werden, daß die Erde im Mittelpunkt des Universums stehe. So viel zu ihrem *Ort.* Was ihre *Bewegung* betreffe, gelte ein Prinzip der Relativität: Der Ort jedes Dings ist relativ zum Beobachter. Daraus folge, daß die Erde als bewegt bezeichnet werden könne. Und nachdem er sie einmal von ihrem angestammten Platz vertrieben hatte, spekulierte er, daß sie nicht der einzige Himmelskörper mit Lebewesen sein könnte.

Einige dieser Gedanken reflektieren antike Ideen, die zum Beispiel von den Philosophen in der Nachfolge des mythischen Hermes Trismegistos vertreten wurden. Unmittelbar hatten sie wenig Wirkung; das war erst nach Kopernikus und sogar nach Giordano Bruno anders – das heißt: nach dem 16. Jahrhundert. Dann wurde Nikolaus von Kues zitiert, als wäre er ein Vorläufer von Kopernikus gewesen. Descartes meinte, er habe die Unendlichkeit der Welt vorgeschlagen, und sein Ruf für Scharfsinn in kosmologischen Angelegenheiten wuchs mit den Jahrhunderten. Das ist kaum verdient. Wenn Nikolaus über astronomische Dinge schrieb, folgte er der traditionellen Linie der Zentralität der Erde und der Ordnung der Planetensphären. Freilich macht man mit Ruhm und nicht mit Verdienst Geschichte.

Es stimmt, daß Nikolaus die Minderwertigkeit der Erde im Vergleich mit den Regionen oberhalb des Mondes heruntergespielt hat, und wirklich unternahm er einen höchst ungewöhnlichen Schritt, als er die relative Vollkommenheit der Sonne schmälerte. Er spekulierte über die Möglichkeit, daß sich innerhalb ihrer strahlenden Hülle eine Wasserdampf- oder Luftschicht befindet, innerhalb der wieder eine zentrale Erde stehen könnte. Es mag schwer zu glauben sein, daß man im 15. Jahrhundert diese Ansicht haben konnte, hingegen waren im 18. und 19. Jahrhundert so exzellente Astronomen wie Wilson und die Herschels nicht darüber erhaben, ganz ähnliche Vorschläge zu unterbreiten. Der Hauptunterschied war, daß sie nicht wegen Ketzerei angeklagt wurden. Die politischen Rivalen von Nikolaus beschuldigten ihn des Pantheismus; er verteidigte sich gegen diese Anklage mit dem Buch *Apologia doctae ignorantiae* (1449), in dem er die Kirchenväter und christlichen neuplatonischen Philosophen zitierte, von denen er einige seiner Ideen übernommen hatte.

Im Hinblick auf die Platonische Vorstellung einer mathematischen Welt ist es schon seltsam, daß er anscheinend zu einer ganz anderen Auffassung geführt wurde. Aus der Beobachtung, daß in unserer Erfahrungswelt nichts mathematisch *exakt* ist (kein Objekt ist wirklich gerade, die Erde ist nicht streng kugelförmig usw.), schloß er, daß eine mathematische Behandlung der Natur unmöglich sei. Es ist nicht leicht, aus einem solchen Philosophen einen Helden der Wissenschaft zu machen, wenn dies auch viele versucht haben.

Peuerbach und Regiomontanus

Es wird häufig so dargestellt, als habe die Astronomie in der Mitte des 15. Jahrhunderts eine plötzliche Wiedergeburt erlebt, als ob die Astronomen erst dann, mit der Wiedererlangung großer Mengen griechischer Texte, ihr alexandrinisches Erbe erweitern konnten. Das ist eine Illusion, die durch die Erfindung des Buchdrucks hervorgerufen wurde; der machte die Vervielfältigung von Büchern plötzlich zu einer relativ leichten Sache. Das hatte zur Folge, daß der Ruhm von speziell zwei Männern schnell den von den Gelehrten überstrahlte, deren Lehrbücher sie umschrieben. Georg von Peuerbach [auch Peurbach und Purbach]

(1423–61) und Johannes Müller (1436–76) waren beide einflußreiche Gelehrte in der neuen literarischen Bewegung, aber ihre eigenen astronomischen Schriften setzten die mittelalterliche Tradition eher fort, als daß sie diese umstürzten.

Peuerbach war ein österreichischer Gelehrter, der in die Fußstapfen eines Astronomen von fast gleich großem Einfluß trat: Johannes von Gmunden, der erste Professor dieser Fachrichtung an der Universität Wien. Johannes war vor Peuerbachs Ankunft gestorben (1442), hatte aber eine große Zahl unschätzbarer Manuskripte und Instrumente angesammelt und der Universität vermacht. (Er gab zum Beispiel den Albion-Text selbst heraus und besaß ein solches Instrument.) Peuerbach erlangte 1453 in Wien ein Magister-Diplom, aber vorher wie nachher reiste er durch ganz Frankreich, Deutschland und Italien. Er wurde Hofastrologe zuerst bei Ladislaus V., König von Ungarn, und dann bei dessen Onkel, Kaiser Friedrich III. In Wien lehrte er die Klassiker in dem neuen humanistischen Stil, aber dort vollendete er auch sein berühmtes Lehrbuch *Theoricae novae planetarum* (Neue Theorien der Planeten, 1454).

Johannes Müller ist eher unter Regiomontanus bekannt, dem lateinischen Namen seiner Geburtsstadt Königsberg in Franken. Er machte im Januar 1454 im Alter von nur fünfzehn sein Baccalaureat in Wien. Als Student von Peuerbach hatte er sich nach weniger als zwei Jahren seinem Lehrer bei einem Programm zur Beobachtung von Planeten, Eklipsen und Kometen angeschlossen. Sie ließen die astrologischen Implikationen ihrer Beobachtungen nicht unbeachtet. 1460 nahmen ihre Karrieren mit der Ankunft von Kardinal Bessarion, dem päpstlichen Gesandten am Hof des Heiligen Römischen Reiches in Wien, eine Wendung. Dieser war griechischer Herkunft, und seine Mission war, den Kaiser, der mit seinem Bruder im Streit lag, versöhnlich zu stimmen und für eine Rückeroberung von Konstantinopel zu gewinnen, das von den Türken eingenommen worden war. Er war auch darauf bedacht, die westliche geistige Bewegung zur Beherrschung der griechischen Klassiker zu beschleunigen, und er überredete Peuerbach – der kein Griechisch konnte – einen verbesserten Abriß des *Almagest* zu verfassen. Georg von Trapezunt hatte ihn 1451 aus dem Griechischen übersetzt, aber seine Version war schlechter als die Übersetzung aus dem Arabischen, die Gerard von Cremona im zwölften Jahrhundert vorgenommen hatte. Peuerbach verließ sich auf die letztere, die Regiomontanus nach eigener Aussage „fast auswendig" kannte, und war etwa bis zur Mitte des Werks gekommen, als er 1461 starb.

Innerhalb von zwei Jahren vollendete Regiomontanus die Aufgabe, aber die entstandene *Epitome des Almagest* sollte erst 1496 – zwanzig Jahre nach seinem frühen Tod – gedruckt werden. Das Werk hängt stark von einer weit und breit benützten mittelalterlichen *Kurzfassung des Almagest* ab, war aber vollständiger. In seiner fertigen Fassung war es einfach der beste existierende Kommentar zu Ptolemäus, und das blieb auch bis auf den heutigen Tag so. Es ist erheiternd, sich zu erinnern, mit welcher Freude die Humanisten frühere mittelalterliche Bearbeitungen zerpflückten, die angeblich die Reinheit des Originals eingebüßt hatten.

Peuerbachs Werke umfaßten schwächere Abhandlungen über frühere Instrumente, aber weit einflußreicher war sein *Neue Theorien der Planeten*, eine überarbeitete Ausgabe des Standardbuches im Mittelalter. Es wurde zuerst 1474 von Regiomontanus gedruckt und erreichte fast sechzig Auflagen, bis es im 17. Jahrhundert aus der Mode kam. So groß war die Kraft der Presse. Das Buch machte die festen Sphären von Ptolemäus' *Planetenhypothesen* populär, die bei al-Farghānī, Ibn al-Haytham und anderen zu finden waren. Es enthielt Material über die Präzessionstheorien, die Thābit ibn Qurra zugeschrieben werden, und die Alfonsinische Theorie. Es legt offen, wie stark der Einfluß der verschiedenen Ausgaben der Alfonsinischen Tafeln war, hauptsächlich von denjenigen (die Tafeln von 1348 und die von Bianchini), die die Berechnung der Planetenpositionen so viel einfacher und so Diskrepanzen mit der Beobachtung augenfälliger machten.

In den späten 1450ern vollendete Peuerbach das Werk, das ihm vermutlich am meisten Arbeit gemacht hatte – die *Tafeln der Eklipsen* (Erstdruck 1514), die zunächst für den Meridian von Wien und in einer weiteren Ausgabe für die Stadt Oradea [Großwardein] in Ungarn (*Tabulae Waradienses*) berechnet waren.

Ermutigt von Bessarion, der damals zum Päpstlichen Gesandten in der Republik Venedig ernannt wurde, verließ Regiomontanus mit ihm zusammen im Juli 1463 Rom und ließ sich eine Zeitlang in der Nachbarschaft von Venedig und Padua, wo er lehrte, nieder. Dann sehen wir ihn bereits 1467 in Ungarn, wo er als Professor an der neuen Universität von Preßburg tatsächlich dafür verantwortlich war, einen astrologisch günstigen Zeitpunkt für ihre Gründung auszuwählen. (Das war keine ungewöhnliche Vorgehensweise. Es ist ein Wunder, daß sie nicht wiederaufgenommen wurde.) In Ungarn arbeitete er mit dem königlichen Astronomen Martin Bylica zusammen und widmete ein Buch über Trigonometrie König Matthias I. Corvinus, einem berühmten Gönner der humanistischen Gelehrsamkeit.

1471 entschied er sich für Nürnberg, was er mit Recht als das Handelszentrum von Europa betrachtete. Dessen Lage machte die Kommunikation mit anderen Gelehrten um so leichter. Er konnte dort gute Instrumente erwerben und richtete eine Druckerpresse ein, die für ihre lateinischen Lettern (statt der deutschen gothischen Formen) und für das bewundernswürdige Urteilsvermögen ihres Eigentümers bekannt war. Seine erste Publikation war die *Neue Theorie der Planeten* des verstorbenen Peuerbach. Dem folgten seine eigenen Planetenephemeriden (Almanach) für die Zeit 1474–1506. Sie waren natürlich nicht der erste Almanach, aber das erste *gedruckte* Werk, das einen riesigen astrologischen Markt für vorausberechnete Planetenpositionen ausnutzen konnte. Kolumbus soll den Almanach auf seiner vierten Atlantiküberquerung mitgenommen und mit ihm die Indianer Jamaikas erstaunt haben, indem er von der Mondfinsternis vom 29. Februar 1504 wußte.

Das ist vielleicht eine Gelegenheit, auf ein Mißverständnis hinzuweisen. Bis dato waren die astronomischen Methoden der Seefahrt rudimentär: Man segelte in Ost-West-Richtung bei gleichbleibender geographischer Breite, die man durch die Höhen der Sonne oder des Polarsterns bestimmte, oder in Nord-Süd-Richtung mit Hilfe der Sonne oder eines Magnetkompasses, wobei man mittels Breitenmessungen über die Schiffsposition Buch führte. Die großen Entdecker des 14. und 15. Jahrhunderts waren zum größten Teil nicht mehr als Lotsen, das heißt, sie setzten bekannte Kurse und fanden ihren Weg, indem sie in Küstennähe Objekte an Land erkannten. Sacroboscos einfache Astronomie – sie lehrte die Sternensphäre und die Kugelgestalt der Erde – fand jedoch, vor allem im Portugal des späten 15. Jahrhunderts, in Büchern für Seeleute Eingang. Dort berief 1484 König Johannes II. eine Kommission zur Verbesserung der Techniken ein, die speziell in der südlichen Hemisphäre, wo man den Polarstern nicht mehr sieht, dringlich war. Daraufhin wurden auf der Basis von umfangreicheren Tafeln von Zacuto von Salamanca, einem zeitgenössischen jüdischen

Astronomen, vereinfachte Sonnentabellen verfaßt. Sie wurden 1485 vor Guinea getestet und gaben Anstoß für einen unter dem Namen „Regiment der Sonne" bekannten Literaturtyp – einen Satz von einfachen Regeln zum Herausfinden der Breite aus der Mittagshöhe der Sonne. Das Seemanns-Astrolabium, mit dem die Höhen gewöhnlich bestimmt wurden, war primitiv und nicht viel mehr als eine schwere Skala mit einem Lineal, das mit Visieren versehen war. Auf einem stampfenden Schiff war es eigentlich nutzlos, und der glückliche Seemann machte eine Landkennung, bevor er es benützte. Seine Genauigkeit war selten besser als ein halbes Grad. Die Techniken und die Instrumente wurden besonders gegen Ende des 16. Jahrhunderts ständig verbessert, aber das Problem der Ortung auf See – also die Bestimmung von Breite *und* Länge – wurde bis zum 18. Jahrhundert nicht befriedigend gelöst.

Die Geschichte des astronomischen Teils der Navigation handelt davon, wie die am weitesten fortgeschrittene aller exakten Wissenschaften Hilfe bei der Lösung eines praktischen Problems bot. In einigen Kreisen kursiert ein Mythos, wonach die Astronomie eine Bringschuld hatte und auf die praktischen Erfordernisse der Seefahrt hin entwickelt und verbessert worden sei. Das Hauptproblem der Navigation bestand vor der Mitte des 16. Jahrhunderts in der Ausbildung von Seeleuten in den elementarsten Teilen der sphärischen Astronomie und im Entwurf von Instrumenten für den Einsatz auf See. Es existiert eine ganze Familie solcher Instrumente – verschiedene Arten von Kreuzstäben, Quadranten, Back-staff[2] und Sextanten zum Beispiel –, um Winkel zu messen, aber sie hatten keine große Bedeutung in der Astronomie an Land. Die Astronomen waren selten von den Bedürfnissen der Seeleute motiviert, es sei denn, sie hofften auf einen moralischen oder finanziellen Gewinn, wenn sie theoretische Aspekte (z. B. die Jupitermonde oder die Mondlänge betreffend) lösten, die zur Bestimmung der geographischen Länge beitragen konnten.

Wir kehren zu Regiomontanus zurück: Er starb während eines Romaufenthalts im Jahr 1476. Nach einer Falschmeldung wurde er von den Söhnen Georgs von Trapezunt vergiftet. Von diesem hatte er viel Griechisch gelernt, aber dessen Übersetzung des *Almagest* sowie den Kommentar dazu mit wenig schmeichelhaften Worten offen kritisiert. Das von ihm begonnene astronomische Beobachtungsprogramm wurde von Bernhard Walther, einem fähigen Kollegen, über den Zeitraum von 1475 bis 1504 fortgeführt. Das ist ein frühes Beispiel für eine ziemlich kontinuierliche Reihe systematischer Beobachtungen. Walthers Beobachtungen wurden (1544) veröffentlicht, aber einige von ihnen wurden schon vorher von Kopernikus für die Merkurbahn ausgewertet.

Zur Zeit seines Todes war der Ruf von Regiomontanus zu Recht beträchtlich und nicht nur mit seinen vielen Verbindungen und seinem Unternehmen, das er als Gelehrter und Drucker betrieb, zu rechtfertigen, sondern auch mit seiner unermüdlichen und gewöhnlich klaren Art, das bestehende astronomische Wissen und in erster Linie dessen mathematische Grundlagen darzustellen. In den 1460ern unternahm er große Anstrengungen, die Darstellung der sphärischen Trigonometrie zu verbessern. Sein Buch *Über Dreiecke*, das 1533 zum erstenmal verlegt wurde, machte sowohl vom „Kosinussatz" als auch vom „Sinussatz" für sphärische Dreiecke Gebrauch. Deren Originalität wurde von denen weit

[2] Anm. d. Übers.: Der Engländer John Davis erfand um 1540 den Back-staff, um das Sehen in die Sonne bei Höhenmessungen der Sonne zu vermeiden.

übertrieben, die die Arbeiten von Jābir ibn Aflaḥ, Richard von Wallingford und anderen nicht kannten. Selbst Geronimo Cardano bemerkte mit Recht, wieviel Regiomontanus früheren mittelalterlichen Autoren schuldete. Sein Buch über Trigonometrie macht einen moderneren Eindruck, und er ergänzte es mit etwas von noch größerem praktischen Wert: Tafeln trigonometrischer Funktionen. Hier folgte er den Fußstapfen von Peuerbach, der eine Arbeit über die erforderlichen Techniken schrieb. Regiomontanus brach mit der traditionellen Praxis und verwendete nicht mehr die sexagesimale Teilung des Standardradius (dabei beträgt der Sinus von 90° 60 Teile). Er vollzog diesen Schritt stufenweise: Zuerst nahm er für den Radius (wie es Peuerbach getan hatte) 60 000 Teile, dann 100 000 und später 10 000 000. Die Vortrefflichkeit seiner Sinus- und Tangenstafeln trug mit zum Sieg des Dezimalsystems bei, ob es nun gut war oder nicht.

Die Astrologie als Motiv

Die *Tafeln der Richtungen*, die Regiomontanus 1467 während seines Ungarnaufenthaltes verfaßt hatte, waren nicht rein astronomisch. Sie enthielten auch Tafeln für astrologische Zwecke, insbesondere zur Berechnung der Endpunkte der zwölf „Häuser". Dieser Terminus wird oft für 30-Grad-Sternzeichen des Tierkreises – Widder, Stier, Zwillinge usw. – gebraucht, in denen die Planeten nach Meinung der Astrologen ihre Wohnung oder ihr Domizil haben. Er wird auch für eine andere Art der Teilung des Tierkreises verwendet, die von der Tageszeit und dem Ort abhängt, von dem aus der Himmel beobachtet wird. Die fragliche Teilung ist etwas, über das sich Ptolemäus sonderbar ausschweigt, trotzdem wurden ihm im Laufe der Zeit mindestens fünf unterschiedliche Methoden der Teilung zugeschrieben. Die Teilung begann üblicherweise – aber nicht immer – beim Aszendenten, dem Kreuzungspunkt des Tierkreises (Ekliptik) mit dem östlichen Horizont. Die Häuser wurden dann in Richtung wachsender Länge durchnumeriert, wobei die ersten sechs unter dem Horizont liegen. Die Einzelheiten interessieren hier nicht, aber wir müssen betonen, daß viele der etwa acht ganz verschiedenen Methoden für die Ausführung der Teilung mathematisch schwierig anzuwenden waren.

Das Astrolabium konnte dem Astronomen das Leben leichter machen, war aber für den peniblen nicht genau genug. Wie bei der Berechnung der Planetenpositionen für astrologische Zwecke beweisen vielmehr die bloße Zeit und die investierte Energie die Ernsthaftigkeit des Astrologen. Die Astrologie war ursprünglich nicht eine zynische Methode, Geld zu machen oder Macht zu gewinnen, aber nachdem sie einmal eine intellektuelle Herausforderung geboten hatte, führte sie ein Eigenleben.

Den verschiedenen Teilungsmethoden wurden oft bestimmte Namen gegeben, und wieder unterdrückte das gedruckte Wort das zugegeben nebulose Wissen darum, welcher Astronom nun welche Methode erfunden hatte. Regiomontanus wurde mit einer Methode verknüpft, die mindestens so alt war wie al-Jayyānī und al-Ghāfiqī. Die deutschen Astronomen nannten sie die „rationale" Methode und beklagten sich über die Unhöflichkeit, mit der der französische Astronom Oronce Fine „unseren Regiomontanus" bei deren Diskussion behandelte. Der Italiener Cardano beschuldigte ihn des Plagiats bei Abraham ibn Ezra. Die Italiener favorisierten eher die „Methode von Campanus von Novara", aber hier lag auch ein historisches Mißverständnis vor. Die Geschichte dieser schwierigen Techniken ist ein Gewirr von falschen Zuweisungen. Von Belang ist hier, wieviel Bedeutung dies für die Astronomen des 16. Jahrhunderts hatte, in dessen Gelehrsamkeit ein Nationalismus eingedrungen war, der den Jahrhunderten zuvor völlig fremd gewesen war. Wieder einmal war die Kraft des gedruckten Wortes so groß, daß „die Methode des Regiomontanus" allmählich eine große internationale Anhängerschaft erlangte.

Astrologie

Die Astrologie, die so viele der besten Astronomen motivierte, war im lateinischen Westen in einen merkwürdigen Zwiespalt geraten. Einerseits wurde ihren überkommenen und teilweise inkonsistenten Lehren dieselbe unkritische Verehrung entgegengebracht, die sonst religiösen Werken vorbehalten ist. Andererseits wurden die Astronomen durch die an den westlichen Universitäten des Spätmittelalters übliche Unterweisung in aristotelischer Philosophie ermutigt, die astrologischen Schriften auf eine rationale Grundlage zu stellen. Die alten Texte – von Manilius, Vettius Valens (der entgegen seinem lateinischen Namen aus Antiochia kam) und Ptolemäus – waren erhalten geblieben. Sie waren geschrieben worden, bevor die Sache feste Formen angenommen hatte, und vor allem Ptolemäus sah die Astrologie als Teil einer totalen rationalen Erklärung der physikalischen Welt. Sie war mit der alten halbrationalisierten Magie vermischt, es gab freilich Anzeichen dafür, daß sie als eine empirische Wissenschaft gelten konnte. Die Hippokratischen Schriften in Medizin zum Beispiel enthalten viele Hinweise auf die astrologische Medizin (*Iatromathematik*), die den menschlichen Körper unter den Einfluß und Schutz der verschiedenen Teile des Tierkreises und der Planeten stellt. Hier beruhte die Logik der Argumente – sofern überhaupt eine ausgemacht werden kann – gewöhnlich auf Analogien. Ptolemäus beschreibt den Saturn als kühlend und austrocknend, weil er von der Sonnenwärme und von der von der Erde ausgedünsteten Feuchtigkeit am weitesten entfernt ist. Das war eines von vielen solchen Beispielen aus seinem *Tetrabiblos*, und einige Gelehrte versuchten, ihm in dieser „philosophischen" Tradition zu folgen.

Die Araber des achten und neunten Jahrhunderts hatten mit dem Sammeln von griechischem, persischem, syrischem und indischem astrologischen Material begonnen, allerdings gab es Widerspruch von verschiedenen Seiten. Die großen islamischen Philosophietheologen al-Fārābī, Avicenna, Averroes und Ibn Khaldūn widersetzten sich alle der Astrologie in einem gewissen Maß und oft mit Argumenten (Schicksal, Determinismus und die Verantwortlichkeit für eigene Taten), die an ihre Pendants in der frühchristlichen Kirche erinnerten. Andererseits waren Māshā'allāh, der enzyklopädische Schriftsteller al-Kindī, sein Schüler Abū Ma'shar und al-Qabīṣī alles Astrologen, die in einer maßgebenden Weise ganz nach dem scholastischen Geschmack schrieben.

Die Disziplin wurde hauptsächlich dann spirituell gefährlich, wenn sie in die Magie und Dämonologie überging. Aber auch hier hatte al-Kindī versucht, eine rationale physikalische Grundlage einzuführen. Sein Buch *Über Strahlen* befand sich am äußersten Rand der Vereinbarkeit mit dem Christentum. Dennoch wurde es im Westen viel kopiert und gelesen. Der Westen erfuhr im zwölften Jahrhundert aus Abū Ma'shars Astrologie sogar etwas über aristotelische Physik, noch bevor die Schriften des Philosophen in ihrer Gesamtheit vorlagen. Ein einflußreicher Astrologe dieser Zeit war Abraham ibn Ezra, dem wir bereits begegnet sind und dessen Werk schnell in Hebräisch, Latein, Katalanisch und Französisch erhältlich war. Die Abhandlungen von Henry Bate, die um die 1280er geschrieben wurden, setzten diese beliebte hebräisch-lateinische Tradition fort und verstärkten sie.

Im zwölften Jahrhundert erreichte eine Flut arabischer astrologischer Texte die Lateinleser und wurde bald in vertrautere literarische Formen gebracht. Johannes von Sevilla übersetzte nicht nur aus dem Arabischen, sondern verfaßte eine hochgeschätzte Zusammenfassung, eine *Epitome der gesamten Astrologie* (1142). Solche Zusammenfassungen wurden weiterhin geschrieben, mitunter hatten sie eine enorme Länge, zum Beispiel bei Guido Bonatti (nach 1261) und John Ashenden (1347/8). Eine englische Übersetzung von Bonatti von 1676 – zehn Jahre vor Newtons *Principia* – und häufige Verweise auf Ashenden am Ende desselben Jahrhunderts geben Zeugnis von dem Ansehen, das solche Werke haben konnten. Eine medizinische Astrologie von William dem Engländer und ein allgemeiner Abriß von Leopold von Österreich gehören zu den bekanntesten Werken des 13. Jahrhunderts. Im 14. gab es eine umfangreiche neue Literatur, in der den alten Ideen mehr lokale Färbung gegeben wurde. Die Italiener wie Pietro von Abano, Cecco von Ascoli und Andaló di Negro wurden sehr bewundert, aber die arabischen Autoren blieben für die meisten Gelehrten an den Universitäten „klassisch". Die kulturelle Entfernung gab dem Ganzen offensichtlich besonderen Reiz.

Die Astrologie entwickelte eine starke Verbindung zur Meteorologie. Viele Texte handelten von der astrologischen „Voraussage der *times*" (vergleiche das französische Wort *temps* für „Wetter"), und wir haben bereits die von Richard von Wallingford erwähnt. Als der Oxforder Gelehrte William Merle zu der Liste beitrug, brachte er viele andere Betrachtungsweisen ein. Seine empirische Sichtweise ist durch sein Tagebuch der Wetterbeobachtung über den Zeitraum Januar 1337 bis Januar 1344 vollkommen unter Beweis gestellt. Natürlich wurden nicht alle diese Beobachtungsaufzeichnungen aus den Gründen angefertigt, die wir heute gerne annehmen. Hier wurde das Wetter mit astronomischen Ereignissen korreliert, aber es war das Wetter selbst, das letztlich interessierte.

Viele sorgfältige Aufzeichnungen, die aus dem Mittelalter erhalten sind, beziehen sich auf Kometenbeobachtungen mitsamt den Klassifizierungen der Position, der Farbe usw. Andrerseits standen nicht die Kometen als solche im Brennpunkt des Interesses, sondern die *Katastrophen*, die sie ankündigten. Um zu sehen, wie fest die Prämissen verankert waren, die einer Frage wie: „Warum kündigen Kometen den Tod von Herrschern und Kriege an?" zugrundeliegen, betrachten wir die Antwort eines so rationalen Denkers wie Albertus Magnus. Die Verbindung sei keine strikte. Der Komet würde lediglich mit dem Mars in Verbindung gebracht, und der Mars sei die Ursache von Krieg und Vernichtung von Völkern.

Das 15. Jahrhundert wird oft als die Zeit angesehen, in der die Kometen zum erstenmal systematisch beobachtet wurden – zum Beispiel von Toscanelli (von 1433 an), Regiomontanus und Walther (in den 1470ern). Damals interessierte man sich nicht mehr nur für die allgemeine Form der Kometen, sondern auch für ihre präzisen Koordinaten und letztlich für ihre Bahn im Raum – worunter bis ins späte 16. Jahrhundert der sublunare Raum verstanden wurde. (Kometen waren nach Aristoteles „meteorologische" Angelegenheiten im strengen Sinn des Wortes.) Es gibt aber viele frühere Beispiele. Peter von Limoges bestimmte beim 1299er Kometen die Koordinaten des Kopfes, indem er ein Torquetum (auch Turketum, Türkengerät) benützte, ein Instrument mit kreisförmigen Skalen für Rektaszension und Deklination. Geoffrey von Meaux nahm die Koordinaten des Kometen von 1315 mit Bezug auf Nachbarsterne. Jacobus Angelus fand die Länge des Kometen von 1402 aus der des Mondes. Alle drei Männer waren hochgestellte Ärzte mit einer Ausbildung in Astrologie, was auch auf Toscanelli zutraf. Diese gesellschaftliche Gruppe der medizinischen Astrologen ist auf der Liste der Gelehrten mit einem nachweislichen Interesse am Bau astronomischer Geräte sehr stark vertreten.

Die Pest (oder der Schwarze Tod) der späten 1340er, die langdauernden Kriege zwischen England und Frankreich, die ständige Angst vor dem Eintreffen des Antichristen, die hussitischen Irrlehren und später die protestantischen Kirchenspaltungen lenkten alle die Gedanken der Astronomen auf die Art Astrologie, die den Aufstieg und Fall von Königreichen und religiösen Sekten auf der Grundlage von „großen Konjunktionen" der Planeten Saturn, Jupiter und Mars voraussagt. Geoffrey Chaucer arbeitete dieses Thema in sein größtes Gedicht, *Troilus und Cressida*, ein. Hier haben wir einen Dichter, der – wie wir gesehen haben – viel Zeit und Energie investierte, um mit sorgfältig berechneten astronomischen und astrologischen Anspielungen seiner Dichtung eine verborgene Dimension der Bedeutung zu geben. Viele andere Dichter versuchten mehr als zwei Jahrhunderte lang, Chaucers Stil zu kopieren, aber keiner erreichte seine geheime Kunst. In einer weniger versteckten Weise wurde jedoch allmählich die ganze europäische Literatur mit kosmischen Metaphern und Anspielungen versehen. Dies ist ein Thema, so groß wie die Literatur selbst, doch die Erzeugnisse aus dem Frankreich des 16. Jahrhunderts – speziell von Jacques Peletier und Pierre de Ronsard – verdienen besondere Erwähnung, und im 17. Jahrhundert bringt John Miltons *Verlorenes Paradies* tatsächlich eine Modifikation des damaligen astronomischen Standardsystems.

Shakespeares Anspielungen sind weithin bekannt, wenn auch ihre astrologischen Vorläufer nicht immer verstanden werden. Romeo und Julia, „ein Liebespaar, von finsterm Stern bedroht"[3], litten am Unglück unvereinbarer Herkunft. Es gibt viele andere vergleichbare Anspielungen, aber sie haben anscheinend keine tiefe strukturelle Bedeutung. Vielleicht spricht Cassius für Shakespeare, wenn er ausruft: „Die Schuld, lieber Brutus, liegt nicht in unseren Sternen, sondern in uns selbst . . . ", vielleicht aber auch nicht. Jedenfalls werden zu Shakespeares Zeit die Echos der Astrologie immer leiser. Im Lauf der Zeit wurde der Astrologe in der Literatur eine Witzfigur, und selbst das Kalifornien der 1960er konnte daran nichts ändern. Die Kunst, die Astronomie der Dichtung nutzbar zu machen, ist heute praktisch verloren, obwohl – wie Lesern von Algernon Charles Swinburne bekannt sein dürfte – „astrolabe" eines der wenigen Worte im Englischen ist, die sich auf „babe" reimen.

Wer im 14. Jahrhundert tief über Astrologie nachdachte, dem stellten sich drei große Fragen: Erstens, sind die Einflüsse, die sie zu beschreiben behauptet, real?; zweitens, können Menschen sie je auf eine brauchbare Wissenschaft reduzieren?; und drittens, wäre eine solche Wissenschaft zulässig? Wenige Gelehrte hätten gezögert, die ersten beiden Fragen

---

[3] Anm. d. Übers.: aus Romeo und Julia, Prolog; in der Übersetzung von A. W. von Schlegel

mit „ja" zu beantworten, und die meisten wären an der dritten so schnell wie möglich vorübergegangen.

Von denen, die sich aus einer Position der wissenschaftlichen Stärke gegen die Astrologie aussprachen, ist Nikolaus von Oresme (1320–82) einer der interessantesten. Normanne von Geburt und in Paris ausgebildet, wurde er ein Vertrauter des künftigen Königs Karl V., während dieser noch Thronfolger von Frankreich war. Nikolaus starb als Bischof von Lisieux. Seine Ansicht über den Kosmos war in gewissem Sinn mechanistisch – er benützte zum Beispiel oft eine Metapher, die diesen mit einer mechanischen Uhr verglich –, und doch war er nicht bereit, mit der aristotelischen Teilung des Kosmos in zwei Regionen, eine oberhalb und eine unterhalb des Mondes, zu brechen. Er sprach weiterhin im aristotelischen Stil von den Sphären, die von Intelligenzen bewegt werden. (Sein Lehrer an der Universität, John Buridan, hatte gesagt, den Sphären sei vielleicht beim Schöpfungsakt von Gott Drehimpuls verliehen worden, der sie mit unendlicher Bewegung ausstattet.) Wenn Oresme gegen die Astrologie schrieb, meinte er, sie sei nicht dazu imstande, Ereignisse hier auf der Erde zu erklären. Sie treten nach seinen Worten wegen unmittelbarer und natürlicher Ursachen ein, und nicht wegen himmlischer Einflüsse. Aber er war zu stark in der Kultur seiner Zeit befangen, um in seiner Kritik schonungslos zu sein. Die Eigenschaften der Sterne, Sternzeichen, Grade usw. könnten im Prinzip bekannt sein, dachte er. Aus großen Konjunktionen könnten Voraussagen gemacht werden, aber nur allgemeine, keine detaillierten. Beim Wetter treffe dasselbe zu – aber Bauern und Seeleute waren seiner Meinung nach zuverlässiger. Medizinische Prognosen nach Sonne und Mond seien vergleichsweise sicherer als solche nach den Planeten. Hier haben wir mit etwas zu tun, was für ihn eine Frage der *Natur* war. Die letzten drei Sektionen der Astrologie hätten jedoch mit dem *Glück* zu tun: Das Stellen von Geburtshoroskopen, die Frage, ob etwas eintreten werde, oder die Entscheidung günstiger Zeiten für das Handeln – sie berührten alle die Freiheit des menschlichen Willens und seien zu vermeiden.

Oresmes Ansicht wurde von vielen klugen Zeitgenossen geteilt. Sie war nicht gerade neu, aber sie machte eine Unterscheidung deutlich, die häufig falsch dargestellt wird. Wir lesen oft, Astrologie und Astronomie seien im Mittelalter und davor ein und dasselbe gewesen. Für einige gab es dagegen *drei* Astrologien: eine mathematische, „die wir Astronomie nennen", eine natürliche, die mit der Physik verwandt ist, und eine spirituelle.

Oresmes originärstes Werk handelte von terrestrischer Physik, und wir verlassen ihn mit einem Blick auf seinen Vorschlag, die Erde sei vielleicht nicht im Zentrum des Universums verankert, aber ihr Schwerpunkt strebe dorthin. Er betrachtete sorgfältig die ganze Frage der Erdbewegung. Es wurde oft als revolutionär angesehen, diesen Punkt überhaupt zu diskutieren, aber da es Aristoteles getan hatte, war es – im Hinblick auf die mittelalterliche Methode, Kommentare über Aristoteles zu schreiben – für Dutzende von scholastischen Autoren eine Selbstverständlichkeit.

In seinen *Fragen zum Himmel* und *Fragen zur Sphäre* betonte Oresme die Relativität der Bewegung: Die Phänomene, die wir täglich beobachten, könnten ebensogut durch die tägliche Rotation der Erde wie durch die des Himmels erklärt werden, argumentierte er. Am Ende optierte er für die traditionelle Sicht, nach der der Himmel rotiert. Das war für ihn eher eine Frage der Überzeugung als des Beweises. Mehr als ein Jahrhundert mußte noch bis zur Geburt von Kopernikus verstreichen, der die gegenteilige Überzeugung haben sollte.

Hofastrologen

In ihrer langen Geschichte hatte die Astrologie stets eine politische Dimension, die wenig mit ihrem wissenschaftlichen Inhalt zu tun hatte. Babylonische Könige, mittelalterliche christliche Könige, Bischöfe und Päpste, Renaissance-Generäle, Wallenstein, Hitler, anscheinend sogar Nancy Reagan holten sich regelmäßig astrologischen Rat. Das höfische Interesse an der Gelehrsamkeit im muslimischen Spanien wurde in anderen Teilen von Europa sehr schnell bekannt, spätestens seit dem zehnten Jahrhundert. Pedro Alfonsi, der jüdische Konvertit, der sowohl Alfons I. von Aragonien als auch Heinrich I. von England diente, war einer von denen, die die östlichen astrologischen Formen der Weissagung verbreiten halfen. Sein Zeitgenosse Adelard von Bath – ein weiterer königlicher Bediensteter –, der so weit gereist war, wie das normannische Königreich von Sizilen reichte, war nicht weniger darauf aus.

Adelard war wahrscheinlich der Urheber einer Reihe von politisch interpretierten Horoskopen, die noch erhalten sind. Er war ein großer Bewunderer der arabischen Gelehrsamkeit. Trotz seiner Arbeit an den astronomischen Tafeln, die eine größere geistige Herausforderung bot, zeigt er sich an der Astrologie in einem Maß interessiert, das an spirituelle Unbekümmertheit grenzt. Er übersetzte aus dem Arabischen nicht nur zwei astronomische Werke, sondern auch drei astrologische, darunter eines, das Passagen über Gemmen mit magischen Bildern enthielt. (Solche Bilder mußten unter sorgfältig ausgewählten Himmelskonstellationen geschnitzt werden. Er berichtet, selbst einen gravierten Smaragdring getragen zu haben. Als die astrologische Form der Weissagung die Szene betrat, nahm sie einfach die Stelle der existierenden magischen Praxis ein. Sowohl die Magie als auch die Astrologie hatten dieselbe allgemeine Funktion, Dinge zu *erklären*, die anderweitig nicht erklärt werden konnten, und beide waren in Praktiken verwickelt, die gewünschte Dinge *herbeiführen* sollten. Das letztere war in der Astrologie seltener, weshalb sie mit der Magie gekoppelt wurde.

Friedrich II., der Kaiser des Heiligen Römischen Reiches (1194–1250), förderte die östliche Gelehrsamkeit. Er war in Sizilien aufgewachsen, war ein exzellenter Sprachenkenner – er hatte in der Kindheit mit seinen Freunden arabisch gesprochen – und steuerte einige Beiträge zu den Wissenschaften bei. Den größten Umschwung in seinem Glück leitete seine von Astrologen hervorgerufene Selbstgefälligkeit ein, die ihm den Sieg über die Stadt Parma zugesichert hatten. Man sagt Friedrich auch nach, er habe Michael Scot als Hofastronomen in seinen Diensten gehabt – ein Mann, der im Mittelalter als Magier der gefährlichsten Sorte galt. Michaels Domäne war die Verbindung von Astrologie und Geisterbeschwörung. Darin war er überhaupt nicht ungewöhnlich – ein weit schlimmeres Exemplar eines hohen Kirchenmannes mit solchen Ansichten war Wilhelm von Auvergne, Bischof von Paris von 1228 bis 1249.

Von da an haben anscheinend die meisten europäischen Höfe Ratgeber mit Kenntnissen der neuen Wissenschaften gehabt, wenn sie auch nicht immer direkt Astrologen waren. Vinzenz von Beauvais zum Beispiel, ein Dominikaner, der Ludwig IX. von Frankreich als königlicher Kaplan, Bibliothekar und Erzieher der Königskinder diente, war kein Experte. Er nahm eine kritische Haltung gegenüber der Dämonologie und der Astrologie ein, er glaubte zwar offenbar an beide, verurteilte sie aber mit Argumenten, die seit der Zeit der Kirchenväter kursierten. Er praktizierte die Astrologie neben der Medizin, und anscheinend hat die Astrologie hier, wie so oft anderswo, genauso im Gefolge der Medizin wie aufgrund ihrer Fähigkeit, persönliche und staatliche Angelegenheiten vorauszusagen, ins Hofleben Eingang gefunden.

Die akademische Astrologie war im Mittelalter eine vergleichsweise nüchterne Tätigkeit. Die Zahl der Horoskope, die aus der Zeit vor dem Ende des 13. Jahrhunderts erhalten sind, ist gering. Vielleicht zeigt dies, daß das persönliche Element bis dahin wenig entwickelt war. Gleichwohl begannen sich viele Theologen wegen der Entwicklung Sorgen zu machen, und die berühmtesten Maßregelungen waren die von 1277 von Etienne Tempier, dem Bischof von Paris, und Robert Kilwardby, dem Erzbischof von Canterbury. Wir dürfen die Wirkung ihrer Schritte gegen Paris bzw. Oxford nicht allzusehr betonen, wir sollten uns außerdem vergegenwärtigen, daß es in ihren eilig verfaßten Edikten um viel mehr als um die Astrologie ging – sie richteten sich gegen die aristotelischen „wissenschaftlichen" Tendenzen ganz allgemein. Was sie als besonders gefährlich ansahen, war folgender Gedanke: Wenn die Bewegungen der Sterne vorausbestimmt sind, dann gilt dasselbe für das menschliche Schicksal – zumindest solange man das eine für die Ursache des anderen hält.

Der Determinismus bildete ein wichtiges Thema in zwei Werken mit einem antiastrologischen Tenor, die als königliche Lektüre gedacht waren: Das eine war von Thomas Bradwardine für Eduard III. von England und das andere von Nikolaus von Oresme für Karl V. von Frankreich. Die Bibliothek des letzteren im Louvre enthielt zahlreiche astrologische Werke. Ein besonders interessantes Manuskript daraus – heute in Oxford – enthält unter anderem eine Sammlung von fünf sehr sorgfältig entworfenen Horoskopen: eines für Karl selbst und die übrigen für vier seiner Kinder. Solche Geburtshoroskope konnten in späteren Stadien eines Menschenlebens vom ärztlichen Astrologen konsultiert werden, um Aussagen über den vermutlichen Verlauf einer Krankheit machen zu können. Es ist ein trauriger Gedanke, daß die von Karls Kindern sehr genau studiert worden sein müssen, denn die meisten davon starben vorzeitig an Krankheiten.

Im Spätmittelalter und danach wurde es den Astronomen zur Gewohnheit, Horoskope der Mächtigen und Berühmten zu sammeln. (Diese Art Literatur wird immer noch produziert.) In den erhaltenen Sammlungen finden sich Horoskope für die meisten europäischen mittelalterlichen Herrscher, viele davon sind mit Versuchen einer astrologischen Erklärung von politischen Ereignissen versehen. Einige suchen die Risiken von anstehenden königlichen Verlöbnissen zu ermitteln. Viel Fleiß wurde selbstverständlich auf die dynastische Astrologie verwendet, aber die Astrologen waren oft in erster Linie Mediziner. Waren sie es nicht, dann muß gesagt werden, daß ihre Entlohnung sehr viel geringer ausfiel als die ihrer medizinischen Kollegen.

Das Leben eines Astrologen hatte durchaus seine Gefahren, vor allem wenn die Magie im Spiele war. Dies wird durch einen Vorfall von 1441 illustriert, in den das englische Königshaus verwickelt war. Eleanor Cobham, die Herzogin von Gloucester, wurde damals zusammen mit zwei Sekretären, Roger Bolingbroke und Thomas Southwell, sowie einer Frau mit Namen Margery Jourdemayne, bekannt als Hexe von Eye, beschuldigt, gemeinsam durch Zauber König Heinrich VI. nach dem Leben getrachtet zu haben. Die Herzogin suchte in Westminster Zuflucht und wurde später lebenslänglich eingesperrt, Southwell starb im Kerker. Bolingbroke wurde gehenkt, gestreckt und gevierteilt, nachdem man ihn

„in seinem Magiergewand mit Wachsbildern und vielen anderen Zaubergeräten" zur Schau gestellt hatte. Die Hexe wurde als rückfällige Ketzerin verbrannt.

Das Verbrechen war die Anwendung der Nekromantie und der schwarzen Kunst, aber die Männer waren erfahrene Astrologen – allerdings waren sie ranghöhere Oxforder Gelehrte, wohingegen die Ratgeber des Königs Gelehrte aus Cambridge waren. Die Herzogin gestand in ihrem Prozeß, daß sie Bolingbroke konsultiert habe, allerdings nur daß er ihr helfe, von dem ihr entfremdeten Ehemann – Herzog Humphrey, dem Bruder von Heinrich V. – ein Kind zu empfangen. Das wirkliche Verbrechen war jedoch weniger die Ausübung der Astrologie als die Beratung der Feinde des Königs, und dafür mußten sie büßen. Lewys von Carleon, einem Astronomen von großem Talent, drohte dasselbe Ende. Er war in den englischen Bürgerkriegen, den Rosenkriegen, der Arzt vieler Adeliger aus der Lancaster-Partei. Lewys kam mit einem Gefängnisaufenthalt im Tower von London davon, er nutzte die Zeit, um zahlreiche astronomische Tafeln in Ruhe und Frieden zu verfassen.

Nachdem die Astrologie nach den wissenschaftlichen Zentren zuerst die Höfe erreicht hatte, stieg sie langsam die soziale Leiter hinab. Sie verließ die Höfe allerdings nicht vor dem 17. Jahrhundert – in manchen Fällen noch später. Die großen Astronomen Brahe, Kepler und sogar Galilei erfuhren höfische Förderung aufgrund ihrer astrologischen Kompetenz. Grob gesagt, mit dem 17. Jahrhundert wurden die Astrologen an den Universitäten weniger spekulativ und weniger an den dummen Auswüchsen in der Schicksalsdeutung interessiert, dagegen wandten sie sich mehr empirischen Dingen wie Medizin und Meteorologie sowie neuen Systemen aus eigener Herstellung zu. Sie machten keine Fortschritte, und allmählich, so gegen Ende des 17. Jahrhunderts, verlöschte auf diesem wissenschaftlichen Niveau das Interesse an der Astrologie fast völlig.

Als das gemeine Volk die Bühne betrat und die akademisch Ausgebildeten vorsichtiger wurden, machten die Astrologen alten Schlags das große Geschäft, wie sie es bis zum heutigen Tag tun. Alte literarische Gewohnheiten sterben jedoch schwer aus. Ein gutes Beispiel dafür bietet die astrologische Metapher Sonne, Gold, Herz und König, die weiterlebte, um die allgemeine Haltung zum Königtum selbst zu beeinflussen. Gerade dieses Beispiel, dessen Geschichte zumindest bis Babylon zurückreicht, wurde von den Public-Relations-Leuten des *Roi Soleil* ausgebeutet. Obwohl diese Verknüpfung damals keinen wissenschaftlichen Anspruch mehr hatte, war es immer noch möglich, sie in einem sehr allgemeinen und nichttechnischen Sinn effektvoll in Erörterungen über das Königtum zu verwenden – wie es Jean Bédé und Jean Bodin in Frankreich, William Pemberton und viele andere in England taten. Sie waren in ein Machtspiel verwickelt, das wenig mit der Astrologie zu tun hatte, aber sie nutzten eine Sprache, die damals ihren Lesern so vertraut und akzeptabel erschien, daß sie selten hinterfragt wurde. Die politische Macht des Astrologen war nicht die eines Napoleon oder eines Rasputin. Sie war auf einer tieferen Ebene, im Kopf der Leute, wirksam, und sie war eine Kraft der Tradition.

> Kometen sieht man nicht, wenn Bettler sterben;
> Der Himmel selbst flammt Fürstentod herab.[4]

[4] Anm. d. Übers.: 2. Akt, 2. Szene; in der Übersetzung von A. W. von Schlegel

wie Shakespeare in seinem *Julius Caesar* schreibt. Die Verbindung von fürstlicher Macht und astrologischem Dünkel war etwas, das bis lange nach Shakespeares Tod von den Leuten als selbstverständlich angesehen wurde.

Eine Rückkehr zu den Griechen?

Der Renaissance-Humanismus, die geistige Bewegung, von der sich Regiomontanus mitgetragen fühlte, war von seinen Anfängen im Italien des 14. Jahrhunderts an für die Naturwissenschaften ungünstig. Der italienische Scholar Petrarca hatte am Anfang die Oxforder Logiker verhöhnt, die dann in ganz Europa in Mode kamen und in deren Schriften so viele Keime der künftigen wissenschaftlichen Revolution liegen. Da war eine pedantische literarische Auffassung verbreitet, die mittelalterliche Ausgaben klassischer Abhandlungen ablehnte. Der Humanismus befaßte sich jedoch mit der Stellung der Menschheit in der Geschichte und der Natur. Viele Humanisten hatten mit der Astrologie geliebäugelt, wenn sie ihr auch dann nicht die Treue hielten. Dies erklärt zum Teil, warum die Wiedergeburt der klassischen Studien leicht mit der Astronomie harmonieren konnte, die von so vielen ohne Verständnis hochgeschätzt wurde. Daß dem so sein konnte, sollte aus den Beziehungen zwischen Bessarion und Regiomontanus offenbar sein, aber es gibt viele andere Beispiele. Viele Humanisten entwickelten jedoch der Astrologie gegenüber eine offene Feindschaft, vornehmlich Marsilio Ficino (1433–99), der erste der großen Renaissance-Platoniker.

Ficino war in der Astrologie sehr belesen und kannte ihre Standardgegener seit Augustinus, hatte jedoch in der umstrittenen Frage nichts wirklich Neues hinzuzufügen. Er akzeptierte, daß die Planeten die Menschen bei ihrer Geburt beeinflussen könnten, ließ aber dem Individuum die Macht der freien Entscheidung. „Die Sterne geben eine Tendenz vor, aber üben keinen Zwang aus", war das geflügelte Wort. Giovanni Pico della Mirandola (1463–94) verbreitete sich viel ausführlicher über das Thema.

Pico war ein Sprößling einer adeligen Familie und lernte bei jüdischen Lehrern Hebräisch und Arabisch. Weil er in Rom auf Thesen beharrte, die von einer päpstlichen Kommision als häretisch beurteilt worden waren, mußte er nach Frankreich fliehen. Nachdem er gefangengenommen worden und unter dem Schutz mächtiger Anhänger nach Italien zurückgekehrt war, ließ er sich unter dem Schutz von Lorenzo de' Medici in Florenz nieder. Dort schrieb er unter anderem seine *Erörterungen gegen die Astrologie* in zwölf Büchern, sein umfangreichstes Werk. Im Mittelpunkt all seiner Schriften stand die Würde und Freiheit des Menschen, und dieses Thema übernahm er in seine *Erörterungen.* Er erkannte den Einfluß der Sterne durch physikalische Effekte wie Licht und Wärme an, lehnte aber okkulte Einflüsse ab. Wir können, dachte er, als freie Geister nicht von Sternen beeinflußt werden, die Körper einer geringeren Natur sind.

Pico war nicht das Urbild des modernen Astronomen: Sein Hauptmotiv beim Schreiben war sein Wunsch, die Kirche zu verteidigen. Sein Werk wurde über viele Jahrzehnte, ja sogar Jahrhunderte, geachtet. Gian Domenico Cassini (1625–1712), der erste aus der großen Astronomenfamilie, berichtet, es sei Picos Werk gewesen, das ihn der Astrologie entgegen- und der Astronomie zugewendet habe.

Als der Domenikanerbruder Tommaso Campanella (1568–1639) sein von vielen als Klassiker der Astrologie angesehenes Werk schrieb, vermerkte er, daß es nur davon handele, was Pico „physikalische Astrologie" genannt habe, und daß es von „der abergläubischen Astrologie der Araber und Juden" gereinigt sei. Dieselbe Unterscheidung wurde dann zwischen der „natürlichen Magie", unter die Themen fallen, die wir als Naturwissenschaft bezeichnen würden, und ihrer okkulten, dämonischen und spirituell unannehmbaren Alternative gemacht, für die wir heute allgemein ausschließlich den Namen „Magie" verwenden.

Die Debatte über Magie und Astrologie, die zu jener Zeit gelegentlich stattgefunden hat, griff auf einige interessante Vorstellungen psychologischer Art zurück, die in gewissem Maß von den Schriften von Avicenna stammten, dem berühmtesten Philosophen des mittelalterlichen Islam. Die natürliche Magie, wurde oft erklärt, erreiche ihre ganz realen, aber scheinbar wundersamen Effekte durch das Medium des Glaubens und der Imagination. An diesem Punkt kamen die Sterne ins Spiel. Pico sagte: „Magie zu betreiben ist nichts anderes, als eine Ehe mit dem Universum einzugehen", womit er eine psychische Vereinigung meinte. Viele arabische Texte bringen dieselbe Idee, die jedoch nicht immer zur selben Folgerung führt. Einige, wie zum Beispiel Ibn Khaldūn, dachten, unsere innersten Gedanken lägen außerhalb der Reichweite der Sterne. Welchen Standpunkt man einnahm, hing von der Schlußfolgerung ab, die man ziehen wollte. Um 1490 verteidigte Galeotto Marzio da Narni die weissagende Astrologie gegen Angriffe von Averroes und nahm Avicenna zu seiner Verteidigung. Die menschliche Seele, hatte Avicenna gesagt, hat die Kraft, Dinge durch starkes Verlangen zu ändern. Starke persönliche Wünsche könnten, dachte er, auf das Leben der Leute einwirken, die nach Avicennas Autorität zur Zeit ihrer Geburt von den Sternen geprägt wurden. Der Glaube kann Berge versetzen, und die Aktionen von so einem Glauben sind effektiver, beharrte Galeotto, als alle Instrumente und Arzneien. Andere gingen so weit, daß sie die Rede selbst als ein noch harmloseres Werkzeug der natürlichen Magie behandelten. Wenn auch eine gewisse Skepsis verbreitet war, kann man trotzdem sagen, daß die meisten Gelehrten am glücklichsten waren, wenn sie solche neuen Wege zur Verteidigung alter Orthodoxien finden konnten.

Der Renaissance-Humanismus begann sich damals von Italien aus im Ausland auszubreiten. Von einem astronomischen Standpunkt kann die Bedeutung der neuen Übersetzungen aus dem Griechischen leicht übertrieben werden. Einige, wie Thomas Linacres Übersetzung von Auszügen von Geminos über die Himmelskugel (1499 gedruckt, er hielt Proklos für den Autor), konnten höchstens von historischem Interesse sein. Andererseits kann die Mode mächtiger sein als der Verstand. Als in Oxford das Corpus Christi College gegründet wurde, um solche Studien zu fördern, wurden Vorkehrungen für die Lehre in Astronomie getroffen. Es gab keinen offenbar qualifizierten Humanisten dafür. Die Wahl fiel auf Nikolaus Kratzer (1487–1550), der wie der Künstler Hans Holbein, sein Freund und Landsmann, am Hof von Heinrich VIII. in Diensten gestanden hatte und an Heinrichs Hof mit Humanisten in Berührung gekommen war.

Die höfische Mode hat sehr oft das Ausländische und Exotische begünstigt, und als der Vater des Königs, Heinrich VII., einen Astrologen angestellt hatte, war die Wahl auf einen Italiener, William Parron gefallen. Der berühmte englische Humanist Sir Thomas Morus, Kratzers Freund und zeitweiliger Mentor, konnte gefahrlos seine Abscheu gegenüber der

Astrologie zum Ausdruck bringen, aber zweifellos wurde zu dieser Zeit jeder Gegenstand durch die Verpflichtung von Gelehrten aus dem Ausland – insbesondere aus Italien – gleichsam erhöht.

Die Verbindung nach Griechenland hatte keine geringere Bedeutung. So wurde Kratzer in einem Brief an Erasmus als ein fähiger Mathematiker beschrieben, der Astrolabien, Armillarsphären und *ein griechisches Buch* mitbringen würde. Das war seine Empfehlung. Er scheint selbst keinen Brocken Griechisch gekannt zu haben. Als er Sonnenuhren in Oxford baute, wurden sie mit Versen, die ein Kollege in feinem neoklassischen Latein abgefaßt hatte, gebührend geehrt. Die mittelalterliche Astronomie wurde herausgeputzt, aber nur oberflächlich geändert. Eine neue Generation von Instrumentenbauern machte immer feinere Geräte, schön graviert in den neuen italienischen Schriften. Einer der geschicktesten von allen war Thomas Gemini, der 1524 oder vorher aus den Niederlanden an den Hof Heinrichs VIII. gekommen war. Viele vergleichbare Fälle der klassischen Mode könnten von anderen Teilen Europas angeführt werden, aber kaum einer von ihnen änderte den Lauf der astronomischen Wissenschaft signifikant. Trotz all seiner humanistischen Freunde wies Kratzers Auffassung der Astronomie keinen Bruch mit dem Mittelalter auf.

Ein sehr merkwürdiger Effekt der neuen literarischen Mode war, daß das Interesse an der griechischen Lehre der homozentrischen Sphären wiederbelebt wurde. Girolamo Fracastoro (1478–1553) war ein Arzt und Philosoph, der an der Universität Padua lehrte. 1501 machte er die Bekanntschaft von Kopernikus, der damals dort in Medizin eingeschrieben war. Fracastoros Ruhm geht auf eine sehr lange Ballade zurück, die in klassischem Latein großer Eleganz abgefaßt ist und ein ungewöhnliches Thema hat: *Syphilis oder die Franzosenkrankheit* (die erste Fassung war 1521 fertig). Der Sonnengott hatte angeblich den jungen Hirten Sifilo mit dieser Krankheit geschlagen, wiel ihm dieser untreu geworden war. Fracastoro glaubte an die Standardlehre von den Gefahren, die eine dreifache Konjunktion von Saturn, Jupiter und Mars begleiten, und behauptete, daß sich die Krankheit aufgrund des Verfalls der Luft unter dem unheilvollen Einfluß dieses Ereignisses verbreitet habe. Er schrieb später in einer prosaischeren Weise Werke über medizinische Astrologie, aber mit seinem *Homozentrische Sphären, oder über die Sterne* sorgte er für eine astronomische Mode, die allerdings von kurzer Dauer war. In Padua war er der Freund von drei Brüdern gewesen, von denen einer, sein Lehrer Battista della Torre, versucht hatte, die homozentrische Ideee zu neuem Leben zu erwecken. Auf seinem Totenbett bat Torre 1534 Fracastoro, sein Werk zu vollenden. Das daraus folgende Buch wurde Papst Paul III. gewidmet – wie Kopernikus' großes Werk von 1543. Die Obskurität von Fracastoros Buch dürfte den ausbleibenden Erfolg erklären, freilich gab es Instrumentenbauer, die seine Schemata für wert hielten, sie in Metall zu modellieren.

Es ist kaum zu glauben, daß Fracastoros Ideen über die homozentrischen Sphären ganz unabhängig von ähnlichen Gedanken in einem dünnen Büchlein von Giovanni Battista Amico (1512–38) waren. Daß dieses in vier Jahren dreimal gedruckt wurde (1536 und 1537 in Venedig und 1540 in Paris), sagt etwas über die Ambitionen der Aristoteliker aus, die darauf bedacht waren, ein System zu finden, das mit ihren Ideen in Übereinstimmung war. Amico wurde im Publikationsjahr von Fracastoros Buch in Padua ermordet (man glaubt: „von der Hand eines unbekannten Meuchelmörders, der aus Neid wegen seiner Bildung und Tüchtigkeit gehandelt hat.")

Wo der ältere Mann nur den Spezialfall „eudoxanischer" Sphären mit zueinander rechtwinklig stehenden Winkeln behandelt hatte, begann Amico mit dieser Annahme und ging dann zu dem allgemeinen Fall beliebiger Neigung über. Seine Modelle sind nicht sehr kohärent, aber sie machen ausgiebigen Gebrauch von den theoretischen Entwürfen, die Kopernikus benützte, die aber nach unserer Kenntnis schon früher von Naṣīr al-Dīn al-Ṭūsī verwendet worden waren. Amico verwendete in der Theorie der Planetenlängen und -breiten wiederholt das Ṭūsī-Paar – natürlich ohne diesen zu erwähnen. Er versuchte sich auch in der Himmelsphysik und hielt wie Fracastoro den Durchgang der Planeten durch ein Medium veränderlicher Dichte („Dämpfe") im Weltraum für die Erklärung der wechselnden Helligkeiten – die für jeden ein Problem waren, der ein Modell mit konstanten Planetenentfernungen vorschlug. Er führte in seinem Modell die Präzession in einer Weise ein, die seine Anleihe bei den Alfonsinischen Tafeln offenbar machte.

Fracastoros System, dem er insgesamt 77 bis 79 Sphären zuschrieb, stand astronomisch gesehen weit unter dem des Ptolemäus, von dem auf alle Fälle eine Anzahl von Ideen entliehen waren. Er hat anscheinend geglaubt, daß er die Ideen des Eudoxos präzise angewendet hat. Man möchte gerne wissen, ob die Paduer damals das System des Eudoxos rekonstruieren wollten und dabei auf die Konstruktionen der Araber gestoßen waren.

An einem Punkt in Fracastoros Bericht vergleicht er den Effekt der veränderlichen Planetenhelligkeit mit der anwachsenden Größe und Deutlichkeit, mit der wir etwas durch eine Doppellinse sehen (im Vergleich zur Sicht durch eine Einzellinse), oder den Veränderungen, wenn wir etwas in verschiedenen Wassertiefen sehen. (Dies ist nicht, wie manchmal behauptet wurde, die Erfindung des Fernrohrs.) In mancher Beziehung sind seine Bemerkungen über die Natur der Himmelssphären genauso interessant wie irgendetwas zu diesem Thema vor ihm. Er beobachtete die Kometen so sorgfältig, daß er feststellte, daß ihr Schweif immer von der Sonne weggerichtet ist. Er hielt es für offenbar, daß die Kometen näher als der Mond sind, denn wie sollten sie sich frei durch die Sphären bewegen. Tycho Brahe kehrte das Argument später um, indem er sagte, nachdem die Kometen nachweislich weiter als der Mond entfernt seien – er hatte das mit eigenen Messungen festgestellt –, sei es die Solidität der Sphären, die anzuzweifeln sei.

Fracastoros Entdeckung der Kometenschweifrichtung wurde 1538 veröffentlicht, zwei Jahre vor Peter Apians Veröffentlichung derselben Entdeckung. Letzterer machte sie bei der Beobachtung des Kometen von 1532. Die beiden Entdeckungen werden gewöhnlich als unabhängig angenommen, aber da Apians Erklärung dahin ging, Kometen seien sphärische Linsen, kann eine Entlehnung nicht ausgeschlossen werden. Apian dachte, der Kometenschweif sei einfach ein fächerförmiges Strahlenbündel durch die Linse. Gemma Frisius und Geronimo Cardano verschafften diesem einfallsreichen Gedanken später Publizität. Tycho Brahe gehörte zu denen, die das Linsenprinzip übernahmen. In einer Arbeit von 1588 über den Kometen von 1577 entschied er, daß in diesem Fall die Lichtquelle nicht die Sonne, sondern die Venus sei. Kepler akzeptierte lange die Idee der Sonnenlinse. Obwohl Descartes von 1618 an mehrfach Kritik daran geübt hatte, übernahm er eine Version der Idee. Newton kritisierte sie später im Jahrhundert abermals, dennoch starb sie einen langsamen Tod. Jedenfalls diente sie einem sehr nützlichen Zweck: Sie ließ die Astronomen die aristotelische Auffassung von Kometen als brennende Feuer aufgeben. Von da an war ihr Ort – sublunal oder himmlisch – eine offene Frage. Tycho sollte diese Frage lösen.

Obgleich Amicos früher Tod der Astronomie ein ideenreiches Talent raubte und Fracastoros Schriften gewisse modische Eigenschaften aufwiesen, die sie für Zeitgenossen attraktiv machten, versuchten die beiden doch – alles in allem – die Uhr um 19 Jahrhunderte zurückzudrehen. Tycho Brahe war später vernichtend in seiner Kritik von Fracastoros planetarischen Absurditäten. Die Zukunft lag in anderen Planetenschemata, mathematisch und physikalisch gesehen. Es war immer noch viel Leben in dem vierzehnhundert Jahre alten Ptolemäus, aber die Zeit war nahe, da die Astronomen mit einem neuen System, dem von Kopernikus, zu kämpfen haben würden. Dem wenden wir uns jetzt zu.

11 Die Planetentheorie des Kopernikus

Kopernikus

Im Rückblick waren viele Historiker der jüngeren Vergangenheit versucht, die Änderungen in der Planetentheorie durch Kopernikus als selbstevident darzustellen. Selbst wenn dem so wäre – was nicht der Fall ist –, bliebe sein unbezweifelter Einfluß auf den Gang der Geschichte. Die kopernikanische Revolution wurde so oft als Paradigma, als Modell eines geistigen Wandels, angesehen. Ist sie nur eine Illusion? Wem von Kindesbeinen an gelehrt wurde, daß sich die Erde bewegt, der beurteilt vielleicht nicht am besten, wie schwer es war, diesen Gedanken zur Selbstverständlichkeit zu machen. Als Aristarchos in der Antike die Frage der Erdbewegung aufwarf, wurde er wegen Gotteslästerung angeklagt. Als Kopernikus zum selben Schluß kam, war die Situation mit Sicherheit gefährlicher, weil er sich drei gewichtigen Autoritäten gegenübersah: der Kirche, der aristotelischen Orthodoxie der Universitäten und den Astronomen, die alle in einer ptolemäischen Tradition standen. Sein Mut, eine Kritik an zweien dieser drei Pfeiler westlicher Ideologie zu wagen, war sicher größer als der vieler seiner Kritiker aus neuester Zeit.

Nikolaus Kopernikus war Mitglied des „Establishments" in all diesen drei Bereichen. Er wurde 1473 in Torun (Thorn) in Polen geboren. Er war erst zehn, als sein Vater starb, aber ein Onkel ermöglichte ihm 1491 den Besuch der Universität von Krakau. Der Onkel wurde Bischof von Varmia (Ermland), und so fand er dort eine bezahlte Position als Domherr im Domkapitel von Frombork (Frauenburg). 1496 schrieb er sich in Bologna als Student des kanonischen Rechts ein, aber die Astronomie scheint sein Lieblingsfach geworden zu sein, und als er später einmal beurlaubt wurde, um in Padua – diesmal Medizin – zu studieren, kam er mit einem Doktortitel in kanonischem Recht aus Ferrara zurück. Wenn dies ein Anzeichen von Eigensinn war, so paßte der Rest von Kopernikus' Lebenswandel nicht dazu, denn er verbrachte seine letzten 40 Jahre im Dienst des Domkapitels von Varmia. Seine Verhältnisse erlaubten ihm den Bau eines Beobachtungsturms, wo er drei Hauptinstrumente betrieb: eine Armillarsphäre, einen Quadranten und das parallaktische Lineal von Ptolemäus.

Bild 11.1 Kopernikus *(The Mansell Collection)*

Die Krakauer Bücher von Kopernikus zeigen, daß er dort den Gebrauch der Alfonsinischen sowie abgeleiteter Tafeln und auch etwas Astrologie lernte. Er las Peuerbach zur Berechnung von Eklipsen. Wir wissen, daß er in Italien Assistent von Domenico Maria de Novara war und in Rom Vorlesungen (über Mathematik und Astronomie) hielt. Es ist nur eine Spekulation, aber vermutlich stieß er zu dieser Zeit auf die von Marāgha entwickelten Planetentheorien, die er – wie wir bereits in einem früheren Kapitel gesehen haben – annahm. Ein Notizenblatt in seinem Exemplar der Alfonsinischen Tafeln zeigt, wie er dabei ist, sein neues astronomisches System zu entwickeln, aber dessen erster ausführlicher Entwurf findet sich in seinem *Commentariolus* (Kurzer Kommentar). Der kursierte anscheinend anonym in einigen Zirkeln, einige dürften freilich seine Quelle gekannt haben.

Kopernikus' größtes Werk, *De revolutionibus orbium coelestium* (Über die Kreisbewegungen der Himmelskörper), war seine definitive Äußerung. Es wurde kurz vor seinem Tod fertig (1543) und unterschied sich in mehreren technischen Aspekten von dem kurzen Entwurf, der vermutlich um 1510 (sicher aber nicht später als 1514) geschrieben wurde. Dieser enthält die Aussage, daß die Berechnungen auf den Meridian von Krakau bezogen sind, den er mit dem von Frombork gleichsetzte. Für die Behauptung, die Erde bewege sich wie jeder andere Planet um die Sonne, führte er Autoritäten an, von denen er wußte, daß sie zu seiner Zeit Gewicht hatten, namentlich die Pythagoräer. In seinem letzten Werk nannte er namentlich Philolaos und Ekphantos, aber wir brauchen diesen Verweis als nicht mehr als ein Greifen nach geschichtlicher Unterstützung zu werten. In seinem letzten Manuskript erwähnte er tatsächlich Aristarchos in diesem Zusammenhang, strich die Passage dann aber vor der Veröffentlichung, vielleicht in der Sorge, er könne mit jemand in Verbindung gebracht werden, dem der Ruf der Gottlosigkeit anhaftete. (Er nannte den Namen an anderer Stelle, im Zusammenhang mit einem Wert für die Schiefe der Ekliptik, aber verwechselte ihn mit Eratosthenes.

In seinem *Commentariolus* legt Kopernikus seine grundlegenden Annahmen dar. Offenbar sieht er das stärkste Argument für sein System darin, daß es sich mit den Erscheinungen in Einklang befindet und gleichzeitig dem Verstand eingängiger ist als das ptolemäische. Damit meint er unter anderem, daß er aus religiösen Gründen am Prinzip der gleichförmigen Bewegung auf einem Kreis festgehalten *und die Verwendung eines Ausgleichspunkts vermieden hat.* Seine Modelle folgen, grob gesagt, dem Vorbild Ibn al-Shāṭirs [Ibn al-Schatir] – vermeiden so den Ausgleichspunkt –, sind aber geometrisch transformiert, um die Zentren aller Planetenmodelle in einen gemeinsamen Punkt zu bringen. Dieses gemeinsame Zentrum lag nicht ganz in der Sonne, sondern im Zentrum der Erdbahn. Eine Theorie der Planetenbreite wurde hinzugenommen. Aus früher dargelegten Gründen (die Ebenen der Planetenbahnen gehen in Wirklichkeit durch die Sonne und nicht durch die Erde) war es möglich, eine solche (grob) heliozentrische Theorie viel einfacher zu gestalten als die ptolemäische. Die Parameter, auf denen die Modelle beruhten, waren mehr oder weniger die Alfonsinischen, was keine Überraschung ist.

Diese Parameter gaben vernünftige Ergebnisse für die Längen, hatten aber nicht die Genauigkeit, die bei einer der einfachsten Beobachtungen gebraucht wurde: die Feststellung der Zeiten von Konjunktionen der Sonne, des Mondes und der Planeten. (Die Unbestimmtheiten in den Positionen *beider* Objekte, Sonne und Mond, gehen in die Rechnung ein; und da ihre relative Geschwindigkeit sehr gering sein kann, ist die

Unsicherheit des Zeitpunkts ihres Treffens entsprechend groß.) Kopernikus ging daher daran, solche Beobachtungsdaten zu sammeln, mit denen er seine Schemata genauer und so akzeptabler machen konnte als die, die sie ersetzen sollten. Seine Beobachtungen wurden von 1512 bis 1529 durchgeführt, einer Zeit, in der er auch seinen kirchlichen und medizinischen Pflichten nachkommen mußte.

Zu seinen normalen Pflichten kamen noch verschiedene Maßnahmen, die er in den Kriegen zwischen Ostpreußen und Polen zur Verteidigung seiner belagerten Kathedrale und Stadt zu treffen hatte. Nachdem die Feindseligkeiten eingestellt waren und das Herzogtum von Ostpreußen zum Lehen des polnischen Königreiches geworden war (1525), erwarb er sich Verdienste bei der Sanierung des Münzwesens (er verfaßte eine wirtschaftswissenschaftliche Abhandlung darüber) und bei der Vereinheitlichung des Brotpreises. Jetzt noch vom Brot zur Haushälterin: In den Biographien von Kopernikus wird üblicherweise darauf angespielt, daß bei ihm eine jüngere geschiedene Frau, Anna Schillings, in dieser Stellung lebte. 1539 mußten sie und die Frauen im Dienst zweier anderer Domherren auf Anweisung des Bischofs gehen. Einer dieser Kanoniker wurde später wegen lutheranischer Häresie verfolgt und ins Gefängnis gesteckt. Das sollten wir nicht vergessen, wenn wir die Kopernikus unterstellte Ängstlichkeit beurteilen. Im Mai 1539 bekam Kopernikus mit Georg Joachim Rheticus (1514–74) seinen streitbarsten jungen Schüler, und als weitere Erinnerung daran, daß das alles andere als friedliche Zeiten waren, merken wir an, daß der Vater von Rheticus wegen Hexerei hingerichtet wurde, als sein Sohn vierzehn war.

Zwischen seinen astronomischen Hauptwerken schrieb Kopernikus, abgesehen von einem Almanach, nur ein weiteres Buch von Bedeutung: einen Angriff auf eine Abhandlung von Johannes Werner (1468–1522), einem kompetenten Mathematiker aus Nürnberg, mit dem Titel „Über die Bewegung der achten Sphäre" (1522). Dies hielt Kopernikus allerdings nicht davon ab, einige von Werners Ideen in seinem *De revolutionibus* zu verwenden. 1533 wurde dem päpstlichen Sekretär Johann Albrecht Widmanstadt ein wertvolles griechisches Manuskript zugesendet, auf daß die Ideen von Kopernikus über die Bewegung der Erde Papst Clemens VII. erklärt würden. Aus derselben Quelle erfuhr 1536 Kardinal Nikolaus Schönberg von dem System des Kopernikus, und der Kardinal wiederum bat den polnischen Astronomen, seine Gedanken zu publizieren. Kopernikus druckte den Brief in seinem *De revolutionibus* ab, das er ohnehin dem neuen Papst gewidmet hatte – eine doppelt nützliche Verteidigungstaktik.

Der junge Rheticus hatte sich einen Namen machen wollen, indem er von einem Gelehrten von Rang zum nächsten reiste, wobei er mit Johann Schöner begann, der damals im Besitz fast aller Manuskripte von Regiomontanus, Walther und Werner war. Als er bei Kopernikus ankam, brachte er Bücher als Geschenk, von denen viele von Schöners Freund, dem großen Nürnberger Drucker Johann Petreius hergestellt waren. Kopernikus zögerte nicht, dem jungen Besucher seine neuesten Ideen mitzuteilen, der sie in Form eines langen Briefes an Schöner der gelehrten Welt zukommen ließ. Diese elegante Zusammenfassung, *Narratio prima* (Erster Bericht), wurde gleich zweimal gedruckt: 1540 in Danzig und 1541 in Basel. Damals dachte man, daß Kopernikus in Kürze sein eigenes Werk herausgeben würde, daß er hart an der damit verbundenen numerischen Überprüfung arbeitete und daß er sich Gedanken machte, wie es von den Naturphilosophen aufgenommen würde. Im Juli 1540 schrieb er Andreas Osiander, einem lutheranischen Theologen mit guten

Verbindungen, von seinen Sorgen und erhielt im April 1541 eine Antwort mit dem Inhalt, astronomische Hypothesen und Theorien seien keine christlichen Glaubensartikel, sondern einfach „die Grundlage der Berechnung", Hilfsmittel zur Darstellung beobachteter Phänomene. Ihre Wahrheit sei von keiner Bedeutung, meinte er. Osiander spielte auf die bekannte Äquivalenz der exzentrischen und epizyklischen Modelle der Sonnenbewegung an – seiner Einschätzung nach verschiedene Modelle, die dieselben beobachteten Ergebnisse zeitigten. Er empfahl Kopernikus, in seinem Buch diese Dinge anzusprechen, um die Aristoteliker und Theologen, „deren Opposition Du fürchten solltest", zu beschwichtigen. Am selben Tag richtete er ein ähnliches Schreiben an Rheticus.

Osianders Ansichten haben eine lange philosophische Geschichte und rufen immer noch Diskussionen hervor. Ob sie nun aber annehmbar sind oder nicht, sie brachten ein psychologisches Element in die Diskussion. Zweifellos hielten Kopernikus und Rheticus das neue System für *wahr*, physikalisch wahr, wenn auch unbeweisbar, und hegten nicht den Wunsch, dies zu verwässern. Im Mai 1542 brachte Rheticus die Reinschrift von Kopernikus' *De revolutionibus* zu Petreius in Nürnberg. Der Druck begann kurz danach, Rheticus korrigierte die Druckfahnen, bis er im Oktober nach Leipzig ging, um eine Professur anzutreten. Osiander übernahm jetzt die Aufsicht über den Druck und fügte ein anonymes Vorwort hinzu. Obwohl er darin Kopernikus pries, drückte er sich über die in der früheren Korrespondenz aufgeworfenen Fragen noch prononcierter aus. „Diese Hypothesen brauchen nicht wahr, nicht einmal wahrscheinlich, zu sein", solange sie nur zu den Beobachtungen passen, erklärte er, und er wies auf einige offenbare Absurditäten hin, die die wechselnden scheinbaren Größen der Planeten betrafen, wobei er sie für eine Theorie der Länge als unwesentlich bezeichnete. Die neuen Hypothesen seien neben die alten einzuordnen, „die nicht wahrscheinlicher sind". „Niemand sollte etwas Sicheres von der Astronomie erwarten – das kann sie nicht liefern –, auf daß er nicht Ideen für wahr halte, die für einen anderen Zweck konzipiert sind, und so seine Studien als größerer Narr denn vorher beende."

Als das Buch im März 1543 erschien, waren Rheticus und Tiedemann Giese über den Verrat von Petreius und Osiander verärgert. Beim Nürnberger Stadtrat wurde eine Klage gegen den Drucker eingereicht, das Original durch eine korrigierte Ausgabe zu ersetzen; sie blieb aber erfolglos. Es ist fraglich, ob Kopernikus selbst je bewußt wurde, was geschehen war, denn im Dezember 1542 erlitt er einen Schlaganfall, der zu Lähmungen führte. Auch wenn seine Geisteskraft keine ernsthaften Einbußen erlitten hat, hat er das empörende Vorwort wahrscheinlich nicht gesehen, bevor ihm ein Exemplar seines Werkes in seiner Gesamtheit vorlag – Vorworte werden nämlich gewöhnlich zuletzt gedruckt. Nach Giese war das aber genau am Todestag von Kopernikus, dem 24. Mai 1543, der Fall.

Daß Osiander, und nicht Kopernikus, der Autor des anonymen Vorworts war, war den meisten frühen Lesern nicht bekannt. Kepler erfuhr es von einem Freund in Nürnberg und machte auf der Rückseite des Titelblattes seines Buches über den Mars darauf aufmerksam. Aber das geschah erst 1609, und so konnten über drei Generationen hinweg viele Astronomen denken, Kopernikus habe ein Leben lang an der Entwicklung einer Theorie gearbeitet, die er nicht als physikalisch wahr ansah.

Das kopernikanische System

Indem Kopernikus die Sonne (oder, genauer gesagt, einen sonnennahen Punkt) in die Bewegungstheorie aller Planeten einführte, machte er es möglich, alles in einem einzigen System darzustellen. Als Eudoxos, Kallippos und Aristoteles ihr System aufstellten, war es die Erde, die das Zentrum aller Bewegungen bildete. Die Größen der Sphären blieben zunächst beliebig. Als Ptolemäus ein einheitliches System entwarf, wurden die Größen der Schalen, die den maximalen und minimalen Planetendistanzen Raum geben mußten, nach dem Prinzip festgelegt, daß zwischen ihnen kein leerer, vergeudeter Raum liegen dürfe. Das kopernikanische System folgte aus dem Umstand, daß es in jedem der einzelnen Ptolemäischen Modelle der Planetenbewegung eine gewisse Linie gab, die dasselbe reale Ding – (grob gesprochen) die Erde-Sonnen-Linie – darstellte. Wer nicht ganz in die aristotelische Philosophie verrannt war, für den hätte dies ein plausibleres Prinzip sein müssen. Zumindest nahm es einem Faktum, dessen man sich seit Ptolemäus halb bewußt war, das Geheimnisvolle: Nämlich, daß die mittlere Sonne eine wichtige Rolle bei den Bewegungen des Mondes (s. S. 74) und der Planeten (s. S. 77) spielt. Leider wurden die von Kopernikus bewirkten Änderungen nicht allgemein so gesehen. Für die meisten Leute war er einfach der Mann, der die Erde in Bewegung setzte. Die Bewegung der Erde war *keine* unvermeidliche Folge eines einheitlichen Systems. Wie wir sehen werden, fanden die Astronomen schnell Wege, dies zu vermeiden, ohne das System anzutasten.

Mit diesen beiden Neuerungen brachte Kopernikus die weitreichendsten Änderungen seit der Antike in der Astronomie, und doch war er weitgehend ein Produkt der ptolemäischen Tradition, freilich in einer vom Ausgleichspunkt-Prinzip gereinigten Fassung. Sein *De revolutionibus* teilte er in sechs Bücher auf. Das erste gibt einen allgemeinen Überblick seines Systems und schließt mit zwei Kapiteln über ebene und sphärische Dreiecke. Das zweite ist ein nützliches Lehrbuch über sphärische Astronomie, ist aber nicht revolutionär. Das dritte behandelt die Präzession und die Bewegung der Erde. Das vierte ist dem Mond gewidmet, das fünfte den Planeten in der Länge und das letzte in ihrer Breite. Von den gegensätzlichen Punkten abgesehen, folgt sein Buch dem Muster des *Almagest* von Ptolemäus.

Kopernikus war ein geschickter Propagandist seiner Theorie. Viele der alten Argumente zur Überlegenheit der Kreisbewegung finden sich hier, zum Beispiel, daß sie endlose Wiederholung möglich mache. Den Befürchtungen von Ptolemäus, daß eine sich drehende Erde so gewaltige Bewegungen implizieren würde, daß sie in Stücke gerissen und im Himmel verteilt würde, stellt Kopernikus entgegen, daß wir mehr die Stabilität der *Himmelssphäre* fürchten sollten. Was die anscheinend offenbare Mittelstellung der Erde betreffe, liege ein Mißverständnis vor. Es werde allgemein zugestanden, daß die Entfernungen der Planeten von der Erde variierten, wie das für die Bewegungen relativ zur Erde gelte. Sei das eine Basis für eine Theorie mit der Erde im Mittelpunkt aller Bewegungen? Die Aristoteliker, denen vielleicht das Fehlen der Vorstellung, die Erde sei mit einer sphärischen Region irdischer Kraft (bis zur Mondsphäre) umgeben, aufgefallen war, weist er auf den Gedanken hin, daß es *viele* solche Zentren gebe, nicht nur unseres. Die Gravitation könnte eine allen Teilchen innewohnende Tendenz sein, sich zu einem Ganzen von der Form einer Kugel zusammenzufinden, aber nicht notwendig im Mittelpunkt der Erde. Dies ist einer der ersten Hinweise auf eine Unzufriedenheit mit der alten Idee, daß die Gravitation stets auf das

Zentrum des Universums gerichtet sei. Aber Kopernikus nimmt die Frage, weshalb sich die Materie in einer relativ kleinen Zahl von Orten (Sonne, Mond und Planeten) sammeln sollte, nicht in Angriff, und die universelle Gravitation sollte erst von Newton in eine wirklich kohärente Theorie gefaßt werden.

Kopernikus verwendet viel Aufmerksamkeit auf die Ausführungen zur allgemeinen Anordnung der Planeten, denn er wußte zweifellos, daß die meisten Leser in seinem Buch nicht viel weiter kämen als zu diesem Teil. Selbst die Reihenfolge der Planeten war nie endgültig festgelegt worden. Es herrschte allgemeine Übereinstimmung darüber, daß der Mond, der die kürzeste Umlaufdauer hat, der Erde am nächsten ist und daß der Saturn mit der längsten ($29\frac{1}{2}$ Jahre) am weitesten entfernt ist. Jupiter und Mars, die mit demselben Modell wie Saturn zu erklären waren, wurden unter ihm angenommen, wobei die Reihenfolge wieder auf den Umlaufszeiten (fast 12 bzw. fast 2 Jahre) beruhte. Merkur und Venus waren jedoch problematisch. Platon hatte sie über die Sonne, Ptolemäus unter diese gestellt, und einige arabische Astronomen hatten die Venus darüber und den Merkur darunter angesiedelt. Kopernikus legte sein heliozentrisches System in einer sehr allgemeinen Weise vor, wo die Planeten um die Sonne folgende Reihenfolge hatten: Merkur – Venus – Erde – Mars – Jupiter – Saturn. Und er zeigte, wie leicht und natürlich es die Größenrelationen der Rücklaufbögen erklärt: Die der Venus sind größer als die des Merkur, die des Mars größer als die des Jupiter und die wiederum größer als die des Saturn. Sein System erklärt auch, weshalb die äußeren Planeten in Opposition am hellsten sind. Die Position der Sonne im Mittelpunkt – die Lampe im Zentrum des schönen Welttempels – war in seinen Augen keineswegs sein geringster Vorzug. Einige nennen die Sonne das Licht der Welt, andere den Führer oder die Seele. Hermes Trismegistos nennt sie den sichtbaren Gott . . . Und Kopernikus reiht sich ein, hatte nichts dagegen, Redewendungen heidnischer Färbung zu verwenden, wenn er damit den Leser von der Plausibilität seines Systems überzeugen konnte.

Das waren nur qualitative Eröffnungsschüsse. Das feine Detail sollte noch kommen, und dies erforderte präzise Parameter. Einige waren letzlich aus den Alfonsinischen Tafeln abgeleitet. Kopernikus erwähnt in seinem endgültigen Werk nur etwa dreißig eigene Beobachtungen, macht aber deutlich, daß sie der Extrakt einer viel größeren Zahl waren. Im Vergleich mit anderen im Spätmittelalter gemachten Beobachtungen waren sie nicht von höchster Qualität, aber sie waren für seine speziellen Zwecke gut gewählt. Sie umfassen Konjunktionen und Oppositionen der Planeten, Positionen von Sonne (mit Tagundnachtgleichen) und Mond, Mond- und Sonnenfinsternisse (die auf dasselbe hinauslaufen), schließlich Zenitdistanzen (oder Höhen) verschiedener Himmelskörper. Bei der Durchsicht des Materials ergibt sich jedoch schnell, daß wir einen der sehr wenigen Astronomen seit Ptolemäus vor uns haben, die es verstanden, ein Planetenmodell aus ersten Prinzipien aufzubauen, und nicht einfach das Werk ihrer Vorgänger zusammenflickten.

Freilich beginnt er genausowenig wie Ptolemäus bei null. Er nimmt gewisse allgemeine Prinzipien an – unter die wir sogar die Annahme von gleichmäßigen und kreisförmigen Teilbewegungen zählen müssen. Er übernimmt einige überkommene Vorurteile mit einer Zähigkeit, die selbst im Licht seiner Zeit schwer zu verstehen ist – so im Fall seiner zyklischen Theorie der Präzession, auf die wir schon bei einer früheren Gelegenheit zu sprechen gekommen sind.

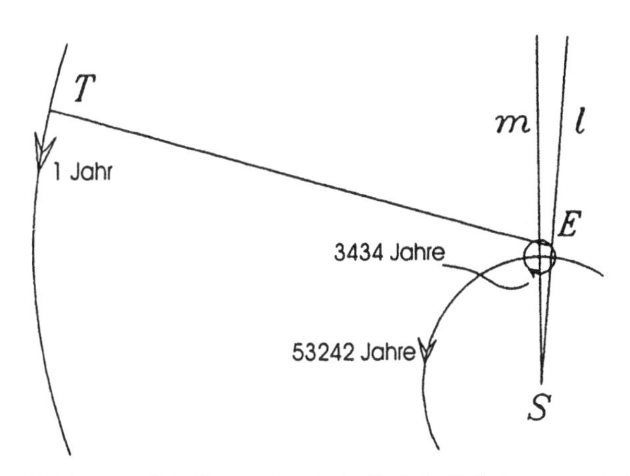

Bild 11.2 Die Kopernikanische Erde in Relation zur mittleren Sonne

Kopernikus entschied sich für eine Theorie mit einer doppelten Kreisbewegung. Diese Bewegungen laufen auf senkrechte Oszillationen des Erdäquators hinaus und können als zu zwei Schwingungen der Erdrotationsachse gleichwertig angesehen werden, von denen eine tangential zur Präzession der Erde (dies produziert eine Unterschiedlichkeit in der Präzession) gerichtet ist und eine, senkrecht dazu, die Schiefe der Ekliptik ändert. Er nahm an, daß die zweite Periode genau doppelt so groß wie die erste sei, die er auf 1717 Jahre von 365 Tagen festsetzte; und er entschied, daß die Schiefe zwischen 23;52° (zu einer Zeit vor Ptolemäus) und 23;28° (damals noch nicht erreicht) variiere. Was die mittlere Präzession betrifft, leitete er irgendwie einen Wert von 360° in 25 816 Jahren von 365 Tagen ab, das ist ein Grad in 71,66 Julianischen Jahren – ein exzellentes Ergebnis. Kopernikus maß die Längen von einem Stern (γ Arietis) statt von dem wahren (schwankenden) Äquinoktialpunkt aus.

Für die Bewegung der Erde um die Sonne hätte Kopernikus strenggenommen nicht viel zum einfachen Ptolemäischen Modell mit einer einfachen Exzentrizität (oder einem konzentrischen Kreis mit Epizyklus) hinzufügen brauchen. Seine Beobachtungen zeigten an, daß für das Jahr 1515 n. Chr. die Exzentrizität 0,0323mal so groß wie der Bahnradius ist und daß die Länge des Apogäums 96;40° beträgt. Allein, er wollte sein endgültiges Modell kompliziert gestalten, indem er das Zentrum der Erdbahn, die „mittlere Sonne" (E in Bild 11.2), sich relativ zur wahren Sonne (S in der Abbildung) bewegen ließ. T ist die Erde. E sollte tatsächlich auf einem kleinen Kreis in einer Zeit, die der Periode der Schiefe gleicht, umlaufen, wobei beide Maxima zur selben Zeit (65 v. Chr.) eintreten.

Die hier gezeichnete Figur ist maßstäblich, wenn man von der Erdbahn, die korrekt etwa sechsmal so groß sein müßte, einmal absieht. Die Linien m und l sind Apsidenlinien, wobei l die Richtung des Aphels zur heutigen Zeit und m seine Richtung für die maximale und minimale Exzentrizität angibt. Die angegebenen langen Perioden sind die der Bewegungen in den beiden Kreisen in der Mitte.

Warum diese eigentümliche Komplikation einer variablen Exzentrizität? Hier haben wir ein zweites Beispiel – das erste war seine Theorie der Präzession – für den Wunsch des Kopernikus, soweit wie nur möglich das Werk seiner Vorgänger zu erhalten, namentlich

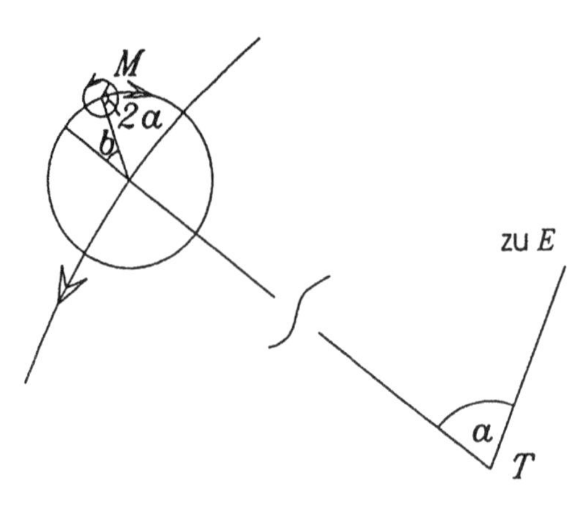

Bild 11.3 Das Mondmodell von Kopernikus

das des Ptolemäus, dessen Wert für die Exzentrizität weit daneben lag. Kopernikus setzte die maximale Exzentrizität seines Modells zu 0,0417 (417 Teile des Standardradius der Erdbahn, nämlich 10 000) an, was nur wenig größer als bei Ptolemäus ist. Mit seiner eigenen Exzentrizität zusammen gibt dies den Radius 48 für den kleinen Kreis.

Die Großzügigkeit von Kopernikus gegenüber seinen Vorgängern hatte eine interessante astrologische Doktrin zur Folge, die Rheticus in der *Narratio prima* womöglich mit dem Wissen von Kopernikus vorstellte. In der Astrologie nahm man traditionellerweise an, daß die Stärke eines Planeten in seinem Apogäum erhöht und im Perigäum erniedrigt war. Dies passierte oft – selbst im Fall des Saturn passierte das etwa alle 30 Jahre. Da gab es auch die Standardlehre, die sich auf den Aufstieg und den Fall von Sekten und Religionen bezog und auf den selteneren großen Konjunktionen beruhte. Rheticus sah, daß die verschiedenen sehr langen Perioden, die in den Theorien von Kopernikus steckten, sich zu einer Kombination dieser Ideen anboten: Er verkündete dogmatisch, daß sich zur Zeit der maximalen Exzentrizität die Römische Republik der Monarchie zuneigte, daß mit der Abnahme der Exzentrizität das Römische Imperium niederging, daß bei Erreichen eines Mittelwertes der Islam aufkam und daß mit dem Minimum im 17. Jahrhundert der Zusammenbruch des Reiches zu erwarten sei. Die Wiederkehr Christi könnte beim darauffolgenden Mittelwert erwartet werden. Und das war im wesentlichen eine Folge davon, daß Kopernikus Ptolemäus nicht widersprechen wollte.

Im Falle des Mondes konnte das neue System viel einfacher ausfallen. Ptolemäus hatte, so glaubte Kopernikus, die Regeln der gleichförmigen Kreisbewegung gebrochen, und das Modell des Ptolemäus hatte bei der Mondentfernung auf alle Fälle eine viel zu große Variation geliefert. Das Mondmodell des Kopernikus (s. Bild 11.3) ist identisch mit dem Ibn al-Shāṭirs, und er hatte es bereits im *Commentariolus* gebraucht. (Der Radius ist in der Figur unterbrochen, damit die Epizyklen im Maßstab gezeichnet werden können.) Er wählte Parameter, die zu den Alfonsinischen Tafeln paßten und die tatsächlich viel frühere indische Ursprünge hatten, was er aber nicht wußte. Aber natürlich lag dem allen das brillante Werk des Ptolemäus (seine Ableitung der zweiten Mondstörung) zugrunde. Bei Kopernikus hat

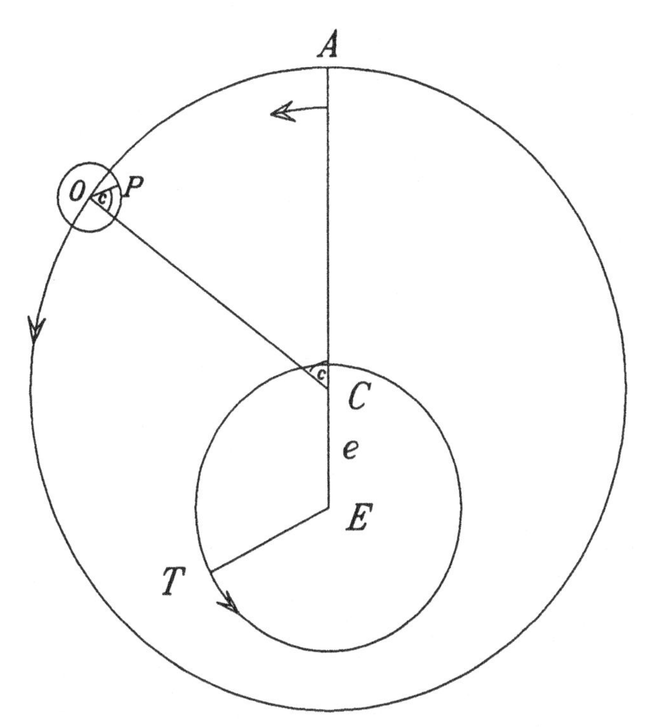

Bild 11.4 Das Kopernikanische Modell für einen äußeren Planeten

die Diskussion der Entfernungen, der Parallaxen und scheinbaren Durchmesser von Sonne und Mond ihre Mängel, ist aber unvermeidlich viel besser als die bei Ptolemäus. Auch bei der Berechnung der Eklipsen hat er große Verbesserungen gegenüber all seinen Vorgängern aufzuweisen.

Das fünfte Buch von *De revolutionibus*, das von den Längen der äußeren Planeten handelt, enthält Höhepunkte seines Schaffens. Es stellt im wesentlichen immer noch eine Umformulierung der Ptolemäischen Kreise dar, wir sollten aber nicht die mühsame Arbeit des Berechnens und Neuberechnens der Bahnelemente (in einem iterativen Prozeß, der viele Hunderte Berechnungen enthält) unterschätzen. In seinen Planetentheorien hatte er gegenüber Ptolemäus den Vorteil, daß er nur die erste Störung zu betrachten hatte, die die Drehung des Planeten relativ zu den Sternen wiedergibt. Wie wir inzwischen erwarten, sind alle Modelle nicht auf die wahre Sonne, sondern auf das Zentrum der Erdbahn (E in Bild 11.4, das für keinen der drei äußeren Planeten maßstäblich ist) bezogen.

In der Tat beträgt in allen drei Fällen der Radius $\overline{OP}$ des Epizyklus etwa ein Drittel der Exzentrizität $\overline{CE}$. Man kann zeigen, daß $\overline{OP} + \overline{CE}$ die Entsprechung zu Ptolemäus' Exzentrizität des Ausgleichspunkts ist, und während Ptolemäus die Exzentrizität des Deferentkreises genau mit der Hälfte dieses Betrags ansetzt, beträgt sie hier drei Viertel. Beachten Sie, daß die mit c bezeichneten Winkel gleich sind. Es ist instruktiv, die Bahn des Planeten relativ zu E zu analysieren. Sie ist kein Kreis, wie sich Kopernikus bewußt war.

Kopernikus' Behandlung der inneren Planeten ist weniger lobenswert, zum Teil, weil er nicht die nötigen Beobachtungsergebnisse erhalten konnte. Die Modelle, die er jetzt annahm,

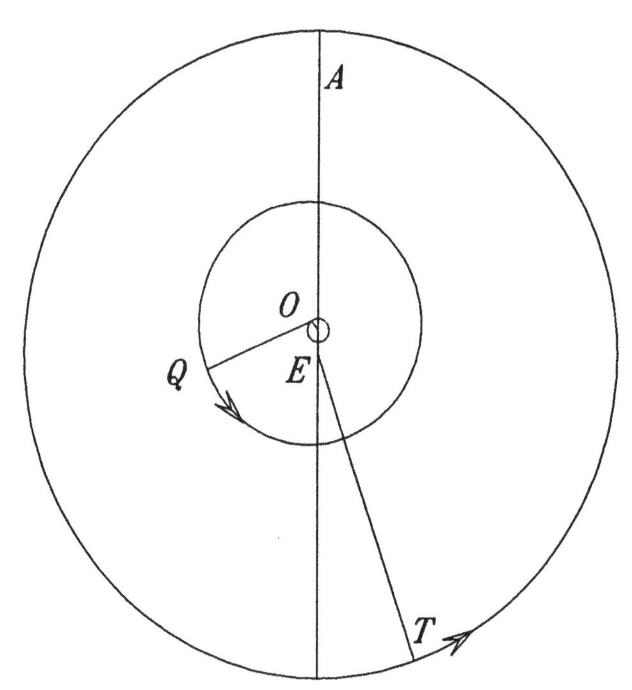

Bild 11.5 Das Kopernikanische Modell für einen inneren Planeten

unterschieden sich von denen im *Commentariolus*, insofern er die beiden Epizyklen von der Peripherie ins Zentrum verlagerte, wo sie eine duale Exzentrizität bilden. Eine Vorstellung der Anordnung kann man anhand Bild 11.5 gewinnen, in dem Q den Planeten bezeichnet und der Apparat zur Fixierung des (im Gegenuhrzeigersinn) bewegten Mittelpunktes O seines Deferentkreises in Beziehung zum Zentrum E der Erdbahn gezeigt ist. Die Modelle entsprechen nun denen von Ibn al-Shāṭir, nachdem sie für eine sonnenzentrierte Theorie invertiert wurden. Die tatsächlichen Werte der neuen Parameter werden in einem Prozeß erhalten, der sich anscheinend zum Teil auf Ptolemäus und zum Teil auf unerklärte Intuition stützte.

In diesem Bericht haben wir nichts über die von Kopernikus abgeleiteten Bewegungen der Apsidenlinien (Linien zu Apogäum und Perigäum) gesagt. Diese Bewegungen sind natürlich langsam, und wenn sie auch viel Raum für Verbesserung ließen – leider entschied er sich dafür, sie von der mittleren Sonne E statt der wahren Sonne zu messen –, haben wir hier wieder ein seltenes Beispiel eines Astronomen, der dazu fähig ist, die Elemente einer weitgehend *neuen* Theorie aus grundlegenden Beobachtungen abzuleiten.

Wir sahen in Kapitel 3, wie die Modelle der Planeten ein gemeinsames Element, nämlich den mittleren Radius der Erdbahn ($\overline{TE}$), enthalten und wie dann die Skala des ganzen Planetensystems in dieser gemeinsamen Einheit, der „astronomischen Einheit", ausgedrückt werden kann. Die mittleren Entfernungen (von der Sonne), die aus den Kopernikanischen Größenparametern abgeleitet werden können, sind wie folgt (die modernen Zahlen sind in Klammern nachgestellt): Merkur 0,3763 (0,3871), Venus 0,7193 (0,7233), Mars 1,5198 (1,5237), Jupiter 5,2192 (5,2028), Saturn 9,1743 (9,5388). Gewissermaßen war das eine

Zugabe des Modells, aber fast ebenso gute Ergebnisse kann jedermann aus den Modellen von Ptolemäus (denen im *Almagest*, nicht den ineinandergeschachtelten Sphären der *Planetenhypothesen*) gewinnen, der in diesen Modellen den von der Sonne stillschweigend eingenommenen Platz erkennt. Die Übereinstimmung ist vielleicht überraschend, wenn wir bedenken, wie sie von geometrischen Proportionen abhängt, die über 14 Jahrhunderte unbeachtet in der ptolemäischen Astronomie vergraben waren.

Was die *absoluten* Entfernungen betrifft, hatte Kopernikus nur kleinere Berichtigungen an der inadäquaten Sonnenparallaxe von Hipparchos vorzunehmen. Kopernikus gab die mittlere Parallaxe mit 0;03,31° und die mittlere Sonnenentfernung mit 1 142 Erdradien an.

Nachdem wir auf diese neue Methode zur Bestimmung von Entfernungen im Sonnensystem angespielt haben, sollte gesagt werden, daß die ältere Methode der Skalierung des geozentrischen Systems mit seiner Ineinanderschachtelung von Sphären ohne Leerräume dazwischen ihre Anziehungskraft, *selbst für Kopernikaner*, behielt – so tief saß die aristotelische Abscheu vor dem Vakuum. Kopernikus hatte sich sozusagen große leere Räume – zum Beispiel zwischen Venus und Mars oder zwischen Jupiter und Saturn – erschaffen. Und die Astronomen fühlten sich aufgerufen, diese mit Kometen (Michael Mästlin, Tycho Brahe) oder mit bis dahin unbekannten Planeten (eine Spekulation von Johannes Kepler) aufzufüllen.

Im sechsten Buch betrachtete Kopernikus die Breiten der Planeten und machte hier gegenüber der Theorie im *Commentariolus* wenig Fortschritte. Wieder plagte er sich mit dem Versuch, die falschen Aufzeichnungen der planetaren Breiten im *Almagest* von Ptolemäus zu reproduzieren. Er gab seinen Planetenebenen variable Neigungen, indem er Ptolemäus' Parameter verwendete, und scheint die der heliozentrischen Hypothese innewohnende Überlegenheit in diesem zugegeben schwierigen Sachverhalt fast vergessen zu haben. Ein Teil seiner Schwierigkeiten ist darin begründet, daß seine Theorie nicht heliozentrisch genug ist. Er ließ seine Planetenbahnen durch das Zentrum der Erdbahn (unser Punkt *E*) und nicht die physikalische Sonne gehen, wie es nach der newtonschen Dynamik der Fall ist. Das System des Kopernikus war ein vereinheitlichtes, in dem Sinne, daß all die planetaren Hilfsmodelle superponierbar sind und daß die Erdbewegung die zweiten Anomalien in den älteren Modellen wegerklärte. Es war immer noch ein geometrisches statt eines physikalischen Systems, das die Erscheinungen durch physikalische Gesetze erklärt. Kepler sagte später, Kopernikus habe nicht gewußt, wie reich er gewesen sei, und daß er mehr Ptolemäus als die Natur zu interpretieren versucht habe. Dieser vielzitierte Ausspruch führt in die Irre. Kopernikus versuchte vornehmlich die Natur darzustellen. Er fiel oft auf frühere Theorien zurück, aber nur, wenn er das Gefühl hatte, keine Alternative zu haben.

Eine Periode des Wandels

Kopernikus nahm in der Einschätzung der führenden europäischen Astronomen schnell einen Platz neben Ptolemäus ein, dennoch arbeiteten die gewöhnlichen Praktiker der Astronomie weiter mit dem System – und den Tafeln –, das sie bereits kannten. 1551 veröffentlichte Erasmus Reinhold (1511–53) neue „kopernikanische" Tafeln anstelle der

Alfonsinischen. Sie wurden zur Ehre von Herzog Albrecht die *Prutenischen Tafeln* (Preußischen Tafeln) genannt. Sie machen sowohl von einigen neu ausgewerteten Parametern Gebrauch als auch von denen von Kopernikus, den Reinhold rühmt, ohne auf den heliozentrischen Charakter der zugrundeliegenden Hypothese einzugehen. Man hat guten Grund, anzunehmen, daß er sie durch eine erdzentrierte Alternative wie später bei Tycho Brahe ersetzen wollte.

Reinholds Tafeln waren weit verbreitet. In England verwendete sie John Feild (1520–87), um Ephemeriden für 1557 vorzubereiten, in deren Vorwort der Gelehrte und Weise John Dee (1527–1608) seine eingeschränkte Bewunderung für das kopernikanische System ausdrückte. Feild jedoch scheint bei der Berechnung seiner Ephemeriden das neue System ohne Zögern übernommen zu haben. Der Verfasser mathematischer Texte Robert Recorde (um 1510 bis 1558), der in Oxford und Cambridge graduierte, hatte bereits in knapper Form kopernikanische Ideen in sein elementares Lehrbuch *Das Schloß des Wissens* (1556) aufgenommen, aber erst mit Thomas Digges (um 1546 bis 1595), einem Schüler von Dee, gab jemand in England eine einfache – wenn auch fehlerhafte – Darstellung des Systems. Als ihn Tycho kritisierte, publizierte er 1576 ein von seinem Vater Leonard Digges hinterlassenes Manuskript und hängte eine englische Übersetzung eines Teils von Buch I des *De revulutionibus* an. Das Werk enthält ein Schaubild, das eine unendliche Ausdehnung des Sternenuniversums verficht – keine ganz neue Idee, aber neu im Kontext der neuen Astronomie.

Solche Fragmente, die für Interesse am Kopernikanismus zeugen, finden sich fast überall in Europa und würden vielleicht unbemerkt bleiben, würden wir nicht das historische Phänomen selbst würdigen. Ein englischer Autor, dessen Einfluß auf die spätere Astronomie wesentlicher war, war William Gilbert (1540–1603). Sein bedeutendes Werk *Über den Magnet* (1600) ist zuallererst ein Buch über die Physik der Magneten. Es will beweisen, daß die Erde selbst ein kugelförmiger Magnet ist, aber enthält auch viel Kosmologisches – zum Beispiel vertritt es die Idee eines unendlichen Universums. Dieses Werk Gilberts vergleicht Ptolemäus und Kopernikus in allgemeiner Weise und gibt dem letzteren deutlich den Vorzug. Seinen größten Einfluß hatte es übrigens über die Schriften von Galilei, der es ausführlich in seinen *Zwei Weltsystemen* diskutierte, und von Kepler, der es als Grundlage für seine eigenen kosmologischen Gedanken nahm. Wir sehen das noch, wenn wir seine *Neue Astronomie* besprechen.

Michael Mästlin war Keplers Lehrer in Tübingen. Wie Kepler berichtet, zeigte er ihm, daß sich der Komet von 1577 gleichmäßig relativ zur Venus bewegte, deren Bewegung von Kopernikus verzeichnet worden war. Nachdem er seine Entfernung nicht messen konnte – er war sich bewußt, daß sie viel größer als die des Mondes sein mußte –, entschied er, daß er von derselben Sphäre wie die Venus bewegt werde. (Eine ähnliche Folgerung war im neunten Jahrhundert von Abū Maʿshar getroffen worden.) Damals und auch früher, als er sich über die Position des neuen Sterns (Supernova) von 1572 dieselbe Meinung bildete, schuf Mästlin eine Atmosphäre, die am Ende zur Abkehr von der aristotelischen Physik führte, auch wenn er vielleicht selbst nicht ganz auf den Kopernikanismus festgelegt war. Wie sich herausstellte, stand seine Analyse des Kometen schnell im Schatten der viel gründlicheren Arbeit von Tycho Brahe, aber es war Mästlin, der Kepler am meisten dazu brachte, der kopernikanischen Vorgabe zu folgen.

Tycho plazierte den Kometen außerhalb der Sphäre der Venus, „als wäre er ein zufälliger und außergewöhnlicher Planet". Er lobte Mästlin, betonte aber, daß es im Himmel keine wirklichen Sphären gebe. In diesem Punkt sei Mästlin allerdings anderer Meinung – beachte seine Überzeugung, daß sich Komet und Venus auf derselben Sphäre befanden, was im Hinblick darauf, daß der Komet kam und ging, seltsam klingt.

Tychos Astronomie entwickelte sich unter dem Einfluß des kopernikanischen Systems. In all seinen veröffentlichten Schriften, seinen Briefen und Beobachtungsaufzeichnungen zieht er den Vergleich zwischen seinen eigenen Beobachtungen und den kopernikanischen (oder Prutenischen) Voraussagen. Als junger Student an der Leipziger Universität fand er, daß die Saturn-Jupiter-Konjunktion von 1563 in den Prutenischen Tafeln genauer angekündigt war als in den Alfonsinischen, aber binnen kurzem wurde er mit beiden unzufrieden. Tychos außerordentliche Gründlichkeit wird deutlich, wenn wir ihn die von Kopernikus bestimmte geographische Breite von Frombork überprüfen sehen: Er schickte 1584 seinen Assistenten Elias Olsen Morsing (†1584) dorthin. Morsing hatte einen guten Sextanten bei sich, dessen Genauigkeit auf eine viertel Bogenminute geschätzt wurde. Er ging dann nach Nürnberg, wo Walther und Reinhold ihre Beobachtungen gemacht hatten, um ihre Zahlen für die Breite zu überprüfen. Aus Frombork brachte Morsing eines der Instrumente (parallaktisches Lineal) von Kopernikus mit, das Tycho für sehr primitiv hielt. Die Astronomie stand unmittelbar vor einem Umbruch in der Beobachtungstechnik, und ein Heldengedicht von Tycho auf Kopernikus könnte ebenso gut als Abgesang auf ein endendes Zeitalter angesehen werden. Er schrieb von einem Mann, der „mit Hilfe dieser winzigen Keulen den erhabenen Olymp erstiegen" hatte. Es war jedoch sein eigenes Beispiel, womit Tycho Kopernikus am meisten schmeichelte, denn von Kopernikus hatte er den geometrischen Apparat der Planetenastronomie übernommen, bevor er ihn wieder in ein erdzentriertes Schema zurückverwandelte.

12 Der neue Empirismus

Tycho Brahe und die empirische Astronomie

Tycho Brahe wurde 1546 in Skåne in Dänemark (heute liegt es in Schweden) geboren. Er war von Adel und fast sein ganzes Leben lang in einer starken politischen und gesellschaftlichen Stellung, wenn auch sein Glück nicht von Dauer war. Seine Erziehung hatte mehr oder weniger den erwarteten Verlauf: Er wurde auf dem Schloß eines Onkels erzogen, aber im Gegensatz zu seinen Brüdern, die ebenfalls als Junker von zu Hause weggeschickt wurden, hatte er akademischen Erfolg. Mit dreizehn besuchte er die lutherische Universität in Kopenhagen, wo er die Bekanntschaft des Medizinprofessors Johannes Pratensis machte, der sein Interesse an der Astronomie förderte. Er war noch keine vierzehn, als 1560 eine Sonnenfinsternis seine Interessen praktischen Fragestellungen der Beobachtung zuwandte, und er erhielt ein Exemplar der Ephemeriden von Stadius, die auf den kopernikanischen *Prutenischen Tafeln* beruhten.

Tycho ging von einer Universität zur anderen – Leipzig, Rostock, Basel, Augsburg –, um zunächst Jura zu studieren, und er ließ sich erst 1570 in Dänemark nieder. Er hatte das Pech, daß ihm 1566 bei einem Duell mit einem anderen dänischen Edelmann die Nasenspitze abgeschnitten wurde. Und so mußte er mit einer Metallplatte darüber durchs Leben gehen, was ihn verständlicherweise leicht reizbar machte. Sein Interesse an alchimistischen Experimenten dürfte im Zusammenhang mit seinem Wunsch gestanden haben, eine passende Legierung zu finden – er hat sich anscheinend für eine aus Gold, Silber und Kupfer entschieden.

Tychos Interesse an der Astronomie wuchs ständig, und seine Leistungen zogen große Aufmerksamkeit auf sich, als er nach dem Sonnenuntergang des 11. November 1572 – er kam gerade von seinem Alchimie-Labaratorium zurück – einen neuen Stern im Sternbild Cassiopeia entdeckte. Dieser war heller als der Rest, und Tycho kannte die Sternbilder gut genug, um sagen zu können, er sei vorher nicht zu erkennen gewesen. Seine Erfahrung mit den Instrumenten, die er über Jahre verwendet hatte, erlaubten ihm, sofort die Position relativ zu Nachbarsternen zu bestimmen. Er fuhr mit diesen Messungen fort und

Bild 12.1 Tycho Brahe *(The Mansell Collection)*

verzeichnete die Änderungen in Helligkeit und Farbe, bis dieser neue Stern , „stella nova", im folgenden März schließlich aus dem Blick verschwand. (Diese „Nova", die in ihrem Helligkeitsmaximum bei Tage zu sehen war, würde heute als eine *Supernova* klassifiziert werden.)

Diese sorgfältige Arbeit war am Ende von großer Bedeutung, weil sich der Stern nicht wie ein Komet bewegte und Tycho Brahe sagen konnte, seine Parallaxe schließe aus, daß er der Erde näher sei als der Mond. Er funkelte wie ein Stern, hatte keinen Schweif wie ein Komet, und seine Stabilität schien den Gedanken an eine Ausdünstung der Erdatmosphäre auszuschließen. Die Implikationen für die aristotelische Standardkosmologie – selbst er würdigte sie zunächst nicht recht – waren ernst: Die Sphären jenseits des Mondes waren von den Aritotelikern als unveränderlich angenommen worden, und hier war nun ein Indiz des Gegenteils. Zu Beginn des Jahres 1573 war Tycho von der Verläßlichkeit seiner Beobachtungen überzeugt, und er schrieb einen kurzen Artikel, der eine astrologische Interpretation der Erscheinungen enthielt. Er wies auf die Möglichkeit hin, daß sich auch die Kometen als über dem Mond stehend herausstellen und so der aristotelischen Ansicht über sie widersprechen könnten.

1577 erhielt er die Chance, seine Spekulationen zu testen: Damals erschien ein Komet, so hell wie die Venus und mit eimem 22° langen Schweif. Seine Beobachtungen und der Gebrauch, den er von ihnen machte, sind mustergültig. Er war der erste, der die Bahn eines Kometen sowohl in Äquatorial- als auch in Ekliptikal-Koordinaten ableitete, wobei er statt einer einzelnen Positionsbestimmung eine große Anzahl von Versuchen durchführte. Mit anderen Worten: Er hatte vor, mit einer gemittelten Bahn zu arbeiten, die auf Daten mit hoher Redundanz basierte. Wir sind von der Modernität seines Zugangs ebenso beeindruckt wie damals die sensibleren Aristoteliker von den Vorboten der Gefahr.

Zwischen der Nova und dem Kometen war Tycho weiterhin frei herumgezogen. Er hatte in Kopenhagen Vorlesungen gehalten und 1575 den Landgrafen Wilhelm IV. von Hessen in Kassel besucht. Der Landgraf war selbst Astronom und hatte eine vorzügliche Instrumentensammlung, und die beiden machten über eine Woche lang systematische Beobachtungen, wobei Tycho transportable Geräte benützte. Tycho ging anschließend nach Frankfurt und dann nach Regensburg. Wo er auch hinkam, knüpfte er Kontakte zu Astronomen und sammelte Ideen für Instrumente. Im Februar 1576, ein paar Monate nach seiner Rückkehr nach Dänemark, bot ihm König Friedrich II. – vielleicht auf die Empfehlung des Landgrafen hin – die Insel Ven im Sund sowie Geldmittel an und forderte ihn auf, dort ein Observatorium einzurichten.

Tycho nahm an und arbeitete mehr als 20 Jahre auf Ven, wo das beste astronomische Observatorium bis zu jener Zeit entstand. Uraniborg (Uranienburg) oder „Himmelsburg", wie es genannt wurde, war mit einem vollständigen Instrumentarium ausgestattet, hatte außerdem eine Windmühle und eine Papiermühle, eine Druckerwerkstatt, Bauernhöfe und Fischteiche sowie das für den Betrieb nötige Gesinde. Die Gebäude waren sorgfältig geplant, verfügten über Wasserleitungen und waren mit Küchen, einer Bibliothek, einem Loboratorium und acht Räumen für Assistenten ausgestattet. Um 1584 wurde zusätzlich ein angrenzendes Observatorium gebaut: Stjerneborg („Sternenburg") hatte weitere Instrumente auf sicheren Fundamenten in unterirdischen Räumen. An seine Decke war Tychos eigenes astronomisches System gemalt, die Wände zierten Portraits von sechs großen Astronomen

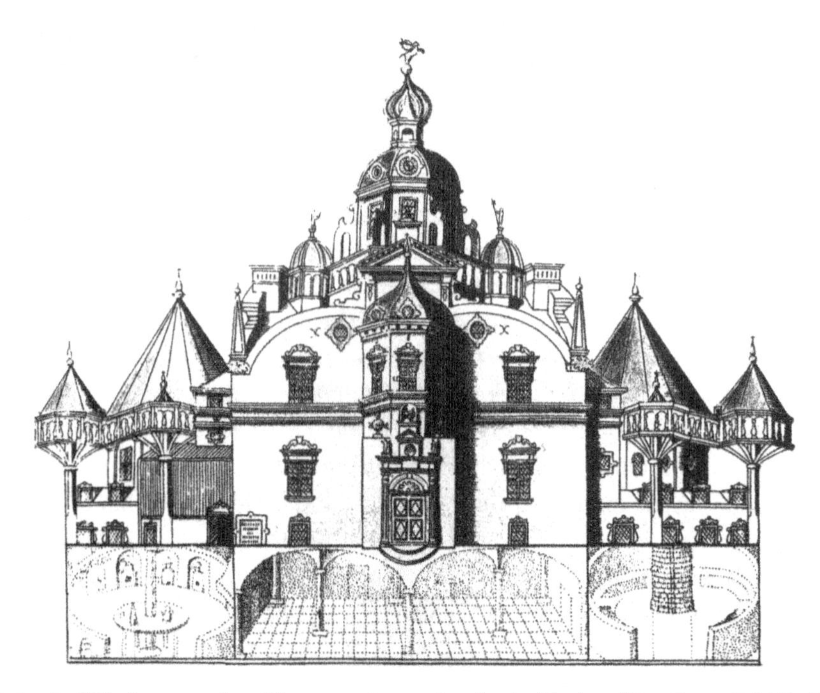

Bild 12.2 Aufriß des zentralen Observatoriumsgebäudes in Tychos Uraniborg (1580). Beachte, daß die instrumententragenden Pfeiler durch den Keller gehen.

der Vergangenheit – von Timocharis bis Kopernikus – und dann noch zwei: eines von Tycho selbst und eines von Tychonides, seinem bis heute noch nicht geborenen Nachfahren.

Dies war eine Forschungsstätte in der besten astronomischen Tradition, aber mit ihrer exzellenten Instrumentierung überflügelte sie alle vorigen. Zu den Instrumenten gehörten Ptolemäus' parallaktisches Lineal, Armillarsphären, Sextanten, Oktanten und Azimutalquadranten, einige aus Holz und einige aus Messing. Er besaß Himmelsgloben, von denen einer einen Durchmesser von anderthalb Metern hatte. An einer Wand in der Ebene des Meridians war sein bestes Instrument angebracht: ein Quadrant von 1,8 m Radius, wobei die Skala mit transversalen Punkten[1] markiert war, um ein leichteres Ablesen seiner Winkelunterteilungen zu gestatten. Dieser Mauerquadrant war auch mit einem Portrait von Tycho verziert. Tycho ließ sich bei seinen Beobachtungen assistieren. Ein erster Beobachter blickte durch die Absehen (Visiere) des Diopterlineals, ein zweiter trug die Ergebnisse in ein Hauptbuch ein, und ein dritter las die Zeit auf zwei Uhren ab, die die Sekunden anschlugen. Die Uhren waren zwar unzuverlässig, wurden aber wiederholt mit Hilfe des Himmels geeicht. Tycho führte Kontrollen der Instrumentenfehler ein und führte Querkontrollen durch Vergleich der Ergebnisse verschiedener Instrumente durch.

Als er Sternhöhen heranzog, um die geographische Breite von Ven zu erhalten, bemerkte er, daß der Polarstern zu anderen Werten führte als die Sonne. Ihm wurde klar, daß die atmosphärische Refraktion die Ursache war. Wie wir gesehen haben, war er nicht der erste, der dies erkannte, aber er untersuchte das Phänomen intensiver als irgendwer vor ihm und

[1] Anm. d. Übers.: Die „Transversal- oder Schrägteilung" besteht üblicherweise in einer Zick-Zack-Linie entlang der Skala. Statt einer durchgezogenen Linie haben wir hier äquidistante Punkte.

sah, daß Jahres- und Temperatureffekte wichtig sind. Er tabellierte seine Ergebnisse für den Gebrauch im Zusammenhang mit der Sonne und nahm in die Tafel auch eine (fehlerhafte) Sonnenparallaxe auf. Seine Beobachtungen waren insgesamt von beispielloser Genauigkeit. Große Teile seines frühen Werks haben eine Gültigkeit auf drei bis vier Bogenminuten, und seine spätere Genauigkeit ist oft besser als eine Bogenminute.

Tycho Brahe umgab sich mit exzellenten Assistenten, von denen einige – Willem Blaeu der Kartograph, Longomontanus, Paul Wittich und Johannes Kepler – selbst berühmt wurden. Wittich hatte einen schöpferischen Verstand. Er hatte bereits in seiner Ausgabe des *De revolutionibus* ein Schema hingezeichnet, das einem späteren tychonischen System ähnelte. Er verwendete in der Trigonometrie eine Rechentechnik (Multiplikationen und Divisionen werden dabei durch Additionen und Subtraktionen ersetzt), die Tycho anscheinend als etwas betrachtete, an dem er – Tycho – das Exklusivrecht besaß. So war er über ihre Aufnahme in ein Buch (1588) seines Rivalen Nikolaus Reymers Baer (oder Bär, in Latein Nicolaus Reimarus Ursus) aufgebracht. Baer, der kaiserliche Mathematiker, hatte 1584 Uraniborg besucht und, nach Tycho, damals noch weiteres geistiges Eigentum gestohlen. Wir werden auf diese Beschuldigung zurückkommen.

Unter den vielen Uraniborg-Besuchern von gesellschaftlichem Rang befand sich Jakob VI. von Schottland, der später Jakob I. von England werden sollte.

Tychos vollständige Überlegungen über den Kometen von 1577 waren einem lateinischen Werk von 1588 vorbehalten, das von der eigenen Presse gedruckt wurde. Es erschien unter dem Titel „Zu neuen Phänomenen der ätherischen Welt" als zweiter Teil einer Trilogie, die er plante, aber nie abschloß. Ein kurzer deutscher Artikel stellte seine Aussagen bereits früher einem größeren Publikum vor. Seine Beobachtungen der Nova und des Kometen ließen ihn den Gedanken verwerfen, die aristotelischen Sphären seien in einem strengen Sinn real: Zumindest schienen sie nicht die Bewegung eines Kometen oberhalb des Mondes oder die Bildung und den Zerfall eines Sternes zu behindern.

Gleichwohl dieser Schluß dazu bestimmt schien, dem Kopernikanismus den Weg zu ebnen, war dies nicht seine Absicht. Bereits 1574 hatte Tycho Vorlesungen über die mathematische Absurdität von Ptolemäus' Ausgleichspunkt und die physikalische Absurdität von Kopernikus' bewegter Erde gehalten. Bereits vor dieser Zeit hatten Erasmus Reinhold (1511-53) und Gemma Frisius (1508–55) auf die Leichtigkeit aufmerksam gemacht, mit der die Erde im kopernikanischen System festgehalten werden kann, indem man alles sich um sie drehen läßt, aber die geometrischen Beziehungen des Systems beibehält. 1578 war Tycho zu der Idee gelangt, daß die inneren Planeten um die Sonne laufen, und um 1584, daß sich die äußeren Planeten genauso bewegen. Der Haupteinwand war folgender: Da die Bahn des Mars die der Sonne zu kreuzen scheint, würden die notwendigen Sphären erfordern, daß Materie sich gegenseitig durchdringe. Die Botschaft des Kometen – eine Botschaft, die ihn jahrelang wenig berührte – bestand darin, daß dies kein Problem ist, weil die Sphären nicht fest sind.

Das Tychonische System wurde zuerst in einem Kapitel veröffentlicht, das seinem Werk von 1588 in Eile angefügt wurde (Bild 12.3 ist aus Tychos Illustration abgezeichnet). In den Augen seiner Zeitgenossen war dies seine größte Leistung: Die Menschheit stand wieder einmal im Mittelpunkt der Welt. Als sich in diesem und im nächsten Jahrhundert neue Anzeichen anhäuften, daß das System von Ptolemäus unannehmbar ist, nahmen

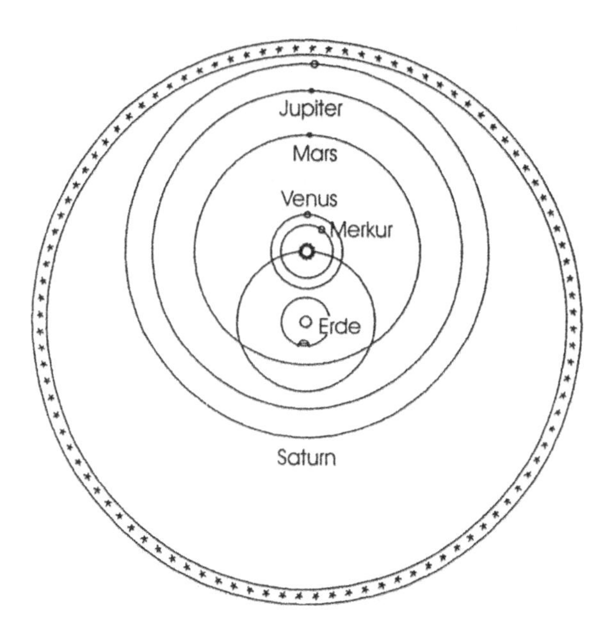

Bild 12.3 Das Tychonische System

viele bei Tychos und verwandten Schemata Zuflucht. Es gab zum Beispiel verschiedene von Nikolaus Baer und von Tychos Schüler Longomontanus (1562-1647). Im folgenden Jahrhundert kehrten einige italienische Astronomen sogar zu Martianus Capella zurück (indem sie den Merkur und die Venus im Umlauf um die Sonne annahmen, wobei die Sonne und die anderen Planeten um die Erde kreisen). Der Jesuit Giambattista Riccioli veröffentlichte 1651 eine Variante davon, in der auch der Mars um die Sonne lief. Nachdem man einmal die Leichtigkeit der geometrischen Transformation erfahren hatte, wurde das Finden solcher Alternativen ein intellektueller Zeitvertreib.

Da die Sterne sogar gegenüber Tychos Instrumenten keine Parallaxe zeigten, stand zur Wahl zwischen den Alternativen wenig mehr als Gesichtspunkte der Einfachheit zu Gebote – für die es freilich verschiedene Kriterien gab. Nach Tycho lagen die Sterne auf einer Schale mit der Erde im Mittelpunkt, hatten aber nicht alle ganz dieselbe Entfernung. Sie waren nur etwas jenseits des Saturns angesiedelt. Wie so viele seiner Vorgänger glaubte Tycho nicht, daß Gott leeren Raum geschaffen und vertan habe. Trotz all seiner Neuerungen war er in vielen Aspekten ein Traditionalist. Seine physikalische Beschreibung des Universums übernahm viel von Aristoteles – er wurde die Feuersphäre los, aber nur indem er die Luftsphäre erweiterte – wie auch von der traditionellen Astrologie. Er war von der Plausibilität der Astrometeorologie überzeugt und zeichnete 15 Jahre lang das Wetter auf, um seine Ansicht zu beweisen. Sein Studium der Horoskope der Berühmtheiten führte ihn nirgendwohin, außer zu der Frage, ob nicht die *Astronomie* das schwache Glied in der Beweiskette sei.

In der Astronomie traf er einige unglückliche Entscheidungen, zum Beispiel indem er den alten Wert von drei Minuten für die Sonnenparallaxe akzeptierte – er ist nämlich zwanzigmal zu groß. Dies wiederum brachte Fehler für die Schiefe der Ekliptik und beeinträchtigte die Theorie der Sonnenbewegung, die aber trotzdem das bis dahin Beste blieb. Von 1578 bis zur Mitte der 1590er nahm er etwa alle drei Tage mit verschiedenen Instrumenten die Mittagshöhen der Sonne auf. Dies war eine Angewohnheit, die er nie aufgab. Seine nächtlichen Beobachtungen wurden immer intensiver, und mehrfache Sichtungen mit mehreren Instrumenten wurden zur Tagesordnung. Bei Mondfinsternissen zum Beispiel arbeitete er mit drei getrennten Beobachtungsteams. Er arbeitete bereitwillig ein Jahrzehnt lang an einer einzigen Aufgabe – zum Beispiel, als er seinen Sternkatalog vorbereitete. Dieser war der beste, der je ohne Fernrohr zustandekam. Er war natürlich weitgehend das Werk von Assistenten, sowohl was die Beobachtung als auch was die Berechnung betrifft. Letztere ist mit vielen Mängeln behaftet, seine Konzeption war aber in Ordnung. 1588 hatte Tycho die Position seines Basissterns α Arietis innerhalb von $15''$ seiner tatsächlichen Länge bestimmt. Er kannte zwanzig weitere Referenzsterne mit fast derselben Genauigkeit, und der Großteil des Katalogs bezog sich auf diese.

Wenn die Genauigkeit seiner Beobachtungsarbeit das ist, was einem als erstes bei Tycho einfällt, war seine nachhaltigste Einzelleistung zweifellos ein Aspekt seiner Mondtheorie. Dieser war bis zu einem späten Stadium seines Projekts einer Gesamtpublikation zurückgestellt worden, das angeblich dem neuen Stern gewidmet war, in Wirklichkeit aber das meiste der damals praktizierten Astronomie beinhaltete. Er machte von 1581 an systematische Mondbeobachtungen. Den Verdacht, bei den traditionellen Theorien könne etwas nicht stimmen, hatte er zum erstenmal, als er die Zeiten der Eklipsen zu bestimmen versuchte. Er pflegte einige Tage vorher Beobachtungen zu machen und so die genaue Zeit zu bestimmen. Tatsächlich verfehlte er 1590 die erste Stunde der Eklipse, und 1594 war er wieder mit seiner Schätzung zu spät: Der Mond schien bei seinem Gang in die Opposition beschleunigt. Er muß, sagte er, anderswo im Durchnitt verlangsamt werden. Aber wo? Er verfiel auf die Oktanten auf dem halben Weg zwischen den Syzygien und den Quadraturen und beobachtete den Mond sorgfältig im Lauf durch diese Punkte.

So beobachtete er, was heute als „Variation" bekannt ist, die erste gänzlich neue astronomische Störung, die seit der Zeit des Ptolemäus entdeckt wurde. Diese Entdeckung Tychos gestattete eine drastische Verringerung der Restfehler in der Mondlänge.

1595 wurde er dazu geführt, die Mondbewegung sowohl in der Breite als auch in der Länge genauer zu studieren. Binnen kurzem hatte er eine langsame Veränderung in der Neigung der Mondbahn entdeckt. Es wurde ihm schnell klar, daß die alte Zahl von 5° nur für die Syzygien gilt und daß in den Quadraturen 5;15° angemessener ist. Dies führte ihn zu einem Modell, in dem der Pol der Mondbahn in jedem (synodischen) Monat zweimal einen kleinen Kreis durchläuft, und er sah gleich, daß Ähnlichkeiten mit Kopernikus' Modell für die Ekliptik bestehen und daß die Knoten der Mondbahn um ihre mittlere Position schwingen müssen. Dies brachte eine weitere „Korrektur" in seine Theorie der Breiten. Tycho war kein großer Mathematiker, aber hier können wir deutlich sehen, wie das von einer starken Intuition für solche Dinge aufgewogen werden kann.

Vor 1598 brachte Tycho noch eine weitere Korrektur bei der Mondbewegung an, als er das Jahr, eine Quantität der Sonne, in die Rechnung aufnahm. Die Maximalgröße dieses Terms beträgt nur elf Bogenminuten, dennoch fand er irgendwie eine akkurate Zahl für sie. (Mit dem Zeitpunkt der Maxima hatte er weniger Glück.)

Alle diese neuen Effekte wob er in das bestehende Kopernikanische Mondmodell ein. Er war mitten im Drucken des Ergebnisses, das den Schlußstein seines monumentalen Buches werden sollte, als er – unter Assistenz von Longomontanus – sich dazu durchrang, eine Unzulänglichkeit dieses Modells zu bereinigen. Obwohl es hinsichtlich der Variation der Mondentfernung viel besser war als das ptolemäische, war es noch weit davon entfernt, zufriedenstellend zu sein. Tycho hatte die Kopernikanische Lektion der doppelten Epizyklen gelernt: Wo Kopernikus einen für die erste Störung hatte, nahm er jetzt zwei. Indem er die Parameter für die Größe und die Geschwindigkeit sorgfältig wählte, konnte er ein geringfügig verbessertes, noch keinesfalls perfektes Modell der Mondentfernung erhalten. Daß er eine korrekte Darstellung der Mondbahn im Weltall als wünschenswert erachtete, ist jedoch ebenso erwähnenswert wie sein Erfolg.

Die zweite Mondstörung (heute als „Evektion" bekannt) war von Ptolemäus mit Hilfe des kleinen Kreises im *Zentrum* des Mondmodells erklärt worden. Kopernikus hatte den Mechanismus aus dem Zentrum herausgenommen, aber Tycho hatte bereits zwei Epizyklen, und so verlegte er ihn wieder zurück. Die Einzelheiten des resultierenden Modells waren komplizierter als bei Ptolemäus, und tatsächlich schaffte es Tycho nie, alle seine Entdeckungen in ein befriedigendes Mondmodell zu passen. (Er ließ zum Beispiel das meiste der jährlichen Gleichung weg.) Was er für die Mondtheorie erreichte, war dennoch von immenser Bedeutung, und so wurde es gesehen, sobald es Kepler gelang, es in seine eigene, bessere Theorie zu integrieren.

Tycho arbeitete zu der Zeit, als er sich um die Mondtheorie bemühte, auch an einer neuen Theorie der Planeten, es blieb allerdings Longomontanus vorbehalten, diesen Teil seines Programmes auszuführen. Longomontanus' *Astronomica Danica* (Dänische Astronomie) erschien 1622, voll von doppelten Epizyklen in einem System, das die tychonische und kopernikanische Tradition verband. Daß Tycho seine Aufgabe nicht voll erledigte, hatte mit äußeren Umständen zu tun. Nach dem Tode seines Gönners, des Königs, und dem Ende einer Regentschaft, in der Tychos Brüder eine Rolle spielten, bestieg ein junger König, Christian IV., den Thron. Tycho lag mit aller Welt im Streit – darunter ein Schüler, der mit seiner Tochter verlobt war, seine Pächter und sogar der König selbst. Tycho verlor seinen privilegierten Status und sah sich anderswo nach einem Mäzen um. Schließlich verließ er 1597 Ven, zunächst in Richtung Hamburg, wo er seine *Mechanica* publizierte – eine hochgeschätzte Beschreibung seiner Instrumente, die er dem Kaiser Rudolf II. in Prag widmete. Nachdem er verschiedene Teile Europas als Wohnsitz ins Auge gefaßt hatte, nahm er zu guter Letzt im Juni 1599 Rudolfs Patronage an. Der Umzug bedeutete, daß er seine Instrumente zu verschiffen und wiederaufzubauen sowie sein Assistententeam zu reorganisieren hatte. Auf Schloß Benatky, wo er von neuem begann, ein Observatorium einzurichten, konnte er seine besten Instrumente gerade noch ein Jahr benutzen. Er starb im Oktober 1601 in Prag. Benatky ist natürlich noch erhalten, dagegen ist von Uraniborg eigentlich nur der Umriß der Grundmauern übrig, der am besten aus der Luft zu sehen ist.

In Prag nahm Tycho Kepler, seinen berühmtesten Assistenten, in seine Dienste. Kepler wurde die Arbeit am Planeten Mars übertragen, und er war es, der dafür sorgte, daß Tychos großes Werk unter dem Titel *Astronomiae instauratae progymnasmata* (Erste Übungen in einer wiederhergestellten Astronomie) endlich in den Druck ging. Das war 1602. Die Arbeit an einem weiteren Buch, das er schreiben sollte – eine Verteidigung von Tycho gegen Baer, der 1600 starb –, stellte Kepler nur zu gerne ein. Es erschien erst im 19. Jahrhundert im Druck. Auf seinem Totenbett bat Tycho Kepler, seine astronomischen Tafeln fertigzustellen. Die „Rudolfinischen Tafeln", die natürlich dem Kaiser gewidmet waren, sollten gemäß den tychonischen Prinzipien berechnet sein. Sie erschienen schließlich erst 1627, und während ihre Beobachtungsbasis im wesentlichen die Tychos war, war die zugrundeliegende Theorie Keplers eigene.

Hypothese oder Wahrheit, Astronomie oder Physik?

Die Kontroverse zwischen Tycho und Baer, auf die wir bereits angespielt haben, illustriert ein philosophisches Thema, das der Astromie mehr verdankt als jeder anderen Wissenschaft. Tragen wissenschaftliche Theorien in sich irgendwelche Implikationen über die Realität der von ihnen beschriebenen Dinge? Das Thema hatte durch Osianders ungehöriges Vorwort zum Werk von Kopernikus eine große Publizität erhalten. Baer war ein Skeptiker vom gleichen Schlag wie Osiander. Kopernikus, Tycho und Kepler neigten zu der Ansicht, daß ein wahres und in gewissem Sinn reales System zu entdecken sei und daß eine vernünftige astronomische Theorie mehr leiste, als nur die Berechnung von Erscheinungen im vorhinein zu erlauben. Baer betonte, daß eine akkurate Voraussage nicht die Gültigkeit einer Theorie garantiert, weil richtige Schlüsse aus falschen Voraussetzungen gezogen werden können – eine einfache logische Feststellung, die im Mittelalter oft ins Feld geführt wurde. Dies provozierte die Astronomen, aber um Tychos Verärgerung zu verstehen, müssen wir uns an die farbigen Geschichten erinnern, nach denen Baer bei einem Besuch in Uraniborg dessen Planetensystem plagiierte.

Nikolaus Baer war von Geburt ein Bauernbub aus Dithmarschen (im unteren Teil der Halbinsel Jütland), und aus diesem Grund allein, dachte Tycho, sollte er wissen, wo er sich einzureihen habe. Jedenfalls durchsuchte ein gewisser Andreas, ein Schüler von Tycho, die Taschen des schlafenden Baer, als dieser 1584 in Uraniborg zu Besuch war, und es wurden dort angeblich inkriminierende Papiere gefunden. Das gegen ihn später beigebrachte Beweisstück war folgendes: Während in Tychos System die Marsbahn die Sonnenbahn kreuzte, schloß bei Baer die Marsbahn die Sonnenbahn wie auf einer falsch gezeichneten Skizze von Tycho ein.

Wahr oder falsch, Baers System unterschied sich von dem Tychos in einem wichtigen Punkt: Er gab der Erde eine Tagesdrehung um ihre Achse, löste sie sozusagen halb aus ihren alten Fesseln. Das Baersche wird manchmal das „halbtychonische System" genannt, obwohl dies Baer sicherlich mißbilligt hätte und der Name genausogut auf früher erwähnte Alternativen hätte angewendet werden können. Wenn wir einmal von dieser Unterscheidung absehen, können wir sagen, daß mindestens ein halbes Dutzend Autoren für sich beansprucht, das System unabhängig erfunden zu haben. Tycho war von Keplers Bemerkung nicht entzückt, daß es sich um einen offenbaren Schritt von Kopernikus aus handelte.

Es heißt, Baer habe sich, als man ihm die Unterlagen Tychos abnahm, wie ein Wahnsinniger gebärdet und danach zunehmend unter Wahnvorstellungen gelitten. Das habe zuletzt zum Verlust der kaiserlichen Patronage geführt. Aber von welcher Art waren die gestohlenen Ideen? Es gab Vorwürfe der Aneignung von Konstruktionen, Erfindungen, Formeln und Tabellen, aber nicht eines vollentwickelten Weltsystems. Kepler, dem später die Verteidigung von Tycho übertragen wurde, sah tiefer als die beiden Männer, um was es ging, nämlich eine Gesamtsicht, ein vollständiges System von Hypothesen, das den Beobachtungen entspricht.

Bevor wir diese Kontroverse verlassen, sollten wir uns ebenfalls der Gefahr bewußt werden, ihr eine zu moderne Färbung zu geben. Die Verfasser des 16. Jahrhunderts bestanden gewöhnlich nicht darauf, daß astronomische Theorien „reine Fiktion" seien, wie so oft behauptet wird. Sie könnten wie Philipp Melanchthon und verschiedene Astronomen der lutherischen Universität von Wittenberg gewisse mathematische Techniken von Kopernikus übernehmen, ohne die Theorie insgesamt anzunehmen. Wie so viele andere waren sie keine wirklichen Kopernikaner, und doch macht sie das nicht zu „Fiktionalisten" im modernen Sinn. Die meisten von denen, die die philosophische Frage überhaupt ernst nahmen, sprachen der Astronomie einfach die Fähigkeit ab, eine wirkliche physikalische Kenntnis zu vermitteln.

Hier kommt nun Kepler ins Spiel. In gewissem Sinn stand er auf einer schwächeren philosophischen Grundlage als seine Gegner, da er für die endgültige Wahrheit bestimmter astronomischen Hypothesen oder Standpunkte eintrat. Seine Argumente werden zwar überzeugend vorgetragen, hängen aber, wie zum Beispiel die für die Bevorzugung von Kopernikus gegenüber Ptolemäus, letztlich von ästhetischen Gesichtspunkten ab, die Einfachheit, Harmonie, Eleganz und dergleichen betreffen. Er hatte jedoch mit seinen Ellipsenbahnen ein zugkräftiges Argument. Im Gegensatz zu den Systemen mit vielfachen Kreisen sind seine Ellipsen *die endgültigen Bahnen im Weltraum*, also das, was ein Beobachter sehen würde, der das System über eine lange Zeit von weit draußen im Raum betrachtet.

Das ist es, was Kepler im Sinn hatte, wenn er sein System als das erste bezeichnete, das Hypothesen vermeidet. (Andere vor ihm, zum Beispiel Toscanelli und Apian, hatten die Bahn von Kometen kartiert, aber sie bemühten sich nicht um eine tiefe Theorie der Bahn.) Baer hatte im wesentlichen gesagt, wenn zwei Hypothesen den Anforderungen in gleicher Weise genügten, sei es gleichgültig, welche man nehme. Kepler bestand darauf, daß die beiden vielleicht in eingeschränkter, aber nicht in allgemeiner Weise äquivalent sein könnten und daß *physikalische* Aspekte nicht beiseite geschoben werden sollten. Er war nicht der erste, der das betonte, aber er sah klarer als irgendjemand vor ihm etwas für das tatsächliche *Wachstum* einer wissenschaftlichen Theorie Bedeutendes: Er sah, wie dringend es war, die mathematische Astronomie in die Physik, also die Naturphilosophie, zu integrieren. Er suchte nach den *Ursachen* der Planetenbewegung und nicht nur nach der Geometrie dieser Bewegung. Man könnte einwenden, diese traditionelle Unterscheidung sei unangemessen, aber es bleibt geschichtliche Tatsache, daß eingeführte physikalische Denkweisen imstande waren, die alten geometrischen Denkweisen sehr effektiv zu ergänzen.

Wir können Kepler vielleicht als „den ersten modernen Astronomen" bezeichnen, weil er die Notwendigkeit, die Physik und die Astronomie zu verbinden, so stark wahrgenommen hat, wenn auch Ptolemäus und andere vor und nach ihm ähnliche Ambitionen hatten. Kepler lebte jedoch zu einer Zeit, da die konventionelle (aristotelische) Physik unter Beschuß stand – zum Beispiel von seiten der Verfasser mehrerer neuer Abhandlungen über Kometen. Insbesondere in den protestantischen Ländern gab es damals auch eine theologische

Bild 12.4 Johannes Kepler

Infragestellung von Autoritäten. Beispielsweise konnte Michael Mästlin, Keplers Lehrer, keine Parallaxe des Kometen von 1580 finden und griff so die alte Physik offen an. Aristoteles war in den Schulen der Zeit etabliert, und das blieb an einigen Orten auch für ein weiteres Jahrhundert so, aber in kleinen Schritten entfernte die Astronomie, was manche für die wesentlichen Fundamente seiner Kosmologie hielten.

Die Ironie von Keplers Rolle in all dem liegt darin, daß er weitgehend von einem Denken inspiriert wurde, das nach unserer heutigen Auffassung genauso der Astrologie wie der Astronomie zuzuzählen ist.

Kepler und die Planetenaspekte

Johannes Kepler wurde 1571 in Weil der Stadt (in der Nähe von Stuttgart) geboren. Sein Großvater war Bürgermeister der Stadt, aber sein Vater war ein „streitsüchtiger" Söldner „mit einem Hang zur Kriminalität", der am Ende seine „schwatzhafte und übellaunige" Ehefrau verließ. Diese Beschreibungen[2] stammen von Kepler selbst, er schrieb sie nieder, als er ihre Charaktere mit ihren Horoskopen verglich. Zwischen 1617 und 1620 sollte Kepler seine Mutter gegen die Anklage der Hexerei verteidigen.

Er besuchte die Universität Tübingen, wo er unter den Einfluß des kopernikanischen Experten Michael Mästlin geriet. Nachdem er seinen Magister-Grad erlangt hatte, begann er ein Theologiestudium, aber dann starb Georg Stadius, und Tübingen wurde gebeten, einen Ersatz für ihn als Mathematiker an der lutherischen Schule in Graz zu empfehlen. Kepler wurde empfohlen, und 1594 verließ er Tübingen, um seine neue Stelle anzutreten. Gerade ein Jahr darauf stieß er zufällig auf etwas, das er für das Geheimnis der Struktur des Universums hielt.

Wir erinnern uns an die interessante astrologische Doktrin, die Rheticus in der *Narratio prima* vertrat. Einer etablierten Tradition in der Astrologie folgend, nahm er an, daß die Kraft eines Planeten im Apogäum verstärkt und im Perigäum vermindert ist. Kepler war ein Adept der Astrologie. Er stellte nicht nur 1596 eine Sammlung von Horoskopen der Mitglieder seiner Familie zusammen, in denen er sie in ihrem Charakter wissenschaftlich verglich,

[2] Anm. d. Übers.: Die lateinischen Originalzitate lauten: „. . . omnia corrupit, *facinorosum*, praefractum, *contentiosum*, denique malae mortis hominem effecit" (Vater) und „Est parva, macra, fusca, *dicax, contentiosa, mali animi*" (Mutter).

sondern hatte davor für das Jahr 1595 einen Kalender und eine Prognose veröffentlicht. Die Bauernaufstände und Türkeninvasionen, die er voraussagte, waren vielleicht zu erwarten, aber der äußerst kalte Winter, den er seinen Lesern ankündigte, war es nicht. Sein Stern war im Steigen. Mit einer Unterbrechung von nur drei Jahren gab er bis 1606 jährliche Prognosen heraus. Er nahm diese Arbeit zwischen 1618 und 1624 wieder auf, diesmal mit mehr Zynismus, um das Ausbleiben der Gehaltszahlungen zu kompensieren. Kepler machte einige oft zitierte frühe Bemerkungen, nach denen die Astrologen nur zufällig recht haben oder die Astrologie die törichte Tochter der Astronomie ist, aber sie sagen wirklich nicht mehr über seinen frühen Glauben aus, als daß er durch seine Erfahrung enttäuscht worden ist.

Wir haben 800 Horoskope von Keplers Feder, die man einem Bedarf an Bargeld zuschreiben kann, aber das erklärt nicht, weshalb er sich selbst so viele Horoskope stellte. Er dachte lange und tief über diese Frage nach, die er im größten Teil seines Lebens, vielleicht im ganzen, ernst nahm. Er berichtet, nach einem Treffen mit Tycho in Prag habe er *einen Teil* der Astrologie aufgegeben, aber später sagte er ganz explizit, daß an der Disziplin viel Gutes sei. Mästlin schrieb er (1598), er sei „ein lutheranischer Astrologe, der die Spreu vom Weizen trenne". Er wandte sich in üblicher Manier gegen eine verbotene Himmels*magie*, weniger gegen die Astrologie als vielmehr gegen den Einsatz spiritueller oder dämonischer Magie. In einer kleinen Arbeit über die „sichereren Grundlagen der Astrologie" listet er drei Arten von Überlegungen auf, die der astrologischen Voraussage zugrundeliegen: Die Theorien der (1) physikalischen Ursachen, (2) metaphysischen oder psychologischen Ursachen und (3) der Zeichen. Die ersten beiden seien korrekt, die dritte nicht. Das sagt der Mann der Wissenschaft, der Physiker und Psychologe, der Mann, der nicht mehr an die scharfe aristotelische Trennung der Regionen ober- und unterhalb der Mondsphäre glaubt.

Er spielt mit dem Gedanken, daß *Licht* die gesuchte physikalische Ursache sein könnte. Noch Jahre nach der Einführung des Fernrohres schien er zu glauben, daß die Planeten ihr eigenes Licht aussenden. Und während die älteren Astrologen die Planeten den alten Gottheiten zuordneten und ihre Eigenschaften entsprechend abgeleitet hatten, dachte Kepler, daß die Farben des von ihnen zur Erde ausgesandten Lichts ihren astrologischen Charakter bestimmen. Hier haben wir ein Beispiel für Kepler, den *schöpferischen* Astrologen, der, wie Rheticus, neue Doktrinen aufstellte. Es ist eine Ironie, daß die zwei führenden Kopernikaner des Jahrhunderts, Rheticus und Kepler, beide zu dem bestehenden astrologischen Lehrgebäude beitrugen.

Ein Thema durchzieht sein ganzes Leben: die Idee der „Prägung" der menschlichen Seele, die durch die Himmelskonstellationen bewirkt wird, wenn ein Mensch ein von seiner Mutter unabhängiges Leben beginnt. Er billigte sozusagen die Lehre der *Aspekte* (synonym mit den Konstellationen) und meinte, die *Erfahrung* habe darüber zu entscheiden. Er zeigte durch sein Beispiel wieder und wieder seine Treue gegenüber den Planetenaspekten, und sie spielten beim Entstehen des *Mysterium cosmographicum* (Kosmographisches Geheimnis), seines ersten bedeutenden Buchs, eine Rolle.

Eine große Erfahrung machte er in Graz, als er nach den Gründen forschte, weshalb die Zahlen, Größen und Bewegungen der Himmelskörper so sind, wie sie sind. Er benutzte ein Standarddiagramm, um seinen Schülern einen Gemeinplatz der astrologischen Theorie zu erklären, der die großen Konjunktionen von Saturn und Jupiter betrifft. Keiner hatte

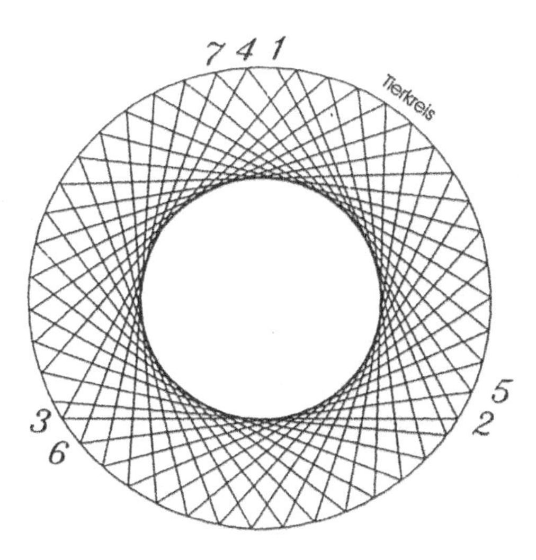

Bild 12.5 Das Muster der großen Konjunktionen von Saturn und Jupiter

vor ihm bemerkt, daß die Linien, die die Punkte des Tierkreises verbinden, an denen die Konjunktionen passieren, einen zweiten Kreis einhüllen und daß das Verhältnis der Durchmesser der beiden Kreise ziemlich dem der Umlaufbahnen von Saturn und Jupiter nahekommt, wenn man das kopernikanische System der Entfernungen nimmt. (s. die idealisierte Figur in Bild 12.5, wo der äußere Kreis den Tierkreis bedeutet und die Stellen aufeinanderfolgender Konjunktionen – hier nur bis sieben numeriert – durch Geraden verbunden sind.)

Kepler konnte keine ähnlichen Beziehungen in den Bahnen der anderen Planeten entdecken, bis er nach Analogien in drei Dimensionen Ausschau hielt. Als er das tat, fand er ein außergewöhnliches geometrisches Schema, in dem Würfel, Tetraeder, Dodekaeder, Ikosaeder und Oktaeder ineinandergeschachtelt sind und alle bis auf ein Zwanzigstel genau in das kopernikanische Universum passen. (Seine eigene Zeichnung findet sich in Bild 12.6.) Daß dies die gemessenen Entfernungen so gut wiedergibt, frappiert auch heute noch.

Es wäre leicht, dies alles als Triumph eines astrologischen Ausgangspunktes darzustellen, aber in Keplers Psyche muß der Einfluß in *beide* Richtungen gewirkt haben. Als er sich auf der Spur des korrekten geometrischen Himmelsschemas sah, dürfte er davon überzeugt gewesen sein, daß die Aspektlehre durch die Astronomie gerechtfertigt wurde, die die Entfernungen lange davor geliefert hatte. Es ist daher keine Überraschung, daß er genau nachprüfte und schließlich zu der astrologischen Standardlehre der Aspekte beitrug. Diese Aspekte, dachte er, wirken auf die Seele, aber nur wenn sie einen harmonischen Instinkt hat. Die Seele reagiert über diesen Instinkt auf gewisse harmonische Proportionen, Unterteilungen des Tierkreises. Es ist nicht nötig, darauf einzugehen, wie er zu der Sammlung traditioneller Aspekte – Winkeldistanzen der Planeten wie Quadratur oder Geviertschein (90°, feindlich) und Trigonalschein (120°, freundlich) – beitrug. Wichtig ist, daß es sich nicht um eine jugendliche Verirrung handelte. Er behandelte diese Dinge in den *Harmonice Mundi* (Weltharmonien), und diese erinnerten seine Leser an ein anderes Thema, das ihm lange

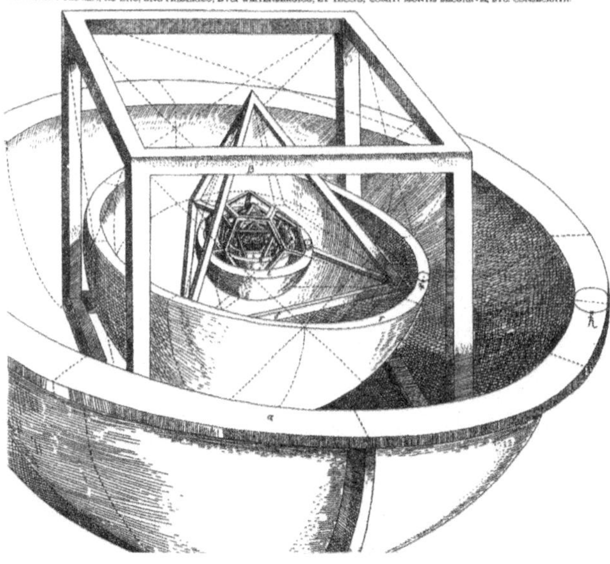

Bild 12.6 Eine Detailansicht einer Zeichnung von Keplers ineinandergeschachtelten regulären Körpern. Er erklärte damit in seinem *Mysterium cosmographicum* die Relativgrößen der Planetenbahnen.

durch den Sinn ging: die Theorie der musikalischen Konsonanzen. Bis 1610 glaubte er, er könnte dies mit seinen astrologischen Harmonien verbinden, aber er trennte die beiden immer mehr. Eine andere Verbindung, die er herzustellen suchte, war die zwischen Astrologie und Alchimie. Dies dürfte ihn vermutlich bei Tycho Liebkind gemacht haben, führte aber letztlich zu nichts.

Mit den *Harmonice Mundi* ging Kepler lange schwanger. Sie waren sein Lieblingswerk. Er begann es um 1599 und arbeitete mit Unterbrechungen daran, während er seine astronomischen Theorien entwickelte sowie mit den Rudolfinischen Tafeln vorankam, aber es erschien erst 1618.

Die seltsame Theorie der ineinandergeschachtelten regulären Körper hatte über die Jahrhunderte hindurch großen Einfluß und wurde im Lauf der Zeit – allerdings ohne offenbaren Grund – durch andere einfache Gesetze ersetzt, die die Planetenentfernungen wiederzugeben scheinen. Das Titius-Bode-Gesetz der Planetenentfernungen zum Beispiel ist kaum besser als das Keplersche, wird aber oft als ein Mysterium zitiert, das einer Erklärung wert ist. J. E. Bode präsentierte es 1772 als Entdeckung von J. D. Titius, und es gibt die Planetenbahnen von der Venus an als $0{,}4 + 0{,}3 \times 2^n$ astronomische Einheiten (0,7, 1, 1,6 usw., 2,8 für die Planetoiden und zuletzt 19,6 für den neu entdeckten Uranus) an. Für den Merkur (0,4) lassen wir einfach den zweiten Term in dem Ausdruck fallen, was allerdings nicht gerade schlüssig ist. Später kritisierte der „dialektische" Philosoph G. W. F. Hegel (1770–1831) in einer Erörterung (1801) die damals gängigen Argumente dafür, daß die Lücke zwischen Mars und Jupiter von einem weiteren Planeten besetzt werden müsse. Er gab eine andere Formel aus einfachen Zahlen an, die die Entfernungen bis zum Uranus leidlich näherte und die die Lücke nicht in derselben Weise ausfüllte. Hegel wußte nicht, daß er auf einen Verlierer gesetzt hatte, und zwar nachdem das Rennen bereits gelaufen war. Denn am Neujahrstag 1801 hatte Giuseppe Piazzi einen Asteroiden in der Lücke lokalisiert. Hegels Argumentation ist nicht ganz klar, aber sie ist nicht so dümmlich, wie sie oft hingestellt wird. Er hat nicht versucht zu beweisen, daß es nur sieben Planeten geben könne, wie oft gesagt wird. In Wirklichkeit meinte er, er könne ein alternatives Gesetz aufstellen, das das Hinzuzufügen neuer Planeten zweifelhaft erscheinen läßt. Was er nicht sah: Wir brauchen mehr als einige zufällige Übereinstimmungen mit der Beobachtung, bevor wir ein von anderen Teilen einer Wissenschaft isoliertes Gesetz anerkennen können, handle es sich nun um das Titius-Bode-Gesetz oder seine Alternative.

Es sollte im 19. Jahrhundert und speziell in Tübingen viele ähnlich mystische und „platonische" Studien und Kepler-Interpretationen von Gelehrten geben, die auf schnellen Gewinn aus waren: auf Gesetze ohne Zusammenhang mit anderen Teilen der Wissenschaft. Kepler hätte sie bestimmt eines Besseren belehrt.

Kepler hatte eine *physikalische* Sicht der astrologischen Wirkung der Planeten: Er hat anscheinend daran gedacht, daß sie irgendwie ein fein austariertes „Gleichgewicht" stören – zum Beispiel mag bei einer Frühlingsatmosphäre aus gesättigtem Wasserdampf der rechte Planetenaspekt stark genug sein, um Regenschauer auszulösen. Er meinte, solche Dinge ließen sich durch die Erfahrung bestätigen, und machte sehr viele Wetterbeobachtungen, um seine Ideen zu untermauern, zum Beispiel die Idee, daß eine Konjunktion von Saturn und Sonne kaltes Wetter verursacht. Er behauptete wiederholt, daß die Wirksamkeit seines neuen Satzes astrologischer Aspekte durch Wetterbeobachtungen gestützt würde.

Solche Dinge werden gemeinhin als Fälle von Pythagorasismus beschrieben, als eine Suche nach Harmonien, wie sie in der Renaissance beliebt waren, aber Kepler tat mehr: Er verglich seine Geometrie mit Meßgrößen. Wenn seine Harmonien uns nicht ganz gefallen – vielleicht stört uns dieser maximale Fehler von einem Zwanzigstel –, berührt das nicht ihren *Charakter*. Dieser Punkt geht leicht unter, wenn wir uns von seinen seltsamen Bemerkungen über die Seele der Erde schrecken lassen, aber auch hier ist er vollkommen empirisch in seiner Weltanschauung. Die Argumentation verläuft etwa so: Ein Aspekt (der Winkel zwischen zwei Planeten, von der Erde aus gesehen) ist eine rein geometrische Beziehung, selbst wenn entlang der Richtungen, die ihn definieren – sagen wir zwei Strahlen im Winkel von 120° –, Licht einläuft. Der Aspekt wirkt auf die Menschen ein, weil sie ihn wahrnehmen oder weil ihre Seele ihn irgendwie empfängt, aber wie wirkt er auf das *Wetter* ein? Die Antwort ist: Die Erde hat ebenfalls eine Seele, und diese reicht bis zum Mond hinauf.

Kepler gibt damit der sublunaren Zone eine neue Bedeutung. Natürlich hat für ihn die wichtigere Weltseele in der Sonne ihren Platz. Die von uns wahrgenommenen Harmonien und Aspekte entsprechen unserer irdischen Position; die auf die Sonne bezogenen aber bestimmen die Geschwindigkeit der Planeten und ihre Umlaufbahnen (*Harmonice Mundi*).

So betrachtet, erscheint Kepler nicht mehr ganz als der „erste moderne Astronom" der traditionellen Geschichte, doch ist hier ein Wort der Warnung am Platz. Am Ende war es eine abstrakte Doktrin, die die Geometrie und die Physik vereinigt, was er anerkannte, und nicht die ganze Palette der traditionellen Astrologie, der er mit starker Skepsis begegnete. Er empfand eine starke Abneigung gegenüber einer *Astrologie als Theorie der Zeichen* und half ihre Popularität in wissenschaftlichen Kreisen zu beschneiden. Das Auftreten einer großen Konjunktion im traditionell so genannten „Feuerdreieck" bedeutete für die meisten Astrologen, daß sie von irgendeinem *Feuer* begleitet ist, beispielsweise den Feuern des Krieges oder einer Dürre. Er sah, daß die Eigenschaften der Zeichen auf einer Reihe schwacher und zufälliger menschlicher Analogien beruhten, und verwarf dies am Ende gänzlich. Er sprach sich gegen die Zeichen und die Häuser als Wohnungen der Planeten aus, und doch ließ er genügend von der Lehre übrig, um als Astrologe *praktizieren* zu können. 1608 hatte er ein Horoskop für eine anonyme Person gestellt, bei der es sich, wie er richtig vermutete, um den großen Heerführer Wallenstein handelte. Das tat er nach der Rechenmethode, die damals Regiomontanus zugeschrieben wurde. Er „reinigte" später seine astrologischen Prinzipien, aber eines bleibt: Wäre er kein Astrologe gewesen, hätte er höchstwahrscheinlich nicht die Planetenastronomie in der uns bekannten Form geschaffen.

Kepler und die Gesetze der Planetenbewegung

Keplers 1597 gedrucktes *Mysterium* förderte im folgenden Jahrzehnt die kopernikanische Sache. Galilei bestätigte dankend den Empfang eines Exemplars und schrieb, er habe bisher erst das Vorwort gelesen. Tycho bekundete seine Bewunderung, das konnte er jedoch ungestraft tun, denn es war – gleichwohl kopernikanisch – in einer ganz anderen Art geschrieben als seine eigene empirische Astronomie. Keplers Suche nach Harmonien ging freilich über den Wunsch hinaus, die Harmonien der *Skala* des Universums zu kennen. Es war eine Suche nach den *Ursachen*, und er kam zu der Auffassung, die zentrale Position der Sonne müsse der Schlüssel zum Verständnis der Ursachen der Planetenbewegungen sein. Kepler wußte, daß die Umlaufszeiten der Planeten mit der Entfernung von der Sonne länger werden. Er versuchte, die Beziehung zwischen den beiden Größen herauszufinden, und im *Mysterium* entschied er sich für ein Gesetz, das die Periode (T) proportional zum Quadrat des Bahnradius (a) macht. Wie er später entdecken sollte, ist 3/2 die richtige Potenz.

Am 28. September 1598 ordneten die katholischen Behörden – eine Kommission der Gegenreformation – ohne deutliche Vorwarnung an, daß alle lutheranischen Lehrer unverzüglich Graz zu verlassen hätten. Kepler wurde großzügiger behandelt als die meisten, und ihm wurde die Rückkehr in die Stadt gestattet; aber er brauchte anderswo eine Beschäftigung, und im Februar 1600 traf er in Prag ein, in der Hoffnung, für Tycho Brahe arbeiten zu dürfen. Nachdem eine anfängliche Verärgerung über Tychos Bevormundung in astronomischen Dingen verflogen war, trat Kepler in Tychos Dienste und wurde der Theorie des Mars zugeteilt.

Er entdeckte bald, daß man die Position des Mars besser auf die *wahre* Sonne als auf das Zentrum der Erdbahn bezieht, wie Kopernikus gelehrt hatte, und er führte die Idee des Ausgleichspunkts wieder ein, der nun aber nicht mehr mit der Exzentrizität verknüpft war, sondern den er in der Position verändern konnte, bis die beste Anpassung an die Beobachtungen gefunden war. Die tychonischen Daten verhalfen ihm zu einer ziemlich akkuraten Marsbahn, und sein Ausgleichspunkt-Modell (das er seine „hypothesis vicaria" (Ersatzhypothese) nannte) entsprach den beobachteten Längen besser als alle zuvor. Es war allerdings immer noch in den Breiten unbefriedigend, was ihm suggerierte, daß seine *Entfernungen* falsch seien. Die Längen wurden besser als auf zwei Bogenminuten vorausgesagt.

Tychos Tod hinterließ Kepler Verpflichtungen – zum Beispiel die Fertigstellung der Rudolfinischen Tafeln –, aber verschaffte ihm Zugang zu Beobachtungsaufzeichnungen, die Tycho eifersüchtig gehütet hatte, und löste den Zwang zur Loyalität dem Tychonischen System gegenüber. Kepler mühte sich jetzt mit der Marsbahn ab. Die richtigen Entfernungen zu erhalten bedeutete, die relative Stellung des Ausgleichspunkts und des Mittelpunkts des Deferentkreises anzupassen und die Genauigkeit in den Längen aufzugeben, die jetzt sechs bis acht Minuten in den Oktanten betrug. Wo andere die Sache hätten auf sich beruhen lassen, blieb Kepler im Vertrauen in Tychos Beobachtungen am Ball.

Sein Interesse an Büchern über den Magnet von Jean Taisnier (1562) und William Gilbert (1600) hatte ihn auf die Idee gebracht, von der Sonne ausgehende magnetische Kräfte könnten die Planetenbewegungen erklären. Kepler war nicht der einzige, der diesen Gedanken verfolgte, denn man glaubte weithin, Gilbert habe die Bewegung der Erde magnetisch bewiesen. 1608 veröffentlichte der holländische Wissenschaftler Simon Stevin ein einige Jahre vorher geschriebenes Buch, *De Hemelloop* (Bewegung der Himmel), in dem eine komplizierte Kosmologie auf eine Theorie kosmischen Magnetismus gegründet wurde, der sich von den Fixsternen ableitet. Keplers Werk war davon unabhängig. Wenn sich die Magnetkräfte im dreidimensionalen Raum wie Licht ausbreiten, so argumentierte er, sollten sie *mit dem Quadrat der Entfernung* abnehmen, und diese Idee könne er nicht mit den Geschwindigkeiten in Einklang bringen. Wenn die Kräfte wie die dünnen Speichen eines Rades auf die Bahnebene beschränkt wären, dachte er, sollte ihre Wirkung *proportional* zur Entfernung abnehmen.

Auf der dürftigen Grundlage solcher Überlegungen kam er zu einem „Entferungsgesetz", nach dem die Bahngeschwindigkeit umgekehrt proportional zur Entfernung von der Sonne ist. Nachdem er sich mit Problemen herumgeschlagen hatte, die wir heute mit Hilfe der Differentialrechnung leicht lösen könnten, aber für die er eigene Methoden finden mußte, formulierte er den Flächensatz, den wir heute gewöhnlich als „Keplers zweites Gesetz der Planetenbewegung" bezeichnen: *Der von der Sonne zum Planeten gezogene Fahrstrahl überstreicht in gleichen Zeiten gleiche Flächen.* (Dies ist in Bild 12.7 illustriert, wo drei mit *a* bezeichnete Flächenbeispiele alle als flächengleich zu nehmen sind. Der Planet auf der Ellipse braucht gleiche Zeiten für die Bewegung von 1 nach 2, von 3 nach 4 und von 5 nach 6.) Merkwürdigerweise schien Kepler mit dieser Darstellung nicht sehr zufrieden und gab ihr bis zu seiner *Epitome astronomiae Copernicanae* (Abriß der kopernikanischen Astronomie) von 1618–21 in seinen Schriften keinen herausragenden Platz.

Der Flächensatz war allein nicht in der Lage, den Fehler von acht Minuten zu eliminieren. Die Marsbahn schien eine andere Form zu haben als den Kreis. Er versuchte einen Epizyklus, der mit dem Deferent zusammen einem Oval gleichkam, und er probierte verschiedene Ovalsorten aus. Alles hing von der präzisen Form der Bahn ab, dem Betrag ihrer Abweichung vom Kreis. Er wußte, wäre es eine Ellipse, würde ein ganzer Zweig der Geometrie (die Geometrie der Kegelschnitte von Archimedes und Apollonios) zu Gebote stehen, aber er glaubte anscheinend, daß das Schicksal nicht so gnädig sei, denn um 1605, nach Hunderten von Versuchsrechnungen und nach 51 fertigen Kapiteln eines Buches über den Mars (*Astronomia nova*, „Neue Astronomie", war „ein Kommentar über den Planeten

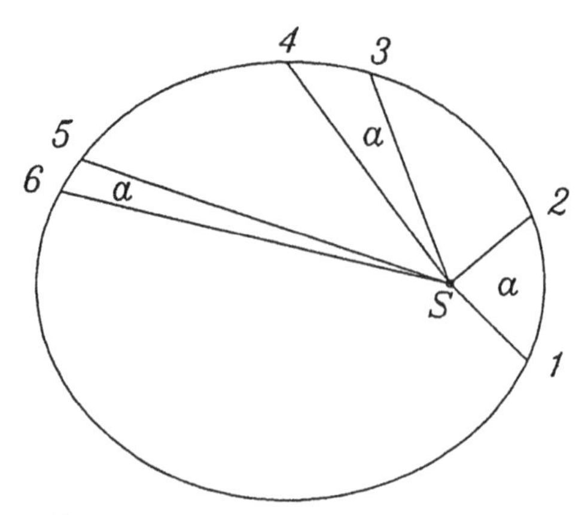

Bild 12.7 Keplers zweites Gesetz

Mars"), gab er der Ellipse immer noch keinen Raum. Er konnte die Ellipse nicht mit der magnetischen Hypothese in Einklang bringen. Sieben Kapitel weiter unten – sein Buch war nämlich genauso ein Bericht seiner Gedankengänge wie eine Darlegung seiner endgültigen Ansichten – entschied er sich jedoch dafür, und „Keplers erstes Gesetz" war geboren, nach dem *ein Planet auf einer elliptischen Bahn läuft und sich die Sonne in einem der Brennpunkte der Ellipse befindet.*

1606 hatte Kepler mit *De stella nova* (Über den neuen Stern) ein Buch herausgebracht, das das Publikum mehr ansprach und in dem er über ein weites Gebiet der Physik und Kosmologie spekulierte, aber es war seine *Neue Astronomie*, die ihn als eine neue Geistesgröße auszeichnete, mit der zu rechnen ist. Diese erschien endlich 1609, nachdem es ihm gelungen war, die Streitigkeiten mit Tychos Erben über sein Recht, die Beobachtungen in einer nichttychonischen Weise zu nutzen, beizulegen. Durch die ganzen Jahre hindurch war er von widrigen öffentlichen und privaten Umständen geplagt: Seine Ehefrau störten die Umzüge, und sie hatte wenig für die Astronomie übrig, freilich nicht ohne Grund. Sie hatte ein Vermögen in Landbesitz in der Nähe von Tübingen festliegen. Sein fälliges Gehalt ausbezahlt zu bekommen war einer von Keplers ständigen Kopfschmerzen. Nachdem er von der Professorenschaft der Universität Tübingen zurückgewiesen worden war, weil er sagte, die Calvinisten sollten als christliche Brüder behandelt werden, hatte er 1611 die Aussicht auf eine Anstellung in Linz. Dies hätte seiner Frau zugesagt, aber sie starb vor dem Auszug aus Prag an Typhus. Prag war im Kriegszustand, und das Chaos regierte, was zu Rudolfs Abdankung führte. Selbst in Linz war Kepler in endlose religiöse Unruhen verwickelt. Es ging sogar so weit, daß ihm der Zugang zu seinen eigenen Büchern verwehrt wurde. Dies sowie Krankheit und Tod von Kindern aus erster und zweiter Ehe belasteten ihn schwer.

1604 und 1611 veröffentlichte er zwei seiner bedeutendsten Bücher, beide über Optik, die als ein notwendiger Teil der Astronomie angesehen wurde. Er führte jedoch weder in seinem „Optischen Teil der Astronomie" noch in seiner „Dioptrik" das Sinusgesetz der Brechung an. (Dieses wird häufig als „Snelliussches Brechungsgesetz" bezeichnet, wurde aber zuerst von Thomas Harriot (nicht später als 1601) gefunden. 1606 schickte Harriot Kepler eine Tafel von Brechungswinkeln für viele verschiedene Substanzen, gab ihm aber nicht die Sinusformel.) In dem späteren Werk gab Kepler jedoch eine eingehende mathematische Behandlung der Entstehung von Bildern durch Linsen und der Anordnung von zwei Sammellinsen, die wir heute „Keplersches" oder „astronomisches" Fernrohr nennen und die ein umgekehrtes Bild liefert. Das „holländische" oder „Galileische" Fernrohr war damals ein paar Jahre alt.

Kepler schrieb eine Anzahl weniger guter Bücher, aber zeitweilig war seine ungeheure Schaffenskraft von der Astronomie abgelenkt. Die *Harmonice mundi*, die in der Tradition seines *Mysterium cosmographicum* stehen, erschienen 1619. 1625 faßte er eine Verteidigungsschrift von Tycho gegen Scipione Chiaramonti ab, der Aristoteles in der Sache der Interpretation der Kometenerscheinungen zu stützen versuchte. Und dann kam zwischen 1618 und 1621 Keplers *Epitome*, die jahrzehntelang die am meisten verbreitete Abhandlung der theoretischen Astronomie sein sollte.

Sie war eine mutige Verteidigung der kopernikanischen Welt, aber natürlich in einer von seinen Ideen modifizierten Form. Er führte Analogien zwischen der Anordnung der Welt und der Heiligen Dreifaltigkeit ein, und zweifellos erklärt dies, neben der Lehre von der Bewegung der Erde, warum es fast sofort auf den katholischen Index der verbotenen Bücher gesetzt wurde. Es enthielt freilich Ideen, die sich nicht unterdrücken ließen. In ihm wird aus magnetischen Prinzipien das „dritte Keplersche Gesetz" abgeleitet, nach dem *die Umlaufszeiten der Planeten proportional zu ihren mit* $3/2$ *potenzierten Bahnhalbmessern sind.*

Hier wurde die treibende Kraft zuletzt als umgekehrt proportional zum *Quadrat* der Entfernung genommen. Aber die Ableitung, die die Vorstellung der Emission einer magnetischen Emanation und ihrer Absorption durch die Planeten sowie die damit zusammenhängenden Dichten der Planeten einführte, bildete nur das Gerüst, an dem die Theorie aufgestellt wurde, und sollte keinen Bestand haben.

Mit dem Mond, dem Satelliten der Erde, ging Kepler mit seiner magnetischen Theorie in noch tieferes Wasser, denn jener sollte unter einem doppelten Einfluß stehen, von der Erde und von der Sonne. In der letzten Analyse waren die von ihm angebotenen physikalischen Erklärungen das, was er zur Stimulierung seiner geometrischen Vorstellung brauchte, aber es war die Vorstellung, die am meisten zählte.

Im Buch V der *Epitome* führte Kepler eine Gleichung ein, die fundamental für die Lösung von Planetenbahnen ist. Sie bezieht zwei Winkel aufeinander, die als exzentrische Anomalie (E) und mittlere Anomalie (M) bekannt sind. Der erste ist in Bild 12.8 angedeutet, in dem P den Planeten, S die Sonne und A das Perihel, die Planetenposition mit der größten Annäherung an die Sonne, bedeuten. Der Winkel M wird nicht dargestellt. Man kann ihn sich als den Winkel zwischen SA und einer Geraden durch S vorstellen, die mit der mittleren Winkelgeschwindigkeit des Planeten rotiert und mit ihm bei jedem Durchgang durch A zusammentrifft. Ist e die Exzentrizität der Ellipse, so lautet Keplers Gleichung einfach

$$E - e \sin E = M ,$$

wobei die Winkel im Bogenmaß genommen sind.

M ist leicht zu gewinnen, wenn E bekannt ist, aber das Problem, das sich bei der Berechnung von Planetenpositionen stellt, beginnt mit einer Lösung des inversen Problems: für eine gegebene Zeit (bzw. einen gegebenen Winkel M – die Zeit und M sind zueinander proportional) E zu finden.

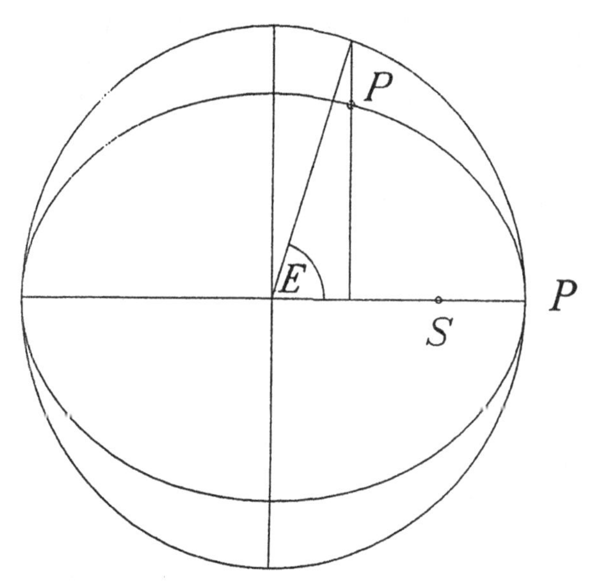

Bild 12.8 Die Basis von Keplers Gleichung

Die Lösung der Gleichung durch verschiedene Näherungsmethoden hat eine lange Geschichte. (Bereits im neunten Jahrhundert hatte Ḥabash al-Ḥāsib sie für einen anderen astronomischen Zweck gelöst.) Bevor die modernen Rechenmethoden es weniger wichtig machten, eine mathematisch elegante Lösung für die Gleichung zu finden, wurden einschlägige Tafeln von Zeit zu Zeit verbessert (die von J. J. Astrand (1890) und von J. Bauschinger (1901) wurden viel benützt), aber Kepler selbst stellte in seinen *Rudolfinischen Tafeln* einige beachtenswerte Verfahren zur Verfügung.

Bevor diese Tafeln fertig waren, hatte er das Glück, von John Napiers Erfindung der Logarithmen (1614) zu erfahren, und zwar durch ein Buch eines anderen Autors. Er hatte zwar das zugrundeliegende Prinzip, aber nicht die Formeln zu ihrer Konstruktion, so machte er seine eigenen Logarithmen mit einer etwas abweichenden Konvention. Die Logarithmen erleichterten die Rechenarbeit wesentlich, und sie taten das in der Astronomie fortan, selbst dann noch, als sie im 19. Jahrhundert von mechanischen Rechnern allmählich verdrängt wurden. Dem praktischen Thema der Berechnung mag der Glanz der theoretischen Astronomie fehlen, aber es ist natürlich von großer praktischer Bedeutung, selbst im Stadium der Verfeinerung einer Theorie, was Kepler sofort unterschrieben haben dürfte. Es sei angemerkt, daß Logarithmen gewöhnlich für *dezimal* ausgedrückte Zahlen angegeben waren, während die Astronomen die Winkel traditionell sexagesimal ausdrückten. Es ist wenig bekannt, daß im Lauf der Zeit die Logarithmen der *sexagesimalen* Zahlen erstellt wurden, vornehmlich für die astronomische Navigation auf See.

Die *Rudolfinischen Tafeln* waren viel zuverlässiger als ihre Vorgänger. Im Fall des Mars zum Beispiel konnten die Fehler bis zu 5° betragen, jetzt lagen sie unter einem Dreißigstel dieses Wertes. Kepler konnte zum erstenmal in der Geschichte Durchgänge von Merkur und Venus über die Sonnenscheibe voraussagen. Er starb 1630, ein Jahr, bevor dieses ungewöhnliche Paar zu sehen sein sollte, aber der Merkurdurchgang wurde tatsächlich von

Pierre Gassendi in Paris, Johann Baptist Cysat in Ingolstadt und Remus Quietanus in Rufach beobachtet. (Der Venusdurchgang war von Europa aus nicht zu sehen.)

Kepler hoffte, in den Tafeln einen Ausgleich für unbezahlten Lohn zu finden, aber der Druck wurde unterbrochen, als gegenreformatorische Kräfte Linz besetzten. Erst 1627 – Kepler hatte sich inzwischen in Ulm niedergelassen – wurde dort der Druck endlich fertigestellt. Sein Leben wurde fast bis zum Ende von den Religionskriegen überschattet, die ihn wiederholt zum Umzug zwangen, und man kann sich leicht die Höhenflüge der Phantasie vorstellen, die ihn über das alles hinauftrugen, wenn er sein *Somnium seu astronomia lunari*, seinen „Traum oder die Mondastronomie" von 1609 redigierte. Diese Science-fiction-Geschichte einer Reise zum Mond war ein literarisches Mittel, mit dem er für eine kopernikanische Anordnung der Planeten eintrat, die ein Beobachter auf dem Mond zu schätzen weiß. Sein Schwiegersohn Jacob Bartsch hat sie schließlich in den Druck gegeben. Als Kepler starb, schuldete ihm der Staat, in dessen Diensten er fast sein ganzes Leben zugebracht hatte, mehr als 12 000 Gulden.

Die ersten Teleskope

Von allen astronomischen Instrumenten hat keines einen dramatischeren unmittelbaren Einfluß auf den Lauf der Astronomie gehabt als das Teleskop. Keplers Entwurf sollte schließlich über ein Jahrhundert lang das Zentrum der astronomischen Bühne einnehmen, aber es war nicht das erste, und es kam nicht gleich zur Geltung. Die Idee des Teleskops ging sicherlich ihrer Verwirklichung lang voraus. Einfache Linsen, wie wir sie heute nennen würden, waren sehr früh bekannt: Es gab nicht nur Tropfen von Wasser und Eis, sondern sie entstanden unbeabsichtigt beim Polieren transparenter Edelsteine, von Bergkristall und später Glas. Es erfordert kein großes Genie, zu bemerken, daß Linsen unter bestimmten Umständen ein Bild vergrößern, verkleinern oder umkehren können, und am Ende des 13. Jahrhunderts waren (konvexe) Sammellinsen als Lesegläser in Gebrauch. In der mittelalterlichen Literatur findet man zahlreiche unpräzise Hinweise auf die Möglichkeit, entfernte Gegenstände deutlich zu sehen, als wären sie in Griffnähe. Im 17. Jahrhundert gab es ein etabliertes Brillenmachergewerbe, und irgendwie überrascht es, daß die Erfindung einer Kombination von Linsen zu einem Fernrohr – und später zu einem Mikroskop – so lange brauchte. Zweifellos hatte das damit zu tun, daß schwache Sammellinsen, also Linsen mit großen Brennweiten, und starke *Streu*linsen verhältnismäßig selten waren.

Noch überraschender ist es, daß die ersten bezeugten Fernrohre vom „Galileischen" Typ waren, also wie ein modernes Opernglas aus einer streuenden Augen- und einer sammelnden Objektivlinse bestanden. Die Galileische Kombination liefert im Gegensatz zum „Keplerschen" Fernrohr, in dem beide Linsen Sammellinsen sind, ein aufrechtes Bild. Aber ein vergrößertes Bild ist ein vergrößertes Bild, und der Astronom kann mit einem umgekehrten Anblick des Himmels durchaus leben.

Verschiedenen Gelehrten des 16. Jahrhunderts wurde die Ehre zugesprochen, als erste die Erfindung gemacht zu haben, darunter John Dee, Leonard und Thomas Digges sowie Giambattista della Porta, aber das hat keine Grundlage und beruht auf überaus großzügigen Auslegungen zweifelhafter Texte. Viel Verwirrung stifteten mittelalterliche Illustrationen von Philosophen, die durch Röhren in den Himmel schauen. Aristoteles selbst hat darauf hingewiesen, daß Röhren die Sicht verbessern können – der Kontrast mag durch den Ausschluß von Fremdlicht verbessert sein –, aber die fraglichen Rohre hatten nie Linsen. Das 16. Jahrhundert widmete der Theorie der „Perspektive" – der Wissenschaft des direkten Sehens, der Reflexion und Brechung – große Aufmerksamkeit, und „Perspectiv-Gläser" (Ferngläser) wurden Astronomen wie Militärangehörigen empfohlen. Kepler zum Beispiel beobachtete den Kometen von 1607 (übrigens der Halleysche) *per perspicilla*, die ein Augenglas, sicherlich aber kein Teleskop gewesen sein dürften. Damals wurde viel mit Linsen experimentiert, und man hat den Verdacht, daß die veröffentlichten Berichte schon damals mißdeutet wurden, so daß ein Erfinder glauben konnte, er reproduziere die Arbeit eines anderen.

Wo auch immer die Wahrheit liegen mag, der erste unzweideutige Beweis für den Bau eines funktionierenden Teleskops besteht in einem Brief mit dem Datum des 25. September 1608. Er ist von einem Stadtrat in der Provinz Seeland in den Niederlanden an ihre Abordnung bei den Generalstaaten im Haag gerichtet. Im Brief steht, der Überbringer behaupte, ein Gerät zu haben, durch das alle Dinge in großer Entfernung so gesehen werden könnten, als ob sie in der Nähe wären, und daß das eine neue Erfindung sei.

Die Dinge entwickelten sich dann sehr schnell. Eine Woche später meldete Hans Lippershey, geboren in Wesel, aber Brillenmacher in Middelburg in Seeland, ein Patent für seine Erfindung an. Die Generalstaaten traten sofort in Verhandlungen mit Lippershey ein, und obwohl ihm das Patent nicht gewährt wurde, erhielt er einen lukrativen Auftrag für mehrere *Binokular*teleskope. Das Patent wurde ihm auf Rat von unbekannter Seite abgeschlagen, nach dem das Gerät zu leicht nachzubauen sei. Wir wissen, daß zumindest zwei weitere Männer innerhalb von drei Wochen nach dem ursprünglichen Brief das Instrument bauten – Sacharias Janssen aus Middelburg und Jacob Adriaenszoon von Alkmaar (in der Provinz Holland). Ein vierter Hinweis aus dieser Zeit ist zweifelhaft, weil er von Simon Mayr, stammt, einem Mann, der sich schon in der Vergangenheit mit Galilei heillos zerstritten hatte und das in der Frage der wissenschaftlichen Priorität beim Teleskop wieder tun sollte.

Simon Mayr (Marius) war ein kompetenter deutscher Astronom, der in seinem *Mundus Jovialis* [Welt des Jupiter] von 1614 erzählt, seinem Landesherrn sei 1608 auf der Frankfurter Buchmesse eines der holländischen Instrumente angeboten worden, der habe aber den geforderten Preis nicht bezahlen wollen, vor allem nachdem eine Linse einen Sprung hatte.

Die Spanier, die alte Besatzungsmacht, verhandelten im Haag gerade einen Friedensvertrag, auch verschiedene andere ausländische Delegationen waren mit großem Gefolge vertreten, und so breitete sich die Kunde vom Teleskop außergewöhnlich schnell durch ganz Europa aus. Der spanische Oberkommandierende Ambrogio Spinola war bestürzt, als ihm das Instrument vor Ende September gezeigt wurde, aber Prinz Friedrich Heinrich sagte ihm großzügig zu, daß die Holländer den Umstand, die spanischen Streitkräfte nun von weitem sehen zu können, nicht ausnützen würden. Lippershey weigerte sich, für die Franzosen Teleskope zu bauen, aber das Geheimnis war keines mehr, und das Instrument wurde im April in Paris, im Mai in Mailand und im Juli in Venedig und Neapel zum Kauf angeboten. Galilei erfuhr Mitte Juli 1609 durch einen Bericht davon, machte es sich zu eigen und verbesserte seine Leistung erheblich. Das Teleskop war für eine Seemacht wie Venedig von großem Wert, und seine Verbesserungen brachten Galilei für seinen Mathematik-Lehrstuhl in Padua eine Verlängerung auf Lebenszeit und ein ungewöhnlich hohes Gehalt ein.

Diese einfachen Fernrohre hatten zunächst eine zwei- bis dreifache Vergrößerung, aber durch Verbesserung seiner Schleif- und Poliertechnik erhielt Galilei Objektive mit immer größeren Brennweiten, und um 1610 erreichte er Vergrößerungen von 20 und 30. Er machte andere Verbesserungen, insbesondere mit Aperturblenden zwischen den Linsen. Vor allem erkannte Galilei das große wissenschaftliche Potential in seinem neuen Besitz, mit dem er schnell die Gebirge auf dem Mond, vier Satelliten des Jupiter und den stellaren Aufbau von Teilen der Milchstraße, die zuvor nicht aufgelöst waren, beobachtete.

Er war nicht der erste, der das Gerät auf den Himmel richtete. In einem Bericht über den Besuch, den die Gesandtschaft des Königs von Siam am 10. September 1608 bei Prinz Moritz im Haag abstattete, – aus dieser Quelle stammt die Geschichte über Spinola – wird unter anderem erwähnt, daß die neue Erfindung Sterne enthüllt habe, die für das bloße Auge unsichtbar sind. In England kartierte Thomas Harriot bereits am 5. August 1609 den Mond, noch bevor Galilei mit ernsthaften Untersuchungen begann. Was Galilei auszeichnete, war jedoch die Tatkraft, mit der er an die ganze Sache heranging. Er ließ Berichte über seine ersten Teleskop-Entdeckungen gleich im März 1610 in seinem *Sidereus nuncius* (Der Sternenbote) drucken und erregte damit soviel Aufsehen, daß es noch vor Jahresende zu einer Zweitauflage in Frankfurt kam. Kepler veröffentlichte in Eile zwei kurze Bücher über die neuen Entdeckungen, das erste davon sogar schon, bevor er diese Dinge selbst beobachtet hatte.

Wir wissen nicht, wieviel Galilei von ähnlichen Aktivitäten in anderen Teilen Europas wußte, aber in England beackerte Thomas Harriot denselben Boden und kam in einigen Dingen Galilei zuvor, veröffentlichte allerdings seine Entdeckungen nicht. Als junger Mann war Harriot Hauslehrer bei Sir Walter Raleigh gewesen und hatte 1585 an Raleighs zweiter Expedition nach Virginia teilgenommen. Inzwischen war er aber ein Mitglied des Hauses von Henry Percy, dem Herzog von Northumberland, und als solches hatte er Kenntnis der laufenden internationalen Angelegenheiten. Sowohl er als auch Nicolas Claude Fabri de Peiresc (1580-1637) beobachteten systematisch die Jupitermonde, sobald sie von Galileis Beobachtung gehört hatten. Andere, wie Clavius, mußten auf bessere Instrumente warten als die, die ihnen zur Verfügung standen. Harriots erste Mondkarte (1609) wurde, wie er auf der Zeichnung vermerkt, mittels eines Fernrohrs mit sechsfacher Vergrößerung erstellt.

Eine von Harriots schönsten Arbeiten ist eine systematische Studie der Sonnenflecken, die Ende 1610 zum erstenmal teleskopisch beobachtet wurden. (Antike chinesische und mittelalterliche europäische Annalen berichten von Flecken, die mit dem bloßen Auge auf der Sonne gesichtet wurden; und Kepler sah 1607 mit einer Camera obscura, was er für den Durchgang des Merkur über die Sonnenscheibe hielt. In Wirklichkeit war auch das ein Sonnenfleck.) Nachdem er zahlreiche Beobachtungen angestellt und seine Entdeckungen sorgfältig dokumentiert hatte, gab Harriot Sonnenfleckenzahlen und den ersten vernünftigen Wert für die Rotation des Sonnenkörpers an. Er beobachtete bei ihnen Wachstum, Zerfall und Änderungen in der Relativlage. Binnen kurzem hat er natürlich von Galileis Entdeckungen gehört und muß von ihnen inspiriert worden sein, diese Dinge noch intensiver zu untersuchen. Es lag eine neue Begeisterung in der Luft, und ein Brief von einem Freund, William Lower, gibt darüber Aufschluß, wie sie „bei dieser Sache so Feuer und Flamme“ sind, und bittet um so viele „Zylinder“, wie für solche Beobachtungen gebraucht würden.

Diesen „Dingern“ wurden in den frühen Jahren viele Namen gegeben, und es wäre mühsam, sie alle aufzulisten, aber gebräuchlich waren „Glas“, „Instrument“, „perspektivischer Zylinder“, „organum“, „instrumentum“, „perspicillum“ (lateinisch) sowie „occhiale“ (Galileis bevorzugtes italienisches Wort).

Die typische Reaktion auf die Nachrichten von Galileis Entdeckungen war, sich eines der neuen Teleskope kommen zu lassen und zu versuchen, seine Erfahrungen zu reproduzieren. Kepler, der nicht weniger als die große Masse der Astronomen fasziniert war, entschied sich stattdessen für eine intensive Neuuntersuchung der Theorie optischer Systeme. Er war 1600 auf diesem Gebiet Fachmann geworden, wobei er mit der Aufstellung einer Lochkamera (Camera obscura) auf dem Marktplatz von Graz für die Beobachtung (in der Art von Tycho Brahe) einer teilweisen Sonnenfinsternis angefangen hatte. Dies hatte ihn dazu veranlaßt, das Auge als ein optisches Instrument zu untersuchen und so die erste der beiden schon erwähnten Arbeiten über Optik zu verfassen.

Auf Galileis Bitte bekam Kepler, inzwischen eine anerkannte Autorität und Hofmathematiker bei Kaiser Rudolf, durch den toskanischen Botschafter ein Exemplar des *Sidereus nuncius* zugeschickt. Galilei bat um seine Meinung. (Wir erinnern uns an einen früheren Austausch, als Kepler weniger prominent war.) Kepler antwortete ausführlich und veröffentlichte seine Ansichten als *Dissertatio cum Nuncio sidereo* (1610), eine „Unterredung mit dem Sternenboten“, die sowohl eine großzügige Vertrauenserklärung gegenüber Galilei war als auch eine zusammengefaßte Werbeschrift für seine eigenen Ansichten zu Dingen wie die Endlichkeit des Universums, mögliches Leben auf dem Mond und die Planetenbahnen in Beziehung zu den platonischen Körpern sowie für seine Schriften über Optik. Galileo war zufrieden und das noch mehr, als der kaiserliche Mathematiker, der in der Zwischenzeit bei einem adligen Bekannten (Kurfürst Ernst von Köln) ein Teleskop ausgeliehen hatte, mit einem kurzen Artikel über die Jupitermonde (*Narratio de Jovis satellitibus*, 1611) nachzog.

Sobald er den *Sidereus nuncius* erhalten hatte, verfaßte Kepler im Zeitraum von zwei Monaten – August und September 1610 – seine zweite optische Abhandlung. Daß sein Teleskop, als Alternative zu dem Galileis entwickelt, ein der Intuition zuwiderlaufendes umgekehrtes Bild erzeugt, wirkte sich zunächst bei dessen Verbreitung erschwerend aus. Doch es hat den Vorteil, ein reales Bild (eines, das auf einem Schirm jenseits des Okulars fokussiert werden kann) zu liefern, und innerhalb eines Jahrzehnts war es in regulärem Gebrauch zur Projizierung der Sonne auf Papier, um zum Beispiel die Sonnenflecken zu kartieren.

Galilei, das Teleskop und die Kosmologie

Die durch die Erfindung des Fernrohres ausgelöste Erregung mit der Faszination einer Peep-Show zu vergleichen hieße, die Ernsthaftigkeit gewisser Fragen zu unterschätzen, die das Instrument zu lösen versprach. Die aristotelische Kosmologie wurde ernsthaft in Frage gestellt. Die Kometenbeobachtungen sprachen gegen Aristoteles und arbeiteten Kopernikus

Bild 12.9 Galilei *(Mary Evans Picture Library)*

zu. Aber das hatte in erster Linie damit zu tun, daß er und Aristoteles zwei führende Autoritäten waren, die in so vielen Punkten im Streit lagen, so daß ein Rückschlag des einen als ein Landgewinn des anderen gesehen wurde. Der rational denkende Astronom konnte im Prinzip Kopernikus *ablehnen* – Tycho tat dies – und gleichzeitig den Kometenbeweis *akzeptieren.* Kepler erweiterte die Liste der unbequemen Erscheinungen. Er erwähnte 1547 einen Dunst am Himmel und das Halo um die Sonne – die Sonnenkorona – während der Sonnenfinsternis am 12. Oktober 1605. Er erwähnte auch den neuen Stern (*stella nova*) von 1604, der die Zweifel nährte, die bei dem neuen Stern von 1572 aufkamen. Der von 1604 im Sternbild Ophiuchus hatte zu zahllosen Debatten an den Universitäten und in der Öffentlichkeit geführt, und Galilei hatte darin eine aktive Rolle gespielt. (Der neue Stern von 1604 war ungewöhnlich hell und – wie der von Tycho – nach moderner Terminologie eine *Supernova.*)

Galilei ist sicherlich bekannter als Kepler, und das war damals nicht anders. Daß es Galilei während seiner ganzen Karriere mehr oder weniger vermied, sich an den Knifflichkeiten der traditionellen mathematischen Planetenastronomie zu versuchen, hat ihm insofern zweifellos nicht geschadet: Seine Talente waren von einer anderen Art und waren von den Gelehrten und der ganzen Welt leichter zu würdigen als die von Kepler.

Sieben Jahre vor Kepler 1564 in Pisa geboren, überlebte Galileo Galilei diesen um elf Jahre, er starb 1642, im Geburtsjahr von Newton, in Arcetri. Galilei wird oft als Galionsfigur des deutlichen Wandels in der Haltung den empirischen Wissenschaften gegenüber angesehen, der das 17. Jahrhundert charakterisiert. Er wurde von seinem Vater Vincenzio – einem kenntnisreichen Autor in der Musiktheorie, von dem Galileo lernte, wie man die Theorie dem Experiment anpaßt – auf die Universität Pisa geschickt, um Medizin zu studieren. Seine Interessen wandten sich jedoch der Mathematik zu, und 1585 verließ er Pisa ohne einen Abschluß. Er begann in Florenz privat Euklid und Archimedes zu studieren, während er dort und in Siena Mathematik unterrichtete. 1588 wurde er bei der Besetzung eines Lehrstuhls in Bologna übergangen, dieser ging an den erfahreren Astronomen Giovanni Antonio Magini, aber ein Jahr später gab man ihm den freien Lehrstuhl in Pisa.

Galilei fing jetzt damit an, viele Teile der aristotelischen Naturphilosophie, wie sie damals gelehrt wurde, zu kritisieren. Seine Fallgesetze – gewöhnlich assoziiert mit der legendären Demonstration am schiefen Turm von Pisa – sind das bekannteste Symbol seiner Unzufriedenheit. Er ging jedoch bald auf den Lehrstuhl von Padua, dieses Mal hatte er Magini in der Konkurrenz geschlagen.

Padua war damals die führende italienische Universität und ein Brennpunkt der europäischen Gelehrsamkeit. Galilei lehrte und schrieb zu dieser Zeit viel über Mechanik, und seine Unterstützung für die kopernikanische Theorie, die er zum Beispiel im Briefwechsel mit Kepler zum Ausdruck brachte, zeigte seine Würdigung ihrer physikalischen Implikationen – sie paßte gut zu seinen eigenen Gedanken über die Gezeiten. Der neue Stern von 1604 gab ihm Gelegenheit, in Padua vor großem Publikum über die Schwierigkeiten zu sprechen, die den aristotelischen Ideen über die Unvergänglichkeit des Himmels innewohnen. Galilei war ein begnadeter Selbstdarsteller.

Diese Vorlesungen sorgten für große Verbitterung, als sie 1605 zu einem unter einem Pseudonym veröffentlichten Angriff auf die Professorenschaft von Padua führten. Da er in einem ländlichen Dialekt geschrieben ist, glaubt man heute nicht, daß er von Galileis Feder stammt, vielmehr schreibt man ihn einem Sympathisanten zu, aber er machte jenen bei seinen Kollegen nicht beliebt. 1606 wurde sein Talent zum Streit noch einmal gefördert, als er gegen Simon Mayr, der damals in Padua lebte, und einen von Mayrs Schülern, Baldassar Capra, den Vorwurf des Plagiats erhob. Dieser Fall betraf den sogenannten Proportionalzirkel, ein Recheninstrument, das Galilei 1597 entworfen hatte und dessen Verkauf ihm ein bescheidenes Einkommen brachte. (Wie sich herausstellte, war das Instrument nur die Verbesserung eines früheren von Guidobaldo del Monte.) Mayr kehrte nach Deutschland zurück, und Galilei erreichte, daß Capra von der Universität relegiert wurde. So wurde der Boden für spätere intellektuelle Streitigkeiten bereitet. Mayr sollte bald behaupten, drei der Jupitermonde vor Galilei gesehen zu haben. Der erste gedruckte Hinweis auf Mayrs Behauptung findet sich jedoch in der Einleitung zu Keplers *Dioptrice* (1611) und erschien also lange nach Galileis *Sidereus nuncius.*

Die vielen Entdeckungen Galileis, die früher in diesem Kapitel beschrieben wurden, hatten tiefgreifende Auswirkungen auf dessen Sicht von der Welt. Die materiellen Vorteile einer neuen Stellung als Mathematiker und Philosoph des Großherzogs der Toskana waren sicherlich der Hauptgrund für seine Rückkehr nach Florenz im Sommer 1610, aber zweifellos war es ihm zuwider, weiterhin die alte aristotelische Philosophie zu lehren. Es stimmt, daß seine ersten Entdeckungen mit dem Fernrohr die Fundamente des alten Denkens nicht unterminierten: Sie waren mehr oder weniger alle im aristotelischen Rahmen zu erklären. Daß es Berge auf dem Mond gibt und daß die Milchstraße eine Ansammlung getrennter Sterne ist, hatte nicht direkt mit dem Grundprinzip der aristotelischen Kosmologie zu tun, das durch die neuen Sterne von 1572 und 1604 und das Fehlen einer Parallaxe bei Kometen in Frage gestellt wurde. Daß der Jupiter Monde hat, war problematischer, denn das legte zumindest nahe, daß es im Universum neben der Erde Zentren der Rotation gibt. Er konnte jedoch vor Ende 1610 weitere spektakuläre Entdeckungen melden. Er hatte gefunden, daß der Saturn nicht kreisförmig erschien, sondern als ob er ein Globus mit zwei Handgriffen wäre. Diese wurden später als Saturnringe erkannt, er konnte sie aber nicht auflösen und hielt sie für nahe Monde des Planeten. Zunächst nahm er davon Abstand, seine Befunde zu veröffentlichen, mit Ausnahme eines Anagramms, das viele ohne Erfolg zu entschlüsseln versuchten. Es war die lateinische Entsprechung des folgenden Satzes: „Ich habe beobachtet, daß der äußerste Planet dreifach ist." Bald verschwanden die Anhängsel für eine Zeitlang – wie wir wissen, zeigten die Ringe damals mit der Kante auf den Beobachter –, was alle Beteiligten in große Verwirrung versetzte. „Verschlingt der Saturn seine Kinder?" fragte

Galilei. Es sollte noch weitere 40 Jahre dauern, bis die Astronomie Instrumente hatte, die gut genug waren, um die Saturnringe einwandfrei identifizieren zu können.

Von unmittelbarerer Bedeutung für die breitere kosmologische Debatte waren Galileis Entdeckungen der anscheinend endlosen Ansammlung von punktförmigen Fixsternen und der Venusphasen. Das erstere bot keine gravierenden Schwierigkeiten, denn wie Clavius bemerkt hatte, spricht die Bibel von unzähligen Sternen, und was in dieser Hinsicht durch ein Teleskop gesehen wurde, bot keine großen Interpretationsprobleme. Die Venusphasen bescheren viel größere Probleme. Die verschiedenen möglichen Anordnungen der Sonne (S), der Venus (V) und der Erde (E), bei denen sie mehr oder weniger auf einer Geraden liegen, sind beschränkt. In *allen* drei hauptsächlichen Planetensystemen, die im frühen 17. Jahrhundert im Spiel waren, – im ptolemäischen, kopernikanischen und Tychonischen – können sie in der Reihenfolge EVS liegen, also mit der Venus zwischen uns und der Sonne. (Natürlich gibt es wenige Stellen, wo die Bahnebenen von Venus und Erde zusammentreffen, die Planeten kommen sich auch nicht oft nahe genug, daß es, von der Erde aus gesehen, zu einem Durchgang der Venus über die Sonnenscheibe kommt.) Die Venus wird unter diesen Umständen nicht mit dem bloßen Auge zu sehen sein, weil sie in den Sonnenstrahlen untergeht, aber der Fall ist ganz analog zu dem des Neumondes. Der Fall der voll ausgeleuchteten Venus, das Analogon des Vollmondes, ist interessanter. Das ist ESV, und *das ptolemäische Modell, wie es traditionell interpretiert wird, liefert das nicht.* Man glaubte nämlich, die Venusbahn liege völlig innerhalb der Sonnenbahn.

Man könnte daran denken, daß es in dem alten Modell eine andere Möglichkeit für eine „volle“ Venus gibt, nämlich SEV, aber die ptolemäischen Bewegungen sind so angelegt, daß der Mittelpunkt des Venusepizyklus mehr oder weniger in der Sonnengeraden liegt, so daß der Planet nie in Opposition zur Sonne geraten kann – und jeder wußte, daß dies in der Wirklichkeit der Fall war.

Im Endeffekt produzieren *alle* Modelle einen Satz von Venusphasen, aber das ptolemäische Modell *liefert nicht den vollen Satz.* Für traditionelle Astronomen sollte die Venus bestenfalls eine Halbmondform aufweisen. Die Gegner von Kopernikus hatten ausgeführt, daß die Variation in der Erscheinug der Venus nicht ausreiche, um den Gedanken an einen vollen Phasensatz zu unterstützen. Galilei sah jedoch mit Hilfe seines Fernrohres einen vollen Satz und betrachtete das Gesehene als einen Beweis der kopernikanischen Astronomie. Kepler legte später in einem Anhang zu seinen *Hyperaspistes* (1625), seiner Verteidigung von Tychos Arbeit über Kometen gegen die Ansichten des Aristotelikers Scipione Chiaramonti, ganz richtig dar, daß das Tychonische System die Phasen der Venus genausogut wie das kopernikanische erklären könnte. Damals waren die Gefechtslinien schon lange gezogen, und der Kopernikanismus drohte langsam, aber sichtbar die Tradition zu kippen. Und Kepler war natürlich ein Verbündeter, der seine Bemerkungen – im Zusammenhang mit der Kritik an Galileis etwas unüberlegten Ansichten über Kometen – mehr aus Loyalität seinem alten Meister gegenüber als zur Unterstützung des tychonischen Weltbilds machte.

1611 demonstrierte Galilei seine Teleskopentdeckungen den Jesuiten am Collegium Romanum in Rom. Die Ansichten der Jesuiten waren gespalten, aber zuletzt gewann er die meisten davon auf seine Seite. Eine Schlüsselfigur in dieser Angelegenheit war Roberto Bellarmine, ein theologischer Ratgeber des Papstes. Bellarmine, der damals fast siebzig war, forderte die Astronomen des Kollegiums – von dem er der frühere Rektor war – auf, die Befunde Galileis zu bestätigen. Sie taten das, und Bellarmine war Galilei gegenüber freundlich, ohne jedoch den Kopernikanismus zu akzeptieren. Er sagte später, bis dieses streng bewiesen werden könne, sollten die Bibeltexte weiterhin wörtlich genommen werden. Das vielleicht größte Kompliment von seiten der Jesuiten war damals jedoch eine Bemerkung des großen Gelehrten Christoph Clavius in der letzten Ausgabe seines Kommentars über Sacrobosco (1611; Clavius starb im folgenden Jahr). Er sagte, die Astronomen müßten ein neues System in Übereinstimmung mit den neuen Entdeckungen finden, weil ihnen das alte nicht mehr nütze. Und das nach einem Leben der Opposition gegen den Kopernikanismus.

Die Jesuiten wurden sicherlich nicht im ganzen zu Galileis Gedanken bekehrt. Eine Idee, die sich viele zunächst zu eigen machten, war, daß die Sonnenflecken die Natur von Gruppen von unveränderlichen Sternen oder Planeten haben. Als 1612 in einer öffentlichen Debatte im Kollegium ein Dominikaner bemerkte, daß Sterne und Planeten im Gegensatz zu den Sonnenflecken rund oder zumindest von regulärer Form seien, konterten die Jesuiten mit der Beobachtung, daß eine Gruppe von etwa fünfzig ein irreguläres Erscheinungsbild abgeben könnten. Galilei meinte später, ihm sei es schwergefallen anzunehmen, daß 50 Sterne zusammenbleiben würden wie 50 Boote, die mit verschiedenen Geschwindigkeiten aufeinandertreffen und einen Verband bilden. Übrigens hatte er diese Objekte mit großer Sorgfalt beobachtet: ihre Änderungen in der Form und Größe, ihr Wachsen und Verschwinden, ihre offenbare Undurchsichtigkeit und ihr Abschattieren. Er hatte eine Trumpfkarte in dieser Debatte. Was ist der Wert von endlosem Zitieren traditioneller Autoren, wenn diese – wie groß ihr Intellekt auch gewesen sein mag – keinen Zugang zu Beobachtungen der neuen Art gehabt haben?

Zurück in Florenz wurde Galilei in weitere laufende Kontroversen verwickelt, für die er ein solches Talent hatte. Die erste betraf schwimmende Körper, auch hier stand die Autorität von Aristoteles auf dem Spiel, doch nun kam die alternative Lehrmeinung von Archimedes. Während er an einem Buch über das Thema arbeitete – dessentwegen er von wenigstens vier aristotelischen Professoren in Pisa und Florenz angegriffen wurde –, erhielt Galilei ein Exemplar eines unter einem Pseudonym erschienenen Buches über Sonnenflecken. Es war ihm vom Autor, Marcus Welser aus Augsburg, mit der Bitte um Stellungnahme zugeschickt worden. Welser war von dem Jesuiten Christoph Scheiner, einem der Väter der Idee, daß die Sonnenflecken kleine Planeten seien, zum Schreiben aufgefordert worden. Galilei antwortete Welser in drei langen Briefen, in denen er die Priorität bei der Entdeckung beanspruchte und Scheiners Ideen attackierte. So kam zu einer wachsenden Liste von Feinden ein weiterer hinzu. Scheiner (1573–1650) war in vielem konservativ, aber er war ein intelligenter Gelehrter und ein guter praktischer Astronom. Er lehrte an der Universität Ingolstadt Hebräisch und Mathematik. Seine Technik, die Sonne zu zeichnen, indem man ihr Bild durch ein keplersches Teleskop projizierte, war sorgfältig entwickelt – was kaum überrascht, wenn wir uns daran erinnern, daß er der Erfinder des Pantographen (Storchschnabels) ist, eines Gerätes mit über Scharniergelenke verbundenen Stäben, wie es gelegentlich noch für maßstäbliche Zeichnungen verwendet wird.

Galileis einflußreichste Arbeiten am Telekop waren getan. Er verstrickte sich allmählich in einem theologischen Netz. Am 26. Februar 1616 wurde er von einer päpstlichen Kommission in Rom aufgefordert, die Ansicht, die Erde bewege sich, aufzugeben und sie nicht zu verteidigen. Eine Woche später wurde *De revolutionibus* von Kopernikus auf den

Index der von der katholischen Kirche verbotenen Bücher gesetzt, wo es fast bis zum Ende des 18. Jahrhunderts blieb.

Galilei wendete sich daraufhin praktischeren Themen zu, nämlich der Bestimmung der geographischen Länge auf See mit Hilfe der Jupitermonde als Universaluhr. Dafür empfahl er ein von ihm entworfenes Gerät (das Jovilabium, eine Art Satellitenaequatorium) und Tafeln für die Eklipsen der Monde und deren Bewegungen allgemein. Galilei bewarb sich bei den Generalstaaten in den Niederlanden um einen Preis, den sie für eine Lösung des Navigationsproblems ausgelobt hatten, aber alles, was er erhielt, war das Angebot einer goldenen Halskette; und das schlug er aus.

Er schrieb über Mechanik und Kometen, und in seiner klassischen Polemik *Il Saggiatore* (Der Prüfer, 1623) ließ er gar den Aristotelikern etwas zukommen: eine mögliche Verteidigung gegen das antiaristotelische Argument, das aus der vernachlässigbaren Parallaxe der Kometen gefolgert wurde. Man könne ihre Parallaxe nicht diskutieren, sagte er, solange man nicht sicher sei, daß die Kometen nicht rein optischer Natur seien, wie es der Fall wäre, wenn sie durch Brechung in Dampfwolken gebildet würden. (Wenigstens hielt er an Tychos Glauben fest, daß die neuen Sterne zum Himmel gehören.) Daß Kometen weit jenseits des Mondes anzusiedeln sind, sollte erst nach genaueren Messungen von Hevelius endgültig festgestellt werden; der empirische Beweis für die Idee, daß sie Parabelbahnen mit der Sonne im Brennpunkt folgen, wurde 1680 von Georg Dörffel geliefert.

Ein etwas gemäßigter Galilei verlegte sich nun aufs Abfassen seiner vielleicht besten literarischen Schöpfung: *Dialog über die beiden hauptsächlichsten Weltsysteme, das kopernikanische und das ptolemäische.* Das Buch besteht aus einer Reihe von Gesprächen zwischen drei Männern mit Namen Salviati, Sagredo und Simplicio. Salviati repräsentiert den Autor selbst, Sagredo einen intelligenten Zuhörer und Simplicio einen stumpfen Aristoteliker. (Während Galilei immer sagen konnte, er habe an den großen Kommentator von Aristoteles im sechsten Jahrhundert gedacht, lag hier eine deutliche Doppelbedeutung vor.) Galilei brauchte sechs Jahre für das Buch, aber er segelte zu hart am Wind: Nachdem er es 1632 in Florenz publiziert hatte, wurde er schließlich nach Rom geladen, um sich vor der Inquisition zu verantworten. Nach vielen Ausflüchten kam er 1633 der Aufforderung nach.

Es folgte einer der berüchtigsten Prozesse in der Geschichte. Damit nicht der Eindruck entsteht, es habe sich dabei um eine intellektuelle Übung gehandelt, sollte daran erinnert werden, daß die Befragung zeitweilig unter Androhung der Folter durchgeführt wurde. Daß offenbar niemand die Absicht hatte, die Drohung wahr zu machen, dürfte Galilei wenig getröstet haben. Er blieb bei seiner Aussage, er habe nach der Verdammung der kopernikanischen Theorie durch die Indexkongregation diese niemals vertreten. Er wurde jedoch zu lebenslanger Haft und gewissen Bußen verurteilt. Das Urteil wurde von sieben Kardinälen unterzeichnet, aber von Papst Urban nicht ratifiziert, er hat ihn wohl eher für unbesonnen als für häretisch gehalten. Nach einer Legende soll Galilei, nachdem er die Widerrufsformel ausgesprochen und sich von den Knien erhoben hatte, auf den Boden gestampft und erklärt haben: „Eppur si muove!" (Und sie [die Erde] bewegt sich doch!). Diese Legende entspricht mehr Galileis Charakter als der Geschichte.

Das Urteil wurde sofort in dauernden Hausarrest umgewandelt. Er war fast siebzig und hatte noch elf Jahre zu leben – die letzten vier davon blind. Von nun an gelangte der Kopernikanismus in Italien nur noch als Kritikobjekt in den Druck. Mit welcher

Leichtigkeit sich eine hochtalentierte Einzelperson der Orthodoxie anschloß, sieht man am Beispiel von Giambattista Riccioli: In seinem außerordentlich gelehrten Überblick der gesamten Geschichte der Astronomie – die beste damals verfaßte – entschied er sich zugunsten eines modifizierten tychonischen Systems.

Galilei war keiner der großen mathematischen Astronomen. Er blieb den Kreisen treu, die Kopernikus in der Planetentheorie benützte, und selbst in seinem *Dialog über die beiden hauptsächlichsten Weltsysteme* verwies er nicht auf die elliptischen Bahnen von Kepler, obwohl er mit Sicherheit von dessen Werk wußte. Seine mathematischen Gaben waren nicht unbeträchtlich, und seine Entscheidung war keine Frage mangelnden Verständnisses. Er vertrat auch lange und wirksam die Bedeutung der Mathematik in der Naturphilosophie, eine These, die damals keinesfalls allgemein anerkannt war – wenn auch mehrere zeitgenössische Jesuiten derselben Meinung waren. Eine seiner größten Stärken hatte jedoch wenig mit der Mathematisierung der Natur zu tun: seine Fähigkeit, den unvertretbaren Unsinn, der von so vielen seiner Gegner und natürlich nicht nur im Namen von Aristoteles vorgetragen wurde, zu zerpflücken.

Galileis Erbe und Teleskopdesign

Da das Teleskop so schnelle und weite Verbreitung fand, überrascht es nicht, daß es zahlreiche Prioritätsstreitigkeiten gab. Wir sind bereits Simon Mayr begegnet, den Galilei schon vor langem aus Padua vertrieben hatte. Er reklamierte die Priorität bei der Sichtung von drei Jupitermonden (Dezember 1609, Galilei sah vier im gleichen Monat) und auch bei der Erstellung von akkuraten Tafeln ihrer Bewegungen. Seine Messungen scheinen kein Plagiat zu sein, denn sie sind genauer als alles, was Galilei je publiziert hatte, und dann versuchte er die Bewegung in der Breite einzubeziehen. Dennoch ist Mayrs Werk insgesamt sicherlich geringer einzuschätzen als das von Galilei. Erst mit seinem *Il Saggiatore* (1623) startete Galilei in dieser Sache einen gedruckten Angriff gegen Mayr. Vielleicht ärgerte sich Galilei vor allem darüber, daß Mayr die Satelliten nach seinen Landesherren die „Brandenburgischen Sterne" getauft hatte und damit Galileis Stand bei den Medicis gefährdete, nach denen er sie genannt hatte.

Nachdem bei einigen Menschen das Bestreben, die Priorität einer Entdeckung zu beweisen, anscheinend alles andere in den Schatten stellt, amüsiert es einen, wenn man auf die Behauptung stößt, daß die Jupitermonde zweitausend Jahre vor Galilei gefunden wurden. *Die Kaiyuan Abhandlung der Astrologie*, die in den Jahren 718 bis 726 von Qutan Xida zusammengestellt wurde, verweist auf einige Beobachtungen, die im vierten Jahrhundert v. Chr. von dem Astronomen Gan De gemacht wurden. Er soll gesagt haben, im Jahre chan yan sei Jupiter in der Tierkreisregion Zi gesehen worden, wie er mit gewissen Mondhäusern (Xunu, Xu und Wei) auf- und untergegangen sei. „Er war sehr groß und hell", setzt er hinzu, und „augenscheinlich war ein kleiner rötlicher Stern an seiner Seite angehängt." Diese Beobachtung, von der einige behaupten, sie beziehe sich auf Ganymed oder Callisto, ist auf 364 v. Chr. datiert worden. Insgesamt ist es extrem unwahrscheinlich, daß es sich um eine Beobachtung von einem dieser Jupitermonde gehandelt hat.

Thomas Harriot besaß im Juni 1610 ein Exemplar des *Sidereus nuncius* und begann im Oktober eine systematische Beobachtung der Monde. Zunächst konnte er nur einen sehen, aber im Dezember zeichnete er die Bewegungen von vieren auf. Er arbeitete über ein Jahr an der Analyse ihrer Bewegungen, wobei er seine eigenen Beobachtungen mit denen von Galilei kombinierte und klugerweise siderische statt synodische Umlaufszeiten feststellte, wie es der andere gemacht hatte. (Er leitete eine sehr gute Zahl für den ersten Mond ab: 42,4353 Tage – vergleichbar dem modernen Wert von 42,4582 Tagen.)

Andere Astronomen machten sporadische Beobachtungen in Fülle, aber dies war die beste Arbeit vor Gioanbattista Odiernas hochprofessionellem *Medicaeorum ephemerides* von 1656 – ein hervorragendes Buch, das in Palermo in seiner Heimat Sizilien erschien. Odierna brachte etwas theoretische Versteifung in die Analyse, indem er in Analogie zur bestehenden Planetentheorie drei Arten periodischer Störung einführte. Neun Jahre später versuchte Giovanni Alfonso Borelli, ähnliche Analogien bei der Keplerschen Theorie zu finden, als die Medicis ein sehr gutes Teleskop erwarben und Borelli baten, Galileis Tafeln zu verbessern. Die Analyse überstieg seine Möglichkeiten, und ein 1666 von ihm veröffentlichtes Buch ist enttäuschend.

Eines ist absolut klar: Instrumente allein genügten nicht. Selbst die von dem großen Danziger Beobachter Johannes Hevelius (1611-87) abgeleiteten und in seiner *Selenographia* von 1647 veröffentlichten Mondbewegungen waren entschieden schlechter als die von Galilei, Mayr und Harriot mehr als 30 Jahre vorher.

Die Phasen des Merkur wurden vielleicht zuerst von dem Jesuiten Ionnes Zupo im Jahr 1639 entdeckt. In der Mitte des Jahrhunderts gab es mehrere ungewöhnlich gute italienische Teleskopbauer, so daß zum Beispiel der Neapolitaner Francisco Fontana ein Instrument hatte, das im Gegensatz zu anderen die Marsphasen auflösen konnte. Die beste Arbeit des Jahrhunderts über die Jupitermonde wurde mit den besten damals erhältlichen Teleskopen gemacht. Gian Domenico Cassini erhielt um 1664 ausgezeichnete Fernrohre von den großen Teleskopmachern Giuseppe Campani und Eustachio Divini. Innerhalb von Wochen nach Empfang beobachtete er mit einem Fernrohr von etwa 1,5 m Länge die Schatten der Monde II und III auf der Jupiterscheibe, als er einen nicht kartierten Fleck aufzeichnete. Einige Tage später sah er zwei oder drei bewegliche, dunkle Flecke und einige helle Markierungen, die er für Wolken bzw. Vulkane hielt. Dies war der Beginn einer ausgedehnten Analogie zum Sonnensystem und der Theorie der Planetenbewegungen. Die Möglichkeiten faszinierten Cassini und auch andere, als er zwei Jahre später die neugegründete Académie Royale des Sciences in Paris besuchte. Cassini hatte gerade die bis dato genauesten Ephemeriden der Monde veröffentlicht, und man machte ihm dort ein so großzügiges Angebot, daß er nie wieder für lange nach Italien zurückkehrte. (Er war übrigens der Gründer einer Cassini-Dynastie in der französischen Astronmie.)

Die Genauigkeit von Cassinis Arbeit war, als er 1693 Tafeln herausgab, so groß, daß wir Edmond Halleys Aufregung verstehen können: Das Problem, die geographische Länge entlegener Orte zu finden, war zumindest auf Land – wo das Teleskop ruhig gehalten werden konnte – gelöst. Die „Universaluhr", wie wir das Satellitensystem nennen können, war im besten Fall genauer als eine Zeitminute, so daß Längen mit einer Unsicherheit von weniger als 15 Bogenminuten zu erhalten waren. Der Astronom hatte einfach (vorzugsweise) den ersten Mond zu beobachten, wie er in den Planetenschatten eintrat oder ihn verließ, und eine ganze Reihe solcher Beobachtungen konnte die Ergebnisse stark verbessern. Bis weit ins 18. Jahrhundert blieb dies eine Standardmethode für die Ortung von Landbasen. Zweifellos erklärt dieses praktische Problem zum Teil, weshalb damals so viele Versuche unternommen wurden, das Galileische Jovilabium zu verbessern: Nicolas de Peiresc, Odierna, John Flamsteed, Cassini, William Whiston und Jerome Lalande befanden sich unter denen, die sich Varianten des im Grunde einfachen Gerätes ausdachten, um Verbesserungen im Verständnis der Satellitenbewegungen zu berücksichtigen. Im Laufe der Zeit wurde sogar die Lichtgeschwindigkeit berücksichtigt, die 1676 von Ole Rømer auf der Grundlage von Mondbeobachtungen als endlich nachgewiesen und gemessen wurde.

Wenn wir nebenbei auf die Akzeptanz der Rømerschen Ideen zu sprechen kommen, die natürlich für die spätere Astronomie des Universums von großer Bedeutung sein sollten, müssen wir feststellen, daß diese rasch und weitverbreitet war. Um Francis Roberts, einen frühen Schriftsteller, der sich die Botschaft zu Herzen genommen hat, zu zitieren: „Das Licht braucht für die Reise von den Sternen zu uns mehr Zeit, als wir für eine *Westindien*-Reise (die gewöhnlich sechs Wochen dauert) brauchen."

Nach der ersten Welle der Fernrohrentdeckungen kam das erste wirklich spektakulär neue Material, als Christian Huygens den Planeten Saturn beobachtete. 1655 fand er mit einem Fernrohr mit fünfzigfacher Vergrößerung und 3,5 m Länge einen Saturnmond (heute Titan genannt). Johannes Hevelius und Christopher Wren hatten ihn schon gesehen, aber für einen gewöhnlichen Stern gehalten. Es hatte bei der Auflösung des Saturn, der in den 1610ern als „Teetasse mit zwei Henkeln" erschienen war, eine schrittweise Verbesserung gegeben, doch zeigen Zeichnungen von Gassendi, Odierna und Hevelius, daß die Ringstruktur selbst in den späten 1640ern nicht verstanden war. Christopher Wren schlug (1657) eine ausgearbeitete Theorie einer elliptischen Korona vor, aber tatsächlich hatte Huygens, der zunächst mit 7 m-, dann mit 37 m-Fernrohren arbeitete, mehr als ein Jahr früher eine im wesentlichen korrekte Interpretation von dem, was zu sehen war: „ein dünner flacher Ring, der den Planeten umgibt und nicht berührt." Dies führte zur Entdeckung von Schatten, die der Ring auf der Oberfläche des Planeten wirft, was half, die Astronomen in den 1660ern und 1670ern von der Gültigkeit der Theorie zu überzeugen (Giuseppe Campani, Gian Domenico Cassini). 1675 entdeckte Cassini eine Lücke im Ring, das ist ein weiteres Beispiel für den schnellen Fortschritt in der Beobachtungstechnik und der Leistungsfähigkeit der Instrumente. (1980 enthüllten Photographien, die von der Raumsonde Voyager 1 aufgenommen wurden, Hunderte von Unterteilungen, geschweige denn ein seilartiges Geflecht der äußereren Ringe.) Cassini hatte das Glück, Instrumente von Giuseppe Campani (1635–1715) aus Rom zu haben, mit denen er Oberflächenmuster auf dem Mars und dem Jupiter fand, was ihm die Bestimmung der Rotationsperioden erlaubte. Nach seinem Umzug nach Paris entdeckte er die abgeplattete Form des Jupiter, die Gürtel der Saturnoberfläche und vier weitere Saturnmonde (Rhea und Iapetus in den Jahren 1671-2 und Tethys und Dione 1684).

Fast innerhalb eines Menschenlebens hatte das Fernrohr die Natur der Planetenastronomie völlig verwandelt. Es gab jetzt einen neuen Typ der Veröffentlichung, in dem Erscheinungen am Himmel nicht durch schematische Diagramme, sondern bildhaft dargestellt wurden. Der Mond wurde mehr als alle anderen sichtbaren Himmelskörper dieser Darstellung unterzogen, und die großartigen Kupferstiche von Hevelius' *Selenogra-*

phia (1647) bilden das schönste Beispiel dieser neuen Kunst. Zu dieser Zeit erreichten jedoch Refraktorteleskope ohne achromatische Linsen mehr oder weniger die Grenzen ihrer Möglichkeiten.

Man glaubte zunächst, Newton hätte die Unmöglichkeit bewiesen, Linsen so zu kombinieren, daß keine falschen Farben im Bild auftreten; allerdings sahen mehrere Leute im menschlichen Auge – das in diesem Zusammenhang fälschlicherweise als perfekt angenommen wurde – den Beweis des Gegenteils. Der englische Landbesitzer, Rechtsanwalt und Amateuroptiker Chester Moor Hall (1703–71) fand durch eine Reihe von Experimenten, die er nicht veröffentlichte, daß verschiedene Glassorten (Kron- und Flintglas) zu achromatischen Kombinationen zusammengefügt werden können. Er arbeitete in der Zeit 1729–33 die Einzelheiten aus, vergab aber die Arbeit, den ersten Achromaten zu bauen, an Fachleute – George Bass stellte 1733 den ersten her, und Hall ließ mindestens zwei achromatische Fernrohre etwa zur selben Zeit anfertigen. Er erzählte in den mittleren 1750ern dem englischen Instrumentenbauer John Dollond von seinem Erfolg. Euler sah die Möglichkeit ebenfalls und schrieb an Dollond, um ihn zu Experimenten aufzufordern.

Der schwedische Physiker Samuel Klingenstierna (1698–1765) veröffentlichte 1754 seine theoretische Arbeit und schickte sie Dollond, wurde aber von diesem in einem 1758 herausgegebenen Forschungsbericht nicht erwähnt. Der darüber verärgerte Klingenstierna publizierte 1760 die bei weitem gründlichste Abhandlung über Linsensysteme, die chromatische und sphärische Aberrationen vermeiden, ein Werk von großem Wert für spätere Konstrukteure von großen astronomischen Teleskopen. Die kommerzielle Produktion von achromatischen Linsen wurde jedoch von Dollond begonnen. Dänemark war ein entferntes Land, und ein Patent war ein Patent. Dollond hatte später Rechtsstreitigkeiten mit konkurrierenden Händlern, die vorbrachten, Hall sei der erste gewesen. Aber Hall hielt sich aus der Kontroverse heraus, und der Richter urteilte, wer eine Erfindung als erster zum öffentlichen Wohl herausbringe, solle auch den Gewinn davon haben. Der Kontrast mit der Erfahrung von Hans Lippershey ist erhellend.

Um stärkere Vergrößerungen ohne sphärische Aberration oder Verfärbung des Bildes zu erreichen, waren in den Refraktoren des 17. Jahrhunderts die Aperturen klein gehalten und die Brennweiten erhöht worden, was zu extrem langen, oft rohrlosen Teleskopen führte. Hevelius baute in Danzig ein 46-m-Exemplar. Huygens hatte ein 37-m-Instrument. Huygens ersetzte das Rohr durch einen Draht, der das Objektiv mit dem Okular verband und der, wenn er straff war, das Objektiv – in einem Kugelgelenk an der Spitze einer hohen Stange drehbar gelagert – in die richtige Richtung zog. Er bemerkte bald eine unangenehme Eigenschaft von offenen Teleskopen: Die Bildqualität wird durch Luftströmungen erheblich verschlechtert. Die Arbeit von Hall, Klingenstierna und Dollond machte diese „Luftfernrohre“ zu einem Ding der Vergangenheit.

In Frankreich vereinfachte Alexis Clairault den Achromaten, indem er Dollonds Dreikomponentenlinse zu einer Zweikomponentenlinse mit den beiden Komponenten in perfektem Kontakt reduzierte. Dieser wurde 1763 von mehreren Pariser Optikern gefertigt und wurde der gängigste Typ. Dollonds Sohn Peter lieh 1765 ihr erstes achromatisches Teleskop an den königlichen Astronomen Maskelyne aus, und die Ergebnisse waren so beeindruckend, daß der geschäftliche Erfolg der Dollonds gesichert war.

Die verbesserte Qualität der Objektivlinsen garantierte dem Refraktor eine lange Geschichte, und zusammengesetzte Okulare sorgten für mehr Vergrößerung. Aber die Lichtstärke hängt von der Apertur ab, und auf lange Sicht brauchte die deskriptive Astronomie etwas Neues. Es kam in Form des Spiegelteleskops.

Der schottische Mathematiker und Astronom James Gregory hatte ein solches Teleskop entworfen und Details davon bereits 1663 publiziert. Es hatte einen Parabolspiegel, der die Strahlen eines entfernten Objekts auf einen kleinen konkaven (elliptischen) Zweitspiegel außerhalb seines Brennpunktes reflektierte. Von dort wurden die Strahlen wieder in einem schmalen Büschel reflektiert, das eine Öffnung in der Mitte des Hauptspiegels passierte. Von dort ging es zu einer plankonvexen Augenlinse und ins Auge. Im selben Jahr beauftragte Gregory den Londoner Optiker Richard Reive, ein sechs Fuß großes Teleskop dieses Designs zu bauen, aber die Ausführung erreichte nicht das erforderliche Niveau. Als sich Isaac Newton etwa fünf Jahre später um das Problem kümmerte, entschloß er sich für ein einfacheres Design. Er setzte einen Planspiegel genau in den ersten Brennpunkt, um die konvergierenden Strahlen aus der Seite des Hauptrohres und so ins Okular zu reflektieren. (Ein kleines Spiegelteleskop, das nach Newtons Entwurf für die Royal Society gefertigt wurde, – man nimmt an, daß es Newton gehörte – ist immer noch im Besitz der königlichen Gesellschaft. Es ist etwa 30 cm lang.) Ein Entwurf, der dem Gregoryschen ganz ähnlich ist, nur einen konvexen Spiegel genau im Hauptbrennpunkt verwendet, wurde 1672 von einem Franzosen namens Cassegrain – von dem man fast nichts weiß – angekündigt.

Die Royal Society nahm über einen langen Zeitraum starken Anteil an der Verbesserung des Teleskops und anderer wissenschaftlicher Instrumente. London wurde schnell ein Zentrum eines großen Handels in dieser Branche. Ein bekannter Hersteller war James Short (1710–68). Er war ein Edinburger, der sich in London niedergelassen hatte, und sowohl ein Astronom geringeren Rufs als auch ein Spezialist in der Herstellung großer und sehr akkurat geformter Spiegel. Zunächst waren sie aus Glas, aber später aus Speculum-Metall – einer von Newton stammenden Legierung mit einem hohen Reflexionsvermögen. Short baute nicht weniger als 1 370 Spiegelteleskope, von denen weit über hundert immer noch existieren. Er selbst führte mit einem Instrument von ungefähr 1,5 m Brennweite Beobachtungen durch. Die meisten seiner Teleskope waren deutlich kleiner, aber das größte hatte eine Brennweite von 3,6 m.

Der vierte klassische Spiegelteleskoptyp war die Einfachheit selbst. Er war eine Anordnung, wie sie William Herschel fast ein Jahrhundert später mit einem sehr großen Spiegel betrieb und wo der Beobachter durch ein Okular an der Kante des offenen Rohrendes etwas schief auf den Hauptspiegel selbst schaut. Damit entfällt die Zwischenreflexion.

Nach Dollonds Herstellung von achromatischen Linsen kam das Spiegelteleskop bei den Astronomen eine Zeitlang aus der Mode. Die Speculum-Spiegel waren zerbrechlich, sie wurden leicht blind, und ein präzises Schleifen und Polieren war bei ihnen kritischer als bei den Linsenoberflächen. Die spektakulären Entdeckungen, die Herschel mit seinen Spiegelteleskopen machte, brachten diese Instrumente bei den Astronomen wieder in die Gunst, deren Hauptanliegen die Vergrößerung und die Lichtstärke und nicht die Präzisionsmessung war.

Teleskop, Mikrometer und Sonnenentfernung

Als Gassendi 1631 den Durchgang des Merkur über die Sonnenscheibe beobachtete, war er über den kleinen Winkeldurchmesser des Planeten erstaunt, den er auf zwanzig Bogensekunden schätzte. Kepler, der den Durchgang vorausgesagt hatte, in der Zwischenzeit aber verstorben war, war zu einer viel größeren Schätzung gelangt. Jeremiah Horrocks (1618–41) war ein junger und begabter englischer Astronom, der einige geringfügige Korrekturen an den Keplerschen Bahnelementen der Venus anbrachte und einen Venusdurchgang für 1639 vorausgesagte. Er beobachtete ihn zusammen mit seinem Freund William Crabtree und schrieb eine kurze Abhandlung über das Ereignis. (Diese blieb wegen seines vorzeitigen Todes bis 1662 unveröffentlicht. Viele von Horrocks' Artikeln sind erhalten, darunter einiges Bemerkenswerte über die Mondtheorie, aber viele sind verloren.)

Als ein glühender Verehrer von Kepler versuchte Horrocks, die Keplerschen Magnettheorien im Lichte von Galileis Mechanik zu modifizieren, doch er lebte nicht lange genug, um große Fortschritte in dieser Richtung zu machen. Er nahm den Geist von Keplers Harmonienlehre in sich auf, und nachdem er vorgeschlagen hatte, daß die Durchmesser der Planeten proportional zu ihrer Entfernung von der Sonne seien, war er natürlich entzückt darüber, daß er die Winkelgröße der Venus messen konnte. Er tat dies, indem er das Bild der Sonne in einer Camera obscura auf einen weißen Bildschirm projizierte, und fand $76'' \pm 4''$, was dem korrekten Wert nahe kommt. Einmal mehr war er deshalb in der Lage, Keplers Parameter für das Modell zu verbessern.

Hier haben wir zwei wichtige Beispiele für einigermaßen genaue Messung von kleinen Winkeln mit Hilfe des Fernrohrs, aber sie waren nicht die ersten. Das Gesichtsfeld war bei den ersten holländischen (Galilieischen) Instrumenten sehr klein – in den wichtigsten Fällen kleiner als der Monddurchmesser. Die übliche Methode, um bei der Vergrößerung voranzukommen, war die Erhöhung der Brennweite der Objektivlinse, wodurch (bei Linsen eines gegebenen Durchmessers) das Gesichtsfeld noch weiter eingeschränkt wurde. Winkel wurden damals zunächst einfach in Relation zum Gesichtsfeld abgeschätzt. Galilei beschrieb, wie man verschiedene Blenden für Fernrohrobjektive herstellen und eichen kann. Harriot widmete solchen Winkelmessungen viel Aufmerksamkeit. Leider ist die Methode aus Gründen, die niemand verstand, nicht zuverlässig. Bei diesem Teleskoptyp hängt das Ergebnis von der Größe der Augenpupille ab, die entsprechend der Gesamthelligkeit deutlich variieren kann.

In den späten 1630ern verfiel William Gascoigne auf die Idee, die scheinbaren Planetendurchmesser mit einem astronomischen (keplerschen) Fernrohr zu messen, das mit einem Mikrometer ausgestattet war, dessen Fadenkreuz mit einer Schraube in der Brennebene des Okulars bewegt wird. Gascoigne starb im Bürgerkrieg bei Marston Moor in seiner Heimat Yorkshire, aber Richard Towneley bewahrte sein Mikrometer, und es wurde in einem Prioritätsstreit mit den Franzosen verwendet, als Adrien Auzout und Jean Picard das Mikrometer zu einem wahrhaft unschätzbaren Instrument für genaue Winkelmessungen entwickelten. Sie hatten ihr Schraubenmikrometer aus einem einfacheren Design von Huygens entwickelt. In der Zwischenzeit hatte Eustachio Divini ein Mikrometer für die Mondkartierung benutzt, aber das war eine relativ triviale Angelegenheit.

In den späten 1660ern war die Messung scheinbarer Planetendurchmesser einigermaßen zuverlässig. Kepler hatte, auf den Gedanken von Kopernikus aufbauend, die Mittel bereitgestellt, um die *relativen* Entfernungen der Planeten jederzeit mit hoher Genauigkeit anzugeben, und so waren die *relativen* (tatsächlichen) Größen der Planeten mit Ausnahme der Erde bekannt. Einige versuchten ein Prinzip vom Horrocks-Typ auszunutzen und die Erde größenmäßig irgendwo zwischen Mars und Venus anzusiedeln; wenn sie das taten, fanden sie eine erstaunlich große Entfernung für die Sonne – etwa zwanzig- bis dreißigtausend Erdradien. Huygens schlug 25 086 vor, was eine Sonnenparallaxe von 8,2″ bedeutet, die sehr genau ist, aber auf einer recht vagen Begründung beruht. Wir erinnern uns daran, daß der traditionelle Wert 180″ und der Keplersche 60″ betrug.

Eine der drängendsten Aufgaben der Positionsastronomie trat nun offen zutage: nämlich die Bestimmung der Sonnenentfernung (oder gleichbedeutend ihre Parallaxe) und damit der Längenskala des Sonnensystems.

Die Schlüsselfigur bei diesem großen Unterfangen war Gian Domenico Cassini. Schon bevor er von Bologna nach Paris umgezogen war, hatte er sich für die Sonnentheorie interessiert, als er gebeten wurde, den „Gnomon" in der Kirche von San Petronio zu restaurieren. Egnazio Danti (1536–86) hatte dort ein kleines Loch anbringen lassen, so daß beim Durchgang der Sonne durch den Meridian sein Bild auf einen geeichten Streifen fiel, der in der Meridianebene lag und im Kirchenboden eingelassen war. Die Anordnung gibt die Sonnenhöhe sehr genau an, und damit die Schiefe der Ekliptik sowie die Breite des Ortes. Cassini fand heraus, daß letztere nicht mit dem übereinstimmte, was durch systematische Untersuchungen des Polarsterns gefunden worden war. Er wußte, daß Parallaxen- und Brechungseffekte bedeutend sind, aber selbst dann konnte er seine Beobachtungen nur unter der Annahme erklären, daß die Sonnenparallaxe unter 12″ liegt. Aber das lief der Lehrmeinung so zuwider, daß er die Sache liegenließ, um sie erst nach 1669 in Paris wieder aufzunehmen.

Cassini hatte mit seinen Tafeln der Jupitermondbewegungen viel Ruhm geerntet. Um der neugegründeten Akademie der Wissenschaften in Paris (1665) Glanz zu verleihen, lud Colbert eine Anzahl berühmter Ausländer – darunter Huygens und Cassini – dorthin ein. Fast vom Augenblick seiner Ankunft an nahm Cassini aktiv an den Geschäften der Akademie teil – manchmal zum Mißfallen anderer Mitglieder. Unter seiner Leitung übernahm das der Akademie angeschlossene Observatorium die Führung in der europäischen Astronomie. Mit seinen im großen Maßstab verschwenderisch finanzierten Instrumenten und bald mit Mikrometern ausgestattet, war es das erste, das eindeutig die Observatorien von Tycho Brahe überflügeln sollte.

Es war klar, daß genaue Messungen eine detaillierte Kenntnis der atmosphärischen Refraktion und der Sonnenparallaxe erfordern, und eine Expedition zu einem Ort der Erdoberfläche war nötig, wo die Sonne hoch am Himmel beobachtet werden kann. Deshalb wurde eine Expedition unter Jean Richer (1630–96) zu der französischen Kolonie in Cayenne (Südamerika) geschickt.

Es hatte bereits einen Anlauf gegeben, genaue Werte für den Abstand zwischen den führenden Observatorien, insbesondere Uraniborg und Paris, und die Größe der Erde selbst zu bestimmen. Jean Picard hatte die erste Messung versucht und auch in Nordfrankreich die Länge eines Grades auf der Erdoberfläche gemessen. Eine Methode, der Sonnenentfernung (oder -parallaxe) beizukommen, war, die Marsparallaxe zu messen – wir haben bereits das Muster der Beziehungen zwischen diesen Größen kennengelernt. Für eine Parallaxenmessung braucht man eine lange Grundlinie. Eine „Tagesparallaxe“ ist die Positionsveränderung, die von einem *einzelnen* Ort zwischen zwei Tageszeiten registriert wird. (Sie liegt unter der Maximalparallaxe. Siehe die rechte Figur in Bild 4.10, die natürlich auf jeden Planet bezogen werden kann.) Freilich sind viele Berechnungen, Anpassungen und Korrekturen nötig, aber der Grundgedanke besteht darin, daß der Beobachter von der rotierenden Erde vom einen Ende der Grundlinie zum anderen gebracht wird. Tycho hatte die Tagesparallaxe des Mars gefunden, als der Planet 1582 seine größte Annäherung zur Sonne (Perihel) hatte. John Flamsteed, der spätere englische Hofastronom, tat 1672 dasselbe und leitete 10″ für die Sonnenparallaxe ab. Cassini fand eine ähnliche Zahl, er favorisierte lange 9,5″.

Als Richers Expedition 1673 zurückkehrte, hatte sie einen enormen Bestand an neuen Beobachtungsdaten. Es war zum Beispiel erkannt worden, daß die Schwingungsdauer eines Pendels in Cayenne und Paris verschieden war – ein Tatbestand, der im Laufe der Zeit mit der abgeplatteten Form der Erde erklärt wurde, die am Äquator ausgebaucht ist. Die Expedition ergab, daß die gemessenen Sonnenhöhen nur dann mit Parallaxen- und Refraktionskorrekturen in Einklang zu bringen sind, wenn die Sonnenparallaxe unter 12″ liegt. Daraus folgte, daß die Schiefe der Ekliptik auch revidiert werden mußte (23;29° wurden jetzt favorisiert). Die vom Mars abgeleitete Zahl war somit grob bestätigt.

Sie sollte durch die Arbeit von Edmond Halley (1656–1743), einem Gelehrten und Astronomen von großer Erfahrung und mit vielen Beziehungen, noch weiter verbessert werden. Er hatte im Alter von dreißig Jahren Hevelius in Danzig besucht, bei Flamsteed assistiert, auf eigene Faust vor der Küste von Westafrika Sterne katalogisiert. Er hatte dafür gesorgt, daß Newtons *Principia* gedruckt wurden, und mit einem Artikel über die Sonnenwärme als Ursache der Passatwinde und des Monsuns einen Klassiker in der Geschichte der Geophysik geschrieben. 1663 hatte James Gregory auf eine Methode zum Aufspüren der Sonnenparallaxe hingewiesen, bei der man die Zeiten und die Art des Venusdurchgangs über die Sonnenscheibe bei einem dieser seltenen Ereignisse aufzeichnet. Die Einzelheiten sind dann mit den Ergebnissen zu vergleichen, die ein Beobachter auf einer anderen geographischen Breite erhalten hat. Halley hatte 1677 dieses Verfahren mit dem Merkur versucht, aber er sah, daß die Venus, die uns bei der größten Annäherung viel näher kommt, verläßlichere Werte liefern würde. In drei Publikationen (1691–1716) berechnete er die Einzelheiten von dem, was nach seinem Tode beim Venusdurchgang zu sehen sein sollte.

Dies brachte den französischen Astronomen und Geographen Joseph-Nicolas Delisle (1688–1768) dazu, das Problem mit Hilfe des Venusdurchgangs anzugehen. (Er machte auch mehrere Versuche mit Merkurdurchgängen.) Delisle koordinierte in einem nie dagewesenen Ausmaß ein weltweites Beobachtungsnetz: 62 Stationen waren insgesamt beteiligt, und viele von ihnen waren mit den neuen achromatischen Teleskopen ausgerüstet. Ein Jahr nach Delisles Tod lieferte der Durchgang von 1769 weitere Ergebnisse von 63 Stationen – viele darunter benutzten von James Short hergestellte Spiegelteleskope. (Short starb 1768, aber er hatte geholfen, die Teilnahme der Royal Society an dem Unternehmen zu organisieren.)

Die menschliche Seite dieses großartigen Unternehmens ist reich an peinlichen Vorfällen. Es gab mehrere Fälle, in denen beteiligte Astronomen der Fälschung von Datenmaterial beschuldigt wurden. Der Ruf des Wiener jesuitischen Astronomen Maximilian Hell (1720–92), der den Durchgang von 1769 beobachtet hatte, litt sehr, als Lalande andeutete, er habe seine Beobachtungsaufzeichnungen manipuliert, um Übereinstimmung mit anderen Beobachtern herzustellen. Karl von Littrow, ein Nachfolger, behauptete, den Beweis in der Form von verschiedenfarbigen Tinten gefunden zu haben. Erst 1883 wiederlegte Newcomb diese Beschuldigungen – er entdeckte nachträglich auch, daß Littrow farbenblind gewesen war. Weniger leicht zu widerlegen war eine Rechnung von Reverend Nevil Maskelyne, der wegen des Durchgangs von 1761 von der Royal Society nach St. Helena geschickt wurde: Seine persönliche Rechnung für alkoholische Getränke übertraf 141 £, und das bei einem Gesamtaufwand von weniger als 292 £.

Britannien und Frankreich konnten bei wissenschaftlichen Vorhaben zusammenarbeiten und doch im Siebenjährigen Krieg auf verschiedenen Seiten stehen. In diesem Zusammenhang hatte die Expedition von Charles Mason und George Dixon einen schlechten Start, als ihr Schiff im Ärmelkanal von einer französischen Fregatte angegriffen wurde und elf Angehörige der Mannschaft ums Leben kamen. Da sie im Fall eines Abbruchs der Expedition Gefahr liefen, bei der Royal Society in Ungnade zu fallen, und sogar gerichtliche Schritte fürchten mußten, machten sie schließlich ihre Beobachtungen vom Kap aus.

Guillaume le Gentil kam wegen des Durchgangs von 1761 in Pondicherri (in der Nähe von Madras) an, um die Stadt von den Briten eingenommen anzutreffen. Er wartete in der Gegend acht Jahre lang, trieb eine Zeitlang Handel, baute für den zweiten Durchgang seine Instrumente in Pondicherri auf, leider nur, um die Sonne von Wolken verhangen zu finden – das war weder vorher noch nachher so, sondern nur zur Zeit des Durchgangs.

Jean d'Auteroche, der Leiter einer anderen französischen Expedition, hatte 1761 (in Rußland) und dann im Jahr 1769 nach einem Treck durch Mexiko zu einer Basis in Südkalifornien mehr Erfolg. Leider starben er und zwei weitere Mitglieder der vierköpfigen Astronomengruppe fast unmittelbar danach an Krankheit, und der vierte machte sich mit den wertvollen Aufzeichnungen alleine auf die gefährliche Heimreise.

Es gäbe noch viele solche Geschichten von den Schwierigkeiten, die sich den zahlreichen Gruppen stellten, die hinter dieser wirklich raren Information herwaren – rar in dem Sinne, daß es vor 1874 keine vergleichbare Gelegenheit gab. Eine der traurigsten Entdeckungen war, daß das Bild der Venus am Beginn und Ende des Durchgangs undeutlich war. (Das ist auf ein Zusammenwirken der Venusatmosphäre und der Sonnenkorona zurückzuführen.) Im letzten Viertel des 18. Jahrhunderts hatten die Venusdurchgänge die Sonnenparallaxe jedoch auf einen Wert gebracht, der von ihrem gegenwärtig angenommenen Wert von 8,80″ um weniger als 1,4 Promille abweicht. Selten wurde ein astronomischer Parameter so mühsam gewonnen.

13 Das Aufkommen der physikalischen Astronomie

Die Planetentheorie von Kepler bis Newton

Die gesunde physikalische Basis, die Kepler für seine Planetenastronomie vergeblich zu finden hoffte, wurde schließlich von Newton mit Hilfe einer theoretischen Mechanik, die er auf die von seinen Vorgängern gelegten Fundamente aufbaute, und einer Gravitationstheorie geliefert, die er mit Recht als seine eigene bezeichnen konnte. Die Implikationen von Newtons Arbeit waren für die Astronomie so überwältigend, daß die fieberhafte Aktivität in der Zwischenzeit oft übersehen wurde. Um ihren Charakter zu verstehen, müssen wir zuerst würdigen, wie unauffällig die Keplerschen Gesetze und die auf ihnen beruhenden Tafeln damals waren. Abgesehen von Merkur und Mars, weichen die bekannten Planetenbahnen nicht stark von Kreisbahnen ab. Der Flächensatz konnte nur sehr indirekt eingeschätzt werden und wurde von den Astronomen zunächst nicht viel beachtet. Das dritte Gesetz (das die Umlaufszeiten mit den Bahnabmessungen verbindet) war leichter zu erkennen, und Jeremiah Horrocks und Thomas Streete verwendeten es, um die (relativen) Abmessungen aus den leicht zu messenden Perioden abzuleiten. Der wirkliche Prüfstein für Keplers Theorie war nach Meinung der meisten von denen, die nicht so voreingenommen waren, daß sie seine Ideen überhaupt nicht in Betracht zogen, die beispiellose Genauigkeit der *Rudolfinischen Tafeln.* Und doch schätzte ein Kopernikaner wie der angesehene belgische Astronom Philip van Lansberge (1561–1632), mitsamt seinem Nachfolger Martinus Hortensius (1605–39) die Keplerschen Verdienste falsch ein. Van Lansberge setzte Tafeln auf, die so ungenau waren, als hätte Kepler nie gelebt, und doch wurden sie zweimal neu aufgelegt, wurden von anderen leicht modifiziert und blieben über 30 und mehr Jahre in Europa in Gebrauch. Sie wurden von Johan Phocylides Holwarda (Jan Fokkens Holwarda) aus Franeker, einem friesischen Anhänger Keplerscher Prinzipien, in einem brillanten kleinen Buch von 1640 und einem weiteren von 1642 gnadenlos verrissen. Wenige scheinen zunächst von dem Angriff viel Notiz genommen zu haben, wenn er auch von Jeremiah Horrocks erneuert wurde, dessen postumes Werk (1673 veröffentlicht) eine noch niederschmetterndere Kritik von Lansberge enthielt. Er würde einem leid tun, wäre er in der Kritik seiner Vorgänger nicht so verletzend gewesen.

(Holwarda (1618–51) verdient Erwähnung wegen einer Messung der Periode im Helligkeitswandel des Sterns Mira Ceti, die er mit etwa elf Monaten ansetzte. Boulliau gab später 333 Tage an und schlug ein Modell vor: Er dachte, der Stern rotiere und nur eine Seite sei hell. Viele andere beobachteten im späteren 17. Jahrhundert und danach sorgfältig die fluktuierende Helligkeit, aber die Untersuchung der variablen Sterne machte vor der Allianz der Astronomie mit der Spektroskopie im 19. Jahrhundert wenige wirkliche Fortschritte.)

Horrocks Kritik, vor allem aber seine allgemeine Unterstützung für Kepler in der Planetentheorie, scheinen mehr Widerhall gefunden zu haben. Eine der von Kepler übriggelassenen Schwierigkeiten betraf seine Gleichung (für die exzentrische Anomalie), zu der, wie bereits erklärt, keine exakte Lösung gefunden werden konnte, die für die Astronomen von Interesse gewesen wäre. Horrocks versuchte es wiederholt, etwa zur selben Zeit auch Bonaventura Cavalieri; und sie kamen anscheinend unabhängig voneinander auf ähnliche Formeln – aber diese waren von Keplers Standpunkt aus nicht exakt. Horrocks sprach sich gegen Keplers magnetische Theorien aus und schlug das Kegelpendel (ein Lot, das in einer ovalen Bahn schwingt) als Modell vor. In den 1660ern belebte Robert Hooke, Sekretär der Royal Society in London, die Analogie neu. Wäre Horrocks nicht 1641 so jung gestorben, hätte er wohl etwas Wertvolleres geliefert.

Unter den führenden Astronomen von Europa waren viele mit Keplers Arbeit unzufrieden, aus Gründen, die oft wenig mit der Voraussage von Planetenpositionen zu tun hatten. Ismael Boulliau (1605–94) war ein berühmtes Beispiel. Als französischer Calvinist aus Loudun, der zum Katholizismus übergetreten und zum Priester ordiniert worden war, fand er um 1633, zur Zeit der Galileischen Krise in der katholischen Kirche, in den Pariser astronomischen Zirkeln Eingang. Dies hielt ihn nicht davon ab, sich mit seinem Freund Gassendi zusammen für Galilei stark zu machen. Er akzeptierte die Keplerschen Ellipsenbahnen und veröffentlichte 1645 darauf beruhende Tafeln, hatte aber ein anderes Bewegungsgesetz als Kepler.

Kepler hatte auf das quadratische Abstandsgesetz der Beleuchtungsstärke verwiesen, und Boulliau übernahm es für Licht in einer Arbeit von 1638, bevor er es modifizierte. Seine ersten schriftstellerischen Versuche standen in einem Werk *Philolaus* (1639), das nach Philolaos von Tarent genannt war, dem vermuteten Autor der pythagoräischen Astronomie, die die Erde aus dem Zentrum des Universums gerückt hatte. (In der Antike wurde selbst Platon beschuldigt, beim Schreiben seines *Timaios* bei Philolaos plagiiert zu haben.)

Wenn es eine die Planeten bewegende Kraft gibt, sagte Boulliau in seiner verfeinerteren *Astronomia philolaïca* von 1645, dann sollte sie auch dem reziprok-quadratischen Gesetz genügen. Er machte von dieser vagen These keinen Gebrauch, wurde aber später freundlicherweise von Newton erwähnt – der überraschenderweise die Genauigkeit von Boulliaus Tafeln anmerkt. Boulliau war ein Mitglied der Royal Society, er wurde aber nie in die Pariser Akademie gewählt, und dies paßt zu der ausgesprochenen Unzufriedenheit von Huygens und Picard mit seinen Tafeln, die sie für noch schlechter als die *Rudolfinischen Tafeln* hielten. Sie wußten auch von Horrocks, daß seine Zahl für die Sonnenparallaxe (141″) viel zu groß war.

Boulliaus Planetentheorie war kinematisch, das heißt, frei von Kräften und beschreibend in der Art, wie alle vor Kepler gewesen waren. Sie ist extrem kompliziert und enthält viele mathematische Fehler. Auf einige davon wurde von Paul Neile, Savilian Professor der Astronomie in Oxford, hingewiesen. In seiner *Astronomia philolaïca* hatte Boulliau gewisse Prinzipien benützt, auf die er bestenfalls intuitiv gekommen war. Ein Beispiel: Hat sich der Planet in mittlerer Bewegung um 90° vom Aphel entfernt, weist er den Mittelwert der Geschwindigkeiten am Aphel und Perihel auf. Er entschied, nur eine Bahn, die ein Kegelschnitt sei – er nahm einen schiefen Kegel –, erfülle diese Regel. Natürlich ist eine Ellipse ein Kegelschnittt, und dies nahm er auch als Bahn an. Seine Bewegungsgesetze, also die Gesetze zur Berechnung der exzentrischen Anomalie, unterschieden sich stark von den Keplerschen. Wie Ward jedoch zeigte, folgten sie einfach nicht aus Boulliaus Prinzipien.

Ward zeigte, daß sich nach diesen Prinzipien der Planet gleichförmig um den leeren (nicht von der Sonne eingenommenen) Brennpunkt der Ellipse bewegen sollte. Aus unverständlicher Ehrerbietung übernahm nun Ward dieses Prinzip, das den leeren Brennpunkt sozusagen zu einem *Ausgleichs*-Punkt für die Bewegung macht. Die andere Art zur Berechnung der Planetenbewegung wurde in Wards *Astronomia geometrica* von 1656 veröffentlicht, die unter anderen tatsächlich Boulliau gewidmet ist. Boulliau ging mit einem weiteren Buch 1657 zum Gegenangriff über. Dieses räumte einige Fehler ein und tat Ward hauptsächlich mit der Bemerkung ab, wie unpraktisch seine Vorschläge zur Ableitung von Planetenparametern seien. Die ganze Episode bewies nur eines: Die Astronomie war eine theoretische Wissenschaft, die an den äußersten Grenzen der Beobachtungstechniken arbeitete, mit denen sie gerechtfertigt oder verworfen wurde.

Viele andere, geringere Geister, sahen nicht, daß Boulliaus Ergebnisse schlechter als die Keplerschen waren. Man kommt kaum umhin, dies darauf zurückzuführen, daß Boulliau ein offenerer Anhänger der Astrologie war, dessen Werke somit von vielen Gesinnungsgenossen unkritisch aufgenommen wurden. Jeremy Shakerley (1626–55?), John Newton (1622–78) und Vincent Wing (1619–68) stellten alle Bücher und astronomische Tafeln für London her, die stark von Boulliau beeinflußt waren.

An der Astronomie des 17. Jahrhunderts war auch zu beklagen, daß beim Entwurf von Planetentafeln – wie im Mittelalter – Parameter aus inkonsistenten Theorien abgeleitet wurden. Bei der Abfassung seiner *Astronomia Carolina* (1661) machte der Londoner Ire Thomas Streete (1622–89) von Parametern von Kepler, Boulliau, Horrocks und anderen Gebrauch. Sein sorgfältiger Verschnitt daraus war nur damit zu rechtfertigen, daß seine Planetentafeln genauere Voraussagen ermöglichten als die meisten konkurrierenden. Kein wirklich systematischer Vergleich mit dem Himmel wurde je gemacht, und es ist zweifelhaft, ob sich zum Beispiel Flamsteed, der sie hochlobte, bewußt war, wie das am besten anzustellen sei. Sie wurden 1689 mit geringfügigen Verbesserungen von Nicholas Greenwood neu aufgelegt, 1705 von Johann Gabriel Doppelmayer ins Lateinische übersetzt und zwischen 1710 und 1728 insgesamt fünfmal von Edmond Halley und William Whiston (in Whistons Fall zusammen mit dem eigenen Buch) herausgebracht. Aus Streetes *Astronomia Carolina* erfuhr Newton Keplers erstes und drittes Gesetz der Planetenbewegung. Das zweite Gesetz erfuhr er wahrscheinlich aus Nicholas Mercators *Institutiones astronomicae* (1676).

Es war Mercator – als Niklaus Kauffman in Dänemark geboren, aber in England wohnhaft –, der der Boulliau-Ward-Hypothese einer Ellipse mit Ausgleichspunkt am leeren Brennpunkt wirksam ein Ende bereitete. Er zeigte, daß Cassinis Methode zur Bestimmung der Apsidenlinie einer Planetenbahn von ihr abhing und so ebenfalls zu verwerfen war. Mercator war als Mathematiker bedeutender denn als Astronom, aber er half in der Astronomie die letzten Nebelschwaden zu vertreiben, die zwischen Kepler und späteren theoretischen Astronomen drifteten.

In der Mondtheorie gab es für die Theorien von Tycho trotz seiner ungenauen Voraussagen lange keinen Ersatz, vielleicht weil seine Ideen so kompliziert waren, daß sie als undurchdringlich galten. Ein bedeutender Durchbruch kam 1672 mit Flamsteeds Herausgabe von Horrocks Mondtheorie. Obwohl diese Theorie unvollständig war, enthüllte sie – gestützt auf Keplers Rechnung – sowohl eine Variation der Bahnexzentrizität als auch eine oszillatorische Bewegung in der Apsidenlinie. Horrocks Manuskripte waren verstreut worden und einige verlorengegangen, aber Hevelius hatte das über den Venusdurchgang gedruckt, und die Royal Society publizierte 1672/73 das meiste vom Rest. Flamsteed fügte zu dieser Ausgabe Tafeln hinzu. Dabei machte er einige Verbesserungen und einen Fehler, den Halley später korrigierte. Es ist Flamsteeds großes Verdienst, das Talent von Horrocks, der 30 Jahre zuvor verstorben war, erkannt zu haben.

Descartes, Wirbel und die Planeten

Als Tycho Brahe und ähnlich Denkende die festen Sphären des aristotelischen Himmels verwarfen, ließen sie ein geistiges Vakuum zurück. Die meisten Gelehrten waren mit der Idee, die alle Materie aus dem Himmel verbannt, nicht glücklich, nur wenige waren mit der von Kepler eingeführten magnetischen Kosmologie wirklich zufrieden. Die im letzten Abschnitt diskutierten theoretischen Bewegungen zogen physikalische Argumente kaum in Betracht: Kepler war ein seltenes Beispiel eines Gelehrten, der die beiden Gedankenströme zusammenbringen konnte. Als der französische Philosoph René Descartes mit einem ausgearbeiteten Ersatz für die aristotelische Theorie der Materie die Bühne betrat, gab er den Kosmologen genau das, was die meisten von ihnen wünschten: ein Universum, in dem Bewegungen unter der Wirkung von Materie auf Materie abliefen. Leider waren einige der besten Mathematiker von Europa nicht imstande, das in ein theoretisches Schema zu bringen, das mit dem Newtonschen hätte konkurrieren können. Endlose Versuche wurden in dieser Richtung unternommen, und in einigen Zirkeln reichte der Kampf bis weit ins 18. Jahrhundert hinein. Wie die Physik des Aristoteles war die von Descartes psychologisch befriedigend, aber am Ende entpuppte sie sich als ein überflüssiger psychologischer Luxus.

René Descartes wurde 1596 in La Haye in der Touraine (Frankreich) geboren. Als ein Angehöriger einer Familie des niederen Adels und mit Vermögen ausgestattet, war er am Jesuitenkolleg in La Flèche selbst in den neuesten Ergebnissen der Wissenschaften gut ausgebildet worden. Nachdem er an der Universität Poitiers einen Abschluß in Rechtswissenschaften gemacht hatte, meldete er sich freiwillig zur Armee von Fürst Johann Moritz von Nassau-Siegen. 1618 hatte er während seiner Stationierung in der Stadt Breda das Glück, mit Isaac Beeckman zusammenzutreffen, dem stellvertretenden Rektor einer Schule auf der Insel Walcheren.

Beeckman hatte ein lebhaftes Interesse an den Naturwissenschaften und machte damals gerade astronomische Beobachtungen mit Philip van Lansberge. Er führte Descartes in einige aktuelle Probleme der Mechanik ein, und einige von Descartes' wichtigsten Einsichten in der Analytischen Geometrie stammen aus dieser Zeit. Seine philosophische Karriere, für die er mehr bekannt ist, begann so richtig erst nach zehn Jahren, in denen er weit herumreiste. Von 1628 bis 1649 lebte er die meiste Zeit in den Niederlanden. Er wurde dann überredet, als Philosoph in den Dienst von Königin Christine von Schweden zu treten, und so starb er 1650 als Opfer des kalten Klimas und eines Arztes aus Utrecht in Schweden.

Descartes' bekanntestes Werk *Discours de la méthode* wurde 1637 zusammen mit den Abhandlungen *Meteore, Dioptrik* und *Geometrie* in einem einzigen Band herausgegeben. In der *Dioptrik* erweiterte er die von Kepler entworfene Linsentheorie, aber jetzt mit dem Sinusgesetz der Brechung. Diese Abhandlung war von großer Bedeutung für die spätere

Entwicklung eines Gegenstands, von dem die Astronomie zunehmend abhängig wurde. In der Kosmologie war sein Einfluß von anderer Art. Er argumentierte in einer an Aristoteles erinnernden Manier gegen die Existenz eines Vakuums und bestand auf der Idee, daß mechanische Effekte durch die Wirkung von Materie auf Materie zu erklären seien.

Descartes behandelte die Bewegung auf einer Geraden als einen *Zustand*, so wie die *Ruhe* ein Zustand ist. Und da eine Ursache nötig war, um einen Zustand der Ruhe zu ändern, folgte, daß es einer Ursache bedurfte, einen Zustand der Bewegung auf einer Geraden zu ändern. Dies – eine Formulierung des „Trägheitsgesetzes" – sollte bei Newton große Bedeutung erlangen.

Dasselbe trifft auf Descartes' Erhaltungssatz der „Bewegungsgröße" (ein Produkt aus den jeweiligen Größen und Geschwindigkeiten der Körper in einem abgeschlossenen System) zu. Die Stufen, in denen dies in einen – wie wir sagen würden – Erhaltungssatz des Impulses überführt wurde, sind nicht unser Hauptanliegen. In diesem Zusammenhang entwickelte Descartes eine Theorie stoßender Körper. Sie war höchst unbefriedigend, aber Huygens vervollkommnete sie in den 1650ern.

Von unmittelbarerer Bedeutung für jede Theorie der Planetenbewegung war Huygens' Theorie der Zentrifugalkraft, die von ihm in den späten 1650ern entwickelt, aber damals nicht mit irgendeiner Idee einer Gravitationskraft vom Newtonschen Typ verbunden wurde. Tatsächlich konnte dem Gesetz seine heute vertraute Form erst gegeben werden, als Newton seine Bewegungsgesetze vorgelegt hatte.

In den Jahren 1629–33 entwickelte Descartes ein Weltsystem, das auf einer Theorie himmlischer Wirbel aus feiner Materie beruhte. Er erklärte die terrestrische Gravitation als eine Wirkung dieser Wirbel. Eine Abhandlung, die er unter dem Titel *Le Monde, ou traité de la lumière* (Die Welt oder Abhandlung über das Licht) darüber schrieb, war für die Veröffentlichung fertig, aber nach der Kunde von Galileis Verdammung entschied er sich gegen eine Publikation, und sie wurde erst 1664 postum gedruckt. Wie ihm allmählich bewußt wurde, ist ein Universum von Wirbeln eines, in dem sich jeder natürliche Körper relativ zur lokalen Materie in Ruhe befinden und sich dennoch relativ zu entfernten Körpern bewegen kann. Dies schien ihm eine Antwort auf das Problem, sowohl die Kopernikaner als auch diejenigen zufriedenzustellen, die die Erde ruhend annehmen. Man könnte sagen, sie hätten in gewissem Sinn beide recht. Durch diese Einsicht ermutigt, machte er 1644 seine Wirbeltheorie in seinen *Principia philosophiae* (Prinzipien der Philosophie) publik, einem Buch, das bald ins Französische übersetzt wurde und starken Einfluß gewann.

Seine Kosmologie ging von dem Gedanken aus, daß es drei verschiedene Formen oder Elemente gebe: leuchtende, transparente und undurchsichtige. Die erste war die feinste, hatte Teilchen, die sich mit hohen Geschwindigkeiten bewegten, und baute die Sonne und die Sterne auf. Die Erde und die Planeten waren aus dem groben dritten Element, und das zweite Element, das die Räume zwischen diesen verschiedenen Himmelskörpern auffüllte, bestand aus Kügelchen in schneller Bewegung. Die himmlische Materie war der Annahme nach fähig, in die Poren terrestrischer Materie einzudringen. Es war keine leichte Aufgabe, sich die Wirbelbewegungen in drei Dimensionen vorzustellen. Jeder Wirbel hat einen Äquator und Pole, und es ist keine einfache Sache zu erklären, wie sie eingepaßt werden. Er entwickelte eine Theorie der Bewegung der Materie, zum Beispiel vom Äquator des einen zum Pol eines anderen Wirbels, wobei Stöße die Gestalt von Teilchen verändern. Die

Formen waren so gestaltet angenommen, daß der Durchgang von Teilchen durch Lücken zwischen anderen leicht vonstatten geht. Der Magnetismus wurde als Anzeichen der Wirbel angesehen, und so wurde der Magnetismus in das kosmische Schema eingearbeitet. Dasselbe gilt für die Sonnenflecken – Elemente des dritten Typs, die im Laufe des Wirbelprozesses eine Weile auf der Sonne schwimmen. Die Kometen wurden ebenso untergebracht wie die Trabanten der Planeten und natürlich der Mond sowie die tägliche Erddrehung. Dies war eine Theorie, die wirklich dazu bestimmt war, alle Probleme der Physiker zu lösen. Die Gravitation auf den Erdmittelpunkt hin wurde als Analogon der Tendenz schwimmender Körper gesehen, sich auf die Zentren von Wirbeln auf der Wasseroberfläche zu bewegen. Alles war sehr geistreich, aber fast ganz qualitativ und an mehreren Stellen inkonsistent. Es ist nicht bekannt, ob Descartes überhaupt von Keplers Gesetzen der Planetenbewegung wußte. Und wenn dem so war, scheint er keinen Versuch unternommen zu haben, sie zu erklären.

Die Descartesschen Ideen wurden anfangs mit anderen Teilen seiner Philosophie an den Universitäten der Niederlande und später in zwanglosen Diskussionen unter Wissenschaftlern und Gelehrten in Paris freundlich aufgenommen. Zu Beginn des Jahrhunderts wurde der Atomismus, wie ihn die Griechen lehrten, weithin als spirituell gefährlich und im wesentlichen mit dem Atheismus verbunden angesehen. Descartes war darauf bedacht, nicht mit den Atomisten assoziiert zu werden, aber schließlich kam die Verbindung zustande. Das ging um so leichter, da Pierre Gassendi – eigentlich ein Gegner von Descartes – die Pille versüßt hatte, indem er die Ursachen der Atombewegungen geistigen Kräften zuschrieb, die in den Atomen steckten. Die Popularität des Cartesianismus wuchs lawinenartig, unterstützt durch solche Jünger wie Henricus Regius (1598–1679) in Utrecht, Jacques Rohault (1620–75), Pierre Sylvain Régis (1632–1707) und Nicolas Malebranche (1638–1715) in Paris. Sie fügten der Liste der von Descartes behandelten Phänomene weitere hinzu, aber ihre Behandlung war immer noch qualitativ. Wie Descartes unternahm keiner von ihnen je einen ernsthaften Versuch, die Keplerschen Gesetze zu erklären – die selbst im 18. Jahrhundert von den Cartesianern nur beiläufig erwähnt wurden.

Huygens war diese seltene Erscheinung, ein früher Cartesianer, der dazu imstande war, eine quantitative Argumentation einzuführen. Es ist bezeichnend, daß er und andere – zum Beispiel Gottfried Wilhelm Leibniz – gerade dann erste Erfolge bei der Erklärung der Gravitation im Sonnensystem auf Grund kartesischer Prinzipien hatten, als sie von gewissen von *Newton* entwickelten Prinzipien Gebrauch machten und sich so in einem ganz anderen geistigen System bewegten. Sie waren die Ausnahmen von der Regel. Die meisten in der kartesischen Tradition Stehenden scheinen von der Idee überwältigt, die kosmologische Argumentation stünde im Bereich von allen, die die klare Vorstellung hätten, ein Wechsel komme dadurch zustande, daß Materie Materie stoße.

Isaac Newton und die allgemeine Gravitation

Eine weitere weithin qualitative Art kosmologischen Denkens, die dem Cartesianismus entsprach und gelegentlich mit ihm überlappte, war eine Erweiterung der magnetischen Philosophie von Gilbert und Kepler. Sie überlebte und wurde in England lange aktiv verfolgt, wo sie besonders in Diskussionsrunden lebendig gehalten wurde, die sich zuerst um das Gresham College (London) und später die Royal Society scharten. John Wilkins (1614–72) und Christopher Wren (1632–1723) waren beide Befürworter von Gilbert. 1640 veröffentlichte Wilkins zwei leicht verständliche Bücher über die Möglichkeit einer Reise zum Mond, die beide den Ideen Gilberts und Keplers einige Publizität brachten: *Abhandlung über einen neuen Planeten* und *Entdeckung einer Welt auf dem Mond*. 1654 publizierte Walter Charleton, ein Anhänger von Wilkins, einen Verschnitt dieser Ideen mit Gassendis Atomismus. Trotzdem wäre die englische Diskussion ohne Wren, Edmond Halley und Robert Hooke wohl kaum auf die Gesetze, die die *genaue* Form der Bahnen regeln, und ihre Beziehung mit den Gesetzen der Mechanik – wie einem Trägheitsgesetz und einem Gesetz einer zentralen (auf die Sonne gerichteten) Anziehungskraft – fokussiert geblieben.

Die Diskussion wurde durch die Ankunft eines Kometen im Jahre 1664 angeregt. Wren war zu dieser Zeit Savilian Professor für Astronomie in Oxford, und John Wallis war Savilian Professor für Geometrie. Wallis führte die Kometentheorie von Horrocks fort, der die Bewegung des Kometen von 1577 als geradlinige Bewegung analysiert hatte, die durch die Magnetwirkung der Sonne abgeändert wurde. Wren versuchte nun, die Bahndaten (Koordinaten eines Bahnpunkts, Richtung und Geschwindigkeit) des neuen Kometen auf Grund von vier Beobachtungen abzuleiten, indem er mit Kepler annahm, daß er bei konstanter Geschwindigkeit einer Geraden folgte.

Binnen Monaten erschien ein zweiter Komet, der das nachlassende Interesse an einem Problem, das offenbar die Kräfte aller Beteiligten überstieg, wiederbeleben half. Hooke versuchte die Hypothese einer Kreisbewegung, aber neigte dazu, die geradlinige Alternative mit irgendeiner Sonnenanziehungskraft zu favorisieren. Er schlug vor, es könnte einen alles durchdringenden, schwingenden Äther geben, wobei die Schwingungen mit zunehmender Entfernung von der Sonne abnähmen. Hier war ein Mechanismus, der etwas von Descartes' Idee eines kreisenden Äthers hätte inspiriert sein können. Aber er befand sich mehr in Übereinstimmung mit dem Gesetz einer zentralen Anziehungskraft, die Hooke und seinen Freunden in der Royal Society vorschwebte.

Hooke, dort Kurator der Experimente, begann damals wirklich mit einer langen Versuchsreihe über die Gravitation. Zehn Jahre später hatte er in der Theorie keinen nennenswerten Fortschritt gemacht, wenn wir die Theorien von Newton zum Vergleich heranziehen, die bald aufkommen sollten. Aber wir können an ihm erkennen, wie sich die Haltung gegenüber dem alten aristotelischen Universum änderte. Wie er 1674 in einer Vorlesung behauptete, besaßen für Hooke *alle* Himmelskörper eine Anziehung oder eine Gravitationskraft in Richtung ihrer Zentren, die ihre Teile zusammenhält und auch auf andere Himmelskörper wirkt, die „in ihre Wirkungssphäre" fallen. Die letzte nähere Bestimmung legt nahe, daß er dachte, die Kraft falle in einer endlichen Entfernung auf Null ab. Er gab zu, das Kraftgesetz noch nicht verifiziert zu haben – aber er sagte nicht, was er sich vorstellte.

In den Jahren um 1677 diskutierte Newton diese Dinge mit Wren und nahm an, Wren unterstelle ein Gesetz, das die Kraft wie den Kehrwert des Quadrats der Entfernung zwischen den sich anziehenden Körpern abfallen ließ. Seine eigene Bekanntgabe des umgekehrten Quadratgesetzes wurde zuerst 1687 in seinen *Principia mathematica philosophiae naturalis*

Bild 13.1 Sir Isaac Newton, von G. B. Black nach William Gandy Jr., 1706 *(The Mansell Collection)*

(Mathematische Prinzipien der Naturphilosophie) veröffentlicht. Wahrscheinlich war er erst drei Jahre vorher von dessen Wahrheit überzeugt, aber das Gesetz war nur ein Stück in einem komplizierten Puzzle, und wegen des Restes müssen wir auf frühere Stadien seiner Laufbahn schauen.

Isaac Newton wurde am Weihnachtstag 1642 in Woolsthorpe, Lincolnshire geboren. Sein Vater war schon vorher verstorben. Seine ersten Jahre verbrachte er bei der Großmutter, da seine Mutter einen Geistlichen geheiratet hatte, für den Isaac anscheinend keine große Zuneigung empfunden hat. Nach der Schule in Grantham ging er 1661 ins Trinity College in Cambridge. Vier Jahre später kehrte er heim, als die Universität wegen der Pest geschlossen wurde. Er entwickelte bereits Interesse an aktuellen mathematischen und naturwissenschaftlichen Fragen. Er las viel – er lernte viel Mathematik aus den Werken von Descartes und Wallis –, und die Zeit der Seuche führte ihn zu einer Reihe von eigenen ursprünglichen Entdeckungen. 1669 waren seine Qualitäten so, daß er Isaac Barrow auf dem Lukasischen Lehrstuhl (Lucasian Professor) für Mathematik in Cambridge folgte. Er ging oft zu Treffen der Royal Society in London, verließ aber Cambridge erst 1696, als er zum Direktor der Münze ernannt wurde. Er starb 1727 als eine nationale Größe mit einem konkurrenzlosen, internationalen wissenschaftlichen Ruf. Er schrieb viel über Religion und eine Vielfalt anderer Themen am Randes dessen, wofür er am bekanntesten ist: Mathematik, Physik (insbesondere Optik) und theoretische Mechanik. Und durch letztere beeinflußte er wesentlich den Lauf der Astronomie.

Eines von Newtons Studienheften, 1661 begonnen, zeigt, daß er von Keplers drittem Gesetz und einigen von Horrocks' Beobachtungsaufzeichnungen wußte und daß er die Methoden zur Auffindung der Planetenpositionen studiert hatte, die in Thomas Streetes *Astronomia Carolina* dargestellt waren. 1664 hatte er Descartes' Werk über die „Erhaltung der Bewegung" vervollkommnet – er erkannte, daß die Richtungen der „Bewegungen" zu berücksichtigen sind –, und er hatte eine Theorie der Zentrifugalkraft entwickelt, die Huygens unabhängig erst 1673 verkündete. Indem er sie mit Keplers drittem Gesetz kombinierte, wandte er sie auf den Fall des Mondes an, der etwa 60 Erdradien entfernt ist, und auf ein Objekt an der Erdoberfläche (zum Beispiel den berühmten fallenden Apfel).[1]

[1] Anm. d. Übers.: Diese *historischen* Ausführungen mögen etwas befremden. Das Abstandsgesetz erhält man, indem man für eine kreisförmige Planetenbahn die Gravitationskraft mit der Zentrifugalkraft ins Gleichgewicht setzt und in diese das 3. Keplersche Gesetz einführt.

Dabei fand er – oder vielleicht sollten wir sagen, er habe eine frühere Vermutung in dieser Richtung bestätigt –, daß die Kraft auf solche Körper umgekehrt mit dem Quadrat der Entfernung abnimmt.

Seine Daten waren schlecht und bestätigten seine Idee nicht so gut, wie er gewünscht haben mag. Gewöhnlich nimmt man an, er habe aus diesem Grund die Frage für 20 Jahre bis 1685, als er die *Principia* schrieb, beiseite geschoben. Wie wir wissen, hat er in der Zwischenzeit Borelli gelesen, der 1666 über die Planeten geschrieben hatte, ihre gekrümmten Bahnen hätten eine Zentrifugalkraft zur Folge, die als gleichstark und entgegengesetzt gerichtet zu einer Anziehungskraft durch den Zentralkörper angesehen werden könne. Diese Passage dürfte sich gut mit seinen eigenen Ideen vertragen haben, aber es ist nicht klar, ob es für ihn neu war.

Es war am Ende der 1670er oder gar nach 1680, daß Newton, nachdem er seine neu entwickelten dynamischen Prinzipien im Griff hatte, Keplers Flächensatz begegnete. Dieser brachte Newton, zusammen mit einem brieflichen Austausch mit Hooke, auf einen sehr erfolgreichen Kurs. Hooke wollte das Gesetz der Zentralkraft herausbringen, die die geradlinige Bewegung eines Planeten in eine auf einer Keplerellipse überführt. Newton verfügte gerade über die nötigen Werkzeuge – nämlich die Methoden seiner Infinitesimalrechnung und seine dynamischen Prinzipien –, um zu zeigen, daß der Flächensatz eine auf ein Zentrum gerichtete Kraft impliziert und daß sich diese wie der Kehrwert des Entfernungsquadrats verhält. Ein wesentlicher Schritt im Beweis war, daß eine homogene Vollkugel eine Gravitationskraft ausübt, als wäre ihre ganze Masse in ihrem Mittelpunkt vereinigt.

Im Dezember 1684 bat Newton Flamsteed um Daten zu den Jupitermonden – Entfernungen und Umlaufsperioden –, und Flamsteed gab letztlich die Antwort, sie seien in Übereinstimmung mit Keplers drittem Gesetz (dem Gesetz, das Umlaufsdauer und Bahngröße korreliert). Newton fragte auch, ob es etwas gebe, das seinen Verdacht bestätigen könnte, daß der Jupiter die Bahn des Saturn störe. Flamsteed erklärte einige Fehler, die er in Keplers Parametern für diese Planeten entdeckt hatte. Beide Antworten gefielen Newton, da im ersten Fall die Implikation war, daß die Wirkung der Sonne auf die Monde vernachlässigt werden konnte. Die zweite Antwort bedeutete, daß Keplers Daten nicht über jeden Vorwurf erhaben sind, und befreite ihn, wie er dachte, von dem Zwang, andere Kräfte als die Gravitation zu berücksichtigen. Sie konnten zumindest nicht auf Grund von Keplers Daten bewiesen werden.

1684 besuchte Halley Newton in Cambridge, um zu fragen, welcher Bahn ein Planet unter der Wirkung einer reziprok-quadratischen Kraft folgen würde. Er erklärte, Wren, Hooke und er hätten das Problem nicht lösen können. Newtons Antwort war, es sei eine Ellipse, und wenn er auch den Beweis noch nicht habe finden können, würde er ihn Halley nachsenden. (Nach einem Briefwechsel mit Flamsteed hatte er entschieden, daß Kometenbahnen parabolisch sind, und zwar als Folge des reziprok-quadratischen Gesetzes. Das war keine weniger bedeutende Schlußfolgerung.) Dies veranlaßte Halley, nachdem er einige von Newtons bemerkenswerten Schriftstücken über Mechanik gesehen hatte, diesen zur Publikation zu drängen. Die *Principia* waren das Ergebnis, die in einer erstaunlich kurzen Zeit niedergeschrieben wurden.

Kaum war das Werk veröffentlicht, als eine Zahl kleinerer Dispute über die Priorität entstanden. Hooke zum Beispiel beanspruchte die Priorität beim reziprok-quadratischen Abstandsgesetz. In einem Brief an Halley (1686) war Newton nicht unverschämt genug, auf Hookes mathematische Unzulänglichkeiten hinzuweisen, sondern sprach vornehm davon, er habe bewiesen, was bei Hooke nicht mehr als eine Hypothese gewesen sei. Er ging weiter und sagte, selbst Kepler hätte nur vermutet, daß seine Ovale Ellipsen seien. Newton konnte jedoch jetzt die strittige Frage beilegen, indem er das „korrekte" Kraftgesetz benützte.

Newton erwähnte in seinen *Principia* Keplers Namen erst im dritten Buch, aber das war kein Versuch, eine Schuld zu verheimlichen, und wie Halley bemerkte, waren seine ersten elf Sätze in völliger Übereinstimmung mit den „*Phänomenen* der Himmelsbewegungen, wie sie von der großen Weisheit und dem Fleiß von *Kepler* gefunden wurden". Das Buch III der *Principia* trägt den Titel „Das System der Welt" und ist wirklich die erste vollständige Erklärung der Bewegung materieller Körper in allen Teilen des Universums unter der Wirkung eines einzigen Satzes von physikalischen Gesetzen. Die Bewegungen der Planeten und ihrer Monde, der Kometen und der Erde sowie die Gezeiten in ihren Meeren – alles wurde durch eine *universelle* Gravitation erklärt. Der Planet zieht die Sonne an, wie die Sonne den Planeten anzieht. Alle Materie zieht alle andere Materie an, und die Kraft ist unabhängig von der Art der Materie. Nur die „Menge der Materie" und die Entfernung waren von Bedeutung. (Er führte Experimente mit Pendeln aus verschiedenen Materialien durch und fand keinen Unterschied in ihrem Verhalten.

Wie wir seinem Briefwechsel mit Flamsteed entnehmen, war er sich bewußt, daß die Gravitationskräfte zwischen dem Zentralkörper und den Planeten zwar beträchtlich größer als die zwischen den Planeten selbst sind, daß aber die letzteren nicht zu vernachlässigen sind, insbesondere wenn die Planeten einander sehr nahe kommen. Der störende Einfluß der Sonne auf den Mond ist eine weitere bedeutende Nichtzentralkraft, die nicht vernachlässigt werden darf. Die wichtige Theorie der Planetenstörungen kam somit gleich zu Beginn in die Newtonsche Himmelsmechanik hinein.

Mit seiner mächtigen Dynamik und Gravitationstheorie war Newton in der Lage, die abgeplattete Gestalt der Erde zu erklären, ferner, daß die Sonnenanziehung auf die nahe Seite der Ausbauchung etwas größer als auf die abgewandte ausfällt. Dieser Unterschied erzeugt ein Drehmoment auf die Erdachse. Dieses Drehmoment führt, wie er damals zeigen konnte, zu einer Präzession der Erdachse auf einem Kegelmantel, die der Präzession der Äquinoktialpunkte entspricht. Zum erstenmal in der Geschichte ist dieses Phänomen durch physikalische Gesetze erklärt worden.

In den *Principia* stand viel über die Kometen und ihre parabolischen und elliptischen Bahnen. Newton realisierte, daß die Kometen durch Reflexion des Sonnenlichts scheinen und daß der Raum, den sie durchqueren, ihrer Bewegung keinen nennenswerten Widerstand bieten kann. In seiner ersten Auflage widmete er dem Kometen von 1680/81 viel Aufmerksamkeit, in der zweiten (1713) brachte er Halleys Neuberechnung von dessen Bahn, und in die dritte (1726) nahm er noch mehr Rechnungen von Halley auf, die auf der Idee beruhten, daß der Komet periodisch und mit den Kometen von 44 v. Chr., 531 n. Chr. und 1106 identisch ist. Diese Hypothese wurde im 19. Jahrhundert widerlegt, aber damals war die Periodizität der Kometen im Zusammenhang mit einen völlig anderen Kometen von Halley auf brillante Weise bewiesen worden.

Zu den überzeugendsten Teilen von Newtons Werk zählten jedoch die, die von der Mondbewegung handelten. So empfanden es zumindest die wenigen Experten, die es beim ersten Erscheinen mit Verständnis lesen konnten. Newton erklärte in allgemeiner Weise die gravitationellen Ursachen der bekannten Störungen der Mondbewegung, die Bewegung der Bahnknoten sowie den Grund, weshalb der Mond uns immer dieselbe Seite zukehrt. In der zweiten und dritten Auflage ergänzte er seine Mondtheorie, nachdem er von Halley zur Fortsetzung seiner Arbeiten dazu aufgefordert worden war. Am Ende hatte er bereits sieben „Gleichungen“ der Mondbewegung, von denen einige wohl eher aus Flamsteeds Beobachtungen folgten als aus fundamentalen gravitativen Erwägungen heraus. Seine Daten waren so, daß Mondtafeln, die von Leuten wie Flamsteed, Charles Leadbetter und Halley auf sein Werk gegründet wurden, kaum besser waren als die, die auf Horrocks' Methoden basierten. Die wirklichen Vorzüge von Newtons Theorie lagen in ihrem Potential.

In den 1690ern brauchte Newton verzweifelt Flamsteeds Beobachtungsdaten, aber die beiden Männer – darüber uneinig, ob die Theorie die Beobachtungen leiten oder deren Führung folgen sollte – stritten heftig. Die Reibungen zwischen Halley und Flamsteed waren nicht gerade hilfreich, und Newton wurde im Alter immer autokratischer. Als Direktor der Münze (Münzwardein) hatte er sich Halley gegenüber großzügig gezeigt, indem er ihm die Aufsicht der Münze von Chester übertragen hatte (1696). 1699 wurde die Sache ernster, als er Flamsteed sagte, er wäre an seinen Beobachtungen, nicht seinen Berechnungen interessiert. Flamsteed hatte immer das Gefühl gehabt, daß seine Beobachtungen, die er weitgehend mit aus eigener Tasche finanzierten Instrumenten machte, ihm gehörten. Newton und Halley waren der Ansicht, die Arbeit des Hofastronomen sei öffentliches Eigentum, und 1712 veröffentlichten sie einen beträchtlichen Teil von dessen Arbeit ohne seine Zustimmung. Er hatte das finstere Vergnügen, den größten Teil der Auflage zu verbrennen, bevor er sein eigenes Werk, *Historia coelestis Britannica* (Britische Geschichte des Himmels), herausbrachte. Hier hat „Geschichte“ den Sinn von „Daten“ in der modernen Sprechweise.

Eine interessante Fußnote zu Newtons Theorie des Mondes betrifft seine Schätzung von dessen mittlerer Dichte im Verhältnis zu der der Erde. Sie beruhte auf dem Verhältnis der Gezeitenwirkungen durch die Sonne bzw. den Mond. In der ersten Ausgabe der *Principia* wurde diese um einen Faktor drei überschätzt. Daß die Erde vergleichsweise leicht erschien, führte Halley zu der Schlußfolgerung, daß vier Neuntel davon leer sein müssen. Diese Idee hatte er nicht als erster. Sie findet sich zum Beispiel in Burnets *Heiliger Theorie der Erde* (1681, zuerst in Latein), aber dort steht wenig mehr als eine alte Überlieferung von Grotten und Höhlen wie in antiken Mythen. Halley unternahm den kühnen Versuch, eine Theorie des Erdmagnetismus zu finden. Seit seiner Reise nach St. Helena im Jahre 1676 hatte er die magnetische Deklination studiert und 1683 geschlossen, daß die Erde vier Magnetpole besitze. Er dachte nun, sie könnten am besten mit der Hypothese verstanden werden, die Erde sei ein System *einer Kugel in einer Kugel* – vielleicht seien sogar mehrere Kugeln beteiligt –, *die sich in relativer Bewegung zueinander befänden und magnetische Pole trügen.* Es gibt schwache Ähnlichkeiten zwischen diesem und einem früheren, von Hooke vorgeschlagenen Erdmodell. Aber in Halleys Fall hatte das Modell anscheinend eine doppelte Rechtfertigung, und wie sein Artikel über Monsune bescherte es ihm einen Ehrenplatz in der Geschichte der Geophysik, einer Wissenschaft, die immer starke Bindungen an die Astronomie unterhielt. Ein Portrait von Halley als Astronomer Royal von 1736 zeigt ihn mit einer hohlen Erde in der Hand. William Whiston hatte die Idee damals in einem Buch von 1717 weithin propagiert und sogar biblische Indizien für die Vorstellung, daß der Hohlraum bewohnt ist, angeführt.

Newtons *Principia* werden oft als das bedeutendste Werk beschrieben, das jemals in den Naturwissenschaften veröffentlicht wurde. Die Kriterien für solche Beurteilungen sind schwer zu definieren und leicht zu variieren, man kann aber sicher sagen, das Werk markiere das Ende einer geschichtlichen Ära und den Beginn einer neuen. Es gab eine physikalische Begründung für Keplers beschreibende Gesetze der Planetenbewegung, und in diesem Sinn legitimierte es diese oder machte – wie Newton sagen würde – aus einer Spekulation eine Tatsache. Und es präsentierte ein Programm für die künftige astronomische Forschung, das gewissermaßen noch heute andauert. Seine Demonstrationen waren nicht immer vollständig – tatsächlich hat Newton noch nicht die nötigen mathematischen Techniken entwickelt, um zwingende Beweise zu geben. Wie jedoch spätere Astronomen zu ihrer Überraschung entdecken sollten, hatte er einen bemerkenswerten Instinkt für korrekte Schlüsse, selbst wenn er die Brüche in seiner Gedankenfolge kaschieren mußte.

Bei der ersten Publikation rief Newtons Werk viel Feindseligkeit aus philosophischen Gründen hervor. Leibniz zum Beispiel sprach sich gegen Newtons Ideen von absolutem Raum und absoluter Zeit und von der „Fernwirkung" aus, die er für eine okkulte Qualität hielt. Vielen in England mißfiel die Vorstellung, die Gravitation könnte durch den leeren Raum wirken, und die kartesischen Wirbel hatten eine weite Verbreitung. Leibniz und Newton hatten natürlich über die Priorität bei der Erfindung der Infinitesimalrechnung gestritten, und als ein verbitterter Leibniz durch Vermittlung der Prinzessin Caroline in einen philosophischen Austausch mit Samuel Clarke, einem Anhänger Newtons, trat, muß er geargwöhnt haben, Newton und Clarke steckten unter einer Decke.

Skrupel, wie sie Leibniz hatte, sind aus der philosophischen Diskussion nie ganz verschwunden, aber die Astronomen entschieden, sie könnten sie ungestraft ignorieren. Konnten Leibniz oder seine Anhänger eine siebte Störung des Mondes quantifizieren? Als zu Beginn des 20. Jahrhunderts relativistische Argumente in der Astronomie auftauchten, waren sie nur indirekt von der Leibnizschen Tradition inspiriert.

14 Neue astronomische Probleme

Kosmologie bei Bentley, Newton und anderen

1685 hatte Newton ein kleines Buch mit dem Titel *De mundi systemate* (Über das System der Welt) geschrieben, das als Anhang seiner *Pricipia* gedacht war, aber erst 1728, ein Jahr nach seinem Tod, veröffentlicht werden sollte. Darin benützte er eine auf James Gregory zurückgehende Technik, um zu beweisen, daß die Sterne eine viel größere Entfernung von der Sonne haben, als zuvor angenommen wurde. Die Methode war „photometrisch". Sie beruhte auf einem Vergleich der Helligkeit der Sonne mit der eines Sterns und auf dem reziprok-quadratischen Gesetz der Photometrie. Der Vergleich konnte freilich nicht direkt angestellt werden, sondern wurde über das vom Saturn reflektierte Sonnenlicht vorgenommen. Gewisse Annahmen mußten gemacht werden, zum Beispiel über die Natur der Reflexion und die Abwesenheit von Lichtverlust im Weltraum, und daß der betrachtete Stern in der Helligkeit der Sonne gleichkommt, aber diese schienen plausibel genug. Als Newton die Methode zum Beispiel auf den Sirius anwendete, fand er, daß dessen Entfernung das Einmillionenfache der mittleren Entfernung zwischen Sonne und Erde (die astronomische Einheit) beträgt. Die Zahl ist zu groß, ist aber als die erste annehmbare Bestimmung einer Sternentfernung zu werten.

Wenn die Sterne enorme Entfernungen hätten, dachte Newton, dann könnte er ihre gegenseitigen gravitativen Anziehungen als minimal annehmen. Das war eine vage Schlußfolgerung, aber sie war für ihn wichtig, weil es ihn verwirrte, daß die Welt nicht unter der Gravitation kollabierte. Als er mit seinen *Principia* fertig war, hatte er jedoch einen Test auf äußere Kräfte entwickelt, die auf das Sonnensystem einwirken: Große Kräfte würden wahrnehmbare Drehungen der Apsidenlinien der Planeten hervorrufen. Es wurden keine von signifikanter Größe beobachtet, so mußten die äußeren Kräfte vernachlässigbar sein, und das paßte zur Idee, daß die Sterne wirklich sehr weit entfernt sind.

Ende 1692 hielt Richard Bentley, ein brillanter junger klassischer Gelehrter, der damals Kaplan des Bischofs von Worcester war, die ersten Boyle-Vorlesungen. Eines seiner Themen war: „Die beobachtete Struktur des Universums konnte nur durch die Lenkung Gottes entstanden sein." Bevor er sie in Druck gab, fragte er Newton um Rat. Was würde geschehen, wenn Materie gleichmäßig über den ganzen Raum verteilt würde und sich dann unter der Gravitation bewegen dürfte? Wenn der Raum begrenzt sei, sagte Newton, würde sie zu einer großen kugelförmigen Masse zusammenfallen. Wenn unendlich, dann in unendlich viele Massen. Aber wenn die Materie *gleichmäßig* verteilt sei, sagte Bentley, gebe es keinen hinreichenden Grund für ein Teilchen, sich in die eine statt in die andere Richtung zu bewegen. Newton meinte, diese Gleichverteilung sei schon in bezug auf ein einziges Teilchen unwahrscheinlich, so unwahrscheinlich, wie man eine Nadel dazu bringen könne, mit der Spitze auf einem Spiegel zu stehen. Wieviel unwahrscheinlicher sei es dann, *alle* Teilchen so plaziert zu finden. Gott hätte dies jedoch so einrichten können, und dann wären sie stehengeblieben. Aber dann, wandte Bentley ein, solle er das Universum in Gedanken durch eine Ebene in zwei Teile teilen. Ein Teilchen in der Ebene dürfte von einer unendlichen Gravitationskraft auf die eine Seite der Ebene gezogen werden, aber diese würde durch eine unendliche Kraft in der Gegenrichtung aufgewogen. Warum sollte dann die Anwesenheit der Sonne in der Nachbarschaft des Teilchens irgendeine Wirkung auf dessen Verhalten haben? Ihre Anziehung ginge doch einfach in eine der unendlichen Kräfte ein. Newtons Antwort war, nicht alle Unendlichkeiten seien gleich. Ein Teilchen im Gleichgewicht wird, sagte er, durch eine Extrakraft bewegt werden. Die beiden Männer gerieten in tiefe Wasser – Wasser, die sich in über zwei Jahrtausenden für die meisten Philosophen als zu tief erwiesen hatten. Bentley schickte eine Zusammenfassung seines siebten Vortrags. Das Universum war nicht homogen, und der Schluß war mehr oder weniger, falls sich das Universum im Gleichgewicht befinde, sei es Gott, der es darin halte.

Newton war um diese Zeit mit der Durchsicht seiner *Principia* für eine zweite Auflage beschäftigt. Es mag so aussehen, als sei er froh gewesen, das Thema fallenzulassen, aber in Wirklichkeit beherrschte es weiter seine Gedanken, wie seine unveröffentlichten Artikel zeigen. Er versuchte, ein geometrisches Modell des Universums zu finden, in dem die Sterne in einer *exakt* regelmäßigen Weise verteilt sind, so daß sie sich im Gleichgewicht befinden. Natürlich zieht eine einfache Beobachtung unserer ungleichmäßigen Welt diese Idee in Zweifel, aber so ein kosmologisches Modell ist nur als eine angenäherte Darstellung gedacht. Er versuchte es mit der Idee, daß die Sterne alle auf Kugelflächen liegen, wobei sie von den Nachbarsternen auf ihrer Sphäre eine Längeneinheit entfernt sind und die Sphären in der Sonne ihr gemeinsames Zentrum haben. Er nahm die Radien mit einer Einheit, zwei Einheiten, drei Einheiten usw. an. Der Vorteil der Anordnung besteht darin, daß die Verteilung für große Radien einer dünnen gleichmäßigen Materieschale entspricht, und in den *Principia* hatte er gezeigt, daß die Nettoanziehung auf jeden Stern in einer solchen Schale Null ist – ein sehr tröstliches Ergebnis, wenn man die verwirrende Diskussion mit Bentley bedenkt.

Newton untersuchte die Eigenschaften seines Modells. Wieviele Sterne können in der Entfernung eins auf der Einheitskugel untergebracht werden? Kepler hatte das Problem untersucht und gedacht, die Antwort laute: höchstens zwölf. Newton dachte: vielleicht dreizehn. Viermal so viele werden auf der Kugel mit Radius zwei, neunmal so viele bei Radius drei sein usw. Newton nahm zuerst an, die auf der innersten Sphäre seien Sterne der scheinbaren Helligkeit 1, die nächsten seien von der Größenklasse 2, die dritten von der Klasse 3 usw. (Herschel wählte ein Jahrhundert später dieselbe Ausgangsposition.) Ein Test durch Beobachtung ist daher nicht nur möglich, sondern sogar einfach. Man braucht nur in den besten erhältlichen Katalogen die Sterne zunehmender Größenklasse zu zählen. Grob genommen, schienen die Sterne der sechs sichtbaren Größenklassen in das Schema zu passen, wenn sich auch eine Tendenz zur schnelleren Akkumulation als im Modell abzeichnete und Newton deshalb die Klassen 5 und 6 strich.

Ein weiteres Problem blieb: Machte er nicht die Sonne zum Brennpunkt des Universums? Newton versuchte weitere Anpassungen an sein Modell. Die Einzelheiten sind weniger interessant als ein Paradoxon, das ihm vielleicht entgangen wäre, wenn er nicht bei einem Treffen der Royal Society im Jahr 1721 den Vorsitz gehabt hätte, wo Halley es ansprach. In Newtons Modell sammeln sich die Sterne wie die Oberflächen der Kugeln an, mit einer gewissen Anzahl auf der ersten, viermal so vielen auf der zweiten, neunmal soviel auf der dritten usw., wie erklärt. In der Entfernung von zwei Längeneinheiten ist jedoch jeder Stern ein viertelmal so hell wie ein Stern in der Einheitsentfernung, und bei drei Einheiten ist er ein neuntelmal so hell usw. Mit anderen Worten ist das gesamte Licht der Sterne einer Entfernung stets gleich, so daß in einem unendlichen Universum der Himmel in einem Licht erstrahlen sollte, das durch die Summe einer unendlichen Reihe konstanter Glieder gegeben ist. (Wir nehmen hier an, daß die Sterne punktförmige Lichtquellen sind und dem Licht der anderen Sterne nicht im Weg stehen. Wenn sie es tun, sollten wir immer noch einen gänzlich hellen Himmel haben.)

Man weiß nicht, wer dieses Paradoxon als erster erkannt hat, aber Halley sagte, er habe jemanden, den er nicht nannte, davon sprechen hören. David Gregory wurde als möglicher Kandidat vorgeschlagen, denn wir wissen, daß er 1694 mit Newton über die von Bentley aufgeworfenen kosmologischen Probleme diskutierte und später darüber in einem eigenen Buch schrieb. Vielleicht ist William Stukeley ein besserer Kandidat. Halleys Paradoxon wurde, wie wir noch sehen werden, lange H. W. M. Olbers zugeschrieben, aber Olbers' Formulierung kam über ein Jahrhundert später.

Das 18. Jahrhundert

Indem sie aus der Perspektive eines Betrachters am Ende des 19. Jahrhunderts auf die Geschichte der Astronomie im 18. Jahrhundert zurückblickte, schreib Agnes Clerke, diese habe „im allgemeinen einen gleichförmigen und logischen Verlauf genommen". Sie sah das Zeitalter Newtons als eines, das fast genau 100 Jahre dauerte und 1787 endete, als Laplace vor der Französischen Akademie die Ursache einer Akzeleration in der Mondbewegung erklärte. Die einzige Anomalie war in ihren Augen der Aufstieg von William Herschel, dessen Arbeit den Lauf der späteren Ereignisse so stark beeinflußte, dessen Ausgangspunkt aber nicht die newtonsche Dynamik war.

Es läßt sich viel zugunsten dieses Berichts sagen, aber seine Sicht war zu eng. Es waren andere Kräfte am Werk, andere Motive, Astronomie zu betreiben, als der Wunsch, nur das monumentale System der *Principia* zu erweitern. Viele bedeutende Entdeckungen wurden bei Ausübung der Astronomie in vollkommen traditioneller Weise, aber mit neuen Instrumenten und von neuen Köpfen gemacht. Es gab ein immerwährendes Verlangen nach neuen teleskopischen Entdeckungen, und selbst wenn Herrschel hervorragte, war er doch nicht allein. Die Astronomie war nicht mehr Pflichtfach wie bisher im universitären Lehrplan der Künste, war aber ein Thema von fast kultischem Interesse (umherreisende Lehrer waren sehr gefragt). Ohne Astronomie hielten feine Leute ihre Kinder nicht für ordentlich ausgebildet, was neue Arten populärer Literatur und Lehrmittel zur Folge hatte. Es gab natürlich einfache Fernrohre und Globen – Erd- und Himmelsgloben waren üblicherweise gepaart –, und einfache Orrery-Planetarien [nicht zu verwechseln mit den modernen Projektions-Planetarien] wurden schließlich etwas Alltägliches. (Diese beweglichen Modelle des Sonnensystems wurden nach Charles Boyle, Earl of Orrery, benannt, der zufällig ein besonders schönes Examplar bestellte.) Die Orrery-Tradition führte auf volkstümlichem Niveau eine Tradition fort, die durch die Jahrhunderte des Baus astronomischer Uhren zu den Planetenmodellen der Antike reichte.

Eine Literaturgattung, die eine neue Beliebtheit erlangte und keine Spezialkenntnisse erforderte, war die Naturtheologie, der Versuch, aus der Natur und speziell aus der Harmonie des Kosmos auf die Existenz und die Eigenschaften Gottes zu schließen. Eines der einflußreichsten Bücher dieses Genres war die *Astrotheologie* (1714) von William Derham (1657–1735). William Paley (1743–1805) verdankte ihm viel in seinen noch einflußreicheren Schriften gegen Ende des Jahrhunderts. Paleys *Naturtheologie* (1802), sein bestes Buch, verdeutlicht den Wandel, der im Lauf des Jahrhunderts in der geistigen Atmosphäre stattfand. Für Newtons Zeitgenossen lieferte das geordnete himmlische Universum den Beweis für Gottes Existenz. Für Paley war es notwendig, biologische Überlegungen einzuführen, wenn er auch das Universum immer noch als wohlwollend ansah. Einige von Paleys Schriften waren in Cambridge Pflichtlektüre, als Charles Darwin ein Undergraduate war. Er las sie mit Vergnügen, aber in der Mitte des 19. Jahrhunderts schufen sie ein Klima, das gegen seine Evolutionstheorie arbeitete, in der ein wohlwollender Gott durch Abwesenheit glänzte. Dieser Konflikt geistiger und religiöser Belange war eines der weniger offenkundigen Vermächtnisse einer jahrhundertelangen Diskussion der kosmischen Harmonien – eine Diskussion, zu der Platon, Kepler, Newton, Leibniz und Dutzende geringerer Gelehrter beigetragen hatten.

Die Instrumentenbauer

Von einem pragmatischeren Standpunkt aus ist das 18. Jahrhundert in der europäischen Astronomie durch ein rasches Anwachsen der Zahl offizieller Observatorien charakterisiert, also Observatorien, die von Staaten, Universitäten und wissenschaftlichen Vereinigungen sowie religiösen Gruppen unterhalten wurden. Mit Ausnahme der Medizin konnte sich keine andere Wissenschaft rühmen, so viele Leute in der Forschung zu beschäftigen, wenn auch die Forschung Routinearbeit war. Die immer größere Präzision bei der Aufnahme der Himmelskoordinaten zahlte sich auf lange Sicht aus. Die Astronomie war ein kostspieliges Geschäft, aber sie erfuhr ihre Rechtfertigung in ihrem praktischen Nutzen bei der Navigation, der Vermessung und Kartierung des Landes und des Empire, und sogar noch für die Theologie, die der Menschheit ihren Platz in der Schöpfung zuweist. Staatliche Observatorien wurden Statussymbole und eine Frage des Prinzips. Sie mußten jedoch gut ausgestattet werden, und es genügte nicht mehr, ortsansässige Handwerker mit der inzwischen hochspezialisierten Arbeit zu betrauen.

Wir haben bereits gesehen, wie drastisch sich das Gesicht der Astronomie durch das Pariser Observatorium und die Anstellung Cassinis dort veränderte. Die Gründung des Greenwich-Observatoriums in England kam durch französischen Einfluß zustande, der feilich von einer ungewöhnlichen Art war. Ende 1674 machte der königliche Berater Versprechungen über Mittel für ein Observatorium, als eine der Mätressen Karls II., Louise de Kéroualle – eine Bretonin, die kurz vorher Herzogin von Portsmouth geworden war –, dem König einen gewissen Sieur de Saint Pierre empfahl. Er behauptete, die geographischen Längen „durch einfache Himmelsbeobachtungen" finden zu können.

Das Längenproblem reduziert sich auf das Finden einer universellen Uhr, die einen Vergleich lokaler Himmelserscheinungen mit dem erlaubt, was an einem Standardmeridian wie Greenwich gesehen würde. (Zum Beispiel, wenn sich die Sonne im örtlichen Meridian befindet, was wäre ihre Position von Greenwich aus gesehen? Die Antwort darauf ist ein Schlüssel zur relativen Länge.)

Eine transportable Uhr ist so eine universelle Uhr. Sie stand in einer recht zuverlässigen Form erst 1763 zur Verfügung, als John Harrison für eines seiner Chronometer einen ersten Board of Longitude-Preis erhielt. Eine weitere „Uhr" ist durch die Jupitermonde gegeben, was wir bereits erwähnt haben. Denn aus ihrer Relativlage um den zentralen Planeten kann die Zeit aus Tafeln, die an einem der großen Observatorien aufgestellt wurden, ermittelt werden.

St. Pierre hielt seine Methode zuerst geheim, doch Flamsteed und andere schlossen korrekt darauf, daß er den schnellaufenden *Mond* als Uhr benützte. (Das war nicht originell, er übernahm es wahrscheinlich von Jean Morin.) Die Royal Society wurde vom König angewiesen, die notwendigen Monddaten zu sammeln, und John Flamsteed (1646–1719) für die Mitarbeit gewonnen. Er kam zu dem Urteil, weder die Mond- noch die Sternpositionen seien gut genug bekannt, um die Methode verläßlich zu machen. Auf alle Fälle wurde der König so dazu gebracht, das Observatorium zu gründen, und er ernannte Flamsteed zu seinem „astronomischen Beobachter" mit der Aufgabe, die Tafeln der Bewegungen und Sternpositionen zum Nutzen der Navigation und Astronomie zu verbessern. Flamsteed zog im Juli 1676 in das neue Gebäude, das Sir Christopher Wren entworfen hatte. Er hatte mit seinem Architekten mehr Glück als Cassini in Paris: Claude Perraults Gebäude dort war zwar viel prächtiger, aber viel weniger zweckmäßig.

Wir haben einiges über Flamsteeds Beziehungen zu Newton und Halley erfahren. Die Vorstellung, daß Halley nach seinem Tod (im Jahr 1719) sein Nachfolger in Greenwich werden würde, hätte ihn wohl nicht entzückt, wohl aber hätte er darin Trost gefunden, daß seine Erben die Instrumente behielten, weil er sie bezahlt hatte. Flamsteed widmete während seiner ganzen Laufbahn dem Mond viel Aufmerksamkeit, aber er war ein Perfektionist in solchen fundamentalen Dingen wie die Parameter der Sonnenbewegung – Dingen, die alle anderen Astronomen als erledigt ansahen. Seine Winkelmessungen waren von beispielloser Genauigkeit, seine Fehler ein Zehntel bis gar ein Zwanzigstel von denen bei Tycho. Sein „Britischer Katalog" von 3 000 Sternen (in Band 3 seiner *Historia*) war für lange Zeit der beste.

Flamsteed hatte nicht nur die meisten Instrumente selbst zu stellen, die Zahlung seines bescheidenen Gehalts vom König war oft ein Jahr im Rückstand – seine Geschichte erinnert bisweilen an die Keplers. Auf lange Sicht gab die relativ große Investition der britischen Regierung in den Bau des Greenwicher Observatoriums den Anstoß für den Aufstieg eines Berufstandes von Instrumentenherstellern, der für den größten Teil des 18. Jahrhunderts der Lieferant von ganz Europa wurde. Die Zeiten waren vorüber, da die Berufsastronomen ihre Geräte selbst bauen konnten, obwohl sie weiterhin an der Instrumentenentwicklung Anteil nahmen; und die Hersteller waren oft passable Astronomen, die neue Instrumente aus eigener Kenntnis entwerfen konnten.

Natürlich kamen neue Entwürfe auch von anderer Seite. Nehmen wir eine wertvolle neue Idee: Roger Cotes (1682-1716), der erste Plumian Professor für Astronomie in Cambridge und Herausgeber der zweiten Auflage von Newtons *Principia*, schickte Newton den Entwurf eines Heliostaten. Dieser erlaubte, die Sonne mit einem von einem Uhrwerk getriebenen Spiegel in ein feststehendes Fernrohr hinein zu reflektieren. Das Prinzip wird immer noch angewandt. Die ersten zufriedenstellenden Heliostaten im großen Maßstab folgten einem Design von Jean Foucault. Der erste große Heliostat wurde am Mount Wilson Solar Observatory gebaut (von 1903 an). Ein berühmtes neues Exemplar ist der am Sacramento Peak in New Mexico und ein weiteres der am Kitt Peak National Observatory in Arizona, wo es möglich ist, mit *einem* oberen Spiegel auszukommen, indem man das Sonnenlicht die Polarachse hinunter reflektiert.

George Graham (etwa 1674 bis 1751) war einer der ersten Spezialhersteller, die Geräte führten, die fast alle Aspekte der Observatoriumsausstattung abdeckten – Mauerquadranten, Durchgangsinstrumente (Passageninstrumente), Zenitsektoren, astronomische Regulatoren (Präzisionsuhren) und vieles mehr. Graham lebte eine Generation später als Flamsteed, und sein erstes großes Instrument war ein großer Quadrant für Halley im Jahr 1725. Graham war als Uhrmacher bekannt, der durch den Halley-Quadranten viel Publizität erlangte. Dessen Ruf verbreitete sich, nachdem ihn Robert Smith in seinem weithin gelesenen Lehrbuch der Optik beschrieben und gelobt hatte. Die Idee eines (gewöhnlich) an einer festen, in der Meridianebene liegenden Wand installierten Quadranten war freilich nicht neu, aber Graham fügte ein zentrales Fernrohr und eine Achse in der Form eines Doppelkegels hinzu, die sein Werk allem Vorherigen weit überlegen machten. Das Design wurde bald Standard. Graham war es, der zwei hauptsächliche technische Verbesserungen an der (Pendel-)Standuhr vornahm, die sie als astronomischen Regulator akzeptabel machte: das Quecksilber-Kompensationspendel und die ruhende Hemmung.

Grahams Ruhm zog großen Nutzen aus einer der wichtigsten astronomischen Entdeckungen der Zeit, die von James Bradley (1693–1762) gemacht wurde. (Bradley folgte Halley als Astronomer Royal, aber erst viel später nach Halleys Tod.) Man dachte seit langem, die Sterne müßten aufgrund der im Lauf eines halben Jahres veränderten Erdposition eine parallaktische Verschiebung zeigen. 1669 versuchte Hooke die Verschiebung zu messen, hatte aber keinen Erfolg. 1725 machte Samuel Molyneux, ein reicher Amateur, sorgfältige Messungen am Stern γ Draconis, indem er einen sehr langen (24 Fuß) Zenitsektor benutzte, ein Teleskop, das zur Winkelmessung in einem kleinen Bereich um den Zenit gedacht ist, wo die Refraktion zu vernachlässigen ist. Mit Bradleys Hilfe beobachtete er tatsächlich Verschiebungen, aber sie waren zu groß und lagen *in der falschen Richtung*, wenn es am Ende auch offenbar wurde, daß sie einem *jährlichen Zyklus* folgten.

Bradley übernahm die Beobachtungen und erweiterte 1727 seine Arbeit unter Benutzung eines kleineren Zenitsektors von Graham auf andere Sterne. Er versuchte es mit mehreren Hypothesen, aber es heißt, er sei erst bei einer Bootsfahrt auf der Themse auf die richtige gestoßen, als er die Richtungsänderungen des Wimpels an der Mastspitze beobachtete. Die Verschiebungen in der Sternposition waren seiner Meinung nach auf die Änderungen im Zusammenspiel der Bahngeschwindigkeit der Erde und der großen, aber endlichen Geschwindigkeit des vom Stern einfallenden Lichts zurückzuführen. Die Geschwindigkeit des Lichts war mach Ole Rømer näherungsweise bekannt, und das galt auch für die der Erde. Die Erklärung paßte exzellent mit seinen Beobachtungen überein, und so wurde die Entdeckung der „Aberration des Lichts" 1729 der Royal Society gemeldet.

Die Bekanntgabe war doppelt wichtig, denn Bradley konnte eine äußerst mächtige Negativaussage über die Sternparallaxen machen. Wären sie so groß wie eine Bogensekunde gewesen, wäre er in der Lage gewesen, sie zu registrieren. Die Sterne waren offensichtlich viel weiter entfernt, als man allgemein angenommen hatte. (Die Parallaxe von γ Draconis beträgt tatsächlich weniger als eine fünfzigstel Sekunde.) Eine dritte Implikation seiner Arbeit war, daß sich die Erde relativ zu dem durch die entfernten Sterne gegebenen Rahmen bewegt, oder um die Sonne, wie die gewöhnliche Interpretation gelautet hätte. Diese „kopernikanische" Folgerung hätte wohl mehr Beachtung gefunden, wäre sie nicht bereits so weithin akzeptiert gewesen.

1727 bemerkte Bradley, daß die Deklinationen gewisser Sterne zu schwanken schienen. Fünf Jahre später fand er eine Erklärung: Die Erdachse neigt sich als Folge der Mondanziehung auf ihre äquatoriale Ausbuchtung. Aus dieser [astronomischen] Nutation resultiert eine scheinbare Verschiebung der Sterne, so daß jeder eine winzige Ellipse um seine wahre (mittlere) Position beschreibt, und zwar innerhalb von etwa 18,6 Jahren – der Periode der Mondknoten. Die Nutation, wie er den Effekt nannte, wurde mit demselben Instrument entdeckt wie die Aberration.

Bradley drückte Graham seinen Dank in den höchsten Tönen aus, und damit begann Grahams florierender, europaweiter Instrumentenhandel mit dem Zenitsektor. War vorher der französische tragbare Quadrant in Mode gewesen, waren jetzt Zenitsektoren der neueste Schrei, obgleich sie für die meisten Arten der Routinebeobachtung völlig ungeeignet waren.

Als Pierre Louis Moreau de Maupertuis (1698–1759), der von der französischen Akademie der Wissenschaften finanziell gefördert wurde, die berühmte Lappland-Expedition von 1736 leitete, die die Kontroverse über die Gestalt der Erde beilegte, war das Hauptinstrument einer von Grahams Zenitsektoren. Dies war eine bedeutende Episode, insofern es viele Franzosen zu Newtons Prinzipien konvertieren ließ. Zwei Generationen exzellenter astronomischer Beobachter, die in der Pariser Schule der Cassini-Familie ausgebildet waren, hatten den Kern einer antinewtonschen Naturphilosophie gebildet, und die allgemeine Auffassung dort war, daß die Erde eher eine gestreckte als eine abgeplattete Kugel sei – gewissermaßen eher ein Rugby-Ball als eine abgeflachte Orange. Expeditionen wurden nach Peru und nach Lappland geschickt, um dort jeweils einen geographischen Längengrad für einen Vergleich mit dem in Frankreich gewonnenen Ergebnis auszumessen. Nach einer schwierigen Expedition, zu der ein Schiffbruch auf der Rückreise gehörte, und einer langen Zeitspanne, während der die Beobachtungen auszuwerten waren, gab Maupertuis die Entscheidung zugunsten Newtons bekannt. Voltaire, einer von Newtons wenigen Anhängern in Frankreich, gratulierte ihm, sowohl die Pole als auch die Cassinis platt gemacht zu haben. Die präzise Form der Erde forderte weiterhin die praktische und theoretische Energie von vielen Wissenschaftlern heraus, und einige der besten Mathematiker des folgenden Jahrhunderts – Clairaut (oder Clairault), d'Alembert, Legendre, Laplace, Gauß und Poisson zum Beispiel – widmeten dem Problem einen zentralen Platz in der Gravitationstheorie.

In England wurde die Instrumentenbauertradition von John Bird (1709–76) fortgeführt, der das zweitwichtigste englische Observatorium der Zeit, das Radcliffe-Observatorium von Thomas Hornsby (1733–1810) in Oxford, ausrüstete. Bird schrieb einen einflußreichen Artikel über die Methode, die Skalen von Instrumenten zu unterteilen. In der Mitte der 1760er hatte er große Instrumente für Greenwich, Paris, St. Petersburg, Göttingen und Cadiz gebaut. Jonathan Sisson war ein anderer Hersteller, der unter Grahams Direktion gearbeitet hatte und der Instrumente für europäische Observatorien baute.

Eines davon wurde von Le Monnier an die Berliner Akademie ausgeliehen, damit sie Beobachtungen der Mondparallaxe ergänzen konnten, die von Lacaille am Kap der guten Hoffnung durchgeführt worden waren.

Später im Jahrhundert war Jesse Ramsden (1735–1800) der hervorragende Hersteller – zu seinen Kunden zählten zum Beispiel Piazzi und Zach. Ramsden belieferte viele europäische Observatorien mit achromatischen Teleskopen, die mit fein unterteilten Skalen ausgestattet waren, die mittels von ihm entwickelten Mikrometer-Mikroskopen abgelesen wurden. Giuseppe Piazzis „Palermo-Kreis" (ein 1,5 m-Refraktor in einer Altazimut-Montierung) war sein berühmtestes Instrument. Es bewies bald der ganzen Welt, daß Eigenbewegungen der Sterne (s. 263) eher die Regel als die Ausnahme sind, und es lieferte Indizien für die außergewöhnliche Stabilität und Genauigkeit, die mit einem guten Instrument erreicht werden konnte.

Es wäre töricht, so zu tun, als wäre dieses Gewerbe ökonomisch ebenso bedeutend wie das Londoner Uhrhandwerk gewesen, auch sollten wir die rasche Expansion des Geschäfts mit Sextanten für die astronomische Navigation nicht vergessen. Ramsden hatte zum Beispiel 1789 mit einer Belegschaft von 60 Handwerkern 1 000 Sextanten gefertigt, von seiner übrigen Arbeit ganz abgesehen. Die astronomischen Methoden der Navigation haben ihre eigene Geschichte, aber es sei hier erwähnt, daß Bradley 1756 dem Board of Admirality berichtet hat, daß die neuen Mondtafeln des Göttinger Astronomen Tobias Mayer (1723–62) geographische Längen mit einer Genauigkeit von einem halben Grad liefern sollten. (Im Gegensatz zur Länge ist die geographische Breite leicht zu finden. Mayer benützte übrigens einen Bird-Quadranten.) Nach Erprobungen auf See entschied Bradley, daß dies überzogen sei, aber nachdem er Mayers Tafeln korrigiert hatte, meinte er, eine Genauigkeit von mindestens einem Grad könne erzielt werden.

Zu allen Zeiten hatte jedes Land im einen oder anderen Sinn seine Instrumentenbauer, aber bisher war deren Einfluß gewöhnlich strikt lokal gewesen. Die Londoner Hersteller waren bemerkenswert für die Art und Weise, in der sie einen internationalen Standard und Stil der Praxis setzten. Sie taten dies mit der Unterstützung der Royal Society, in die die besten als Mitglieder gewählt wurden. Das königliche Observatorium in Greenwich bildete das dritte Eck dieses glücklichen Dreiecks. Delambre übertrieb leicht, als er schrieb, falls alles andere einschlägige Material verlorengehen sollte, würden die Greenwicher Aufzeichnungen allein für die Wiederherstellung der Astronomie genügen. Es gab damals kaum ein astronomisches Lehrbuch von Bedeutung ohne eine Beschreibung oder eine Illustration der Arbeit der englischen Hersteller. Lalandes Bücher sind berühmte Beispiele. Er hatte ein Observatorium an der École Militaire, das mit einem Bird-Quadranten ausgestattet war, der besser war als alles, was damals am Pariser Observatorium anzutreffen war, obwohl es mit viel größerem Aufwand finanziert wurde.

Birds Freund George Dixon nahm zusammen mit Charles Mason einige seiner Instrumente auf die bereits erwähnte Reise, die mit Beobachtungen des Venusdurchgangs von 1761 am Kap der guten Hoffnung endete. Ihre Beobachtungen machten das Kap zu einem der am besten vermessenen Orte der Welt. Zwei Jahre später vermaßen sie die Grenze zwischen Pennsylvanien und Maryland – die „Mason-Dixon-Linie" – und lieferten dabei auch einen extrem genauen Wert für die Größe eines geographischen Breitengrades. Das waren einige Beispiele der neuen Instrumentenindustrie, die unter dem Patronat der Astronomie herangewachsen war, und im Gegenzug hob das Londoner Gewerbe die astronomischen Standards und ergänzte die neue Welle hervorragenden astronomischen Schrifttums, das im Schwange von Newtons Werk folgte. Zusammen schufen sie ein starkes internationales Gefühl für die Astronomie, und dieses hat mehr oder weniger bis auf den heutigen Tag angehalten.

Am Schluß könnte ergänzt werden, daß Premierminister William Pitt und die britische Regierung die Londoner optische Industrie mit der Einführung von Strafzöllen, zuerst auf Fenster und dann auf Glas selbst, fast zugrunde gerichtet haben. Ein weiterer Faktor war, daß Pierre Guinand, ein Schweizer Glockengießer und Glasmacher, eine neue Technik erfunden hatte, geschmolzenes optisches Glas zu rühren, um eine homogene Mischung zu erzielen. 1805 zog er nach München um, und kurz danach trat ein Assistent bei ihm ein: Joseph Fraunhofer. Fraunhofer (1787–1826), der Sohn eines Glasers und als solcher selbst ausgebildet, war ein Mann von hervorragenden technischen Fähigkeiten. Obwohl er relativ früh starb, sollte er einen dominierenden Einfluß auf die astronomische Praxis des 19. Jahrhunderts haben. Wir werden darauf noch zu sprechen kommen.

Mathematik und Sonnensystem

In der Theorie profitierte die Astronomie nach Newton stark von den sehr schnellen Fortschritten in der Mathematik. Diese gingen wiederum weitgehend auf die von Newton gelegten Fundamente zurück. Einer der würdigsten seiner frühen Anhänger war der schottische Mathematiker Colin Maclaurin (1698–1746), der das Gleichgewicht von Ellipsoiden (wie der Erde) und die Gezeiten untersuchte. Die britischen Mathematiker waren leider Newton gegenüber oft zu loyal, wenn sie an gewissen Techniken festhielten, die Mathematiker vom Kontinent bereits vervollkommnet hatten, und die Führung ging bald auf das Festland über. Der Basler Mathematiker Leonhard Euler (1707–83) war einer, der eigentlich jeden Zweig der Mathematik seiner Zeit voranbrachte, ob es sich nun um reine oder angewandte Mathematik handelte. Immer wieder gewann er mit seiner Arbeit Preise der Pariser Akademie der Wissenschaften. Ohne praktische Anwendungen im Auge zu haben, bescherte er der Astronomie einige ihrer nützlichsten Verfahren; zum Beispiel in der Theorie der Instrumentenfehler, ferner die Bestimmung der Umlaufbahnen – ob von Planeten oder Kometen – aus ein paar Beobachtungen oder Methoden zum Auffinden der Sonnenparallaxe. Das Problem des Mondperigäums war ein würdiger Test seiner Fähigkeiten.

Aus den Newtonschen Prinzipien hatten Clairaut und d'Alembert einen Wert von etwa 18 Jahren für die Umlaufsdauer des Mondperigäums, des erdnächsten Punktes seiner Umlaufbahn, abgeleitet. (Dies sollte nicht mit der Periode von 18,6 Jahren für die Mond*knoten* verwechselt werden.) Aus Beobachtungen wußte man, daß die Zahl nur etwa halb so groß ist, und Euler und andere dachten lange, die einzige Abhilfe sei eine Anpassung des Newtonschen Gravitationsgesetzes. 1749 fand Clairaut in der Näherungsmethode, die alle übernommen hatten, einen Fehler. Euler stimmte anfangs nicht zu, was zur Folge hatte, daß er eine Abhandlung über die Mondtheorie schrieb, die alles Vorige überstrahlte. Diese *Theoria motus lunae exhibens omnes eius inequalitates* (Theorie der Mondbewegung, die alle seine Störungen zeigt) wurde 1753 veröffentlicht und enthielt eine Methode für eine Näherungslösung des Dreikörperproblems (hier des Problems des Sonne-Erde-Mond-Systems). Diese Arbeit macht von einer neuen Technik Gebrauch, die sich für die künftige mathematische Astronomie und Physik als von enormem Wert erweisen sollte: die „Methode der Variation der Elemente". Unmittelbar tröstend war, daß Clairaut und er bewiesen hatten, daß die Newtonsche Gravitation und Dynamik diesen strengen Test bestanden.

Euler verwandte viel Energie auf das Dreikörperproblem und das Problem der Störung der Planetenbahnen, was ganz ähnlich ist. Seine größte Arbeit zur Mondtheorie erschien 1772 – sie war über ein Jahrhundert lang nicht richtig gewürdigt worden, als sie dann von dem New Yorker mathematischen Astronomen G. W. Hill (1838–1914) vor dem Vergessen bewahrt und weiter entwickelt wurde. (Hill war die führende Person auf diesem Gebiet. Er scheint gerade die entgegengesetzten Schwierigkeiten wie Kepler und Flamsteed gehabt zu haben, denn er bestand darauf, sein Gehalt der Columbia Universität *zurückzuzahlen*.)

Eines der schwierigsten Probleme, die sich den mathematischen Astronomen des 18. Jahrhunderts stellten, und eines, das ein steter Ansporn zum Fortschritt war, betraf wieder eine Störung in der Mondbewegung. Die mittlere Bewegung des Mondes – gemittelt über einen Zeitraum vernünftiger Länge (sagen wir eher ein Jahrhundert als ein Jahrtausend) – ist, über sehr viel größere Zeiten genommen, nicht konstant, sondern *beschleunigt*. Edmond Halley hatte um 1693 als erster diesen Verdacht; er hatte antike Eklipsenaufzeichnungen mit dem verglichen, was sich aus den besten modernen Tafeln für dieselben Ereignisse ergab. 1749 belebte Dunthorne das Thema neu und fügte weitere antike Daten hinzu, um Halleys Verdacht zu bestätigen. Die Beschleunigung war extrem klein und in der Tat ein Maß für die zunehmende Genauigkeit in der Astronomie: Dunthorne setzte sie auf nur 10″ pro Jahrhundert fest, und andere (wie Mayer und Lalande) kamen später im Jahrhundert auf Zahlen zwischen 7″ und 10″. Aber was war ihre physikalische *Ursache*? Die Pariser Akademie lobte 1770 einen Preis für eine Lösung aus, den Euler zusammen mit seinem Sohn Johann Albrecht bekam. Sie waren jedoch der Auffassung, sie hätten bewiesen, daß die stetige („säkulare") Beschleunigung nicht mit Newtonschen Gravitationskräften erklärt werden könne.

Wieder gab es so etwas wie eine Krise in der Newtonschen Wissenschaft, und das Thema wurde für den Akademiepreis von 1772 vorgeschlagen. Dieser wurde Euler und Lagrange zusammen verliehen.

Joseph Louis Lagrange (1736–1813) wurde in eine italienische Familie französischer Abstammung in Turin (Italien) geboren. (Sein französischer Name stellt nur die letzte Version einer beständig variierenden Größe dar.) Bevor er zwanzig war, zog er durch seinen Briefwechsel mit Euler die Aufmerksamkeit auf seine mathematischen Talente. Indem er in den 1760ern Eulers Anleitung folgte, führte er einige eigene brillante und originelle Methoden in die Untersuchung der Mondbewegung und in eine weitere über die Störungen von Jupiter und Saturn ein, was ihm den Pariser Akademiepreis von 1766 und viel Ruhm einbrachte. Dank der Freundschaft d'Alemberts mit Friedrich II. von Preußen wurde für ihn eine Stellung in Berlin gefunden. Euler, der gerade den Posten in Berlin für einen in St. Petersburg aufgab, schaffte es nicht, Lagrange zum Mitkommen zu überreden. In Berlin hatte Euler mehrere anregende Kollegen, darunter Johannes Lambert, dessen kosmologische

Ideen wir kurz erwähnen werden. Seine ungeheuren mathematischen Talente wurden bald für alle offenbar. 1772 teilte er sich mit Euler den Akademiepreis für ein Essay über das Dreikörperproblem, das heißt, über die Mondbewegung. Euler behauptete in seinem Aufsatz jetzt, die Gravitation könne keine Erklärung für die säkulare Beschleunigung des Mondes liefern, vielmehr müsse es eine Art Ätherflüssigkeit im Weltraum geben, die der Bewegung von Mond und Erde Widerstand böte. Lagrange gab eine neue Lösung des Dreikörperproblems, erklärte aber nicht die säkulare Beschleunigung.

1774 wurde der Akademiepreis wieder für eine Lösung ausgeschrieben, und wieder hatte Lagrange Erfolg, und zwar mit einer Berechnung, wie die *Form* des Mondes seine Bewegung – und in ähnlicher Weise die der Erde beeinflußt. Immer noch konnte er keine Erklärung für die säkulare Beschleunigung geben, und in einer Untersuchung des historischen Beweismaterials nannte er sie eine zweifelhafte Idee, von der man Abstand nehmen sollte.

Die Serie der Akademiepreise zog auch weiterhin Arbeiten höchster Qualität an, aber Lagrange war die Zwänge leid, die sie seiner Arbeit setzten, und zog es vor, unabhängige Denkschriften zu verfassen. Seine letzte Eingabe war für den Preis von 1780, den er mit einer bedeutenden Studie über die Störung von Kometenbahnen durch die Wirkung von Planeten gewann. Er steuerte mehrere zusätzliche Denkschriften großen Werts über die Newtonsche Planetentheorie bei. 1787 nach Paris gebracht, schaffte er es, die turbulenten Jahre der Revolution zu überleben. Er wurde ein Mitglied des Büros für Längen und konnte bei den praktischen Erfordernissen der Astronomie helfen, wie bei der Erstellung von Ephemeriden – womit er in Berlin Erfahrungen gesammelt hatte. Er wurde von Napoleon geehrt, und als er 1813 starb, wurde seine Grabrede im Pantheon von Laplace gehalten, der damals das Problem gelöst hatte, das sich ihm und anderen so lange entzogen hatte.

Pierre Simon Laplace (1749–1827) wurde in der Normandie geboren, wo er an der Universität Caen studierte, bevor er sich 1768 mit einer Empfehlung an d'Alembert in der Tasche nach Paris aufmachte. Innerhalb von fünf Jahren hatte eine brillante Reihe mathematischer Artikel seine Wahl in die Pariser Akademie der Wissenschaften zur Folge. Er schrieb über die Integralrechnung, die Himmelsmechanik und die Wahrscheinlichkeitstheorie. Die Arbeiten, die ihm den meisten Ruhm eingebracht haben, handeln von den letzten beiden Bereichen. Aufeinanderfolgende Bände seiner *Mécanique céleste* (Himmelsmechanik) erschienen zwischen 1799 und 1825 und machten wie seine bedeutenden Schriften über Physik viel von einer Anzahl mathematischer Techniken Gebrauch, die er selbst entwickelt hatte und die unter seinem Namen immer noch viel verwendet werden.

Laplace war nicht darüber erhaben, sein unvergleichliches Genie herauszustreichen, und verlor damit viele Freunde. Aber er war sich auch der Notwendigkeit bewußt, die mathematischen Wissenschaften einem größeren Publikum zugänglich zu machen. Eines seiner beliebtesten Bücher war seine außerordentlich gut lesbare *Exposition du système du monde* (Darstellung des Weltsystems, 1796 und spätere Auflagen), die ein sehr weites Spektrum kosmologischer Fragen behandelte. Seine Arbeit in der mathematischen Astronomie erreichte während der Revolutionszeit in Frankreich ihren Höhepunkt, und er konnte auf die Strukturierung des geistigen Lebens auf allen Stufen großen Einfluß ausüben. Während der Kaiserzeit wurde er vielfältig von Napoleon geehrt, mit dem er astronomische

Angelegenheiten besprach – in einem Fall angeblich sogar auf dem Schlachtfeld. Es waren jedoch die zurückkehrenden Bourbonen, die ihn schließlich zum Marquis machten.

Als Laplace sich anschickte, die mögliche Beschleunigung in der Mondbewegung zu untersuchen, verwarf er zunächst die Behauptungen der Skeptiker, daß das historische Beweismaterial unzuverlässig sei. Er verwarf des weiteren eine angebotene Lösung, der Effekt sei nicht mehr als eine Illusion, die durch die Abbremsung der Erdrotation aufgrund der Reibung, zum Beispiel durch die Winde, verursacht werde. Warum, so fragte er sich in diesem Fall, nimmt die mittlere Bewegung der Planeten nicht auch zu? Eulers Vorstellung einer Ätherflüssigkeit wies er aus Mangel an unabhängigen Indizien zurück. Kurzum, er sah sich dem Problem gegenüber, wie es sich schon drei Generationen vorher gestellt hatte.

Aber er konnte es dennoch nicht lösen, und so kam es, daß er Newtons Gravitationsgesetz zu modifizieren suchte. Es war allgemein angenommen worden, daß die von einem Körper auf den anderen ausgeübte Gravitationskraft ohne Zeitverzögerung wirkt. Aber was wäre, wenn sie eine endliche Zeit brauchte? Laplace zeigte, daß dies eine säkulare Beschleunigung des Mondes zum Ergebnis haben könnte, aber nur dann, wenn die Übertragungsgeschwindigkeit der Gravitation mehr als achtmillionenmal so groß wie die Lichtgeschwindigkeit wäre. (Und wenn die säkulare Beschleunigung auf andere Weise erklärt werden *könnte*, so wies er nach, müßte die Geschwindigkeit der Gravitation das Fünfzigmillionenfache von der des Lichts betragen, um nicht andere Wirkungen zu zeitigen.)[1]

Er war mit dieser Lösung nicht glücklich, die ansonsten wie der Äther nicht offensichtlich war, gab dann aber 1787 eine viel akzeptablere Alternative. Er hatte entdeckt, daß sich die Form der Erdbahn änderte. Tatsächlich nahm die Exzentrizität der Ellipse ab, und er konnte dies mit der allmählichen Verkürzung der Monatslänge in Verbindung bringen. Die Analyse wurde durch seine Untersuchung der Bewegung der Jupitermonde ergänzt. (Jupiter geht tatsächlich in die Berechnung des Verhaltens *unseres* Mondes ein.) Er berechnete einen theoretischen Ausdruck für die säkulare Beschleunigung des Mondes, der für damals etwa 10,1816″ lieferte, was dem besten empirischen Wert nahekommt. Und er zeigte, daß sich die säkulare Änderung nach etwa 24 000 Jahren umkehren würde und der Monat länger würde.

Als Lagrange den Artikel, in dem diese Erkenntnisse mitgeteilt wurden, las, sah er seine eigene frühere Arbeit (1783) durch und fand einen Fehler, dessen Korrektur fast genau die Ergebnisse von Laplace ergab. Lange danach demonstrierte John Couch Adams (1819–92), der „Entdecker des Neptun", daß die Laplacesche Theorie den bekannten Effekt nicht ganz erklären konnte, aber lange Zeit wurde der Erfolg von Laplace als Gipfel der dynamischen Astronomie angesehen.

Laplace hatte noch viele andere Ergebnisse in der Gravitationstheorie vorzuweisen. Zum Beispiel fand er eine Beziehung zwischen der Erdgestalt und gewissen Unregelmäßigkeiten in der Mondbewegung, und er führte die Erdrotation in die Gezeitentheorie ein. Eine seiner größten Errungenschaften war die Erklärung gewisser Schwankungen in den Umlaufsgeschwindigkeiten von Jupiter und Saturn: Er fand, daß sie aus einer seltsamen

[1] Anm. d. Übers.: Die Laplaceschen Ergebnisse befremden, geht man doch heute davon aus, daß sich physikalische Wirkungen (also auch die Gravitation) höchstens mit Lichtgeschwindigkeit ausbreiten.

Beziehung zwischen den Umlaufszeiten der Planeten folgten, indem die fünffache Jupiterperiode ziemlich genau der zweifachen Saturnperiode entspricht. Einer seiner größten Erfolge schien aber ein Thema zu berühren, das denen, die die Astronomie mit der Naturreligion zu verbinden versuchten, am Herzen lag. Das war seine Arbeit über die Stabilität des Sonnensystems. Wird dieses ohne Eingriffe eines göttlichen Uhrmachers ewig weiterlaufen? Leibniz hatte Samuel Clarke die Unvollkommenheit eines Newtonschen Universums vorgeworfen, das nach seinen Worten von Zeit zu Zeit aufgezogen werden müsse, was Gott zu einem schlechten Handwerker abstempeln würde.

Laplace machte von Lagranges Methode, Variationen in die sechs Bahnelemente eines Planeten (Exzentrizität, Richtung des Aphels und weitere Parameter, die die Bahn definieren) einzuführen, viel Gebrauch und konnte 1773 beweisen, daß selbst dann, wenn die Elemente eines Planeten durch einen anderen gestört werden, sich seine mittlere Entfernung von der Sonne nicht wesentlich ändert, und das über Jahrtausende hinweg. Im Lauf der nächsten paar Jahre ließ er kompliziertere Theoreme folgen, die die Entfernungen, Exzentrizitäten und Winkel der Bahnebenen verknüpften. Und wieder schienen diese in dieselbe Richtung zu deuten: Das Sonnensystem ist hochstabil. Er zeigte, daß es im Sonnensystem eine Ebene gibt, um die das ganze System schwingt. In neueren Untersuchungen wurden die Reibungseffekte der Gezeiten berücksichtigt, und wieder war es nötig, die Behauptungen von Laplace einzuschränken. Allerdings bleibt das Skelett seiner Analyse bestehen – ein bemerkenswertes Zeugnis der Erfolge von Newtons Nachfolgern in dem seinem Tod folgenden Jahrhundert.

Bewegungen der Sterne

Mit seltenen Ausnahmen wurden die Sterne vor dem 18. Jahrhundert als – zumindest relativ zueinander – fest angesehen. Hipparchos' Entdeckung der Präzession erbrachte nur, daß die Katalogverfasser *allen* ekliptischen Längen eine vom Datum abhängige Konstante hinzuaddieren mußten. Ptolemäus' Katalog von über tausend Sternen wurde in dieser einfachen Weise wiederholt überarbeitet, und selbst als alternative Kataloge entworfen wurden – von Ulug-Beg, Tycho Brahe, Hevelius, Flamsteed und den übrigen –, lag immer die Annahme der inneren Konstanz zugrunde. Das „Neue-Stern-Phänomen", das Tychos Ruhm mitbegründen half, führte zu keiner Änderung dieser Ansicht. Die Situation änderte sich jedoch mit Halleys Entdeckung, daß sich zumindest einige Sterne in relativer Bewegung befinden.

Die Laufbahn von Edmond Halley (1656–1743) war so eng mit denen von Newton, Flamsteed und anderen führenden Figuren seiner Zeit verbunden, daß man ihn leicht nur als deren Trabanten behandelt, aber er war ein Mann großer Originalität, und seine Beiträge zur Astronomie waren substantiell. Wir sind schon seiner Testfrage begegnet, warum der Himmel, wenn das Weltall unendlich und mit einer gleichmäßigen Verteilung von Sternen gefüllt sei, nicht vor Licht erstrahle. Er brachte Ausgaben und lateinische Übersetzungen von Apollonios und Menelaos heraus. Bei der Analyse von Kometenbahnen entschied er, daß die Kometen von 1531, 1607 und 1682 ein und dasselbe Objekt seien und daß dieses

Bild 14.1 Abbildung des Halleyschen Kometen auf einem Abschnitt des Wandteppichs von Bayeux. Der Teppich feiert den angeblich vom Kometen angekündigten Sieg (1066) der Normannen über den englischen König Harold. *(The Mansell Collection)*

– er zog eine Störung durch den Jupiter in Betracht – im Dezember 1758 wiederkehren würde. Das war so, aber er sah es freilich nicht.

Es versteht sich fast von selbst, daß der Halleysche der bekannteste aller Kometen ist, und das nicht nur, weil er zur Bestätigung der Newtonschen Wissenschaft diente. Er ist mit dem bekanntesten Datum der englischen Geschichte (1066) verknüpft, denn er erschien Wilhelm dem Eroberer, der ihn als gutes Omen für einen Sieg über England nahm. Er ist auf dem Wandteppich von Bayeux abgebildet (Bild 14.1). Die Kometen waren seit der Antike mit dem Untergang von Fürsten in Zusammenhang gebracht worden. Er gab 1910 eine spektakuläre Vorstellung. 1985-6 kehrte er wieder, blieb aber weit hinter den Erwartungen zurück.

Als ein praktischer Mann verfaßte Halley gleichermaßen Schriften über das Kanonenwesen oder Rententabellen wie über die Eigenschaften dicker Linsen. 1676 machte er im Alter von zwanzig eine Schiffsreise nach St. Helena vor der afrikanischen Küste, um die südlichen Sterne zu katalogisieren. Zwischen 1698 und 1700 war er als Kapitän auf einer Atlantikfahrt, bei der es zu einer Meuterei kam. Wie wir bereits gesehen haben, kartierte er die magnetische Mißweisung (Deklination) mit dem Ergebnis, daß er eine einfallsreiche Theorie der Erdstruktur entwickelte. Er war vierundsechzig, als er schließlich Flamsteed als Astronomer Royal folgte. Sofort setzte er ein Programm zur Beobachtung von Sonne und Mond über einen 18-Jahres-Zyklus in Gang, und er erlebte den gesamten Zyklus.

Halleys Gelehrtentalent half ihm bei einem seiner größten Erfolge – einem Erfolg, der seinen Instinkt im Rückblick als ebenso wichtig erscheinen läßt wie seine Statistik. In einem Artikel von 1718 erklärte er, wie er moderne Beobachtungen mit denen der Griechen verglich. Er hatte seit etwa 1710 Sternkataloge, insbesondere die von Ptolemäus, studiert und war zu dem Schluß gelangt, daß Präzession und Beobachtungsfehler zur Erklärung der Diskrepanzen nicht genügten. Er war davon überzeugt, daß eine südliche Bewegung der hellen Sterne Aldebaran, Arcturus und Sirius bewiesen sei, daß es bei den schwächeren Sternen „Eigenbewegungen" gebe und daß diese offenbarer wären, wären die Sterne nicht so weit entfernt.

Jacques Cassini (1677–1756) bestätigte 1738 Halleys Behauptung. Er konnte eine Positionsverschiebung des Arcturus sogar auf Grund einer modernen, von Jean Richer (1632–96) 1692 in Cayenne durchgeführten Messung feststellen – sie war natürlich viel genauer und sicherer als die von Ptolemäus. Cassini behauptete, dies sei wirklich eine wahre Eigenbewegung des Arcturus und nicht die Folge einer Verschiebung in der Ekliptik, da die schwachen Sterne in der Nähe davon nicht betroffen seien. (Viele Jahre früher hatte Cassini seine Verärgerung über Halley zum Ausdruck gebracht, der einen Fehler in seiner Behauptung, die Parallaxe des Sirius gemessen zu haben, gefunden hatte.)

Die Entdeckung der Eigenbewegungen der Sterne öffnete in der Astronomie eine völlig neue Perspektive für ernsthafte Diskussionen. Sternparallaxen waren bis dahin bei keinem direkten Vorstoß festgestellt worden. Aber daß die Sterne, von der Erde aus gesehen, verschiedene Bewegungen haben, schien die Vermutung mehrerer Autoren des späten 16. und 17. Jahrhunderts zu bestätigen, daß die Sterne im ganzen Raum *verstreut* liegen. Ob der Weltraum dabei endlich oder unendlich ist, war eine andere Frage. Die beobachteten Bewegungen können nun im Prinzip durch die Bewegung der Erde oder durch Bewegungen der Sterne selbst zustandekommen. Zur Idee, daß sich nur das Sonnensystem bewege und zwar durch ein System von Sternen in gegenseitiger Ruhe, meinte Bradley damals, als er die Nutation meldete (1748), es würde viele Zeitalter dauern, bis man aufgrund von Indizien zwischen dieser und anderen Alternativen entscheiden könne. Damit hatte er Unrecht.

Die Astronomen begannen bald ein Programm der systematischen Messung von Eigenbewegungen. Tobias Mayer publizierte 1760 in Göttingen die Eigenbewegungen von 80 Sternen, die auf einem Vergleich seiner eigenen und Lacailles Messungen mit denen von Ole Rømer aus dem Jahr 1706 basierten. Mayer stellte deutlich eine wichtige Konsequenz einer Bewegung des Sonnensystems durch die Sterne fest: Diejenigen, die ungefähr in der von uns eingeschlagenen Richtung (der Richtung des „Apex" der Sonnenbewegung) liegen, sollten sich scheinbar voneinander entfernen. Es sollte so erscheinen, als würden sie vom Apex abstrahlen. Die in der Gegenrichtung (dem „Antapex") dürften sich scheinbar näherkommen und auf den Antapex zulaufen.

Mayer konnte bei den von ihm gefundenen Eigenbewegungen kein solches Muster erkennen, aber 1783 fand William Herschel genau so ein Muster bei einer begrenzten Zahl von Sternen, die von Nevil Maskelyne (1732–1811), dem fünften Astronomer Royal, beobachtet wurden. Im selben Jahr zeigte der französische Astronom Prévost, daß Mayers Daten ein ähnliches Resultat ergaben. Herschel legte den Sonnenapex in einen Punkt im Sternbild Herkules (ein wenig nördlich des Sterns λ Herculis). Prévosts Apex lag etwa 30 Grad daneben, wohingegen Georg Simon Klügel (1739–1812) in Berlin einen Apex fand, der um nur vier Grad vom Herschelschen abwich. Insgesamt schien es, daß diese konvergierenden Ergebnisse eine bemerkenswerte Perspektive auf die Struktur des Universums im großen Maßstab lieferten.

Es schien so damals wie heute, dennoch meinten einige führende Astronomen in den ersten zwei Jahrzehnten des 19. Jahrhunderts – insbesondere Biot und Bessel –, daß das Datenmaterial eine solche Schlußfolgerung nicht rechtfertige. Später im Jahrhundert jedoch, als immer mehr Daten gesammelt waren, wurde das Ergebnis nicht nur von den besten Beobachtern in der nördlichen wie der südlichen Hemisphäre qualitativ bestätigt, sondern auch Herschels ursprüngliche Apex-Position blieb in beachtlicher Nähe zu den neu abgeleiteten Positionen. Und als dann Daten für die *Entfernungen* der Sterne erhalten wurden, deren Eigenbewegungen analysiert wurden, war es möglich, neben der Richtung auch den Betrag der Geschwindigkeit des Sonnensystems anzugeben. (Otto Struve (1819–1905) gab die Geschwindigkeit mit ungefähr 60 Millionen Meilen im Jahr an, das sind etwa 96 250 000 km pro Jahr.)

Natürlich versteht es sich von selbst, daß das Ganze nur *statistisch* auszuwerten war, da es unter den Sternen selbst Bewegungen geben kann, die nichts mit unserer Bewegung durch sie hindurch zu tun haben – und dies stellte sich dann auch heraus. Zunächst begann es als eine reine Mutmaßung, kurz vor Herschels Arbeit. Thomas Wright glaubte, wie wir noch sehen, das Sonnensystem bewege sich um einen Zentralkörper, und verschiedenartige alternative Schemata, die die Sterne und das System der Milchstraße enthielten, kamen auf, bevor Herschel zuletzt die überschäumenden Vorstellungen mit der Kälte der Beobachtung dämpfte.

William Herschel

Wenn es einen Astronomen des 18. Jahrhunderts gab, der seiner Disziplin die Richtung im 19. Jahrhundert vorgab, dann war das William Herschel. In einer Zeit, in der die Astronomie einerseits mit fortgeschrittener Mathematik verbündet wurde und andererseits zunehmend institutionalisiert wurde, scheint es paradox, daß ein Amateur, der in keiner dieser beiden Traditionen stand, dazu fähig sein sollte. Friedrich Wilhelm (er wurde später unter William bekannt) Herschel (1738–1822) wurde in Hannover geboren und besuchte England zum ersten Mal im Alter von 18 Jahren als Oboist bei den Hanoverian Guards, dem Regiment seines Vaters im britischen Dienst. Ein Jahr später floh er vor der französischen Armee, die die Guards bei Hastenbeck besiegt und seinen Vater gefangengenommen hatte, und begab sich auf Dauer nach England. Er verdiente seinen Lebensunterhalt zunächst mit dem Kopieren von Noten und Musikunterricht. Er machte sich anhand Robert Smiths berühmtem Optiklehrbuch – das wir in Zusammenhang mit Halley und Graham erwähnten – selbst mit der Astronomie und Teleskopfertigung vertraut. Und mit den Jahren erlangte er im Linsen- und Spiegelschleifen eine solche Meisterschaft, das er in den 1770ern im Besitz von Teleskopen war, die den besten im Land nicht nachstanden.

Was ihn antrieb, war keine klare Vorstellung davon, was er entdecken würde, sondern der Wunsch zu sehen, was andere sahen, noch mehr zu sehen sowie sich in einer Kunst hervorzutun, die bei der damaligen Gesellschaft in hohem Ansehen stand. Seine Ambitionen wurden mehr als erfüllt. 1782 gestand Maskelyne nach einem in Greenwich durchgeführten Vergleich ein, daß Herschels Instrument besser war als alle dort benützten.

1772 holte Herschel seine jüngere Schwester Caroline aus Hannover, und sie wurde ihm eine große Hilfe beim Schleifen und Polieren von großen Spiegeln. Sie suchte nach Kometen und fand dabei drei neue Nebel. 1787 wurde ihr vom König ein Gehalt gewährt (ihr Bruder hatte sechs Jahre zuvor eine ähnliche Belohnung erhalten). Ein Jahr später heiratete William eine junge Witwe. (Ihr Sohn John Herschel sollte fast so berühmt wie sein Vater werden.) Zwischen 1786 und 1797 fand Caroline mit ihren exzellenten Teleskopen nicht weniger als acht neue Kometen. 1798 übernahm sie die Durchsicht bei der Publikation von Flamsteeds Sternenkatalog, und nach dem Tod ihres Bruders gab sie viele seiner Werke heraus. Sie selbst lebte bis 1848, da war sie fast 98.

William Herschel wandte sich der Erforschung entfernter Sterne und Nebel zu: Eines seiner Ziele war nichts weniger als ein Plan ihrer Verteilung im ganzen Universum. 1779 hatte er den Himmel bis zu Sternen der vierten Größenklasse durchmustert, und er war bei einer zweiten Durchsicht (darüber werden wir noch zu sprechen kommen), als er am 13. März 1781 ein Objekt fand, von dem er wußte, daß es kein Stern ist. Zuerst nahm er an, daß es sich um einen Kometen handeln müsse.

Es sei erwähnt, daß Maskelyne, nachdem Herschel seine Entdeckung gemeldet hatte, deren Position relativ zu den von Herschel benannten Referenzsternen nicht bestimmen konnte. Die Sterne waren nämlich so schwach, daß das Licht des Fadenkreuzes seines Mikrometers sie unsichtbar machte; Hornsby in Oxford konnte nicht einmal das Objekt lokalisieren. Der von Herschel angegebene Durchmesser (fünf Bogensekunden) konnte ebenso wenig bestätigt werden, so schwach waren die anderen Teleskope selbst im Vergleich zu seinem bescheidenen Reflektor mit der 6,2-Zoll-Apertur. Französische Astronomen nahmen sich viel Zeit für die Bahnberechnung, aber die Daten waren kaum zu verwenden, und es wurde klar, daß Beobachtungen über einen sehr langen Zeitraum gebraucht würden, bevor die Angelegenheit erledigt werden könnte. Das geschah mehr oder weniger, als im Sommer 1781 Anders Johann Lexell (1740–84), der kaiserliche Astronom in St. Petersburg, der damals gerade London besuchte, die ersten einigermaßen akzeptablen Bahnelemente berechnete.

Die meisten Berufsastronomen akzeptierten von nun an, daß es sich nicht um die Bahn eines Kometen handelte und daß Herschel als erster in geschichtlicher Zeit einen Planeten entdeckt hatte. Herschel nannte ihn zu Ehren von Georg III., dem Hannoveraner König von England, Georgium Sidus. Andere Namen wurden vorgeschlagen. Erik Prosperin (1739–1803) von Uppsala schlug sogar „Neptun“ vor, und Lexell befürwortete „Neptune de George III“ oder „Neptune de Grande-Bretagne“. Auf Vorschlag des Berliner Astronomen Johann Bode, dem ein hannoverischer Name zweifellos zu kleinkariert erschien, einigten sich die Astronomen zuletzt auf Uranus, den Vater des Saturn und Großvater des Jupiter. In Frankreich wurde, weitgehend unter Lalandes Einfluß, „Herschelium“ favorisiert. Tatsächlich wurden für den Planeten mindestens 60 Jahre lang drei verschiedene Namen gleichzeitig verwendet, und als ein Relikt dieses Streits sind noch heute zwei verschiedene Symbole im Gebrauch.

Herschel war nun berühmt. Als Gegenleistung für gelegentliche Instruktionen und Vorführungen für die königliche Familie wurde ihm eine königliche Pension gewährt, die jedoch beträchtlich weniger als sein Gehalt als Organist in Bath betrug. Er zog von seinem alten Wohnsitz in die Nachbarschaft von Schloß Windsor, und schließlich nach Slough in

Bild 14.2 William Herschels 40-Fuß-Teleskop in Slough (rechts) und John Herschels Teleskop ähnlicher Bauart am Kap der guten Hoffnung

der Nähe. Er begann die Herstellung von Teleskopen gewerblich zu betreiben und arbeitete gleichzeitig an immer größeren Spiegeln. Der König finanzierte das größte, ein 40-Fuß-Teleskop mit einem 48-Zoll-Spiegel, der viel Mühe und Energie kostete. Der Spiegel hatte die vierfache Fläche von dem des vorhergegangenen Teleskops, das bis dahin das größte in der Welt gewesen war. Die beiden ersten Versuche waren Fehlschläge; in einem Fall wurde geschmolzenes Speculum-Metall auf den Boden verschüttet, was die Steine wie Granaten explodieren ließ. Der endgültige Spiegel wog mehr als eine halbe Tonne. Ein Team von 24 Arbeitern, die für das Schleifen und Polieren angestellt waren, lieferte bescheidene Ergebnisse, und so baute Herschel eine große Maschine, um die Arbeit abzuschließen. Nachdem der Spiegel im August 1789 fertiggestellt war, zeigte er in der zweiten Nacht seines Einsatzes einen sechsten Satelliten um den Saturn (Enceladus). Herschel hatte einen Artikel über Nebel in Druck gegeben. Er schrieb an Sir Joseph Banks, den Präsidenten der Royal Society, und bat ihn bescheiden, am Ende „P.S. Der Saturn hat sechs Monde. 40-Fuß-Reflektor." hinzuzufügen.

Das Teleskop war riesig, aber schwierig zu manövrieren und für Herschel insgesamt weniger von Nutzen als sein 20-Fuß-Reflektor. Es wurde bis 1815 benutzt, und als es am Ende im Garten von Slough zur Ruhe gelegt wurde, hielt die Familie in seinem 12-Meter-Rohr ein Requiem ab (Bild 14.2).

In den frühen 1780ern wurde Herschels Interesse an den weißen Lichtflecken am Himmel, die Nebel genannt wurden, geweckt, als er ein Exemplar von Messiers Katalog von hundert solchen Objekten erhielt. In vieler Hinsicht markiert dies den Beginn einer völlig neuen Phase kosmologischen Denkens. Um das Universum dreidimensional zu kartieren, ist eine Kenntnis der Sternentfernungen nötig, und eigentlich alles, was man über diese Entfernungen wußte, war, daß sie zu groß sind, um meßbare Parallaxen zu liefern. Unter diesen Umständen mußte man Vermutungen anstellen, wobei man deren Plausibilität mit Überlegungen beurteilte, die wenig mit der eigentlichen Astronomie zu tun haben – zum Beispiel Symmetrie- und Analogiebetrachtungen. Herschel betrat nicht als erster dieses

Gebiet, das aus zwei verschiedenen Richtungen angegangen worden war. Bei der allgemeinen Frage der möglicherweise unendlichen Ausdehnung des Universums hatten Newton und Bradley Schwierigkeiten mit dem Gravitationsgleichgewicht festgestellt, während Halley und der Schweizer Jean-Philippe Loys de Cheseaux die paradoxe Folge für die Helligkeit des Nachthimmels bemerkt hatten, wo in einem zu einfachen Bild überhaupt keine dunklen Zonen übrig bleiben. Diese abstrakten Zugänge wurden von anderen ergänzt, die von der tatsächlichen Struktur des Sternsystems ausgingen, das wir als die Milchstraße sehen.

Das griechische Wort für Milchstraße ist *galaxias*, woher unsere Worte „Galaxie" und „Galaxis" stammen. Entfernte Sternsysteme wurden erst in neuerer Zeit als Galaxien bezeichnet, als es Anzeichen auf eine Ähnlichkeit mit unserer Milchstraße gab. Der Weg zu diesem Wissen war lang und mühsam. In der Zeit vor dem Teleskop sprachen die meisten, die das Thema überhaupt anschnitten, von der Milchstraße als von einer Wolke. Allerdings sahen einige – bereits Demokrit – darin eine Zusammenballung von winzigen Sternen, die so dicht stehen, daß sie ununterscheidbar sind. Selbst nachdem Galileis Fernrohr viel davon in Sterne aufgelöst hatte, war die Struktur des *Systems* zunächst kein Gegenstand großen Interesses. Aber nachdem Wright, Kant und Lambert in der Mitte des 18. Jahrhunderts darüber geschrieben hatten, wurde es eine offene Frage, ob es nicht sogar Systeme höherer Ordnung, also Systeme von Milchstraßen, gebe.

Nebel und Sternhaufen vor Herschel

Die frühe Geschichte der Ansichten über die Nebel hat vor der Erfindung des Teleskops keine tiefgreifenden Kapitel. Ptolemäus verwendete die Beschreibungen „wolkenartig" oder "nebelig" bei sechs bis sieben Katalogeinträgen – vier davon werden heute als wahre (galaktische) Sternhaufen und der Rest als Sterngruppen klassifiziert. Da die meisten späteren bedeutenden Kataloge bis zu Tycho mehr oder weniger dem von Ptolemäus folgten, blieb die Liste eigentlich unverändert.

Tychos halbes Dutzend hatte nur einen einzigen mit den meisten Vorgängern gemein, aber er überging den Andromeda-Nebel, der in al-Ṣūfīs Liste aus dem zehnten Jahrhundert aufgenommen war. Simon Mayr verzeichnete ihn 1612, und natürlich konnte er ihn durch sein Teleskop deutlicher sehen. Er verglich ihn mit einer Kerzenflamme, die bei Nacht durch ein transparentes Horn scheint. Als Huygens 1656 im Schwert des Orion einen weiteren Nebel fand – er sollte genauso berühmt werden wie der in der Andromeda, ist aber, wie wir heute wissen, von völlig anderer Natur –, war das ihn umgebende Himmelsgebiet so schwarz, daß er dachte, er schaue durch ein Loch im Himmel in die leuchtende Region dahinter.

Die Zahl der verzeichneten Nebel wuchs nur langsam. Die Listen von Hevelius und Flamsteed zum Beispiel enthielten nur 14 bzw. 15. Nur wenige Astronomen schienen an einzelnen Nebeln großes Interesse zu zeigen.

Halley war einer derjenigen, die das taten. Er sprach davon, daß er durch sein Teleskop Lichtflecke sehe, die dem unbewehrten Auge als Sterne erschienen. In Wirklichkeit handele es sich aber um Licht, das von „einem außergewöhnlich großen Raum im Äther kommt, in dem ein leuchtendes *Medium* verteilt ist, das in seinem eigenen Licht scheint" – also ohne einen eingebetteten Stern. Er wußte von anderen, die zu scheinen schienen, weil in ihnen ein Stern war. In diesen riesigen und sehr entfernten Bereichen, bemerkte er, sei dauernd Tag. Dieser Gedanke veranlaßte ihn, Moses gegen die zu verteidigen, die den biblischen Bericht der Erschaffung der Welt kritisierten, indem sie sagten, Moses befinde sich im Irrtum, wenn er vor der Erschaffung der Sonne von Licht spreche.

Nicht alle Spekulationen waren so zurückhaltend, und als der 75jährige Geistliche William Derham (1657–1735) Material aus verschiedenen Quellen zusammsuchte und einige eigene Ideen beisteuerte, brachte er den alten Gedanken wieder an die Öffentlichkeit, die Sterne seien Öffnungen im Himmel, hinter dem sich eine hellere Region befinde. Könnte derselbe Gedanke nicht auf die Nebel zutreffen, wie Huygens bei dem im Schwert des Orion angedeutet hatte? Seine Annahme, sie seien einfach viel entfernter als die Fixsterne, entbehrte jeder Grundlage, wie Maupertuis in einer zu Recht kritischen Erwiderung sagte. Das unterstreicht auch unsere Hilflosigkeit bei der Diskussion der Leuchtkraft, solange wir über kein gesichertes Wissen bei den Entfernungen verfügen.

Als die Teleskope besser wurden, begannen die Astronomen, nach Nebeln zu suchen und als Objekte von eigener Bedeutung zu verzeichnen. Cheseaux listete 1745/46 zwanzig Objekte auf, von denen zumindest acht wahre Nebel und Sternhaufen waren, die vorher nicht verzeichnet waren. Guillaume le Gentil steuerte weitere bei, darunter den elliptischen Begleiter des (elliptischen) Andromedanebels. Lacaille, Messier und Bode fügten weitere hinzu, und doch hatten 1780 170 Jahre Fernrohrbeobachtung die Zahl der „echten" Sternhaufen und Nebel von neun auf erst 90 gebracht. Am Ende seines Programmes hatte Herschel 2 500 verzeichnet.

Allmählich wurde die Jagd nach Nebeln eine eigenständige Angelegenheit, wenn sie auch lange geringer als die Kometenjagd geschätzt wurde. Charles Messier (1730–1817), dessen Katalog Herschel 1783 zu seinem Zwanzig-Jahres-Programm zur Suche nach Nebeln veranlaßt hatte, war zuerst und vor allem ein Kometenjäger. In der Tat war er der führende Europäer in diesem Sport der 1760er. Er war ein Beobachtungsassistent am Marineobservatorium im Hôtel de Cluny in Paris. Er hatte mehr als ein Dutzend neuer Kometen in der Tasche, und es heißt, zu seinem Kummer habe ihn die Anwesenheit am Totenbett seiner Frau einen weiteren gekostet.

Messier begann seinen Nebelkatalog nur, um die Kometensuche zuverlässiger zu machen, weil Nebel und Kometen allzu leicht verwechselt wurden. Als er sich am Ende des Jahrhunderts auf die 2 000 von Herschel verzeichneten Nebel bezog, meinte er, daß das gewonnene Wissen die Aufgabe des Kometenjägers nicht vereinfachen würde. So viel zu den Prioritäten der Zeit. Er sah die alten Listen nochmals durch und entfernte viel unechtes Material daraus. Sein letzter veröffentlichter Katalog hatte 101 Einträge, und trotz seines Desinteresses an den Nebeln selbst sind die auffälligsten von ihnen immer noch oft unter ihren „Messier-Zahlen" bekannt. (Der Nebel im Schwert des Orion ist zum Beispiel M42, der in der Anromeda M31 und sein Begleiter M32.

Die Milchstraße: Von Wright bis Herschel

Newton mag von sehr allgemeinen kosmologischen Prinzipien ausgegangen sein, aber sie waren gewiß sicherer fundiert als die meisten von denen, die im 18. Jahrhundert folgten. Fast durch Zufall übernahm mit Thomas Wright (1711–86) von Durham ein Mann ganz anderer Herkunft die geistige Führung. Wright ging zuerst bei einem Uhrmacher in die Lehre, brachte sich aber im Selbststudium genügend praktische Astronomie bei, um Navigation zu lehren und als Landvermesser zu arbeiten. Letzteres brachte ihn dazu, erfolgreiche Bücher über englische und irische Antiquitäten zu schreiben, und in der zweiten Hälfte seines Lebens schlug er die Laufbahn eines Architekten ein und machte zur Astronomie keine Beiträge von Bedeutung mehr. Daß man sich in diesem Zusammenhang heute seiner erinnert, hat hauptsächlich damit zu tun, daß seine Ideen von anderen aufgegriffen und ausgebaut wurden.

1742 verfaßte Wright einen „Schlüssel zum Himmel", einen Band, der eine große (2,2 m^2) Karte des Universums erläuterte, so wie es seiner Meinung nach sein könnte. 1750 veröffentlichte er sein einflußreichstes Werk: *An Original Theory or New Hypothesis of the Universe.* Wright war darauf bedacht, eine religiöse Dimension in seine Entwürfe zu bringen. Bereits 1734 hatte er in einem Vortrag, den er mit einer seiner großen Papierkarten illustrierte, das göttliche Zentrum des Weltalls mit dem Gravitationszentrum identifiziert, um das seiner Ansicht nach die Sonne und die Sterne kreisen. Diese Bewegung, *auf die Halleys Eigenbewegungen schwach hindeuteten*, gab eine einfallsreiche Erklärung, weshalb das Universum nicht unter der Gravitation in einen einzelnen Körper kollabiert – das Problem, das Bentley beunruhigt hatte.

Die Milchstraße war in Wrights frühem Modell der Querschnitt des Universums, den wir beim Blick in Richtung des großen Zentrums sehen. Es war nicht gut durchdacht, und 1750 änderte er das Modell und setzte die Sterne (mitsamt unserer Sonne) in eine dünne Kugelschale. Wenn man von der Schale aus nach innen oder außen blickt, sieht man relativ wenige Sterne, wenn man aber in irgendeine Richtung in der Tangentialebene an die Schale blickt, sehen wir Sterne in hoher Dichte. Das war eine einfache Hypothese, die das Erscheinungsbild mehr oder weniger erklärte. (Die Milchstraße ist natürlich unregelmäßig und von ungleichmäßiger Dichte, aber das konnte einfach Irregularitäten in der Schale des Universums bedeuten.) Wie er jedoch sah, gibt es andere mögliche Modelle. Eines davon war ein flacher Ring, sozusagen ein bloßer Schnitt durch die Kugelschale. Wieder kommt die Milchstraße durch Blicke tangential zum Ring zustande, und wieder sieht man beim Blick nach innen und außen nur eine spärliche Sternverteilung, aber jetzt werden die Variationen in der tatsächlichen Milchstraße etwas besser dargestellt. Zuletzt dachte Wright, unser Universum könnte viele solche Sternsysteme enthalten, von denen jedes sein übernatürliches Zentrum hat.

Ein erhaltenes Manuskript („Genauere Überlegung") zeigt, daß er mit seinem Schema nicht zufrieden war. Er schlug nun einen unendlichen Satz konzentrischer Schalen um das göttliche Zentrum vor. Er nahm an, jede schaue von außen wie eine glühende Sonne aus, sei aber von innen von Vulkanen durchbohrt, die wir als Sterne und als Milchstraße sehen. Er glaubte, die göttliche Bestrafung bestehe darin, daß Gott die Seele von einer Schale zu einer engeren Schale befördere.

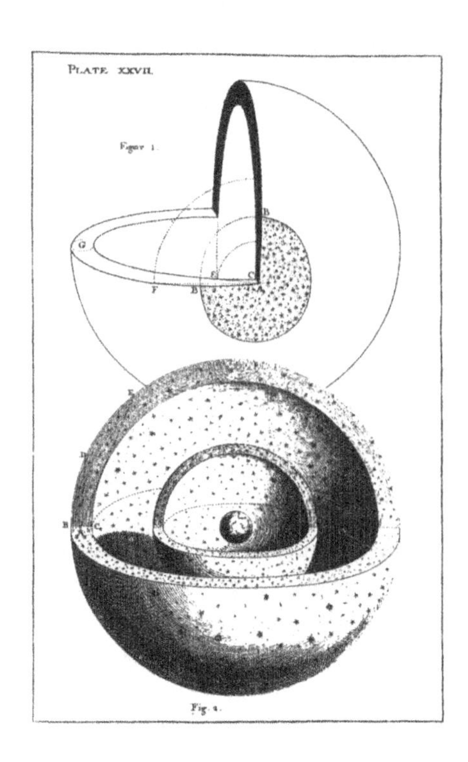

Bild 14.3 Eines von mehreren Modellen in Thomas Wrights *An Original Theory of the Universe* (1750)

Mit diesen Schemata hat Wright zumindest gezeigt, wie viele Hypothesen einer lebhaften Phantasie offenstehen und wie dürftig das Indizienmaterial war. Aber keine dieser Überlegungen scheint den großen Philosophen Immanuel Kant übermäßig beunruhigt zu haben. Kant (1724–1804) erfuhr von Wrights Buch nur durch eine Besprechung in einer Hamburger Zeitung (1751), und der Verfasser des Artikels hatte unglücklicherweise einige wesentliche Punkte mißverstanden. In seiner *Allgemeinen Naturgeschichte und Theorie des Himmels* (1755) zeigt Kant, daß er die übernatürliche Natur des Zentrums in Wrights Theorie nicht anerkannte und deshalb Wrights Ringmodell als *Scheiben*modell auffaßte. Im Hinblick auf die wackeligen Fundamente der Wrightschen Gedanken hatte dies keine großen Konsequenzen, und Kant steuerte einige neue Spekulationen zum Bestand bei.

Er dachte, die Sonne und die Planeten des Sonnensystems könnten durch Kondensation aus einer feinverteilten Urmaterie entstanden sein – wir fühlen uns an die Kartesische Theorie erinnert. Er gab eine grob qualitative „newtonsche" Erklärung an, wie solch eine diffuse Materie unter der Schwerkraft eine Scheibe bilden konnte, bevor die Kondensation stattfand, und er dachte, dieser Prozeß laufe im ganzen Universum ab. Das Universum war also für Kant eine nichtstatische Angelegenheit. Körper entwickeln sich, Sonnen kondensieren und erhitzen sich dann bis zu einem Punkt, an dem sie zu feiner Materie explodieren, innerhalb der sich der Prozeß wiederholen kann. Dieser Prozeß, dachte er, schreitet überall in einem unendlichen Raum und in einer unendlichen Zeit voran – Konzepte, die ihm in seinen späteren, sogenannten „kritischen" philosophischen Schriften viel Kopfzerbrechen bereiten sollten.

Als Johann Heinrich Lambert (1728–77) zum erstenmal seine Gedanken auf die Struktur der Milchstraße richtete – das war um 1749, wenn wir seinem Bericht Glauben schenken wollen –, hatte er von der Arbeit von Wright und Kant noch nichts gehört. Lambert betrachtete die Milchstraße eher wie Kant als eine (konvexe) linsenförmige Struktur, aber er sah die Sonne und die Sterne in ihrer Nähe als eines von vielen Untersystemen des Ganzen an. In ähnlicher Weise schlug er vor, daß unsere Milchstraße eine eines ganzen Systems von Milchstraßen sei. Im Gegensatz zu Wright und Kant war Lambert ein guter Mathematiker. Er wußte von den Schwierigkeiten, die Euler (ein späterer Kollege) und andere mit der Störungstheorie bei Jupiter und Saturn hatten, und entschied, daß im Sonnensystem Kräfte von außerhalb am Werk sein müßten. (Er versuchte später, die Bewegungen beider Planeten mit empirischen Gleichungen darzustellen, und nahm sogar einige der Ergebnisse vorweg, die Lagrange später aus theoretischen Erwägungen erhielt.) Dies unterstützte seine Vision eines hierarchischen Universums, und obwohl sie rein spekulativ ist, hat man hier ein frühes Beispiel eines Astronomen, der die großmaßstäbliche Massenverteilung im Universum in eine Analyse spezifischer *lokaler* Effekte einzuführen versucht.

Lamberts Ideen wurden im Jahr 1761 als *Cosmologische Briefe* veröffentlicht und wurden in Deutschland und im Ausland populär, da sie ins Französische, Russische und Englische übersetzt wurden. Man weiß nicht genau, wann dieses Werk Herschel unter die Augen kam, es gab jedenfalls eine weitgefächerte Diskussion der Nebel: Waren auch sie in Sterne auflösbar? Herschels Teleskope waren damals, als er in den frühen 1780ern die Nebel studierte, zur Beantwortung dieser Frage besser geeignet als alle übrigen in der Welt, und er fand zu seiner Freude, daß viele (er sagte in seiner Begeisterung „die meisten") davon auflösbar *waren.* (1790 bestätigte er jedoch den Verdacht, daß es eine andere Klasse von Nebeln gebe, denn er fand einen, der offenbar eine Wolke leuchtenden Gases mit einem einzelnen Zentralstern war.)

Die Sternhaufen paßten gut zur Idee, daß an Stellen, wo die Sterne ursprünglich etwas dichter als im Durchschnitt gestanden hatten, unter dem Einfluß der Gravitation eine Kontraktion stattgefunden hat. Herschel fand Sternhaufen auch innerhalb der Milchstraße. In einer Artikelserie (1784–9) legte er das Beweismaterial vor und verkündete die vorläufigen Ergebnisse seiner Studie der Milchstraße insgesamt.

Wie sollte er in Unkenntnis der Sternentfernungen die Umrisse der Milchstraße zeichnen? Er machte zwei Annahmen: erstens, daß seine Teleskope die weitesten Grenzen der Milchstraße erreichen, und zweitens, daß die Sterne innerhalb dieser Grenzen gleichmäßig verteilt sind. Aufbauend auf diesen Annahmen, bestand sein Programm in der Sternzählung innerhalb identischer Segmente am Himmel, die denselben Raumwinkel hatten. Diese Sternzählungen nannte er „gages" [= gauges, Eichmessungen]. Der von ihm benutzte 20-Fuß-Reflektor hatte ein Gesichtsfeld von etwa 15 Bogenminuten. Gelegentlich registrierte er überhaupt keine Sterne oder gerade zwei oder drei, während er in einem anderen Segment 588 fand. Er nahm von weit über 3 000 Stellen am Himmel Zählungen (an Proben) vor. Natürlich wußte er, daß die Annahmen hinter seinen Sternschätzungen nicht unfehlbar waren, doch er hoffte, daß sie statistisch annehmbare Ergebnisse zeitigen würden. Und – tatsächlich – würden wir die Methoden nicht kennen, mit denen seine erste Karte (1785) gewonnen wurde, wir würden sie heute als einen recht beachtlichen Erfolg werten.

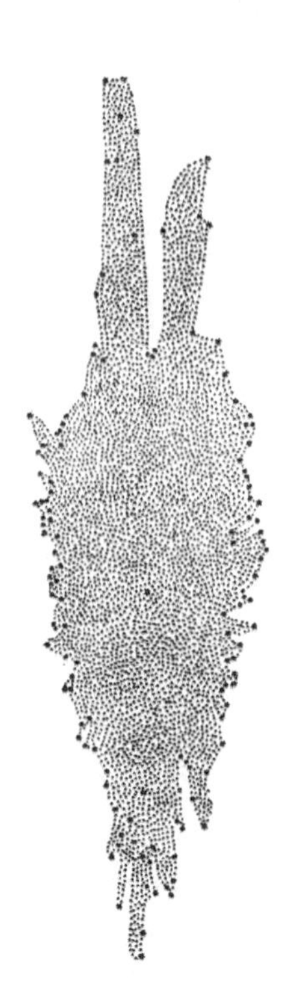

Bild 14.4 Herschels Karte der Milchstraße, erhalten durch seine Sternschätzungen.

Unglücklicherweise wurde sein Vertrauen in sein frühes Werk erschüttert, als seine Techniken besser wurden und er von dem stärkeren 40-Fuß-Teleskop Gebrauch machte. Eine gleichmäßige Verteilung war unannehmbar, und das neue Teleskop brachte so viele zusätzliche Sterne in die Schätzungen, daß er nicht garantieren konnte, daß ein größeres Teleskop nicht noch weitere hinzufügen würde. Er hielt jedoch immer noch am Glauben an die Kondensation und Haufenbildung durch die Gravitation fest, denn je mehr er beobachtete, desto mehr Beispiele fand er für beide – für Nebel, die den hellsten Fleck in ihrer Mitte haben, und für auflösbare Haufen, in denen die Sterne zur Mitte hin dichter werden. Er fand in entgegengesetzten Richtungen Zonen am Himmel, die ungewöhnlich dicht gepackt waren; und dies und weitere von ihm gefundene Anhaltspunkte hätten gut zu der heute bekannten Spiralform unserer Galaxie gepaßt. In einem Artikel von 1814 lenkte er die Aufmerksamkeit darauf, daß die Sternhaufen die Ebene der Milchstraße bevorzugen – die galaktischen Haufen sind, wie wir heute wissen, Teil unseres galaktischen Systems. Er meinte, sie drohten (unter der Gravitation) schließlich ins galaktische Zentrum zu stürzen und so der Milchstraße ein Ende zu bereiten. Diese Schlußfolgerung berücksichtigte jedoch nicht die Möglichkeit dynamischer (rotatorischer) Effekte. Auf alle Fälle war die beobachtende Kosmologie endlich auf den Weg gebracht.

Herschels Schätzungen wurden von anderen fortgesetzt. Otto Struve verband Herschels Beobachtungen mit anderen von Bessel und Argelander, um eine Formel zu finden, die die deutliche Tendenz hellerer Sterne ausdrückte, die Ebene unserer Galaxie zu bevorzugen. John Herschel führte das Werk seines Vaters in der südlichen Hemisphäre – am Kap der guten Hoffnung – mit einem ähnlichen Teleskop und mit denselben Methoden fort. (John war ein exzellenter Mathematiker, der sich in dieser Disziplin wohl einen Ruf erworben hätte, hätte er sich nicht aus Pflichtgefühl seinem Vater gegenüber der Astronomie zugewandt. Er hatte die Kunst der Spiegelherstellung von William gelernt und baute mehrere große Teleskope selbst.) 1838 hatte er 1 707 Nebel und Haufen sowie 2 102 Doppelsterne katalogisiert, für seine Schätzungen hatte er 68 948 Sterne in 2 299 Feldern gezählt. Er bemerkte, daß die südliche Hemisphäre an Sternen reicher ist als die nördliche. Struve und er zogen ähnliche Schlüsse, insbesondere, daß sich die Sonne nicht in der galaktischen Ebene befindet, sondern etwas nach Norden verschoben ist.

Michell, Herschel und Sternentfernung

Das Interesse sowohl von William als auch von John Herschel an Doppelsternen hing mit der Hoffnung zusammen, irgendwie die Sternentfernungen zu finden. 1767 hatte John Michell (1724–93) einen Artikel veröffentlicht, in dem er ausführte, enge Sternpaare würden häufiger auftreten, als nach der Annahme, daß die Sterne im Weltraum gleichmäßig verteilt sind, zu erwarten sei. Die Schlußfolgerung – ein interessanter früher Gebrauch statistischer Überlegungen in der Astronomie – bestand darin, daß Sterne, die dicht beieinander zu stehen scheinen, dies auch in Wirklichkeit tun. Michell, der Pfarrer einer Kirche in der Nähe von Leeds war, stellte den Leser vor die Alternative: Es ist ein allgemeines Gesetz am Werk – vielleicht das Gesetz der Gravitation, vielleicht ein Gesetz des Schöpfers. Die Astronomen haben sich für die erste Alternative entschieden und von Michell als dem Mann gesprochen, der „die Existenz von physikalischen Doppelsternen bewies".

Michell, in dessen Haus William Herschel oft Gast war, bevor er nach Bath umzog, hat einen zweiten Anspruch auf Ruhm, denn 1784 brachte er ein frühes Argument ins Spiel, das zu einer plausiblen Entfernung für einen Stern führte. Saturn, sagte er, ist in der Opposition (zur Sonne) etwa so hell wie der Stern Wega. Man weiß, daß Saturn dann etwa 9,5 mal so weit wie die Sonne entfernt ist (9,5 astronomische Einheiten), und die Winkelgröße des Saturn beträgt etwa 20 Bogensekunden. Wenn man annimmt, daß die Wega dieselbe Leuchtkraft wie die Sonne hat und daß Saturn das gesamte auf ihn fallende Licht (oder einen Teil davon) auf die Erde strahlt, ist ihre Entfernung einfach auszurechnen. Man muß nur von dem reziprok-quadratischen Gesetz der Helligkeit Gebrauch machen, aber dieses war von der ausgezeichneten Arbeit von Pierre Bouguer (1698–1758) ein halbes Jahrhundert vorher nachgewiesen worden. Tatsächlich hatte Kepler das Gesetz aufgestellt, aber Bouguer, der Königliche Professor der Hydrographie in Paris, wandelte als erster die astronomische Photometrie in eine exakte experimentelle Disziplin um.

Die abgeleitete Entfernung der Wega betrug ungefähr 460 000 astronomische Einheiten. Heute weiß man, daß die Wega viel heller als die Sonne ist, und 1837 zeigte F. G. W. Struve (1793–1864) mit trigonometrischen Messungen, daß ihre Entfernung etwa das Vierfache von Michells Schätzung beträgt. Freilich hatte es zuvor keine vernünftige Schätzung irgendeiner Sternentfernung gegeben, wenn wir Newtons Zahl für Sirius außer Acht lassen.

Michells Behandlung der Doppelsterne stand in einem völligen Gegensatz zu der, die Herschel zu seiner Untersuchung der Doppelsterne veranlaßte. Galilei und andere hatten gehofft, „optische Doppelsterne" – unsere Bezeichnung für Sterne, die, von der Erde aus gesehen, nur zufällig in einer Linie stehen – benutzen zu können, wobei die schwache entfernte Komponente als Bezug hätte dienen sollen. Sie wäre eine stationäre Marke, bezüglich der die schwankende Position des viel näheren Sterns meßbar sein würde. Die erhofften Schwankungen wären die aufgrund des Umlaufs der Erde um die Sonne und würden, so dachte man, die Sternparallaxe liefern.

Herschel veröffentlichte drei Kataloge von Doppelsternen (1782, 1785, 1821) mit 848 Beispielen. Nach dem ersten Katalog lenkte Michell die Aufmerksamkeit auf seine frühere Argumentation, und so maß Herschel 1802 seine Doppelsterne noch einmal nach und fand zu seiner Überraschung, daß viele von ihnen Relativbewegungen zeigten, die nichts mit parallaktischen Verschiebungen zu tun hatten (sie waren also nicht auf die Jahresbewegung der Erde zurückzuführen, siehe Bild 4.10). Dies war der erste Schritt eines Beweises, daß sich die Sterne umeinander auf gravitionellen Umlaufbahnen bewegen und daß die Gravitationsanziehung jenseits des Sonnensystems wirkt.

Es war Herschels Hoffnung, daß die relativen Helligkeiten der Sterne ihre relativen Entfernungen anzeigen würden, wenn man das reziprok-quadratische Gesetz anwenden würde. Lange folgte er einer allgemeinen Annahme, daß Stern*größen* ein Führer zu den relativen Entfernungen seien, indem zum Beispiel Sterne der dritten Größenklasse dreimal so weit entfernt sind wie solche der ersten. 1817 erfand er ein geniales Verfahren zum Vergleich der Helligkeiten: Er richtete fast identische Teleskope auf zwei Sterne und verringerte die Apertur des auf den helleren zeigenden so lange, bis die Sterne gleich hell erschienen. Seine Beobachtungen von Doppelsternen brachten einige verwirrende Ergebnisse. Wenn wir sicher sind, daß zwei Sterne umeinander kreisen, und der eine erscheint viel heller als der andere, dann ist auch sicherlich seine absolute Helligkeit größer. Die Daten, die Herschel aus seinen photometrischen Vergleichen erhielt, führten ihn nun leider zu einer Sternverteilung im Weltraum, die er für unannehmbar hielt. Er hatte selbst eine der Hauptannahmen diskreditiert, die zu seinem alten Plan der Milchstraßenstruktur geführt hatte.

Wir haben bereits gesehen, wie die Bewegung der Sonne durch die Sterne mit deren Eigenbewegungen zusammenhängt, wie der Sonnenapex der Punkt ist, von dem die winzigen Bewegungen abstrahlen, und wie der Antapex der Punkt ist, auf den die Sterne in der anderen Hälfte des Himmels zu konvergieren scheinen. Es besteht eine einfache Beziehung zwischen den Eigenbewegungen aufgrund dieses Effekts (Größenordnung: Bogensekunden pro Jahrhundert), der Geschwindigkeit der Sonne und der Entfernung des Sterns. Die Eigenbewegungen können gemessen werden, die Sonnengeschwindigkeit kann ermittelt werden, wenn wir die Sternentfernung kennen, auf alle Fälle aber haben Geschwindigkeit und Richtung eindeutige Werte bezüglich des Sternsystems im Ganzen. Wenn man lokale Bewegungen vernachlässigt, denkt man, *alle Sterne müßten zum selben Wert für die Geschwindigkeit führen.* Als Herschel jedoch aus der Helligkeit allein die relativen Distanzen ableitete, fand er starke Diskrepanzen, und das Beste, das er tun konnte, war, eine statistisch akzeptable Antwort für die Sonnengeschwindigkeit zu finden.

Wenn man die Argumentation umkehrt, erwartet man, aus einem gegebenen Wert der Sonnengeschwindigkeit die Sternentfernungen aus den Eigenbewegungen der Sterne ableiten zu können, sofern diese durch unsere Bewegung (mitsamt der Sonne) durch das Sternsystem erzeugt werden. Hier wurde Herschel zunächst enttäuscht. Es gab helle Sterne – die man als nah erwarten konnte –, die keine Eigenbewegung zeigten und deshalb in sehr großer Entfernung sein sollten. Schließlich sah er den Grund: Sein Argument galt nur in einem allgemein statischen Universum von Sternen. Wenn einige Sterne an der Sonnenbewegung *teilhätten*, würden sich ihre Entfernungen nicht aufgrund des obigen Arguments zeigen. Herschel hatte so einen ersten Fingerzeig auf das Phänomen der „Sternströmung" erhalten, aber man muß sagen, daß seine Entdeckung damals wenig Eindruck machte und daß das Phänomen vor Kapteyns Meldung im Jahre 1904 nicht richtig gewürdigt wurde.

Nachdem Herschel seinen größten Reflektor einige Jahre lang benutzt hatte, lernte er, zwischen Nebeln zu unterscheiden, die einfach nebelhaft erscheinen, weil die sie aufbauenden Sterne noch nicht aufgelöst werden konnten, und solchen, die aus kontinuierlicher leuchtender Materie bestehen und jeweils einen oder mehrere Sterne in ihrem Bereich haben. Je mehr Beispiele er anhäufte, desto sicherer war er sich, Bilddokumente dafür zu haben, wie die Sterne aus diffuser Materie kondensieren und dann unter den Gravitationskräften Haufen bilden. Mit anderen Worten: In der Mitte der 1810er hatte er noch ein weiteres Argument für den Wandel in den entferntesten Regionen des bekannten Universums eingeführt.

Herschel verlor nie das Interesse am Sonnensystem – zum Beispiel widerlegte er J. H. Schröters Behauptungen, kolossale Gebirge auf der Venus gefunden zu haben, er studierte den Mars und fand seine Rotationsperiode und -achse, ferner machte er Messungen an den neu entdeckten Asteroiden Ceres und Pallas. Als er 1800 die Sonne beobachtete, bemerkte er, daß bei dem von seiner Linse projizierten Bild das Wärmegefühl nicht mit dem Licht an derselben Stelle korrespondierte. Das veranlaßte ihn zu Experimenten mit dem Thermometer und dem Prisma und führte ihn so zur Entdeckung der Infrarotstrahlung. (Er fand keine Heizwirkung am violetten Ende des Spektrums. Das ultraviolette Licht wurde bald darauf von R. W. Ritter (1776–1810) aufgrund seines schwärzenden Effektes auf Silberchlorid entdeckt – und das lange vor der eigentlichen Photographie.) Kurzum, Herschel war ein Mann mit einem unbezähmbaren experimentellen Talent, das der Brillanz der zeitgenössischen theoretischen Astronomie, insbesondere der in Frankreich, die Waage hielt. Seine Interessen bezogen sich auf die ganze Astronomie, aber seine Beiträge von längster Wirkung betrafen das Universum der Sterne und Nebel. Nach seinem Tod vergingen viele Jahrzehnte, bevor sein Werk in diesem Bereich von anderen wesentlich erweitert wurde.

15 Die Entstehung der Astrophysik

Bessel und die Sternparallaxe

Die Astronomie zog in der ersten Hälfte des 19. Jahrhunderts großen Nutzen aus dem industriellen Fortschritt, der gegen Ende des vorherigen Jahrhunderts von England und Frankreich nach Deutschland, ja ganz Europa gelangte. Es gab nun vor allem in Deutschland eine ernstzunehmende Konkurrenz für die Londoner Manufakturen. So variierten beispielsweise die Firmen von J. G. Repsold (Hamburg, 1802) und G. Reichenbach (München, 1804) sehr erfolgreich die englischen Modelle, die bei Firmen wie Dollond, Ramsden und Cary gefertigt wurden. Ein expandierender Markt für Vermessungs- und Navigationsinstrumente blieb weiterhin die technologische Basis für die gestiegenen Ansprüche der neuen und oft reich ausgestatteten Observatorien. Deutschland hatte insofern Glück, als Carl Friedrich Gauß, der führende Mathematiker der Zeit, lebhaften Anteil an den praktischen Aspekten des Instrumentenbaus nahm.

Für genaue Messungen verdrängte das Durchgangsinstrument den Mauerquadranten in der Gunst der Astronomen. Neben seinem Refraktorteleskop, das, auf einer Ost-West-Achse gelagert, längs des Meridians ausgerichtet war, war es mit *vollständigen* Kreisen ausgestattet, deren feine Gradeinteilung mit Mikrometer-Mikroskopen abgelesen wurden. Daß der Kreis vollständig war, machte es leichter, Zentrier- und andere Achsen-Fehler abzuschätzen. Genaugehende Uhren („Regulatoren") wurden zur Messung gewisser Winkel benutzt, indem die Zeiten bestimmt wurden, zu denen Sterne die Fäden der Netze aus beleuchtetem Draht (oder besser: Spinnennetz) in der Brennebene des Durchgangs-Teleskops kreuzten. Es wurden neue Theorien der Instrumentenfehler entwickelt, und in der Folge wurden die Messungen immer exakter.

Die Zeitmessung erfolgte elektrisch, nachdem 1844 der Chronograph, von Amerika ausgehend, eingeführt worden war. Die ersten elektrischen Chronographen waren allerdings nicht besonders genau. So sagte Simon Newcomb über den ersten am Naval Observatory in Washington: „Sein einziger Nachteil war, daß er nicht richtig ging und – soweit ich mich erinnere – nie einem anderen als einem dekorativen Zweck diente."

Wenn in der Frage der Präzision ein Name vor allen anderen zu nennen ist, dann ist es der von Friedrich Wilhelm Bessel (1784–1846). Bessel begann im Alter von vierzehn eine Lehre in einem großen Bremer Handelshaus. Er führte jedoch privat astronomische Berechnungen mit solchem Eifer und Erfolg durch, daß er Olbers Aufmerksamkeit erregte. Interessanterweise wurde er von den Beobachtungen des späteren Halleyschen Kometen stimuliert, die Harriot bereits 1607 durchgeführt hatte. Auf den Arbeiten von Lalande und Olbers aufbauend, verfaßte Bessel – im Alter von 20 Jahren – eine meisterliche Arbeit über seine Berichtigungen der Bahnelemente des Kometen. Mit Olbers' Protektion (Olbers nannte sie einmal bescheiden seinen „größten Beitrag zur Astronomie") fand Bessel gleich darauf eine Anstellung in einer privaten Sternwarte in der Nähe von Bremen. Dort entwickelte er seine Techniken weiter, bevor er sich auf Olbers' Anregung der Reduktion[1] der Bradleyschen Beobachtungen von über 3 000 Sternen zuwandte. Er war am Anfang darin so erfolgreich, daß er 1810 Direktor des von Friedrich Wilhelm III. neu gegründeten Observatoriums in Königsberg wurde. Er blieb dort ein Leben lang – beklagte sich zwar über das Klima, lehnte jedoch Rufe nach anderswo ab.

Die von Bradley publizierten Beobachtungsdaten waren deshalb so wertvoll, weil er selbst die Instrumentenfehler bestimmt hatte bzw. Beobachtungen angab, aus denen diese erschlossen werden konnten. Für seine Reduktion benötigte Bessel genaue Werte fundamentaler astronomischer Konstanten wie die Aberration und Refraktion. Er begann mit einer Studie über die astronomische Brechung, mit dem Erfolg, daß ihm 1811 ein Preis des Institut de France für seine Tabellen verliehen wurde. (Selbst eine vorsichtige Korrektur der Refraktion beläuft sich auf zwei bis drei Bogenminuten, was einige tausendmal mehr ist als der angegebene wahrscheinliche Fehler der Deklinationskoordinate. Die größte Schwierigkeit war die Berücksichtigung von Atmosphärentemperatur und -druck.) Nach Erledigung seiner ersten Aufgabe, veröffentlichte er 1818 die Ergebnisse seiner Reduktionen in seinen *Fundamenta astronomiae* (Grundlagen der Astronomie).

Damit erregte Bessel Aufsehen in der Welt der Astronomie, die dankbar war für Eigenbewegungen, die weit besser waren als alles bisher Dagewesene. Bald danach wurden das Dollond-Passageninstrument und der Cary-Kreis, mit denen das Observatorium ausgestattet war, durch einen feinen, neuen Reichenbach-Ertel-Meridiankreis ersetzt (1819). Ihm folgte 1841 ein Repsold-Kreis. Zu dieser Zeit waren Bessels *Tabulae Regiomontae* (Königsberger Tabellen, 1830) in den Observatorien auf der ganzen Welt in Benützung. Bessels Einfluß war jedoch zweifach, weil er durch sein Beispiel dem Meridiankreis fast den Status eines Kultinstruments verlieh; jedes neue Observatorium, ob groß oder klein, mußte mit einem ausgestattet sein. Greenwich schloß sich an: G. B. Airy schaffte 1835 eines nach deutschem Vorbild an. Von da an gaben die Astronomen die Sterndeklinationen regelmäßig auf ein Hundertstel einer Bogensekunde und Rektaszensionen auf ein Tausendstel einer Zeitsekunde an. Die Bestimmung der Sternkoordinaten wurde fast ein Selbstzweck – eher wie Reinlichkeit und Frömmigkeit – ohne Rücksicht auf einen möglichen Nutzen, wenn sich dieser auch oft einstellte.

1844 machte Bessel anhand seiner Positionsbestimmungen der Sterne Prokyon und Sirius, die auf Maskelynes Liste von Fundamentalsternen stehen, eine wichtige Entdeckung: Er fand, daß ihre Eigenbewegungen veränderlich waren. Er zog den Schluß, beide hätten einen unsichtbaren Begleiter, der genügend Masse besitze, um die Bewegung der helleren Komponente um den gemeinsamen Massenmittelpunkt wahrnehmbar zu machen. Er war nicht der erste, der eine solche Behauptung aufstellte, und tatsächlich hatte eine Kontroverse geschwelt, seit John Pond in Greenwich 1825 und 1833 dies für eine große Zahl von Sternen gefordert hatte. Bessel konnte Ponds Argumente entkräften – dessen Sterne waren viel zu weit entfernt, als daß sich ein Effekt hätte manifestieren können –, was allerdings Sirius betraf, wurde der Begleiter 1862 von Alvan Clark gesehen, als er ein neues Fernrohr testete. Er ist ein Stern der achten Größenklasse und hat doch ungefähr die Hälfte der Masse des Sirius, wie später aus der Umlaufbahn gefolgert worden ist. (Seine Umlaufbahn

[1] Anm. d. Übers.: Unter „Reduktion" versteht man in der Astronomie die Befreiung einer Meßgröße von störenden Einflüssen.

wurde 1850 von C. A. F. Peters analysiert, noch bevor er gesichtet wurde.) Der dunkle Begleiter des Prokyon wurde 1895 von Schaeberle am Lick-Teleskop gefunden. Er war noch lichtschwächer – von der 13. Helligkeitsklasse. Als endlich die Entfernung des Sirius bekannt war, konnte man die Größe der Umlaufbahn und daraus die Masse der Komponenten erschließen. Sie lagen in der Größenordnung von einer bis zwei Sonnenmassen. Als ähnliche Berechnungen bei anderen Doppelsternen angestellt wurden, offenbarte sich zur großen Überraschung der Beteiligten, daß die Massen selten mehr als zehnmal größer oder kleiner als die Sonnenmasse waren, während die Helligkeiten der Sterne um den Faktor von Millionen differierten.

In einer Nebenbemerkung, die den großen Wert des von Bradley überkommenen Rohmaterials unterstreicht, wollen wir darauf hinweisen, daß viel von seinem unveröffentlichten Werk im späteren Lauf des Jahrhunderts von G. B. Airy verwendet wurde, der es mit eigenen Beobachtungen in Greenwich ergänzte. Diese wiederum wurden in den 1860ern von A. J. G. F. Auwers (1838–1903) übernommen, der auch in Königsberg gearbeitet hatte, jetzt aber in Berlin war. Und Auwers machte noch eine über Bessel hinausgehende Reduktion des Materials. Auwers dreibändiger Katalog (1882–1903) setzte neue Maßstäbe in der Präzision und nimmt zusammen mit Bessels Katalog von 25 000 Sternen, die mindestens von Größenklasse neun sind, einen wichtigen Platz im Stammbaum des späteren Materials ein.

Bessels Werk wurde von einem Mann fortgesetzt, dessen Arbeit er lange gefördert hatte: F. W. A. Argelander (1799–1875), der ebenso der Grenze der neunten Größenklasse folgte. Die vereinigten Arbeiten bildeten die Grundlage der *Bonner Durchmusterung*, die von Anbeginn (1859) an als Standardreferenz diente, nicht zuletzt deswegen, weil sie ein vollständiges System zur Sternidentifikation bot. (Die alten griechisch-arabischen Namen, selbst die Bezeichnung mit griechischen Buchstaben nach Bayer, reichen nur für etwa 1 000 Sterne.) Die Positionen von über 100 000 Sternen wurden in bezug auf gewisse Fundamentalsterne verzeichnet, deren Koordinaten sehr genau gemessen worden waren – seien es die 36 Sterne, die Maskelyne zuerst ausgewählt und die Bessel auf 48 aufgestockt hatte, oder die über 400 sog. „Nautical Almanac"-Sterne oder zum Schluß Bradleys noch längere Liste.

Wenn wir sie auch aus Platzgründen nicht auflisten, wurden doch später Fundamentalkataloge in einer Weise zusammengetragen, die die Astronomie als Wissenschaft internationaler Zusammenarbeit *par excellence* erscheinen läßt. 1871 organisierte die Deutsche Astronomische Gesellschaft eine Kooperation von 13 (später 16) Observatorien in verschiedenen Teilen der Welt. Dabei wurde jedem eine Zone der Deklination nördlich oder südlich des Äquators (z. B. von 20° bis 25° oder von −35° bis −40°) zugewiesen und so der gesamte Himmel zwischen den Polen abgedeckt. Das war die Grundlage eines andauernden Programms der Eigenbewegungsmessungen, das im Laufe der Zeit immer besser wurde. Eines muß allerdings erwähnt werden: Als die Ergebnisse der Zusammenarbeit einliefen, zeigten Kreuzkontrollen der von verschiedenen Observatorien ermittelten Sternkoordinaten zahlreiche Unstimmigkeiten und unvermutete Fehler auf. Die Uhren steuerten einige der schwerwiegendsten Fehler bei, weshalb die Astronomen stets an Verbesserungen im Uhrenwesen beteiligt waren. Was die persönlichen Beobachtungsfehler betrifft, ist Bessel wohl der erste, der sie als etwas Unvermeidliches, aber womöglich Systematisches ernst nahm. Airy hätte vielleicht nicht einen Assistenten, dessen Beobachtungsaufzeichnungen von seinen eigenen abwichen, entlassen, hätte er von der Unvermeidlichkeit der „Personalgleichung“ gewußt, worunter die unterschiedlichen physiologischen Verzögerungen im Registrieren und Lesen zu verstehen sind.

Bessels denkwürdigste Leistung war, etwas zu tun, was die Astronomen viele Jahrhunderte lang versucht hatten und woran sie immer gescheitert waren: die Entfernung eines Sterns mit Hilfe relativ direkter trigonometrischer Methoden zu messen. Wir erinnern uns daran, daß Bradley gehofft hatte, die Verschiebung der Sternpositionen zu detektieren, die aus der Bewegung der Erde resultiert, insbesondere wenn diese von der einen zur gegenüberliegenden Extremlage läuft (s. Bild 4.10). Wie wir gesehen haben, hatte er eine jährliche Schwankung gefunden, aber eine, die eher durch die Aberration des Lichts als durch die einfache Parallaxe hervorgerufen wurde. Bradleys Arbeit führte den Astronomen vor Augen, wie klein die zu erwarteten parallaktischen Verschiebungen sind: kleiner als eine halbe Bogensekunde. John Brinkley (1763–1835), der erste Königliche Astronom von Irland, gab in der Zeit von 1808 bis 1814 die Parallaxen einer Handvoll heller Sterne an, die alle im Bereich von 2″ lagen, aber Pond von Greenwich focht viele Jahre lang die Ergebnisse an. Die Aufmerksamkeit hatte sich bereits der Messung der Sternpositionen relativ zu viel schwächeren (und damit vermutlich entfernteren) Sternen zugewandt. Auf diese Weise hatte Herschel, wie erwähnt, auch etwas anderes entdeckt, als er vorhatte: Paare von Sternen mit einer physikalischen Beziehung. Er und andere realisierten allmählich, daß es viele schwache Sterne mit großen Eigenbewegungen gab.

Bessel nahm nun an, daß eine große Eigenbewegung ein sichereres Zeichen für Erdnähe sei als eine große Helligkeit, und so konzentrierte er seine Bemühungen auf den Stern 61 Cygni, der mit 5,2″ pro Jahr die größte damals bekannte Eigenbewegung aufwies. (In Wirklichkeit ist das ein Doppelstern mit 16″ zwischen den Komponenten, so daß die Verbindungslinie des Paares eine nützliche Richtungsangabe am Himmel ist.) Er beobachtete 61 Cygni 18 Monate hindurch in bezug auf zwei viel schwächere Sterne in der Nähe und fand Ende 1838 die gewünschte parallaktische Verschiebung. Sie ist geringer als ein Drittel einer Bogensekunde (0,314″ ± 0,020″, die heutigen Angaben liegen am unteren Ende des Bereiches). In astronomischen Einheiten (Halbmessern der Erdbahn) ist dies ungefähr 657 000.

Innerhalb von ein oder zwei Jahren wurden von F. G. W. Struve in Dorpat (Rußland, heute Tartu, Estland) und Thomas Henderson am Cape Observatory andere Parallaxen gefunden. Hendersens Zahl für den Stern α Centauri zeigte, daß dessen Parallaxe gut doppelt so groß war wie die für 61 Cygni, d. h. seine Entfernung schien weniger als halb so groß. Seine Messungen von 1832–3 waren tatsächlich für einen anderen Zweck durchgeführt worden, aber bis zu Bessels Ankündigung nicht für eine Errechnung der Parallaxe verwendet worden.

Das von Bessel für die Messung der kleinen Winkelabstände zwischen 61 Cygni und den Referenzsternen benutzte Instrument war das *Heliometer*, das von John Dollond entworfen, in diesem Fall aber von Joseph Fraunhofer angefertigt worden war. Der Name des Instrumentes entspricht seinem ursprünglichen Zweck – der Messung des Sonnendurchmessers. Das Prinzip des Heliometers ist einfach: Das Teleskopobjektiv ist in zwei halbkreisförmige Hälften geteilt, die sich (mittels einer Feineinstellungsschraube kontrolliert) seitlich auseinander schieben lassen. Das Bild des ersten Sterns wird durch die eine, das des zweiten durch die andere Halblinse gesehen. Die Komponenten der gespaltenen Linse werden so justiert, daß die beiden Bilder zusammenfallen. Die nötige Bewegung kann in einen Winkel umgerechnet werden.

Weltzeit

Zu allen Zeiten haben Astronomen wichtige Beiträge zur Zeitmessung geleistet, für wissenschaftliche wie für zivile Zwecke, gleichwohl die Beeinflussung gegenseitig war. Einen großen Fortschritt bei den Zeitnormalen brachte das Jahr 1879 mit dem Entwurf des Repsold-Pendels. Sein Entwickler J. A. Repsold – ein Mitglied einer Hamburger Dynastie von Instrumentenbauern, das auch viel über die Geschichte der Astronomie schrieb – war hauptsächlich an den Erfordernissen der Astronomen interessiert. Erste Versuche, die Elektrizität im Uhrenwesen einzusetzen, wurden in den dreißiger Jahren des 19. Jahrhunderts unternommen, und die Elektrizität kam schließlich als Hilfsmittel bei der automatischen Aufnahme der Beobachtungsdaten in allgemeinen Gebrauch. Doch erst 1921 trug sie mit der Erfindung des Shortt-Pendels wieder wesentlich zur Verbesserung der Uhrengenauigkeit bei. Dieses war das Ergebnis einer elfjährigen Zusammenarbeit zwischen dem Edinburger Zivilingenieur W. H. Shortt und der Synchronome Company. Atom- und Quarzuhren sind Beispiele für spätere, außerhalb der Astronomie erzielte Fortschritte, die wie die Pendel von Repsold und Shortt sofortige Anwendung in Observatorien fanden.

Greenwich und die anderen nationalen Sternwarten waren im 19. Jahrhundert die vornehmlichen Bewahrer der Zeitstandards, aber hier war es im Gegensatz zu den meisten anderen Teilen der Astronomie die breite Öffentlichkeit, die auf Einheitlichkeit pochte. Die örtliche Zeit richtet sich natürlich nach dem Sonnenstand in Relation zum örtlichen Meridian; Mittag ist dabei der Augenblick, in dem die Sonne (genauer die mittlere Sonne) den Meridian kreuzt. Daß sich die Erde einmal in 24 Stunden dreht, hat zur Folge, daß die Mittagszeit um eine Stunde verzögert ist, wenn man 15 Längengrade nach Westen geht. Bevor es nötig war, Reisen und Kommunikation über große Entfernungen zu regeln, waren unterschiedliche Zeiten an entfernten Orten für das Alltagsleben der normalen Leute von geringer Bedeutung. Die Astronomen waren daran gewöhnt, zwischen den örtlichen Längenkreisen, speziell denen der berühmteren astronomischen Tafeln, umzurechnen, und so gab es aus dieser Ecke keinen übermäßigen Druck wegen eines einheitlichen Zeitstandards.

Dieser kam eher von der Telegraphie und dem Eisenbahnwesen her. Die meisten britischen Eisenbahngesellschaften einigten sich 1847 auf die Greenwich-Zeit. Der Druck war in Nordamerika mit seinen großen Ost-West-Entfernungen am stärksten. Die Eisenbahnen standardisierten zunächst nach den Hauptstädten entlang einer Linie. Doch propagierte 1878/79 Sandford Fleming aus Toronto die Einführung von Zeitzonen, die 15 Grade breit sein und von irgendeinem Hauptmeridian ausgehen sollten. (Dieses Schema ist anscheinend von Charles F. Dowd aus Saratoga Springs ausgearbeitet worden.) Noch bevor 1884 eine Konferenz in Washington einberufen wurde, hatten viele Eisenbahndirektoren das System mit Greenwich als Hauptmeridian übernommen, Detroit freilich sträubte sich bis 1900. Die

Staatsgesetze wurden mehrmals novelliert und verliehen dem System rechtlichen Bestand in Banken und bei Gericht.

Von seiten der Wissenschaft wurde erstmals 1883 auf einer Geodätischen Konferenz in Rom die Forderung nach einem solchen Standardsystem erhoben. Im folgenden Jahr einigten sich die Astronomen auf einer eigens in Washington abgehaltenen Konferenz auf das Greenwich-System, es gab aber viel Streit um die Wahl des Basismeridians, wobei großer Druck zugunsten von Berlin und Paris ausgeübt wurde. Für Greenwich sprach die weltweite Benutzung des *Nautical Almanac*, der dort für die Schiffahrt auf den Weltmeeren erstellt worden war. Schweden, die Vereinigten Staaten und Kanada benützten das System sofort, der Großteil von Europa schloß sich bald an.

In allem war der Druck der staatlichen Behörden maßgeblich. In Deutschland zum Beispiel wurde die Umstellung 1893 allgemein durchgeführt, wobei die deutsche (Mitteleuropäische) Zeit der Greenwich-Zeit um genau eine Stunde vorangeht. Der berühmte preußische Militärstratege Graf von Moltke hatte sich für die Umstellung eingesetzt, nachdem er kurz vor seinem Tod im Jahr 1891 feststellte, daß sich das System für die Mobilmachung des Heeres günstig erweisen würde. Brauchte man da ein überzeugenderes Argument? In Frankreich war die Pariser Zeit noch weitere 20 Jahre in Gebrauch, obgleich es selbst in Paris wegen der fünfminütigen Differenz von Bahnhofs- und Ortszeit Komplikationen gab. Zu gegebener Zeit jedoch wurde Frankreich gewissermaßen der Wächter der Weltzeit, und zwar mit dem International Congress on Time (1912) und der Einrichtung eines Bureau International de l'Heure in Paris (1919). Die hauptsächlichen Vorkämpfer waren die Astronomen Camille Bigourdan und Gustave Ferrié.

Optik und die neue Astronomie

Infolge der ernsthaften Widrigkeiten, unter denen die englische optische Industrie im ausgehenden 18. Jahrhundert zu leiden hatte, ergriff wieder einmal Deutschland die kommerzielle Initiative. Joseph Fraunhofers Name wurde zum Symbol für die neue und vitale wissenschaftliche Aktivität, die daraus resultierte. Im Jahre 1806 trat er in die Münchner Firma Utzschneider, Reichenbach und Liebherr ein. Zunächst arbeitete er von 1809 bis 1813 zusammen mit Guinand an der Qualitätssteigerung der verschiedenen Mischungen für optisches Glas. Die meisten Hersteller hatten bis dahin Trial-and-Error-Verfahren benutzt, wenn sie aus den gegossenen Scheiben die Komponenten von Achromaten schliffen und polierten. Fraunhofer hingegen ging wissenschaftlicher vor: Er bestimmte die optischen Eigenschaften der Gläser im vorhinein und verwendete die hellen gelben Linien in einem Flammenspektrum als Lichtquelle. Er führte präzise Messungen der Eintritts- und Austrittswinkel von Licht beim Prisma durch, indem er einen gewöhnlichen Theodoliten anpaßte und damit das Spektrometer, heute ein Standardlaborgerät, schuf.

Beim Vergleich des Flammenspektrums mit dem von einem Prisma aus dem Sonnenlicht erzeugten bemerkte Fraunhofer, daß letzteres von zahllosen dunklen Linien durchzogen war. (Von einigen hatte William Hyde Wollaston 1802 berichtet.) Er entdeckte später, daß einige der Linien Entsprechungen in den Flammenspektren im Labor hatten und daß es trotz der Ähnlichkeiten viele feine Unterschiede in den Spektren der Sonne und heller

Sterne gab. Diese Beobachtungen bildeten in den folgenden Jahrzehnten die Grundlage für die Forschung einer Anzahl von Physikern, bis 1859 von Kirchhoff und Bunsen eine revolutionäre Deutung der Spektren gegeben wurde. Sie markiert nichts Geringeres als den Beginn eines neuen Zweigs der Astrophysik: die astronomische Spektroskopie.

Robert Wilhelm Bunsen (1811–99) war einer der führenden experimentellen Chemiker des Jahrhunderts, während Gustav Robert Kirchhoff (1824–87) ein ausgezeichneter theoretischer Physiker war, der Bunsen 1854 nach Heidelberg gefolgt war. John Herschel und W. H. Fox Talbot hatten 1823 bzw. 1826 die chemische Analyse aufgrund von Spektralbeobachtungen propagiert; in den 1850ern war sie zwar weithin bekannt, wurde aber nur selten eingesetzt. Bunsen experimentierte mit solchen Methoden bei der Analyse von Salzen, genauer mit der Färbung der Flammen, in denen sie verbrannt wurden – so wie Natriumsalze verwendet wurden, um die helle gelbe Flamme zu erzeugen, die Fraunhofer mit den „D-Linien" im Sonnenspektrum in Verbindung gebracht hatte. Kirchhoff brachte Präzision in Bunsens Arbeit, indem er die Farben in einem Spektrometer bestimmte. 1860 hatten sie gezeigt, daß *jedes Metall ein charakteristisches Linienspektrum besaß*. Dies führte Bunsen über die Analyse der Alkaliverbindungen zur Entdeckung zweier neuer Elemente (Cäsium und Rubidium).

Ein Jahr zuvor hatte Kirchhoff eine überraschende Entdeckung gemacht: Wenn man hinreichend schwaches Sonnenlicht vor dem Eintritt in das Spektrometer eine Natriumflamme passieren ließ, wurden die dunklen D-Spektrallinien („Fraunhofer-Linien") von hellen Linien aus der Flamme ersetzt. Bei starkem Sonnenlicht dagegen konnte die Flamme die dunklen Linien relativ dunkler machen. Er interpretierte diese Befunde so, daß eine Substanz, die eine Spektrallinie – das ist Licht einer bestimmten Wellenlänge – emittieren kann, auch Licht dieser Wellenlänge *absorbieren* kann. William Stokes war bereits zehn Jahre früher bei den D-Linien in der Laborflamme und im Fraunhofer-Spektrum zu einer ähnlichen Schlußfolgerung gekommen und hatte sogar eine theoretische Interpretation durch atomare Resonanzen gegeben. Doch blieben seine Gedanken unbeachtet. Kirchhoff wollte später seltsamerweise nichts mit dieser fundamentalen Erklärung des Phänomens zu tun haben.

Die Kirchhoffschen Entdeckungen führten zu dem dramatischen Schluß, daß in der Sonne nicht nur Natrium vorhanden war, sondern den passenden Fraunhoferlinien gemäß auch andere identifizierbare Elemente. Was viele für ein Paradebeispiel unerreichbaren Wissens gehalten hatten – die Chemie der Himmelskörper –, schien am Ende zum Greifen nahe.

Innerhalb weniger Wochen hatte Kirchhoff eine quantitative Theorie der Emission und Absorption von Licht ausgearbeitet, die zwar nicht so tiefgreifend wie die Stokessche, aber in vieler Hinsicht für die Entwicklung der Physik nützlicher war. Ihr zufolge war das Verhältnis aus der Absorptions- und der Emissionsfähigkeit bei einer gegebenen Temperatur für alle Körper gleich. (Das gilt auch für jeden Wellenlängenbereich einzeln.) Dieses Strahlungsgesetz wurde einer der Grundpfeiler der Thermodynamik der Strahlung. Der Beitrag zur Astrophysik bestand in der Möglichkeit, die Temperatur in die Liste der bestimmbaren Himmelsparameter aufzunehmen. So wurde die Astronomie in noch einem Aspekt von einer Entdeckung revolutioniert, die direkt nichts mit ihr zu tun hatte.

Die Asteroiden, Neptun und Pluto

Es gab natürlich immer noch Raum für astronomische Entdeckungen der altbekannten Art. Anscheinend ist die ganze Welt von der Idee eines neuen planetaren Nachbars fasziniert. Die beiden, die seit Herschels Entdeckung des Uranus gefunden wurden, sind Neptun (1846) und Pluto (1930). Es gibt bei der Art und Weise ihrer Entdeckung so viele Gemeinsamkeiten, daß es instruktiv ist, sie zusammen abzuhandeln. Sie wurden erst gefunden, nachdem Voraussagen aufgrund der newtonschen Planetendynamik vorlagen. Zuvor war jedoch ein anderer Planetentyp gefunden und dabei eine völlig andere Argumentationslinie beschritten worden.

Das Titius-Bode-Gesetz der Planetenentfernungen (s. Kap. 12), das den meisten Astronomen aus den Fingern gesogen schien und keine vernünftige Begründung hatte, hatte durch die Uranus-Entdeckung von Herschel Auftrieb erhalten. Der von diesem Gesetz vorausgesagte Bahnradius stimmte mit dem beobachteten bis auf zwei bis drei Prozent überein. Dies stärkte wieder den Glauben an die Existenz eines Planeten zwischen Mars und Jupiter, dem in dem Gesetz der Wert $n = 3$ entsprechen würde und den sogar Kepler aus anderen Gründen vermutet hatte. Eine Gruppe von deutschen Astronomen unter von Zach ging sogar so weit und gründete 1800 einen Verein, die „Lilienthaler Detektive", um den fehlenden Planeten zu suchen. Die Lücke ist tatsächlich von den Asteroiden, den „kleineren Planeten", besetzt, und der erste von ihnen wurde 1801 von Guiseppe Piazzi (1746–1826) in Palermo gefunden. Piazzi war nicht auf der Suche nach einem fehlenden Planeten, als er fand, was er zunächst für einen schwachen Stern hielt. Der stellte sich dann aber als (zunächst rück-, dann rechtläufig) bewegt heraus. Er vertraute seinem Freund Barnaba Oriani in Mailand an, er habe einen neuen *Planeten* entdeckt, aber in seinen Schreiben an Lalande in Paris und Bode in Berlin sprach er vorsichtiger die Vermutung aus, einen *Kometen* gefunden zu haben. Die Lilienthaler Detektive waren dennoch davon überzeugt, das es sich um den fehlenden Planeten handelte. Was es auch gewesen war, Piazzis Objekt war für eine gewisse Zeit im Strahlenkranz der Sonne verloren. Bald konnte der junge Gauß eine neue Umlaufbahn berechnen, und in der letzten Nacht des Jahres 1801 wurde das Objekt wieder gesichtet, wo Gauß es vorausgesagt hatte. Piazzi wählte den Namen „Ceres Ferdinandea" nach der Göttin Ceres und Ferdinand IV., dem Herrscher über Neapel und Sizilien. Als Herschel jedoch seine Größe bestimmte, gab es für ihn und andere eine Überraschung: Er kam in seiner Schätzung nur auf einen Durchmesser von 259 Kilometern.

Eine weitere Überraschung ereignete sich im März des Jahres 1802, als Olbers, ein Mitglied der Lilienthaler Gruppe, ein weiteres Objekt fand. Er nannte es Pallas, und wieder fand Gauß dafür eine Bahn zwischen Mars und Jupiter. Herschel schätzte seine Größe auf zwei Drittel von derjenigen von Ceres und bemerkte, daß das Titius-Bode-Gesetz zu Fall komme, wollte man beide als Planeten einstufen. Olbers hingegen meinte, man könne das Gesetz retten, wenn die beiden Asteroiden (Herschels Wortschöpfung) Überbleibsel eines einzelnen Objektes seien, das in der Vergangenheit zerfallen sei. Dieser Vorschlag führte später im Lauf des Jahrhunderts zu einer kleinen Fleißarbeit, als noch weitere Asteroiden gefunden wurden (Juno 1804, Vesta 1807 usw.) und man ausrechnen wollte, wann alle von ihnen zuletzt an einem Ort vereint waren. Vor Eintritt in diese Phase hatte allerdings Gauß aufgrund seiner Forschungen über die Asteroidenbahnen seine „Theoria motus corporum coelestium in sectionibus conicis solem ambientium" (Theorie der Himmelskörper, die die Sonne in Kegelschnitten umlaufen, 1809) veröffentlicht. Das war die beste Analyse, die jemals über das allgemeine Problem verfaßt wurde, eine Umlaufbahn aus Beobachtungen einer beliebigen Anzahl größer drei zu bestimmen. Zu diesem Zweck entwickelte Gauß die „Methode der kleinsten Fehlerquadrate", die heute in fast allen Wissenschaften von Nutzen ist, wo Theorie und Meßergebnisse in Einklang zu bringen sind. Gewissermaßen stellt die theoretische Arbeit von Gauß die Entdeckung der Asteroiden völlig in den Schatten.

Noch bevor der planetare Charakter von Herschels neuer Entdeckung (Uranus) erkannt war, wurden Versuche unternommen, die Bahnparameter anzugeben. Alte Sichtungen waren hier hilfreich: Bode fand heraus, daß ihn Tobias Meyer 1756 gesehen hatte, ohne ihn als Planeten einzuschätzen, ferner Flamsted im Jahr 1690. Fast 20 solcher alter „Stern"-Sichtungen, die in Wirklichkeit den Uranus betrafen, wurden im Lauf von 40 Jahren gefunden. Diese Sichtungen ergänzten die neuen Beobachtungen und erlaubten es einem halben Dutzend von Astronomen, seine Bahn zu bestimmen und Bewegungstafeln (von 1788 an) aufzustellen. Doch im Lauf der Jahre wurde offenbar, daß der Uranus ein äußerst unbändiger Planet ist, denn selbst die beste Tafel – die Delambresche von 1790 hatte lang diese Position inne – führte schnell in Schwierigkeiten. Nach einer Weile schien dennoch das Interesse an der Bahn des Planeten geschwunden zu sein. Die Napoleonischen Kriege ließen, wie gesehen, die wissenschaftliche Kommunikation nicht abbrechen, aber zumindest auf dem europäischen Kontinent waren sie nicht für eine ruhige Forschung förderlich. Piazzis Patron wurde abgesetzt, und der von Gauß starb während des Krieges, kurz nach der Schlacht von Jena.

Nach Napoleons Niederlage wurde der Uranus wieder einmal in Angriff genommen. Neue Tafeln wurden 1821 von Alexis Bouvard (1767–1843) aufgestellt. Der Bauernjunge aus den Alpen war ein Rechengenie und der unschätzbare Assistent von Laplace geworden. Innerhalb von elf Jahren beklagte sich der spätere britische Hofastronom (Astronomer Royal) George Biddell Airy (1801–92) darüber, daß die Tafeln um fast eine Bogenminute fehlerhaft seien. War Uranus seit seiner Entdeckung von einem Kometen getroffen worden? Hatte er einen unsichtbaren, aber massereichen Mond? Gab es eine interplanetare Flüssigkeit, die die Planetenbewegung hemmte? Verlor das Newtonsche Gravitationsgesetz bei großen Entfernungen seine Gültigkeit? Oder gab es da einen unsichtbaren Planeten, der einen störenden Einfluß auf den Uranus hatte?

Clairaut hatte den letzten Vorschlag schon vor langem vorgebracht, um Unregelmäßigkeiten in der Bahn des Halleyschen Kometen zu erklären, und jetzt sprach der britische Amateur T. J. Hussey dieselbe Vermutung für den Uranus aus. Niccolo Cacciatore (1780–1841) in Palermo glaubte, 1835 einen Planeten jenseits des Uranus gesichtet zu haben; Louis François Wartmann (1793–1864) in Genf behauptete später, 1831 einen gesehen zu haben. Beide Behauptungen erwiesen sich als falsch, aber allmählich verbreitete sich der Glaube, es existiere ein störender Planet. 1842 setzte die Göttinger Akademie der Wissenschaften einen Preis für die Lösung des Uranusproblems aus. Unter diesen Gegebenheiten ist der Umstand, daß zwei Leute ganz unabhängig voneinander eine Lösung fanden, – oft als Beispiel einer mystischen „Gleichzeitigkeit" dargestellt – keine wirkliche Überraschung.

Urbain Jean Joseph Leverrier (1811–77), der Sohn eines örtlichen Regierungsbeamten in der Normandie, hatte sich als Student an der *Ecole Polytechnique* in Mathematik ausgezeichnet und bei Gay-Lussac Chemie studiert, als er sich der Himmelsmechanik zuwandte. Er untersuchte die Störung von Kometenbahnen, baute Lagranges allgemeine Störungstheorie aus und überprüfte 1845 Bouvards Uranustheorie. Seine Erfolge waren so, daß ihn einige als Nachfolger von Lagrange und Laplace sahen. Am 18. September 1846 waren seine Rechnungen fertig: Er schrieb an J. G. Galle am Berliner Observatorium und bat ihn, an einer bestimmten Stelle nach einem neuen Planeten Ausschau zu halten. Am 23. September wurde der Planet gefunden, er wich von der berechneten Position weniger als ein Grad ab. (Der Name Neptun, der ihm schließlich gegeben wurde, war, wie wir gesehen haben, bereits für den Uranus vorgeschlagen worden.) Es gab nicht zuletzt in Frankreich einen großen Freudentaumel, der jedoch jäh verebbte, als man erfuhr, daß Leverriers Berechnung einen Vorläufer hatte.

John Couch Adams (1819–92) war der Sohn eines Pachtbauern aus Cornwall, der seinen Sohn nur unter Opfern nach Cambridge schicken konnte. Die Opfer waren aber gerechtfertigt, als dieser 1843 die Klassenliste in Mathematik anführte. Nach der Graduierung wurde er am St. Johns, seinem College, zum Fellow ernannt, und mit Beginn der großen Ferien machte er sich an das Uranusproblem. Im Oktober hatte er eine Näherungslösung, und im Februar 1844 wandte er sich über James Challis an den Königlichen Astronomen Airy mit der Bitte um genauere Uranusdaten. Mit Airys Zahlen berechnete er die Masse, die heliozentrische Länge und die Elemente der Ellipsenbahn des vermuteten Planeten. Seine Ergebnisse befanden sich in guter Übereinstimmung mit den späteren von Leverrier. Er gab sie im September 1845 an Challis weiter. Nachdem er zweimal versucht hatte, Airy persönlich zu treffen, ließ er am 21. Oktober in Greenwich eine Abschrift zurück. Airy schrieb an Challis einige Wochen danach eine auf einem Irrtum beruhende Kritik: Er hatte Adams Namen falsch aufgefaßt und seinen Status offenbar mißdeutetet – so hatte er Adams für einen älteren Geistlichen gehalten. Er drängte Challis im Juli 1846 zu einer Suche nach dem Planeten, verägerte diesen jedoch mit seinem Ton. Leverriers spätere Untersuchung führte dann, wie erwähnt, im September jenes Jahres zur Entdeckung des Neptun.

John Herschel lenkte als erster die Aufmerksamkeit der Öffentlichkeit auf Adams' Leistung, indem er im Oktober 1846 ans Londoner *Athenaeum* einen Brief schickte. Dies war der Anlaß für eine erbitterte Kontroverse, einerseits um die Priorität, andererseits um das Verhalten von Airy und Challis in der Angelegenheit. Challis – der Airy in Cambridge als Plumian Professor für Astronomie folgte, als dieser 1836 Hofastronom wurde – gab an, er habe seit Ende Juni nach dem Planeten gesucht und die nötigen Sternpositionen aufgezeichnet, wobei eine dem Planeten entsprochen habe. Er habe jedoch nicht den notwendigen Eliminationsprozeß – die Auffindung des bewegten Sterns – durchlaufen, weil er mit Kometen beschäftigt gewesen sei und auch nicht mit ganzem Herzen an die Voraussage von Adams geglaubt habe. Für einige lief dies auf einen Prioritätsanspruch und die Behauptung hinaus, den Planeten am 12. August gefunden zu haben, statt auf ein Eingeständnis der Nachlässigkeit. Jedenfalls wurde Leverrier mit Ehren überhäuft, und Adams ging fast leer aus. 1848 verlieh ihm die Royal Society die Copley-Medaille, ihre höchste Auszeichnung. Sie hatte dieselbe Ehrung unmittelbar nach der Entdeckung Leverrier allein zuerkannt.

Die beiden Friedensstifter in dieser unglückseligen Angelegenheit waren John Herschel in England und Jean Baptiste Biot (1774–1862) in Frankreich. Die chauvinistischen Angriffe auf Adams hielten jedoch an. In den 1850ern entdeckte er einen wesentlichen Fehler in der Laplaceschen Behandlung der säkularen Beschleunigung der Mondbewegung. Die Sache wurde zugunsten von Adams entschieden, aber nicht vor 1861 und nicht ohne weitere französische Gegenbeschuldigungen. Im Ergebnis wurde der Zahlenwert für die Beschleunigung etwa auf die Hälfte reduziert: von 10,58″ auf 5,70″. Das Jahr 1861 sah Adams in der Nachfolge von Challis als Direktor des Cambridge Observatory.

Viele Jahre war die Neptungeschichte ein Anschauungsbeispiel für Schreibtischentdeckungen: Man mochte vielleicht zu arm sein, um sich ein großes Teleskop leisten zu können, aber nicht, um Mathematik zu studieren. Die Entdeckung eines weiteren Planeten jenseits von Neptun lehrte eine etwas andere Moral. Obwohl man auf das Jahr 1930 warten mußte, wurde die Suche sicherlich durch die früheren Anstrengungen eines reichen Amateurs aus Neuengland, Percival Lowell (1855–1916), gefördert. Lowell war davon überzeugt, so sicher wie die Lilienthal-Gruppe einen Schlüssel zum Geheimnis des fehlenden Planeten in Händen zu halten: Er glaubte, von gewissen „Resonanzen“ in den Planetenbewegungen Kunde zu haben. Lowell richtete in Flagstaff, Arizona ein Observatorium ein, dort war die Luft – so hatte man ihn unterrichtet – am stabilsten in Nordamerika. Er hatte mit seinen Beobachtungen der Marsoberfläche und seinem Buch *Mars as the Abode of Life* (Leben auf dem Mars, 1908) einen großen Bekanntheitsgrad erreicht. Sein Gedanke, daß es auf dem Mars Jahreszeiten gebe und daß er einen Wechsel in der Vegetation beobachten konnte, hielt sich in manchen Köpfen bis zu den Mariner-Raumflügen in den 1960ern. Seine Idee der Resonanzen war schon viel früher in Ungnade gefallen, aber nicht bevor sie einen bemerkenswerten Effekt hatte.

Lowell übernahm die Hypothese von Chamberlin und Moulton, daß die Planeten aus Material gebildet wurden, das bei einem Beinahe-Zusammenstoß mit einem Stern aus der Sonne freigesetzt worden war. (Wir kehren zu diesem Thema in Kap. 16 zurück.) Der Leitgedanke war, daß nach der Entstehung eines Planeten an den Stellen eine Tendenz zur Bildung eines weiteren existiert habe, für die das Verhältnis der Umlaufszeiten besonders einfach ausfalle – z. B. fünf zu zwei wie im Fall des Saturn und Jupiter. Der Uranus folgt dem Saturn mit der dreifachen, der Neptun dem Uranus mit der doppelten Periode. (Lowell jonglierte etwas mit den Zahlen, indem er in einer ziemlich vagen Weise von Störungen sprach.) Sollte es nicht einen „Planeten X“ geben, desssen Umlaufszeit in solch ein Schema einfacher Verhältnisse paßte?

Er versuchte dem Beispiel von Adams und Leverrier zu folgen, indem er jetzt Neptun in die Liste der störenden Planeten aufnahm. Aber er hatte nicht deren mathematisches Niveau. Mit der Hilfe von C. O. Lampland, der Photographien der entsprechenden Regionen aufnahm, suchte er von 1905 bis an sein Lebensende erfolglos nach dem Planeten X. Die Suche wurde nach seinem Tod an seinem Observatorium in einem Akt der Pietät weitergeführt, wobei immer bessere Rechnungen vorlagen. Schließlich wurde der Planet 1930 von Clyde William Tombaugh gefunden, der ein speziell für diesen Zweck gefertigtes und mit einem weiten Gesichtsfeld ausgestattetes Teleskop benutzte. Durch seine *Bewegung*, nicht durch seine bloße Erscheinung wurde der Pluto genannte Planet detektiert. Plutos Symbol ist aus den Buchstaben PL, Lowells Initialen, gebildet.

Trotz der mathematischen Vorgehensweise hat man gute Gründe, die Entdeckung vom mathematischen Standpunkt aus als zufällig und einfach als Ergebnis einer systematischen Suche zu betrachten. Neptuns Masse ist tatsächlich zehntausendmal so groß wie die Plutos. Dies unterstreicht die Aussichtslosigkeit von Lowells Versuch, sich am Vorgehen von Adams und Leverrier zu orientieren. Er stand darin freilich nicht allein. William Henry Pickering (1858–1938), der jüngere Bruder des bekannteren Harvard-Astronomen Edward Charles Pickering (1846–1919) war Lowells Freund und Berater, und er hatte ebenfalls seit 1907 photographisch nach einem Planeten hinter Neptun gesucht. Dabei ging er von Rechnungen aus, die kaum mehr Relevanz hatten als die in Flagstaff. Nach Tombaughs Entdeckung wurde der Planet allerdings auf Platten gefunden, die im Jahr 1919 für Pickering aufgenommen worden waren.

Der Vorwurf, daß die Entdeckung in gewissem Sinn Zufall war, stellt das seltsame Echo eines ähnlichen Vorwurfs dar, der von Benjamin Peirce und S. C. Walker in Amerika gegen Adams und Leverrier erhoben wurde. Nachdem Neptun einige Monate lang unter Beobachtung gestanden hatte, zeigte sich, daß die Bahn erheblich von der Voraussage abwich, bei der man angenommen hatte, die Entfernung müsse dem Titius-Bode-Gesetz genügen. Es wurde gezeigt, daß *mehrere verschiedene Lösungen* zu den bekannten Daten paßten und daß zur Zeit der Neptunentdeckung der „wirkliche“ Planet zufällig ungefähr mit dem berechneten zusammenfiel. Viele europäische Astronomen, nicht zuletzt Leverrier, fühlten sich bemüßigt, den Vorwurf zurückzuweisen, während andere dachten, dies beweise nur die unbedingte Ehrlichkeit und Offenheit der amerikanischen Wissenschaft. Sie hat viel Empfehlenswertes, doch wurde sie in einer irreführenden Weise präsentiert. Die Amerikaner schienen den Eindruck zu vermitteln, sie würden irgendwie „den wirklichen Planeten“ kennen, weil sie bessere Werte der Neptun-Parameter – wie die Entfernung – hatten als ihre Vorgänger. Die Moral der Geschichte besteht darin, daß die Astronomen niemals den wirklichen Neptun kennen oder am Ende irgendeinen anderen „wirklichen“ Himmelskörper spezifizieren können.

Ob es jenseits des Pluto Planeten gibt, muß die Zukunft zeigen, aber die Schwierigkeiten, selbst Pluto zu lokalisieren, so „zufällig“ wir seine Entdeckung auch beurteilen mögen, sollten nicht unterschätzt werden. Seine Winkelgröße ist auf der Erde weniger als ein Drittel einer Bogensekunde und damit weit unterhalb der Grenze, bei der noch Oberflächendetails sichtbar sind. Und dabei gibt es am Himmel zwanzig Millionen Sterne, die so hell erscheinen wie Pluto.

Refraktoren und Reflektoren

Bessels Parallaxenmessungen bestärkten die Berufsastronomen darin, das achromatische Refraktorteleskop als Werkzeug für Präzisionsmessungen dem großen und unhandlichen Spiegelteleskop vorzuziehen. Friedrich Struve war ein Berufsastronom, dessen Ruf dem Bessels gleichkam; und Struve, der Astronom des Zaren von Rußland, konnte bei den besten Refraktorherstellern einkaufen. 1833 verließ Struve Dorpat, um ein neues und

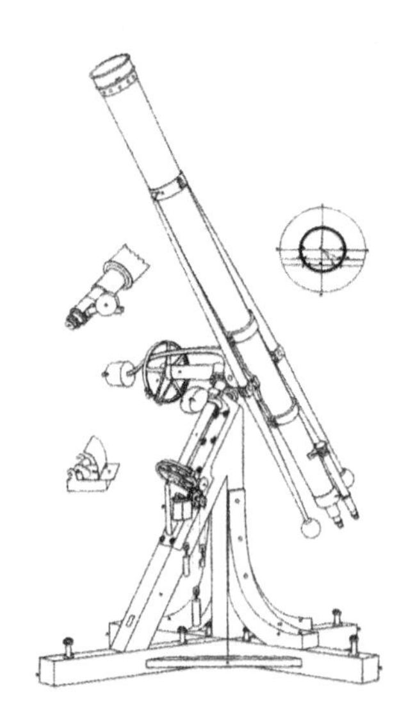

Bild 15.1 Fraunhofers bester Refraktor, der für Struve in Dorpat gebaut wurde (1826, Apertur 24 cm). Dieser Typ der äquatorialen [parallaktischen] Montierung wurde als „deutsche" Montierung bekannt.

prächtiges kaiserliches Observatorium in Pulkowo in der Nähe von St. Petersburg zu gründen.

Da es in der Familie Struve nicht weniger als sechs Astronomen gibt, sollten hier auch ihre Beziehungen untereinander geklärt werden, denn sie werden gelegentlich verwechselt. Friedrich Georg Wilhelm (1793–1864) war der Vater von Otto Wilhelm (1819–1905) – sowie von 17 anderen Kindern von zwei Frauen. Zu Ottos Söhnen gehörten Karl Hermann (1854–1920) und Gustav Wilhelm Ludwig (1858–1920). Jeder der letzten hatte einen Astronomen zum Sohn, Georg Otto Hermann (1886–1933) bzw. Otto (1897–1963). Friedrich Struve wurde von Deutschland nach Rußland geschickt, um der Ziehung zum Militär zu entgehen. Sein Sohn folgte ihm am Pulkowo-Observatorium, zog aber nach seinem Ausscheiden nach Deutschland um. In der dritten Generation hatte Gustav mehrere astronomische Stellungen in Rußland inne, während Karl Hermann dort bis 1895 blieb, als er die Stelle des Direktors des Königsberger Observatoriums annahm. Die Karriere von Karls Sohn fand daher in Deutschland statt – sie war nicht so glänzend, obwohl er bedeutende Studien am Saturn durchführte. Otto, der jüngste der sechs, litt unter großen Entbehrungen, als seine Forschungen vom Bürgerkrieg in Rußland unterbrochen wurden, denn er schloß sich General Denikins Armee an, um dann von der Roten Armee aus seinem Heimatland vertrieben zu werden. 1921 schaffte er es, über die Türkei Amerika und das Yerkes-Observatorium (Wisconsin) zu erreichen, dessen Direktor er dann wurde.

Als Friedrich Struve, der Begründer der Astronomendynastie, Dorpat in Richtung St. Petersburg verließ, nahm er den vorzüglichen, von Fraunhofer gefertigten Refraktor von Dorpat mit (Bild 15.1), und der Zar kaufte für ihn zahlreiche andere feine Instrumente bei Herstellern wie Ertel, Repsold, Merz, Troughton, Dent, Plössl und Pistor ein. Innerhalb eines Jahrzehnts hatte er in Pulkowo das bestausgestattete Observatorium der Welt. Er hatte den größten damals gebauten Refraktor (einen 38-cm-Achromaten von Merz und Mahler, in einer Montierung von Repsold). Als sein Sohn später von dem hohen Standard der amerikanischen Firma Alvan Clark and Sons erfuhr, wurde dort eine 30-Zoll-Objektivlinse bestellt, die für kurze Zeit die größte in der Welt war. Sie wurde durch die Clark-Gläser in Lick (36 Zoll, 91 cm) und Yerkes (40 Zoll, 102 cm) übertroffen. Dieses letzte Instrument sollte am Ende wieder an einen Struve fallen.

Neben seinen Pflichten als Staatsastronom, dessen Unterstützung bei der Kartierung eines riesigen Reiches dringend gebraucht wurde, machte es sich Friedrich Struve selbst zur Aufgabe, William Herschels Untersuchung der Doppelsterne fortzusetzen. Und als er seinen Katalog von 1827 veröffentlichte, hatte er die Positionen von 122 000 Sternen aufgenommen, von denen 3 112 doppelt waren. 1847 hatten er und sein Stab den Nordhimmel abgearbeitet, und ein Katalog von 1852, der Vergleiche der Positionen von 2 874 Sternen mit denen seiner Vorgänger – von Bradley bis Groombridge – verzeichnet, ist ein Denkmal der Gründlichkeit des 19. Jahrhunderts und mit der von Bessel vergleichbar. Struve blickte jedoch weiter. Er wollte die von Herschel aufgeworfenen Fragen lösen. Sind die Sterne in einem erkennbaren Muster verteilt? Gibt es eine vernünftige Beziehung zwischen den Entfernungen der Sterne und ihren Größenklassen? Er kam zu dem Schluß, daß die geringe Helligkeit der von Herschel und jetzt vom Stab in Pulkowo untersuchten Sterne nur zum Teil darauf zurückzuführen ist, daß das Licht entsprechend einem reziprok-quadratischen Gesetz abnimmt. Sie war, so dachte er, auf die Lichtabsorption im interstellaren Raum zurückzuführen. Die von ihm tatsächlich angeführten Zahlen stimmen einigermaßen mit den heutigen Zahlen in der Nähe der Milchstraße, seinem Untersuchungsgegenstand, überein.

Obwohl die professionellen Observatorien eine Vorliebe für das Refraktorteleskop an den Tag legten, speziell wenn es um Präzisionsmessungen ging, hatte das Spiegelteleskop alle Vorteile, wenn Lichtstärke gefordert war. Die Fortschritte kamen jedoch langsam und wären überhaupt nicht gekommen, hätten alle die allgemeine Auffassung unter den meisten Instrumentenbauern übernommen. William Parsons zufolge schienen sie anzunehmen, „seit Fraunhofers Entdeckungen hätte der Refraktor den Reflektor gänzlich überflügelt und alle Versuche, den letzteren zu verbessern, seien nutzlos." Als John Herschel 1833 den Lieblingsreflektor seines Vaters mit ans Kap nahm – es war der mit der 47-cm-Apertur (er war – nach seiner Länge – allgemein als „20-Fuß"–Reflektor bekannt) –, gab es kein besseres Spiegelteleskop auf der Welt, obwohl es ein halbes Jahrhundert alt war.

Die neue Blüte des Reflektors kam in den 1840ern als Folge der Arbeit von drei Amateuren: William Lassell (1799–1880), ein englischer Brauer, der seine Reflektoren (mit Aperturen von 23 und 61 cm) in äquatorialen Montierungen vom Fraunhofer-Typ aufstellte, der Schotte James Nasmyth (1808–90), einer der größten Ingenieure des Jahrhunderts, der drei feine Instrumente (25, 33 und 51 cm) mit ausgezeichneten mechanischen Eigenschaften und einer neuen Beobachtungsanordnung baute, und der irische Gutsbesitzer William Parsons (1800-67), der dritte Earl of Rosse, der seinen Ehrgeiz befriedigte, einen Spiegel zu bauen, der größer war als alle von Herschel.

Lassell entwarf und benützte Maschinen zum Schleifen und Polieren von Spiegeln aus Speculum-Metall. Mit seinem größeren Instrument (1846) entdeckte er einen Mond (Triton) des neu entdeckten Planeten Neptun. Zwei Jahre später fand er zur gleichen Zeit wie W. C. Bond von Harvard den achten Saturnmond. Er nahm das Instrument nach Malta, wo er über 600 neue Nebel kartierte – er hatte gehofft, weitere Satelliten zu entdecken, aber er fand keine.

Nasmyth konzentrierte seine Aufmerksamkeit auf den Mond und die Sonne. Seine Mondzeichnungen waren hervorragend, und er war der erste, der sah, daß die Sonnenoberfläche „wie Weidenblätter“ gemustert ist, wie er sich ausdrückte. Mit dieser Meldung löste er übrigens einigen Streit aus. Nasmyths Hauptbeitrag zur Astronomie war allerdings ein mechanischer. Statt das Licht nach der Reflektion an einem Sekundärspiegel eines Telekops vom Cassegrain-Typ durch die Mitte des Hauptspiegels zu schicken, reflektierte er es im rechten Winkel zum Rohr durch die Mitte des Achsschenkels, der das Teleskop trug. Diese einfallsreiche Anordnung bedeutete einen geringen Lichtverlust, auf den es jedoch bei hellen Objekten nicht ankam, ermöglichte aber dem Beobachter, auf derselben Höhe zu sitzen oder zu stehen und sich nur mit dem Teleskop herumzubewegen. Den „Nasmyth-Fokus“ trifft man immer noch bei den meisten großen Teleskopen an, und er muß, nach früheren Berichten von Unfällen bei großen Spiegelteleskopen zu urteilen, viele gebrochene Glieder vermieden haben.

Nachdem er in Dublin und Oxford einen Abschluß gemacht hatte, wurde William Parsons (bis zum Tode seines Vaters Lord Oxmantown, danach nahm er den Titel Earl of Rosse an) ein Mitglied des Unterhauses. Er war als ein aufrechter Mann in der irischen Politik berühmt, seine Besessenheit galt freilich eher der Herstellung von Teleskopspiegeln der höchsten Qualität. Er arbeitete mit Speculum-Metall, das während des Schleifens und Polierens auf einer dampfgetriebenen Maschine ständig gekühlt wurde. Das Material ist spröde, und Herschel hatte den Kupferanteil erhöht, um ein Zerschlagen weniger wahrscheinlich zu machen, aber dabei verminderte er die Reflektivität. Rosse versuchte Spiegel aus gegossenen Segmenten, die auf eine Messingplatte mit demselben Ausdehnungskoeffizienten wie Speculum-Metall montiert waren. Die feinen Teilungslinien in dem resultierenden Mosaik waren sehr lästig, und das Bild war zunächst von geringer Qualität. Nach wiederholten Experimenten fand er jedoch eine andere Lösung. Er sah, daß das Problem beim Gießen in der Kontrolle des Wärmeverlustes bestand. Er experimentierte mit verschiedenen Sorten von Gußformen, teilweise aus Sand und teilweise aus Metall, und ließ seinen 90-cm-Spiegel in nicht weniger als 14 Tagen abkühlen. Der Spiegel war von exzellenter Qualität. Das Wetter an seinem Wohnsitz, Birr Castle, war es nicht, dennoch sah er in den seltenen Intervallen mit klarem Himmel viele neue Details in Sternhaufen und Nebeln. Im Nebel M57 im Sternbild Lyra, einem scheibenartigen Objekt, fand er im Zentrum einen sehr schwachen, blauen Stern. Dies war ein weiterer „Planetennebel“ der Sorte, die Herschel 1790 von der Existenz wahrer Nebel überzeugt hatte.

Rosse war von seinen Entdeckungen so begeistert, daß er sich mit seinen Gutsarbeitern und anderen an einen Spiegel mit einer Apertur von 183 cm und fast vier Tonnen Gewicht machte. Nach fünf Versuchen und vier Desastern in fünf Jahren war der Spiegel des „Leviathan von Parsonstown“ erfolgreich gegossen, geschliffen und poliert. Die Aufhängung des massiven Teleskoprohres war extrem schwierig: Es hing zwischen zwei etwa 18 Meter hohen Tragwänden in der Meridianebene, so daß ein Stern höchstens für ungefähr eine Stunde zu beobachten war. Um ein Durchbiegen des riesigen Spiegels unter seinem Eigengewicht zu verhindern, wurde dieser von einer filzbesetzten, gußeisernen Bettung unterstützt.

Der Leviathan, inzwischen das bei weitem größte Teleskop auf der Welt, wurde im Februar 1845 in Betrieb genommen. Im April hatte Rosse seine bedeutendste Entdeckung gemacht: die der Spiralstruktur des Nebels M51, von dem er eine hervorragende Zeichnung anfertigte. In Irland herrschte eine Hungersnot, und das Teleskop mußte für einige Monate vernachlässigt werden. (Rosse gab den größeren Teil seiner Einkünfte, um die Armut seiner Pächter zu lindern.) Als er die Beobachtung wieder aufnahm, hatte er ein klares Programm vor sich, nämlich die Untersuchung der Nebelformen. Er wurde darin von seinem ältesten Sohn unterstützt, der das Programm nach dem Tod des Vaters mit dem Pfarrer Thomas Romney Robinson, verschiedenen anderen Freunden und angeworbenen Beobachtern fortführte.

Rosse hatte einen Abschluß in Mathematik und war davon überzeugt, daß die Spiralstruktur der Nebel wichtige dynamische Information enthalten müsse, aber es vergingen Jahrzehnte, bis hier Fortschritte gemacht wurden. Die Astronomen von Birr Castle machten sich also an eine systematische Suche nach Spiralnebeln, und sie fanden viele. Mehrere waren von einem Typ, die seither als Seyfert-Galaxien bekannt sind. (Diese haben hochkondensierte Zentren, von denen man vor kurzem dachte, daß sie ihre Energie von schwarzen Löchern beziehen.) Die Einzelheiten in den auf Birr produzierten Zeichnungen sind oft von sehr großem Wert gewesen, selbst nach dem Aufkommen der astronomischen Photographie. Der große Reflektor blieb am selben Ort in regelmäßigem Betrieb bis 1878, als der geborene Däne J. L. E. Dreyer als Birr-Astronom kündigte, um eine Stellung am National Observatory in Dunsink anzutreten. Dreyer, der als Astronomiehistoriker bekannt ist, sollte später auch den berühmten *New General Catalogue of Nebulae and Clusters of Stars* verfassen. Dessen „NGC-Zahlen" werden oft benützt, um solche Objekte zu identifizieren. (Herschels Planetennebel ist zum Beispiel unser NGC 1514.)

Unter anderem half Rosses Werk, die Mode im Teleskopbau zugunsten großer Spiegelteleskope zu ändern. Die großen Refraktoren führten selbstverständlich auch weiterhin zu Entdeckungen – so verwendete Asaph Hall 1877 das Washingtoner Instrument mit einer Clark-Linse, um Marssatelliten zu entdecken. Über die früher erwähnten Refraktorbeispiele hinaus machte die Dubliner Firma Grubb in den 1880ern eine 63-cm-Linse für Cambridge, während die Brüder Paul und Prosper Henry in Paris Refraktoren von 76 cm für Nizza und 83 cm für Meudon bauten. Immer bessere Linsen wurden hergestellt: zum Beispiel in Frankreich in der Werkstatt von Mantois, die Glas von der Fabrik von St. Gobain verwendete, und in Deutschland in der Firma Carl Zeiss, die von Ernst Abbe, einem berühmten Theoretiker in der Optik, gegründet wurde. Die Zukunft gehörte aber den Reflektoren, und dies einfach, weil bei Linsen von über einem Meter Durchmesser das Glas in der Mitte so dick ist, daß die Absorption des Lichts nicht mehr zu tolerieren ist. Die physikalische Deformation unter dem Gewicht des Glases ist ebenfalls ein Problem.

Man brauchte ein neues Material als Ersatz für das schlecht zu bearbeitende Speculum-Metall. Glasspiegel waren nichts Neues, und das Schleifen und Polieren von Glas war natürlich eine hochentwickelte Kunst, aber die Methoden des Versilberns von Glas waren schlecht. In den 1850ern machten jedoch C. A. Steinheil aus München und J. B. L. Foucault aus Paris von einer Technik zum Beschichten von ziemlich kleinen Teleskopspiegeln aus Glas mit einer dünnen und gleichmäßigen Silberschicht Gebrauch. (Die Technik war 1851 auf der Großen Ausstellung in London gezeigt worden, ist aber anscheinend von

Bild 15.2 Das 100-Zoll (2,5 m) Hooker-Teleskop am Mt. Wilson, das 1918 fertiggestellt wurde. Sein Gewicht von über 100 Tonnen ruht auf Widerlagern aus flüssigem Quecksilber, die sich in Trommeln an den Enden der Polarachse befinden.

dem Chemiker Justus von Liebig nochmals erfunden worden.) Foucault führte eine weitere Innovation, den „Foucault-Test" für die Abbildungsqualität des Spiegels ein. Lassells zweites (Malta) Teleskop folgte ihrem Beispiel. Der letzte große Spiegel, der aus Speculum gegossen wurde, war ein 120-cm-Exemplar für Melbourne (1870). Er wurde bei Grubb unter Beratung durch die Royal Society gefertigt und stellte sich sowohl aus optischen als auch mechanischen Gründen als Fehlschlag heraus. Der Spiegel wurde mit einer Schutzschicht aus Schellack verschifft. Bei ihrer Entfernung wurde die Oberfläche ruiniert. Der Direktor des Observatoriums mußte die Technik der optischen Nachbearbeitung von einem der größten Teleskope der Welt in einigen Monaten lernen. Er versagte natürlich, aber dann erledigte Grubb die Arbeit in mehr als 30 Jahren.

Die Ära der Amateurhersteller der größten Instrumente ging zu Ende. Die Firma Grubb erlangte schließlich mit einem 51-cm-Glasreflektor für Isaac Roberts im Jahre 1885 ihre Reputation wieder, und mit ihm landete Roberts einen berühmten Treffer: eine Photographie des Andromeda-Nebels, die deutlich seine Spiralstruktur zeigte. Gegen Ende des Jahrhunderts hatten sich die Zeiten vollkommen geändert. Die Erfahrungen am Yerkes-Observatorium hatten Georg Hale die Beschränkungen der Refraktoren aufgezeigt. Er hatte das Glück, auf die Dienste von George Ritchey, einem Optiker von großer Erfahrung, zurückgreifen zu können. Und als mit Hilfe einer Spende der Carnegie Institution ein neues Teleskop am Mount Wilson in Angriff genommen wurde, gab es keinen Zweifel, daß es ein Spiegelteleskop sein müsse. Zweimal im Verlauf des Baus hatte Hale einen Sinneswandel, und die Pläne für einen 1,5-Meter-Spiegel machten der Realität eines 2,5-Meter-Spiegels Platz – dem 100-Zoll-Hooker-Teleskop, das zahllose spektakuläre astronomische Photographien lieferte, die am Anfang des 20. Jahrhunderts so weitverbreitet benutzt wurden. Im Jahre 1918 fertiggestellt, wiegt es etwa 100 Tonnen. Sein Gittertubus ist in einer „englischen

Rahmenmontierung" aufgehängt. Trotz der parallaktischen Montierung kann es nicht auf polnahe Sterne ausgerichtet werden. Schließlich stand ein Instrument bereit, das würdig war, die Arbeit über Formen und Verteilung der Nebel fortzusetzen, die so lange vorher von Herschel begonnen und von Rosse fortgesetzt worden war.

Das Paradoxon des dunklen Nachthimmels

Ein Aspekt des allgemeineren Problems der Materieverteilung im Weltraum bringt uns zu Friedrich Struves Motiven, die interstellare Absorption zu untersuchen, zurück und noch weiter zu dem von Halley und anderen bemerkten Paradoxon. Wenn man annahm, daß die Zahl der Sterne endlich ist – ob sie nun auf einer Kugel angeordnet sind oder nicht, macht wenig aus –, war die allgemeine Dunkelheit des Nachthimmels kein Mysterium, aber wie Kepler in seiner *Unterredung mit dem Sternboten* (1610) schrieb, „in einem unendlichen Universum würden die Sterne den von uns gesehenen Himmel füllen." Wenn die Sterne nicht speziell für den gegebenen Blickpunkt angeordnet sind (zum Beispiel, um gerade Straßen leeren Raumes auszulassen), dann ist intuitiv klar, daß die Sichtlinie in einem unendlichen Universum mit gleichmäßig verteilten Sternen, wohin man auch blickt, früher oder später auf die Oberfläche eines Sterns trifft. Der Himmel sollte voller Licht sein. Auf diese ganz einfache Art, den Fall darzulegen, scheint man vor Olbers nicht gekommen zu sein. Wir haben bereits Halleys komplizierteren Weg zu einem ähnlichen Schluß besprochen, sowie seine möglichen Quellen. Halley veröffentlichte zwei Artikel (1720) über das Problem des dunklen Nachthimmels. Seine Lösung des Paradoxons war, daß das Licht von entfernten Sternen nicht unbeschränkt teilbar ist und daß es in großen Entfernungen schneller abnimmt, als dem reziprok-quadratischen Gesetz entspricht, so daß entfernte Sterne einfach zu schwach sind, um vom menschlichen Auge wahrgenommen zu werden.

Eine Generation später fragte Cheseaux wieder, weshalb der Himmel nicht mit Licht der durchschnittlichen Oberflächenhelligkeit der Sterne gefüllt ist (1744). Er erklärte nun den dunklen Nachthimmel mit einer interstellaren Absorption. Es mag scheinen, daß dieser Effekt dieselben Folgen hat, aber wie John Herschel 1848 zeigen sollte, war die interstellare Absorption allein keine Antwort, denn die interstellare absorbierende Substanz wird solange aufgeheizt, bis sie so viel Energie wieder emittiert, wie sie empfängt.

1823 wiederholte der Bremer Arzt und Astronom Wilhelm Olbers die Erklärung im Rahmen der interstellaren Absorption, und da die meisten derjenigen, die das Problem in der ersten Hälfte des 20. Jahrhunderts diskutierten, durch ihn davon erfahren hatten, wurde es als „Olbers' Paradoxon" bekannt. Olbers war ein Bekannter von Struve, und das war der Kontext von Struves Untersuchung der interstellaren Absorption.

Die Absorption war aber nicht der einzige Weg, das Paradoxon aufzulösen. 1861 bevorzugte J. H. Mädler eine andere Erklärung, die in einem endlichen Alter des Universums bestand. Der Gedanke war, daß das Licht entfernter Sterne einfach nicht die Zeit hatte, uns zu erreichen. Die Reisedauer des Lichts sollte nämlich das Alter des Weltalls nicht überschreiten. Da man aber keine sichere und unabhängige astronomische Kenntnis von vielen Entfernungen oder von Prozessen der Schöpfung hatte, war dies nicht mehr als eine

Mutmaßung, aber sie deutete in einer merkwürdigen Weise künftige Erklärungen an, wie wir noch sehen werden. 1901 schlug William Thomson, Lord Kelvin, einen ähnlichen Weg ein, um das Rätsel zu lösen. Er betrachtete auch die Möglichkeit, daß die einzelnen Sterne eine endliche Lebensdauer haben. Seine Lösung war sorgfältig ausgearbeitet und kann erweitert werden, um ein expandierendes Universum (endlichen Alters) einzuschließen. Erst später im Jahrhundert stand dieses Problem im Mittelpunkt der astronomischen Bühne. Bevor es das tun konnte, mußten die Astronomen lernen, die Physik des Universums in seiner Ganzheit ernst zu nehmen. Dazu wurden sie weitgehend von wissenschaftlichen Entwicklungen gezwungen, die außerhalb der Astronomie, wie sie damals allgemein aufgefaßt wurde, stattfanden. Wir werden auf dieses Thema in Kapitel 17 zurückkommen.

Die photographische Revolution

Die Einführung der Photographie in die Astronomie im 19. Jahrhundert erinnert an die Einführung des Teleskops im 17., denn beide brachten neue Phänomene ans Licht. Die ersten Photographien der Sonne und des Mondes zeigten gleich einen Detailreichtum, der viele Stunden sorgfältigen Zeichnens mit der Hand erfordert hätte. Im Laufe der Zeit wurden die Materialien empfindlicher, immer schwächere Objekte wurden auf den photographischen Platten aufgenommen, und am Ende des Jahrhunderts waren zahlreiche Entdeckungen gemacht, die ohne photographische Hilfe unmöglich gewesen wären. (Noch bevor brauchbare photographische Prozesse zur Verfügung standen, war bekannt, daß gewisse Stoffe für Licht empfindlich sind, das für das Auge unsichtbar ist.)

Die Geschichte der Photographie zog sich noch mehr in die Länge als die des Teleskops. Seit alters her war es allgemein bekannt, daß durch Sonnenlicht manche Substanzen gebleicht und manche dunkler werden, und viele Chemiker des 17. und 18. Jahrhunderts – darunter Joseph Priestley (1772), Carl Wilhelm Scheele (1777) und Jean Senebier (1782) – untersuchten die chemische Wirkung von Licht, sogar unter Berücksichtigung der Farbe. 1802 veröffentlichte Humphry Davy einen Bericht über Experimente von Thomas Wedgwood zu Methoden, Glasbilder oder Zeichnungen auf mit Silbernitrat oder Silberchlorid behandeltes Papier oder Leder zu kopieren. Er hatte keine Möglichkeiten, die Bilder zu fixieren. Der erste wirkliche Fortschritt kam erst nach jahrzehntelangem Experimentieren von Joseph Nicéphore Nièpce. Die Camera obscura, eine abgedunkelte Kammer mit einem Loch oder einer Linse, durch die ein Bild auf einen darin befindlichen Schirm geworfen wurde, war für Schauzwecke und als Zeichenhilfe weithin in Gebrauch. Lange versuchte Nièpce ein mit der Kamera aufgenommenes Bild zu bekommen, das als Druckplatte hätte dienen können. Seine ersten einigermaßen befriedigenden Bilder entstanden 1816, obwohl sie natürlich nicht seinem ursprünglichen Zweck entsprachen.

1829 – er experimentierte immer noch herum – ging er mit Louis Jacques Mandé Daguerre, einem Kulissenmaler und Schausteller mit ähnlichen Interessen, eine Geschäftspartnerschaft ein. Hier ist Raum für endlose Streitigkeiten hinsichtlich der genauen Natur ihrer vielfältigen Arbeiten und der Fragen, wer dafür verantwortlich war und wer die Priorität der Erfindung hatte. Die Angelegenheit wird durch die Arbeit von William Henry Fox Talbot kompliziert, der 1835 in England ganz unabhängig winzige Negative herstellte.

Talbots Freund John Herschel nahm daran starken Anteil und schlug ihm unter anderen vor, Hypo [Natriumthiosulfat] zum Fixieren zu benutzen. (Herschel ist die Erfindung der photographischen Begriffe „positiv" und „negativ", „Schnappschuß" und sogar das Wort „Photographie" (1839) selbst anzurechnen.) Dadurch, daß es Daguerre übernahm, wurde es das klassische „Fixiersalz". Während der gesamten Epoche nahm die Empfindlichkeit beständig zu, sowohl die menschliche als auch die photographische. Talbot machte aus seinen Erfindungen kein Geheimnis, patentierte sie aber und erwartete Lizenzgebühren, wenn seine Ansprüche auch oft bestritten wurden. Es war jedoch Daguerre – der sich nie groß um die Rechte seiner Konkurrenten scherte –, der das Geschäft aufzog, das die Photographie ins Bewußtsein der ganzen Welt brachte. Er gab eine klare Anleitung heraus, die in viele Sprachen übersetzt wurde, viele Auflagen hatte und für seinen Apparat Reklame machte.

Wie die Astronomie maximale Aperturen zum Lichtsammeln brauchte, so konnten in der Photographie die Belichtungszeiten durch eine Vergrößerung der Apertur verkürzt werden. (Wir sollten hier strenggenommen von *relativer* Apertur sprechen. Alle Photographen dürften wissen, daß durch Verringerung der Blende(nzahl), des Verhältnisses von Brennweite zu Apertur, mehr Licht auf den Film gelassen wird.) In der Hoffnung, das Licht des aufzunehmenden Objekts zu maximieren, folgte Alexander Wolcott (1840) der astronomischen Praxis und eröffnete das welterste Portraitstudio, in dem eine Kamera mit einem großen Konkav*spiegel* verwendet wurde. Ein bedeutenderer Wendepunkt war im selben Jahr erreicht, als der Wiener Mathematiker Josef Petzval eine Doppellinse mit der ungewöhnlich großen Apertur von f : 3,6 entwarf. Früher waren die Belichtungszeiten gewöhnlich von der Größenordnung Minuten. Um einen Begriff zu geben, was die neue Linse möglich machte: 1841 konnte ein Wiener Photograph eine Militärparade im hellen Sonnenschein mit einer Belichtungszeit von einer Sekunde aufnehmen.

Eine Photographie der Sonne brauchte freilich eine kürzere Belichtung, und tatsächlich hatten Foucault und Fizeau 1845 in Paris große Schwierigkeiten, die Belichtungszeiten *kurz* genug zu machen. Ein typischer Refraktor dürfte ein Brennweitenverhältnis von etwa f : 8 gehabt haben. Die schwachen Bilder der Sterne kamen lange nicht in Frage, aber 1840 wurden von J. W. Draper aus New York einige bescheidene „Daguerreotype" des Mondes erhalten. Im Juli 1850 verwendete W. C. Bond (1789–1859) am Harvard College Observatory den dortigen 38-cm-Refraktor – der mit einem anderen den damaligen Größenrekord hielt –, um ein viel besseres Daguerreotyp des Mondes zu erhalten, eine Photographie, die für beide Wissenschaften viel Publizität brachte.

Die astronomische Photographie hatte also angefangen, aber die ersten Photographien von Wert waren die von Warren de la Rue (1815–89), einem in Guernsey geborenen Papierhersteller in England. Er begann 1853 mit dem Mond, wobei er Archers Kollodium-Verfahren (1851) verwendete. Die Notwendigkeit, den Himmelskörpern während der langen Belichtungszeit zu folgen, bedeutete, daß das Teleskop nicht von Hand, sondern mechanisch genau bewegt wurde; und de la Rue tat viel, um diesen Mechanismus zu perfektionieren. Im Auftrag der Royal Society begann er 1858 am Kew-Observatorium eine Serie von Sonnenphotographien, die sich über 14 Jahre erstreckte. Ab der Mitte der 1870er wurden eigentlich jeden Tag irgendwo auf der Welt Photographien der Sonnenoberfläche aufgenommen.

De la Rues Photographien beschränkten sich nicht auf einfache Schnappschüsse von der Sonne. Stereoskopische Photographien von alltäglichen Szenen waren damals sehr in Mode: Man schaute durch ein Sichtgerät auf zwei Photographien, die jeweils nur von einem Auge gesehen wurden, und die Szene erschien dreidimensional. Die Photographien wurden gleichzeitig von zwei Kameras aufgenommen, die mehr oder weniger Augenabstand hatten. De la Rue verwendete eine Methode, mit deren Hilfe ein dreidimensionales Bild der Sonnenoberfläche erhalten werden konnte, wie man es mit den Augen nie sehen kann. Statt die Sonne von zwei weit entfernten Orten aus zu photographieren, nahm er einfach ein Bild auf und wartete mit der Aufnahme eines weiteren, bis sich die Sonne etwas um ihre Achse gedreht hatte. Er erhielt so die Ansicht, die man von einem weit entfernten Blickpunkt aus gehabt hätte. Er hielt 26 Minuten für ein passendes Intervall.

Damit fand de la Rue, daß sich die hellen *faculae* (lateinisch für Fackeln) hoch in der Photosphäre (sichtbare Schicht) der Sonne befinden und daß der dunkle Teil eines Sonnenflecken tiefer als sein umgebender Halbschatten scheint, über dem die Fackeln zu schweben scheinen. Dies machte sofort eine ganze Flut phantasiereicher Ideen über die Sonne zunichte, nicht nur die vom Derham-Typ, die Sonnenflecken als vulkanisch hinstellten, sondern auch Lalandes Vorstellung, die Flecken seien Felsinseln in einem leuchtenden Meer, wobei die Halbschatten sozusagen die Sandstrände an der Küste sind.

Man kann nicht sagen, de la Rue habe sich mit William Herschels merkwürdigen Ideen über die Sonne als einen „leuchtenden Planeten" befaßt, der wahrscheinlich von Leuten bevölkert ist, die durch eine dicke Wolkendecke vor der intensiv strahlenden oberen Atmosphäre geschützt sind. (Den Namen „Photosphäre" erhielt diese von Schröter.) Dieser seltsame Vorschlag starb eines natürlichen Todes. Dies darf die Verdienste Herschels, der so viele Eigenschaften der Sonnenoberfläche als erster beschrieb, sicherlich nicht schmälern.

De la Rue war nicht der einzige, der die Dreidimensionalität in Angriff nahm, es können nämlich die Profile der Sonnenflecken studiert werden, wenn sie bei der Sonnenrotation die Kante des sichtbaren Teils erreichen. Alexander Wilson aus Glasgow hatte 1769 auf diese Weise einen sehr großen Flecken untersucht und Perspektiveffekte gefunden, die ihn zu einer intensiven Untersuchung des Problems veranlaßten; viele andere taten dasselbe. Eine völlig neue Art von Indizien war gefordert, als – wir werden das später sehen – Norman Lockyer 1866 das Spektroskop in der Erforschung der Sonnenflecken einsetzte.

In den 1840ern gab es zwei seltsam unabhängige Erfolge in der Sonnenspektroskopie. Zuerst erfand John Herschel eine Methode, das Spektrum im Infraroten aufzunehmen. Bei ihr befeuchtet man schwarzes Papier mit Alkohol und erkennt dann die „dunklen" Linien daran, daß sie zuletzt trocknen. Andere fanden seine veröffentlichten Ergebnisse als nicht reproduzierbar, in den 1880ern stellten sie sich jedoch als richtig heraus, als die angegebenen Wellenlängen als die erkannt wurden, bei denen im Wasserdampf der Erdatmosphäre Absorption auftritt. Der zweite beispiellose Erfolg war 1842, als Edmond Becquerel (1820–91) eine Daguerreotypie-Platte verwendete, um das ganze Fraunhofer-Spektrum der Sonne aufzunehmen. Er zeichnete dies sogar bis ins Ultraviolette hinein auf, wo die Platte natürlich empfindlich ist, und konnte Fraunhofers System zur Bezeichnung der dunklen Linien erweitern. Becquerel war der Sohn und der Vater begabter Pariser Physiker. Seine Meisterleistung ist wohl 30 Jahre lang nicht wiederholt worden, wenngleich das Ultraviolett-Spektrum der Sonne in der Zwischenzeit (1852) von George Stokes (1819–1903) beobachtet worden war, indem er die Fähigkeit des Ultraviolett-Lichts ausnutzte, gewisse Substanzen zum Fluoreszieren zu bringen.

Die Photographie wurde bald angewandt, um die feurige Sonnenkorona („Krone“) im Moment einer totalen Sonnenfinsternis mit ihren kleinen rosafarbenen Protuberanzen festzuhalten. Diese wurden bereits 1185 in einer mittelalterlichen russischen Klosterchronik beschrieben und mit rotglühender Holzkohle verglichen, die vom Rand der verdeckten Sonnenscheibe ausschwärme. Aber *gehörten* sie zur Sonne? Waren sie eine optische Täuschung, vielleicht eine Luftspiegelung? B. Wassenius, der sie 1733 von Göteborg in Schweden aus gesehen hatte, beschrieb sie als rote Wolken in der *Mond*atmosphäre. Man dachte allgemein, die von Schweden aus sichtbare Sonnenfinsternis von 1851 habe gezeigt, daß der Ort der Protuberanzen wirklich die *Sonne* sei. De la Rue beobachtete die Sonnenfinsternis von 1860 vom oberen Ebrotal aus, während sie Pater Secchi von Desierto de las Palmas, 400 Kilometer südöstlich, ansah. Und die Ähnlichkeit dessen, was sie sahen und was nun für alle sichtbar auf einer Photographie aufgezeichnet war, erledigte die Frage der solaren Natur der Protuberanzen ein für allemal.

Die Kamera wurde zunehmend für die Untersuchung der Feinheiten sowohl in den Sonnenflecken als auch in der Granulation der Sonnenoberfläche verwendet. P. J. C. Janssen (1824–1907) war darin ein Pionier. Er hatte mit einer höchst einfallsreichen Vorrichtung einen gewissen Ruhm geerntet, die er entwarf, nachdem er die totale Sonnenfinsternis vom 18. August 1868 von Guntur in der Nähe des Golfs von Bengalen aus beobachtet hatte. Als er während der totalen Verdeckung der Sonne den Schlitz seines Spektroskops auf zwei große Protuberanzen richtete, fand er intensive Wasserstofflinien. Es kam ihm der Gedanke, wenn er nur Licht dieser besonderen Wellenlänge zuließe (das heißt, diese Stelle im Spektrum besetzen würde), dann sollte er durch schnelles Rastern der Sonne mit dem Schlitz seines Spektroskops ein Bild der Sonne produzieren und so ihren Veränderungen regulär folgen können, anstatt auf Sonnenfinsternisse warten zu müssen. Tatsächlich gab er seinem Spektroskop eine Drehbewegung, um das Sonnenbild aus seinen schlitzartigen Komponenten aufzubauen. Wenn uns dies an die Mechanik des Kinematographen erinnert, kam diesem eine andere seiner Erfindungen, der photographische Revolver sogar noch näher. Er wurde entworfen, um während des Venusdurchgangs im Jahre 1874 eine schnelle Folge von Photographien aufzunehmen.

Wenn Janssen zu seinen Lebzeiten der französischen Öffentlichkeit bekannt war, dann war er das sicher als der Mann, der das belagerte Paris während des französisch-preußischen Krieges mit einem Ballon verließ, um die Sonnenfinsternis vom 22. Dezember 1870 zu beobachten. Lockyer hatte von den Preußen eine Erlaubnis für Janssen zum Passieren ihrer Linien erhalten, aber er hätte es nicht mit seiner Ehre vereinbaren können, von ihr Gebrauch zu machen und Kriegsdepeschen zu befördern. Nachdem Janssen die Akademie der Wissenschaften um Unterstützung gebeten hatte, wurde ihm ein Ballon, der *Volta*, zur Verfügung gestellt. Mit einem Assistenten erreichte er eine Höhe von 2 000 Metern, wurde vom Wind westwärts getrieben und landete mit seinen Instrumenten – und wichtigen Depeschen – sicher unweit der Atlantikküste. Er erreichte Oran (Algerien), um die Eklipse zu beobachten, aber das Wetter war weniger kooperativ, als es die Akademie der Wissenschaften und die Preußen gewesen waren, und so hatte seine Reise eher symbolischen als wissenschaftlichen Wert.

Janssens Studien, die man heute für ganz normale Astrophysik halten würde, betrachtete man damals nicht als direkt unter die traditionelle Astronomie fallend, und es sei erwähnt, daß er auf große Schwierigkeiten stieß, nennenswerte staatliche Unterstützung zu erhalten. Der Erziehungsminister Victor Duruy setzte sich dafür ein, daß er ein Observatorium bekam, mit Erfolg. 1876, sieben Jahre später, wurde Janssen ein Gebäude bewilligt, und er wählte Meudon. Er wurde achtzig, bevor der astronomische Stab auf über zwei Personen erhöht wurde, dennoch hatte er in der Zwischenzeit ein sehr wichtiges Forschungsprogramm durchgeführt und einen Atlas von Sonnenphotographien erstellt, die die Zeitspanne 1876–1903 abdeckten. So begann eines der weltbesten Sonnenforschungszentren.

Es gibt eine doppelt interessante Parallele zwischen Janssens Karriere und der von Norman Lockyer (1836–1929) in England. Lockyer, ein Verwaltungsbeamter ohne Universitätsausbildung, hatte in der Mitte der 1860er an seinem 16-cm-Refraktor ein Spektroskop angebracht und hatte 1866 dieselbe Idee wie Janssen (1868), also die Sonne nur im Licht der Farbe der Protuberanzen zu betrachten. Ihm wurden 1867 staatliche Mittel gewährt, aber er erhielt erst ein Jahr später ein passendes Hochdispersions-Spektroskop, mit dem er, wie geplant, am 20. Oktober 1868 eine Protuberanz beobachtete. Er versuchte es mit einem oszillierenden Schlitz – freilich mit mäßigem Erfolg; aber mit Unterstützung von William Huggins kam er zur Einsicht, daß ein weiter Schlitz genügte. Beredt ging er über die seltsamen Formen in der waldartigen Sonnenatmosphäre hinweg. Noch seltsamer war, was passierte, als er seine Entdeckungen der Französischen Akademie der Wissenschaften mitteilte: Sein Brief und ein anderer von Janssen, der dieselbe Methode erklärte, trafen innerhalb weniger Minuten ein. Die traurige Geschichte des Neptun war erst 20 Jahre alt, und die französische Regierung feierte diesen Fall einer fast gleichzeitigen Entdeckung, indem sie eine Gedenkmünze mit den Portraits der beiden Astronomen schlagen ließ.

Trotz all seiner vielen, im Alleingang erbrachten Leistungen in der Astrophysik fand Lockyer wie Janssen niemals wirklich eine Nische in der etablierten Astronomie. Als ein Mann von enormer Vitalität, der mit missionarischem Eifer daran arbeitete, das wissenschaftliche Bewußtsein der Öffentlichkeit zu heben, war er der Gründer und für ein halbes Jahrhundert Herausgeber der berühmten Zeitschrift *Nature*. Trotzdem hatte er einen sehr begrenzten Erfolg im Bemühen, die Regierung zu überreden, ein nationales astrophysikalisches Observatorium zu stiften. Ein solarphysikalisches Observatorium wurde in Süd-Kensington eingerichtet, der Platz später aber für das Science Museum gebraucht. Im Alter von 76 baute er, ein enttäuschter Mann, selbst ein neues Observatorium in Sidmouth, wo er bis zu seinem Tod acht Jahre später arbeitete.

Es ist heute billig, das offensichtliche Desinteresse der Regierung am wissenschaftlichen Fortschritt zu kritisieren. Wir sollten uns aber daran erinnern, daß die Wissenschaft als Domäne der Universitäten gesehen wurde, die in Britannien – im Gegensatz zu vielen anderen europäischen Ländern – zunächst nicht Sache der Regierung waren. Die Astronomie befand sich in einer Grenzlage. Airy, aus der Generation davor, war der erste Astronomer Royal gewesen, der ganz von seinem offiziellen staatlichen Gehalt abhängig war. (Halley hatte eine Marinepension erhalten, und alle anderen Amtsinhaber waren in geistlichen Orden und hatten kleine Stipendien von der Kirche bezogen.) Aber Greenwich wurde genausowenig als ein Forschungsinstitut gesehen wie sein amerikanisches Gegenstück, das Naval Observatory in Washington, wo Lockyers Zeitgenosse Simon Newcomb eine klare

Bild 15.3 Greenwich: Anordnung der Observatoriumsgebäude im 19. Jahrhundert. Das Hauptgebäude ist eine Erweiterung des Flamsteedschen Baus.

Vision von der Notwendigkeit einer verbesserten Planeten- und Mondtheorie verfolgte. Die Observatorien waren gegründet worden, um dem Staat zu dienen, Tafeln und astronomische Konstanten zu rein praktischen Zwecken bereitzustellen.

Huggins (1824–1910) war zwölf Jahre älter als Lockyer und ihm in vielem ähnlich. Beide kamen als Amateure zur Astronomie, beide hatten keine Universitätsausbildung und beide wurden schließlich für ihre Verdienste in der Wissenschaft zum Ritter geschlagen. Aber Lockyer war der Spekulierer und Huggins der im allgemeinen vorsichtige Beobachter, der zuletzt Präsident der Royal Society wurde (1900–1905). Seinen Ruf erwarb er sich durch Pionierarbeit in der Spektroskopie. Nachdem er von Kirchhoffs Entdeckungen erfahren hatte, gewann er für die Untersuchung von Sternspektren die Hilfe von W. A. Miller (1817–70) vom King's College in London, und 1863 konnte er Listen von Spektrallinien in Sternen veröffentlichen. Ein Jahr später fand er zwei grüne Linien im Spektrum des Großen Nebels im Sternbild Orion und glaubte, dort ein neues Element gefunden zu haben, dem er den Namen „Nebulium" gab. 1928 zeigte I. S. Bowen, daß die Linien die sog. „verbotenen Linien" des Sauerstoffs und Stickstoffs sind. Daß sich Huggins im Irrtum befand, sollte nicht die große Bedeutung seiner Beobachtung verwischen. Sie bewies nämlich, daß der Nebel *gasförmig* war, und nicht fest oder flüssig, wie manchmal angenommen wurde.

Huggins' Pseudo-Entdeckung von Nebulium kontrastiert zur wirklichen Entdeckung des Elements Helium in der Sonne durch Norman Lockyer. (Die Entdeckung irdischen Heliums erfolgte erst durch Sir William Ramsay, der es 1895 isolierte.) Merkwürdigerweise war es jedoch Lockyer, der das meiste Kapital aus dem Nebulium schlug, denn er glaubte, es bestätige eine Theorie, die er von der himmlischen Entwicklung hatte. Es gab viele Reibereien zwischen den beiden Männern wegen der Frage, ob die grünen Linien einem Teil des Spektrums eines Magnesiumfunkens im Laboratorium entsprechen. Hier hatte Huggins recht: Sie tun es nicht. Eine weitere Frage war, ob Huggins' „grüne Nebel" die Brutstätten von Sternen sind, wenn man der alten Idee von William Herschel folgt. Wieder bemächtigte sich Lockyer der Idee und baute sie in seine sog. „Dissoziations-Hypothese" der Sternentwicklung ein, aber Huggins war umsichtiger. Er wußte, daß die Spektren der Sterne Hinweise auf viele chemische Elemente enthalten, die der gasförmigen Nebel aber sehr wenige. Erst nach vielen Jahrzehnten kam eine Theorie auf, die diese Differenzen mit einer Evolutionstheorie in Einklang bringen konnte.

Huggins hatte anscheinend Glück damit, daß er die Spektren heller Objekte anderen überließ und sich auf so schwache Objekte wie Kometen und Sterne, darunter die Nova von 1866, konzentrierte. 1868 gelang ihm eine der für die Astronomie nützlichsten Erweiterungen der Spektroskopie. Der österreichische Physiker Christian Doppler hatte 1841 theoretische Gründe für eine Änderung der Wellenlänge einer relativ zum Beobachter bewegten Quelle angegeben – einen Wechsel in der Tonhöhe bei einer Schallquelle oder der Farbe bei einer Lichtquelle. A. H. L. Fizeau – in der Physik bekannter als in der Astronomie – hatte die Möglichkeiten gesehen, die dunklen Fraunhofer-Linien als Referenzfarben zu nehmen, und Huggins hatte genügend Kenntnisse ihrer Gesamtmuster, um Vergleiche zwischen Laboratoriumslichtquellen und den schwachen Sternspektren anzustellen. 1868 fand er auf diese Weise erstmals eine Sterngeschwindigkeit: Er gab die Geschwindigkeit des Sirius mit 29,4 Meilen pro Sekunde weg von der Sonne an (*weggerichtet*, weil er eine Verschiebung des Spektrums nach *rot* fand, was eine Erniedrigung der Frequenz oder Verlängerung der Wellenlänge anzeigt.) Dieser visuell gewonnene Wert war zu hoch, und er korrigierte ihn später nach unten. Die Anwendung des Dopplerprinzips in der Astronomie sollte sich freilich als von äußerster Wichtigkeit erweisen, vor allem in der Kosmologie, wenn sie später auf ganze Galaxien angewendet wurde.

Huggins hatte seit 1863 versucht, beim Spektrum des Sirius die Photographie zu benutzen, aber zunächst bekam er bloße Lichtstreifen auf seinen Platten. 1872 erhielt Henry Draper eine Photographie mit vier Linien, die das Spektrum der Wega durchzogen. Ab 1875 erhielt Huggins immer bessere Ergebnisse und bahnte so den Weg für ein neues „Trockenplattenverfahren" (trockenes Kollodiumverfahren), bei dem lichtempfindlich gemachte Gelatine an die Stelle des alten feuchten Kollodiums trat. Vier Jahre später konnte er Ultraviolett-Spektren aufnehmen, die zusammen mit den zuvor von H. W. Vogel in Berlin und später von M. A. Cornu in Paris erhaltenen zeigten, daß weiße Sterne überreich an Wasserstoff sind. Seit damals weiß man von dem überwältigenden Übergewicht des Wasserstoffs im Universum.

Das Jahr 1875 war ein wichtiger Wendepunkt in Huggins' Leben, um nicht zu sagen in der Astrophysik, denn damals heiratete er Margaret Lindsay Murray aus Dublin. Zwar nur halb so alt wie er, wurde sie rasch ein unschätzbarer geistiger Partner, sowohl bei astronomischen Beobachtungen als auch in gemeinsamen Publikationen über Entdeckungen. Zusammen arbeiteten sie an den Sternspektren: Wenn man allein arbeitete, war es keine einfache Sache, ein Spektrum zu beobachten, während man das Bild des bewegten Sternes im weniger als einen Zehntelsmillimeter breiten Schlitz des Spektroskops hielt – und das für eine Belichtungszeit von einer Stunde. Etwa 1889 erhielten sie eine Photographie des Spektrums vom Licht des Planeten Uranus. Pater Secchi hatte es 1869 zuerst mit dem Auge beobachtet, und in den Jahrzehnten dazwischen hatten andere die Beobachtung wiederholt, wobei einige behaupteten, das Spektrum enthalte Anzeichen dafür, daß der Uranus teilweise in seinem eigenen Licht leuchte. Das Ehepaar Huggins rottete diese Idee aus, indem es zeigte, daß das Spektrum mehr oder weniger das des Sonnenlichts ist und so kein Grund bestehe, die Annahme zu verwerfen, sein Licht komme durch einfache Reflexion zustande.

Seit der Eklipse von 1882 wurde das Spektrum der Sonnenkorona regelmäßig beobachtet, das zum Beispiel die zum Wasserstoff gehörenden Spektrallinien zeigt, die bei der Sonnenfinsternis von 1868 von Janssen in den Protuberanzen gefunden wurden. Nun wurde auch das Spektrum der Chromosphäre (der schmalen rosaroten Schicht zwischen der Photosphäre und der Korona) mit seinen starken Kalziumlinien photographiert. Die erste Photographie des Koronaspektrums wurde wieder von einem „Außenseiter" der regulären Astronomie aufgenommen: Arthur Schuster (1851–1934), einem jüdischen Emigranten aus Frankfurt, der eine Stellung am Owens College in Manchester innehatte. Die von Schuster bei dieser Sonnenfinsternis aufgenommenen Photographien der gesamten Korona wurden vor dem 20. Jahrhundert kaum übertroffen. Sie zeigten deren großes Ausmaß, das bei der Eklipse von 1878 (von Amerika aus) visuell richtig eingeschätzt wurde: In der Nähe des Sonnenäquators wurden Teile von ihr etwa zwei volle Durchmesser vom Sonnenmittelpunkt entfernt gesehen. Schuster hatte sogar soviel Glück, daß ein Komet auf denselben Schnappschuß kam.

Huggins war davon begeistert und experimentierte an der Koronaphotographie *ohne* eine Sonnenfinsternis herum. Sein Gedanke, einen begrenzten Teil des Spektrums zu verwenden, war vielleicht von dem inspiriert, den Lockyer in seinem ursprünglichen Antrag auf staatliche Hilfe niedergeschrieben hatte. Huggins bemerkte, daß Schusters Negative eine starke Konzentration des Koronalichts in einem gewissen Bereich des Spektrums (einem Bereich im Ultravioletten) zeigten. Könnte er die Sonne nicht mit photographischen Platten aufnehmen, die nur in diesem Bereich empfindlich sind? Er wählte Silberchlorid als lichtempfindliches Material, und nach mehreren Versuchen erhielt er etwa um die Zeit der Sonnenfinsternis vom 6. Mai 1883 Ergebnisse, die denen sehr ähnelten, die mit Standardmethoden während der Eklipse gewonnen wurden. Leider dauerte es weitere drei Jahre, bevor die Methode zusätzliches photographisches Beweismaterial derselben Sorte lieferte, und viele zweifelten seine Echtheit an. Der Grund für die Schwierigkeiten bei der Reproduzierung der Hugginsschen Resultate war zum Teil die Lichtfilterung durch vulkanische Materie, die beim Ausbruch des Krakatau in der Sundastraße im August 1883 in die obere Erdatmosphäre geschleudert wurde. Die Übereinkunft brauchte lange. Allmählich wurden andere Techniken zur Aussonderung von Licht einer bestimmten Farbe entwickelt, und Huggins' Ideen wurden voll gerechtfertigt.

Ende des Jahrhunderts wurde die Photographie in die fortgeschrittene astronomische Praxis integriert, die schließlich ohne sie undenkbar wurde. Wenn das 19. Jahrhundert das der Sternkataloge war, dann war es nur angemessen, die Photographie auch zu ihrer Herstellung heranzuziehen. Juan Thomé in Córdoba (Argentinien) bemühte sich bis zu seinem Lebensende (1908), den Bonner Katalog südwärts bis zum 62. Breitengrad auszudehnen. Erst 1930 hatten andere die Liste seiner *Cordoba-Durchmusterung* bis zum Südpol erweitert. Eine der Schwächen dieser Arbeit lag in der Schätzung der Sterngrößen (Helligkeiten), und hier kamen die Photographie und die Theorien der Bilddichte auf der Platte rettend zu Hilfe. Man fand, daß schlechte Linsen paradoxerweise bessere Ergebnisse liefern als die besten, so daß man später Techniken entwickelte, die eine geringe Defokussierung des Bildes erforderten.

Noch nützlicher war die Schnelligkeit, mit der *Sternkoordinaten* aus den photographischen Platten gewonnen werden konnten. Die Idee kam den Brüdern Paul und Prosper Henry aus Paris, aber weder sie noch die Mitglieder einer internationalen Konferenz in Paris waren sich der in der Technik steckenden Fehler bewußt. Das große *Carte du Ciel*-Projekt war nichtsdestoweniger ins Leben gerufen – mit dem Ziel, den Himmel bis zur vierzehnten Größenklasse (d. h. bis mag. 15.0) photographisch zu kartieren. Man plante einen *Astrographic Catalogue* von Sternen bis zur elften Größenklasse. Erst nach mehreren Jahrzehnten wurde die Arbeit auf eine wirklich tragende Basis gestellt. Noch bevor sie begonnen wurde, hatte Jacobus Cornelius Kapteyn (1851–1922) mit seiner Arbeit angefangen, und mit Hilfe einer höchst einfachen und eleganten Technik, die auch photographisch war, schuf er eines der größten Denkmäler der Katalogisierung im Jahrhundert.

Kapteyn hatte in gewisser Weise Glück, an einer Universität – Groningen – zu sein, die ihm die Anschaffung eines großen Teleskops verweigerte. (Die Niederlande, das Vereinigte Königreich und die Irische Republik machten dies dadurch wieder gut, daß sie in den 1970ern ein „Jacobus-Kapteyn-Teleskop" mit einer 1,0-Meter-Apertur auf La Palma (Kanarische Inseln) einrichteten.) Er verwendete stattdessen einen Satz von Photoplatten, die von David Gill (1843–1914) zwischen 1885 und 1890 am Kap-Observatorium aufgenommen worden waren. Durch den einfallsreichen Einsatz eines Theodoliten in seinem Laboratorium und indem er die Sterne auf der Platte einzeln anschaute, die er in einer Entfernung gleich der Brennweite von Gills Teleskop aufstellte, konnte er die Koordinaten (Rektaszension und Deklination) *direkt* messen, und dies genauer, als es für den Bonner Katalog geschehen war. Er fand durch Messung der Sternbilder auch die Sterngrößen, so daß innerhalb von 13 Jahren (zehn wurden für die Messungen gebraucht) in zwei kleinen Räumen des Physiologielabors in Groningen die *Cape Photographic Durchmusterung* mit ihren 454 875 Sternen zwischen 18°S und dem Pol bis zur zehnten Größenklasse hinab hergestellt wurde.

Später ging das Harvard-Observatorium weiter und verbreitete seinen „Atlas" in der Form von Kästen mit Platten. Es ist amüsant, bei der Reduktion von Messungen die Kapteynsche Vorgehensweise mit der Harvardschen Tradition zu vergleichen. Jene bestand darin, die Dienste der Ehefrauen des Lehrkörpers und anderer Frauen, die rechnen konnten und freie Zeit hatten, in Anspruch zu nehmen. Kapteyn, der in einer konservativeren Gesellschaft lebte, überredete den Direktor des Groninger Staatsgefängnisses, ihm ausgewählte Insassen seines Hauses auszuleihen.

Kaum ein Zweig der Astronomie blieb von der Photographie unberührt. Von mehreren Orten aus wurde der Durchgang der Venus im Jahr 1874 mit der Kamera beobachtet. Die Planetenphotographie erforderte gute atmosphärische Bedingungen, um ein beständiges Bild zu erhalten. Der Mars wurde 1879 von B. A. Gould von Córdoba (Argentinien) aus photographiert, und 1890 zeigte W. H. Pickering am Wilson's Peak (Kalifornien) in einer Folge von Photographien die südliche Polkappe. Zur allgemeinen Überraschung und zur Begeisterung der vielen, die über die Möglichkeit spekulierten, der Mars mit seinen Kanälen sei von intelligenten Lebewesen bevölkert, ergab sich, daß die Polkappe ihre Größe änderte.

Der Jupiter wurde mit dem großen Lick-Teleskop systematisch photographiert – 1890–1892, als er sich in der Nähe der Opposition befand, und zu einer Zeit, da der „große rote Fleck" auf seiner Oberfläche, lange ein Gegenstand teleskopischer Studien, zu verschwinden drohte. Selbst Asteroiden wurden Objekte für die Photolinse. Sie wurden jetzt in immer größerer Zahl aufgrund der einfachen Tatsache entdeckt, daß sie Spuren auf Sternphotographien hinterlassen. Der erste so gefundene Asteroid wurde 1891 von Max Wolf von Heidelberg entdeckt. In den 50 Jahren von 1890 bis 1940 stieg die Zahl der entdeckten Asteroiden von weniger als 300 auf fast 1500. Zu den berühmteren gehören Eros, 1898 von Gustav Witt entdeckt, und Icarus, den Walter Baade zufällig 1949 als einen Strich auf einer Photoplatte entdeckte, die am neu fertiggestellten Schmidt-Teleskop in Palomar aufgenommen worden war. Der Icarus kann sich der Sonne fast auf zwei Drittel der Merkurentfernung nähern, und doch liegt sein Aphel weit außerhalb der Marsbahn. Eros war der erste Asteroid, von dem man wußte, daß er ins Innere der Erdbahn vorstößt, aber der Asteroid Hermes kann unbequem nahe kommen. 1937 hatte er ungefähr nur die doppelte Mondentfernung.

Zur Definition: Asteroiden werden von den Meteoriten gewöhnlich aufgrund der Sichtbarkeit unterschieden. Die letzteren sind sehr vage als diejenigen natürlichen planetaren Objekte definiert, die zu klein sind, um mit den besten Teleskopen gesehen zu werden.

In der Nachkriegszeit gab es viele Spekulationen daüber, wie vorzugehen sei, sollte ein Asteroid auf die Erde zusteuern: Die Falken sprachen sich für einen atomaren Angriff, die Tauben für einen Raketenmotor aus, der ihn aus dem Kollisionskurs bringen würde. Der Film *Meteor* (1979) mit Sean Connery in der Hauptrolle präsentierte die Falken-Alternative und könnte zusammen mit dem Kult der Computer-Kriegsspiele große Folgen haben. 1991 richtete die NASA ein „Interceptor Committee" ein, das eine Batterie von Laserkanonen auf dem Mond, eine Flotte von nuklearen Sprengköpfen in der Erdumlaufbahn und das Sprengen einiger Asteroiden zu Probezwecken vorgeschlagen haben soll. Diese Vorschläge und der Meteorkrater in Arizona erinnern uns daran, daß die Gefahr überhaupt nicht von einem Asteroiden ausgehen muß. Icarus hat der Größenordnung nach einen Durchmesser von einem Kilometer. Das für den Arizonakrater verantwortliche Objekt war, fast sicher, weniger als hundert Meter groß. Zu den Größen und Geschwindigkeiten der Bruchstücke des unglücklichen Asteroiden mag sich jeder seine eigenen Gedanken machen. Und was die Schwierigkeiten des Erfassens betrifft: Die meisten Methoden beruhen auf winzigen Veränderungen am Himmel, das heißt Bewegungen *über* das Blickfeld des Detektors. Aber die wirkliche Gefahr geht von einem Objekt aus, das sich *nicht* quer über das Gesichtsfeld bewegt.

Mit Hilfe der Kamera wurden oft zufällige Entdeckungen gemacht. Zum Beispiel photographierte Edward Emerson Barnard (1857–1923) – ein Mann mit einem beträchtlichen Ruf als Entdecker von Kometen durch ehrliches Suchen – 1892 bei der Arbeit am Lick-Observatorium Sterne im Sternbild Aquila, als er eine Kometenspur auf der Platte fand. Dieser Komet war nicht der erste, der photographiert wurde, aber der erste, der mit Hilfe der Photographie *entdeckt* wurde. Barnards systematisches Photographieren von Regionen der Milchstraße und von Kometen half ganz wesentlich, das Wissen über sie zu erweitern. Als sich die Schnelligkeit der Photoplatten verbesserte, wurde die Aufgabe leichter, aber das bedeutete nur, daß man in entferntere Bereiche vorstieß, wo es nicht mehr so einfach war. Und nicht alle Fortschritte kamen mit den schnellsten Kameras. Barnard, damals ein jüngeres Stabsmitglied unter der autokratischen Direktion von E. S. Holden, machte seine guten Aufnahmen der Milchstraße mit einem primitiven Apparat, der Belichtungszeiten von bis zu sechs Stunden erforderte, und verwendete dabei ein Leitfernrohr ohne beleuchtetes Fadenkreuz. Barnard war im ausgehenden 19. Jahrhundert ein ausgezeichnetes Beispiel für einen neuen Astronomentyp: einen, der nicht nur die Gelegenheit ergriff, die Photographie massiv in die Astronomie einzuführen, sondern der bereit war, sie sogar über die Beobachtungsmethoden zu stellen, mit denen das Jahrhundert begonnen hatte. Im 20. Jahrhundert, mit der Erfindung weiterer Beobachtungstechniken, sollte sich der Charakter der Astronomie noch in vielen anderen Aspekten ändern.

16 Kosmogonie, Evolution und die Sonne

Kosmogonie und das Sonnensystem

Die Optik hatte nicht als einziger Zweig der Physik Anteil an der Astronomie des 19. Jahrhunderts. Zur Mitte des Jahrhunderts war eine neue und zusammenhängende Theorie der Wärme, die Thermodynamik, aufgestellt. Sie bestand aus voneinander unabhängig abgeleiteten Gesetzen, wie dem der Energieerhaltung oder dem Entropiegesetz. Als diese einmal anerkannt waren, wurde ihnen *universelle* Gültigkeit unterstellt. Kaum waren sie von einer Reihe von Physikern, der S. Carnot, J. R. Mayer, J. P. Joule, H. von Helmholtz, R. Clausius und W. Thomson angehörten, formuliert, wurden sie auch schon auf den Sternenhimmel und insbesondere die Sonne angewendet. War man sich einmal bewußt, daß alle Energieformen – Bewegungsenergie, Lageenergie, Wärme, elektrische und chemische Energie usw. – in eine Bilanz eingehen, war schnell klar, daß der größte Teil der auf der Erde anzutreffenden Energie letztlich auf die Sonneneinstrahlung zurückzuführen ist. Aber was ist die Quelle der Sonnenenergie? Diese könnte im Prinzip durch Umwandlung aus einer anderen Energieform entstehen, aber aus welcher?

In einer privat veröffentlichten Arbeit von 1848 schlug Julius Robert Mayer (1814–78) vor, daß sie bei dem ständigen Bombardement der Sonne durch Meteore aus der mechanischen Energie freigesetzt würde. Mayers Studie wurde nicht richtig bekannt, aber die Idee wurde später unabhängig von John James Waterston vorgelegt, und so erregte die „Meteorhypothese" eine Zeitlang großes Aufsehen. Man konnte ausrechnen, wieviel Masse auf die Sonne fallen müßte, um die Wärme zu produzieren, die sie nach den Messungen abstrahlt. John Herschel und der französische Physiker Claude Servais Mathias Pouillet hatten unabhängig voneinander die von der Sonne empfangene Wärme ziemlich genau gemessen und den von der Erdatmosphäre absorbierten Betrag abgeschätzt. Mehrere Autoren berechneten unterschiedliche Werte für den jährlichen Einfall von Masse, doch William Thomsons Zahl ist repräsentativ: Der jährliche Einfall ist danach etwa ein Siebzehnmillionstel der Sonnenmasse.

Wir haben hier ein ausgezeichnetes Beispiel für Wechselbeziehungen physikalischer Befunde. Die Himmelsmechanik hatte einen solchen Stand der Perfektion erreicht, daß selbst diese geringfügige Quantität sofort als viel zu groß ausgeschlossen werden konnte: Wie Thomson 1854 zeigte, würde das eine Verkürzung der Erdumlaufszeit bewirken, und zwar um einige Sekunden pro Jahr, was über den Zeitraum zwischen den Babyloniern und dem 19. Jahrhundert leicht zu bemerken wäre. Hermann von Helmholtz (1821–94) hatte andererseits eine trickreichere mechanische Theorie. Nach ihm entsteht die Sonnenwärme durch Umwandlung aus Gravitationsenergie bei der Kondensation der Materie, die anfänglich in einer riesigen Wolke bestanden hat. (Diese Version einer „Nebelhypothese" wurde zur Verwirrung bisweilen ebenfalls als „Meteorhypothese“[1] bezeichnet.) Die Sonne mag gegenwärtig ein wohlgeformtes Objekt scheinen, aber der Gedanke war, daß der Kontraktionsprozeß andauert, die Gravitationsenergie („potentielle Energie“) ihrer Materie laufend abnimmt und die freigesetzte Energie noch immer hauptsächlich in Wärme umgewandelt wird.

Diese Hypothese schien besser als eine damals häufig vorgebrachte alternative Theorie, nach der *chemische Reaktionen* in der Sonne die Quelle ihrer Wärme sind. Wie Thomson zeigte, könnten die chemischen Reaktionen mit der größten damals bekannten Energieausbeute die Strahlung der Sonne nicht über mehr als etwa 3 000 Jahre aufrechterhalten. Selbst die Theologen wünschten sich mehr Zeit.

Es gibt viele geringfügige Abweichungen von den zitierten Daten, und die folgende Rechnung soll nur den Weg zu einem neuen Schluß weisen, zu dem man dann kam. Die Kontraktion, die für die enorme Strahlungsenergie der Sonne nötig ist, würde deren Durchmesser um nur etwa 75 Meter im Jahr verringern, was viel zu wenig wäre, um es selbst über Jahrhunderte hinweg zu messen. Helmholtz' Kontraktionshypothese war so vor Kritik aus dieser Richtung geschützt. Sie führte allerdings in bezug auf die gewaltige Zeitskala der Sonnenaktivität zu einem Schluß, der theologisch so gefährlich erschien, daß sich die Astronomen häufig schon im voraus zu rechtfertigen suchten. Diese Theorie hat keine Schwierigkeiten, *zwanzig Millionen Jahre* Wärme zu erklären. Zehn Millionen Jahre sind nach Thomson das Minimum, und fünfzig oder gar hundert Millionen wären durchaus zu vertreten.

Das war die erste durchgängige physikalische Erörterung des (gegenwärtigen) Sonnenalters, und sie setzte natürlich eine untere Grenze für das Alter des Universums. Wer daran glaubte, daß Gott die Welt ungefähr 4 000 Jahre vor Christus erschuf, war mit solchen Gedankengängen freilich nicht einverstanden. Es muß allerdings zugegeben werden, daß einige Geologen damals eine viel größere Zeitspanne forderten, um die geologischen Veränderungen auf der Erde zu erklären. Buffon war bereits in der Mitte des 18. Jahrhunderts aufgrund der Rate der Erdabkühlung auf 75 000, aufgrund der Sedimentablagerung aber auf drei Millionen Jahre gekommen, doch hatte er die zweite Zahl nicht veröffentlicht. Zur Zeit von Thomsons Rechnung führten die Geologen wie z. B. Charles Lyell (1797–1875) Zahlen an, die *weit darüber hinaus* gingen. Diese paradoxe Situation blieb länger als ein halbes Jahrhundert ein Dorn im Fleisch der Sonnenastronomen, obwohl es ihnen nicht schwer fiel, Fehler in den Standardmethoden aufzudecken, mit denen die Geologen die Abkühlungszeiten der Erde bestimmten. Wie die Geologen mit ihrem Problem zurechtkamen, liegt nicht im Rahmen dieses Buches, doch stand, offen gesagt, immer ein Weg offen, die Zeitskalen zu verkürzen: Man brauchte nur die eine oder andere Katastrophe in die Weltgeschichte einzuführen.

Es gab jedoch noch eine andere mißliche Folgerung aus der Thermodynamik zu ziehen. Diese sagt voraus, daß das Universum abwirtschaftet und, wie es Thomson ausdrückte, einem „Zustand der allgemeinen Ruhe und des Todes“ zustrebt, sofern das Universum als abgeschlossen und den existierenden Gesetzen überlassen angenommen wird. Er vermied das

[1] Anm. d. Übers.: Sie ist nicht mit der „Meteoritenhypothese“ zu verwechseln. Letztere ist eine auf Kant zurückgehende Hypothese der Entstehung des Planetensystems, nach der sich die Planeten aus einzelnen kleinen, festen Teilchen durch Verdichtung gebildet haben sollen.

unter Hinweis auf „eine übermächtige Schöpferkraft, die lebendige Geschöpfe ins Weltall gebracht hatte", und das hebt die Unentrinnbarkeit solcher „entmutigender Ausblicke" für das menschliche Schicksal wieder auf. Er schrieb diese Worte im Jahre 1862 nieder, keine drei Jahre, nachdem Charles Darwin seinen theologisch kontroversen *Ursprung der Arten* veröffentlicht hatte, in der eine biologische Theorie der Entwicklung der Lebensformen gegeben wurde, die einige interessante Parallelen zum Entropiesatz der Thermodynamik aufwies.

Dieser von Clausius aufgestellte zweite Hauptsatz der Thermodynamik sagt im wesentlichen aus, daß natürliche Vorgänge insgesamt in *einer* Richtung ablaufen, daß die Entropie der Welt nur anwachsen könne und daß die Zeit gewissermaßen ein Pfeil sei, der auf den „Wärmetod" zeige, wo alle mechanische Energie in Wärme verwandelt und die Temperatur überall im Universum gleich sei. Über Generationen wurden Gegenargumente vorgetragen, die hauptsächlich von der gefühlsmäßigen Ablehnung des Gedankens motiviert waren, das Weltall könne womöglich ein so gotteslästerliches Ende nehmen.

Ein weiterer bedeutender Schritt in der Entwicklung einer Theorie der Sonne war, als die Astrophysiker begannen, die genaue Struktur ihres Inneren zu untersuchen und nach anderen möglichen Energiequellen in ihr Ausschau zu halten. Jonathan Homer Lane (1819–80) war eher eine schattenhafte Figur am Rande der amerikanischen Wissenschaft und einige Jahre lang Prüfer am US-Patentamt in Washington. 1869 entwickelte Lane Thomsons Argumente weiter, indem er Konvektionsströme in der Sonne annahm. Er erforschte die Bedingungen für ein Gleichgewicht der Sonne und fand, daß sich ihre Temperatur umgekehrt wie ihr Radius verhalten müsse. Wenn sie sich unter dem Einfluß der Gravitation zusammenziehe und ein Teil der erzeugten Wärme abgestrahlt werde, könnte der Rest zu einer Temperaturerhöhung verwendet werden und so das Gleichgewicht erhalten. Die Sonne kann so Energie verlieren und dennoch heißer werden.

Man sah bald, daß „Lanes Gesetz" seine Geltung verliert, wenn die Kontraktion schließlich zu einem Gas sehr hoher Dichte führt. Dennoch stimulierte es andere, den Aufbau der Sonne, ja den der Sterne im allgemeinen, zu erforschen, und zwang Kelvin, seinen Vorschlag nochmals zu überdenken. August Ritter legte 1872 unabhängig von Lane eine ganz ähnliche Erörterung vor. Seltsamerweise legten beide *meteorologische* Modelle zugrunde. Als 1907 der schweizerische Pysiker Robert Emden (1862–1940) sein später klassisches Lehrbuch über diesen Zweig der Astrophysik veröffentlichte, wendete er darin seine Theorie der sphärischen Gasverteilungen sowohl auf kosmologische als auch auf meteorologische Probleme an.

Ein weiteres Exempel für das Wechselspiel zwischen der Astrophysik und anderen Wissenschaften gab es, als George H. Darwin, der Sohn von Charles Darwin, in der Gezeitenreibung einen Motor der kosmischen wie der biologischen Evolution sah. In einer Reihe von Studien seit 1879 verfolgte er die Bewegungen des Erde-Mond-Systems in die Vergangenheit zurück und fand zum Beispiel, daß zu einer gewissen Zeit die tägliche Umdrehung und der monatliche Umlauf gleich waren. Indem er noch weiter zurückging, begegnete er einer Situation, als Mond und Erde wie ein Körper schienen, der in zwei Teile zerfallen sollte. Dieser Schluß war in Einklang mit Theorien des Gleichgewichts in rotierenden Flüssigkeiten, die um 1885 von dem großen französischem Mathematiker Henri Poincaré entwickelt wurden. Darwin erklärte, wie der Zerfall stattgefunden haben könnte, und seine Arbeit brachte andere dazu, die erweiterte Fragestellung der Bildung des ganzen Planetensystems zu untersuchen. Dort gab es einige erhebliche Schwierigkeiten. Das einfache Laplacesche Modell der Kondensation aus einer rotierenden Wolke konnte nicht erklären, weshalb Jupiter einen so großen Drehimpuls hat, nämlich fast zwei Drittel des mit dem gesamten Sonnensystem verbundenen Drehimpulses, wo doch Jupiter nur ein Tausendstel der Gesamtmasse hält. Die Sonne mit der fast gesamten Masse hat andererseits nur den fünfzigsten Teil des Drehimpulses.

1898 hatten der amerikanische Astronom Forest Ray Moulton (1872–1952), noch Doktorand an der Universität von Chicago, und der Vorsitzende des dortigen geologischen Fachbereichs, Thomas Crowder Chamberlin (1843–1928), eine Studie der Planetenbildung begonnen, die mit der vollen Laplaceschen Sicht brach. Die Durchsicht von Photographien der Sonnenfinsternis vom 28. Mai 1900 führte sie zu ihrer Hypothese der „Planetesimale“ – das sind Materieklumpen, die sich vermutlich aus dem ursprünglichen kondensierenden Nebel gebildet hatten. 1906 gelangten sie durch Betrachtung der Drehimpulsirregularitäten zu der Idee, das Sonnensystem habe mit einer dichten Annäherung eines anderen Sterns an die Sonne begonnen, was gravitativ Materie herausgezogen habe und für die beobachteten Bewegungen gesorgt habe. Die Planetesimale in Sonnennähe hätten zusammengefunden und kleine Planeten gebildet, und die bei den Zusammenstößen freigewordenen Energien seien für die hohen Temperaturen in den Planeten (bekannt von Erduntersuchungen) verantwortlich.

Es gibt offenbar mindestens drei völlig verschiedene mögliche Erklärungen der Entstehung des Planetensystems. Sie könnte das Ergebnis eines unwahrscheinlichen Zufalls sein, wie es die Annäherung eines anderen Sterns an die Sonne bildet, bei der typischen Evolution eines Sterns aus Gas und Staub oder im Verlauf einer ungewöhnlichen Sternentwicklung eingetreten sein. Die Seltenheit, die wir unserem Sonnensystem zubilligen, hängt von der Wahl ab: Im ersten Fall wären Planetensysteme selten, im zweiten die Regel und im dritten weniger gewöhnlich, doch weitverbreitet.

In den 1920ern brachte James Jeans seine Präferenz der ersten Alternative zum Ausdruck. Er dachte, die Chancen dafür, daß ein Stern von Planeten umgeben sei, stünden hunderttausend zu eins. Zur selben Zeit ging Eddington noch weiter und wagte den Vorstoß, unsere Welt mit ihren Lebewesen könnte einzigartig sein. Dies löste unter vielen Kommentatoren Unbehagen aus, nur weil es dem „kopernikanischen“ Trend in der Geschichte zuwiderzulaufen schien. Die Menschheit nahm zuerst die Erde, dann das Sonnensystem, zum Schluß unsere Milchstraße als Zentrum des Weltalls an. Eine Einzigartigkeit im Wesen kommt aber der räumlichen Zentralität bedenklich nahe.

Die moderneren Theorien gingen eher von der Beobachtung aus, daß in der Nähe von Sternen in der Bildungsphase häufig Staubwolken anzutreffen sind und daß dann im Gegensatz zum Zentralgestirn nur ein sehr kleiner Bruchteil in der Wolke verbleibt. Hier trennen sich zwei Theoriefamilien, die immer noch in Mode sind. Eine nimmt eine rasche Bildung von riesigen Protoplaneten an. Die andere geht von einer langsamen Bildung der Planeten aus festen Brocken ständig zunehmender Größe aus. Gegenwärtig neigt die Mehrheit mehr der zweiten zu, für die der russische Astronom Safronov starke Anhaltspunkte zusammengetragen hat; doch die Frage ist immer noch offen.

Die Astronomen wurden hinsichtlich des Thomsonschen Sonnenalters allmählich ernüchtert. Es war nämlich so viel kleiner als das Alter der ältesten Gesteine der Erdkruste, das sich nicht nur nach den alten Kriterien, sondern auch aufgrund von Methoden ergab, die den radioaktiven Zerfall nutzten. Es wurde offenbar, daß es in der Sonne eine andere, viel reichlichere Energiequelle gibt. Nach Einsteins spezieller Relativitätstheorie (1905) wurde den Astrophysikern langsam bewußt, daß es einen Prozeß der Umwandlung von Masse in Energie geben könnte. Keiner schätzte dies besser ein als Arthur Eddington, der ab 1917 an einer Theorie des inneren Sternaufbaus arbeitete. Er nahm darin eine Formel über den Zusammenhang zwischen der Masse eines Sterns und seiner Leuchtkraft auf. James Jeans bezweifelte ihre Gültigkeit, weil sie *intrinsische* Energiequellen im Stern außer acht lasse.

In diesem Stadium dachte Jeans, diese müßten unabhängig von der Temperatur und das Produkt irgendeiner radioaktiven Umwandlung sein, an der massereiche Atome beteiligt seien. Nach und nach verwarf er allgemein anerkannte Lehrsätze wie den, daß die Sternmaterie den Gasgesetzen der Laboratoriumsphysik gehorche. Er suchte in den frühen 1920ern nach geeigneten Energiequellen, also zur selben Zeit, als F. W. Aston (1877–1945) die Eigenschaften der Isotope untersuchte. Aston zeigte zum Beispiel, wie sich „Uran-Blei", „Thorium-Blei" und "gewöhnliches Blei" in ihren Atomgewichten, also in einem wichtigen Erkennungsmerkmal, voneinander unterschieden und doch in ihren chemischen Eigenschaften ununterscheidbar waren. Jeans und andere sahen, daß in der Sternentwicklung eine Umwandlung der Elemente, nicht nur zwischen Isotopen, in einem kolossalen Maßstab und unter der entsprechenden Abgabe gewaltiger Energiebeträge stattfinden könnte. Viele dieser Ideen waren nur kurzlebig, doch gaben er und Eddington dieser ganzen Sparte der Astrophysik einen beträchtlichen Anstoß.

In diesem Zusammenhang ist auch der Physiker Jean Perrin (1870–1942) zu nennen, der bereits 1919 erkannte, daß „thermonukleare Fusionsreaktionen", wie man sie heute nennen würde und bei denen sich Atomkerne zu schwereren Elementen zusammenfinden, die stellare Energiequelle sein könnten. Diese rein qualitative Spekulation sollte sich letztlich als richtig herausstellen. Aber erst 1939 beschrieben Weizsäcker und Bethe die Fusionsreaktion, die Wasserstoff in Helium verwandelt und so die Hauptquelle der Energie in den meisten Sternen darstellt.

Sonnenflecken und Magnetismus

Die Sonnenastronomie wurde im 19. Jahrhundert durchgeführt, wie es in der Astronomie immer üblich war, nämlich auf zwei Ebenen: einer rein beobachtenden und einer großenteils theoretischen. Die Beobachtung war, vorwiegend in Amateurkreisen, oft nicht mehr als ein liebevolles Sammeln von Kuriositäten. Selbst bescheidene Theorien folgten der Beobachtung mit erheblicher Verzögerung, wenn überhaupt. Dafür gibt es viele Beispiele. 1826 hoffte Samuel Heinrich Schwabe, ein Apotheker aus Dessau in Deutschland, einen Planeten innerhalb der Merkurbahn zu entdecken. Dazu beobachtete er – man beachte die Parallelität zur Geschichte von Messier und den Nebeln – die Positionen der Sonnenflecken, nur um sie in seiner Suche auszuschließen. Als er seine Aufzeichnungen nach zwölf Jahren Beobachtung durchsah, kam ihm der Verdacht, daß *die Gesamtzahl der Sonnenflecken über eine Periode von ungefähr zehn Jahren fluktuiert.* Um sicher zu gehen, setzte er seine Arbeit fort, und 1843 publizierte er die zehnjährige Perodizität als vorläufiges Ergebnis.

Dem wurde wenig Aufmerksamkeit gezollt, bis Alexander von Humboldt (1769–1858) 1851 Schwabes Tabelle mit einigen ergänzenden Daten veröffentlichte. 1852 trug der Schweizer Johann Rudolf Wolf (1816–93), der zuerst in Bern und dann in Zürich arbeitete, alles historische Material, das er über Sonnenflecken finden konnte, zusammen und gab die mittlere Periode zu 11,11 Jahren an. Er fuhr fast bis zu seinem Tod damit fort, Berichte über die Zahl der Sonnenflecken herauszugeben. 1851 veröffentlichte John Lamont (1805–79), ein in Schottland geborener Astronom, der 1817 nach Bayern übergesiedelt war, daß das Erdmagnetfeld ebenfalls mit einer Periode von etwa zehn Jahren variiere und daß aufeinanderfolgende Perioden schwach und stark seien – daß also der volle Zyklus zweimal so lang sei wie der der Sonnenflecken. Sofort bemerkten Wolf und Edward Sabine in England, daß die Sonnenflecken, grob gesprochen, den magnetischen Veränderungen (unter Einschluß der Polarlichter) in allen Einzelheiten folgten. Daß es eine seltsame Beziehung zwischen solaren Erscheinungen und terrestrischen Wirkungen gab, stand außer Zweifel, doch sollte ein Jahrhundert vergehen, bis eine plausible Erklärung dafür gefunden war.

Noch schwerer zu erhalten war eine Theorie zur Erklärung der periodischen Änderungen im Sonnenfleckenverhalten, die der wohlhabende englische Amateurastronom Richard Christopher Carrington (1826–75) entdeckt hatte. Carrington war eine Zeitlang besoldeter Beobachter an der neu gegründeten Universität von Durham, aber er kündigte, um ein achtbares Privatobservatorium aufzubauen und die Zonendurchmusterungen von Bessel und Argelander innerhalb 9° des nördlichen Himmelspols zu vervollständigen. Über siebeneinhalb Jahre (1853–1861) beobachtete er mit Hilfe einer einfachen und akkuraten Methode die Sonnenflecken systematisch und akribisch und entdeckte dabei, daß die Rotationsdauer mit ihrem Abstand vom Sonnenäquator zunimmt. Sie konnten also nicht als an einer festen Sonne fixiert angesehen werden. Er fand, daß sich die Flecken, wenn sie am zahlreichsten waren, auf den Äquator zubewegten, um zur Zeit des Sonnenfleckenminimums bei der Breite 5° zu verschwinden. Dann treten die ersten Flecken des neuen Zyklus auf.

Wegen solcher Entdeckungen entschloß sich das Greenwich-Observatorium unter der Direktion von W. H. M. Christie endlich, ein Programm astrophysikalischer Beobachtungen ins Leben zu rufen und 1873 Edward Walter Maunder (1851–1928) als photographischen und spektroskopischen Assistenten einzustellen. Maunder gehörte zu den „Rechenknechten", die aus den Gesellschaftsschichten ohne Universitätsstudium rekrutiert wurden. Einige der daraus resultierenden sozialen Spannungen finden zweifellos ihren Niederschlag in Maunders Anekdoten über Airy – z. B., daß Airy leere Kisten mit dem Etikett „leer" versah.

Eine Nebenbemerkung zur sozialen Frage: Es dürfte inzwischen klargeworden sein, daß die gesellschaftliche Stellung der in der Astronmie Tätigen in der Geschichte ebenso variierte wie deren Motive. In gewissem Sinn gab es in frühen Gesellschaften – wie Babylon, Alexandria und den mittelalterlichen Universitäten – einen einigermaßen definierten Berufsstand, doch wurde die Disziplin im Zusammenhang mit anderen Tätigkeiten – seien es Philosophie, Priestertum, Lehre oder etwas Profaneres – betrieben. Selbst die in den großen Observatorien hatten noch andere Eisen im Feuer. Die Tycho Brahes der früheren

Geschichte waren rar, bis dann mit der Gründung der großen nationalen Observatorien Paris, Greenwich usw. ein Wandel kam. Persönliche Initiative konnte Herschel vom Berufsmusiker zum professionellen Astronomen machen, aber er war eine Ausnahme. Die oberen Ränge der beruflichen Hierarchie waren seinerzeit weitgehend von studierten Mathematikern besetzt, einige führende Intrumentenhersteller und Amateure hatten eine ehrenamtliche Position inne. Die Amateure waren noch eine Größe, mit der zu rechnen war, – sie machen selbst heute gelegentlich Beiträge von Gewicht –, aber im 19. Jahrhundert war die Astronomie zunehmend von der Arbeit bezahlter Leute abhängig. Ihre Ausbildung zu beschreiben hieße, die Geschichte der Demokratisierung des Ausbildungswesens sowie des weiblichen Anteils daran zu schreiben. Wir werden vielen anderen Beispielen von gesellschaftlichem Wandel begegnen, was kaum bei jeder Gelegenheit erwähnt werden muß. Aber lassen Sie uns bei Maunder fortfahren. 1891 wurde Annie Russell als Rechenassistentin zu seiner Unterstützung angestellt. Als exzellente Mathematikerin steuerte sie viele neue Ideen bei. Die beiden heirateten im Jahr 1895. Nicht alle gesellschaftlichen Änderungen kommen durch ein staatliches Gesetz zustande.

An Maunders Name erinnert man sich noch immer. Im folgenden Jahr lief ein Programm zur täglichen photographischen Sonnenfleckenregistrierung an, und das erlaubte ihm, die verschiedenen Aspekte der Sonnenflecken zu tabellieren. Das schmetterlingsförmige „Maunder-Diagramm", das die Zahl der Sonnenflecken aller Breiten und zu allen Zeiten anzeigt, wurde Standard der graphischen Darstellung.

Die Beziehung zwischen dem Erdmagnetfeld und dem Sonnenzyklus war problematischer. Sie war seit Wolfs und Lamonts Arbeit aus den 1850ern von mehreren Astronomen erforscht worden. 1896 brachte Olaf Kristian Birkeland aus Norwegen den Gedanken ins Spiel, daß die Spitzen der geomagnetischen Aktivität, die „magnetischen Stürme", durch Strahlen elektrisch geladener Teilchen von der Sonne hervorgerufen werden, und führte eine Anzahl von Laborexperimenten durch, um seine Auffassung zu unterstützen. Danach waren es diese geladenen Teilchen, die, in Polnähe ins Erdmagnetfeld gezogen, die nördlichen und südlichen Polarlichter entstehen lassen. Maunder machte nun zwei Entdeckungen großer Tragweite und publizierte sie 1904. Er fand, daß die größten geomagnetischen Stürme von großen Sonnenflecken im zentralen Meridian der Sonnenscheibe begleitet werden – im Durchschnitt hatten sie den mittleren Meridian 26 Stunden vorher passiert. Des weiteren fand er, daß die Magnetstürme insgesamt in Intervallen von etwa 27 Tagen wiederkommen, was die Rotationsdauer der Sonne (von der Erde aus gesehen) ist. Er schloß daraus, daß sie auf eine Strömung aus begrenzten Gebieten auf der Sonne zurückzuführen sind und daß die Strömung ungefähr einen Tag braucht, um die Erde zu erreichen. Im Fall der großen Stürme waren anscheinend Sonnenflecken die Ursache, aber kleinere Stürme konnten auftreten, wenn die Sonnenscheibe so gut wie blank war. Der siebenundzwanzigtägige Zyklus schien jedoch den solaren Ursprung von dem allem zu etablieren. Die Dinge blieben nun über zwei Jahrzehnte so liegen, bis andere – ganz besonders W. H. M. Greaves und H. W. Newton – die Beziehung nochmals überprüften, und während Maunders Ergebnisse bestätigt und erweitert wurden, blieb die Ursache ein Mysterium.

Die Sonne und George E. Hale, der Fernrohrvisionär

Einen Durchbruch brachte endlich die Arbeit von George Ellery Hale (1868–1938), die dieser in den 1930ern am Spektrohelioskop durchführte. Hale, dem die praktische Sonnenastronomie bereits sehr viel verdankte, hatte 1889 eine photographische Ausführung dieses Instruments erfunden, um damit Sonnenprotuberanzen bei Tageslicht aufzunehmen. Einige andere hatten es bereits versucht und waren gescheitert. (Sie waren alle dem Vorbild von Janssen und Lockyer mit ihren *visuellen* Methoden gefolgt. Hale konnte nicht die schwierigere Aufgabe bewältigen, die Korona der nichtverfinsterten Sonne zu *photographieren*. Das gelang erstmals Bernard Lyot 1930 in Frankreich.) Dieses erste Instrument nannte er einen Spektroheliographen. Der Grundgedanke ist einfach. Das Teleskop bildet die Sonne auf den Spalt des Spektrographen ab. Das Wesentliche war ein Gestänge, das mit dem Spalt das Sonnenbild abrasterte, wobei die relative Anordnung von Spalt und Prisma ungeändert blieb und so ein Bild der Sonne im Licht einer Wellenlänge (Farbe) aufgebaut wurde.

Aus diesem frühen Erfolg entsprang Hales Interesse an der Sonnenforschung. Nach seiner Graduierung am Massachusetts Institute of Technology kehrte er nach Chicago heim, wo ihm sein Vater einen 30-cm-Refraktor finanzierte. Mit ihm erhielt er ausgezeichnete Ergebnisse, z. B. Photographien von hellen Wolken, die Calcium-Linien enthielten, und von Protuberanzen auf der ganzen Scheibe. Gegen Ende des Jahrhunderts entwarf er einen Spektroheliographen für den großen Yerkes-Refraktor und fand damit die dunklen Wasserstoff-Wolken, ferner erforschte er die Zirkulationsvorgänge des Calciums in verschiedenen Tiefen.

Als Mann großer Tatkraft und ohne finanzielle Sorgen überredete er seinen Vater, die Kosten für einen 152-cm-Spiegel zu übernehmen, um seine Forschungen zu fördern. Die Universität von Chicago wollte die Montierung nicht finanzieren, und so blieb die Scheibe zwölf Jahre ungenutzt, bis sie 1908 auf dem Mount Wilson, oberhalb von Pasadena in Kalifornien, als Teil des damals – allerdings nur für kurze Zeit – weltgrößten Spiegelteleskops aufgestellt wurde. Er hatte nämlich bereits John D. Hooker, einen reichen Geschäftsmann in Los Angeles, dazu gebracht, einen 254-cm-Spiegel zu bezahlen. Der wurde schließlich hergestellt und in ein Teleskop eingebaut, das mit Mitteln der Washingtoner Carnegie Institution gebaut und 1917 fertiggestellt wurde. Diese Teleskope, das „60 Zoll" und speziell das „100 Zoll", wurden in der Nachkriegszeit weltweit geläufige Namen der populären Wissenschaft.

Kaum hatte sich das „100 Zoll" als erfolgreich erwiesen, plante Hale ein größeres. 1928 waren seine Pläne mehr oder weniger ausgereift, und er konnte sechs Millionen Dollar bei der Rockefeller Foundation für ein 200-Zoll-(5,08 m)-Teleskop flottmachen. Das wurde dem California Institute of Technology – einer Einrichtung, die Hale bereits viel ihrer Größe verdankte – gestiftet und auf dem Palomar Gebirge in Südkalifornien aufgestellt. Hale starb vor der Fertigstellung, und der Zweite Weltkrieg unterbrach den weiteren Fortschritt. Der Spiegelrohling wurde 1934 gegossen und 1936 nach Pasadena verschifft, doch erst 1947 war der Spiegel fertig installiert.

1948 eingeweiht, wurde das Instrument mit einigem Recht als „Hale-Teleskop" bezeichnet. Es war eine außerordentliche Ingenieurleistung. Der Tubus wog 520 Tonnen und die 41 m hohe Kuppel fast 1 000 Tonnen. Das Teleskop war das erste mit einer Beobachterkabine am primären Brennpunkt (Newton-Fokus). Es sei erwähnt, daß sich die Corning-Glaswerke, die den Pyrex-Rohling gossen, auf ihrem Weg zur 200-Zoll-Scheibe über solche von 30, 60 und 120 Zoll hocharbeiteten und daß die letzte davon am Ende der Hauptspiegel des Shane-Reflektors in Lick wurde.

Wir kehren zum Beginn des Jahrhunderts zurück. Ambitionen anderer Art hatten von Hale Besitz ergriffen. 1904 erhielt er 150 000 Dollar von der neugegründeten Carnegie-Stiftung, um ein Sonnenobservatorium auf dem Mount Wilson zu errichten. Die Materialien dafür wurden unter großen Schwierigkeiten mit Mauleseln den Berg hinauf befördert, und bald wurde das ganze Unternehmen für viele ein Symbol einer Astronomie, die von Pionieren durchgeführt wird, die in Hütten und im Biwak leben und arbeiten, fernab von Höfen und Städten, Akademien und Universitäten. Mit dem Snow-Sonnenteleskop, das von einem Zoelostaten angetrieben wurde und vom Yerkes-Observatorium hergebracht worden war, erhielt Hale 1905 die erste Photographie eines Sonnenfleckenspektrums. Mit seinen Kollegen in dem Gebirgsobservatorium entdeckte er, daß es sich bei den in Sonnenflecken starken Spektrallinien genau um die handelt, die auch in den Laboratoriumslichtquellen, die bei relativ geringen Temperaturen betrieben werden, stark sind. Wie viele schon lange geargwöhnt hatten, aber nicht beweisen konnten, waren die Sonnenflecken kälter als benachbarte Regionen auf der Sonnenscheibe.

Das Snow-Teleskop litt unter Verzerrungen infolge der Erwärmung durch die Sonne, und so plante Hale ein zweites und 1912 ein noch größeres drittes, beide waren ein Turm mit einem Zwei-Spiegel-Führungssystem, das das Bild in das Teleskop (18 m/45 m Brennweite) und von dort in einen unterirdischen Spektrographen (9 m/22 m Länge) einspeiste. Mit dem ersten konnte er die Wirbelbewegungen in den Wasserstoffwolken (flocculi) in der Nähe von Sonnenflecken detektieren. Er war sich sicher, daß dies die Quelle der Magnetfelder sein könnte und daß die Verbreiterung der Linien in den Sonnenspektren auf diese Magnetfelder zurückzuführen sind. Gewisse Doppellinien waren schon in Sonnenfleckenspektren beobachtet, aber falsch interpretiert worden.

Darin ein Beispiel für den „Zeeman-Effekt" zu sehen, war vielleicht Hales größte Inspiration. (Der Effekt – die Aufspaltung von Spektrallinien, wenn das Licht ein starkes Magnetfeld passiert – war 1897 von Pieter Zeeman (1865–1943) in seinem Leidener Laboratorium beobachtet worden.) In Hale haben wir ein glückliches Beispiel eines Astrophysikers, der an der Universität Physik studiert hatte und solche Zuordnungen leicht treffen konnte. Es folgte eine Untersuchung der Polarität der Sonnenflecken (Orientierung ihrer Magnetpole) mit der Entdeckung, daß sich am Ende des elfjährigen Sonnenfleckenzyklus die Polarität umkehrt und man daher die wirkliche Periode mit zwei- oder dreiundzwanzig Jahren ansetzen kann.

Hales Instrument von 1912 war der Lösung einer anderen Fragestellung gewidmet, nämlich dem *allgemeinen* Magnetfeld der Sonne, das man zum Beispiel aufgrund der Form der Korona vermutete, die während einer Sonnenfinsternis (F. H. Bigelow, 1889) gesehen worden war. Wir haben bereits Birkelands Vorstellung einer Einströmung geladener Teilchen von der Sonne erwähnt. Könnte das Magnetfeld der Sonne solche Teilchen treiben? Hale machte mit einigen Kollegen Messungen des Feldes, aber es schien sich zu verändern, und man kam nicht recht voran. Der Grund liegt einfach darin, daß das magnetische

System außerordentlich kompliziert ist. Man weiß heute, daß das Sonnenmagnetfeld eine komplexe dreidimensionale Wirbelstruktur hat, in die das gesamte Planetensystem eingebettet ist. (Kepler hätte seine Freude daran gehabt.) Das Feld wird von dem aus der Korona ausgestoßenen Plasma gleichsam verweht. Die elektrisch geladenen Teilchen bewegen sich in engen Spiralen, die wie Schraubenfedern um die Kraftlinien gewickelt sind.

In den 1930ern fand man, daß leuchtende Sonneneruptionen in der Chromosphäre der Sonne irgendwie mit dem „Fading“ (Schwund, Intensitätsschwankungen) zusammenhängen, die im Kurzwellenfunk über große Entfernungen und im Telefonverkehr auftreten. Um 1930 berechneten Sydney Chapman und V. C. A. Ferraro die Geschwindigkeit der von der Sonne ausgeschleuderten Ionen. Ihnen wurde klar, daß diese die Erde innerhalb von ein bis zwei Tagen erreichen und die beobachteten Störeffekte verursachen dürften. Und dann wurde gegen Ende der Vierziger von Scott Ellsworth Forbush eine bedeutende Entdeckung gemacht, als dieser die Höhenstrahlung – energetische geladene Teilchen, die zusammen mit denen von der Sonne aus den Tiefen des Weltalls zu uns kommen – untersuchte. (Dazu gehören Elektronen, Positronen, Ionen, Alphateilchen und Protonen.) Sie war von geringer Intensität, wenn die Sonne aktiv war, und war bei Magnetstürmen stark reduziert, als ob ein Magnetfeld den Weg der kosmischen Strahlen aus der Milchstraße oder von Jenseits versperrte. Ein weiterer Anhaltspunkt wurde von Ludwig F. Biermann beigetragen. Um 1950 zeigte er, daß die gewöhnliche Annahme, die Kometenschweife würden wegen des Lichtdrucks von der Sonne wegzeigen, irrig ist. Der Druck allein genüge nicht. Die Kraft müsse von einem Materiestrom mit einer Geschwindigkeit von einigen hundert Kilometern pro Sekunde herrühren. Kometenschweifstudien machten so eine Untersuchung von Überschallströmungen möglich, und in den späten 1950ern wurde von Eugene Newman Parker das erste befriedigende Modell präsentiert.

Als wollte man unter Beweis stellen, daß die Raketenprogramme der Supermächte hauptsächlich im Hinblick auf die Astronomie begonnen wurden, kamen nun Raumsonden den Sonnenphysikern rechtzeitig zu Hilfe. Die ersten Sonden an Bord der sowjetischen Raumschiffe Luna 2 und Luna 3 brachten 1959 eine Bestätigung dessen, was über mehr als 70 Jahre hinweg über den Ausstoß der Sonne mühsam zusammengestückelt worden war. Seit dieser Zeit wurde Parkers Modell im großen und ganzen von vielen Raumsonden untermauert. Viele Eigenschaften des „Sonnenwindes“ sind Gegenstand aktueller Forschung, zum Beispiel seine Beziehung zur Galaxis, in die er eingebettet ist. Der Mechanismus der Korona-Aufheizung ist natürlich ein Aspekt des Gesamtmodells der aktiven Sonne. Wie zum Beispiel sind die komplexen Muster des Sonnenfleckenverhaltens zu erklären? Es hat viele Erklärungen des „solaren Dynamos“, der das System antreibt, gegeben, aber unser Hauptinteresse gilt der Situation im späten 19. Jahrhundert.

Struktur der Sonne und Sterne

In keinem anderen Zweig der Astronomie sind so viele Disziplinen ins Spiel gekommen wie bei der Sonnenforschung. Während das Sonnenmodell im Lauf des letzten Jahrhunderts zusammengetragen wurde, fand man, daß der Sonnenfleckenzyklus mit den Schwankungen im Pflanzenwachstum zusammenfällt, wie sie durch Baumringe, Radioaltersbestimmung über C-14-Reste, Schlammablagerungen, Fischbestände in den Ozeanen usw. angezeigt werden. Aufgrund des geologischen Befundes wird heute angenommen, daß es den Sonnenfleckenzyklus seit 700 Millionen Jahren gibt, was offenbar für jede Thorie der Sonne von großer Bedeutung sein wird. Die Astrophysik, die nicht in der Lage ist, mit ihren Objekten direkt zu experimentieren, hängt immer stark von der Laboratoriumsphysik ab, die das im allgemeinen kann. Wie Hale anläßlich seiner Kampagne für den 200-Zoll-Reflektor ausgeführt hat, übersteigen andererseits die im Kosmos gegenwärtigen Extreme an Masse, Dichte, Druck und Temperatur die Verhältnisse im Laboratorium in einem solchen Maß, daß „viele der grundlegendsten Fortschritte in der Physik von der Ausnutzung dieser Bedingungen abhängen". Damit sah er in die Zukunft. Was die Physik wie die Astrophysik am Ende des neunzehnten Jahrhunderts dringend brauchte, war etwas Näherliegenderes, nämlich eine vernünftige Theorie der Strahlung.

Diese ergab sich mit einer Folge von physikalischen Gesetzen, die heute zum Lehrgebäude der Physik zählen, obwohl sie bekannte Einschränkungen haben: Stefans Gesetz (1879), Wiens Gesetz (1893) und die Plancksche Formel (1906), die sie alle einschließt. Das Wiensche Verschiebungsgesetz (nach ihm ist die Wellenlänge, für die die Strahlung des schwarzen Körpers ihr Intensitätsmaximum erreicht, umgekehrt proportional zu dessen absoluter Temperatur) erlaubte bedeutende Angaben über die Oberflächentemperatur der Sonne, der zuvor ganz unterschiedliche Werte zugeordnet worden waren. Das Plancksche Gesetz war detaillierter, indem es Strahlung, Temperatur und Wellenlänge in Beziehung setzte. Die neue Zahl für die Temperatur der Photosphäre war ungefähr 6 000 K (Kelvins lassen sich grob als Celsiusgrade ansehen, die vom absoluten Nullpunkt bei −273 °C aus gezählt werden.) Die Temperaturen der Korona und der Chromosphäre waren viel schwieriger zu kartieren, und bei ihrer Abschätzung wurde wenig erreicht, bis Empfangsvorrichtungen für Strahlung außerhalb des sichtbaren Bereichs – Radiowellen, Ultraviolettstrahlung, Röntgenstrahlung usw. – entwickelt waren. Als dies in der zweiten Hälfte des 20. Jahrhunderts erreicht war, war es eine große Überraschung zu entdecken, daß die Temperatur in der nur einige hundert Kilometer dicken Übergangszone zwischen der Chromosphäre und der Korona dramatisch von 10 000 K auf eine Million Kelvin ansteigt.

Solange es keine akzeptable Theorie der Stahlung gab, hüteten sich die Astronomen vor Spekulationen über das Sonneninnere. Ausnahmen von der Regel waren August Ritter und Robert Emden, die bereits erwähnt wurden. Emdens Modell machte Gebrauch von Wärmetransport durch Wärmeleitung und Konvektion in Sternen, die als gasförmig angenommen wurden. Daß die Sonnenoberfläche granular ist, war lange bekannt gewesen, Emdens Interpretation dieser Körnigkeit als sichtbare Teile der Konvektionszellen war im wesentlichen korrekt. Die bemerkenswertesten Studien zur Sternstruktur waren in den frühen Jahren des Jahrhunderts diejenigen von Karl Schwarzschild, dem begabtesten deutschen Astronom seiner Generation.

1873 in Frankfurt am Main in eine jüdische Familie geboren, starb Schwarzschild 1916 an einer Krankheit, die er sich an der russischen Front zugezogen hatte. 1896 promovierte er *summa cum laude* mit einer Dissertation, die Poincarés Theorie der Stabilität in rotierenden Körpern auf eine Vielfalt drängender Probleme anwendete, darunter den Ursprung des Sonnensystems. Seine Interessen konzentrierten sich auf ein Gebiet, dem nie die gebührende Aufmerksamkeit zuteil geworden war, nämlich die Photometrie, die Messung der von den

Sternen empfangenen Strahlungsenergie. Abgesehen von der Einführung einiger primitiver photographischer Techniken – die Schwarzschild ergänzte und verfeinerte –, wurde die Messung im wesentlichen durchgeführt, wie es immer war: durch Schätzung und durch Vergleich mit dem menschlichen Auge. Damals in Wien wendete Schwarzschild seine photographischen Methoden auf die Helligkeiten von 367 Sternen an, von denen einige variabel waren, und bei der Verfolgung eines veränderlichen Sterns (η Aquilae) fand er, daß die Helligkeitschwankungen viel stärker waren, wenn photographisch statt mit dem Auge gearbeitet wurde. Ihm wurde bewußt, daß dies ein Hinweis auf eine schwankende Oberflächentemperatur war, eine wichtige Entdeckung in bezug auf einen neuen Sterntypus – die Cepheiden-Veränderlichen –, der bald eine große Bedeutung in der Entwicklung der Astronomie erlangen sollte.

Im Juni 1899 kehrte er nach München zurück, und 1901 zog er nach Göttingen, wo er Direktor des von Gauß gegründeten und ausgestatteten Observatoriums war. Hier führte er seine photometrische Arbeit fort, und bei der totalen Sonnenfinsternis von 1905 machte er in Algerien eine bemerkenswerte Reihe von Ultraviolettphotographien des Sonnenspektrums – sechzehn in dreißig Sekunden –, die ihn zu einer Untersuchung des Energietransports in der Nähe der Sonnenoberfläche veranlaßte. Er verwarf die alte Wolkentheorie der Photosphäre, ging von einem Schichtaufbau der Sonne aus, und die Betrachtung der von unten absorbierten und nach oben emittierten Nettoenergien führte ihn zu einer Reihe von Gleichungen, die das „Schuster-Schwarzschild-Modell für eine graue Atmosphäre" bildeten.

Die beiden Männer waren unabhängig zu dem Modell gelangt, Schuster 1905 und Schwarzschild ein Jahr später. Darin wachsen die Temperatur und die Dichte der Sonnenmaterie mit der Tiefe an. Später zeigten praktische Untersuchungen, daß es den Energiefluß nicht recht beschrieb, und kurz nach Schwarzschilds Tod wurde es zugunsten anderer Sonnenmodelle, zunächst dem von E. A. Milne, dann dem von A. S. Eddington, aufgegeben.

1909 wurde Schwarzschild Direktor des Potsdamer Astrophysikalischen Observatoriums. (Er heiratete im selben Jahr, und einer seiner Söhne, Martin Schwarzschild, sollte später ein bekannter amerikanischer Astronom werden.) Nachdem er sich freiwillig zum Militärdienst gemeldet hatte und in verschiedenen wissenschaftlichen Stellungen in Belgien und Frankreich gedient hatte, ging er an die russische Front. Dort verfaßte er zwei Artikel zur allgemeinen Relativitätstheorie, die sein dauerhaftestes Denkmal werden sollten. Der erste betraf die Gravitationswirkung, die eine Punktmasse nach der Einsteinschen Theorie im leeren Raum entfaltet. (Es handelte sich um die erste exakte Lösung von Einsteins „Feldgleichungen".) Der zweite betrifft das Gravitationsfeld einer Kugel aus homogener Materie – nicht gerade ein treues Modell der Sonne, aber ein bedeutender Anfang. Wieder fand er eine exakte Lösung, und diesmal hatte sie eine sehr interessante Eigenschaft. Sie hat mit dem „Schwarzschildradius" zu tun, einer gewissen Entfernung vom Kugelmittelpunkt, die in einfacher Weise von der Masse der Kugel abhängt. Kollabiert ein Stern unter dem Einfluß der Schwerkraft und wird dabei sein Radius kleiner als dieser kritische Schwarzschildradius, kann er keine Strahlung mehr emittieren. Er wird ein „schwarzes Loch", ein Konzept, auf das wir im letzten Kapitel näher eingehen. Die Sonne wäre ein schwarzes Loch, wenn sie auf einen Radius von 2,5 km schrumpfen würde.

Die Idee eines Sterns, der wegen seiner hohen Massenkonzentration keine Strahlung aussenden kann und somit unsichtbar ist, hat interessante Parallelen im 18. Jahrhundert. 1772 diskutierte Joseph Priestley in einer Publikation unveröffentlichte Gedanken von John Michell, die dieser selbst erst 1783 in den Druck gab. Der Hauptgedanke bestand in Folgendem: Ein ballistisches Geschoß kann das Schwerefeld der Erde nur verlassen, wenn es mit einer genügend hohen Geschwindigkeit abgefeuert wird. Genauso sollte das Licht die Sonne nur verlassen können, wenn es eine genügend hohe Geschwindigkeit, die leicht auszurechnen sei, besitze. (In der Tat berechnete Michell, daß die bekannte Lichtgeschwindigkeit 497mal größer ist, als für ein Entkommen nötig.) 1791 vermutete William Herschel wieder, daß die nebulösen Erscheinungen , die er mit seinem Fernrohr sah, damit zu erklären seien, daß die Gravitation das Licht beim Verlassen oder Passieren von gravitierender Materie hemme. Und dann behauptete Laplace in seiner *Exposition du système du monde* von 1796, daß ein Stern von der Dichte unserer Sonne, aber 250mal so großem Durchmesser, alles ausgestrahlte Licht wieder einfangen könne. 1799 veröffentlichte er die Rechnung, die nur in ihren Einzelheiten neu war. Laplace ließ das Thema in der dritten Auflage seines Buches fallen, vermutlich weil er folgende Schwierigkeit sah: Wenn sich Licht wie ein gewöhnliches Projektil verhält, verliert es Geschwindigkeit, wenn es von einem gravitierenden Körper abgeschossen wird. Die Geschwindigkeit des Lichts wurde jedoch im allgemeinen als *konstant* angesehen.

Ein Stern, den man für unsichtbar hält, weil ihn das Licht nicht verlassen könne, braucht nicht *unbeobachtbar* zu sein. Daß ein unsichtbares Objekt über seine *Gravitationswirkung* bemerkt werden kann, war seit Bessels Entdeckung des unsichtbaren Siriusbegleiters (1844) geläufig. Zugegeben, in diesem Fall wurde der Begleiter zwanzig Jahre später direkt beobachtet – er wird nun als weißer Zwerg Sirius B klassifiziert, doch das Prinzip ist offenbar.

Um dieses Thema abzurunden, müssen wir die brillante Anwendung einiger neuer Ideen im Bereich der Quantenmechanik erwähnen, die dem indischen Astrophysiker Subrahmanyan Chandrasekhar (1910–95) im Jahr 1928 einfiel. Er befand sich damals als junger Doktorand auf einer Seereise von Indien nach England, um bei Eddington zu studieren. Er sah, daß bei der Kontraktion eines Sterns im allgemeinen eine Situation entsteht, in der die *nach innen gerichtete Gravitationsanziehung durch eine gewisse Abstoßung aufgewogen wird*, die aus dem „Ausschließungsprinzip" folgt. (Dieses quantenmechanische Gesetz (1925) stammt von dem österreichischen Physiker Wolfgang Pauli.) Er zeigte, daß die Masse eines Sterns weniger als 1,44 Sonnenmassen betragen müsse. Von weißen Zwergen war bekannt, daß sie zu einer Kategorie extrem dichter Objekte oberhalb dieser Grenze gehören. Durch die Arbeit von E. Stoner, die von Chandrasekhar erweitert wurde, wurde bald klar, daß es für diese zweite Kraft eine durch die Relativitätstheorie gesetzte Grenze gibt. Wenn die Masse eines Sterns die Chandrasekhar-Grenze von 1,44 Sonnenmassen übersteigt, wird die Belastung der unteren Lagen so groß, daß er in einer Katastrophe zusammenstürzt.

Die Chandrasekhar-Grenze schien alles in allem so seltsam, daß sich zum Beispiel Eddington nie dazu durchringen konnte, sie zu akzeptieren, und Chandrasekhars Arbeit nahm eine Zeitlang eine andere Richtung. Eddington war schließlich eine führende Autorität auf dem Gebiet der Sternstruktur. Als Chandrasekhar 1983, zusammen mit

William A. Fowler (1911–), der Nobelpreis verliehen wurde, geschah dies in Würdigung seiner Erforschung „des Ursprungs, der Entwicklung und des Aufbaus der Sterne“. Seine früheren Ideen waren mehr oder weniger Standardauffassung geworden.

1932 erhielt ein anderer junger Forscher, der russische Physiker Lev Davidovich Landau, ähnliche Resultate, aber auf einfacherem Wege. Er zeigte, daß es für Sterne noch einen anderen Endzustand gibt, der kleiner ist als selbst der weiße Zwerg. Wenn die Abstoßung infolge des „Ausschließungsprinzips“ statt von den Elektronen von den Protonen und Neutronen herrührt, sind die Sterne noch kleiner und dichter. Neutronensterne sollten erst nach sehr langer Zeit entdeckt werden.

Da der kritische Radius proportional zur Masse ist, läßt sich aus dem Schwarzschildschen Ergebnis folgender wichtige Punkt ableiten: Der Horizont um einen kollabierten Stern (oder schwarzes Loch) kann von *beliebiger Größe* sein, sofern die Bedingung der Kompaktheit erfüllt ist – zum Beispiel die Masse eines Berges in Volumen eines Atoms, die Masse der Erde in einem Anissamen, die Masse der Sonne in Asteroidgröße, die Masse einer Galaxie im Raum eines Sonnensystems, usw.

Bis in die 60er Jahre fanden diese Gedanken bei vielen Astronomen keinen Eingang. Endlich wurden jedoch hochenergetische Phänomene gefunden, sowohl auf der Skale eines Sterns als auch der einer Galaxie, die nach einer Erklärung durch schwarze Löcher zu rufen schienen. Mit Satellitenteleskopen wurden Systeme von Zwillingssternen entdeckt, in denen eine überaus kompakte, optisch unsichtbare Komponente stark im Röntgenbereich strahlt, während die andere sichtbar ist. Diese enormen Energieflüsse sind vermutlich umgewandelte Materie, die zum Beispiel von der Atmosphäre des Begleitsterns stammt und auf einen massiven Stern, wie einen Neutronenstern oder ein schwarzes Loch, fällt. Durch Festlegung der Masse der unsichtbaren Komponente wird eine Entscheidung zwischen diesen beiden Altenativen getroffen, bei mehr als drei Sonnenmassen liegt ein schwarzes Loch vor. Es gibt heute einige Kandidaten mit Massen deutlich oberhalb dieser Grenze.

Auf der galaktischen Skala gibt es Objekte – zum Beispiel Seyfert-Galaxien und Quasare –, die auf allen Wellenlängen viel mehr als normale Galaxien abstrahlen. In diesen Fällen könnten wir es mit schwarzen Löchern von der Größenordnung eine Milliarde Sternmassen zu tun haben, die jährlich Gas und Staub von vielen Sternmassen hereinziehen. Um dies zu prüfen, sind bisher unerprobte Techniken erforderlich. Am meisten verspricht vielleicht die Detektion von Gravitationswellen, die theoretisch beim Einfall von Materie in das schwarze Loch emittiert werden.

Spektroskopie und Sternentwicklung

Der Einsatz des Spektroskops bei der Erforschung der Sonne brachte nur langsam Aufschluß über ihren Aufbau und ihre Zusammensetzung. Im Laufe der Zeit wurde das Instrument auch bei der Beobachtung von Sternen benutzt, was nicht nur Fortschritte in der Solarphysik ermöglichte, sondern auch Entfernungen und Geschwindigkeiten einbrachte. Damit lieferte es den Schlüssel zur Struktur des Universums in seiner Gesamtheit. Wir wollen zunächst erklären, wie die letztgenannten Techniken mit den anderen Methoden der Entfernungsbestimmung verwandt sind. Wir sind bereits den Besselschen Entfernungen, den trigonometrisch erhaltenen „jährlichen Parallaxen" begegnet. Leider ist die Methode nur bei den nächsten Sternen, sprich bis zu 100 Parsecs, von Nutzen. Darüber ist die jährliche Verschiebung für die Messung zu klein. Jenseits dieser Grenze war die auf den Eigenbewegungen beruhende Methode nützlich. Herschel und die späteren Astronomen kannten die Bewegung der Sonne im Weltall und ihre Richtung. Relativ zu den sehr weiten Sternen zeigen ihretwegen nahe Sterne eine große und entferntere eine kleinere Eigenbewegung, so wie sich vom Zug aus nahe Gegenstände schneller zu bewegen scheinen als ferne. Natürlich können sich die fraglichen Gegenstände, wie die Sterne, noch selbst bewegen. Wenn wir aber geeignete Mittelungsprozeduren benutzen und uns Gedanken über die Art dieser Bewegungen machen, können wir die Entfernungen aufgrund der Eigenbewegungen abschätzen, sofern die Geschwindigkeit der Sonne gegeben ist.

Letztere Methode wird wegen der notwendigen Mittelung die Methode der statistischen Parallaxen genannt. Sie wurde von mehreren Astronomen vor Kapteyn angewendet, doch zu Beginn des 20. Jahrhunderts nützte er sie, um auf der Entfernungsleiter eine Sprosse weiterzukommen. Von den Eigenbewegungen ausgehend, analysierte er die relative Häufigkeit der Helligkeiten (absolute, Gesamt-) in der Nachbarschaft der Sonne. (Aus der Entfernung eines Sterns und seiner scheinbaren Helligkeit laßt sich seine absolute Helligkeit bestimmen.) Indem er dieselben Verhältnisse auch anderswo unterstellte, untersuchte er Gruppen entfernter Sterne und konnte ihnen damit wahrscheinliche Helligkeitswerte zuordnen und so statistisch ihre Entfernungen schätzen. Selbst dann aber pflegte ihn die Methode nicht zu großen Entfernungen zu bringen. Der Schlüssel zu einer weiteren Ausdehnung kam unerwartet von der Spektroskopie.

Die Sternspektroskopie hatte sich schubweise entwickelt, seit Fraunhofer als erster Linien beschrieben hatte, die er 1814 bei Sirius, Castor, Pollux, Capella, Betelgeuse und Procyon gesehen hatte. Es gab vereinzelte Versuche, zum Beispiel von J. Lamont in den späten 1830ern, von W. Swan in den 1850ern und G. B. Donati in den frühen 1860ern. Dann kam in den Jahren 1862/63 mit den Arbeiten von Lewis M. Rutherfurd (1816–92, einem amerikanischen Amateur), Airy, Huggins und Secchi eine wahre Flut. Aus Airys Arbeit entwickelte sich das Greenwicher Programm, die Sterngeschwindigkeiten über die Dopplerverschiebungen in den Spektren zu messen.

Die Veröffentlichungen von Rutherfurd und Secchi waren in ganz anderer Weise von Bedeutung, sie brachten nämlich die Astronomen zu einer *Klassifikation* der Sterne aufgrund ihrer Spektren. Bei Rutherfurd war es eine einfache Dreiereinteilung: Sterne mit Linien und Banden wie die Sonne, weiße Sterne wie der Sirius mit sehr verschiedenen Spektren, zuletzt weiße Sterne ohne Linien, von denen er schrieb: „Vielleicht besitzen sie keine mineralische Substanz oder glühen ohne Flamme." Secchis erste Klassifikation – sie erschien geringfügig später, brachte aber viel spezifischere Spektralkriterien ins Spiel – unterschied zunächst zwei, dann 1866 drei Klassen. Sie waren in kurzem: farbige Sterne, deren Spektren breite Bänder aufweisen, weiße Sterne mit dünnen Linien und Sterne mit dünnen Linien, aber einem breiten Band im Blauen. Secchi arbeitete bis zu seinem Tod im Jahr 1878 an dieser Einteilung weiter.

Im Sammeln sternspektroskopischer Daten, insbesondere photographisch aufgenommener, hielt Huggins lange die Spitzenposition, obwohl immer mehr Astronomen dieses Gebiet betraten, zum Beispiel die vielen, die von seiner Untersuchung des Spektrums der

Nova von 1866 begeistert waren. Neue spektrale Typen wurden entdeckt. Die Astronomen Charles Joseph Etienne Wolf (1827–1918) und Georges Antoine Pons Rayet (1839–1906) haben zum Beispiel 1867 am Pariser Observatorium verkündet, sie hätten drei sehr schwache (Größenklasse 8) Sterne im Sternbild Cygnus mit mehreren breiten Emissionslinien in einem kontinuierlichen Hintergrundspektrum entdeckt. Damals, und auch noch heute, schien dieses Spektrum sehr eigentümlich. Man weiß heute, daß Wolf-Rayet-Sterne die zehnfache Sonnenmasse besitzen und von einer Hülle aus Materie umgeben sind, die sie mit sehr hoher Geschwindigkeit (1 000 km/s und mehr) ausstoßen. Es sind junge Sterne in einem gewissen Entwicklungsstadium, das anscheinend sehr kurzlebig ist, was ihre Seltenheit erklärt. Man kennt weniger als zweihundert.

Neue Klassifikationsschemata zur Sternspektrenklassifikation kamen im Lauf der Zeit auf, doch was durch Abwesenheit glänzte, war irgendein tiefliegendes, vereinheitlichendes Prinzip. Man wäre vielleicht darauf gekommen, wenn mehr über die Physik der Sterne und ihre Lichterzeugung bekannt gewesen wäre. Der Mann, der dieser Einsicht am nächsten kam, war Hermann Carl Vogel (1841–1907), der 1870 zum Direktor des privaten Von-Bülow-Observatoriums in der Nähe von Kiel ernannt wurde, welches stolzer Besitzer des größten Refraktors im Lande war. Mit W. O. Lohse (1845–1914) begann Vogel eine gründliche Durchsicht der Spektren sichtbarer Sterne und versuchte sich an einer Reihe von Spektren, die zum Verständnis der *Evolution* in den Sternen führen würden. Diese spektrographische *„Durchmusterung"* stieg die Größenklassenskala hinab, und ihr Detailreichtum war beispielhaft. Ihr Ruhm hat auf lange Sicht den der Vogelschen Klassifikation weit überflügelt, selbst die einer zweiten Auflage, in der der Autor die Heliumlinien berücksichtigen wollte, die nach Lockyers Entdeckung des Elements identifiziert worden waren. Vogels Schemata sind jedoch interessant wegen ihrer Betonung feiner Variationen im Charakter der Wasserstofflinien und später der Heliumlinien, die schließlich ihren Platz im Evolutionsbild finden sollten.

Als der Fortschritt kam, kam er schnell und als Ergebnis einer Technik, die im Rückblick erstaunlich einfach erscheint. Die Witwe von Henry Draper, einem New Yorker Arzt und Astronom, richtete zum Gedenken an ihren verstorbenen Mann eine Stiftung ein, um die Photographie, Messung und Klassifikation von Sternspektren sowie die Veröffentlichung der Ergebnisse zu unterstützen. Die Arbeiten begannen 1886 am Harvard College Observatory. Edward Charles Pickering (1846–1919), von der Ausbildung her Physiker, war dort seit 1869 Direktor. Er entwickelte eine neue und einfache Technik, um Spektrogramme von vielen Sternen gleichzeitig zu produzieren: Er stellte ein großes, schmales Prisma geringer Dispersion vor die Objektivlinse seines Fernrohrs, so daß jeder Stern statt eines punktförmigen Bildes einen winzigen Spektrumsstreifen auf der Photoplatte erzeugte. Noch vor Ende des Jahrhunderts waren gewichtige Datensammlungen für den *Draper Catalogue* fertiggestellt, die Veröffentlichung des Hauptwerks in neun Bänden geschah allerdings erst zwischen 1918 und 1924.

Es gab viele Richtungswechsel in der Klassifikationstechnik der erhaltenen Spektren. Zuerst wurde sie nach den Stärken der Wasserstoffabsorptionslinien klassifiziert, und es wurde eine alphabetische Ordnung der Bezeichnungen (A, B, C, . . .) benutzt. Diese Folge schien bei den Absorptionslinien anderer Elemente keinen Sinn zu ergeben. Pickering hatte bei diesem Projekt Williamina Fleming, Antonia Maury (Drapers Nichte) und Annie Jump

Cannon als Assistentinnen, und mehr als ein Dutzend Frauen halfen bei der Rechenarbeit. Annie Cannon (1863–1941), die sich 1895 dem Team angeschlossen hatte, war es, die einen Weg fand, die Spektren so umzuarrangieren (indem einige unterteilt und die Typen C und D umbenannt wurden), daß die fortschreitenden Änderungen in den Linien für praktisch alle Typen geordnet erschienen. Dies hatte ein Durcheinander der alten Buchstaben zur Folge, aber es war zu spät für eine Änderung, und die Reihe, die dabei herauskam, wurde Grundlage der noch heute benutzten. Aus der alten Folge war O, B, A, F, G, K, M, R, N, S geworden. Von Henry Norris Russell stammt die Merkhilfe *O*h *Be A F*ine *G*irl, *K*iss *M*e *R*ight *N*ow, *S*mack, doch der vorsichtige männliche Astronom wagt es heute nur noch leise vor sich hin zu sagen und spricht nie von „Pickerings Harem".

Bereits im Jahr 1901 konnte Annie Cannon Spektren von weit über 1 000 helleren Sternen veröffentlichen; in den späteren neun Bänden des *Draper Catalogue* waren 225 300 Spektren aufgenommen, darunter viele von Sternen der Größenklasse 10. Sie entwickelte eine seltene Fertigkeit in der schnellen Klassifikation und im Erkennen von Besonderheiten, entwickelte aber keine Theorie zur Erklärung der von ihr entdeckten Folge. Mehrere Astrophysiker realisierten sehr schnell, daß die Oberflächentemperatur irgendwie mit der Folge verknüpft sein muß, wobei die Sterne des Typs O die heißesten wären; und Antonia Maury beachtete als erste, daß es selbst innerhalb einer Sorte verschiedene Möglichkeiten der Linienbreite in den Spektren gab. Hier lag das Rohmaterial für eine äußerst wichtige Entdeckung, die von zwei anderswo arbeitenden Astronomen, Ejnar Hertzsprung (1873–1967) und Henry Norris Russell (1877–1957), fast gleichzeitig gemacht wurde.

Hertzsprung, ein dänischer Astronom, der zuerst chemische Verfahrenstechnik studiert hatte, arbeitete später bei Karl Schwarzschild in Deutschland, sowohl in Göttingen als auch in Potsdam. Sein Besuch am Mount Wilson im Jahr 1912 sollte sich, wie wir noch sehen werden, als besonders wichtig erweisen. In zwei getrennten Artikeln, die 1905 und 1907 in einer Fachzeitschrift der Sparte Photographie und zugehörige Chemie erschienen, zeigte er, wie Antonia Maurys Linienbreiten mit den Helligkeiten der Sterne in Verbindung gebracht werden konnten. Indem er über die Eigenbewegungen die Entfernung und damit die absolute Helligkeit (absolute Sterngröße) bestimmte, zeigte Hertzsprung, daß ihre Typ-c-Sterne mit den schmalen und starken Absorptionslinien leuchtstärker sind als die anderen. Er entwickelte die Idee der „spektroskopischen Parallaxe", nach der die Linienbreite allgemein mit der absoluten Helligkeit korrelliert ist, so daß letztere direkt aus der einfachen Beobachtung der ersteren abgeleitet werden kann. Da die Maury-Typen a, b und c Unterteilungen eines gegebenen Spektraltypus sind, bei dem alle Sterne als von gleicher Temperatur angesehen wurden, zog er den Schluß, daß es die physikalische Größe ist, die einige (Typ-c) Sterne heller erscheinen läßt als andere. In der Tat hatte er die Riesensterne entdeckt, die in den in Harvard aufgenommenen und sorgfältig ausgewerteten Daten versteckt waren.

Hertzsprung ging weiter und entschied, daß die Sterne in zwei Reihen eingeteilt werden können, von denen die eine heute als „Hauptreihe" bekannt ist und die andere eine Folge von Riesensternen hoher Leuchtkraft ist. Sein erstes diesbezügliches Diagramm wurde 1906 für die Sterne des Plejadenhaufens aufgestellt, war aber in Amerika nicht bekannt, wo bemerkenswert ähnliche Ideen von Russell entwickelt wurden.

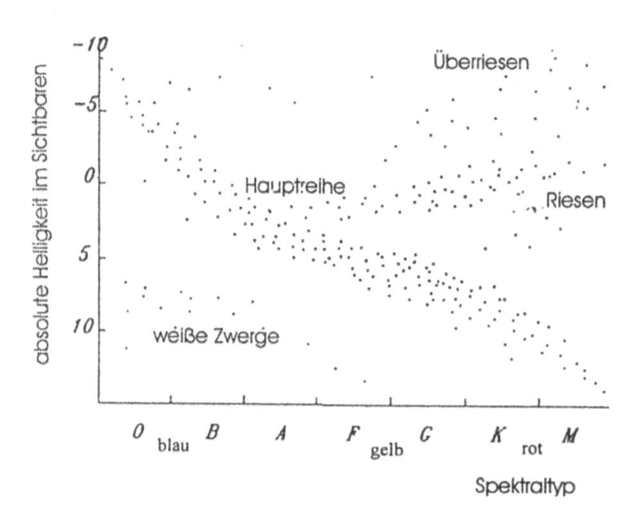

Eine gegenüber den frühesten H-R-Diagrammen vollständigere Version

Bild 16.1 Das Hertzsprung-Russell-Diagramm

Nachdem er in Princeton Astronomie studiert hatte, arbeitete Russell eine Zeitlang in physikalischen Laboratorien in London und Cambridge (England), sowie am Cambridger Observatorium. Dort arbeitete er bei Arthur Hinks an der photographischen Bestimmung der Sternparallaxe und führte diese Arbeit auch fort, nachdem er 1905 auf eine Stelle in Princeton zurückgekehrt war. 1910 hatte er eine Menge von Daten gesammelt, die ihm erlaubte, den Spektraltyp mit der absoluten Sterngröße in Verbindung zu setzen, was Hertzsprung gemacht hatte. Das Zweigdiagramm, das die Korrelation zeigte und heute Hertzsprung-Russell-Diagramm (oder H-R-Diagramm, s. Bild 16.1) genannt wird, war nicht allgemein bekannt, bevor Russell 1913 seine Ergebnisse der königlichen astronomischen Gesellschaft in London vortrug.

Mit seiner Version gab Russell, wie sich herausstellen sollte, eine von der Hertzsprungschen abweichende Deutung. Beide nahmen an, das Diagramm zeige die Sterne an verschiedenen Stellen eines allgemeinen Entwicklungsmusters. Russell dachte, daß die Sterne als rote Riesen beginnen würden, die sich bei der Kontraktion zu hellen blauen Sternen erhitzten und dann ohne weitere Änderung im Radius abkühlten. Hertzsprung nahm anfangs die zwei Linien als Indiz zweier unterschiedlicher Entwicklungslinien. Die theoretische Erforschung dieser Fragen machte sehr bald große Fortschritte, als sie von einer mehr mathematisch ausgerichteten Klasse von Astronomen übernommen wurde. Der berühmteste davon war Arthur Stanley Eddington (1882–1944), der gehört hatte, daß Russell seine Arbeit von 1912 in London eingereicht hatte.

Eddington, ausgebildet in Manchester und Cambridge, war ein exzellenter Mathematiker mit einer fundierten Observatoriumspraxis, die er zu seiner Zeit in Greenwich erwarb. Von 1913 bis zu seinem Tode im Jahr 1944 war er Plumian Professor für Astronomie in

Cambridge, von wo er die internationale Astrophysik in unvergleichlicher Weise vorantrieb. Er ging von der Schwarzschildschen Theorie der äußeren Atmosphäre eines Sterns aus, die erklärte, wie ein Gleichgewicht zwischen dem nach außen gerichteten Strahlungsdruck und dem nach innen gerichteten Gravitationsdruck möglich ist. Eddington bezog auch den Gasdruck in die Rechnung ein und erweiterte die Untersuchung bis ins Sterninnere. Es ergab sich, daß das „Eddingtonsche Modell" einige unerwartete Eigenschaften hatte. Der Strahlungsdruck wuchs mit zunehmender Masse dermaßen an, daß Eddington Sterne mit mehr als zehn Sonnenmassen für relativ selten hielt. 1924 konnte er eine theoretische Beziehung zwischen der Masse und der Leuchtkraft eines Sternes veröffentlichen. Damals war bekannt, daß Zwergsterne sehr hohe Dichten haben können, und viele nahmen an, sie könnten nicht gasförmig sein. Doch sie entsprachen Eddingtons Modell so gut, daß er sich anders entschied. Mit Daten von G. E. Hale und W. S. Adams auf Mount Wilson triumphierte sein Modell über die weitverbreitete Skepsis, als er es auf den Begleiter des Sirius anwendete, dem er die außergewöhnliche Dichte von 50 000 g/cm^3 zuschrieb. Seiner Theorie folgten 1926 R. H. Fowlers Untersuchungen des superdichten Gases – oder Plasmas, wie man heute sagen würde –, die Ideen der Wellenmechanik, eines neuen Zweigs der Physik, verwendeten.

Eddington legte seine Gedanken in einem meisterhaften Buch, *The Internal Constitution of the Stars* (1926) vor. Er konnte die Zeit in seine Theorie einführen und so das H-R-Diagramm als Muster der Sternentwicklung interpretieren. Allerdings schien das für diese Evolution eine Zeitskale ins Spiel zu bringen, die mit der Größenordnung von einer Billion Jahren nichts in anderen astronomischen Theorien Vergleichbares hatte. So lange würde es brauchen, um einen massereichen Stern, zum Beispiel von den Typen O oder B, auf die Masse eines weißen Zwergs zu reduzieren. Diese Fragestellung sollte später die Theorie der Sternentwicklung mit denen des Weltallalters verbinden. Eddington kannte als einer der führenden Exponenten der beiden Einsteinschen Relativitätstheorien, denen so viele neue kosmologische Ideen entsprangen, natürlich die Äquivalenz von Masse und Energie, und er hatte schon 1917 eine Theorie des subatomaren Ursprungs der Sternenergie (Elektron-Proton-Annihilation) entwickelt. Er ersann später alternative Erklärungen (namentlich die Elektron-Positron-Annihilation) und erlebte, wie diese in eine Lösung des Problems eingebaut wurde, die 1938 von Hans Bethe im Kohlenstoff-Stickstoff-Sauerstoff-Kohlenstoff-Zyklus gefunden wurde.

Cepheiden-Veränderliche und die Milchstraße

Zu einer Zeit, da die Astronomie dringend Techniken zur Entfernungsbestimmung brauchte, ergab sich eine ganz unerwartet aus Arbeiten in Harvard. 1786 hatte John Goodricke die Veränderlichkeit des Sterns δ Cephei entdeckt, und der Stern weckte allgemeines Interesse; aber das war's auch schon. Während sie 1908 in der kleinen Magellanschen Wolke am Südhimmel Sterne schwankender Helligkeit studierte, bemerkte Henrietta Swan Leavitt (1868–1921), daß bei den 16 Sternen, deren Lichtveränderungen sie sorgfältig gemessen hatte, die Schwankungsperiode um so größer war, je heller der Stern war. Vier Jahre später fand sie eine einfache mathematische Abhängigkeit, die die Beobachtungen sehr gut wiedergab:

Die scheinbaren Helligkeiten waren den Logarithmen der Perioden ungefähr proportional. Da alle Sterne offensichtlich dieselbe Entfernung hatten, sollte dieselbe Relation auch für die absoluten Helligkeiten der Sterne gelten. Sie sah die mögliche Verwendung der Sterne als Entfernungsindikatoren, konnte aber einstweilen die Technik nicht voranbringen.

Die erste ihrer Verlautbarungen hatte wenig Aufmerksamkeit erregt, aber nachdem Ejnar Hertzsprung ihre zweite gelesen hatte, merkte er, daß sich die Helligkeit der von ihr untersuchten Sterne in ähnlicher Weise veränderte wie bei den Cepheiden-veränderlichen Sternen. Er meinte, da diese Sterne ihre Identität durch das Muster ihrer Helligkeitskurve kundtun, müßten sie exzellente Entfernungsanzeiger für das Universum insgesamt sein. Voraussetzung sei allerdings, daß die Leavittsche Perioden-Leuchtkraft-Beziehung geeicht werden könne, so daß aus der Schwankungsperiode die absolute Helligkeit gefolgert werden könne.

Das war ein vielversprechender Gedanke, doch leider kannte man keine veränderlichen Sterne vom Cepheiden-Typ, die der Sonne so nahestehen, daß ihre Entfernungen mit trigonometrischen Parallaxenmethoden zu bestimmen sind. Hertzsprung konnte jedoch Eigenbewegungen mit der Methode der „statistischen Parallaxe" verwerten und so die nötige Eichung der Leavittschen Kurven vornehmen. Obwohl es in der Folge viele Revisionen der Kalibration geben sollte, läutete die neue Methode eine neue Ära in der Entfernungsmessung ein, denn nun konnte ein einzelner Stern vom Cepheiden-Typ, zum Beispiel in einem entfernten Nebel, über die relativ einfache Periodenbestimmung einen glaubhaften Distanzwert liefern. Eine Überprüfung war sicherlich nötig. Hertzsprung war nämlich ein Rechenfehler unterlaufen, der seine Entfernungen um einen Fakor zehn zu klein ausfallen ließ. (Die Entfernungen waren für damalige Verhältnisse so groß, daß der Fehler unentdeckt blieb, und das stellenweise zwanzig Jahre lang.

Zur selben Zeit, aber unabhängig davon, ermittelte H. N. Russell die absoluten Helligkeiten der Cepheiden in der Milchstraße und fand Werte in Übereinstimmung mit denen von Hertzsprung, aber die Technik, die auf der Entdeckung von Henriette Leavitt basierte, würdigte er nicht. Damals arbeitete auch Harlow Shapley als junger Doktorand bei Russell. Sie sahen, daß die Cepheiden keine sich abschattenden Zwillingssterne sein können, wie manche behaupteten. Sie waren sehr hell und sehr groß. 1914 ging Harlow Shapley zum Mount Wilson – nach einer Europareise, einigen Monaten in Princeton, wo er seine Arbeit über sich bedeckende Zwillingssysteme abschloß, und seiner Verheiratung mit Martha Betz, die auf diesem Arbeitsgebiet ihres Mannes eine Autorität werden sollte. Dort begann er eine Untersuchung veränderlicher Sterne in denjenigen Clustern aus Zehntausenden von Sternen, die ihrer sphärischen Form den Namen „Kugel(stern)haufen" verdanken. (Viele Kugelhaufen sind mühelos mit dem Fernglas zu sehen. Mit unserer Galaxie sind etwa hundert verbunden, doch war ihr Status bis dahin unbekannt.)

Mit dem dortigen 60-Zoll-Reflektor fand er ein paar Cepheiden unter den Veränderlichen, und diese befolgten anscheinend das Leavittsche Gesetz. Ihre scheinbaren Helligkeiten unterschieden sich von Cluster zu Cluster, aber das war auch zu erwarten, wenn die Haufen in verschiedenen Entfernungen waren. In der Tat hatte er hier ein Mittel zur Bestimmung der *relativen* Entfernungen der Cluster, ohne das Leavitt-Diagramm zu *eichen*. 1918 führte er in der Hertzsprungschen Weise eine Eichung durch und verkündete, daß der typische Kugelsternhaufen um die 50 000 Lichtjahre entfernt sei. Er fand, daß sie nicht symmetrisch angeordnet sind, und entschied, daß das Zentrum des Kugelhaufensystems womöglich mit dem Mittelpunkt der Milchstraße zusammenfällt, der von uns einige Zehntausend Lichtjahre entfernt ist.

Dieses Ergebnis, das die Sonne an den Rand des Systems plaziert, mißfiel vielen Astronomen aus vielerlei Gründen: Nicht weil sie die Sonne im Mittelpunkt der Dinge wähnten, sondern weil die Entfernugen nicht mit bestehenden und mühevoll gewonnenen Ideen in Einklang standen. In einer Serie von Arbeiten, die 1884 begann und zwei Jahrzehnte anhielt, führte Hugo von Seeliger (1849–1924), der neue Prinzipien in der Sternstatistik entwickelt hatte, Zählungen von Sternen verschiedener scheinbarer Helligkeiten in mehreren Himmelsregionen durch und leitete daraus ein Flachscheibenmodell der Milchstraße ab. Insgesamt war es dem Herschelschen Modell mit einer dem Zentrum nahen Sonne nicht unähnlich. 1901 benutzte Kapteyn, wie bereits erklärt, seine Statistik der Eigenbewegungen, um eine Entfernungsskale für Seeligers Arbeit aufzustellen; nach ihr hatte das System ungefähr einen Durchmesser von 10 kpc (Kiloparsec) und eine Dicke von 2 kpc. Kapteyn war sich bewußt, daß eine unbekannte Größe, die interstellare Absorption, seine Daten stark verfälschen könnte, und so unternahm er verschiedene Versuche, die Absorption zu messen – allerdings mit bescheidenem Erfolg. In einer Kooperation mit seinem Assistenten Pieter Johannes van Rhijn hatte er 1918 aus dem Fehlen einer nennenswerten Rotfärbung des Sternenlichts geschlossen, daß der Effekt nicht sehr bedeutsam sei und daß sein Grundmodell die Milchstraße vernünftig wiedergebe.

Zwar war das Modell in seiner weitläufigen Bekanntschaft in Umlauf, in seinen Einzelheiten wurde es aber erst 1922, dem Jahr von Kapteyns Tod, veröffentlicht. Von weitem betrachtet, war sein Schema ein Ellipsoid – eher eine zusammengedrückte Kugel als ein Rugbyball – mit einem Achsenverhältnis von 5 : 1 und einem Hauptdurchmesser von ungefähr 16 kpc. Unter der Annahme statistischer Sternentfernungen konnte er das Ausdünnen der Sterne mit der Entfernung abschätzen. Er nahm die Sonne etwa 0,65 kpc vom Zentrum und der Zentralebene entfernt an, tat aber aus Gründen der Einfachheit oft so, als wäre die Sonne im Zentrum. Er dachte, daß ein gegebenes Volumen in einer Entfernung von 8 kpc vom Zentrum hundertmal weniger Sterne enthalte als eines in Sonnennähe, und bei 4 kpc zwanzigmal weniger. Grob gesprochen, war seine und van Rhijns Schätzung der Sternausdünnung in von der Zentralebene wegführenden Richtungen ganz vernünftig, aber in dieser Ebene, wo sich die interstellare Materie sammelt, falsch.

Daß dem so ist, wurde zuerst von dem gebürtigen Schweizer Robert Julius Trumpler (1886–1956) schlüssig bewiesen, der 1930 offene Haufen (die weniger fest gebunden sind als Kugelsternhaufen) am Lick-Observatorium in Kalifornien untersuchte. Trumplers Methode läßt sich ganz einfach erklären. Er teilte seine Cluster in einige wenige Kategorien ein, nach Kriterien, die uns nicht interessieren. Unter der Annahme, daß die Haufen einer Kategorie von derselben physikalischen Größe und Art sind, konnten die Verhältnisse der Entfernungen auf zweifache Weise abgeschätzt werden: einmal aufgrund der geringen Helligkeit und einmal aufgrund ihrer scheinbaren Gesamtgröße (Ausdehnung). In der Praxis gaben die beiden Methoden ganz verschiedene Ergebnisse, und er meinte, das Helligkeitskriterium werde von der interstellaren Absorption außer Kraft gesetzt. Mit anderen Worten: Wenn wir die Entfernungen nach dem Größenkriterium akzeptieren, stellt die Helligkeit für die fragliche Richtung ein Maß für die Absorption dar.

In seiner ganzen Arbeit über die Entfernungen hatte Kapteyn den Eigenbewegungen als Entfernungsindikatoren gegenüber den scheinbaren Helligkeiten den Vorzug gegeben, da die Helligkeiten von den inneren Eigenschaften der Sterne abhängen und diese stark variieren. Die Eigenbewegungen sind zum großen Teil Ausdruck der Bewegung der Sonne durch den Weltraum, und man nahm allgemein an, daß sie *im Durchschnitt* von nichts sonst abhängen würden, d. h. daß sich die Sterne wie die Moleküle in einem Gas statistisch bewegen. Kapteyn fand allerdings, daß diese Annahme zu inkonsistenten Resultaten führte. In einer frühen Phase seiner Arbeit hatte er den Eindruck, die Sterne gehörten zwei verschiedenen Gruppen oder Populationen an, die vermischt werden.

Seine Entdeckung der beiden „Sternströme" wurde 1904 bei einem Kongress in St. Louis, Missouri bekanntgegeben und verursachte in astronomischen Kreisen großes Aufsehen. Karl Schwarzschild, der Meister der Sternstatistik, entwickelte, um nicht übertroffen zu werden, 1907 ein Modell, das die beobachteten Eigenbewegungen mit der Annahme einer sorgfältig gewählten Beziehung zwischen Geschwindigkeit und Position in der Milchstraße erklärte und so ohne die sich mischenden Populationen auskam. Dies waren die Anfänge einer lange andauernden Untersuchung der Bewegungen in unserer Galaxie, die es selbst in Kapteyns Arbeit möglich machte, Gravitationsüberlegungen einzuführen und so die Modelle zu untermauern, die aus Zählungen von Sternen mit gemessenen Helligkeiten und Eigenbewegungen abgeleitet waren.

Noch bevor Kapteyns endgültiges Modell vorgestellt wurde, hatte Harlow Shapley nach seinem Umzug zum Mount Wilson mit der Ausarbeitung eines Konkurrenzmodells begonnen. Wie wir gesehen haben, hatte er bemerkt, daß Kugelsternhaufen, für deren Entfernungen er vorläufige Werte besaß, nicht symmetrisch am Himmel verteilt sind. Er erwähnte eine Idee, die Bohlin 1909, allerdings ohne viele Anhaltspunkte, vorgetragen hatte. Diese Idee, die einfach die Sonne aus dem Zentrum rückte, schien zwar diese Asymmetrie zu erklären, war aber nicht mit seinen eigenen Entfernungsschätzungen (der Kugelhaufen) im Einklang, zumindest wenn man sie mit der üblichen Vorstellung der Milchstraßenausmaße in Verbindung brachte. 1916 hatte er mit Cepheiden-Messungen gefunden, daß der Kugelhaufen Messier 13 30 kpc von der Sonne entfernt ist, was weit außerhalb der Kapteynschen Galaxie lag. Ein Jahr später und mit Material von anderen Kugelhaufen kehrte er zu Bohlins Idee zurück und entschied, daß sie tatsächlich alle mit der Milchstraße verbunden sind und sich um den unsichtbaren Kern unserer Galaxie, irgendwo in Richtung Sagittarius, scharen. Ein Drittel von ihnen liegt, in dieser Richtung, in nur einem Zwanzigstel des Himmels. Er kam zu dem Schluß, *unsere Milchstraße müsse zehnmal größer sein als allgemein angenommen.*

Grob gesagt, war Shapleys Schätzung übertrieben, weil er die interstellare Absorption vernachlässigt hatte. Er hatte auch irrtümlich unterstellt, daß die Cepheiden in Kugelhaufen wie die in Sonnennähe sind. Glücklicherweise hatte er jedoch die Helligkeit der letzteren um einen Faktor vier unterschätzt, so daß sich diese Faktoren kompensierten. Selbst wenn er die Absorption berücksichtigt hätte, wäre er dennoch von den meisten Astronomen als grob im Irrtum angesehen worden.

Einstufung der Spiralen

Die Ablehnung der Shapleyschen Behauptungen lag letztlich nicht an Kapteyns Autorität, sondern hatte mit den Spiralnebeln und der Einschätzung ihrer Stellung zu tun. Die Spektroskopie hatte das Wissen über sie erweitert: Nachdem Huggins zunächst gefunden hatte, sie hätten anscheinend die Linienspektren eines leuchtenden Gases, entdeckte er zunehmend solche mit kontinuierlichen Spektren. Indem sie die beiden Sorten als „grüne" und „weiße" Nebel unterschieden, mühten sich die Astronomen, die weißen Nebel im Fernrohr in Sterne aufzulösen. Der erste Erfolg in dieser Richtung trat erst 1924 mit der Auflösung des Andromedanebels M31 ein – obwohl J. Scheiner schon kurz vor Ende des letzten Jahrhunderts gezeigt hatte, daß sein Spektrum dem eines Sternhaufens ähnlich sei.

Heute, in der Rückschau, können wir zwischen zwei getrennten Untersuchungsfeldern unterscheiden, dem unserer eigenen Galaxie und dem der „weißen", hauptsächlich spiraligen Nebel, die wir heute als gleichrangige Galaxien betrachten. So eine klare Trennung war aber nicht möglich, solange die zweiten noch bloße Anhängsel der ersten sein konnten. Kapteyns Modell der Milchstraße war auf statistischer Grundlage sorgfältig ausgearbeitet, doch es gab frühere Alternativen, die auf visuellem und photographischem Befund basierten. John Herschel hatte registriert, was sich als Sternströme zwischen uns und dem Hauptkörper der Milchstraße präsentierte. Giovanni Celoria aus Mailand hatte 1879 ein Modell vorgeschlagen, das die Milchstraße als aus zwei mehr oder weniger konzentrischen Sternringen bestehend annahm. Von Seeliger trug Beweise gegen diese Vorstellung zusammen, dennoch brachte um 1900 Cornelis Easton, ein holländischer Amateurastronom in Dordrecht, die Ideen von Celoria wieder ins Spiel, veränderte jedoch die Position der Sonne und die Zentren und Neigungen der Ringe. 1913 hatte Easton viel photographisches Beweismaterial für die Behauptung gesammelt, die Milchstraße sei wie ein Spiralnebel, ähnlich zu M51 und M101. Aber auch diese anderen Spiralen waren unserer nicht vergleichbar. Sie waren „kleine Wirbel inmitten des großen".

Trotz starker Gegenargumente, die hauptsächlich von Eddington vertreten wurden, herrschte das Gefühl vor, die Milchstraße sei im Universum einmalig. Dafür sprachen im wesentlichen fünf Anhaltspunkte. Die Ausmaße der Nebel wurden im Vergleich zur Größe der Milchstraße für unbedeutend gehalten. Die sternähnlichen Spektren der weißen Nebel (mit Fraunhofer-Linien) konnten – wie von V. M. Slipher gefunden – als an einem diffusen Nebel reflektiertes Sternenlicht interpretiert werden. Drittens war die Milchstraße für die, die Shapleys Pille zu schlucken bereit waren, groß genug, wenigstens einige der weißen Nebel zu enthalten, wenn man ihre damaligen Entfernungsschätzungen zugrundelegte. Viertens schienen die weißen Nebel die Ebene der Milchstraße zu meiden und eine symmetrische Anordnung um diese zu suggerieren. Zuletzt kamen neue Anhaltspunkte bezüglich ihrer Geschwindigkeiten auf, die ebenfalls auf Symmetrie deuteten.

Das erste Argument schien damals besonders beweiskräftig, vor allem in einer Version, die von Anzeichen innerer Bewegungen in den Nebeln ausging. Adriaan van Maanen (1884–1946) hatte bei Kapteyn studiert, bevor er 1912 eine Stellung am Mount Wilson antrat. Er benutzte den 60-Zoll-Reflektor von der Fertigstellung im Jahr 1914 an und konnte 1916 die Ergebnisse der Messung der Spiralnebeldrehungen publizieren, die anhand von über einen größeren Zeitraum hinweg aufgenommenen Photographien abgeleitet wurden.

Die bei neun Nebeln gefundenen Bewegungen, längs der Spiralarme auswärts gerichtet, waren überraschend groß, was von einem erfahrenen Kollegen, Seth Nicholson, überprüft worden war. Die tatsächlichen Geschwindigkeiten der Materie entlang der Arme konnten in einigen Fällen spektroskopisch (Doppler-Verschiebung) bestimmt werden, und wenn man die beiden Ergebnisse für M33 zusammen nahm, ergab sich eine Entfernung von nur 2 kpc, was das Objekt mitten in ein Kapteyn-Universum setzte.

Leider wurden van Maanens Ergebnisse bald zurückgewiesen. Knut Lundmark maß seine Platten 1927 nochmals nach und fand die Bewegungen nur ein Zehntel so groß wie behauptet. Selbst van Maanen halbierte später die Bewegung, blieb aber seiner allgemeinen Folgerung treu; sein Freund Shapley dachte genauso und sprach sich für nahe Nebel aus. Hubble wies später nach, daß die Ergebnisse von einer Art systematischem Fehler betroffen waren, und van Maanen war, obgleich ein exzellenter praktischer Astronom, mit der Behauptung, er messe Bewegungen weit unterhalb der Grenzen seiner Apparatur, viel zu vorschnell. Ebenso wischte er die Befunde anderer Astronomen – zum Beispiel C. O. Lampland vom Lowell Observatorium, W. J. A. Schouten aus Groningen und H. D. Curtis – einfach vom Tisch. Knut Lundmark hatte Mühe, van Maanens Schlüsse zu widerlegen und die Idee aufrechtzuerhalten, daß die Nebel „Welteninseln" seien. (Alexander von Humboldt hatte diesem letzten Ausdruck mit seinem Buch *Kosmos* von 1850 eine weite Verbreitung verschafft.) Van Maanens Befunde konnten allerdings nicht leicht angefochten werden, ohne seine Integrität in Frage zu stellen, und so wurden sie von vielen bis etwa 1933 akzeptiert.

Diese ganze Geschichte illustriert beiläufig, wie andere als rein wissenschaftliche Kriterien in der Entwicklung einer Wissenschaft eine wichtige, aber weitgehend unsichtbare Rolle spielen können. Hier gab es deutliche persönliche Kräfte für und wider die Weltinsel-Idee. Es war kein Geheimnis, daß Hubble eine starke Abneigung gegen den überschwenglichen Junggesellen van Maanen hegte. Auch daß sich Hubble, obwohl er und Shapley aus Missouri kamen, während seines Aufenthalts als Rhodes-Stipendiat in Oxford manierierte Umgangsformen zulegte, die die Damen in der Umgebung von Mount Wilson mehr beeindruckten als Shapley. In seiner Autobiographie erzählt uns Shapley, er habe einmal einen Artikel für eine allgemeine Leserschaft verfaßt und Hubble habe als Gutachter einfach „ohne Belang" darübergekritzelt. Wie die Herausgeber Shapley mitteiten, wurde der Artikel aus Versehen zunächst mit dem Kopf „Shapley – ohne Belang" gesetzt.

Unter denen, die gegen die Befunde van Maanens waren, befand sich Heber D. Curtis vom Lick Observatorium. Er hatte 1914 eine Untersuchung der Spiralen begonnen, die er bereits als „unvorstellbar entfernte Sterngalaxien oder separate Sternuniversen" im Verdacht hatte. Aber wie sollten ihre Entfernungen bestimmt werden? Eine Antwort wurde fast zufällig in der Folge einer zweimal gemachten Entdeckung gefunden. 1917 entdeckte Curtis eine Nova in einer der von ihm studierten Spiralen, machte darüber jedoch keine Meldung. Im selben Jahr photographierte George W. Ritchey am Mount Wilson Spiralen in der Hoffnung, Rotationen und Eigenbewegungen aufzuspüren, als er in einem Nebel (NGC 6946) ebenfalls auf Anzeichen einer Nova stieß. Das veranlaßte ihn, alte Platten zu überprüfen, und brachte ihm sofort die Entdeckung von einigen anderen, die unbemerkt geblieben waren. Astronomen taten anderswo dasselbe, und schnell erreichte die Zahl die Zehner. Curtis war über die Implikationen der scheinbaren Helligkeiten der Novae entzückt, die im Vergleich mit den Novae in der Milchstraße extrem klein waren. Er sagte, mit zwei Ausnahmen sei die Durchschnittsdifferenz zehn Größenklassen, was sie in eine hundertfache Entfernung und damit weit außerhalb der Milchstraße brachte, ob man nun vom Kapteynschen oder irgendeinem anderen damals akzeptablen Modell ausging. (Die beiden Ausnahmen wurden später als Supernovas erkannt.)

Es gab deshalb zu dieser Zeit zwei deutlich verschiedene Auffassungen über die Spiralen. Shapley und van Maanen plazierten sie so nahe an die Sonne, daß sie als Untersysteme der Galaxis (Milchstraße) behandelt werden konnten. Curtis plazierte sie so weit entfernt, daß ihre Ausmaße, abgeleitet aus ihren scheinbaren Größen (Ausdehnungen), denen der Galaxis vergleichbar sein mußten. Wenn man wie Shapley die Kugelhaufen in das Gesamtsystem der Galaxis einbezog, war der Fall weniger klar, aber selbst dann wäre der Befund von Curtis, falls für bare Münze genommen, schwerlich unterzubringen gewesen.

1920 schien sich eine Entscheidung anzubahnen, als Curtis und Shapley zustimmten, die Frage der Skale des Universums auf einer Tagung der National Academy of Sciences in Washington zu debattieren. Am Ende schien die Sitzung wissenschaftlich wenig gebracht zu haben, und die beiden Männer waren uneins, worüber man überhaupt diskutieren wollte. Shapley brauchte sieben von 19 Seiten seines Manuskripts, bis er die Definition des Lichtjahres erreichte – dies dürfte jedoch mit der Anwesenheit von Leuten zu erklären sein, die ihn zum Direktor des Harvard College Observatory berufen sollten, eine Stellung, um die er sich damals bewarb. Er konzentrierte sich auf die Größe der Galaxis und sagte wenig über die Spiralen, während Curtis diese zu seinem Thema machte. Die Meinungsunterschiede beeindruckten die Welt der Astronomie noch stärker, als die beiden kurz danach ihre Ansichten in Druck gaben. Im Lichte der späteren Entwicklung können wir sagen, daß trotz vieler Unvollkommenheiten in den verfügbaren Daten jeder auf seinem Hauptgebiet im wesentlichen recht hatte – Shapley bei der Galaxis und Curtis bei den Spiralen –, daß aber Shapley, weil er van Maanens Arbeit über die Spiralen akzeptierte, im Nachteil war.

Unsere Spiralgalaxie. Dunkle Materie

1871 untersuchte der schwedische Astronom Hugo Gyldén in Stockholm viele große Eigenbewegungen, also von Sternen, die uns vermutlich relativ nahe sind. Er entdeckte, daß sie nicht symmetrisch angeordnet sind, sondern in der einen Hälfte des Himmels konzentriert auftreten und daß sie dort in praktisch dieselbe Richtung drifteten. Rechtwinklig zu den größten Bewegungen hatten die Sterne vernachlässigbare Bewegungen. Er sah darin ein Zeichen einer Drehung in der Galaxis. Ganz unabhängig von dieser Entdeckung fanden Benjamin Boss, Walter S. Adams und Arnold Kohlschutter bei der spektroskopischen Untersuchung (Dopplereffekt) der Sternbewegungen eine ähnliche Asymmetrie in der Anordnung der Hochgeschwindigkeitssterne. 1914 meldeten sie, daß sich drei Viertel aller registrierten der Sonne nähern.

Adams führte diese Untersuchung fort, und sie wurde auch von Jan Hendrik Oort (1900-92) aufgenommen. Er hatte bei Kapteyn studiert und 1926 seine Dissertation über genau dieses Thema verfaßt, während er nach Kapteyns Tod bei van Rhijn arbeitete. 1922 veröffentlichte er jedoch einen Zwischenbericht, nach dem sich die Sonne den

Hochgeschwindigkeitssternen in einer Himmelshälfte (genauer zwischen den galaktischen Längen 310° und 162°) näherte und von denen der anderen Hälfte entfernte. Oort fand noch eine Besonderheit: Unterhalb von 62 km/s sind die radialen Geschwindigkeiten zufällig, oberhalb zeigten sie die Asymmetrie. Er versuchte eine Gravitationsanalyse der Galaxis und nahm irrtümlich an, daß die Hochgeschwindigkeitssterne von außen in das System gekommen seien. Er unterstellte, daß 62 km/s die Geschwindigkeit sei, oberhalb der ein Stern der Schwerkraft des Systems entkommen könne. Daraus konnte er eine mittlere Sternmasse von 0,65 Sonnenmassen ableiten. Das war jedoch schwer mit dem dynamischen Gleichgewicht der Sterne in Einklang zu bringen, das fast achtmal größere Massen forderte.

Das allgemeine von Oort gezeichnete Bild bestand darin, daß die Hochgeschwindigkeitssterne um das Zentrum des Hauptsystems und auch der Kugelhaufen umlaufen. Die Sonne war Mitglied eines lokalen Systems (eine Sternwolke), das sich in fast derselben Weise, nur etwas schneller, bewegte.

Dabei nahm Oort ein Kapteynsches Modell der Milchstraße an. Als er die radialen Geschwindigkeiten der Kugelsternhaufen untersuchte, fand er heraus, daß sie nicht nur einen Teil des Himmels bevorzugten, sondern daß sie auch ihre eigene Geschwindigkeitsasymmetrie haben. Eine Galaxie nach dem Kapteynschen Modell würde nicht in der Lage sein, sie mit ihrer Schwerkraft zu halten, dennoch schienen sie wegen ihrer symmetrischen Anordnung um die Hauptebene zur Milchstraße zu gehören. Die Erklärung lag nach Oorts Meinung darin, daß die Galaxis etwa 200mal massereicher ist, als nach der sichtbaren Materie (d. h. hauptsächlich sichtbare Sterne) darin zu vermuten ist. Damit beginnt ein neues Interesse an einem schwierigen, aber vitalen Teil der Astronomie: die Untersuchung dunkler Materie.

Oorts versuchsweise Erklärung der unsichtbaren Materie bestand darin, daß diese von Materie in der galaktischen Scheibe verdeckt wird. 1932 bestand er darauf, man könne mit dynamischen Argumenten die Existenz der zwei- bis dreifachen sichtbaren Masse ableiten. Zu dieser Zeit waren die Astronomen mit der Idee vertraut, daß im äußeren Weltraum ionisierte Atome in Wolken zu finden seien. Johannes Franz Hartmann (1865–1936) hatte 1904 eine Spektrallinie des ionisierten Kalziums im Spektrum von δ Orionis gefunden, und in den 1920ern wurden auch Linien von ionisiertem Natrium und Titan erkannt. Indem wir die weitere Entwicklung vorwegnehmen, sollte hier aber gesagt werden, daß die „fehlende Masse" nicht nur in Staub und kleinen Teilchen besteht, sondern auch Sterne sehr geringer Masse und Helligkeit enthält, die zum Halo der Galaxis gehören. Solche Sterne dürften schwarze Löcher oder ausgebrannte Zwergsterne von einer Sorte sein, auf die wir zu gegebener Zeit zurückkommen.

Wir waren bereits frühen Argumenten – zum Beispiel denen von Michell und Laplace – dafür begegnet, daß das Licht unter gewissen Bedingungen nicht imstande ist, massereiche Körper zu verlassen. Diese Objekte werden, anders ausgedrückt, unsichtbar sein, und sie können nur über ihre gravitative Wirkung auf benachbarte sichtbare Körper bemerkt werden. „Dunkle Materie", sie mag aus vielen Gründen unsichtbar sein, erlangte im Laufe des 20. Jahrhunderts zunehmend Bedeutung. E. E. Barnards hübsche Photosammlung von Sternwolken der Milchstraße mit ihrem oft auftretenden dunklen Regionen hat Anhaltspunkte allgemeiner Art geliefert.

Die erste wirklich durchgängige theoretische Studie des Problems des interstellaren Mediums war die von Eddington. Sie war die Antwort auf bedeutende spektroskopische Untersuchungen der Kalziumlinien durch den kanadischen Astronomen John Stanley Plaskett, dem Direktor des Dominion Astrophysical Observatory in Victoria, British Columbia. Plaskett hatte aus Linienverschiebungen geschlossen, daß sich die Kalziumwolken nicht mit den Sternen bewegen, in deren Licht wir sie sehen. Eddington stimmte zu, ging aber weiter mit der Behauptung, es gebe eine zusammenhängende Wolke, die die gesamte Galaxis einnehme und mehr oder weniger in ihr ruhe. Er berechnete die Energiedichte des Sternenlichts im Weltall und daraus die Temperatur des Gases, die sich als hoch genug dafür herausstellte, daß das Gas doppelt ionisiert ist.

Diese Arbeit Eddingtons von 1926 löste intensivere Beobachtungen aus, zum Beispiel von Otto Struve in Yerkes, der sich in der Frage, ob das Kalzium in diskreten Wolken auftritt oder überall verteilt ist, bald auf Plasketts Seite stellte. Nach einigen Jahren, in denen Struve das Problem weiter verfolgte, nahm er seine Behauptungen zurück, und mit Trumplers bereits erwähnter Arbeit über Kugelhaufen in Lick wurde die Streitfrage zugunsten von Eddington beigelegt. (Trumplers Ergebnisse wurden 1930 publiziert.)

Wie wir bereits gesehen haben, war die spektrographische Route nicht der einzige Zugang zum Problem. Vor Oort hatte Kapteyn das beobachtete Masse-Licht-Verhältnis in der Nachbarschaft der Sonne innerhalb der Galaxis mit dem verglichen, was die Rechnung für eine Galaxie im Gleichgewicht lieferte. Er hatte gefolgert, daß die Masse der dunklen Materie nicht übermäßig sein könne, aber jetzt hatte Oorts Arbeit diese Idee verworfen.

Ein neues Modell der Galaxis war nötig, das ihre Form, ihre inneren Bewegungen sowie ihre Beziehung zu den Kugelhaufen und womöglich den Spiralnebeln erfassen würde. Viele hatten über eine Spiralstruktur der Milchstraße selbst spekuliert, aber sie war ungewöhnlich schwer nachzuweisen. Bart J. Bok, ein weiterer Astronom in Groningen, der während seiner Promotion eine kurze Zeit bei Shapley am Harvard College Observatory zugebracht hatte, hatte Kapteyns numerische Methoden auf die Galaxis angewendet, doch war er nach mehr als zehnjährigen Versuchen damit gescheitert, einen schlüssigen Beweis der Spiralform zu liefern.

Nach Oorts Dissertation von 1926 wurde offenbar, daß die Drehung zu berücksichtigen ist, aber Bertil Lindblad (1895–1965) aus Schweden hatte in einer mathematischen Behandlung der Sternstatistik, an der er seit 1922 intensiv gearbeitet hatte, die Fundamente dafür bereits gelegt. Lindblads System war eines aus sich gegenseitig durchdringenden Sternsubsystemen, die sich alle wie die Planeten in unserem Sonnensystem nach den Newtonschen Gesetzen in elliptischen Umlaufbahnen um das galaktische Zentrum bewegen. Der Fall der Milchstraße ist natürlich viel komplexer. (Wir erinnern uns daran, daß Kapteyns Modell ellipsoidförmig war.) Mit den Jahren wurde Lindblad eine führende Autorität auf dem Gebiet der Dynamik von Systemen mit Spiralarmen. Seine Theorien bildeten einen Ansporn für die schwedische Astronomie und brachten viele an den Observatorien von Lund, Uppsala und Stockholm dazu, sich in derselben Richtung zu spezialisieren. Noch direkter veranlaßte seine Arbeit Oort, ein neues Modell der differentiellen galaktischen Rotation auszuarbeiten und die Entfernung und die Richtung des galaktischen Zentrums zu schätzen. 1927 machte er eine Entfernung von 6,3 kpc aus, was zwar nur ein Drittel von Shapleys Wert ist, aber wenigstens von derselben Größenordnung ist.

Andere schlossen sich der Kartierung der Geschwindigkeiten in der Galaxis an. Zu Beginn des Jahrhunderts arbeiteten an den beiden großen amerikanischen Teleskopen, bei Lick und bei Yerkes, William Wallace Campbell (1862–1938) bzw. Edwin Brant Frost (1866–1935), denen im Gebrauch des Spektrographen zur Bestimmung der (radialen) Sterngeschwindigkeiten niemand gleichkam. Ihre Karrieren verliefen in seltsam parallelen Bahnen, sogar in dem Maß, daß beide erblindeten – Campbell teilweise und Frost völlig. Noch wichtiger als das von ihnen zusammengetragene Material waren für das Oortsche Problem Daten von Plaskett, der sehr viel Erfahrung bei der spektrographischen Messung der Sterngeschwindigkeiten gesammelt hatte. Sterne der Typen O und B sind sehr leuchtstark und können so aus großer Entfernung gesehen werden. Als er von Oorts Arbeit erfuhr, hatte er zu Sternen dieser Klassen (speziell den Typen zwischen O5 und B7) ein umfangreiches Datenmaterial, das er und J. A. Pearce über einen langen Zeitraum gesammelt hatten. So konnte er sofort Oorts Theorie überprüfen, die auf einer relativ dünnen Datenbasis beruhte. Die Übereinstimmung mit den Oortschen Parametern war überraschend gut.

Die Oortsche Entdeckung der galaktischen Drehung und der enormen Bedeutung der unsichtbaren Materie führten zu beträchtlicher neuer Aktivität bei der Entwicklung galaktischer Modelle. In der Frage der dunklen Materie bahnte sich in den frühen 1920ern eine Entscheidung an. Der Verdacht von Kapteyn wurde schon erwähnt. James Jeans schätzte, im Universum müßten auf jeden hellen Stern drei dunkle kommen (1922). Die erste Studie, die man als definitiv bezeichnen konnte, stammte gleichwohl wieder von Oort (1932) und brachte einen Wert für die Dichte im Weltall, der aus einer dynamischen Argumentation folgte. Dieser als „Oortsche Grenze" bekannte Wert betrug eine Sonnenmasse auf zehn Kubikparsecs. (1965 hatte er seine Schätzung um 50 Prozent erhöht, und er glaubte, 40 Prozent davon entfielen auf unsichtbare Sterne und Gas.)

Fritz Zwicky (1898–1974), ein in Bulgarien geborener Astronom mit Schweizer Eltern, entwickelte einen Zugang, der sich vom Oortschen unterschied. 1933 fand Zwicky ein sehr überraschendes Ergebnis, als er das Masse-Leuchtkraft-Verhältnis (er nahm dabei die Sonne als Maßeinheit) in gewöhnlichen einzelnen Galaxien mit dem eines Galaxienhaufens (der Coma-Haufen enthält mehr als tausend helle Galaxien) verglich. Das Verhältnis im zweiten Fall, das über die Verteilung der Geschwindigkeiten der zum Haufen gehörenden Galaxien ermittelt wurde, war fünfzigmal größer als das des ersten. Obwohl es sich um eine grobe Analyse handelte, hatte nichtleuchtende Materie auf der kosmischen Skale offenbar eine noch größere Bedeutung, als vorher angenommen worden war. 1936 führte Sinclair Smith eine entsprechende Untersuchung an den Teilen des prächtigen nahen Virgo-Galaxienhaufens durch und fand dort eine hundertmal größere Masse pro Galaxie, als aus der Leuchtkraft gefolgt wäre. Zwicky glaubte, außer der intergalaktischen Materie müßte es intergalaktische Sterne und sogar dunkle Zwerggalaxien geben. Offenbar war das Weltall während der ganzen Menschheitsgeschichte unscheinbar geblieben.

Nach dem Zweiten Weltkrieg wurden Indizien dafür gefunden, daß das Masse-Leuchtkraft-Verhältnis in einigen Systemen bis zu 1 000 werden könne und daß einzelne Galaxien noch mehr dunkle Materie als vermutet enthalten könnten. Wie wir unten sehen werden, forderte die Steady-state-Kosmologie dieser Zeit ein Feld dunkler Materie, das bei der Expansion des Weltalls ständig nachgefüllt wird und aus dem sich die Sterne bildeten, und so wurde diese Sache in einigen Kreisen hochaktuell. Dennoch ist zu sagen, daß sich in den

1950ern und 1960ern viele Astronomen heftig gegen den Gedanken aussprachen, die dunkle Materie könnte insgesamt von großer Bedeutung im Universum sein. In den Sechzigern waren zum Beispiel die Astronomen, die die Natur der Galaxienhaufen betrachteten, in zwei Gruppen gespalten: Die einen behaupteten, die Galaxien seien in den Clustern durch dunkle Materie gebunden, die anderen bestritten dies und meinten, die Haufen seien relativ kurzlebig und jeder dehne sich in einer eigenen Explosion aus. Die Meinungen gehen noch immer auseinander, aber man scheint sich darin einig zu sein, daß das Masse-Leuchtkraft-Verhältnis mit der Größe des betrachteten Systems ständig anwächst und daß sich die Hypothese der dunklen Materie behauptet.

Wir kehren zur Form unserer Milchstraße zurück, wie sie in den beiden Jahrzehnten nach 1930 aufgefaßt wurde: Wenn dieses Problem weiter in Angriff genommen wurde, war es in der Folge genauerer Untersuchungen der Spiralgalaxien jenseits unserer eigenen, wie M31 und andere in der Nähe. Dabei lieferte Walter Baade (1893–1960) das Schlüsselindiz. Geboren in Westfalen in Deutschland, hatte Baade am Bergedorf-Observatorium der Universität Hamburg Erfahrungen gesammelt. Ein Treffen mit Shapley im Jahre 1920 veranlaßte ihn zu einer Untersuchung von Kugelhaufen, für die sein Teleskop kaum geeignet war. In den Jahren 1926/27 konnte er seine Erfahrungen erweitern, als er mit einem Rockefeller-Stipendium die großen kalifornischen Teleskope besuchte. Nach seiner Rückkehr nach Bergedorf wurde er ein enger Freund des Teleskopbauers Bernard Voldemar Schmidt (1879–1935), einem exzentrischen Genie aus Estland, dem seine besten Ideen im Vollrausch gekommen sein sollen. Ihre Freundschaft entstand während einer Seereise zu den Philippinen, wo sie eine Sonnenfinsternis beobachten wollten, und führte zu Schmidts Entwurf eines neuen optischen Systems, das für die Astronomie von größter Bedeutung ist.

Dieses System benutzt eine dünne Korrekturplatte über dem oberen Ende des Spiegelteleskops und macht große Aperturen (kleine Blendenzahlen) und damit kürzere photographische Belichtungszeiten möglich. Schmidt legte Wert auf die Feststellung, daß er seine Teleskope mit einem Arm herstellte. Er hatte als Junge einen Arm verloren. Schmidt-Teleskope wurden zuletzt unverzichtbare Hilfsmittel bei der Himmelsdurchmusterung, die zum Beweis von Spiralarmen in unserer Galaxie führte.

1931 nahm Baade eine Einladung zur Mitarbeit am Mount Wilson an. Während des Zweiten Weltkriegs benutzte er den 100-Zoll-Refraktor zur Untersuchung von M31 und ihren Trabantengalaxien M32 und NGC 205. Die nächtliche Verdunklung von Los Angeles während des Krieges erlaubte ihm, einzelne Sterne im Inneren von M31 zu photographieren, und brachte die Entdeckung, daß dort die hellsten Sterne rot und nicht blau wie in den Spiralarmen sind. Der Artikel, in dem er diese Entdeckung meldete, vergab die Namen Typ I und Typ II an Sterne, auf deren Typ tatsächlich schon vor langem – in Kapteyns zwei „Sternströmen" in unserer eigenen Galaxie – hingewiesen worden war und die Gegenstand der Oortschen Arbeit gewesen waren. Baades Typ I bestand aus O- und B-Typ-Sternen, hell und blau, während zum Typ II die hellsten roten Sterne gehörten, die auch in Kugelhaufen gefunden wurden.

Im Juni 1950, anläßlich der Einweihung eines Schmidt-Telekops in Michigan, brachte Baade seine Überzeugung zum Ausdruck, daß unsere Galaxie eine Spirale vom Typ Sb (Hubbles Klassifikation) sei, einfach weil ihr Kern dem von M31, einer Galaxie dieses Typs, ähnele. Typ-I-Sterne könnten als „Marker" für die Spiralen dienen, doch wir können sie nur dann dreidimensional darstellen, wenn wir ihre Entfernungen kennen, was wiederum die Kenntnis ihrer absoluten Helligkeiten voraussetzt. William W. Morgan von Yerkes und Jason J. Nassau vom Warner and Swasey Observatory bearbeiteten damals genau dieses Problem und ließen kurz danach verlauten, daß aufgrund von 49 geschätzten Entfernungen (von 900 untersuchten Sternen dieser Typen) unsere Sonne am äußeren Rand eines Spiralarmes der Galaxis erscheine. Noch ein Schlüssel stand inzwischen zur Verfügung, denn man wußte damals von O- und B-Sternen, daß sie von großen Gebieten ionisierten Wasserstoffs (H^+- oder H II-Gebiete) begleitet werden. Ende 1951 hatten sie mit Stewart Sharpless und Donald Osterbrock H II als Tracer (Indikator) benutzt, der zwei Spiralarme nachzeichnete, von denen einer durch die Sonne ging und der andere jenseits des galaktischen Zentrums lag. Das Aufspüren des zweiten war eine beachtliche Leistung. Das Problem, das so lange mit Methoden der Sternzählung in Angriff genommen worden war, hatte sich am Ende als mit einer ganz anderen Technik lösbar erwiesen.

Wir wollen aber nichts übereilen. Im selben Jahr (1951) wurden Emissionen des neutralen Wasserstoffs im Radiobereich registriert, und sie vervollständigten sehr bald die Beweisführung, die auf den sichtbaren Emissionen des ionisierten Wasserstoffs beruhte. Die Entdeckung wurde fast gleichzeitig in den USA, den Niederlanden und in Australien gemacht. Die gesamte Galaxis öffnete sich plötzlich der Beobachtung. Oort und Bok sowie ihre zahlreichen Kollegen und Studenten stürzten sich auf die Untersuchung der galaktischen Struktur, wie sie von diesen Radioquellen markiert wurde, und innerhalb eines Jahres war die Spiralstruktur der Galaxis zweifelsfrei nachgewiesen. Oort hatte damals lange in Leiden gearbeitet, und natürlich wurden ergänzende Informationen über die Teile der Milchstraße gebraucht, die nur am Südhimmel erscheinen. Einige der ersten Arbeiten auf diesem (Radio-)Gebiet wurden tatsächlich in den 1950ern von Astronomen in Sydney, Australien durchgeführt.

Der *Ursprung* der Spiralstruktur konnte erst in den Sechzigern befriedigend erklärt werden, als Lin und Shu eine Theorie der Dichtewellen entwickelten. Einer der großen Vorteile der Radiomessungen bestand darin, daß die *Intensität* der Emissionen des neutralen Gases ein Maß für dessen Konzentration und damit des Schwerefeldes darstellt. Leider fehlt jedoch in den frühen Theorien noch eine wichtige Zutat, nämlich Moleküle, Staub und Gas, die eine Stelle für die Sternentstehung bilden. Dieses Material wurde seit den frühen 1960ern auf vielfältige Weise durch Radioemissionen detektiert.

Mit den 1970ern wurde es möglich, die Rotation der äußeren Galaxien auch im Detail zu erforschen, indem man insbesondere die Radioemission (21-cm-Linie) des neutralen Wasserstoffs von relativ nahen Galaxien verwendete. 1970 schloß K. C. Freeman aus den gemessenen Rotationen der beiden Trabantengalaxien NGC 300 und M33, daß es dort dunkle Materie mit mindestens genauso viel Masse wie in der Galaxis geben müsse und daß diese ganz anders als die sichtbare Materie in diesen Galaxien verteilt sein müsse. Die Messungen wurden mit einer einzelnen Schüsselantenne durchgeführt. Als Daten von Radioteleskopanordnungen mit Apertursynthese verfügbar wurden – zuerst von Owens Valley und besonders von Westerbork in Holland –, wurde offenbar, daß die Gesamtmassen der Galaxien etwa proportional zu ihren Radien sind: ein Resultat, das man kaum aufgrund eines einfachen sphärischen oder elliptischen Modells erwartet hätte. Massereiche unsichtbare Halos wurden aus den beobachteten Rotationsmustern abgeleitet, und diese Halos erlangen durch ihre Gravitation große Bedeutung für die *äußeren* Teile der Galaxien. Fortschritte in der Kenntnis der Rotationsmuster in den Galaxien sind vielleicht der verläßlichste Weg bei der Abschätzung der dunklen Materie in den Galaxien, und die großen technischen Verbesserungen, die in den frühen 1980ern an Teleskopen wie dem von Westerbork erreicht wurden, brachten diese Untersuchungen stark voran.

Theorien zur Entwicklung der Galaxien

Van Maanen hatte seine angeblichen Beweise der relativen Nähe der Nebel mit dem Hinweis verteidigt, daß seine Behauptung mit einer Theorie der Bildung und Entwicklung der Nebel in Einklang sei. Damit folgte er einem Weg, den der Cambridger mathematische Physiker James Jeans (1877–1946) in einer wichtigen Studie von 1919 (*Problems of Cosmogony and Stellar Dynamics*) gewiesen hatte. Jeans hatte sich 1912 aus Gesundheitsgründen aus der Lehre zurückgezogen, doch er fuhr bis in die späten 1920er fort, grundlegende Beiträge zur theoretischen Mechanik zu leisten. Danach, bis zu seinem Tod, schrieb er für ein größeres Publikum, wofür er viel Beifall erntete. In seinem Buch von 1919 erklärte Jeans, wie sich eine kugelförmige Gasmasse unter der Gravitation zusammenzieht und wegen der Eigendrehung abflacht, bis sie unstabil wird. Sie wird dann vom Rand Materiefasern ausschleudern, und diese werden sich schließlich zu Spiralarmen formieren. Eine der Hauptfragen war, ob die in den Spiralen beobachteten Bewegungen im wesentlichen rotatorisch oder (wie Jeans dachte) entlang der Arme nach außen gerichtet sind, wobei es in den Armen zu Verdichtungen und so zur Geburt von riesigen Sternen kommt.

1921 glaubte van Maanen, den Beweis für die zweite Ansicht geliefert zu haben. Jeans war davon so beeindruckt, daß er gar mit dem Gedanken an eine Änderung des Newtonschen Gravitationsgesetzes spielte, da die beiden unvereinbar schienen. Seine Begeisterung über van Maanens Daten währte freilich nur so lange, bis Hubble Indizien für die große Entfernung der Spiralen zu liefern begann, was auf der Entdeckung von Cepheiden in diesen Spiralen (1924) beruhte. Van Maanens behauptete Rotationen blieben ein Problem, wie bereits erklärt wurde. Der Instinkt von denen, die es vorzogen, das Problem einfach durch Ignorieren zu lösen, stellte sich als richtig heraus.

Der positive Schlüsselbeweis wurde – wie der viel spätere, der van Maanens Messungen diskreditierte – von Hubble erbracht. Edwin Powell Hubble (1889–1953) war der Sohn eines Rechtsanwalts in Missouri. Von G. E. Hale an der Universität Chicago in die Astronomie eingeführt, ging er nach einem Abschluß in Mathematik und Astronomie für eine Weile nach Oxford, wo er einen Abschluß in Rechtswissenschaften machte. Als ein erfolgreicher Athlet und Boxer – sicherlich der einzige Astronom, der gegen den großen französischen Meister Georges Carpentier in den Ring stieg – kehrte er nach Kentucky zurück, wo er blieb, bis er 1914 ans Yerkes-Observatorium seiner alten Universität ging.

1917 schloß Hubble seine Dissertion über die Klassifikation der Nebel ab, und Hale bot ihm bald eine Stelle am Mount Wilson an. Dieser erste Versuch, die Klassifikation von Max Wolf zu revidieren, ist weniger erwähnenswert; damals kursierten mehrere Alternativen. Er kehrte später zu dem Problem zurück und widerstand der Versuchung, der Nebelevolutionstheorie von Jeans zuviel Aufmerksamkeit zu schenken. Es ist daher eine

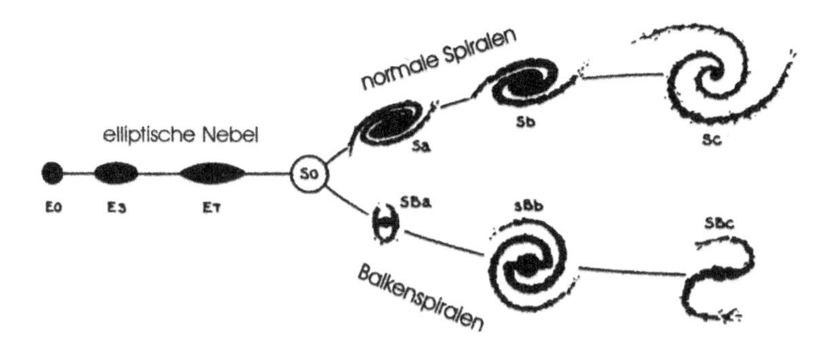

Bild 16.2 Die Entwicklung der Nebel (Hubble)

Ironie, daß sein späteres Schema 1925 von der International Astronomical Union abgelehnt wurde, weil es mit seiner Darstellung eine physikalische Theorie der Evolution andeutete. Daß dem so war, ist keine Überraschung, denn, wie Jeans später anmerkte, entsprach es ganz dessen Ideen.

Lundmark unterstellte ein Plagiat, und es kam zu einem erbitterten Streit. Der Grund für die Ähnlichkeit lag sicher darin, daß die Ideen von Jeans und anderen Autoren in den Köpfen von beiden lebendig waren. Auf alle Fälle stellt Hubbles spätere Version seiner Klassifikation der Nebel (1923) die Basis der heute benutzten dar.

Er unterschied zwischen regulären (mit einem deutlichen Kern) und irregulären (relativ selten, ohne Kern) und unterteilte die regulären Nebel in normale Spiralen, Balkenspiralen und elliptische Galaxien, wobei jede Klasse ihre Subklassen hat, die in einer Entwicklungsreihe zu stehen scheinen. Das Diagramm aus Hubbles *Realm of the Nebulae* (1936) ist in Bild 16.2 wiedergegeben.

Als die Vereinigten Staaten schließlich 1917 in den Krieg eintraten, meldete sich Hubble zur Infanterie und konnte erst nach zwei Jahren wieder auf den Mount Wilson ziehen. Er arbeitete am 60-Zoll-Teleskop und registrierte sofort zahlreiche neue Objekte. Er stellte fest, daß diffuse Nebel (nach heutiger Kenntnis *innerhalb* unserer Galaxie gelegen) durch benachbarte blaue Sterne hoher Oberflächentemperatur zum Leuchten gebracht werden. (Wir erinnern uns an William Herschels Beispiel der Beleuchtung eines Nebels durch einen nahen Stern.) Hubble gab diesem Phänomen eine theoretische Basis, aber seinen Ruhm erlangte er auf ganz andere Weise.

1923, er arbeitete jetzt auch am 100-Zoll-Teleskop, gelang es ihm, die äußeren Regionen der Spiralen M31 und M33 in Sterne aufzulösen, von denen insgesamt 43 ihre Helligkeit entsprechend dem Muster der Cepheiden-Veränderlichen veränderten. Schließlich war offenbar, daß sich M31 weit außerhalb der Galaxis befindet. Ende 1924 setzte Hubble seine Entfernung auf 285 kpc fest, was in der Größenordnung von zehn Großdurchmessern der Milchstraße liegt, so wie dieser damals weithin akzeptiert war.

Während der späten 1920er schätzte Hubble Entfernungen weiterer Nebel und versuchte, die Entfernungsleiter auszudehnen, indem er andere Kriterien fand als die Cepheiden, die nur bis etwa 4 000 kpc zu sehen sind. Versuchsweise schlug er ein „Kriterium des hellsten Sterns" in Spiralen später Typen vor, wobei diese Objekte ungefähr 50 000mal heller sind als die Sonne. Es spielte kaum eine Rolle, was die Objekte waren. (Allan Sandage zeigte 1958, daß es sich um Wolken ionisierten Wasserstoffs handelt.) Durch Mittelung der Eigenschaften solcher heller Sterne, die in den Galaxien des großen Virgo-Haufens zu sehen sind und vergleichbare Entfernungen haben, fand er Daten, die er auf noch weiter entfernte Galaxien anwenden konnte. Auf diese Weise stellte Hubble einen unvergleichlichen Datenbestand über galaktische Distanzen zusammen. 1929 hatte er die Entfernungen von 18 Galaxien und vier Sternen des Virgo-Haufens.

So stellte Hubble etwas bereit, was sich als wesentlicher Schlüssel zu einem Gebiet erwies, das schon seit mehr als einem Jahrzehnt theoretisch vorbereitet war. Das fragliche Gebiet war eine Art von Kosmologie, die sich ganz unvorhergesehen aus Einsteins allgemeiner Relativitätstheorie ergeben hatte.

17 Die Erneuerung der Kosmologie

Die Ursprünge der relativistischen Kosmologie

Fast alle modernen Theorien der Gesamtstruktur des Universums lassen sich teilweise auf die Ideen von Albert Einstein zurückverfolgen, die in der Dekade bis 1915 entwickelt wurden. Er publizierte in jenem Jahr eine Arbeit, die seine allgemeine Relativitätstheorie in einer ausgefeilten Form enthielt. Einsteins zwei Relativitätstheorien, die spezielle und die allgemeine, sind zu kompliziert, um in unserem viel zu kurzen Beitrag auch nur skizziert zu werden. Beiden liegt aber der Gedanke zugrunde, daß die physikalischen Gesetze, die ein System von Körpern regieren, im wesentlichen davon unabhängig sind, wie sich ein Beobachter dieser Körper bewegt. In der speziellen Theorie (1905) betrachtete er nur Bezugssysteme, die sich mit konstanten Geschwindigkeiten relativ zueinander bewegen. Er führte in seine Theorie ein sehr wichtiges Prinzip ein, nach dem die beobachtete Lichtgeschwindigkeit im Vakuum konstant ist und nicht von der Relativbewegung von Beobachter und Quelle abhängt. Daraus zog er mehrere bedeutende Schlüsse. Einer bestand darin, daß verschiedene Beobachter in relativer Bewegung zueinander zu unterschiedlichen Ergebnissen über die zeitlichen und räumlichen Abstände der von ihnen beobachteten Ereignisse kommen und daß man, anstatt scharf zwischen Orts- und Zeitkoordinaten zu unterscheiden, alles zusammen als Raumzeit-Koordinaten betrachten sollte. Eine weitere Folgerung war, daß die Masse eines Körpers mit seiner Geschwindigkeit zunimmt und daß die Lichtgeschwindigkeit eine mechanische obere Grenze darstellt, die nicht überschritten werden kann. Und drittens, daß Masse und Energie äquivalent und austauschbar sind.

Alle diese Prinzipien waren von früheren Physikern mehr oder weniger vorweggenommen worden, aber erst Einstein vereinigte sie zu einem eleganten physikalischen System. Die Umwandlung von Kernmasse in Kernenergie ist natürlich eine Realität des modernen Lebens, aber das Verständnis der Umwandlung von Masse in Energie war auch für das Verständnis der Energieproduktion in Sternen – ein bereits gestreiftes Thema – von größter Bedeutung.

Einsteins allgemeine Relativitätstheorie ist sehr viel mehr als die spezielle seine eigene Schöpfung. In ihr betrachtete er, wie sich die Gesetze der Physik ändern, wenn man mit zueinander *beschleunigten* Bezugssystemen arbeitet. In seiner speziellen Theorie war die Raumzeit dem einfachen Raum der euklidischen Geometrie vergleichbar. Sie war „flach". Die Abstände in der Raumzeit können einfach mit Hilfe einer Verallgemeinerung des Pythagoräischen Lehrsatzes berechnet werden. Seit den 1830ern – es gab auch schon frühere Spuren ähnlicher Gedanken – entwickelten die Mathematiker in Analogie zur Geometrie auf der Kugeloberfläche, wo der Satz des Pythagoras nur für infinitesimal kleine Gebilde gilt, nichteuklidische Geometrien, bei denen der Raum als „gekrümmt" bezeichnet wurde.

Einstein forderte in seiner allgemeinen Relativitätstheorie, daß die Raumzeit gekrümmt ist. Er stellte Prinzipien auf, nach denen die Krümmung (die wie bei der Oberfläche einer

Artischoke von Ort zu Ort variieren kann) durch Materie hervorgerufen wird. Einer der brillantesten und wichtigsten Gedanken betraf das Verhalten von Teilchen, die frei durch diese gekrümmte Raumzeit fliegen. Sie bewegen sich, sagte er, auf *Geodäten.* Eine Geodäte ist in der Raumzeit analog zur kürzesten Linie zwischen zwei Punkten im euklidischen Raum: Auf einer zweidimensionalen flachen Oberfläche ist sie eine Gerade. Auf einer Kugelfläche ist die kürzeste (oder längste) Linie diejenige entlang eines „Großkreises" durch die Punkte. In Einsteins Theorie sind die Raumzeit-Geodäten gerade so, daß ein Teilchen, das sich *frei im Gravitationsfeld* bewegt, diesen folgt. Ein besonderes Kraftgesetz für die Gravitation ist nicht nötig. Die Schwerkraft ist in die Geometrie eingebaut. Auch in der allgemeinen Relativität gibt es besondere Geodäten, solche der Länge Null, die die Bahnen des Lichts darstellen. Wieder trägt die Geometrie der Physik Rechnung, und das in einer sehr eleganten Weise.

Wir werden später verschiedene Weltmodelle nennen, in denen Annahmen über die Materieverteilung Konsequenzen für die „Geometrie der Raumzeit" haben. Das Universum, die Gesamtsumme aller Materie, kann sich natürlich ändern – Zeit und Wandel sind Aspekte der Raumzeit. Eine der auffallendsten Eigenschaften von Einsteins Gravitationstheorie besteht darin, daß Gravitationsprobleme im kleinen im Prinzip erst gelöst werden können, wenn die Geometrie der Raumzeit bekannt ist, was die Kenntnis *des ganzen Materiesystems* erfordert. Die neue Theorie der Gravitation war daher ganz unvermeidlich bei der Entwicklung einer kosmologischen Sicht zu berücksichtigen. Das erste relativistische Modell des Universums wurde in der Tat von Einstein im Februar 1917 vorgestellt. Es wurde als ein „zylindrisches" Modell bezeichnet; das Wort hat hier allerdings eine verallgemeinerte Bedeutung, die auf einer mathematischen Analogie beruht. (Der Raum wird dabei als die dreidimensionale Oberfläche eines Zylinders in vier Dimensionen behandelt.)

Man spricht oft von der „Geometrie der Raumzeit", und es ist gelegentlich nützlich, darunter einen Satz von Regeln zur Bestimmung der Intervalle zwischen Punkten (Punkten mit Raum- und Zeitkoordinaten) zu verstehen. In der vertrauten Geometrie können wir, wie oben erwähnt, den Satz des Pythagoras heranziehen, um die Entfernung zwischen Punkten mit bekannten Koordinaten herauszufinden. Die nichteuklidischen Geometrien (des Raumes allein oder der Raumzeit) haben an seiner Stelle kompliziertere Prinzipien und kompliziertere Rechenregeln, in die zudem notwendigerweise die Massen und Energien des Systems eingehen.

Einstein war beileibe nicht der erste, der nichteuklidische Geometrien in der Physik verwendete. Nikolai Lobatschewski (1792–1856), einer der drei Mathematiker, die hauptsächlich für die endgültige Entwicklung der nichteuklidischen Geometrie verantwortlich sind (die anderen sind János Bolyai und Carl Friedrich Gauß), hatte eine astronomische Überprüfung der Krümmung des Raumes vorgeschlagen – unrealistisch, da ihm so wenige Parallaxenmessungen zur Verfügung standen. Der deutsche Mathematiker Lejeune-Dirichlet untersuchte Ende 1850 das Gravitationsgesetz im nichteuklidischen Raum. Der Astronom Karl Schwarzschild konnte gegen Ende des Jahrhunderts in einer an Lobatschewski erinnernden Argumentation mit neueren Parallaxenmessungen für zwei verschiedene Geometrien obere Grenzen für einen Parameter festlegen, der Raumkrümmung genannt wird. Und A. Calinon war bereits 1889 so weit gegangen zu vermuten, daß sich die Diskrepanz zwischen unserem Raum und dem euklidischen zeitlich ändern könnte. Einstein hatte jedoch als erster die Idee, daß die Gravitation explizit mit der geometrischen Struktur der sog. riemannschen Raumzeit in Verbindung steht. (Der Name rührt davon her, daß er den Methoden folgte, die der Mathematiker Georg Friedrich Bernhard Riemann (1826–66) für eine analytische Behandlung der nichteuklidischen Geometrie eingeführt hatte.)

Als Einsteins allgemeine Theorie erstmals veröffentlicht wurde, war die westliche Welt durch Krieg geteilt, wie es nach wenig mehr als zwei Jahrzehnten wieder sein sollte. Die Zeit zwischen den Kriegen war ein goldenes Zeitalter für die Entwicklung einer außergewöhnlichen Zahl neuer und aufregender kosmologischer Ideen, aber bereits vorher waren, wie wir gesehen haben, einige der besten Astronomen auf den Gedanken gekommen, daß die Nebel Welteninseln (island universes) seien. 1914 mußte Eddington eingestehen, daß direkte Hinweise auf die Natur der Spiralen völlig fehlten. Er konnte nicht sagen, ob sie innerhalb oder außerhalb unseres Sternsystems liegen, er war aber der Meinung, daß die Weltinsel-Theorie eine „gute Arbeitshypothese" sei. Er sprach dennoch von der Struktur eines *Sternen*universums: Die signifikante Einheit des Weltalls war für ihn der *Stern*, und erst auf den letzten zwanzig Seiten seines Buches *Stellar Movements and the Structure of the Universe* kam er kurz auf die Natur der Spiralen zu sprechen. Wir erklärten im letzten Kapitel, wie diese Intuition durch sorgfältige Beobachtungsarbeit in den 1920ern untermauert wurde. Die neue relativistische Kosmologie stand Gewehr bei Fuß, bestens vorbereitet für die neuen empirischen Entdeckungen.

Alte Annahmen auf dem Prüfstand

Die allgemeine Theorie ist hauptsächlich auf der großen und sehr großen Skale bedeutend. Bei den zahlreichen astronomischen Voraussagen von Einstein und anderen sind die Unterschiede zwischen ihnen und denen der Newtonschen Theorie (sie war in gewissem Sinn Modell für die Einsteinsche Gravitationstheorie) gering. Wenn aber sehr große stellare oder galaktische Massen und Entfernungen wie zwischen Galaxien ins Spiel kommen, sind die Voraussagen gewöhnlich sehr unterschiedlich. Ein wichtiger Anreiz für Einstein war das Wissen um Unterschiede auf der Skale des Sonnensystems. Wenn die Störungen der Planetenbewegung durch andere Planeten berücksichtigt wurden, konnte die Newtonsche Theorie die meisten Planetenbeobachtungen mit hoher Genauigkeit über Jahrhunderte, gar Jahrtausende, erklären. Um so erstaunlicher war nun, daß das Merkurperihel mit einer nicht völlig erklärlichen Rate fortschreitet. Um wie wenig es sich dabei handelte, zeigt, wie außerordentlich verfeinert die astronomische Technik geworden war. Newcomb hatte eine Zahl von 43 Bogensekunden im Jahrhundert als unerklärten Teil für das Vorrücken des Perihels abgeleitet – eine so kleine Größe, daß es mehr als 8 000 Jahre dauern würde, bis es ein Grad ausmachen würde. Einsteins Theorie lieferte eine um nur eine Bogensekunde kleinere Zahl.

Es gab noch andere Probleme, einige hatten wir in früheren Kapiteln angesprochen. Wenn man ein unendliches Universum annahm, schien die gewöhnliche Newtonsche Theorie, die auf der vertrauten (euklidischen) Geometrie fußte, bei der Anwendung auf kosmologische Probleme schnell zu Inkonsistenzen zu führen. Tatsächlich haben Carl Neumann und Hugo von Seeliger, um nur zwei zu nennen, versucht, das Newtonsche

Gravitationsgesetz zu modifizieren, um diese Schwierigkeiten zu beseitigen. Erstaunlicherweise führten sie dabei eine kosmische Abstoßung (eine, die der viel stärkeren gravitativen Anziehung entgegenwirken sollte) ein, die ihre Entsprechung in der späteren relativistischen Kosmologie hat. Diese theoretischen Schwierigkeiten mochten wenig mit der Astronomie zu tun haben, aber sie waren für die künftige Kosmologie mindestens ebenso bedeutend wie die Erkenntnis, daß die Spiralen im Rang der Milchstraße vergleichbar sind.

Die Behandlung des Verhaltens der Materie, die bei geringer, aber endlicher Dichte im Mittel gleichmäßig in einem unendlichen Universum verteilt ist, führte nur zu leicht in eine Paradoxie. Da gab es das Paradoxon der unendlichen Schwerkraft (oder Schwerepotentials), aber es gab auch andere, die nicht auf den ersten Blick mit den gravitativen Eigenschaften der Welt zusammenhängen, wie das alte Paradoxon des dunklen Nachthimmels. Einige suchten diese Probleme durch geringfügige Modifizierung der physikalischen Gesetze zu vermeiden. Andere wollten – wie der schwedische Astronom Carl Charlier zwischen 1908 und 1922 – die Gesetze beibehalten und änderten stattdessen die Annahmen, die allgemein über die Materieverteilung im Kosmos gemacht wurden. Charlier ersetzte die Vorstellung, daß die Materie im Durchschnitt im ganzen Universum homogen ist, durch die Annahme (vgl. Lamberts Annahme), daß das Universum in einer Folge von ineinandergeschachtelten Systemen hierarchisch aufgebaut ist. Unabhängige empirische Indizien dafür gab es eigentlich keine, gleichwohl bieb es eine offene Frage, solange des Status der Kugelhaufen und Spiralen unbekannt war. Doch ein dritter Weg, die herkömmliche Behandlung gravitativer Probleme im Großen zu modifizieren, bestand darin, sich von dem Gedanken zu lösen, daß der von uns bewohnte Raum den Gesetzen der gewöhnlichen euklidischen Geometrie gehorcht. Wie wir wissen, folgte Einstein diesem Weg.

In all diesen Fällen war der Zugang wirklich kosmologisch: Er betraf die gesamte Materie im Kosmos. Darüber hinaus wurde jenen, die sich mit diesen Fragen befaßten, zunehmend etwas bewußt, das bereits in der Zeit nach Kopernikus diskutiert wurde: Nämlich daß in der Wahl des Wegs, den man beim Entwurf einer Theorie einschlägt, ein starkes Element der Konvention steckt. Wenn einem die euklidische Geometrie am Herzen liegt und wenn es die empirischen Indizien bedrohen, dann kann man – wie Henri Poincaré sagte – die Geometrie beibehalten, wenn man bereit ist, zum Beispiel die Gesetze der Optik zu ändern. Wem daran gelegen ist, die Einfachheit des Newtonschen Gravitationsgesetzes zu bewahren, mag durch Änderung der Geometrie dazu imstande sein. Die Kosmologie wies, getreu ihrer Abstammung, den Weg zu einer liberaleren Behandlung des Begriffs „wissenschaftliche Wahrheit", und diese Botschaft ist seither in den anderen Naturwissenschaften nicht verhallt.

Die Prinzipien von Newton und Euklid waren für die große Mehrheit der praktizierenden Wissenschaftler nicht bezweifelbare Wahrheiten, und es gab sehr starken Widerstand gegen ihre Änderung. Nehmen wir ein anderes Beispiel einer fast universellen Überzeugung aus den ersten drei Jahrzehnten unseres Jahrhunderts und natürlich der Zeit davor: Fast alle nahmen das Weltall als im Mittel *statisch* an. Das allgemein unveränderte Muster der Sterne und Galaxien schien durch jahrhundertelange Beobachtung gesichert, es schien nur unbedeutend weniger offenbar als eine klassische Selbstverständlichkeit: die Dunkelheit des Nachthimmels. Wer hätte in Abwesenheit großer Eigenbewegungen große radiale

Geschwindigkeiten erwartet? In der Nachkriegszeit wurden unter den Nebeln zunehmend solche gefunden, denen *nach den Dopplerverschiebungen* große radiale Geschwindigkeiten zukamen. Aber die Überzeugung, daß wir in einem statischen Universum leben, war so stark, daß man noch lange nach dieser Entdeckung mit großem Fleiß Alternativen zu der üblichen Interpretation der Spektrallinienverschiebung als Indikator einer wirklichen Geschwindigkeit suchte. Wie wir sehen werden, hatte selbst Hubble, eine zentrale Figur in dieser Geschichte, seine Zweifel.

Es gab, grob gesagt, drei Erklärungen der Anomalie des Merkurperihels. Einige postulierten unsichtbare oder kaum sichtbare Materie wie Asteroiden um die Sonne (Le Verrier, 1859) oder Zodiakallicht. Andere suchten, das Newtonsche Gravitationsgesetz zu modifizieren. Asaph Hall war 1894 vermutlich der erste, der dies in diesem Zusammenhang tat. 1906 schlug von Seeliger als erster die Zodiakallichthypothese vor, was im Hinblick auf seine aus kosmologischen Gründen erhobenen Einwände gegen das Newtonsche Gesetz eigenartig anmutet. Eine dritte Gruppe versuchte, andere als gravitative Kräfte, zum Beispiel elektrische, zu bemühen. Diese verschiedenartigen Hypothesen waren vor allem in den Jahren von 1906 bis 1920 Gegenstand intensiver Diskussion, und viele neuen Ideen wurden ausprobiert. Die Gravitationsabsorption wurde zum Beispiel von theoretischen Astronomen nicht nur diskutiert, sondern sie versuchten auch, sie in ausgefeilten Experimenten nachzuweisen. Sie bildete ein kosmologisches Training für Willem de Sitter (1872–1934), der 1909 und 1913 eine kritische Studie dieses Prinzips durchführte.

Während dieser frühen Jahre des Jahrhunderts gab es zwischen den angewandten Mathematikern und den Astronomen mehr beruflichen Kontakt, als oft angenommen wird. Einstein wurde in astronomischen Fragen von Erwin Freundlich beraten. De Sitter und Arthur Eddington insbesondere halfen die allgemeine Relativitätstheorie zu entwickeln und in die Astronomie zu integrieren. Beide waren in hohem Maße für diese Aufgabe qualifiziert. De Sitter war noch einer von Kapteyns vielen einflußreichen Schülern, vielleicht der größte unter ihnen. Er arbeitete unter David Gill am königlichen Observatorium in Kapstadt (1897–9) und kehrte als Assistent zu Kapteyn zurück. Er zog 1908 nach Leiden. Eddington war, wie wir erfahren haben, von 1906 bis 1913 am königlichen Observatorium in Greenwich. Er hatte 1912 eine Sonnenfinsternisexpedition nach Brasilien geleitet, und es überrascht nicht, daß er eine der beiden britischen Expeditionen von 1919 leitete, die die erste empirische Stütze für eine der Einsteinschen Voraussagen erbrachten, nämlich, daß Licht in Sonnennähe um einen gewissen Betrag abgelenkt wird. Sowohl de Sitter als auch Eddington waren erfahren in der statistischen Analyse der Eigenbewegungen und in Sternzählungen Kapteynscher Tradition, schließlich im Modellieren von Galaxien auf dieser Basis. Außerdem waren sie mit der aktuellen Astronomie der großen Skale voll vertraut. Allerdings machten beide im Zusammenhang mit der Einsteinschen allgemeinen Theorie ihre ersten bedeutenden Beiträge zur eigentlichen Kosmologie.

Von etwa 1911 an beschäftigte sich de Sitter mit den möglichen Implikationen der Relativitätstheorie für die praktische Astronomie. Er interessierte sich für eine Vielfalt grundlegender Probleme wie die Beziehungen zwischen dem Machschen Prinzip und dem der allgemeinen Kovarianz, die Ritzsche Theorie der Lichtemission und die astronomische Bedeutung der Relativität der Zeit. Er stand in diesen Jahren in einem regelmäßigen Briefwechsel mit Eddington und traf sich zur Diskussion von Fragen gemeinsamen Interesses mit Einstein und den Physikern Paul Ehrenfest und Hendrik Lorentz in Leiden. Einstein schätzte diesen Kontakt, weil er ihm – durch zwei Artikel von de Sitter im Jahr 1916 – erlaubte, seine Ideen in Britannien bekannt zu machen. Eddington beruhigte seine Kollegen mit der Mitteilung von de Sitter, daß Einstein antipreußisch gesinnt sei.

Modelle des Universums

Eddington schätzte die revolutionäre Natur von Einsteins neuer Arbeit sofort richtig ein, als er von de Sitter davon erfuhr. Er stürzte sich mit vollem Eifer in eine Studie des mathematischen Unterbaus der allgemeinen Theorie und schrieb 1918 einen meisterhaften *Report*; die Korrekturfahnen wurden von de Sitter gelesen. Wir können in ihm einen Testlauf für Eddingtons *Mathematical Theory of Relativity* von 1923 sehen, ein Werk, das Einstein 1954 als die beste Darstellung der Theorie in allen Sprachen einstufte.

Am Ende seines Berichts bezog er sich im Zusammenhang mit de Sitters Modell – auf das wir noch kurz zurückkommen werden – auf „die sehr großen beobachteten Geschwindigkeiten der Spiralnebel, die für Sternsysteme gehalten werden". Er fügte hinzu, daß es „noch nicht möglich ist, zu sagen, ob die Spiralnebel ein systematisches Zurückweichen zeigen, daß aber nach gegenwärtiger Kenntnis die entweichenden Nebel überwiegen". Dieser Hinweis auf den Umstand, daß bei vielen Nebeln von der Sonne weggerichtete Geschwindigkeiten gefunden wurden und daß das Zurückweichen „systematisch" sein könnte, war ein Vorzeichen auf die Zukunft.

Wie kurz erklärt wurde, besagte eines der neuen Einsteinschen Prinzipien in der allgemeinen Theorie, daß die gravitierenden Massen das ganze System betreffen. Umgekehrt glaubte er, daß Gravitationserscheinungen Materie erfordern – denn wie kann die Geometrie ohne sie geändert werden? – und daß es keine Lösung der Feldgleichungen (der Gleichungen, die die Verbindung zwischen Materie und Energie herstellen) geben sollte, die ein Weltall ohne Materie beschreibt.

1916 hatte Paul Ehrenfest gegenüber De Sitter die Vermutung geäußert, man könne einige der schwierigen Probleme, die beim Verständnis des Kosmos mit der Unendlichkeit verbunden sind, vermeiden, wenn man stattdessen ein *geschlossenes* Modell nehme. Das bezieht sich auf eine Art nichteuklidischer Geometrie, die man als zu einer Kugel im gewöhnlichen Raum analog ansehen kann. Diese hat eine geschlossene und endliche Oberfläche, auf der man sich freilich längs eines Großkreises endlos bewegen kann und die in diesem Sinne unendlich ist. 1917 versuchte Einstein ein statisches Modell, das von dieser Art räumlich endlich ist, zu finden, kam aber erst nach Einführung des berüchtigten „kosmologischen Glieds" zum Erfolg. Das wurde als eine universelle Konstante von unbekanntem, aber notwendigerweise sehr kleinem Wert angesehen. Er gab viele Interpretationen dieser Konstanten, und länger als ein Jahrzehnt wurden viele überraschend starke Argumente dafür und dagegen vorgebracht. De Sitter übernahm es, aber sprach von ihm als „einem Term, der die Symmetrie und Eleganz der ursprünglichen Einsteinschen Theorie schmälere, einer Theorie, deren Hauptattraktion darin bestand, daß sie soviel erklärte, ohne irgendwelche neuen Hypothesen oder empirische Konstanten einzuführen". Sie waren sich nicht bewußt, daß das kosmologische Glied ein wahrhaftiges

Trojanisches Pferd war, das in sich eine Lösung eines bis dahin unentdeckten kosmischen Phänomens trug.

Sehr bald wurde gezeigt, daß Einstein mit seiner Annahme, seine allgemeine Theorie (genauer seine Feldgleichungen) würden keine Lösung mit einem materiefreien Universum haben, im Irrtum war. De Sitter fand drei Lösungen. (Er legte fest, daß sein Modell *isotrop*, d. h. gleich in allen Richtungen, und *statisch* sei. Er forderte auch, daß der räumliche Teil der Raumzeit gewisse Bedingungen konstanter Krümmung erfülle.)

Eines dieser Modelle war Einsteins eigenes. Es enthielt Materie endlicher Dichte (in Beziehung zum kosmologischen Glied), hatte aber keinen Druck. Ein anderes hatte für Dichte, Druck und kosmologische Konstante den Wert Null. Das dritte war eine Lösung, die heute unter de Sitters Namen bekannt ist. Dichte und Druck waren beide Null, und das Modell hatte eine frappante Eigenschaft: *Es suggerierte, daß ein Beobachter eine Rotfärbung entfernter Lichtquellen sehen würde* – wobei der Schönheitsfehler übersehen wurde, daß es dem Modell zufolge keine massiven Objekte gibt, die Licht aussenden könnten. Dies schien sehr relevant für die reale Welt, obwohl das Modell offenbar Massen im Universum nicht wiedergeben konnte. Es wurden nämlich in zunehmender Zahl Rotverschiebungen in den Spektren der Spiralen gefunden.

Trotz der möglichen Bedeutung für die beobachtete Welt beunruhigte de Sitters Modell aus einem anderen Grund einige seiner Leser, Einstein eingeschlossen. Es enthüllte einen „Horizont" für jeden Beobachter, nämlich eine bestimmte Entfernung, in der ein endliches Raumzeitintervall zwischen zwei Ereignissen einem unendlichen Wert ihrer Zeitkoordinatendifferenz entspricht. Damals wurde das so interpretiert, als würde die Natur dort in Ruhe erscheinen. In Eddingtons Worten: „das jenseitige Gebiet . . . ist uns durch diese Zeitbarriere vollkommen versperrt." Horizonte anderen, aber ähnlichen Typs haben seit de Sitters Beispiel eine wichtige Rolle in der kosmologischen Diskussion gespielt. Mehrere anfängliche Mißverständnisse bezüglich der Natur der von Uhren angezeigten Zeit bzw. der „Koordinatenzeit" mußten ausgeräumt werden, doch wieder leistete de Sitter, wie auch Eddington, wertvolle Dienste.

Die Rotfärbung entfernter Quellen, bekannt als „De-Sitter-Effekt", war strenggenommen nicht als Dopplereffekt auslegbar. Wäre dem so gewesen, hätte dies unmittelbar ein allgemeines Zurückweichen der Spiralen angezeigt. Allerdings sprachen sich sowohl de Sitter als auch Eddington aufgrund anderer Argumente für eine solche Bewegung aus. Sie rechneten aus, daß sich in der De-Sitter-Welt eine anfänglich in Ruhe befindliche Zahl von Teilchen allmählich ausbreiten würde, bis ihre Geschwindigkeiten schließlich mit der des Lichts vergleichbar wären. Die Schlußfolgerung wurde in den 1920ern heftig kritisiert, und es gab in diesem Jahrzehnt noch mehr Polemik über die Interpretation anderer Punkte dieser Theorie. Das Interesse an de Sitters Lösung legte sich jedoch, einfach weil sie durch andere ergänzt wurde, die weniger aufregend waren und viel plausibler erschienen.

Die Expansion des Weltalls

Um die Zeit, da Einstein seine allgemeine Theorie entwickelte, stimmten die besten Astronomen darin überein, daß Kapteyns Bild eines stellaren Universums, bzw. Karl

Schwarzschilds Umarbeitung, mehr oder weniger akzeptabel ist. Durch ihre statistischen Methoden, vor allem in ihren Erweiterungen durch Oort, wurde das Universum mehr ins Bewußtsein der Astronomen gerückt, gerade als die allgemeine Relativitätstheorie in ihre kosmologische Phase trat. Das an den neuen amerikanischen Teleskopen gesammelte Beobachtungsmaterial verwandelte die hochmathematischen Untersuchungen in mehr als akademische Übungen. Wir haben gesehen, daß sich Shapley 1918 dafür ausgesprochen hatte, die Werte, die dem Durchmesser der Galaxis und der Entfernung der Sonne von deren Zentrum zugeschrieben wurden, drastisch zu erhöhen. Die Entfernungen der Spiralen wurden allmählich festgestellt, aber wie stand es mit ihren Bewegungen?

H. C. Vogel hatte bereits 1888 Dopplerverschiebungen im Sternenlicht beobachtet, aber erst Ende 1912 bestimmte Vesto Melvin Slipher (1875–1969) vom Lowell-Observatorium (Flagstaff, Arizona) die radiale Geschwindigkeit eines Spiralnebels. Als Absolvent der Universität von Indiana war er seit 1903 in Flagstaff gewesen. Slipher sammelte viel Erfahrung in der Spektroskopie, als er mehrere Jahre damit verbrachte, mit ihrer Hilfe die Perioden der Planetendrehungen zu messen. (Als erster entdeckte er Banden in den Spektren der Jupitermonde.) Er fand jetzt, daß sich M31, der Andromedanebel, mit 300km/s, der höchsten damals gemessenen radialen Geschwindigkeit, der Sonne näherte. 1914 hatte Slipher 14 Geschwindigkeiten – oder Spektralverschiebungen, wenn wir die Auswertung zurückstellen und die Möglichkeit des De-Sitter-Effekts in Betracht ziehen. Ende 1925 waren es 45. Abgesehen von einigen Verschiebungen ins Violette, was eine Annäherung anzeigt, waren sie alle Richtung Rot. Und einige implizierten so hohe Geschwindigkeiten, daß es den mit den mechanischen Aspekten Befaßten klar war, daß die betreffenden Nebel weit außerhalb des gravitativen Einflusses unseres Milchstraßensystems liegen müßten.

Als Eddington gefragt hatte, ob es ein „systematisches" Zurückweichen der Nebel gebe, hatte er wohl einen doppelten Effekt im Sinn: den De-Sitter-Effekt und das Auseinanderdriften der Nebel, auf das wir im selben Zusammenhang zu sprechen kamen. Es gab Astronomen, die einfach hofften, aus den Slipherschen Ergebnissen die Geschwindigkeit der *Sonne* zu gewinnen. Wirtz und Lundmark befanden sich darunter, doch sie merkten bald, daß sie es mit einem geheimnisvolleren Phänomen zu tun hatten. 1925 benützte Lundmark tatsächlich Daten von 44 Nebeln, um ein Gesetz zwischen Geschwindigkeit und Entfernung zu formulieren. Hubble war andererseits bald im Besitz der besten Entfernungsdaten und hatte 1929 genügend Informationen, um ein ganz einfaches Gesetz bekanntzugeben. Anscheinend *expandierte* das Galaxienuniversum, und die radialen Geschwindigkeiten der Galaxien waren einfach proportional zu ihrer Entfernung von der Sonne.

Hier muß betont werden, daß die offenbare Tendenz der Spiralen, sich von der Sonne zu entfernen, nicht bedeutet, daß die Sonne als Zentrum des Universums wiedereingesetzt wird. Ein Teig mit Rosinen dehnt sich beim Backen im Ofen aus, und dabei wird jede Rosine ein Zurückweichen der anderen wahrnehmen.

Das Gesetz der Expansion des Weltalls, bei dem die Geschwindigkeit der Entfernung proportional ist, wurde mit Hubbles Name verknüpft. Seine außergewöhnlich sorgfältigen Beobachtungen waren sicherlich wichtig für seine Entdeckung, aber er spielte in Wirklichkeit nur *eine* Rolle in einem komplexen geistigen Prozeß. Die Interpretation einer Spektralverschiebung hing stark von der zugrundegelegten Theorie ab – sei es die allgemeine Relativitätstheorie oder etwas anderes. Hubble nahm relativ wenig Notiz von den allerneuesten theoretischen Entwicklungen, dennoch glaubte er zunächst, mit seinen systematischen Fluchtgeschwindigkeiten einen Beweis für das De-Sitter-Universum gefunden zu haben. So schrieb er, als er die vitale Notwendigkeit kommentierte, verläßliche Entfernungsdaten zu erhalten: „Dieser Umstand und eine vielleicht natürliche Trägheit angesichts revolutionärer Ideen, die in der unvertrauten Sprache der allgemeinen Relativität formuliert waren, hielten von einer sofortigen Untersuchung ab." Tatsächlich finden wir in einem 1928 von Howard Robertson veröffentlichten Artikel die Forderung eines linearen Zusammenhangs zwischen den zugewiesenen Geschwindigkeiten und den Distanzen der außergalaktischen Nebel. Bereits früher hatte Georges Lemaître einen ähnlichen Gedanken vorgelegt. Lassen Sie uns nun zu den neuen Theorien zurückkehren.

Nach de Sitters Lösungstrio der Einsteinschen Gleichungen begannen er, Eddington, Ludwik Silberstein, Hermann Weyl, Richard Tolman und andere die physikalischen Aspekte des De-Sitter-Modells zu untersuchen. Damals machte ein junger, russischer angewandter Mathematiker beträchtliche Fortschritte bei den Einsteinschen Gleichungen. Aleksandr Aleksandrowitsch Friedmann (1888–1925) war einer der Begründer der modernen theoretischen Meteorologie und Luftfahrt und hatte nach Kriegseinsätzen als Flugmeteorologe an der Nordfront durchaus praktische Erfahrung. Er kehrte 1920 als Vorsitzender der Mathematik-Abteilung in der Akademie der Wissenschaften nach Petersburg zurück und wandte sich bald dem kosmologischen Problem in der allgemeinen Relativität zu. (Kurz vor seinem Tode, fünf Jahre später, verließ er übrigens diese Stellung zugunsten des Direktorats des Observatoriums.) 1922 veröffentlichte er einen hervorragenden Artikel, in dem er die Aufmerksamkeit auf ein nichtstatisches, kosmologisches Modell lenkte. In diesem Modell änderte sich die Krümmung des Raumes – das dreidimensionale, nichteuklidische Analogon der Krümmung der zweidimensionalen Kugeloberfläche – mit der Zeit.

1924, im Jahr vor seinem vorzeitigen Tode, untersuchte Friedmann noch weitere Möglichkeiten: Fälle von stationären und nichtstationären Welten, die die geometrische Eigenschaft der sog. negativen Krümmung haben. Aus diesen Anfängen heraus leitete er einen vollständigen Satz neuer Modelle ab. Er zeigte, wie man Materie in diese Modelle einführen konnte, und wurde so die Mißlichkeit von de Sitters leerer Welt los.

Friedmanns Werk erregte in der wissenschaftlichen Gemeinde überraschend wenig Aufmerksamkeit. Einstein kritisierte es in einer kurzen Anmerkung, zog dann aber seine Kritik zurück, die auf einem Rechenfehler beruht hatte. Tragischerweise war Friedmanns Ruhm postum, er kam erst mit dem neuen Interesse an diesem Thema, das durch die Arbeiten von Georges Lemaître (1894–1966) und H. P. Robertson entfacht wurde.

Lemaître war ein belgischer Jesuit, der vor und nach dem Krieg an der Universität Löwen Ingenieurwissenschaften, Mathematik und Physik studiert hatte. Er diente in der belgischen Armee und erhielt das Croix de Guerre. 1923/24 studierte er bei Eddington in Cambridge, und anschließend verbrachte er neun Monate am Harvard College Observatory. In Amerika schrieb er seinen ersten Artikel über Kosmologie, in dem er Einwände gegen de Sitters Modell von 1917 erhob. Dem Modell fehlte natürlich die Materie, doch Lemaître verschmähte es aus einem anderen Grund: Da der Raum in dem Modell nicht gekrümmt war, waren seine Ausmaße unendlich. Die Ausbildung der Kosmologen war weit fortgeschritten, wenn einer von ihnen diese Idee so leicht abtun konnte, die doch Teil unserer alltäglichen euklidischen Geometrie ist.

Lemaître warf dem De-Sitter-Modell weiter vor, daß es in einer Weise dargestellt wurde, die ein Zentrum des Universums suggerierte. Er fuhr fort, sein eigenes Modell, das an das Friedmannsche erinnert, zu entwickeln, aber er leitete – wie Silberstein ein Jahr zuvor in einem anderen Zusammenhang – eine Formel ab, nach der die Rotverschiebung der Spektren proportional zur Entferung ist. Ein „Hubble-Gesetz" tritt anscheinend überall auf, wo wir hinblicken. Wenn es nicht viel Aufmersamkeit erregte, hat das vielleicht damit zu tun, daß die auf dem Gebiet der allgemeinen Relativität Tätigen ständig mit der Erforschung mathematischer Methoden beschäftigt waren, die ein Modell in ein anderes mit anscheinend ganz anderen Eigenschaften transformierten. So betonten selbst Hubble und Milton Lassell Humason von der Carnegie Institution in Washington in einem Schreiben von 1931, daß das seltsame Verhalten der entfernten Nebel „nur scheinbar" sein könnte und daß es sich in gewisser Weise um eine Illusion handeln könnte, die Beobachtungen über große Distanzen anhafte. Humason erhielt viele neue Werte für die Rotverschiebungen, und unter der Annahme, daß sie wirkliche Geschwindigkeiten bedeuteten, waren darunter solche, die zu einem Siebtel der Lichtgeschwindigkeit gehörten!

Wenn sich das Weltall wirklich ausdehnt, heißt das dann nicht, daß es in der Vergangenheit einmal eine kleine kompakte Masse war? Friedmanns und Lemaîtres Modelle schienen diese Möglichkeit zuzulassen. War aber eine solche Expansion von einer solchen „anfänglichen Singularität" nicht einfach eine von der Mathematik erzeugte Illusion? Lemaître wurde 1923 zum Abbé ordiniert. Seine Wissenschaft hatte für ihn eine große theologische Relevanz. Eine Singularität am Anfang war nicht etwas zu Vermeidendes, sondern etwas Positives, ein Zeichen für Gottes Erschaffung der Welt. 1927 ist er dabei, komplexere Modelle zu untersuchen, indem er z. B. den Strahlungsdruck berücksichtigt. Das ist für seinen Stil charakteristisch. Waren Friedmann and die meisten von denen, die an der allgemeinen Relativität in ihren ersten beiden Jahrzehnten arbeiteten, im Herzen Mathematiker, war Lemaître Physiker, und dies zeigte sich in seinen folgenden Arbeiten.

1927 traf Lemaître Einstein, der ihm sagte, daß er seinen Artikel für mathematisch einwandfrei halte, allerdings nicht an die darin enthaltene Expansion des Weltalls glaube. Lemaître erzählte später, er habe das Gefühl gehabt, Einstein sei über die neuesten astronomischen Fakten nicht auf dem laufenden gewesen. Tatsächlich scheint Einstein ein nichtstatisches Universum nicht vor seiner Reise nach Kalifornien im Jahr 1930 akzeptiert zu haben, wo er diese Sache mit Hubble diskutierte.

Bei dieser Gelegenheit erfuhr Lemaître aus dem Munde Einsteins von Friedmanns früherem Werk und hielt anschließend sein eigenes Licht unter den Scheffel. Als er jedoch las, daß sich Eddington dafür aussprach, den nichtstatischen relativistischen Modellen mehr Aufmerksamkeit zu schenken, sah er sich veranlaßt, seinen früheren Mentor schriftlich an seinen Artikel von 1927 zu erinnern. Eddington arbeitete damals mit seinem Forschungsstudenten G. C. McVittie am Problem der Instabilität der Einsteinschen sphärischen Welt, und er sah sofort die Implikationen von Lemaîtres Arbeit, die er anscheinend ganz vergessen hatte: Das Einsteinsche Modell ist intrinsisch instabil, und hatte unser Weltall ihm je geähnelt, sollten wir gerade die Expansion erwarten, die von den Rotverschiebungen der entfernten Galaxien angedeutet wird.

Eddington überzeugte de Sitter davon, und durch diese weithin respektierten Personen erfuhr die astronomische Welt von den bedeutenden theoretischen Entwicklungen, die für

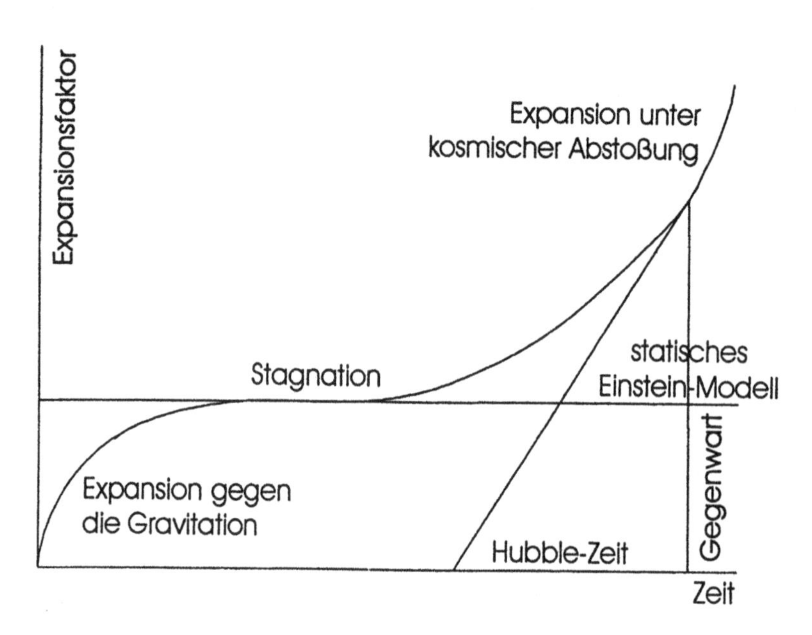

Bild 17.1 Frühe Modelle des expandierenden Universums

drei und mehr Jahre geschlummert hatten. Einstein gab dem expandierenden Weltall seinen Segen, und viele populärwissenschaftliche Arbeiten brachten sie der Presse zur Kenntnis, für die die „Relativität" allmählich zum Kult wurde.

Das Alter des Universums war und blieb ein Problem. „Hubbles Gesetz" macht, naiv gesprochen, die Geschwindigkeiten der Galaxien zu ihren Entfernungen proportional. Die Entfernungen werden darin mit einem Faktor multipliziert, der die Dimension 1/Zeit hat und den wir als Hubble-Faktor H bezeichnen. In einer einfachen Auslegung wurde $1/H$ als ein Maß des Weltalters genommen, der Zeit, die seit damals verstrichen ist, als die Galaxien alle beisammen waren.

Eddington entwickelte Lemaîtres Modell weiter, und ein neues „Lemaître-Eddington-Modell" wurde die Standardinterpretation der neuesten Daten vom Mount Wilson. Es beschrieb ein Universum, das sich aus einer stagnierenden Einsteinschen Welt unbestimmten Alters heraus entwickelte. Ausgehend von den Hubbleschen Daten der Expansion, dem Verhältnis von Geschwindigkeit zur Entfernung, nahm Eddington an, daß es etwa vor zwei Milliarden Jahren begann. Dieselbe ungefähre Antwort galt für verschiedenartige andere relativistische Modelle. Als später aufgrund der Radioaktivität im Gestein die Forderung erhoben wurde, die Erde sei *vier* Milliarden Jahre alt, also doppelt so alt wie die „Hubble-Zeit", schien das Lemaître-Eddington-Modell einen deutlichen Vorteil gegenüber anderen Modellen zu haben. Es war sehr nützlich, von dem anfänglichen „Einstein-Stadium" anzunehmen, es habe für eine beliebig lange Zeit gedauert (s. Bild 17.1).

Die Situation änderte sich um 1952, als Walter Baade und A. D. Thackeray, die das 200-Zoll-Hale-Teleskop am Palomar bzw. das 74-Zoll-Radcliffe-Teleskop in Pretoria (damals das größte in der südlichen Hemisphäre) benützten, entdeckten, daß Hubble in bezug auf die galaktischen Entfernungen ein Fehler unterlaufen war. Die „Hubble-Zeit" wuchs über Nacht um einen Faktor fünf bis zehn, und die Lemaître-Eddington-Welt war ihren Rivalen nicht mehr überlegen. (Sie erfuhr eine Wiederbelebung in den 1960ern, als man sie zur Erklärung dafür heranzog, daß sich die Rotverschiebungen von quasistellaren Objekten in der Nähe von 2 konzentrierten. Um es deutlicher auszudrücken: Die *Änderungen* in den Wellenlängen waren etwa doppelt so groß wie die ursprüngliche Wellenlänge, eine ungeheure Verschiebung.)

Die Physik des Universums

Lemaître verlor schnell sein Vertrauen in sein theoretisches Modell und begann an anderen Sachen zu arbeiten, aber seine Arbeit brachte mehrere andere Theoretiker dazu, neue physikalische Aspekte der Expansion zu untersuchen. Richard Chase Tolman (1881–1948) ist ein gutes Beispiel eines neuen Kosmologentyps. Ein Absolvent des Massachusetts Institute of Technology, der auch in Deutschland studiert hatte, lehrte er Mathematische Physik und Physikalische Chemie am California Institute of Technology in Pasadena. Als Autor des ersten amerikanischen Lehrbuchs der (speziellen) Relativitätstheorie nahm Tolman großen Anteil an der Arbeit von Hubble – der kosmologisch gesehen einer seiner nächsten Nachbarn war –, und er schrieb eine brillante und einflußreiche Studie über Wege, auf denen die Thermodynamik in die relativistische Kosmologie eingeführt werden könnte. Andere mit ähnlich breitgefächerten physikalischen Interessen waren Eddington, McVittie und William McCrea. Die meisten mathematischen Kosmologen neigten dazu, sich auf die geometrischen Aspekte ihres Gegenstandes zu konzentrieren, und nahmen Einsteins Theorie als gegeben. Aber dann waren da die beobachtenden Astronomen. Hubble war nicht unbedingt typisch. Während die Relativistiker auf verläßliche Distanzen warteten, wurden intensive Diskussionen über die Bedeutung der Rotverschiebungen geführt, und es scheint Tolmann gewesen zu sein, der Hubble in der Behandlung der Rotverschiebungen als Geschwindigkeitsindikatoren unsicher machte. Die meisten Astronomen hatten keine solche Skrupel, und so wurde das „expandierende Universum“ für viele Leute zum Schlagwort für die aufregendste astronomische Entdeckung aller Zeiten.

Eddington hatte eine bemerkenswerte Art, anscheinend alle Zweige der mathematischen Physik zu vereinen – mit dem Ergebnis, daß ihm viele seiner Kollegen mit tiefem Argwohn begegneten. Sein Ehrgeiz war, die allgemeine Relativitätstheorie mit der Quantentheorie zu vereinen. 1931 reagierte Lemaître auf eine veröffentlichte Rede Eddingtons über dieses Thema. Eddington hatte als ein aktives Mitglied der Society of Friends (Quäker) geschrieben, „die Vorstellung eines Anbeginns der Natur“ sei ihm widerwärtig. Lemaître erklärte, weshalb er glaube, daß die Quantentheorie einen Beginn der Welt suggeriere, der sich von der gegenwärtigen Ordnung der Natur sehr unterscheide. Thermodynamische Prinzipien würden fordern, daß erstens die Energie mit einem konstanten Gesamtbetrag in bestimmten Einheiten (Quanten) verteilt sei und daß zweitens die Zahl der Quanten ständig zunehme. Wenn wir in der Zeit zurückgehen, müßten wir auf immer weniger Quanten stoßen, bis wir die ganze Energie des Universums in ein paar Quanten *oder sogar ein einziges Quant* gepackt finden.

So wurde die Idee des Uratoms geboren, eines Atoms mit einem Atomgewicht, das der gesamten Masse des Universums gleichkommt. Höchst instabil, „würde es in einer Art superradioaktivem Prozeß in immer kleinere Atome zerfallen“ und „einige Reste dieses Prozesses könnten einer Idee von Sir James Jeans zufolge die Wärme der Sterne liefern, bis unsere Atome mit geringen Ordnungszahlen das Leben möglich machten.“ Im November desselben Jahres 1931 kehrte er zu diesem Gegenstand zurück und erklärte in groben Umrissen, wie die kosmische Strahlung mit ihrem enormen Energiegehalt aufgefaßt werden könnte als „ein Schimmer des ursprünglichen Feuerwerks bei der Bildung eines Sterns aus einem Atom mit einem Atomgewicht, das etwas größer ist als das des Sternes selbst.“

Um seine Gedanken zu untermauern, brauchte Lemaître eine Theorie der Kernstruktur, die auf Atome extremen Gewichts anwendbar ist. Er brauchte auch genauere Information über die Höhenstrahlung, über die damals sehr wenig bekannt war. Er glaubte, in A. H. Comptons Forderung, daß die Strahlung aus geladenen Teilchen bestehe, Unterstützung für seine Hypothese einer superradioaktiven kosmischen Strahlung zu finden, und sein Vertrauen in sie wuchs, als langsam klar wurde, daß die beteiligten Energien viel größer waren als zunächst angenommen. Das nimmt sich alles wie eine Prophezeiung aus. Er starb im Jahre 1966, ein Jahr nach der Entdeckung der kosmischen Mikrowellen-Hintergrundstrahlung durch Arno Penzias und Robert Wilson. (Sein Nachfolger in Löwen, O. Godart hielt ihn darüber auf dem laufenden.) Die Kosmologie hatte sich in der Zwischenzeit beträchtlich gewandelt, aber Lemaître sah ganz klar, daß zur Kosmologie viel mehr gehört als die Gravitationsgeometrie. Sternbildung, Galaxienbildung und die Häufigkeiten der Elemente kamen alle in seinem Schema vor, aber wieder war er in gewissem Sinn seiner Zeit zu weit voraus.

Vor den späten 1930ern gab es an dieser Front keinen wirklichen Fortschritt. Erst als George Gamow (1904-68) in den späten 1940ern mit Ralph Asher Alpher, einem jungen Mitarbeiter, die Nukleosynthese in der Urexplosion des Universums zu studieren begann, waren einleuchtende Schätzungen der Elementhäufigkeiten möglich. Gamow war in Odessa (Rußland), geboren und hatte kurz unter Aleksandr Friedmann relativistische Kosmologie studiert. Seine Talente in der Kernphysik zogen die Aufmerksamkeit von Niels Bohr in Kopenhagen auf ihn, und er war eine Zeitlang dort, in Cambridge (England) und Paris, bevor er sich 1934 in den Vereinigten Staaten niederließ. 1938 interpretierte Gamow das Hertzsprung-Russell-Diagramm der Sternentwicklung und die Massen-Helligkeits-Relation in der Sterntheorie aufgrund der damals bekannten Kernreaktionen. Er veranstaltete eine Konferenz über dieses Thema, die zum Teil dazu beitrug, daß Hans Bethe – noch im selben Jahr – den Kohlenstoffzyklus, den Schlüssel zum Verständnis der Energieerzeugung in Sternen, entdeckte. (Carl Friedrich von Weizsäcker entwickelte unabhängig und ungefähr gleichzeitig ähnliche Gedanken.)

Gamow und seine Kollegen konnten zunächst nur die Häufigkeiten der leichtesten Elemente überzeugend erklären. Alpher, unterstützt von Robert Herman, wagte dennoch die Aussage, daß es immer noch Strahlung aus der Frühgeschichte des Universums geben sollte und das bei einer gegenwärtigen Temperatur von etwa 5 K. Eine solche Strahlung wurde später von A. A. Penzias und R. W. Wilson im Jahr 1965 gefunden – wir kommen darauf zurück. Daten über die Elementhäufigkeiten gehören zu den zuverlässigsten, die wir zur Geschichte des Universums haben.

Zur Terminologie: Lemaîtres Begriff eines „Uratoms" ist nicht mit dem eines Urzustands der Materie („Ylem" [= Urstoff, Urmaterie; abgeleitet aus griech. hyle]) identisch, unter dem sich Gamow Neutronen, Protonen und Elektronen in einem See von Strahlung vorstellte. Aber beide waren präziser als die Wendung „Big Bang", die ziemlich wahllos auf jede Theorie eines Universums, das plötzlich mit einem Urzustand begann, angewendet wird. Den Ausdruck gibt es erst seit 1950, als ihn Fred Hoyle in einem von der BBC übertragenen Vortrag prägte, in dem er sich für eine Theorie ganz anderer Art aussprach. Wie solch herabsetzenden Worte wie „Quäker" und „Methodist" wird dieser Ausdruck heute von Gläubigen vereinnahmt – und in diesem Fall von Gläubigen mit einer Vielfalt von Bekenntnissen. Noch ein letzter Punkt, der nicht oft genug betont werden kann: Bei relativistischen Theorien eines „Big Bang" sollte man sich nie das Bild machen, ein Uratom, ein Feuerball oder was auch sonst würde nach außen in einen bereits existierenden, leeren Raum explodieren. Nach ihnen *expandiert der Raum selbst, zusammen mit der in ihm enthaltenen Materie* – also, in unserer Analogie von oben, Teig und Rosinen zusammen.

Alternative Kosmologien

Die 1930er sahen eine Bewegung in der Kosmologie, die für die wissenschaftliche Praxis allgemein von großem Wert war. Nicht umsonst stießen Eddingtons allgemeine Artikel, speziell die über die Natur theoretischer Objekte, auf großes Interesse bei den Philosophen. Natürlich kamen einige der aufgekommenen Probleme direkt aus der fundamentalen Physik und den Theorien der Relativität. Doch die Frage, ob die spektralen Rotverschiebungen wirkliche, Geschwindigkeiten anzeigende Dopplerverschiebungen sind, hing plötzlich davon ab, was man unter Entfernung verstand. Und sobald man darüber nachdachte, stellte sich das gesamte Beziehungsgeflecht zwischen den Beobachtungsdaten und den Konzepten einer Kosmologie als hochproblematisch dar. In keinem Zweig der Wissenschaft wurde so viel Sorgfalt auf die Analyse der verwendeten Konzepte verwendet wie hier, und hier verdienen die Namen Eddington, E. T. Whittaker, R. C. Tolman, E. A. Milne und G. C. McVittie Erwähnung. Milne ist ein besonders interessanter Fall, denn mit der Hilfe von W. H. McCrea und später G. J. Whitrow zeigte er, wie man die Einsteinschen Gedanken umgehen und wie eine „newtonsche Kosmologie" wiederbelebt werden könnte.

E. A. Milne untersuchte 1932 zuerst systematisch seine „kinematische Relativität" und konstruierte mit ihrer Hilfe ein Weltmodell im vertrauten Raum mit der gewöhnlichen (euklidischen) Geometrie. Es enthält ein System fundamentaler Teilchen, die sich relativ zueinander gleichförmig bewegen und die zur Zeit Null alle an einem Ort waren. Von einem der Teilchen aus gesehen, scheinen sich die anderen von ihm zu entfernen. Es ist leicht zu sehen, daß das ganze System zu einem beliebigen Zeitpunkt in einer Kugel enthalten sein kann und daß sich diese Kugel, deren Größe von den schnellsten Teilchen bestimmt wird, im Lauf der Zeit ausdehnt. Milne präsentierte sein Modell auf zwei Arten. Er fand heraus, daß er die Zeitskale in einer interessanten Weise (eine Zeitart hing logarithmisch von der anderen ab) so gestalten konnte, daß ein stationäres System resultierte, bei dem dann jedes Teilchen einem festen Punkt im Raum zugeordnet ist. Dabei allerdings verliert der Raum seine Euklidizität – er ist dann eher „hyperbolisch" – und die Zeitskale entspricht nicht der Anzeige einer Atomuhr.

Milne entwickelte diese Ideen weiter, zunächst mit W. H. McCrea und dann mit G. J. Whitrow, und kam zu Ergebnissen, die denen der allgemeinen Relativitätstheorie stark ähnelten. Dies kann allgemein unter Hinweis auf einen wichtigen Schritt in der Einsteinschen relativistischen Kosmologie erklärt werden, der 1929 von H. P. Robertson (und einige Jahre später unabhängig von A. G. Walker) unternommen wurde. Der Ausdruck „Raumzeit-Metrik" bezieht sich auf eine Formel, mit der das Intervall zwischen zwei Ereignissen (Raumzeit-Punkten) in einer der unterschiedlichen Riemannschen (nichteuklidischen) Geometrien ausgerechnet wird. Es handelt sich, wie bereits kurz angesprochen, um eine Verallgemeinerung des Satzes des Pythagoras in der gewöhnlichen Geometrie. Robertson betrachtete, was passieren würde, wenn er der neuen Geometrie zwei Einschränkungen auferlegen würde. Er forderte, daß die Raumzeit erstens *homogen* – d. h. alle Orte werden gleich behandelt – und zweitens *isotrop* sei, weshalb das Weltall zu einer gegebenen (kosmischen) Zeit von allen Punkten aus in alle Richtungen gleich aussieht. Die sich ergebende Metrik, auf deren Einzelheiten wir nicht eingehen werden, war wegen eines gewissen *Zeitfaktors* interessant, eines Terms, mit dem das räumliche Intervall zwischen Ereignissen zu multiplizieren ist. Mit anderen Worten: Nimmt man Einsteins Theorie und fügt die beiden kosmischen Symmetriebedingungen hinzu, folgt ein „expandierendes Universum" auf ganz natürliche Weise. Wie wir uns erinnern, war es in der Tat von mehreren Theoretikern gefunden worden, ehe die wesentlichen Beobachtungen angestellt wurden.

Als Abkürzung für diesen Expansionsfaktor werden wir die übliche Bezeichnung $R(t)$ benützen. Dieser von der Zeit abhängige Ausdruck wird manchmal als expandierender Radius des Raumes angesehen, aber wir wollen hier nicht seine verschiedenartigen Auslegungen betrachten. Wir geben uns mit der allgemeinen Feststellung zufrieden, daß in Milnes Theorie *genau dieselbe* Metrik erhalten werden konnte, wie sie vorher (von Robertson und Arthur Walker) für die Einsteinsche Version der Relativität gefunden wurde.

In beiden Theorien ist die Metrik allerdings nur der Anfang einer Kosmologie. Wie das Universum expandiert, d. h. wie sich der Expansionsfaktor $R(t)$ zeitlich verhält, kann nur beurteilt werden, indem man die Materie im beobachteten Weltall mit all ihren physikalischen Eigenschaften mit dem Modell in Beziehung setzt. 1934 fanden Milne und McCrea, daß mit einem einfachen mathematischen Trick zur Behandlung eines unbegrenzten Systems die Newtonsche *Mechanik und Gravitation* genau zu den Friedmann-Lemaître-Gleichungen für ein Modell ohne Druck führte (mit oder ohne kosmischer Abstoßung der Art, wie sie Einstein mit seinem kosmologischen Glied eingeführt hatte). Im kleinen Maßstab sollte sich das Modell mechanisch mehr oder weniger genauso wie in der allgemeinen Relativität verhalten. Im Großen geschieht die Zusammenfügung der lokalen Raumstücke in den beiden Theorien unterschiedlich. Eine wichtige Lektion war freilich, daß das expandierende Weltall anscheinend etwas ganz Natürliches ist, selbst von einer „klassischen" Warte aus.

Wie wir bei der Behandlung der frühen Geschichte der relativistischen Kosmologie gesehen haben, variiert die Form des Expansionsfaktors von Modell zu Modell. Sie wechselt zum Beispiel zwischen Einsteins und de Sitters Modell, zwischen Lemaîtres und Eddingtons Variante usw. Ein interessantes theoretisches Modell wurde 1932 von Einstein und de

Sitter gemeinsam vorgestellt. Darin war der Expansionsfaktor proportional zu $t^{2/3}$, was das gegenwärtige Alter des Universums auf ein Drittel der Hubble-Zeit festlegt. Ein anderes Modell von P. A. M. Dirac war insofern interessant, als es keinen gekrümmten Raum forderte und den Expansionsfaktor proportional zur dritten Wurzel aus der Zeit ($t^{1/3}$) machte, so daß das Alter des Weltalls auf ein Drittel der Hubble-Zeit angesetzt wird. Ohne eine Beurteilung der Vorzüge der verschiedenen Alternativen zu versuchen, wollen wir wiederholen, daß es offensichtlich falsch ist, den Hubble-Faktor in der Art als Indikator des Weltalters zu behandeln, wie es in den Jahren nach der Entdeckung der allgemeinen Fluchtbewegung der Galaxien üblich war. (Die Meinungen der 1930er über das wirkliche Weltalter wären ein eigenes Thema, aber wir erinnern uns an die Schwierigkeiten, die Hubbles Beobachtungen den Astronomen bereitet hatten.)

Andere Alternativen zu Einsteins allgemeiner Relativitätstheorie waren die Gravitationstheorien von G. D. Birkhoff, A. N. Whitehead und J. L. Synge. Sie alle hatten kosmologische Auswirkungen. Sie waren symptomatisch für eine Zeit großer intellektueller Vitalität und vielleicht vom Wunsch motiviert, etwas dem Einsteinschen Schaffen Vergleichbares zu produzieren. Einige ganz andere Ideen wurden von Hermann Weyl (1930), Eddington (1930) und Dirac (1937/38) vorgelegt, die in vielen den Eindruck erweckten, kosmologische Beobachtung sei überflüssig und alles könne aus den Konstanten der Physik abgeleitet werden. Eddington glaubte zum Beispiel, daß sich all die *dimensionslosen* Konstanten (reine Zahlen), die man durch geeignetes Multiplizieren und Dividieren von Potenzen der physikalischen Konstanten (Protonenmasse, Elementarladung, usw.) gewinnt, als ungefähr eins oder in der Größenordnung 10^{79} ergeben. Diese riesige Zahl könnte, so dachte er, die Zahl der Teilchen im Universum charakterisieren. Eddingtons monumentale Studie *Fundamental Theory* (1946, zwei Jahre nach seinem Tod, aus seinen Aufzeichnungen publiziert) ließ viele mit dem schleichenden Gefühl zurück, als könnte zwischen der Physik des Kleinen und der des Kosmos eine zahlenmäßige Verbindung bestehen.

Eddington konnte tatsächlich einen Wert für die „Hubble-Konstante" ableiten, der dem Hubbleschen Ergebnis nahe war. Als der Beobachtungswert revidiert wurde, was seine Methoden offenbar widerlegt hätte, fand man, daß ihm ein Fehler unterlaufen war und daß er einen Wert hätte erhalten müssen, der der revidierten Zahl mehr oder weniger glich. Bei späteren Revisionen war eine solche Rettung jedoch nicht möglich.

Was der beobachtenden Kosmologie kurzfristig mehr brachte als Eddingtons brillante Zahlenmagie, war das fortwährende Trachten von Tolman, McCrea, McVittie, Otto Heckmann und anderen, theoretische Beziehungen zwischen beobachtbaren Größen – zum Beispiel zwischen der scheinbaren Größe und der Rotverschiebung, zwischen der scheinbaren Größe und Galaxienzahlen usw. – abzuleiten. Mit ihrer Hilfe konnten die verschiedenen kosmologischen Modelle einem Beobachtungstest unterzogen werden. Dieses Programm wurde jedoch durch den Zweiten Weltkrieg stark verzögert.

Materiebildung

Um das Paradoxon des dunklen Nachthimmels aufzulösen, vertrat W. D. MacMillan 1918 und 1925 den Gedanken, die Strahlung könne beim Durchgang durch den leeren Raum plötzlich verschwinden und in Form von Wasserstoffatomen wieder auftauchen. R. A. Millikan, ein Pionier der kosmischen Strahlung und einer von MacMillans Kollegen in Chicago, dachte, dies könne als Erklärung des Ursprungs der Höhenstrahlung dienen, doch zumindest diese Idee wurde bald von A. H. Compton widerlegt. Da war nichts übermäßig Mysteriöses an der „Entstehung" von Atomen nach dieser Theorie, denn es gab ja eine Quelle der für sie verantwortlichen Energie. Tolman und andere betrachteten ebenfalls die Umwandlung von Strahlung in Materie, was zunächst nicht viel Aufmerksamkeit erregte.

Es gab allerdings andere, deren Vorschläge zur Bildung der Materie weit radikaler waren. 1928 schlug James Jeans, der nach einer Erklärung der Spiralform der Nebel suchte, vor, die Zentren der Spiralen könnten Orte sein, wo Materie „aus irgendeiner anderen, völlig fremden Raumdimension in unser Universum hereinströmt". Deswegen erschienen sie als „Punkte, an denen Materie laufend gebildet wird". Milne bemerkte später, daß seine kinematische Relativität den Spekulationen von Jeans entsprach.

1937 behauptete der Cambridger Physiker P. A. M. Dirac, der einige Gedanken Eddingtons aufgriff, daß große Zahlen des Typs, wie sie in Eddingtons Theorie auftreten, mit der Zeit anwachsen sollten, sofern sie proportional zur Epoche seien. (Das „Alter des Weltalls" ist insoweit eine sehr ungewöhnliche physikalische „Konstante".) Er dachte, daß die Zahlen der Protonen und Neutronen im Universum daher anwachsen könnten – was ständige Neubildung bedeutet – und daß die Gravitationskonstante ebenso variieren könnte. Zur selben Zeit untersuchten in Japan mathematische Physiker der Hiroschima-Schule das De-Sitter-Modell und forderten, daß die Zahl der Teilchen darin mit der Zeit zunimmt. In Deutschland übernahm Pascual Jordan einiges von Diracs Arbeit und forderte, Sterne, vielleicht in der Form von Supernovas, und selbst ganze Galaxien könnten die gebildete Materie sein. Er dachte, Dirac könnte vielleicht vor einer Verletzung des Energieerhaltungssatzes zurückgeschreckt sein, und war darauf bedacht, eine mögliche Quelle der neuen Materie aufzutun. Sie wurde ihm zufolge durch einen Verlust von Gravitationsenergie im Universum gestellt.

Obwohl diese Spekulationen von Koryphäen der fundamentalen Physik stammten, wurden sie damals wenig beachtet, vielleicht, weil sie zum großen Teil halbherzig vorgetragen wurden. Dirac ließ die ganze Sache bald fallen, Jordan hingegen blieb ihr bis in die 1950er verhaftet. Die ständige Neubildung erlangte nach dem Krieg die Aufmerksamkeit einer breiten Öffentlichkeit, als Hermann Bondi, Thomas Gold und Fred Hoyle sie zu einem Teil einer neuen Klasse von kosmologischen Theorien machten. Damals war die Haltung dem Universum gegenüber wesentlich anders als in den 1920ern und 1930ern. Die alte Annahme, daß es sich um ein insgesamt genommen statisches Gebilde handelte, hatte sich verflüchtigt, und es herrschte allgemeine Übereinstimmung, daß die Rotverschiebungen wirklich eine Expansion des Systems der Nebel anzeigen. Und immer mehr Physik war in die Sache verflochten.

Wie wir gesehen haben, hatten Lemaître, Gamov und andere aufgezeigt, daß die Kosmologie den Schlüssel zum Ursprung der Elemente liefern könnte. Als Eddington sein Werk über den Aufbau der Sterne schrieb, wurde die Bedeutung des Wasserstoffs und Heliums kaum wahrgenommen, aber nach Eddington hatte McCrea das erste akzeptable Modell eines großen Wasserstoffsterns entwickelt. Hoyle führte Bondi und Gold – die beide aus dem von den Nationalsozialisten besetzten Österreich nach Großbritannien gekommen waren – an astrophysikalische Fragestellungen heran, zunächst, als sie während des Krieges zu dritt in der Admiralität arbeiteten, und dann besonders von 1948 an, als sie zusammen in Cambridge waren. Ihnen mißfiel das Lemaîtresche Modell, das die Schwierigkeiten mit dem kurzen Weltalter, die sich aus Hubbles Arbeit ergeben hatten, überwand, freilich mit dem Taschenspielertrick der unbestimmten „Stagnationsperiode" (s. Bild 17.1, oben). Wenn es einen Prozeß der ständigen Materiebildung gäbe, so war Golds Idee, könnte das Universum trotz der allgemeinen Expansion in einem stationären Zustand verharren, so daß das „Altersproblem" wegfallen würde.

Aus diesen Anfängen bewegten sich Bondi und Gold in die eine und Hoyle in eine andere Richtung, obwohl sie viele Ideen gemeinsam hatten. Bondi und Gold stellten ihre Arbeit als Konsequenz eines sehr allgemeinen Gesetzes dar, das sie das „perfekte kosmologische Prinzip" nannten und demzufolge das Universum „auf der großen Skale eine gleichbleibende Ansicht zeigt". Milne, dessen Arbeit hier von großem Einfluß war, hatte früher mit einem „kosmologischen Prinzip" gearbeitet, nach dem die Grobansicht des Universums vom Beobachtungsort unabhängig ist, aber jetzt war auch die *Zeit* angeblich ohne Belang. Das bedeutete, daß die mittleren Dichten von Materie und Strahlung dieselben bleiben und die Altersverteilung der Nebel konstant bleibt. In der Kosmologie des stationären Zustands beträgt das Durchschnittsalter der Objekte nur ein Drittel des „Hubble-Alters", so daß in dieser Theorie unsere Galaxie viel älter war als der Durchschnitt. Da die damals zur Verfügung stehenden Entfernungsdaten viele glauben machten, unsere Galaxie sei im Vergleich zu anderen ungewöhnlich groß, nahm niemand an diesem überdurchschnittlichen Alter Anstoß.

Hoyles Methoden schienen weniger radikal – die erste Veröffentlichung von allen drei zusammen kam 1948 heraus. Er nahm Einsteins allgemeine Theorie als Grundlage und stand unter dem Einfluß eines Prinzips, das zuerst Hermann Weyl in den 1920ern aufgestellt hatte. (Danach gibt es an jedem Punkt der Raumzeit eine ausgezeichnete Geschwindigkeit, und nur eine Gruppe fundamentaler Beobachter sieht das Universum in derselben Weise.) Hoyle fügte nun einfach in den Feldgleichungen einen Term hinzu, der die Materieerzeugung representieren sollte. Dies schien die Energieerhaltung zu verletzen. 1951 zeigte McCrea, wie Einsteins Gleichungen durch Uminterpretation von Hoyles neuem „Erzeugungsfeld" gerettet werden könnten, und in den 1960ern revidierte Hoyle in Zusammenarbeit mit J. V. Narlikar seine frühere Behandlung des Themas. Die Blütezeit der „Steady-state-Kosmologie" waren jedoch die späten 1940er und die 1950er. Für eine Weile war sie ein nationales Gesprächsthema, und viele aus dem englischen Klerus prangerten in Leserbriefen und Predigten die Frechheit derjenigen an, die offenbar den christlichen Glauben an einen einzelnen Schöpfungsakt leugnen wollten. Da half es auch nicht, daß Hoyle für konkurrierende Modelle, die zu einem gewissen Zeitpunkt in der Vergangenheit mit einem kompakten Ursprung begannen, den abwertenden Ausdruck „Big Bang" gebrauchte.

Die Hoffnungen der Steady-state-Kosmologen erhielten für eine Weile Auftrieb durch die Arbeit von Hoyle, Geoffrey und E. Margaret Burbidge und William A. Fowler (vom California Institute of Technology) über die Nukleosynthese in Sternen – also die Umwandlung von chemischen Elementen in andere über Kernreaktionen. Ihre Arbeit war weitgehend durch die Kosmologie des stationären Zustands ausgelöst und stimmte gut mit ihr überein, doch mit der Zeit zeigte es sich, daß sich die neuen Theorien der Nukleosynthese auch an andere kosmologische Modelle anpassen ließen.

Das erste durch Beobachtung gewonnene Anzeichen gegen die Steady-state-Theorie ergab sich aus Zählungen von Radioquellen am Himmel, die hauptsächlich von Martin Ryle in Cambridge mit mehreren Kollegen in Großbritannien, B. Y. Mills und J. G. Bolton in Australien und von M. Ceccarelli in Italien durchgeführt wurden. Die Zahl der schwachen Radioquellen war im Vergleich zu der starker Quellen anscheinend viel zu groß, um die Voraussagen der Steady-state-Theorie akzeptabel erscheinen zu lassen. Die Erklärung in einem Big-bang-Modell bot sich am ehesten an: Die (intrinsisch oder absolut) starken Quellen stehen relativ nahe, da die Strahlung entfernter starker Quellen nicht genügend Zeit hatte, um uns zu erreichen. In anderen Worten: Je weiter wir in diesem evolutionären Modell ins Weltall hinausgehen, desto weniger entwickelt und desto intrinsisch schwächer sind die von uns beobachteten Quellen.

Ryles erstes Indiz und was einige für dessen Botschaft hielten, wurden 1955 gleichzeitig mit seiner neuesten Vermessung von 1 936 Radioquellen präsentiert. Er hatte ungefähr zwei Jahre lang ernsthaft an dem kosmologischen Problem gearbeitet. Auf die Menschen wirkte die 1955 von Ryle und seinem Studenten Peter Scheuer vorgetragene Behauptung wie ein elektrischer Schock. Ryle hatte sich aus gutem Grund nicht in seine Karten sehen lassen, aber auch er war auf den Angriff der Steady-state-Theoretiker nicht vorbereitet, und die Presse in England schlachtete die Kontroverse aus. Pawsey und Mills in Sydney fanden bald eigene Radioergebnisse, die schwer mit denen von Ryle in Einklang zu bringen waren, und sieben oder acht Jahre danach hielten es unabhängige Gutachter für möglich, daß bei den Beobachtungen Fehler unterlaufen sind. Die Überprüfungen brachten zunächst keine Entscheidung, eher im Gegenteil.

Um das Jahr 1960 herum war deshalb die Situation in der Kosmologie für diejenigen, die nicht Partei ergriffen hatten, keineswegs klar. Es gab mehrere Modelle zusätzlich zu den erwähnten, zum Beispiel die oszillatorischen Modelle, die (über Jahrmilliarden) expandierten, bevor sie sich zusammenzogen, um dann vielleicht wieder in eine Expansionsphase zu treten. Solche Modelle hatten bizarre thermodynamische Eigenschaften, die sie bei den Astronomen im allgemeinen unbeliebt machten. Man versuchte, Kosmologien auf der Basis der verschiedenen Gravitationstheorien zu entwickeln, die – wie erwähnt – in den 1920ern von den Mathematikern A. N. Whitehead (ausgebaut von J. L. Synge) und G. D. Birkhoff begründet worden waren. Aber sie waren isoliert und zogen immer weniger Aufmerksamkeit auf sich. Einsteins allgemeine Relativität war immer noch weit davon entfernt, allgemein akzeptiert zu sein, und viele, die mit ihr arbeiteten, räumten ihre Zweifel ein. Als der Umschwung kam, kam er schnell, und dies weitgehend als Ergebnis einer Reihe neuer Entdeckungen, die mit den Radioteleskopen gemacht wurden, die das Gesicht der Astronomie veränderten.

18 Radioastronomie

Die ersten Versuche in der Radioastronomie

Wie William Herschel mit Hilfe eines Thermometers die für das menschliche Auge unsichtbaren Infrarotstrahlen der Sonne entdeckte und wie die Photographie die Ausdehnung des Spektrums übers Violette hinaus erlaubte, so ermöglichten Radioempfänger die Detektion elektromagnetischer Strahlung der Wellenlängen zwischen etwa 1 mm und 30 m. (Die Wellenlänge von gelbem Licht beträgt zum Vergleich weniger als 600 nm.) Der Brückenschlag zwischen der Theorie des Lichts und den klassischen Theorien der Elektrizität und des Magnetismus erfolgte erst allmählich im Lauf des 19. Jahrhunderts, und der bedeutendste Einzelbeitrag stammte von James Clerk Maxwell (1831–79). Maxwell vereinigte die Elektrizität und den Magnetismus in einer einzigen Theorie, und seine Gleichungen machten die Möglichkeit von sich durch die Luft ausbreitenden elektrischen Wellen als Verallgemeinerung der Lichtstrahlung offenbar. 1882 behauptete der Dubliner Physiker George Francis Fitzgerald (1851–1901) auf Grund der Maxwellschen Theorie, daß die Energie wechselnder Ströme in den Raum abgestrahlt werde, und ein Jahr später beschrieb er einen Apparat (einen magnetischen Oszillator), mit dem ein solcher Effekt erzeugt werden sollte. Dies führte zu weiteren theoretischen Arbeiten, aber die praktischen Auswirkungen der Bemühungen waren gering. Es gab Versuche von O. J. Lodge, elektromagnetische Wellen in Drähten nachzuweisen, während Joseph Henry (1797–1878), Thomas Alva Edison (1847–1931) und andere die Möglichkeit aufgezeigt hatten, elektromagnetische Wirkungen über beträchtliche Distanzen zu schicken. Diese wurden jedoch gemeinhin nicht von den „Induktionen", lokalen elektromagnetischen Effekten, unterschieden. David Edward Hughes (1830–1900) zeigte, daß Signale von einem Funkensender in Entfernungen von mehreren hundert Metern registriert werden konnten – durch einen Mikrophonkontakt, an den ein Telefon angeschlossen war, über das die Signale gehört wurden. 1879 und 1880 demonstrierte er diese Experimente vor Vertretern der Royal Society und der Postverwaltung. Sie hielten sie jedoch für bloße Induktionseffekte, und so wartete er lange mit der Veröffentlichung.

Die Welt der Physik wurde schließlich in den späten 1880ern von der hervorragenden Arbeit von Heinrich Rudolf Hertz (1857–94) überzeugt. Hertz hatte bei Helmholtz gearbeitet, war nun aber in Karlsruhe. Er hatte lange versucht, die Maxwellschen Gleichungen auf eine theoretische Grundlage zu stellen, und viel Zeit bei der Ausführung einiger zugehöriger Experimente verbracht. Es ist nicht bekannt, ob er von den Arbeiten seiner Vorgänger wußte, als er 1888 elektrische Wellen erzeugte. Er bewerkstelligte das mit einem offenen Schwingkreis, der an eine Induktionsspule angeschlossen war; die Wellen detektierte er mit einer einfachen Drahtschleife mit einer Lücke darin. Dies markiert in einem praktischen Sinn den Beginn der neuen Radiotechnologie.

Über viele Jahre hinweg war der Fortschritt langsam. Der Empfang war schwierig, aber 1904 brachte die Erfindung der „Glühkathodenröhre" durch John Ambrose Fleming einen großen Durchbruch. Flemings Referenzen waren ausgezeichnet: Er hatte bei Maxwell in Cambridge gearbeitet, er war eine Zeitlang Berater der Londoner Filiale der Firma Edisons gewesen und war von dessen Werk inspiriert, er hatte seit den 1880ern mit der Radioübertragung experimentiert, und er hatte beim Entwurf des Senders geholfen, mit dem Guglielmo Marconi 1901 den Atlantik überbrückte.

Wenn das Radio auch üblicherweise als Produkt des 20. Jahrhunderts angesehen wird, weil die meisten von uns eine vage Vorstellung von den Anfängen des Rundfunks in der 1920ern haben, war es vor der Jahrhundertwende bereits in bescheidenem Maße etabliert. Da die Verbindung zwischen optischer und elektromagnetischer Strahlung damals ein akzeptierter Part der Physik war, wundert es nicht, daß mehrere Astronomen die *Sonne* als eine mögliche Quelle von Radiowellen ansahen. Bereits 1890 erörterte Edison mit A. E. Kennelly, einem Kollegen, die Form einer geeigneten Antenne (sie einigten sich auf ein Kabel um die Pole eines massiven Eisenkerns). Oliver Lodge baute in der Zeit von 1897 bis 1900 einen anspruchsvollen Empfänger in Liverpool auf, aber irgendwelche Signale, die vielleicht vorhanden waren, gingen in den elektrischen Störungen durch die Stadt unter. Weitere erfolglose Versuche wurden 1896 von J. Wilsing und J. Scheiner in Potsdam und 1901 – unglücklicherweise während eines Minimums der Sonnenaktivität – von C. Nordman unternommen. Nordman baute eine gute Apparatur in den französischen Alpen auf und benützte eine lange Antenne. Hätte er länger als einen Tag lang ausgeharrt, hätte er höchstwahrscheinlich Erfolg gehabt. Aber seine Ergebnisse waren wie die der anderen negativ, und die Idee, daß die Sonne ein Sender sei, geriet fast völlig in Vergessenheit.

Der erste zweifelsfreie Empfang von Radiowellen von der Sonne geschah am 27. und 28. Februar 1942 durch James Stanley Hey, der der vermuteten Störung des britischen Radars durch die Deutschen nachging. Daß die Sonne die Quelle war, wurde durch Stationen in verschiedenen Städten in Großbritannien bestätigt. Später fand man heraus, daß das Observatorium in Meudon in Frankreich zur selben Zeit starke Sonneneruptionen (im Sichtbaren) aufgezeichnet hatte. Obwohl die Emission nach Heys Worten hunderttausendmal stärker als erwartet war, wäre sie – darüber war man sich im klaren – nicht registriert worden, wäre die Sonne so nahe wie unser nächster Nachbarstern. Nur Ausnahmesterne erreichen uns im Radiobereich über galaktische Entfernungen.

Heys Entdeckung wird oft als zufällig bezeichnet, man sollte im Hinblick auf Heys Leistungen in der Vergangenheit damit aber vorsichtig sein. Er war es, der zuerst Radarreflektionen an Meteorschweifen entdeckte, die aus demselben Grund untersucht wurden. Er entdeckte auch nach dem Krieg als erster eine Radiogalaxie (Cygnus A). Nur begnadete Beobachter machen Zufallsentdeckungen.

Galaktische Radiowellen

Die Radioastronomie wurde erst in den späten 1950ern wirklich in die astronomische Praxis aufgenommen, aber ihre Erfolge reichen bis ins Jahr 1932 zurück. Damals studierte Karl G. Jansky (1905–50), ein amerikanischer Radioingenieur am Bell Telephone Laboratory Störungen im neu eingeführten transatlantischen Radiotelefondienst und entdeckte, daß viele Störungen auf extraterrestrische Quellen zurückzuführen sind. Sein Empfänger – in

Holmdel, New Jersey aufgestellt – arbeitete bei einer Frequenz von 20,5 MHz (liegt im 15-m-Band), und er hatte eine bewegliche Antenne mit einer mittelmäßigen Richtcharakteristik. Seine Aufzeichnungen zeigen, daß er zwischen drei Hauptquellen von Rauschen unterschied: lokale Gewitter, entfernte Gewitter und ein Zischen im Hintergrund, das mit der Tageszeit variierte. Zuerst dachte er daran, Radioemissionen von der Sonne empfangen zu haben, aber als die Sonne ihre Himmelsposition änderte, wurde ihm klar, daß er es mit einer ganz anderen Quelle zu tun hatte. Das Jahr lag im Minimum der Sonnenaktivität, was ihm die Untersuchung des Hintergrundrauschens (atmosphärische Störung) erleichterte. Nach einjähriger Beobachtung wies er nach, daß die Signale mit der Milchstraße in Zusammenhang standen und aus der Richtung des Zentrums der Galaxis am stärksten waren. (Später sprach er eine andere Vermutung aus, nämlich daß die Signale vom Sonnenapex – dem Punkt, auf den sich die Sonne im Weltall zubewegt – stammten, aber da war er im Irrtum.)

Jansky veröffentlichte seine Entdeckungen im Lauf der nächsten drei Jahre und wandte sich dann anderen Forschungsthemen zu. Seine Arbeit erregte wenig Aufmerksamkeit. Grote Reber, ebenfalls ein Radioingenieur aus Wheaton in Illinois, baute selbst eine Parabolantenne, wie sie uns heute vertraut ist, und wiederholte in seiner Freizeit viel von Janskys Arbeit. Er arbeitete bei höheren Frequenzen und mit einer stärker ausgerichteten Antenne, und so konnte er 1939 eine starke Strahlung bei 160 MHz empfangen. Zwischen 1940 und 1948 erstellte Reber Himmelskarten mit Linien gleicher Intensität. Er wußte nicht, daß J. S. Hey und andere (bei 64 MHz) in der Army Operational Research Group in England mit der neu entwickelten Radarausrüstung, die im letzten Abschnitt erwähnt wurde, auch daran arbeiteten. Rebers Antenne ist erhalten und steht heute am Eingang des US National Radio Observatory in Green Bank, West-Virginia.

Es gab zahlreiche Theorien zur Erklärung des „galaktischen Rauschens“. Mehrere Astronomen schlugen neue Sternklassen vor, die stark im Radiobereich strahlen. Die Kernphysik richtete ihr Augenmerk zunehmend auf das Synchrotron als Einrichtung zur Beschleunigung geladener Teilchen. So überraschte es nicht, als K. O. Kiepenheuer 1950 annahm, daß die Radiowellen von Elektronen ausgesendet würden, die sich fast mit Lichtgeschwindigkeit auf Spiralbahnen durch das Magnetfeld der Galaxis – eines gigantischen Synchrotrons – bewegen. (Ein Elektron folgt in einem Magnetfeld genaugenommen nicht einer flachen Spirale, sondern einer Schraubenlinie wie bei einer Feder, die man beim Aufwickeln von Draht um einen Bleistift erhält.) Eine ähnliche Theorie wurde im selben Jahr von H. O. G. Alfvén und N. Herlofson vorgeschlagen, die die Himmelssynchrotrone für kleiner, vielleicht dem Sonnensystem vergleichbar, hielten, so daß die Radiowellen von zahllosen diskreten stellaren Quellen empfangen würden, statt nur von den galaktischen Zentren.

Vitaly L. Ginzburg und Josef S. Shklovsky in der Sowjetunion begannen sofort, die Synchrotron-Theorie in der Anwendung auf Radiogalaxien zu entwickeln, und ihre detaillierten Vorhersagen haben sich als äußerst zutreffend erwiesen, speziell was die Polarisation der Strahlung betrifft. In dieser ganzen Sache war mehr Dramatik als im Fall des Crab-Nebels, der der Astronomie ein Testfeld für zahlreiche Theorien zur Sternentwicklung bot.

1921 und dann wieder 1939 wurden photographische Platten des Crab-Nebels (die Aufnahmen stammten von 1909, 1921 und 1938) von John C. Duncan vom Mount Wilson

Observatory sorfältig miteinander verglichen, und er stellte schließlich fest, daß sich der Nebel mit ungefähr einer fünftel Bogensekunde pro Jahr ausdehnte. Seine Größe deutete auf ein Alter von 800 Jahren. 1937 bestimmte Nicholas Mayall am Lick-Observatorium über den Dopplereffekt spektroskopisch die Expansionsgeschwindigkeiten von Teilen der Wolke. Diese Geschwindigkeiten waren mit über 1 000 km/s größer als alle bisher verzeichneten. 1942 publizierten Oort und Mayall einen gemeinsamen Artikel (in den USA), in dem die Identität des Crab-Nebels mit der Supernova des Jahres 1054 behauptet wurde, was den Daten ziemlich gut entsprach. (Ihr Artikel wurde von einem Überblick einschlägiger Informationen aus Chroniken ergänzt, den der holländische Orientalist J. J. L. Duyvendak zusammengestellt hatte.) Aus den beiden Datensätzen ließ sich die Entfernung des Nebels von atwa 5 000 Lichtjahren ableiten, und diese Zahl erlaubte eine erste Abschätzung der gegenwärtig ausgestrahlten Energie.

Wie wir noch sehen, fanden 1949 John G. Bolton und Gordon Stanley in Australien heraus, daß der Nebel eine starke Radioquelle ist. 1954 untersuchten Viktor A. Dombrovsky und M. A. Vashakidze die Polarisation seines Lichts – I. M. Gordon und V. L. Ginzburg hatten unabhängig vorausgesagt, daß dies beobachtbar sein müßte. Mit ergänzenden Informationen, die Walter Baade beisteuerte, und Untersuchungen von Oort und Theodor Walraven in Leiden ergab sich, daß sowohl das Licht des Crab-Nebels als auch seine Radiowellen von Elektronen oder anderen geladenen Teilchen erzeugt werden, die sich fast mit Lichtgeschwindigkeit bewegen und Synchrotronstrahlung emittieren.

Neue Radiotechniken

Die Radioastronomie erhielt nach dem Zweiten Weltkrieg einen starken Anstoß durch große Mengen überschüssiger Ausrüstung und von Antennen, von der hohen Kompetenz im Radio- und Radarbereich ganz zu schweigen. Ein frühes Ergebnis großer Bedeutung gelang J. L. Pawsey (1908–62), der 1946 entdeckte, daß die Temperatur, die der Helligkeit der Sonne bei Meterwellen entspricht, von der Größenordnung eine Million Kelvin (K) ist. Dies paßte zu optischen Beobachtungen der Sonnenkorona, und man hielt sie bei der Radiostrahlung für alleinbestimmend und für undurchlässig für von unten kommende Strahlung innerhalb dieses Wellenlängenbereichs.

Eines der wichtigsten frühen Probleme der Radioastronomie bestand darin, die Auflösung zu verbessern, d. h., den Blickwinkel schmäler zu machen. Eine frühe Technik war die Ausnutzung einer Sonnenfinsternis, bei der der Mond einen veränderlichen Teil der Sonne verdeckte. So verfuhren die Amerikaner R. H. Dicke und R. Beringer (1945), A. E. Covington in Kanada (1946), die sowjetischen Astronomen S. E. Khaikin und B. M. Chikhachev, die 1947 an Bord eines Kriegsschiffes vor der Küste Brasiliens arbeiteten, und W. N. Christiansen, D. E. Yabsley und B. Y. Mills in Australien (1948). Aber es wurde etwas Besseres gebraucht, eine Methode für den alltäglichen Einsatz.

Zwei im wesentlichen ähnliche Lösungen wurden bald gefunden, die beide auf dem Phänomen fußen, das in der Optik als „Interferenz“ bekannt ist. Wenn zwei Wellen aufeinandertreffen, können sie einander verstärken oder gegenseitig auslöschen, das heißt, „interferieren“. Das kann man zum Beispiel auf einer Wasseroberfläche beobachten, wo die

Stellen der Verstärkung und Auslöschung (sowie der Zwischenzustände) unter bestimmten Umständen sogar stationär gemacht werden können, was zu der vertrauten Erscheinung „stehender Wellen" führt. Im Fall des Lichts gibt es viele Wege, analoge Ergebnisse zu produzieren; das klassische Experiment ist das von Thomas Young (1801). Darin dienen zwei Schlitze in einer Platte als die beiden Lichtquellen, denen das Licht eines einzelnen Schlitzes zugeführt wird, der zwischen ihnen und einer Lampe steht. So entstehen auf einem Projektionsschirm „Interferenzstreifen", abwechselnd helle und dunkle Linien.

Eine Variante der Anordnung, die mit nur einem einzigen Schlitz auskommt, stammt von H. Lloyd, der diesen Schlitz von der Seite in einem Spiegel betrachtete und so für einen effektiven zweiten Schlitz sorgte. Diese Technik des „Lloydschen Spiegels" wurde in die Radiotechnik übertragen und mehrere Jahre lang besonders in Australien (von L. L. McCready, J. L. Pwasey und R. Payne-Scott benutzt. Zuletzt wurde er jedoch von einem anderen Interferometertyp abgelöst, der dem von A. A. Michelson für das Licht entworfenen analog war. Hier wird die Lichtwelle geteilt (ein halbdurchlässiger Spiegel reflektiert einen Teil und läßt den Rest passieren), auf zwei verschiedene Strecken geschickt und anschließend wieder vereinigt, um ein Interferenzmuster zu bilden. Ryle und D. D. Vonberg aus Cambridge entwickelten in den 1940ern das Radioanalogon dieser Technik; sie benützten Antennen, die bis zu 140 Wellenlängen voneinander entfernt waren. Im folgenden Jahrzehnt wurde es von Gruppen in vielen Ländern übernommen.

Es gab natürlich viele Varianten, und Radiointerferometer verschiedener Typen, oft mit großen Anordnungen von Antennenkomponenten, wurden etwas Alltägliches. Sie waren relativ billig, allerdings gewöhnlich zu groß, um steuerbar zu sein. Man wartete einfach, bis der Himmel in Position war. Eine in Cambridge entwickelte und unter dem Namen „Apertursynthese" bekanntgewordene Methode gestattete, die Positionen der Radioquellen mit einer Genauigkeit zu bestimmen, die an die im Sichtbaren heranreichte.

Die Auflösung eines Teleskops wächst mit seiner Apertur, hängt aber auch von der Wellenlänge ab, so daß ein Radioteleskop viel größer sein muß, um einem optischen gleichzukommen. Zwei weit entfernte Radioteleskope können freilich durch Kabel verbunden werden, wodurch der genannte Nachteil der Radioteleskope kompensiert werden kann. (Es gibt auch die Technik, die Beobachtungen aufzuzeichen und später zu kombinieren, wodurch sich das Verbindungskabel erübrigt.) Diese „very-long-baseline interferometry" (VLBI) erreichte spektakuläre Ergebnisse bei relativ geringen Kosten.

Eine weitere neue Technik, die um 1950 von J. P. Wild und L. L McCready entwickelt wurde, war aus anderen Gründen bedeutend: Es handelte sich um Radiospektrographen, die einen weiten Frequenzbereich (etwa 70 bis 130 MHz) in weniger als einer Sekunde überstreichen. Dies erlaubte, Sonnenausbrüche auf eine Art zu analysieren, die das Verständnis ihrer physikalischen Bedingungen stark förderte. Daß man die Antwortzeiten verbessern konnte, sollte sich als für die Astronomie von größter Wichtigkeit erweisen: Wie wir sehen werden, ermöglichte es das Auffinden der Pulsare.

Wir hatten bereits erwähnt, daß Hey eine diskrete Radioquelle im Sternbild Cygnus gefunden hatte, während er nach dem Krieg noch in seiner militärischen Einheit arbeitete. Kurz darauf fand Ryle in Cambridge mit seinem Interferometer anderer Bauart eine weitere intensive lokalisierte Quelle im Sternbild Kassiopeia. 1949 entdeckten John G. Bolton und Gordon Stanley in Sydney eine Quelle im Taurus, und ihr Vorschlag einer

Bild 18.1 Das Mark-1A-Teleskop am Jodrell-Bank-Observatorium, das weltweit erste Radioteleskop mit einer Riesenschüssel; ihr Durchmesser beträgt 250 Fuß (76 m). *(© NASA/Science Photo Library)*

Beziehung zum Crab-Nebel – als Überbleibsel der Supernova von 1054 angesehen – wurde allgemein akzeptiert. Im Hinblick auf diese und andere aufregende aktuelle Entdeckungen spürte Bernard Lovell – der damals an Höhenstrahlung, Radarreflexionen an Meteoren, Polarlichtern, dem Mond und den Planeten wie an Radiowellen aus dem Weltall und von der Sonne arbeitete – deutlich die Notwendigkeit *ausrichtbarer* Antennen. 1948 brachte er die Planung der ersten riesigen Parabolantenne in Gang, eines Typs, der heute den meisten Leuten vertraut ist.

Seine Beharrlichkeit führte am Ende zum Erfolg. Die 1957 bei Jodrell Bank in der Nähe von Manchester fertiggestellte Schüssel hatte einen Durchmesser von 76 Metern und wog 1 500 Tonnen. Sie war auf Panzertürmen gelagert, die fünfzehn-Zoll-Geschütze auf dem Schlachtschiffen *Royal Sovereign* und *Revenge* getragen hatten. Dieses außergewöhnliche Vorhaben – das einmal durch einen Hurrikan fast zu Schaden gekommen wäre – schien wegen Geldmangels zum Scheitern verurteit, da trat es plötzlich ins allgemeine Bewußtsein. In Kürze: Das Teleskop erwies sich als brauchbar für die Radarbeobachtung der Trägerraketen der ersten sowjetischen Sputniks (der erste und zweite wurden 1957 gestartet). Drei Jahre später wurde der amerikanische Pioneer V durch ein Signal von Jodrell Bank von seiner Trägerrakete ausgesetzt. Diese Verwendung, für die das Teleskop natürlich niemals gedacht war, gab den Anstoß für Geldmittel, die das Teleskop dann retteten. Eine vorausgegangene Kampagne, in der die Presse die britische Regierung zu beschämen versuchte („Schulkinder schicken ihr Taschengeld, um unser Gesicht zu wahren", *Sunday Dispatch*), hatte keinen Erfolg gehabt.

Das „Mark I"-Teleskop wurde später verändert, aber das Muster war gefunden. 1961 folgte ein weiteres Riesenprojekt, das Parkes-Teleskop in Austalien mit einer 64 m-Schüssel.

Die holländische Radioastronomie war mehrere Jahre hindurch den Linien gefolgt, die Jan Oorts Pionierarbeit über die Galaxienstruktur vorgezeichnet hatte. Während des Krieges hatte sein Leidener Student H. C. van de Hulst ausgerechnet, daß neutraler Wasserstoff Strahlung einer Wellenlänge von 21 cm aussenden müßte. Dies wurde erstmals 1951 in Harvard von Harold I. Ewen und seinem Professor, E. M. Purcell, mit einem primitiven, aber empfindlichen Empfänger detektiert. Fast gleichzeitig wurden Radioteleskope in Leiden, wo van de Hulst seine eigene Voraussage bestätigte, und in Sydney, Australien fertiggestellt. Umfassendere Himmelsdurchmusterungen bei 21 cm folgten, die erste an der steuerbaren 25 m-Schüssel in Dwingeloo (1956). Eines der bedeutendsten Projekte dieser Zeit war das Apertursynthese-Radioteleskop in Westerbork (1970), das nicht weniger als zwölf ausrichtbare Parabolantennen dieser Größe besaß, die auf einer 1 620 m langen Grundlinie bewegt werden konnten. Ein letztes Beispiel eines voll steuerbaren Radioteleskops ist 1972 bei Effelsberg in Deutschland fertiggestellt worden. Es hat eine 100 m-Schüssel und eine Oberfläche, die für Beobachtungen bis zu Wellenlängen von fast 1 cm hinunter ausreicht.

Um den großen Wandel zu würdigen, der weltweit in der Astronomie stattfand, können wir genausogut die Entwicklungen in der Optik heranziehen, freilich mit dem Risiko, nur einen bloßen Katalog der Ereignisse zu geben. Die optische Astronomie verschwand nicht plötzlich.

Das Flagschiff der Nachkriegszeit war natürlich der große 200-Zoll-Hale-Reflektor von Palomar (USA), der 1948 in Dienst gestellt wurde. An ihm wurden von Anbeginn an extrem wichtige Arbeiten durchgeführt – Baades Arbeit über Sternpopulationen ist bereits erwähnt worden. Allan R. Sandage (1926–) war als Doktorand seit 1950 Hubbles Assistent und schloß sich 1952 der Mannschaft der Observatorien am Mount Wilson und von Las Campanas an. Bei Hubbles Tod erbte er den Auftrag, die Entfernungen und die Expansionsrate der Galaxien zu kartieren. Er produzierte Daten – darunter eine Zahl für die Verzögerung der Expansion –, die großen Einfluß auf das kosmologische Denken der 1950er und 1960er hatten. (Der „Verzögerungsparameter", ein Maß für die Krümmung der Geschwindigkeits-Entfernungs-Kurven der Galaxien, wurde durch verfeinertere Korrelationen der galaktischen Größen mit den Rotverschiebungen entdeckt. Konkurrierende Werte bewegten sich über 20 Jahre lang hin und her, bis schließlich B. M. Tinsley die Zunft davon überzeugte, daß die *Entwicklung der galaktischen Quellen* eine direkte Messung der Verzögerung einstweilen praktisch unmöglich machte.) Später kamen von Palomar die Studien Jesse Greensteins über weiße Zwerge, Eric E. Becklins und G. Neugebauers Arbeit im Infraroten und Beobachtungen der Überbleibsel von Supernovas durch Baade, Zwicky und Minkowski.

Die Sowjetunion stellte 1975 ein Alt-Azimuth-Instrument größerer Apertur (6 m oder 236 Zoll) in Dienst, aber es wurde unter weniger günstigen Bedingungen betrieben und ist nur numerisch überlegen. (Es ist im Kaukasus-Gebirge in Südrußland aufgestellt. Der Spiegel, der seit 1968 in Leningrad geschliffen und poliert wurde, wiegt allein 70 Tonnen.) Die Wichtigkeit, den Beobachtungsort und die Wellenlänge aufeinander abzustimmen, wurde nicht immer voll berücksichtigt, führte jedoch in der zweiten Hälfte des zwanzigsten Jahrhunderts zur Einrichtung von Gebirgsobservatorien in Arizona (Kitt Peak), Hawaii (Kanada-Frankreich-Hawaii-Teleskop, Infrarot-Teleskope der NASA und des United Kingdom), Chile (eine von drei größeren Einrichtungen ist die europäische

Südsternwarte bei La Silla), Australien (darunter das Anglo-Australian Telescope und das United Kingdom Schmidt Telescope) und Spanien (darunter ein deutsch-spanisches Zentrum am Calar Alto und das Herschel- und das Newton-Spiegelteleskop auf der Kanareninsel La Palma).

So viel zu unserem kurzen Überblick der optischen Szene. In den frühen 1990ern gab es immer noch nur etwa ein Dutzend optische Teleskope mit Spiegeln von mehr als drei Metern Durchmesser. Im Radiobereich andererseits, wo wertvolle Arbeit selbst in Klimazonen möglich war, wo der Wasserdampf bestimmte Wellenbänder blockiert, kam ein großes Radioteleskop nach dem anderen. Wir beschränken uns auf einige der ehrgeizigeren Projekte.

Das National Radio Astronomy Observatory (NRAO) wurde von neun amerikanischen Universitäten und der National Science Foundation finanziert. Sein erstes Teleskop nahm 1959 die Arbeit auf und war eine 25,9 m-Schüssel. Es konnte mit zwei ähnlichen beweglichen Teleskopen zusammengeschaltet werden und so eine Interferometeranordnung mit einer Grundlinie von 2700 Metern bilden. Andere voll steuerbare Schüsseln folgten. Als das NRAO eine Schüssel baute, das für Millimeterwellen genau genug war, wurde es auf dem Kitt Peak aufgestellt, um die atmosphärische Absorption der Signale zu vermeiden. In der Mitte der achtziger Jahre betrug das jährliche Budget des NRAO etwa 15 Millionen Dollar, das den Betrieb des hochkomplexen VLA („Very Large Array", einsatzbereit 1975, fertiggestellt 1982) in den Ebenen von San Augustin in der Nähe von Socorro, New Mexico mit abdeckte. Diese 80-Millionen-Dollar-Anordnung verfügt über 27 Parabolantennen mit 25 m Durchmesser in einem Y-Muster, wobei die Arme des Y 61 km umfassen. Es läßt sich, was die Winkelauflösung betrifft, mit einem Teleskop von 27 km Durchmesser vergleichen, was für Radiowellen der optischen Auflösung der besten Teleskope im Sichtbaren entspricht und so einen Vergleich von optischen, Infrarot- und Radiobildern erlaubt. Ein großes Multi-Element Radio-Linked Interferometer Network (MERLIN) wurde später in Großbritannien gebaut, und andere folgten anderswo.

Dem VLA war eine bereits erwähnte Technik vorausgegangen, die als Very-Long-Baseline Interferometry (VLBI) bekannt ist und Grundlinien von *Tausenden* von Kilometern verwendet, was Auflösungen von einer tausendstel Bogensekunde erlaubt.

Dies wird von keinem anderen Instrument erreicht und brachte die Entdeckung von „superluminalen" Radioquellen, die anscheinend mit mehrfacher Lichtgeschwindigkeit expandieren. Die ersten Beobachtungen dieses Phänomens machten 1967 David S. Robertson in Australien und A. T. Moffat in Owens Valley in Kalifornien. Drei Jahre später entdeckten Irwin Shapiro und seine Kollegen, die Einrichtungen in Südkalifornien und in Massachusetts benützten, ein noch spektakuläreres Exemplar: 3C 279 (Quelle mit der Nummer 279 im dritten Cambridge-Katalog), die anscheinend mit der zehnfachen Lichtgeschwindigkeit expandierte.

Das Radioteleskop mit der größten Reflektorfläche befindet sich in Arecibo, Puerto Rico und hat einen Durchmesser von 305 Metern. Seine unbewegliche Schüssel ist in ein weitgehend natürliches Tal hinein gebaut, und ein Käfig mit der Antenne und anderem Material hängt an drei gewaltigen Pylonen. Indem man die Antenne relativ zur Schale verschiebt, läßt sich der Beobachtungswinkel etwas einrichten, so daß alle Planeten und Asteroiden beobachtet werden können. Das Arecibo-Teleskop verdankt seine Existenz

(1960–63) dem Wunsch des Pentagon, sowjetische (und andere) Satelliten im Umlauf zu verfolgen. Ein Auftrag wurde an die Cornell University vergeben, aber es zeigte sich bald, daß die Theorie der Ionosphäre, auf die es sich gründete, falsch war. Es ist jetzt ein Zweig des National Astronomy and Ionosphere Center.

Seit den Anfängen von Hey und anderen während des Krieges hingen die Untersuchungen des Sonnensystems mit großen Radioteleskopen stark von der Radartechnik ab. Die sowjetischen Astronomen machten dies zu ihrer Spezialität – darf man sagen, der Kalte Krieg hätte auf beiden Seiten auch Gutes hervorgebracht? Mit einer Anordnung von acht 16-m-Schüsseln auf der Krim empfingen sie in den frühen 1960ern als erste an Merkur, Venus und Mars reflektierte Signale. Später baute die sowjetische Akademie der Wissenschaften ein riesiges Teleskop (RATAN) mit fast neunhundert Reflektoren, die in einem Kreis von 576 Metern Durchmesser angeordnet waren und für eine dem VLA vergleichbare Empfangsleistung sorgten.

Die Entdeckung der Quasare

Die Zahl der mit Radioteleskopen gemachten Entdeckungen ist Legion, doch eine der aufregendsten war seinerzeit die der „quasistellaren Radioquellen", die bald als Quasare bekannt wurden. Die ersten Radiogalaxien waren in den frühen 1950ern entdeckt worden, aber es dauerte mehr als zehn Jahre, bis die Positionen mit einer Genauigkeit ausgemacht werden konnten, die eine Zuordnung zu sichtbaren Objekten erlaubte. Die Astronomen in Jodrell Bank zeigten trotzdem ein großes Interesse an einigen Radioquellen mit sehr kleinen Winkeldurchmessern. 1960 nahm Allan R. Sandage von den Observatorien am Mount Wilson und am Mt. Palomar Photographien von drei solche Quellen enthaltenden Himmelsregionen auf, und Thomas A. Matthews und J. G. Bolton vom Owens Valley Radio Observatory fanden in allen Fällen, daß das einzige sichtbare Objekt im Fehlerrechteck ein Stern war. Am Ende des Jahres gab Sandage in einem außerplanmäßigen Beitrag auf einer Konferenz der American Astronomical Society bekannt, daß die Photoplatten genau in der Position der starken Radioquelle 3C 48 einen hellen Stern zeigen. Er war von einer schwachen leuchtenden Strähne begleitet. Wenn dies wirklich ein Stern war, dann würde es der erste entfernte Radiostern sein, den man entdeckte. Als sein Spektrum analysiert wurde, stellte sich jedoch heraus, daß es zahlreiche Emissionslinien aufwies und mit keinem damals bekannten Sternspektrum vergleichbar war. Sandages Vortrag wurde in der Märzausgabe (1961) des populären Journals *Sky and Telescope* eine Zusammenfassung gewidmet, aber seine Bedeutung wurde nicht einmal von denen für die Arbeit Verantwortlichen richtig erkannt.

Anfang 1963 wurde ein noch hellerer Stern mit einer weiteren Radioquelle (3C 273) identifiziert, deren Position von Cyril Hazard, damals an der Universität Sydney, und seinen Kollegen Mackey und Shimmins sehr genau bestimmt worden war. Sie arbeiteten mit dem Parkes-Teleskop und nützten eine Mondokkultation, um die Position und Gestalt auf eine Bogensekunde genau zu bestimmen – in der Tat stellte sich das Objekt als doppelt heraus. (Eine von H. P. Palmer in Jodrell Bank geleitete Beobachtungsgruppe hatte bereits 1960 festgestellt, daß seine Winkelausdehnung unter vier Bogensekunden liegt.) Maarten

Schmidt (1929–) von Mount Wilson und Palomar erhielt ein Spektrum und fand darin Wasserstofflinien, die so stark (16 Prozent) rotverschoben waren, daß es mehr zu einer entfernten Galaxie gepaßt hätte. Dies erlaubte es ihm, ähnlich verschobene Sauerstoff- und Magnesiumlinien aufzuspüren. Mit dieser Information machten sich seine Kollegen Jesse L. Greenstein und Thomas A. Matthews an die Überprüfung der Spektern von 3C 48 und fanden eine Rotverschiebung um 37 Prozent, was eine bemerkenswerte Geschwindigkeit anzeigt.

1964 begannen Margaret Burbidge und T. D. Kinman, Spektren mit dem 120-Zoll-Reflektor des Lick-Observatoriums aufzunehmen; C. R. Lynds und seine Kollegen taten dasselbe am 84-Zoll-Reflektor des Kitt Peak National Observatory. Ende 1965 waren zehn solche Objekte bekannt, danach wuchs die Zahl schnell an. Dabei wurden sogar noch ungewöhnlichere Rotverschiebungen gefunden – bereits Ende 1966 waren drei mit mehr als 200 Prozent bekannt.

Diese Entdeckungen brachten die Astronomen in die schwierige Lage zu entscheiden, ob die Rotverschiebungen „kosmologisch" sind – das heißt, Bewegungen der Objekte im Zusammenhang mit der Expansion der Galaxien anzeigen –, auf irgendwelche neuen Effekte oder einfach auf kolossale lokale Geschwindigkeiten infolge irgendeiner galaktischen Explosion zurückzuführen sind. Einige einflußreiche Physiker und Astronomen, darunter James Terrell, Geoffrey und Margaret Burbidge und Fred Hoyle meinten, daß sie innerhalb unserer Galaxie, zumindest relativ nahe seien. Martin Rees und Dennis Sciama argumentierten dagegen. Wenn die Rotverschiebungen ein lokaler Geschwindigkeitseffekt wären, müßten dann nicht auch sich nähernde Objekte mit blauverschobenen Spektren beobachtet werden? Sie machten eine Analyse der vorliegenden Zahlen und schlossen, daß es zu viele schwache Quellen mit starken Rotverschiebungen gebe, um mit der Steady-state-Kosmologie vereinbar zu sein, die Hoyle in einem Nachhutsgefecht immer noch verteidigte. Eine beträchtliche Sammlung von Beweismaterial war zum Schluß angehäuft, daß die Rotverschiebungen der Quasare tatsächlich kosmologisch sind: Der nahe Quasar 3C 206, zum Beispiel, wird in einer *Wolke* von Galaxien beobachtet, die alle den Emissionslinien des Quasars gleiche Rotverschiebungen aufweisen.

Zur Frage der Terminologie: „Quasar" war sehr schnell als ein zweideutiger Ausdruck entlarvt, als quasistellare Galaxien und „interlopers" (Eindringlinge) identifiziert wurden und als optische Untersuchungen allmählich enthüllten, daß nur einer von zehn Quasaren massiv Energie im Radiobereich ausstrahlt. (Sandage begann 1965 „radioruhige Quasare" zu finden) „Quasistellares Objekt" (QSO) ist ein sicherer, aber uninformativer Name. Die Bezeichnung „Quasar" ist heute gemeinhin für eine massiv energetische, sterngleiche Quelle mit einer starken Rotverschiebung reserviert, die als kosmologisch angesehen wird.

Nun betrug die große Mehrheit der galaktischen Rotverschiebungen, die mit Hilfe des Schmidt-Teleskops in Palomar bestimmt worden waren, weniger als 20 Prozent. Wenn die Rotverschiebungen der Quasare kosmologisch sind, dann sind die Objekte offenbar weit entfernt und entsprechend hell – jedes verströmt hundertmal mehr Energie als eine typische Galaxie. (Man fand jedoch, daß die stärksten Radiogalaxien wie 3C 295 eine vergleichbare Leuchtkraft haben können.) Für die Astronomen war es fortan ein Problem, die Energiequelle in diesen leuchtstärksten im Universum bekannten Objekten zu benennen.

Radiostudien in den 1970ern und 1980ern zeigten, daß diese (bei Radiowellen) eine für viele Radiogalaxien typische Doppelstruktur aufweisen und daß der sichtbare „Stern" dann im allgemeinen mit einer starken und kompakten Radiokomponente zusammenfällt. Es zeigte sich, daß die Quasarstrahlung oft teilweise polarisiert ist und Röntgenstrahlen enthält. Man fand, daß viele in ihrer Helligkeit (im Radio- und im optischen Bereich) schwankten und daß die Zeitskale dieser Änderungen von der Größenordnung eines Jahres ist. Messungen ihrer Winkelgröße mit Hilfe von Interferometern mit einer interkontinentalen Basis – die Ergebnisse lagen bei einem Tausendstel einer Bogensekunde – ergaben, daß eine typische Galaxie im Durchmesser um die zehntausendmal so groß ist wie ein Quasar. Es ergab sich, daß viele Quasare in Galaxien eingebettet sind, und 20 Jahre nach der Erstentdeckung fand man, daß 3C 273 in eine Nebel-Galaxie eingebettet ist, die der von vielen riesigen elliptischen Galaxien ähnlich ist.

So wurde die Theorie entwickelt, die Quasare seien galaktische Kerne. Zu gegebener Zeit verband sich diese Forschungslinie mit einer anderen, die auf eine Entdeckung zurückging, die 1943 von Carl K. Seyfert vom Mount-Wilson-Observatorium gemacht wurde. Seyfert hatte Galaxien mit hellen kompakten Kernen und ungewöhnlichen Spektren gefunden. (Wir haben diese kurz in Kapitel 16 erwähnt.) Er bemerkte, daß die Spektren der Kerne seiner Galaxien Emissionslinien von heißem ionisiertem Gas suggerierten, das mit Geschwindigkeiten von Tausenden Kilometern pro Sekunde ausströmte. Zwanzig Jahre später wurden optische Detektoren entwickelt, die eine eingehendere Untersuchung der Seyfert-Galaxien ermöglichten. Man fand, daß ihre Helligkeit schwankt. Viele ihrer Eigenschaften wurden später bei Quasaren gefunden. Es gibt Galaxien, die den Seyfertschen zwar ähneln, ihre Kerne sind aber weniger aktiv und darum können sie aufgelöst werden. (Im Gegensatz zu den Quasaren, wo der Kern heller ist als die Galaxie.) Diese sog. N-Galaxien enthalten die BL Lacertae Objekte, eine Untergruppe ohne starke Emissionslinien in ihren Spektren. Das Objekt BL Lacertae (Lacerta ist ein Sternbild) wurde einmal als ein variabler Stern angesehen, stellte sich jedoch später als eine Radioquelle mit einem umgebenden elliptischen Nebel heraus. Es gibt eine ganze Klasse von Objekten mit diesen Eigenschaften. Man hält sie für besondere Arten von aktiven galaktischen Kernen. Die Untersuchung von Galaxien mit aktiven Kernen wurde ein wichtiger neuer Zweig der Astronomie der 1970er und danach.

Man erkannte bald, daß die gewaltige Leuchtkraft der Quasare ihnen einen besonderen Rang in der Kosmologie zuwies. Wenn wir eine entfernte Galaxie betrachten, sehen wir sie in einem vergangenen Zustand. Es gibt nur wenige Galaxien mit bekannten Entfernung über 1 200 Megaparsecs, aber diese zeigen sich so, wie sie waren, als das Licht sie vor 3,6 Milliarden Jahren verließ. Es gibt jedoch Quasare, die *die zehnfache Entfernung zu haben scheinen.* Hier kann man nicht einfach die Reisezeit des Lichts berechnen, indem man die Entfernung durch die Lichtgeschwindigkeit teilt, weil das unterstellte kosmologische Modell von entscheidender Bedeutung ist. Einfach gesagt, nehmen die Rotverschiebungen nicht einfach zu, je weiter wir in das Weltall blicken. Tatsächlich gibt es wenige über 350 Prozent, was für das Alter der Objekte eine obere Grenze von etwa 18 Milliarden Jahren setzt. Das ist ein wesentlicher Teil des Alters, das dem Universum aufgrund der meisten Expansionsmodelle zugeschrieben wird und das in den 1980ern gewöhnlich auf etwa 20 Milliarden Jahre angesetzt wurde. Aber wiederum hängt diese Zahl, wie erklärt, vom angenommenen Modell ab. Welches Modell man wählen sollte, war eine kritische und heiß debattierte Frage in den frühen 1960ern. 1965 gab es viel Datenmaterial, das die astronomische Gemeinschaft zu einem sich entwickelnden Universum tendieren ließ, doch es gab kein direktes Anzeichen dafür, daß es in seiner Anfangszeit die heiße und dichte Phase durchlaufen hatte, die so lange Gegenstand der Diskussion war. Dieses Indiz kam 1965 aus einer unerwarteten Ecke.

Die kosmische Hintergrundstrahlung

Die Geschichte beginnt um 1930 mit Tolmans Arbeit über Thermodynamik und Strahlung in einem expandierenden Universum. 1938 versuchte von Weizsäcker, die Bildung der schweren Elemente aus Wasserstoff in einem frühen „Superstern"-Zustand des Universums – noch vor seiner Expansion – zu erklären. 1948 zeigte Gamow, daß das Weltall gemäß der allgemeinen Relativitätstheorie niemals in einem statischen Hochtemperaturzustand gewesen sein konnte. Er schlug stattdessen vor, daß während der frühen und sehr schnellen Expansion die Elemente gebildet und die Strahlung ausgesandt worden sei. Eine Theorie der Bildung der Galaxien folgte. Er und seine Mitarbeiter rechneten aus, daß im frühen Universum die Dichte der Strahlung viel größer war als die der Materie, aber er zog nicht die Möglichkeit in Betracht, daß Reste dieser Phase in der Form von Strahlung bis zum heutigen Tag überdauert haben.

Wie erwähnt, sagten 1949 Alpher und Herman – die die vermutlichen Temperaturverhältnisse im Lauf der Geschichte des Universums verfolgten – eine allgemeine Hintergrundtemperatur von 5 K voraus. Sie merkten an, daß es keine Beobachtungsdaten über die gegenwärtige Dichte der Gesamtstrahlung gebe. Vier Jahre später dehnten sie ihre Arbeit in einer klassischen Untersuchung mit J. W. Follin auf die physikalischen Umstände in den Anfangsstadien der Expansion aus, aber sie überprüpften nicht ihre frühere Berechnung. Die sowjetischen Astronomen A. G. Doroshkevitch und I. V. Novikov taten dies später und befanden, daß die gegenwärtige Temperatur der Hintergrundstrahlung überall im Weltraum nahe Null liege.

Gamows Ideen hatten eine kleine Anhängerschaft, aber es wäre ein Fehler, zu behaupten, er hätte der astronomischen Gemeinde ein klares Ziel vorgegeben. 1950 kritisierte C. Hayashi seine Gedanken und berechnete, daß in den beiden ersten Sekunden der Expansion des Weltalls die Temperatur über der Schwelle für die Erzeugung von Elektron-Positron-Paaren gelegen habe. Andere Rechnungen ergaben, daß in der ersten Phase zwar Helium produziert worden sei, daß aber die Bildung der schweren Elemente in der von Gamow vorgeschlagenen Weise unmöglich sei. Darüber hinaus wurden bald neue Theorien der Elementbildung in Sternen erfolgreich entwickelt, und genau dies ließ seine Theorien in Vergessenheit geraten. Die Arbeit wartete auf ihre sichere Wiederentdeckung wie die Strahlung, die ihr wesentliches Charakteristikum ist.

In den späten 1950ern planten die Bell-Labs in den Vereinigten Staaten, besonders die in Holmdel, New Jersey, an Kommunikationssatelliten zu arbeiten. Die Anfangstests mußten mit den unvermeidlich schwachen Radioechos von Ballonen durchgeführt werden. Dies erforderte ein Empfangssystem mit sehr geringem Rauschen. Man setzte den sogenannten

„Wanderwellen-Maser“, der bei sehr tiefen Temperaturen (Temperaturen des flüssigen Heliums) arbeitete, und eine 6 m-Hornantenne ein, die vage an ein viereckiges Schiffshorn erinnerte. Wenn die Anlage auch nach den Standards der damaligen Radioastronomie nicht groß war, waren ihre Eigenschaften doch akkurat ausmeßbar, und als sie für die Echostudien nicht mehr gebraucht wurde, reichte man sie an radioastronomische Projekte unter der Leitung von Arno Penzias und Robert W. Wilson weiter. Sie hofften, Radioquellen genauer als bisher kalibrieren zu können. Bereits 1961 beim Einsatz des Echo-Satelliten hatten die von ihrem Kollegen Ed Ohm gewonnenen Systemtemperaturen – zum Teil auf Eigen-, zum Teil auf Fremdrauschen zurückführbar – konsistent 3,3 K mehr als erwartet betragen, und jetzt fanden Penzias und Wilson ebenfalls eine Überschreitung der Erwartung. Sie hielten es für ein Antennenproblem, aber es verging fast ein Jahr, und selbst das Verjagen eines nistenden Taubenpaares brachte keine Verbesserung. Gleichgültig, auf welche Himmelsregion die Antenne gerichtet wurde, die Strahlung war da.

Während andere Experimentatoren den unerklärlichen Befund auf unbekannte Instrumentenfehler geschoben hätten, bohrten sie beharrlich weiter. Sie diskutierten die Sache mit R. H. Dicke, der damals ein oszillatorisches Modell des Universums mit heißen Phasen untersuchte und etwas der von ihnen gefundenen Art erwartete. Tatsächlich hatte Dicke in Princeton eine Voraussage einer Hintergrundstrahlung von 10 K oder einer Wellenlänge von 3 cm publiziert. Seine Gruppe – P. J. E. Peebles, R. G. Roll und D. T. Wilkinson – hatte Pech. Sie wollten gerade mit einem selbst gebauten, hochentwickelten Radiogerät auf die Suche nach der Hintergrundstrahlung gehen, als sie von der Arbeit an den Bell Laboratorien erfuhren. Mit einem begleitenden Letter-Artikel dieser Gruppe veröffentlichten schließlich Penzias und Wilson 1965 ihre Entdeckungen. 1978 erhielten sie zusammen den Nobelpreis für Physik.

Was Penzias und Wilson bei einer Wellenlänge von 7,3 cm – zweihundertmal kürzer als die in der Pionierarbeit von Karl Jansky am selben Laboratorium benützte – gefunden hatten, war, daß *selbst aus einer anscheinend leeren Himmelsregion Radiowellen ankommen.* Dies ließ sich im Kontext eines „Big Bang“ vor zehn oder zwanzig Milliarden Jahren erklären. Der Gedanke ist dabei, daß die Energie der anfänglichen Explosion in der Folge der allgemeinen Expansion des Weltalls verdünnt wurde, so daß sie heute der Strahlung eines „schwarzen Körpers“ (eines idealisierten Strahlers in der Fachsprache der Physik) von etwa 3 K (Originalangabe: $3{,}5 \pm 1{,}0$ K) entspricht.

Penzias und Wilson hatten Glück mit ihrer Wellenlänge. Es gibt nämlich ungefähr zwischen 1 und 20 cm ein „Fenster“, durch das die Strahlung des „Urfeuerballs“ an der Erdoberfläche beobachtet werden kann. Bei größeren Wellenlängen gehen außergalaktische Signale unter denen unserer eigenen Milchstraße unter, bei kürzeren Wellenlängen strahlt die Erdatmosphäre zu stark. Ihr Weg war nicht der einzig mögliche, der zur Entdeckung führte. Im Nachhinein kann man sagen, daß andere – zum Beispiel Haruo Tanaka in Japan (1951) und Arthur E. Covington und W. J. Medd in Kanada (1952) – ihnen zuvorgekommen waren, aber die Genauigkeit ihrer Daten war im Vergleich zu späteren Arbeiten gering. Heute versteht man auch eine Deutung, die Andrew McKellar vom Dominion Astrophysical Observatory in Victoria, Kanada für einige verwirrende, am Mount Wilson gefundene Absorptionslinien gefunden hatte: Er hatte gemeint, daß sie auf die Absorption durch Cyanmoleküle im Weltall bei 2,7 K zurückzuführen seien. Er sagte sogar das Auftreten einer weiteren Absorptionslinie voraus und fand sie auch. Aber seine Gedanken wurden wenig bekannt, sogar von einigen zurückgewiesen und hatten, wie die anderen bereits erwähnten, keinen Widerhall in der Theorie.

1965 reagierten die Kosmologen jedoch sehr aufgeregt, denn nun unterschied sich die Lage in einem wesentlichen Aspekt: Dank Dicke sah man den Bezug zu einer entscheidenden Frage, einer Frage, die von immer mehr Astronomen gestellt wurde. Hier lagen schließlich Indizien vor, die die Auswahl kosmologischer Theorien deutlich einschränken konnten. Die Steady-state-Theorien konnten vielleicht immer noch verteidigt werden. Einige ihrer Befürworter betrachteten die Möglichkeit, daß im ganzen Universum *neue Strahlung* mit neu geschaffener *Materie* entsteht; so wurde jedoch die Entdeckung der 3 K-Hintergrundstrahlung nicht allgemein eingestuft. Von nun an wandten sich die meisten Kosmologen der Untersuchung eines sich entwickelnden Universums zu, das mit einem heißen Urknall begann und dessen Entwicklung von den Gesetzen der (Elementar)teilchenphysik bestimmt ist.

Dieser neue Stil in der Kosmologie – man könnte ihn den Lemaître-Tolman-Gamow-Stil nennen – wurde in den 1960ern und 1970ern von Theoretikern wie Fowler, Wagoner, Thorne, Sachs, Wolfe, Sacharow, Weinberg, Schramm und Steigmann energisch verfolgt. Nicht nur bei den Radioastronomen, sondern auch in der Röntgen- und Gammastrahlenastronomie wurde viel neues Datenmaterial mit Bezug auf diese theoretische Richtung produziert. Aber parallel zu dem neuen theoretischen Betätigungsfeld entwickelte sich schnell ein weiteres, mehr mathematisches. Man untersuchte sog. „Horizonteffekte" in kosmologischen Modellen, physikalische Effekte mit seltsamen topologischen Eigenschaften, die einige auf die Idee brachte, das Weltall könnte im großen Maßstab nicht homogen sein. Wir werden auf diese Fragen zurückkommen, wenn wir das neue, bei diesen anderen Wellenlängen gewonnene Beweismaterial geprüft haben.

Es wurde bereits erwähnt, daß nicht alle Steady-state-Kosmologen ihre ursprünglichen Ideen leicht aufgaben. 1975 verteidigten Fred Hoyle und Jayant Narlikar ein expandierendes Steady-state-Modell mit einer „Skalar-Tensor"-Version der allgemeinen Relativitätstheorie, die der 1939 von Jordan entwickelten ähnelte. Es wird nicht mehr davon gesprochen, daß Teilchen entstünden, sondern davon, daß bestehende Teilchen ihre Massen verändern. Die 3 K-Hintergrundstrahlung wurde als in Wärme verwandeltes Sternenlicht einer früheren Phase dargestellt, das zu Zeiten, als die meisten Teilchen fast keine Masse hatten, an sehr großen Atomen gestreut worden war. Diese Gedanken haben bisher keine große Anhängerschaft gefunden.

Die Entdeckung der Pulsare

Zur Zeit der Bestätigung der Mikrowellen-Hintergrundstrahlung wurden noch zwei wichtige astrophysikalische Entdeckungen gemacht, die mit jener gemeinsame Aspekte haben. Beim kosmischen Maser lernen wir, daß Entdecken Erkennen und das wiederum ein irgendwie geartetes Verstehen erfordert. Bei der Entdeckung der Pulsare zeigt sich, wie wichtig es ist, das Unerklärte nicht beiseite zu schieben, so unbedeutend es auch erscheinen mag.

Der *Maser*, eine Anordnung zur Verstärkung von Mikrowellen einer sehr genau definierten Frequenz, wurde 1954 von Charles Townes und seinen Mitarbeitern an der New Yorker Columbia-Universität erfunden. (Sein Name ist ein aus „microwave amplification through stimulated emission of radiation" gebildetes Akronym.) 1964 fand eine von Harold Weaver geleitete Gruppe in Berkeley, Kalifornien bei der Untersuchung der Galaxis im Mikrowellenbereich einen verwirrenden Satz von Spektrallinien, den sie zunächst „Mysterium" nannten. Er war schnell mit der Strahlung identifiziert, die bei einer Änderung im Hydroxyl-Radikal, einer Verbindung aus einem Sauerstoff- und einem Wasserstoffatom, hervorgerufen wird. Wegen der Ähnlichkeiten mit dem, was im Labor erzeugt werden kann, wurde eine kosmische Entsprechung des Masers angenommen. Viele weitere sind seither als Maser erkannt worden, einige waren bereits am MIT und in Jodrell Bank gefunden worden, bevor man sie genau verstand, andere enthielten andere Atomgruppen. Sie wurden in kalten Wolken in der Nachbarschaft von heißem ionisiertem Gas gefunden und auch mit gewissen Sterntypen, die stark im Infraroten strahlen, in Verbindung gebracht.

Für die Pulsare kennt man eine genau definierte Geburtsstunde: Es begann mit einer Beobachtung von S. Jocelyn Bell, einer Doktorandin an der Universität Cambridge. Sie bemerkte eine kleine Unregelmäßigkeit („a bit of scruff") auf einer 120 m langen Papierrolle, die einem vollständigen Himmelsdurchgang über die Antenne entsprach. Sie versuchte herauszufinden, wie von der Sonne emittiertes Gas auf die Signale von Radioquellen wirkte, und dabei war die zivilisatorisch bedingte Radiostrahlung ein Problem. Die Aufzeichnung stammte vom 6. August 1976, und im Oktober bemerkte sie ihren ungewöhnlichen Charakter und daß das Signal, das wie eine Folge kurzer Pulse erschien, an derselben Stelle des Himmels verblieb. Mit ihrem Betreuer Anthony Hewish und drei anderen Kollegen beobachtete sie das Signal weiter, und die Pulse behielten ihren Zeitabstand (von etwa 1,3 s) sehr genau bei. Noch vor Weihnachten hatte Jocelyn Bell eine zweite pulsierende Quelle gefunden, deren Periode nur geringfügig kürzer als die erste war. In dem Cambridger Seminar, bei dem die ersten Pulsare vorgestellt wurden, diskutierte man darüber, ob sie von entfernten Zivilisationen stammen könnten, und ihre vorläufigen Namen LGM 1–4 spielten auf „Little Green Men" an. Was an den Pulsen am meisten überraschte, war die absolute zeitliche Präzision, mit der sie auftraten. Die Periodenlänge der ersten Quelle wird heute auf acht Dezimalen genau angegeben.

Thomas Gold, der damals an der Cornell-Universität war, dürfte als erster erkannt haben, daß die Pulsare die langgesuchten Neutronensterne sind, die aus theoretischen Überlegungen seit den 1930ern diskutiert wurden. Seit der Entdeckung des ersten Pulsars (er heißt CP 1919, was Cambridger Pulsar mit der Rektaszension 19 h 19 m bedeutet) wurden weitere extensive theoretische Untersuchungen der Neutronensterne durchgeführt. Die Theorie sagt, daß das Magnetfeld von Neutronensternen das Billionenfache (10^{12}-fache) von dem der Erde betrage und eine entscheidende Rolle bei der Erzeugung der Sternstrahlung spiele. In Radiopulsaren wird ein schnell rotierender Neutronenstern mit einem Synchrotronmechanismus vermutet. (Das Synchro(zyklo)tron ist ein Beschleuniger, bei dem die Teilchen in einem kontrollierten Magnetfeld eine Spiralbahn durchlaufen.) Dieses System produziert Radiowellen in *Oberflächen*nähe. Wie wir noch sehen werden, wurden 1971 durch Satellitenbeobachtung Pulsare im Röntgenbereich gefunden, und in diesen Fällen sagt die Theorie, das die Strahlung von den *Polen* des Sterns kommt. Man kennt auch Pulsare bei anderen Wellenlängen. In allen Fällen ist das beobachtete Pulsen einfach ein Leuchtturm-Effekt: Immer wenn der Emissionspeak über uns streicht, gibt es einen Puls.

Der gelegentliche Nutzen historischer Aufzeichnungen für die Astronomie wurde bereits im Zusammenhang mit dem Crab-Nebel illustriert, dem Überrest einer Supernova, die am 4. Juli 1054 in China registriert wurde. Man fand schließlich, daß dieser im Kern einen Pulsar enthält, der sich etwa dreiunddreißigmal in der Sekunde dreht und damit einer der schnellsten ist, die man kennt. Seine Schnelligkeit ist eine Folge seiner relativen Jugend – nach der Theorie sorgt die Energiedissipation für ein Abbremsen, und die historische Aufzeichnung liefert eine wichtige Angabe zum Verständnis des Mechanismus. Die Änderungsraten sind äußerst gering, aber meßbar – beachte die Genauigkeit, mit der die von CP 1919 angegeben wird. Nicht alle Änderungen sind freilich glatt. Diskontinuitäten in der Folge der Inzidenzzeiten werden oft beobachtet, und es wurden dafür verschiedenartige Erklärungen (z. B. Brüche in der Sternkruste) gegeben. Obgleich es natürlich keine Einigkeit in der Theorie der Neutronensternmechanismen gibt, hat ihr gemeinsamer Kern auffallend viele Phänomene erklärt. Der Zustand der Materie im Innern von Neutronensternen stellt jedoch einige der schwierigsten Fragen der fundamentalen Physik, was begreiflich wird, wenn man sich vor Augen hält, daß die Masse eines Kubikzentimeters dort von der Größenordnung zwölf Millionen Tonnen ist.

19 Observatorien im Weltraum

Beobachtungen aus der Luft

Ballone, die mit heißer Luft, Wasserstoff und später mit Helium gefüllt sind, waren seit den Tagen der Gebrüder Montgolfier um 1782 selbst ein Gegenstand des wissenschaftlichen Interesses gewesen. Die beiden Brüder Michel Joseph und Étienne Jacques begannen ihre Experimente mit Wasserstoff, hatten aber nur mit erhitzter Luft richtigen Erfolg. Der erste Flug mit Menschen an Bord wurde am 20. November 1783 unternommen. Wir sind schon einem Astronomen, der in einem bemannten Ballon reiste, begegnet – Janssen entkam so 1871 aus dem besetzten Paris, er hatte aber nicht die Absicht, die Sonnenfinsternis vom Ballon aus zu beobachten. Die ersten ernsthaften Nachfragen nach Ballonflügen zu astrophysikalischen Zwecken kamen von denen, die die Physik der Elementarteilchen erforschten. 1911–12 unternahm Victor Franz Hess (1883–1964) zehn Ballonaufstiege. Am 7. August 1912 machte er zusammen mit dem Ballonführer und einem Meteorologen seinen ergiebigsten Flug. Ihr Flug von Aussig an der Elbe nach Pieskow dauerte etwa sechs Stunden und brachte sie in eine Höhe von mehr als fünf Kilometern. Hess las während der Reise drei Elektroskope ab, um die Intensität der Strahlung zu messen, die die Ionisation der Atmosphäre bewirkt. (Nach der weitverbreiteten Überzeugung war Gestein in der Erdkruste ihre Quelle.) Er fand, daß sie zwar auf den ersten 150 Metern absank, dann aber mit zunehmender Höhe des Ballons anstieg. Er hatte früher schon gefunden, daß sie bei einer gegebenen Höhe gleich blieb, und zwar bei Tag und Nacht, und so nichts mit den direkten Strahlen der Sonne zu tun hat. Hess veröffentlichte seine Befunde im Laufe des Jahres und schloß auf eine überaus durchdringende Strahlung, die *von oben* auf die Erdatmosphäre trifft.

Hess war der eigentliche Begründer der Astronomie der kosmischen Strahlung. (Der Ausdruck „kosmische Strahlung“ wurde 1925 von R. A. Millikan geprägt.) 1936 wurde Hess der Nobelpreis verliehen. Seine Ergebnisse waren lange zuvor von W. Kohlhörster bestätigt worden – Kohlhörster war 1913 zur Fortsetzung der Messungen tatsächlich bis zu einer Höhe von über neun Kilometern aufgestiegen –, aber erst Mitte der 1920er wurden sie weithin akzeptiert. Nach dem *Anschluß ans Reich* (1938) verlor Hess wegen seines strikten Katholizismus seine Professur in Graz. Er übersiedelte nach Amerika, wo er seine Arbeit – zum Beispiel vom Empire State Building aus – fortsetzte.

Einen bemerkenswerten Gebrauch von unbemannten Ballonen als Trägern von Instrumenten zur Untersuchung der Höhenstrahlung machte der deutsche Physiker Erich R. A. Regener (1881-1955), eine Autorität auf dem Gebiet der Atmosphären- und Stratosphärenphysik. (1909 hatte Regener einen recht genauen Wert für die Ladung des Elektrons erhalten, und dafür ist er heute gemeinhin bekannt.) Um die kosmische Strahlung in den frühen 1930ern zu messen, setzte er Gummi- und später Zellophanballone aus, von denen einige Höhen um die 30 Kilometer erreichten. 1933 unternahm er selbst einen Aufstieg, und bei dieser Gelegenheit entdeckte er einen Zusammenhang zwischen einer Sonneneruption und einer ungewöhnlich hohen Ionisation der Atmosphäre. Dies war eine wichtige Entdeckung, zeigte sie doch, daß die *Sterne* eine der Quellen kosmischer Strahlung sind. Vor allem nach dem Krieg wurden unbemannte, für meteorologische Zwecke entwickelte Ballone Standardtransportmittel für Höhenstrahlungsinstrumente.

Konventionelle Flugzeuge wurden mit viel Erfolg eingesetzt, um den Blockadeeffekt der Erdatmosphäre bei kurzen Wellenlängen zu vermeiden. Die ernsthafte Arbeit begann 1966, als Frank Low und Carl Gillispie bei 14 Einsätzen von einem Douglas A3-B-Bomber aus die Helligkeitstemperatur der Sonne (zum Beispiel bei einer Wellenlänge von 1 mm) bestimmten. Ein Jahr später finanzierte die NASA (National Aeronautics and Space Administration) Planetenstudien von einer „Galileo“ getauften Convair 990 aus. Diese stürzte 1973 ab, wobei mehrere Menschen ums Leben kamen. Ihr Nachfolger Galileo II war auch vom Unglück verfolgt: Sie ging 1985 in einem Feuer auf der Startbahn unter, diesmal jedoch kamen keine Menschen zu Schaden. Die NASA finanzierte ab 1968 das Lear-Jet-Observatorium, das ein 30-cm-Spiegelteleskop in über 15 Kilometer Höhe trug. Es war der Prototyp der vielleicht erfolgreichsten Einrichtung dieses Typs, nämlich des Kuiper Airborne Observatory (KAO) der NASA, das von einer umgebauten, vierstrahligen C-141-Militärtransportmaschine befördert wurde.

1974 in Dienst gestellt, hatte das KAO typischerweise eine Mannschaft von drei bis sieben Experimentatoren und je einen Operateur für das Teleskop, das Leitfernrohr und den Computer an Bord. Ein Flug dürfte sechs bis sieben Stunden gedauert haben. Gestartet wurde gewöhnlich in Moffett Field in Kalifornien, aber in einigen Fällen in Hawaii, Australien und Japan. Große technische Probleme wurden bei diesem Projekt gemeistert, besonders beim Erreichen von Stabilität – mit Hilfe von Gyroskopen und durch spezielle Flugtechniken – und beim Vermeiden von Luftturbulenzen im Gesichtsfeld der Instrumente.

Flugzeugobservatorien wurden in den 1970ern von mehreren Nationen betrieben, darunter dem Vereinigten Königreich, Westdeutschland, Indien und Japan. Es wurden Untersuchungen der Höhenstrahlung und auch der Planeten durchgeführt. Das KAO lieferte eine bedeutende Reihe von Spektralstudien der Planetenatmosphären. Die Ringe des Uranus wurden 1977 von ihm aus entdeckt (die Entdeckung wurde damals anläßlich einer Sternokkultation auch vom Boden aus gemacht), und wie andere Flugobservatorien lieferte es viele Informationen über die von den Planeten abgegebene Wärme. Man fand zum Beispiel, daß Jupiter, Saturn und Neptun alle mehr Wärme abstrahlen, als durch Reflexion von Sonnenstrahlung erklärt werden kann. Das weist auf *interne* Wärmequellen hin. Uranus verfügt über keine nennenswerten. Diese Art der Höhenastronomie wurde jedoch bald von raketengetragenen Sonden in den Schatten gestellt.

Raketengetragene Observatorien

Ein Nebeneffekt der vielen Erfolge in der Astrophysik und Kosmologie in der Zeit vor dem Zweiten Weltkrieg war, daß die akademische Arbeit in der Himmelsmechanik nachließ. Als in der Nachkriegszeit das Interesse daran wieder erwachte, hatte das Gründe, die zunächst wenig mit der Astronomie zu tun hatten, und es fand im Abseits statt. Das war die „Sputnik-Ära", als zum erstenmal Observatorien von Raketen über die Erdatmosphäre hinaus befördert wurden. Dieser Periode einen solchen Titel zu geben bedeutet natürlich eine zu starke Vereinfachung der Geschehnisse, aber für die Welt draußen hatte der „Wettlauf ins All" mehr mit dem Transport von Sprengköpfen als von Teleskopen zu tun, und der Sputnik war der erste Satellit, der mehr oder weniger lang in der Erdumlaufbahn bleiben konnte.

Die Militärraketen haben eine lange Geschichte, die mit den Chinesen beginnt. Die ersten Raketen, die erfolgreich im modernen Krieg eingesetzt wurden, waren von dem englischen Ingenieur William Congreve (1772–1828) entworfen. Sie wurden in vielen Schlachten der Napoleonischen Kriege benützt und bald darauf von den meisten europäischen Armeen kopiert. Das war hauptsächlich die Folge der Schriften von Jacques-Philippe Mérignon de Montgéry, der 1825 eine gut dokumentierte Geschichte und Theorie der Rakete als Kriegswaffe schrieb. Das Raketenwesen blieb ein Anhängsel des Kanonenwesens, wenn auch mit einer eigenen Theorie. Sie wäre von den Artillerieexperten mit größerem Eifer vorangetrieben worden, wären die Treibstoffe zuverlässiger gewesen. Konstantin Eduardowitsch Tsiolkovsky (1857–1935), ein russischer Lehrer, lieferte mehrere wichtige Beiträge; Robert Hutchings Goddard (1882–1945) tat dasselbe und feuerte 1926 seine erste erfolgreiche Rakete ab, die mit flüssigem Treibstoff betrieben wurde. Hermann Oberth (1894–1990) war ein Bewunderer der Arbeit Tsiolkovskys und organisierte Enthusiasten in einer Gesellschaft für Raumfahrt, zu der der junge Wernher von Braun gehörte. Nach dem Ersten Weltkrieg waren die Deutschen durch den Versailler Vertrag auf Artillerie kleinen Kalibers beschränkt, und so betrieben sie einen großen Forschungsaufwand im Raketenwesen, wobei sie auf die Dienste mehrerer Mitglieder dieser Gesellschaft zurückgriffen. Von Braun leitete das deutsche Rüstungsprogramm, das in den Angriffen von 1944 und 1945 auf Südengland mit überschallschnellen V 2-Raketen gipfelte. Ein erbeuteter Vorrat von diesen wurde in die Vereinigten Staaten verschifft, und 25 davon wurden für wissenschaftliche Zwecke bereitgestellt.

Zunächst wurden die Raketen für die Erforschung der oberen Atmosphäre eingesetzt: Diese Apparate, 14 Meter lang und 14 Tonnen schwer, konnten eine Höhe von 120 km erreichen. Die Radiotelemetrie wurde entwickelt, um während des Fluges Daten zur Erde zu übermitteln, nachdem eine der ersten Schwierigkeiten darin bestanden hatte, die Einschlagsgeschwindigkeit zur Schonung der Instrumente zu reduzieren. Das dürfte für die deutschen Raketentechniker kaum ein Problem gewesen sein. Bereits im Oktober 1946 wurden mit einer dieser umgebauten V 2-Raketen die ersten Sonnenspektren aufgenommen, Spektren, die wertvoll waren, da sie von oberhalb der Ozonschicht gewonnen wurden, die einen Großteil der Ultraviolett-Strahlung absorbiert. Die am US Naval Research Laboratory verantwortliche Gruppe wurde von Richard Tousey geleitet. Die Rakete stieg auf 80 Kilometer, und es wurde sofort offenbar, weshalb so viele Versuche in den 1920ern und 1930ern fehlgeschlagen waren, Ultraviolettspektren der Sonne von Ballonen aus zu gewinnen: Die Höhe der Ozonschicht war stark unterschätzt worden.

Es sollten mehrere Jahre vergehen, bis Regelmechanismen entwickelt waren, mit denen die Instrumente für astronomische Zwecke genau genug ausgerichtet werden konnten. Als dies aber einmal geschafft war, konnte man das Sonnenspektrum bis in den Röntgenbereich erhalten. Hatte die erste Hälfte des 20. Jahrhunderts phänomenale astronomische Erfolge gesehen, die durch immer größere Spiegelteleskope errungen wurden, kann man auch im Hinblick auf die Entwicklungen in der Radioastronomie sagen, daß in der zweiten Hälfte durch eine gewaltige Erweiteung des empfangenen Wellenlängenbereichs noch mehr erreicht wurde. Und im Lauf der Jahre nahm das Wissen über das Planetensystem lawinenartig zu, indem man einfach die Objekte des Interesses aufsuchte.

Am 4. Oktober 1957 startete die Sowjetunion mit dem Sputnik den ersten künstlichen Satelliten in einer Erdumlaufbahn. Die USA hatten seit langem Vanguard für einen Flug ins All vorbereitet. Obwohl sie von den sowjetischen Ambitionen Kenntnis hatten, wurden sie von dem erfolgreichen Start völlig überrascht. Nur einen Monat später trug Sputnik 2 den Hund Laika in die Umlaufbahn.

Beide Länder hatten zahlreiche Weltraumtechnologen, doch plötzlich wurde das ganze Unterfangen eine Angelegenheit des nationalen Prestiges. Neue Lehrpläne wurden von der US National Science Foundation und der NASA aufgestellt, und im Namen der „nationalen Verteidigung und der Erforschung des Weltalls" wurden Hunderte von Regierungsbeamten, Industrieforschern, Kollegeprofessoren und Studenten in die Berechnung von Umlauf- und Flugbahnen – Himmelsmechanik in einem neuen Gewand – eingeführt.

Damals profitierten die Astronomen über ein Jahrzehnt lang von Budgets, die ursprünglich für die nationale Sicherheit gedacht waren. Während sie versuchten, die Natur des Kosmos zu bestimmen und herauszubekommen, ob es außerirdisches Leben gibt, waren sie oft zur Zusammenarbeit mit Leuten verpflichtet, die ernsthaft das Leben auf der Erde bedrohten. Auch die astronomische Beobachtung war bedroht. Es gab zum Beispiel Pläne, die obere Atmosphäre zur Radarabschirmung mit gewaltigen Mengen von Kupfernadeln zu füllen, was auf einen ständigen „Nebel" über den Radioteleskopen hinausgelaufen wäre. Die Astronomen wurden auf beiden Seiten des Eisernen Vorhangs oft zynisch dazu benützt, die Entwicklung neuer Waffen zu verschleiern. Es war ein glücklicher Umstand, daß die astronomische Tarnung in vielen Fällen Realität wurde. Die astronomischen Ziele wurden gewaltiger finanzieller Unterstützung würdig befunden, und innerhalb von 20 oder 30 Jahren war das Gesicht der Astronomie nicht mehr wiederzuerkennen.

Eine der bedeutendsten unter den frühen Entdeckungen war die, daß die Erde von einer dichten Verteilung sehr energetischer, geladener Teilchen umgeben ist. Die sogenannten „Van-Allen-Gürtel" sind nach ihrem Entdecker, James Alfred van Allen benannt, der in einem Team am Johns Hopkins Applied Physics Laboratory in Baltimore arbeitete. Irgendetwas hatte die Strahlenzähler an Bord von Explorer 1, dem ersten US-Erdsatelliten, gestört. Van Allen änderte die Apparatur und konnte später die doughnutförmige [Doughnut = flacher, ringförmiger Pfannkuchen] Verteilung geladener Teilchen kartieren.

Ihre Entdeckung bestätigte in gewissem Maße Überlegungen zur Bewegung geladener Teilchen im Erdmagnetfeld, die bei Studien der Polarlichter entwickelt wurden. Diese spektakulären Lichterscheinungen sind zwischen dem 60. und 75. Breitengrad am Nachthimmel zu sehen. 1896 schlug der norwegische Physiker Olaf K. Birkeland vor, die Polarlichter könnten durch elektrisch geladene Teilchen entstehen, die von der Sonne ausgesandt und vom Erdmagnetfeld an den Polen hereingezogen werden. In den 1930ern versuchte der norwegische Mathematiker F. C. M. Störmer (1874–1957), die Bahn der Teilchen zu berechnen, aber seine Theorie war nur auf den ersten Blick erfolgreich, und für Jahrzehnte konnte die Theorie des „Sonnenwindes", der für die äußeren Teile der Van-Allen-Gürtel verantwortlich ist, nicht die Polarlichter erklären. In den 1930ern allerdings erzielte der britische Geophysiker Sidney Chapman einen großen Fortschritt, als er die magnetischen Stürme, die auf der Erde die Radio- und Telefonkommunikation stören, auf von der Sonne ausgestoßene Ionenwolken zurückführen konnte. Andere fanden später, daß das beobachtete Ansteigen und Fallen der Intensität der Höhenstrahlung auf ähnliche Weise erklärt werden könnte.

1957 arbeitete Chapman am High Altitude Observatory in Boulder, Colorado, als er die Idee verfolgte, die Erdbahn um die Sonne liege in der Sonnenkorona und letztere fülle das gesamte Sonnensystem aus. Mit E. N. Parker entwickelte er eine mathematische Erklärung, die viele andere, seit langem verwirrende Probleme abdeckte. Zum Beispiel, weshalb der Kometenschweif stets von der Sonne abgewandt ist: Er wird von dem Wasserstoff, der mit hoher Geschwindigkeit durchs All strömt, weggeblasen. Wegen der Rotation der Sonne sind die Feldlinien ihres Magnetfeldes Spiralen, und das ist nur eine von mehreren Komplikationen, die in der Theorie berücksichtigt werden müssen. Aber wie sollte sie bestätigt werden? Nur mit Hilfe der Satelliten war es möglich, das Material zu kartieren. Viele der frühen Sonden waren für die Registrierung geladener Teilchen im Raum ausgerüstet, und sie – zum Beispiel Lunik 1, Lunik 2, Mariner 2 und der Satellit Explorer 10 – wiesen schnell die Existenz des Sonnenwindes nach. Sie und andere zeigten, daß das Magnetfeld – abgesehen von Unregelmäßigkeiten – das erwartete Spiralmuster aufwies. Auch, daß der mit dem Sonnenwind verknüpfte Aufwand an Materie und Energie bescheiden ist: Pro Sekunde werden nur etwa eine Million Tonnen Wasserstoff ausgestoßen, was nur ein Millionstel der regulären Energieabgabe durch die Sonne ausmacht.

Die Sonne war eines der Hauptobjekte der Raketenstudien in der Vor-Sputnik-Ära gewesen. Zwischen 1949 und 1957 wurden mit raketengetragenen Instrumenten über den gesamten optischen Bereich und darüber hinaus Sonnenspektren hoher Auflösung gewonnen. Eine überraschende Entdeckung war, daß die Sonnenstrahlung im fernen Ultraviolett und im Röntgenbereich extrem variabel war. 1956 wurden frühe Sterne in der Galaxis vom Stab des Naval Research Laboratory in Washington bearbeitet, und der Verdacht kam auf, daß Röntgenstrahlen von *außerhalb* des Sonnensystems registriert wurden. (Wir werden im folgenden Abschnitt ausführlicher darauf zu sprechen kommen.) 1962 war der Start des ersten *Orbital* Solar Observatory (OSO-1), der erste einer Serie von insgesamt acht in einem Zeitraum von 17 Jahren – drei Viertel eines vollen Sonnenzyklus wurden bei vielen Wellenlängen gleichzeitig und fast ohne Unterbrechung beobachtet. Mit einem Koronographen, wie ihn Bernard Lyot 1930 entwickelt hatte, wurde die Sonnenkorona über mehrere Monate hinweg aus einer Entfernung von zehn Sonnenradien ab Sonnenrand beobachtet – ungestört durch die Erdatmosphäre und damit viel besser als bei der besten Sonnenfinsternis auf der Erde.

Das größte der Sonnenobservatorien war ein bemanntes mit dem Namen Skylab. Es trug acht große Teleskope, eines mit einem Koronographen, und die Mannschaft brachte von ihren drei Reisen (Mai 1973 bis Februar 1974) viele Tausende Photographien mit. Ein späterer Satellit, der SMM (Solar Maximum Mission), wurde 1980 hochgeschossen, um die Sonne im Maximum ihres Aktivitätszyklus zu untersuchen. Eine Reparatur wurde notwendig, die dann am 11. April 1984 von den Astronauten James Nelson und James van Hoften an Bord des Space Shuttle Challenger ausgeführt wurde, indem sie sich eines ferngesteuerten Manipulationssystems bedienten. (Die Probleme, die Dondi bei der Reparatur seines Astrariums oder Herschel bei seinem Spiegel hatte, waren vergleichsweise bescheiden.) 1985 wurden die Astronomen an ihre Schuld gegenüber ihren militärischen Geldgebern erinnert. 1981 wurde ein amerikanischer Satellit mit Namen Solwind gestartet, um die Befunde des SMM zu vervollständigen und die Sonne während eines vollständigen Sonnenfleckenzyklus zu überwachen. Unter anderem enthüllte er die Anwesenheit von fünf Kometen, die die Sonne streiften und vorher nicht beobachtet worden waren. Im September 1985 wurde das Leben des Satelliten abrupt beendet, als er für eine amerikanische Antisatellitenwaffe (ASAT) als Ziel benützt wurde. Es ist wichtig, sich daran zu erinnern, wer der Geldgeber war.

Das Wissen über den Mond hatte seit dem Ende der 1950er große Fortschritte gemacht. Dies war hauptsächlich der Konkurrenz unter den Supermächten zu verdanken, sowie dem Verlangen, die militärische Überlegenheit zu demonstrieren, und sei es in einem friedlichen Gewand. Im September 1959 zerschellte die sowjetische Sonde Luna 2 auf der abgelegenen Seite des Mondes, und im folgenden Monat sendete Luna 3 Bilder dieser verborgenen Seite auf die Erde. Eine der überraschendsten Entdeckungen war dabei, daß der Mond dort keine großen Mare aufweist, gewaltige Basalt-Ebenen, die auf der uns zugewandten Seite das „Mann im Mond"-Bild erzeugen. In den Jahren 1964 und 1965 funkten die amerikanischen Ranger-Sonden Bilder, die beim Anflug vor der harten Landung aufgenommen wurden. Die erste weiche Landung erfolgte 1966 durch Luna 9. Fünf Lunar Orbiter ebneten den Weg für die spektakulärste Landung von allen, die der amerikanischen Astronauten, und lieferten extrem präzise und wissenschaftlich wertvolle photographische Information von fast der gesamten Mondoberfläche.

Zweifellos sind die Apollo-Missionen, die als erste Menschen auf den Mond brachten, die bekanntesten der Mondexpeditionen. Der erste Mensch im Erdumlauf war der sowjetische Kosmonaut Yuri Gagarin gewesen, dessen Raumfahrzeug am 12. April 1961 startete und der nach einem einzigen Umlauf sicher am Fallschirm landete. (Er starb 1968 bei einem Trainingsflug an Bord eines einfachen Düsenflugzeugs.) Die Öffentlichkeit nahm damals großen Anteil am bemannten Raumflug. Im Lauf der Zeit dürfte sich allerdings die amerikanische Episode im Gedächtnis der meisten auf den Mondspaziergang verkürzt haben, den Neil A. Armstrong (1930–) mit den Worten begann: „Ein kleiner Schritt für einen Menschen, ein großer für die Menschheit." Armstrong wurde auf dem Mond von Edwin E. Aldrin, Jr. begleitet. Das Raumschiff, Apollo 11, blieb in der Mondumlaufbahn, während die beiden mit der Mondlandefähre Eagle landeten.

Trotz alldem sollten wir nicht die enorme Serie der bemannten Flüge zwischen 1968 und 1972 vergessen. Nicht weniger als neun bemannte amerikanische Raumschiffe waren in dieser Zeit im Mondorbit, alle hießen Apollo (und trugen die Nummern 8 und 10–17). Sechs davon brachten Astronauten auf die Mondoberfläche (nicht 8, 10 und 13) und über 380 kg Mondproben zurück. Eine Reise von unschätzbarem wissenschaftlichem Wert war die von Apollo 12, dessen Mondfähre am 20. November 1969 Astronauten auf den Mond brachte und ihnen die Untersuchung von Surveyor 3 ermöglichte, einer Raumsonde, die im April desselben Jahres weich gelandet war. Eine Analyse von Proben des Farbanstrichs der

Sonde lieferte später einen nützlichen Hinweis auf den sog. „Sonnenwind", was ein ganz unerwarteter Bonus war.

Drei unbemannte, sowjetische Fahrzeuge (Lunochods) wurden auf den Mond gebracht, aber sie schickten nur 0,3 kg Bodenproben zurück. Bei den Luna-Missionen wurde eine Reihe von Detektoren in Umlauf um den Mond ausgesetzt, sie sollten Signale eines Sensors auf der Oberfläche auffangen. Dieselbe Art geologischer Erkundung, mit einer automatischen Station auf der Planetenoberfläche, wurde seitdem für die geologische Untersuchung des Mars als Teil des Viking-Projekts benutzt.

Die Proben von Mondgestein wurden von zahlreichen Laboratorien in vielen Ländern untersucht, und der Vergleich mit den Meteoriten hat viel mehr an Information über die Ursprünge des Erde-Mond-Systems gebracht, als jemals zuvor erreichbar war. Hauptsächlich drei Theorien waren zuvor aktuell: daß Mond und Erde ein natürlich geformtes Planetenpaar darstellen, daß der Mond eingefangen worden sei, bevor er kristallisierte, oder daß der Mond ein abgetrennter Teil des Erdmantels sei. Am Ende ließ das Material keine dieser Theorien ungeschoren.

Die sowjetischen Wissenschaftler hatten großen Erfolg in der unwirtlichen Venusatmosphäre, die (470 °C) heiß ist und hauptsächlich aus Kohlendioxid besteht. Verschiedene Sonden (die Typen Venera und Vega) ließen Instrumente an Fallschirmen auf ihre Oberfläche niedergehen, und diese übermittelten wertvolle Daten über die auf der Venus herrschenden Bedingungen, bevor sie, gewöhnlich innerhalb einer Stunde, verstummten. Bei einigen geschah dies im Verlauf einer Mission zum Halleyschen Kometen, der 1985/86 seine größte Annäherung an die Erde hatte und das Ziel von wenigstens fünf Satellitenstarts von Europa, der Sowjetunion und Japan aus war. Giotto wurde beim Rendezvous beschädigt, ist aber inzwischen auf dem Weg zu einem Treffen mit einem anderen Kometen. (Damals gab es ein verstärktes Interesse an Kometen infolge einer Debatte über die Möglichkeit, daß sie – reich an Kohlenstoffverbindungen – diese auf die Erde brachten und so für das Leben verantwortlich sind.) Die sowjetische Venera 4 und die amerikanische Mariner 5 trafen 1967 innerhalb von 36 Stunden auf der Venus ein. Venera 9 und 10 funkten 1975 die ersten Bilder der felsbedeckten Venusoberfläche, bevor die Fernsehkamera zerstört wurde.

Die Planetenoberflächen, von denen selbst die besten optischen Teleskope nicht immer die Details auflösen konnten, wurden mit Hilfe zahlreicher Missionen genau studiert. Mariner 2 flog zum Beispiel 1962 nach einer viermonatigen Reise mit wissenschaftlichen Instrumenten von 18 kg Gewicht in 3 000 Kilometer Entfernung an der Venus vorbei. Die ersten aus der Nähe aufgenommenen Bilder der Merkuroberfläche wurden von Mariner 10 im März 1974 geliefert und zeigten Gebiete mit vielen Kratern. Die Mariner-Reihe brachte die ersten Marsmissionen von wissenschaftlichem Wert. Die Mariner- und Viking-Sonden markierten das Ende einer Ära, in der über die Möglichkeit spekuliert wurde, daß eine Zivilisation die „Marskanäle" hervorgebracht hätte. Mit einer Ausnahme wurden Lowells Linien als optische Täuschungen entlarvt. Die Ausnahme bildet ein gewaltiger Canyon, den er Agathodaemon genannt hatte, den seine Landsleute aber nach den Zweitentdeckern in Valles Marineris umtauften.

Die 1970er bereiteten der Sehnsucht nach intelligenter Gesellschaft im Universum kein Ende – im Gegenteil. Die Raumschiffe Pioneer 10 und 11 hatten vergoldete Aluminiumplaketten mit einer Mitteilung an Bord, die – so die Hoffnung – eines Tages intelligenten

Wesen jenseits des Sonnensystems in die Hände fallen würden. Diese Plaketten, sechs mal neun Zoll groß, wurden als menschliche Artefakte mit der höchsten Lebensdauer – sagen wir einige hundert Millionen Jahre – entworfen und lokalisieren unser Sonnensystem relativ zu 14 Pulsaren im Weltraum. Auf ihnen ist ein Tarzan-und-Jane-artiges Paar abgebildet, dessen Züge für „panrassisch" gehalten wurden, ferner enthalten sie viel implizite Information, um den Finder neugierig zu machen – zum Beispiel, daß das Erdenvolk bis jetzt weder Kleidung, Kinder oder das metrische System erfunden hat. Ein weiteres menschliches Projekt im selben Geist wurde 1974 realisiert, als von der riesigen Antenne in Arecibo eine komplizierte Botschaft im Binärcode in Richtung des großen Haufens im Herkules gesendet wurde. Unter anderem enthielt diese die chemische Formel für Komponenten des DNA-Moleküls. Kein Jahrhundert war vergangen, seit Camille Flammarion sein Buch über den Mars (1892) veröffentlicht hatte, in dem er sich redegewandt über die Entdeckung neuer Welten und ihre Bewohner ausließ, die im Frieden lebten und mit denen wir eines Tages zusammentreffen dürften. Er hatte von der Erde als einer bloßen Provinz des Universums gesprochen und von „unbekannten Brüdern", die in seinen unendlichen Tiefen leben. Er zumindest hätte seine Freude daran, daß es gegen Ende des 20. Jahrhunderts Gruppen von Astronomen gibt, die der Suche nach außerirdischen Intelligenzen einen wesentlichen Teil ihrer Arbeitskraft und beträchtliche Geldmittel widmen.

Die erste visuell ansprechende Planetenvermessung brachte 1974 der Jupiter-Vorbeiflug von Pioneer 10 mit der Botschaft im Reisegepäck. Er querte den Asteroidengürtel und übermittelte, selbst nachdem er in Jupiternähe Einschläge kleiner Partikel hoher Geschwindigkeit erlitten hatte, erfolgreich Daten (die zu Bildern zusammengesetzt wurden). Ein Jahr später sendete Pioneer 11 brillante Bilder des Jupiter, bevor er zum Saturn weiterflog (August 1979). Er passierte unbeschädigt die Ringe und funkte Bilder vom Saturn. Die Voyager-Sonden, die im August und September 1977 gestartet wurden, flogen an Jupiter und Saturn vorbei und schickten äußerst gute und schöne Bilder von den Saturnmonden und -ringen, deren Struktur, der Cassinischen Teilung und von Markierungen, die die Ringe wie gebogene Speichen kreuzten. Die Flugbahnen der Voyager-Sonden waren so berechnet, daß sie beim Vorbeiflug am ersten Planeten von der Gravitation in die Richtung des nächsten gelenkt wurden. Im Falle von Voyager 2 wurde diese Schleudertechnik jenseits des Saturn verwendet: Nach dem Start (5. September 1977) und den Besuchen von Jupiter (Juli 1979), Saturn (August 1981), Uranus (Januar 1986) sowie Neptun (August 1989) verließ die Sonde das Sonnensystem für immer.

Als Maß dafür, was in den 1980ern mit interplanetaren Sonden möglich war, ist Voyager 2 besonders instruktiv. Als er zum Beispiel am 24. Januar 1986 am Uranus vorbeiflog, wurde der Planet, der zwei Jahrhunderte lang nicht mehr als ein winziger Lichtfleck war, bei einem nur Stunden dauernden Treffen als Zentrum eines komplexen Systems von Ringen (die neun im Jahr 1977 gefundenen wurden um zwei ergänzt) und Trabanten (zehn vorher nicht gesehene traten zu den fünf bereits bekannten hinzu) enthüllt. Seine Umdrehungsdauer wurde zum erstenmal genau gefunden, ebenso seine Drehachse, die um überraschende 98° verkippt ist, und sein seltsames Magnetfeld, das mit der Rotationsachse einen beträchtlichen Winkel (60°) bildet. Dieses Feld dachte man sich durch einen Ozean von Wasser und Ammoniak erzeugt, der zwischen einem geschmolzenen Kern und der Atmosphäre des Planeten unter Hochdruck liegt. In der Atmosphäre, die hauptsächlich aus Wasserstoff und Helium bei einer tiefen Temperatur (−219 °C) besteht, herrschen Winde von über 500 km/h. Sein Mond Miranda ist nicht weniger erstaunlich: Bei einem Durchmesser von 500 Kilometern hat er 20 Kilometer tiefe Canyons, Terassenschichten und Klippen aus purem Eis und 16 Kilometer hoch. Im Vergleich dazu sind die im *Raumschiff Enterprise* (Star Trek) vorgestellten Welten harmlos.

Die Zahl der an diesen verschiedenartigen Unternehmen beteiligten Sonden und Satelliten geht heute in die Hunderte, und was einmal eine Sensation des Tages war, ist ein Ereignis geworden, das im größten Teil der Weltpresse nicht einmal mehr auf den Innenseiten gemeldet wird, es sei denn, es geht etwas schief. Das kann auf viele Weisen geschehen. Die im Oktober 1989 gestartete Galileo-Planetensonde der NASA zum Beispiel hatte zur Zeit ihrer ersten Erdumrundung ungefähr 1,5 Milliarden Dollar gekostet, und dennoch wurde ihr Hauptradioreflektor von einem Stück Epoxidharz von ein bis zwei Millimetern Dicke blockiert. Im allgemeinen hat die Weltraumfahrt der Astronomie gedient. Giotto, Ulysses, Galileo, Phobos, Vesta und die anderen haben eine Situation geschaffen, die uns vergessen lassen könnte, daß für die Planetenastronomie je das Teleskop gebraucht wurde. Tatsächlich hatten die meisten Berufsastronomen vor dem Aufkommen der Raketensonden das Aussehen der Planeten ihren Amateurkollegen überlassen. Ich erinnere mich daran, daß mir W. H. Allen – der Autor des Standard-Nachschlagewerks *Astrophysical Quantities* – 1957 sagte, in seinen Augen seien alle bis dahin aufgelaufenen Planetenuntersuchungen zusammen keinen Pfifferling wert. Sein Urteil mag richtig oder falsch sein, jedenfalls war es in der damals beginnenden Ära bald möglich, Satellitenaufnahmen von Planetenoberflächen in solcher Qualität herzustellen, daß sie leicht mit Photographien der Erde zu verwechseln sind. Was noch wichtiger ist: Es wurde möglich, plausible Theorien des Mantels und Kerns der Planeten zu entwerfen, solche ihrer atmosphärischen, magnetischen, geologischen, seismischen oder anderen Eigenschaften sowie ihrer vermutlichen Entwicklung. Die Raketen haben der Planetenastronomie tatsächlich viele fehlende Bindeglieder (missing links) geliefert.

Bilder, die keine Zusammensetzung aus Rasterdaten erforden und deshalb sofort zur Verfügung stehen, haben für die Öffentlichkeit eine viel stärkere Faszination, und die zahlreichen sowjetischen Vega-Sonden, von denen die erste und zweite im Dezember 1984 starteten, haben von dieser Möglichkeit Gebrauch gemacht. Wie schon gesagt, schickten beide Landemodule in die Venusatmosphäre und flogen weiter zum Halleyschen Kometen, an dessen Kern sie in weniger als 10 000 Kilometern Abstand vorbeiflogen (März 1986).

Der gesamte Himmel wurde mit unterschiedlichen Mitteln im Infraroten durchmustert. Mitte der 1970er wurden zum Beispiel mehrere amerikanische Raketen zu diesem Zweck gestartet. Die Flüge waren nur von kurzer Dauer und sollten keine Instrumente in die Umlaufbahn bringen. Die erste, fast komplette Himmelsdurchmusterung wurde von dem Infrared Astronomical Satellite (IRAS) geleistet, der 1983 als ein gemeinsames Unternehmen von den USA, dem Vereinigten Königreich und den Niederlanden gestartet worden war. Der Satellit befördete ein 57-cm-Teleskop, das mit flüssigem Helium auf unter 3 K gekühlt wurde, so daß die eigene Wärmestrahlung des Teleskops vernachlässigbar klein war. IRAS machte einige wichtige Entdeckungen, darunter Wolken in der Galaxis, die Infrarotstrahlung aussenden, eine Wolke um den Stern β Pictoris, die wie ein Planetensystem in der Entstehung erscheint, schließlich eine Folge von sechs bis dahin unbekannten Kometen. (Daß bei β

Pictoris wirklich die Geburt eines Planetensystems stattfindet, wurde zwei Jahre nach der Verlautbarung angezweifelt, und die Diskussion endete ergebnislos.)

Beobachtungen jenseits des anderen Endes des sichtbaren Spektrums, d. h. im Ultravioletten, sind bei sehr heißen Quellen – heißer als die Photosphäre der Sonne – nötig. Dies schließt die Chromosphäre der Sonne und interstellares Gas, das von heißen Stenen in der Nähe aufgeheizt wird, mit ein. Ebenso sehr massereiche Sterne – einige davon haben mehr als hundert Sonnenmassen. Erst 1981 fand diese Klasse von Objekten Eingang in die Astronomie. Zu den Satelliten, die den Himmel im Ultravioletten beobachten sollten, gehörte damals das 1968 gestartete zweite Orbiting Astronomical Observatory (OAO-2), das mit nicht weniger als elf Teleskopen ausgestattet war, wovon sieben von der Universität von Wisconsin und vier vom Smithsonian Astrophysical Observatory gebaut worden waren. Sein Nachfolger war OAO-3, der 1972 hochgeschossen und nach Kopernikus (* 1473) benannt wurde.

Wie wir bereits gesehen haben, wurde die Astronomie in den späten 1970ern zunehmend international, und ein herausragendes Ergebnis dieser neuen Phase war der 1978 gestartete International Ultraviolet Explorer (IUE). Dieser ziemlich erfolgreiche Satellit trug einen 45-cm-Reflektor und konnte Sterne bis zur Größenklasse 16 hinab registrieren. Vom Goddard Space Center nahe Washington oder von der Station der European Space Agency [ESA] bei Madrid aus stets zu sehen, wurde er von den beiden alternierend kontrolliert. Frühere Ultraviolett-Teleskope hatten bei sehr massereichen Sternen eine außerordentlich hohe Massenverlustrate festgestellt: bei einem Stern von 30 Sonnenmassen zum Beispiel einen Verlust von einer Sonnenmasse in einer Million Jahren. Der IUE ermöglichte eine genauere Untersuchung dieses Massenverlustes, die die damals allgemein anerkannte Theorie, soweit sie die Sterne im oberen Teil des Hertzsprung-Russell-Diagramms betrifft, radikal änderte. Sterne mit einer phänomenalen Leuchtkraft, die die der Sonne sogar millionenfach übertrifft, konnten vorher freilich nicht in einem Modell erklärt werden, das Instabilität in Sternen über 60 Sonnenmassen mit sich brachte. Der Massenverlust wurde in den 1980ern als die Antwort auf die Instabilität angesehen. Man sah darin auch eine Hilfe zum Verständnis der Wolf-Rayet-Sterne, die so schwer in das H-R-Diagramm einzuordnen waren. (Wie früher erwähnt, wurden diese Sterne zum erstenmal 1867 beschrieben. Sie haben eigenartige Spektren, sind sehr heiß und lichtstark und stoßen Schalen von heißem Gas mit hohen Geschwindigkeiten ab.)

Satelliten und Röntgen- und Gammastrahlenastronomie

Nach 1970 hat keine Sparte der Astronomie mehr von raketengetragenen Satelliten profitiert als die Hochenergie-Astrophysik. Hier wird Strahlung sehr kurzer Wellenlängen (Röntgenstrahlen unterhalb eines Nanometers, eines milliardstel Meters, aber nicht so kurz wie die noch tausendmal kürzeren Gammastrahlen) genutzt. Der Name „Hochenergie-Astrophysik" rührt daher, daß die Photonen (Quanten oder Pakete der Strahlung) bei diesen Wellenlängen beträchtlich mehr Energie haben als Photonen sichtbaren Lichts.

Von der Sonne wußte man, daß sie Röntgenstrahlen aussendet, und 1962 wurde die stärkste Röntgenquelle am Himmel, Scorpio X-1, im Sternbild Scorpio (Skorpion) gefunden. Diese Entdeckung ist eine weitere einer Serie in der Randzone des astronomischen Berufsstandes. Bruno Rossi, ein Physikprofessor am MIT, war auch Vorstand eines Unternehmens (der American Science and Engineering Corporation), das von Martin Annis, einem seiner früheren Studenten, gegründet worden war. Die Firma hatte einen italienischen Höhenstrahlungsphysiker eingestellt, um ein wissenschaftliches Weltraumprogramm ins Leben zu rufen, und zusammen mit George Clark, einem weiteren MIT-Physiker, entwarfen sie Instrumente für die Röntgenbeobachtung der Sonne, des Mondes und gewisser Sterne (wie Supernovas). Die NASA lehnte einen Vorschlag ab, aber die Air Force unterstützte den Versuch, die Röntgenfluoreszenzstrahlung des Mondes zu untersuchen. Dabei entdeckte man, daß die Hintergrundstrahlung des Himmels im Röntgenbereich jede möglicherweise existierende Mondfluoreszenz völlig überstrahlte. Röntgenquellen wurden gefunden, aber es war mehr ihre Intensität als ihre Existenz, die überraschte. Tatsächlich wußte das Team von einem unveröffentlichten Bericht, in dem die Vermutung ausgesprochen wurde, eine Röntgenquelle gefunden zu haben. Der 1957 von Herbert Friedman und James Kupperian jr. verfaßte Artikel war nicht veröffentlicht worden, weil ein späterer Flug keine Bestätigung brachte.

Man hatte nie erwartet, daß einzelne Sterne in der Galaxis – und genau das sind diese Röntgenquellen – eine solche Energie haben könnten. Einige schütten hunderttausendmal soviel Energie wie die Sonne aus. Am 12. Dezember 1970 startete ein weiterer amerikanischer Satellit, der speziell für die Untersuchung der stellaren Röntgenquellen bestimmt war, von Kenia aus, um die Unabhängigkeit des Landes zu feiern. (Er wurde Uhuru, das Suaheli-Wort für „Freiheit" genannt.) Mit dem Ereignis begann eine Ära, in der die Positionen der stärksten Röntgenquellen kartiert wurden. Unter den 339 mit dem Uhuru-Satelliten identifizierten Quellen befand sich Cygnus X-1, eine der hellsten in der Galaxis. Diese Quelle wird einem optisch sichtbaren blauen Riesen von 20 Sonnenmassen und einem unsichtbaren Begleiter zugeordnet, der später auf 8,5 Sonnenmassen geschätzt wurde und den einige für ein schwarzes Loch halten, weil seine Masse die theoretische Grenze für einen Neutronenstern überschreitet.

Ein weiterer Satellit mit demselben Ziel, HEAO-2 (der Nachfolger des ähnlichen HEAO-1) wurde 1978 gestartet und zuletzt in Einstein umbenannt, um dessen hundertjährigen Geburtstag (1979) zu feiern. (In einem vergangenen Zeitalter mußte man etwas Neues am Himmel entdecken, um einen Namen vergeben zu können, jetzt muß man nur etwas dort plazieren.) Die amerikanischen und europäischen Satelliten konnten bis dahin keine direkten Bilder liefern und waren auch nur auf ein Grad genau. HEAO-2 hatte ein großes Sortiment Instrumente geladen, konnte direkte Bilder produzieren und Röntgenquellen mit einer Genauigkeit von etwa zwei Bogensekunden lokalisieren, was im allgemeinen deren Identifizierung mit optischen Quellen erlaubte.

Fast zur selben Zeit (1979) wie der HEAO-2 startete noch ein Satellitenobservatorium für Hochenergieastronomie, der japanische Hakucho („Cygnus"), dem sich vier Jahre später der Satellit Tenma („Pegasus") zugesellte. Das Satellitenzeitalter hielt an, es wurde durch eine ökonomische Rezession verlangsamt, aber nicht aufgehalten. Und wir erreichen ein Stadium, wo ein bloßes Katalogisieren der Wirtssatelliten genauso sinnlos wäre wie zu Herschels Zeiten ein Katalogisieren der Teleskope. Jeder leistete seinen Beitrag zur Ausgestaltung einer wesentlich neuen Sicht der Sternstrukturen und ihrer Rolle im Kosmos. Man kam schnell überein, daß die Röntgenquellen mit Systemen übereinstimmen, die hochkompakte Sterne der einen oder anderen Sorte – weiße Zwerge, Neutronensterne oder schwarze Löcher – enthalten und mit einer großen Gravitationsenergie ausgestattet sind, die sich in hochenergetische Strahlung (hauptsächlich Röntgen- und Gammastrahlen) umwandeln läßt. Ein Großteil der Debatte über die Existenz von schwarzen Löchern hat sich auf die starke Quelle Cygnus X-1 konzentriert. In diesem Fall und in vielen anderen stieß man auf ein Doppelsternsystem, in dem ein kompakter Stern anscheinend von seinem Partner, einem normalen Stern, Materie herüberzieht. Dies findet je nach Größe und Nähe der Komponenten auf verschiedene Weisen statt.

Man fand, daß die Abstrahlung der Röntgenquellen schwankt, oft periodisch, gelegentlich aber durch gewaltige Ausbrüche, die nur Stunden oder Tage andauern. In einigen Fällen dauern periodische Ausbrüche nur Sekunden. Selbst in einigen dieser Fälle (bekannt als „Burster"), fand man ein Doppelsternsystem beteiligt, aber die systematische Verdunklung, die früher zur Erklärung der Lichtstärkeschwankungen angeboten wurde, vermochte die komplizierteren Muster der Röntgenpulse nicht mehr zu erklären. Es gab relativ einfache Fälle, in denen die schnelle Rotation eines Einzelsterns, vielleicht mit einer unsymmetrischen Scheibe darum herum oder einem Strom ausgestoßener Materie zur Erklärung genügte, doch in anderen Fällen fand man ein schnelles Pulsieren. In der galaktischen Ebene fand man eine hohe Konzentration dieser Röntgen-„Burster" (Sterne, die an plötzlichen Ausbrüchen zu erkennen sind, die vielleicht ein paar Tage dauern, aber nicht periodisch auftreten). In der Frühzeit der Satellitenforschung wurden auch Kugelhaufen als starke Röntgenquellen identifiziert.

Es gibt auch Gammastrahlen-Burster, sie sind aber nicht in derselben Weise verteilt. Die aufgezeichneten schienen zunächst relativ nahe und schwach, waren vielleicht isolierte Neutronensterne. Die ersten wurden mit amerikanischen (Vela-) Militärsatelliten ab den späten 1960ern entdeckt. Sie waren zur Aufspürung von sowjetischen Atombombenexplosionen stationiert worden, die im Vergleich winzig gewesen wären. Einige Gammaburster erwiesen sich als mit optisch beobachtbaren Objekten verknüpft. Ein bemerkenswertes Ereignis, das am 5. März 1979 von nicht weniger als neun Satelliten beobachtet wurde, bestand aus einem sehr kurzen Puls, dem eine Reihe von ungefähr zwei Dutzend Pulsen jeweils im Abstand von acht Sekunden folgte. Es gab eine große Diskussion über einen möglichen Mechanismus, der vielleicht einen Neutronenstern mit einbezog. Was aber den Vorfall besonders interessant machte, war, daß die Quelle anscheinend mit den Resten einer Supernova in der Großen Magellanschen Wolke jenseits unserer Galaxie übereinstimmte.

Von fünf europäischen Forschungsinstituten (ESA, Frankreich, Niederlande, Italien und Deutschland) gebaut, verfügte der Cos-B-Satellit über einen Gammastrahlendetektor, der von 1975 bis 1982 funktionierte, was für damals ungewöhnlich lange war. Mit ihm wurde eine Karte der Quellen erstellt. Viele davon waren sehr stark, und von den stärksten zwei Dutzend lagen fast alle in der Milchstraßenebene oder in deren Nähe. Dies trübte für mehrere Jahre den Blick der Astronomen, bis die NASA 1989 eine enorme Sonde (mit 17 Tonnen hatte sie die sechzigfache Masse von Cos-B) in den Orbit brachte, die als Gamma Ray Observatory (GRO) bekannt wurde. Man hatte den Ehrgeiz, die Gammastrahlenastronomie auf den Stand zu bringen, den die Röntgenastronomie zwei Jahrzehnte früher erreicht hatte. Supernovas in Galaxien, Pulsare und aktive Galaxienkerne waren auf der Tagesordnung, aber auch Gammaburster. Man erwartete, sie in der galaktischen Ebene konzentriert zu finden, wo Neutronensterne auftreten. Aber dem war nicht so: Sie erschienen über den ganzen Himmel verteilt. Die Gammaquellen hatten die Astronomen wieder einmal ernsthaft aus der Ruhe gebracht.

„Pulsar" ist ein Ausdruck, der – wie wir bereits gesehen haben – für pulsierende Sterne verschiedener Arten gebraucht wird. Neutronensterne in schneller Drehung schienen die beste Erklärung der Beobachtungsbefunde darzustellen. Wie kompliziert die Situation sein kann, selbst wenn ein Neutronenstern zur Erklärung des Pulsierens postuliert wird, wurde deutlich, als in der Großen Magellanschen Wolke ein Pulsar mit einer Periode von weniger als einer zehntel Sekunde entdeckt wurde. Dieser muß als die außergewöhnlichste aller Röntgenquellen gelten, die je mit Satelliten gefunden wurden, denn er strahlt mehr Röntgenstrahlen aus als alle Quellen in unserer Galaxie zusammen. Während viele bescheidene Felsbrocken im Sonnensystem einen menschlichen Namen tragen, scheint das Objekt AO 538-66 die Phantasie der Astronomen zu überfordern. Es scheint aus einem gewöhnlichen Stern von etwa einem Dutzend Sonnenmassen mit einem schwarzen Loch (zur Erklärung der Energie) oder Neutronenstern (zur Erklärung des Pulsens) zu bestehen. Die Entscheidung zwischen den beiden Alternativen, schwarzes Loch oder Neutronenstern, wird letztlich aufgrund der ermittelten Masse zu treffen sein. Ist sie größer als drei Sonnenmassen, favorisiert die Theorie das schwarze Loch. In den ersten beiden Jahrzehnten der Röntgenastronomie wurde nur eine Handvoll Kandidaten für diese Entscheidung gefunden, jedesmal gab es viel Streit. Die Theorie schwarzer Löcher mag jedoch eine Anwendung in einem viel größeren Rahmen haben: Sie läßt sich auf die *Kerne von Galaxien* anwenden, wo die Masse von der Größenordnung eine Milliarde Sterne ist und wo das schwarze Loch jährlich Materie (Gas) von mehreren Sonnenmassen verschluckt.

Novas und Supernovas

Es zeigte sich bald, daß die Röntgenastronomie den Schlüssel zu einem besseren Verständnis der Sternentwicklung liefert, und zwar über das Studium der Supernovas.

Wir haben bereits erfahren, daß das Wort „Nova" zunächst jedem Stern mit einem plötzlichen Anstieg der Helligkeit zukam und daß der „neue Stern", der 1054 in China registriert wurde, und die von 1572 und 1604, die von Tycho Brahe und Johannes Kepler gemeldet wurden, heute als *Supernovas* klassifiziert werden. Für sie ist ein völlig anderer Mechanismus verantwortlich. Im Fall einer Nova scheinen nur die äußeren Schichten eines Sterns bei dem plötzlichen Aufflackern beteiligt, ein relativ kleiner Bruchteil der Masse des Sterns geht verloren, und in jedem Fall kommt ein Teil der beteiligten Masse von einem Nachbarstern. Indem man eine 1964 von Robert Kraft diskutierte Idee übernimmt, stellt man sich heute die Novas ohne Ausnahme als Mitglieder enger Doppelsternsysteme vor, zum Beispiel ein weißer Zwerg mit einem kalten Begleiter. Die Änderung der absoluten (und auch scheinbaren) Helligkeit liegt bei zehn Größenklassen oder weniger.

Dagegen ist eine Supernova eine Explosion in einem viel größeren Maßstab, die fast die gesamte Materie des Sterns betifft. Der Unterschied zwischen den beiden Phänomenen konnte nicht richtig ausgemacht werden, ehe man die Gesamthelligkeiten am Anfang und Ende kannte, und dies setzte eine Kenntnis der Entfernungen voraus. Der Umschwung im Verständnis der Situation kam mit der Beobachtung von Novas (die etwas später umklassifiziert wurden) im großen Andromedanebel, M31, speziell eines Sterns, den man später S Andromedae bezeichnete. Er wurde zuerst am 20. August 1885 von C. E. A. Hartwig am Observatorium Dorpat beobachtet – sofern wir L. Gully von Rouen nicht zählen, der ihn drei Tage früher sah, aber an einen Teleskopfehler dachte. Er hellte von der neunten zur siebten (scheinbaren) Größenklasse auf, bevor er schnell verblaßte. Am 7. Februar verschwand er wieder aus der Sicht, allerdings erst, nachdem mindestens fünf Astronomen sein Spektrum aufgenommen hatten. Unter diesen verzeichnete Huggins helle Emissionslinien und helle Copeland-banden. Dies waren die ersten Schritte zu einem Verständnis der außerordentlichen Ereignisse in den Jahren 1054, 1572 und 1604.

1895 wurde von Williamina P. Fleming am Harvard College Observatory eine ähnliche „Nova" in einem nicht aufgelösten Nebel (NGC 5253) im Sternbild Centaurus entdeckt. Sie wurde später Z Centauri genannt. Williamina Fleming fand sie anhand ihres seltsamen Spektrums, und Annie Cannon ordnete sie der Spektralklasse R zu. Sie sah eine Ähnlichkeit zu S Andromedae – dies wurde viel später von Cecilia Payne-Gaposchkin revidiert, die 1936 bemerkte, daß die Spektrallinien ungewöhnlich hell und breit waren.

Vorderhand wurden Novas ohne Sorgfalt in ein Schema gepreßt, das Pickering für variable Sterne allgemein entworfen hatte (1880, Revision 1911). Darin gab es einfach „normale Novas" und „Novas in Nebeln". Zusätzlich enthielt Pickerings Klassifikation der Veränderlichen Sterne des „U Geminorum-Typs", die heute allgemein „Zwergnovas" genannt werden. Ihre Ausbrüche erfolgen typischerweise in Intervallen von einigen Monaten. Der Prototyp wurde 1855/56 von J. R. Hind entdeckt. Erst 40 Jahre später wurde noch einer gefunden – diesmal von Miss L. D. Wells am Harvard College Observatory (SS Cygni). 1922 wurden die Ähnlichkeiten der Spektren dieser noch kleinen Gruppe mit denen der Novas von Adams und A. H. Joy erkannt.

Weitere Novas in Spiralnebeln wurden 1909 (Max Wolf) und 1917 (G. W. Ritchey) gefunden, wobei die letztere die Astronomen veranlaßte, die am Mount Wilson aufgenommenen Photographien sorgfältiger zu prüfen. Und so wurden viele mehr gefunden.

Der letzte Schritt zur Erkenntnis ihrer großen Helligkeit kam, als man feststellte, daß die Spiralen wirklich sehr entfernte „Welteninseln" sind. Erst dann, in der Mitte der 1920er konnte der hochenergetische Charakter der in ihnen zu beobachtenden Novas erfaßt werden. Daten blieben Mangelware. (1937 waren erst fünf spektroskopisch untersucht.) Der typische Stern in dieser Klasse, sofern er auf älteren Platten zu identifizieren ist, wird um mindestens 15 Größenklassen heller. In der plötzlichen Explosion wird mehr Energie freigesetzt, als unsere Sonne während ihrer gesamten Lebenszeit von vier oder fünf Milliarden Jahren abgestrahlt hat.

1925 unterschied Lundmark zwischen „upper-class"- und „lower-class"-Novas, und Baade und Zwicky setzten den Namen „Supernova" an die Stelle der ersteren, den extrem hellen Novas in entfernten Galaxien. Es blieb Baade vorbehalten, 1938 zu betonen, daß wir es nicht nur mit weit auseinanderliegenden Helligkeiten, sondern mit völlig verschiedenen Klassen von Objekten zu tun haben.

Das Studium der Novas und Supernovas hätte ohne die Photographie kaum vorangebracht werden können, weil die betroffenen Sterne vor dem Ausbruch fast immer unscheinbar sind; aber mit Hilfe alter Platten kann das Muster des Helligkeitswandels oft ziemlich vollständig rekonstruiert werden. Die typische Lichtkurve zeigt einen rapiden Anstieg, dem ein langsamer Abfall folgt, und hier kommt ein Element des Glücks ins Spiel, den Stern während seines Anstiegs zu erwischen. Die erste Photographie eines Nova-Spektrums während des Anstiegs zum Maximum gehört zu der Nova von 1901 im Perseus. Daß es hauptsächlich ein Absorptionsspektrum war, ließ die Astronomen in Harvard glauben, den falschen Stern photographiert zu haben. Erst 1918 hatte man ein *Spektrum* einer Nova *vor* ihrem Ausbruch (Nova Aquilae) vorliegen. Die Platten waren von 1899.

Zahlreiche Versuche wurden unternommen, die Novas zu erklären. Newton vertrat eine Kollisionstheorie, Laplace glaubte an eine Art Feuersbrunst an der Oberfläche, W. Klinkerfues sprach sich für Eruptionen durch Gezeitenkräfte infolge der Annäherung eines anderen Sterns aus, Seeliger dachte an eine Kollision von einer Staubwolke und einem Stern, N. Lockyer hielt Stöße von Meteoriten in zwei sich kreuzenden Strömen für verantwortlich. Wenigstens diese Theorie konnte ausgeschlossen werden, nachdem einmal Photographien vor dem Ausbruch Sterne am Ort gezeigt hatten. Nova Aquilae lieferte 1918 eine ganze Menge neuer Informationen. Aus den Spektren zogen W. S. Adams und J. Evershed den Schluß, daß eine Gashülle mit hoher Geschwindigkeit vom Stern abgestoßen wurde und daß einige der Eigentümlichkeiten im Spektrum darauf beruhten, daß wir überlagerte Spektren von den nahen und fernen Teilen der Hülle haben, Spektren, die Dopplerverschiebungen in entgegengesetztem Sinn aufweisen.

Grob gesehen, fügt sich dies in das allgemeine Mosaik-Bild ein, das man im späteren Verlauf des Jahrhunderts zusammensetzte und das in der komplizierten Wechselwirkung zwischen einem relativ kalten Stern und einem benachbarten Zwergstern besteht. Um den kalten Stern bildet sich eine Scheibe aus angelagertem Material. Im Fall einer gewöhnlichen Nova wird dieses zum Zwerg gezogen und löst dort gewisse hochenergetische Kernreaktionen aus, die die äußeren Schichten des Sterns zur Explosion bringen. Im Falle der Zwergnova hingegen wird anscheinend Materie mit Überschallgeschwindigkeit vom Zwergstern nicht vollständig in den anderen, sondern in die umgebende Akkretionsscheibe gezogen. Die Scheibe wird nun an den Stellen aufgeheizt, wo das herüberströmende Material auftrifft, was sie wiederholt tun kann und wobei viel weniger Energie als im „normalen" Fall freigesetzt wird. In beiden Fällen spielt die Anlagerungsscheibe eine Schlüsselrolle. Das kann wegen der Verwendung des Ultraviolett- und Röntgenspektrums erst seit dem Aufkommen der Satellitenobservatorien beobachtet werden.

Nach 1937 realisierte man, daß es zwei verschiedene Klassen von Supernovas gibt. Eine Supernova jenes Jahres, analysiert von Zwicky und Baade, hatte eine absolute Helligkeit, die etwa hundertmal größer war als die ganze Galaxie, in der sie gefunden wurde (IC 4152). R. Minkowski studierte ihr Spektrum und meldete dann 1941, daß sich 14 von ihm untersuchte Supernovas aufgrund ihrer Spektren eindeutig in zwei Klassen einteilen ließen, wobei es hauptsächlich auf die Anwesenheit oder das Fehlen bestimmter Wasserstofflinien ankomme. Eine Klasse („Typ II") erinnert an gewöhnliche Novas, ist aber selbstverständlich heller, und eine („Typ I") ist beträchtlich heller als Typ II und weist sehr ungewöhnliche Emissionsbänder auf. Arbeiten über den Crab-Nebel lieferten dabei viele wertvolle Daten, und wir haben bereits erfahren, wie Radiountersuchungen dazu beigetragen haben. Zudem wurde 1964 der Crab-Nebel als starker Sender von Röntgenstrahlen entdeckt: In einer bahnbrechenden Raketenbeobachtung, die von Herbert Friedman und Mitarbeitern vom US Naval Research Laboratory durchgeführt wurde, wurde die *fortschreitende* Verdeckung durch den Mond (fortschreitend, weil der Nebel keine Punktquelle ist) zum Beweis verwendet, daß der lichtstarke Nebel wirklich die Röntgenquelle ist. Erst später wurde die zusätzliche Komplikation durch den Pulsar in seiner Mitte wahrgenommen.

In den 1950ern schlugen William A. Fowler und Fred Hoyle einen Mechanismus zur Erklärung der Energiequelle vor. Ihr komplexes Bild eines Sterns läßt sich nicht kurz erklären; jedenfalls wird davon ausgegangen, daß der Stern wie eine Zwiebel aus einer Folge von Schalen aufgebaut ist, wobei jede Lage das Produkt der Kernreaktionen in einem bestimmten Stadium der langen Geschichte des Sterns ist. Während die schwereren Elemente gebildet werden, steigen die Temperaturen an und wechseln mit Schwerekontraktionen ab, bis ein Gleichgewichtszustand des Sterns erreicht ist, bei dem sich im Kern ein Gemisch aus Eisen, Nickel und anderen mittelschweren Elementen befindet. Dann betreten Gammaphotonen die Bühne und treten in gewisse Kernreaktionen mit dem Eisen und dem Nickel – Prozesse, die Wärme erfordern. Der Stern kann nicht im Gleichgewicht verharren und kollabiert. Die Temperatur steigt, und nachdem weitere Stadien durchlaufen sind, ist nichts als Protonen, Neutronen und Elektronen übrig. Die Protonen absorbieren die Elektronen, und der Kern zieht sich sehr schnell weiter zusammen, bis ein Punkt erreicht ist, an dem eine bestimmte Kernkraft, die für die Abstoßung der Neutronen verantwortlich ist, die Kontraktion stoppt. Der Stern ist dann sehr kompakt, die Neutronen haben einen Abstand von etwa 10^{-13} cm. Dies ist der theoretische Zustand des Neutronensterns, auf den wir uns so oft bezogen haben. Der Kernkollaps soll nur eine Sache von Minuten sein. Dabei fallen die äußeren Schichten nach innen, werden somit komprimiert und aufgeheizt. Die Reaktionen werden beschleunigt, und die Schichten explodieren. Das ist nach Fowler und Hoyle die Supernova-Explosion.

Später wurden andere Theorien aufgestellt, wenngleich es die Pionierarbeit insgesamt ganz gut zu Wege brachte, daß ihr die Mehrheit der Astronomen lange die Treue hielt. Die verschiedenen Theorien haben viel gemein. Sie erklären die Bildung sehr schwerer Elemente wie Uran damit, daß die Kerne in den äußeren Schalen während der Neutronenphase am Schluß Neutronen einfangen. In dieser Phase mit den sehr hohen Temperaturen von etwa zehn Milliarden Grad werden auch extrem viele Neutrinos gebildet. (Neutrinos sind Elementarteilchen mit Spin, sie haben wenig oder gar keine Masse und keine Ladung.) Nun wurde am 23. Februar 1978 von einem Astronomen am Las-Campañas-Observatorium in Chile eine Supernova in der Großen Magellanschen Wolke bemerkt. Sie ist die hellste Supernova seit 1595 und die bisher einzige, die mit einem Stern identifiziert wurde, der vor seinem Ausbruch bekannt war (Sanduleak-69 202). Sie war der Anlaß für den ersten Neutrinoschauer, der je von außerhalb des Sonnensystems registriert wurde. Aufgrund der empfangenen Neutrinos wird angenommen, daß die Leuchtkraft des Sterns bei den Neutrinos allein für ungefähr eine Sekunde der Gesamtleuchtkraft des restlichen Universums gleichkam.

Supernova-Explosionen verstreuen Wärmeenergie und die Produkte der Nukleosynthese im Universum und beeinflussen so die Entwicklung der Galaxien, in denen sie liegen. Spezielle Bedeutung haben hier die schweren Elemente, und in den 1980ern wurde ihrer Rolle bei der Bildung neuer Sterne von theoretischer Seite viel Aufmerksamkeit gezollt. Eine überaus wichtige Supernova wurde 1986 in der Radiogalaxie Centaurus A gefunden. Sie ist so wichtig, weil diese die der Erde am nächsten stehende Radiogalaxie ist. Für ein besseres Verständnis ihrer Röntgen-, Gammastrahlen- und Radio-Eigenschaften wurde ihre Entfernung benötigt, und ein Amateurastronom in Neu-Süd-Wales machte eine stark verbesserte Schätzung möglich. Rev. Robert Evans, der mit seinem 40-cm-Reflektor bereits ungefähr ein Dutzend Supernovas in Galaxien entdeckt hatte, bemerkte einen hellen Stern in Centaurus A. Nach einer halben Stunde hatte er sich nicht bewegt, und so war es kein Asteroid in der Blickrichtung. Evans rief beim Siding Springs Observatory an, und innerhalb von drei Stunden war die Supernova bestätigt. (Sie stellte sich später als vom Typ I heraus.) Ihr besonderer Nutzen liegt darin, daß sie vor Erreichen des Leuchtmaximums entdeckt wurde und so während der kritischen Stadien überwacht werden konnte. Man konnte auf diese Weise zeigen, daß sich die Galaxie in einer Entfernung befindet, die sie unter die Lokale Gruppe der Galaxien einreiht.

Das Hubble-Weltraumteleskop

Die zahlreichen frühen Satellitenobservatorien waren kurzlebig – ihre Lebensdauern betrugen häufiger Monate als Jahre. Die ersten Pläne für ein vielseitiges optisches Observatorium, das jahrelang im All betrieben werden kann, wurden geschmiedet, als man in den frühen 1970ern das OAO-Raumschiff baute. Die Schlüsselfigur bei seiner Planung war Riccardo Giacconi, der Direktor des Forschungsteams, das – zunächst innerhalb des Privatunternehmens American Science and Engineering (1958–) – darauf hinarbeitete. Giacconi wurde zum Direktor des unabhängigen Space Telescope Science Institute ernannt, das eingeschränkte Eigentumsrechte an den erhaltenen Daten hatte und dem die Koordination der verschiedenen Teilprojekte oblag. Ihre Durchführung war auf viele andere Organisationen verteilt, und die Verantwortlichkeiten verschoben sich mit dem Fortgang des Projekts. Das Institut wurde im Auftrag der NASA von der Association of Universities for Research in Astronomy, Inc. geführt. Diese Unternehmung erinnert etwas an die Tycho Brahes, wird doch die Wissenschaft mit der Unterstützung eines aufgeklärten Staates durch eine kluge Kombination von Technologie und Kapitalismus vorangebracht. Der gelegentliche Ärger mit Regierungsstellen gehört dazu.

Das Raumteleskop, das dann nach Hubble benannt wurde, sollte 1985 vom „Space Shuttle", dem Trägersystem der NASA, in die Umlaufbahn gebracht werden. Die erste ernsthafte Verzögerung des Starttermins brachte die vorübergehende Aussetzung des Space-Shuttle-Programms nach der tragischen Explosion der Raumfähre *Challenger* am 28. Januar 1986. Das Teleskop-Projekt selbst war vom Unglück heimgesucht, schon bevor das Instrument vom Boden abhob. Eines seiner wichtigsten Teile war ein Gerät, das das auftreffende Licht in elektrische Signale verwandelt, mit deren Hilfe dann ein Bild aufgebaut wird. Solche CCDs („charge-coupled devices") haben in dieser Sparte die Photoplatten

Bild 19.1 Das Hubble-Weltraumteleskop einige Augenblicke nach der Aussetzung aus der Raumfähre *Discovery* am 25. April 1990 (© *David Parker/Science Photo Library*)

ersetzt, und durch Zufall wurde entdeckt, daß die Empfindlichkeit des CCD-Chips für blaues Licht von der Stelle abhing, auf die das Licht fiel, sowie von der Lichtmenge, dem der Chip zuvor ausgesetzt war. Wenigstens dieses Problem wurde rechtzeitg bemerkt, aber leider war es nur eines unter mehreren.

Der Vorteil der Raumfähre besteht darin, daß eine Nutzlast in den Orbit transportiert und über viele Jahre in gewissem Umfang repariert sowie auf den neuesten Stand gebracht werden kann. Für einen Zeitraum von 15 Jahren waren einmal Besuche des Hubble-Teleskops im Abstand von drei Jahren geplant. Die Instrumente sind in einer Röhre von etwa 4 m Durchmesser und 13 m Länge untergebracht. Das Haupttelekop ist im wesentlichen vom Cassegrain-Typ und hat eine Apertur von 2,4 m. Dies wäre auch für die Beobachtung von der Erde aus ein recht großes Instrument gewesen, doch oberhalb der Atmosphäre ist es selbst einem 4-m-Teleskop am Boden weit überlegen.

Als dazu aufgerufen wurde, Vorschläge für wissenschaftliche Programme einzureichen, wurde das Projekt sechsmal „überbucht". Es wurde eine Auswahl getroffen und das Raumteleskop mit seiner Sekundär-Instrumentation ausgestattet. Viele Teile wurden so angeordnet, daß sie bei Bedarf in die Brennebene des Hauptinstruments gebracht werden und dort Wellen vom fernen Ultraviolett bis zum Infrarot detektieren können.

Der 2,4-m-Hauptspiegel sollte das Präziseste sein, was je an großen optischen Oberflächen gefertigt worden war. So war es um so tragischer, als sich nach dem Start herausstellte, daß der Spiegel Abweichungen von der Sollform aufwies. Man hätte sie früher entdecken können, wenn die Testapparatur nicht selbst fehlerhaft gewesen wäre. Andere Fehler zeigten sich in den Gyroskopen und den Sonnensegeln, die nicht starr genug waren. Trotz dieser peinlichen Pannen brachte das Teleskop viele nützliche Informationen, die anderweitig nicht hätten gewonnen werden können.

Die Kommunikation mit dem Teleskop geschieht über ein Netzwerk von geostationären Kommunikationssatelliten. Die Daten werden durch sie dem Goddard Space Flight Center und dann dem Space Telescope Science Institute zugeleitet, von wo aus Befehle über dieselben Schaltstellen zurückgefunkt werden können. Dort werden die Daten von ansässigen Astronomen ausgewertet und, falls nötig, anderswohin verschickt. Eine europäische Koordinationsstelle stand unter anderem mit Instrumenten und Astronomen hilfreich zur Seite.

Der Fortschritt war langsamer als erwartet, und als der Teleskopstart endlich im April 1990 stattfand, erwies sich das Objekt – selbst wenn man von der Beförderung in den Raum absah – als das teuerste wissenschaftliche Instrument in der Geschichte der Menschheit. Man hatte viele Lektionen gelernt, von denen nicht alle mit der Astronomie zu tun hatten. Der langsame Fortschritt und die Kostenüberschreitungen hatten zu Verzögerungen in anderen wissenschaftlichen Raumfahrtprogrammen wie der Advanced X-ray Astronomy Facility (AXAF) geführt; aber wenn barsche Worte ausgesprochen wurden, war dies sicherlich nichts Neues für die Astronomie.

Zur Zeit des Hubble-Starts begann der HIPPARCOS-Satellit der europäischen Raumagentur (ESA) ein erfolgreiches astrometrisches Programm: Er sollte als erster Satellit Sternpositionen bestimmen. Auch hier gab es Probleme: Zwei seiner Gyroskope versagten, und das Apogäum-Triebwerk brachte ihn nicht auf die gewünschte geostationäre Umlaufbahn, so daß er viermal am Tag die Van-Allen-Gürtel durchquert, was ihn in einem Drittel der Zeit unbrauchbar macht. Obwohl sein Name der bahnbrechenden Arbeit von Hipparchos vor über zwei Jahrtausenden Tribut zollt, hat das Akronym eine andere Interpretation: high precision parallax collecting satellite. Während die Luftturbulenzen dafür sorgen, daß die Beobachtungen mit den besten erdgebundenen Teleskopen nicht genauer als eine zehntel Bogensekunde sind, beträgt die Präzision des HIPPARCOS ein bis zwei tausendstel Bogensekunden. Das ist der Winkel eines Zentimeters in einer Entfernung von 2 000 Kilometern. Parallaxen und Eigenbewegungen und was – wie die Skala des Universums – davon abhängt, wurde mit bisher unübertroffener Genauigkeit erhalten. Zusätzlich maß der Satellit Sternhelligkeiten mit hoher Präzision, was Verbesserungen der Lichtkurven vieler bekannter Arten von variablen Sternen erlaubte und die Entdeckung neuer Arten brachte.

Solche Errungenschaften haben ihren Preis. Die Kosten des Hubble Space Telescope erreichten, alles in allem, ein Prozent des jährlichen Verteidigungshaushalts der USA. In kosmischen Maßstäben ist das freilich ein schieres Nichts.

20 Makrokosmos und Mikrokosmos

Astronomie und Nachbarwissenschaften

In der ganzen Geschichte des Theoretisierens über das Universum ging es immer um wichtige Prinzipien, die mit dem Umfeld von Observatorien wenig zu tun hatten. Es gab stets Gesichtspunkte der Einfachheit, Harmonie und Ästhetik, die oft im Gewand der Philosophie auftraten oder vom religiösen Glauben diktiert wurden. Den Steady-state-Theorien wurde zum Beispiel häufig vorgeworfen, sie hätten das Universum jeden Zwecks beraubt und es in einen monotonen, endlosen und *sinnlosen* Zustand versetzt. Wenn solche Begriffe in den mathematischen Gleichungen konkurrierender Theorien nicht deutlich in Erscheinung treten, legen die Väter einer Theorie Wert auf die Feststellung, daß einige dieser Ideen ihrer Theorie zugrundelägen. Man sagte, ein Universum, das mit einem Urfeuerball beginne und sich ins Nichts verflüchtige, sei noch weniger *attraktiv* als die Steady-state-Idee. Nichts zeigt mehr, daß wir in der modernen Kosmologie nicht von der menschlichen Psyche absehen dürfen.

Es ist leicht zu übersehen, wie tief die Verbindungen zwischen der Kosmologie und den anderen Wissenschaften liegen können. Beginnen wir mit den Theorien der Sternentwicklung: Die *Teile* des Universums sind sicher einem Wechsel unterworfen. Fred Hoyle ging in einer Rückschau von 1988 so weit zu sagen, daß das Leugnen einer Evolution im Sinne der „Urknall-Kosmologen" überhaupt keinen Verlust bedeute, da die Frage, ob die Galaxien in den vergangenen (zehn Milliarden) Jahren etwas heller oder dunkler, ein wenig größer oder kleiner geworden seien, völlig uninteressant sei. Die einzigen Entwicklungsprozesse von wirklicher Subtilität bezögen sich auf die Sterne, und es finde genügend Sternentwicklung ohne wesentlichen Bezug zur Kosmologie statt. Um über die Entwicklung kosmologisch nachzudenken, sollte man nach Problemen mit einer über der Astronomie stehenden Komplexität wie dem Problem des Ursprungs der biologischen Ordnung Ausschau halten, und dabei könnte sich ergeben, daß nur dann die Hoffnung einer Lösung bestünde, wenn eine bestimmte Kosmologie (die Steady-state-Theorie, wie er glaubte) angenommen werde. Kurzum, kein Kosmologe könne es sich leisten, das und nur das zu sein.

Daß die ganze Kosmologie mitsamt der Astronomie idealerweise mit anderen akzeptablen Theorien verknüpft werden sollte – und daß deshalb auch ihre Werdegänge verbunden werden müßten, ist keine neue Idee, doch in einer intellektuellen Welt zunehmender Komplexität neigt das Prinzip der Arbeitsteilung immer dazu, sie auseinanderzutreiben. Zu denen, die in der Vergangenheit versucht hatten, sie zusammenzubringen, gehörten Phantasten ohne Disziplin, wenngleich einige die höchsten formalen Referenzen hatten – Kepler, Newton, Einstein und Eddington zum Beispiel. Ihre Versuche wurden von ihren Kollegen mit betretenem Schweigen aufgenommen, bis der Erfolg eingetreten war. Die Allgemeinheit ist immer als eine der höchsten wissenschaftlichen Ziele angesehen worden. Einer der bemerkenswertesten Aspekte der Astronomie des 20. Jahrhunderts war der hohe Grad, in dem sie sich mit der ständig zunehmenden Zahl an Wissenschaftsdisziplinen verbünden konnte. Wir haben gesehen, wie mit Ausnahme der Biologie die Theorien der Gravitation, der Optik, des Elektromagnetismus und der Spektroskopie vereinigt wurden und daß diese Theorien Überlegungen der Physik des subatomaren Bereichs in die Astronomie einführten. Seit den 1930ern spielte die Thermodynamik eine immer wichtigere Rolle, und die Theorien der Sternstruktur und der Umwandlung der chemischen Elemente machten Gebrauch von der Quantenphysik. Wir haben auch einige Versuche erwähnt, die Physik des ganz Großen und des ganz Kleinen durch die physikalischen Naturkonstanten in Verbindung zu bringen. In den 1960ern und später kam eine Anzahl aufregender Ideen auf, die die Quantenphysik und die relativistische Kosmologie, geschweige denn die Thermodynamik, in ganz neuer Weise verbanden. Im Mittelpunkt dieser neuen Bewegung steht der Begriff des schwarzen Lochs.

Kugelsymmetrische Massen

Wir haben diesen Begriff bereits vorläufig eingeführt, ohne jedoch zu erklären, wie er sich ins Herz der Astronomen einschlich. (Die Wendung „schwarzes Loch" wurde erst 1968 von John Wheeler geprägt.) Zu Beginn müssen wir festhalten, daß man zwar gängige Wörter benutzen kann, um die seltsamen Eigenschaften schwarzer Löcher zu beschreiben, daß aber die wesentlichen geometrischen Ideen nur mit Analogien leicht zu vermitteln sind – Analogien, die in die Irre führen können. Wir sollten eine grobe Vorstellung davon haben, was unter einer *Singularität* verstanden wird, wenn das Wort in der Geometrie gebraucht wird. Nehmen wir an, eine Größe hänge mathematisch von einer anderen ab – zum Beispiel möge y zu x^2 oder z zu $1/x$ gleich sein. Im ersten Fall haben wir keine Schwierigkeiten, ein einfaches Schaubild der Beziehung zu zeichnen, aber im zweiten Fall stellen wir fest, daß sich für x gleich Null die Funktion z unnormal verhält. Wir können verschwommen sagen, daß sie „unendlich wird", wenn x Null ist. In anderen Fällen „irregulären Verhaltens" mögen wir finden, daß eine Beziehung, die wir graphisch darstellen wollen, unstetig ist oder daß wir ihre Richtung nicht eindeutig angeben können. Die x-Werte, für die Unannehmlichkeiten auftreten, sind die „Singularitäten" der betreffenden Funktion.

In gewissen relativistischen Modellen des expandierenden Weltalls begegnen wir einer Art von Singularität, die – in einer naiven Interpretation – anscheinend auf ein Universum der Dimension Null verweist. Eine andere Art lag im Fall der Schwarzschildschen Behandlung des Gravitationsfeldes um eine kugelsymmetrische Masse vor. Wir besprachen diese kurz im Zusammenhang mit der Sonne in Kapitel 16. (Die Schwarzschild-Singularität tritt in einer Entfernung vom Mittelpunkt auf, die der Sonnenmasse proportional ist.)

Im Zusammenhang mit dieser Schwarzschildschen Arbeit fand Eddington 1924 einen Weg, das Singularitätenproblem zu umgehen – ohne jedoch besonderen Wert darauf zu legen. Die Methode besteht einfach darin, ein anderes Koordinatensystem zu wählen, x in dem obigen einfachen Beispiel umzudefinieren. Wenn wir zum Beispiel x in $x + 1$ umdefinieren, wird die Singularität woandershin verschoben, wo es physikalisch weniger lästig sein könnte, und wenn x in $1/x$ umdefiniert wird, verschwindet die Singularität ganz. Der zweite Fall mag wie Betrug anmuten und sieht trivial aus, aber in einer physikalischen

Theorie werden Koordinaten nicht immer direkt interpretiert. Zum Beispiel dürfte unser Wunsch sein, x als eine Länge zu interpretieren, aber in einer besonderen Theorie könnte es sinnvoll sein, es als etwas anzusehen, das eine Länge nur sehr indirekt wiedergibt. Koordinaten sind nichts Geheiligtes. Das war denen, die die Koordinatensysteme in de Sitters kosmologischem Modell manipulierten, wohl bewußt, und Lemaître betonte 1933 als erster diesen Punkt im Zusammenhang mit der Schwarzschild-Singularität. Er und Eddington hatten Koordinatensysteme gefunden, die sie durch die schwierige Region brachten. Später (1950) stellte Synge ein verbessertes Koordinatensystem vor, und in den folgenden zehn Jahren taten wenigstens vier weitere Mathematiker unabhängig voneinander dasselbe.

Ihre Arbeit erbrachte einige sehr seltsame Resultate zur „Schwarzschild-Geometrie". Eines der überraschendsten betraf den Fall, in dem es keinen zentralen „Stern" gab. Statt daß die Geometrie die einer Punktmasse im Zentrum war, zeigte es eher Ähnlichkeit mit einem Wurmloch, das zwei Universen verbindet, einem Wurmloch, das sich ausdehnen und wieder zusammenziehen konnte. Es ist hier nicht möglich, mehr ins Detail zu gehen. Wir können nur feststellen, daß die Arbeiten zur Schwarzschild-Geometrie vollauf klargemacht haben, daß die Raumzeitgeometrie viele seltsame und unerwartete Eigenschaften hat, wenn die Gravitation sehr stark wird, und daß sie in der Physik der Sterne, die unter der Schwere kollabieren, und in der Physik der schwarzen Löcher berücksichtigt werden muß.

Wir wenden uns der Astronomie zu, um uns daran zu erinnern, welche Objekte als Kandidaten für eine relativistische Behandlung der eben geschilderten Art angesehen wurden. Hätten wir um das Jahr 1970 einen Astronomen um eine geschichtliche Zusammenfassung gebeten, hätten wir über wenigstens fünf Objektklassen Informationen erhalten, von denen vier noch nie unmittelbar beobachtet, sondern aus theoretischen Gründen vorgeschlagen worden waren. Das Folgende dürfte uns erzählt worden sein:

1. *Weiße Zwerge* haben einen Radius von rund 5 000 Kilometern, etwa eine Sonnenmasse – wir erinnern uns daran, daß Chandrasekhar vor 1930 gezeigt hatte, daß ihre Massen unter einem bestimmten Grenzwert, der kaum größer als die Sonnenmasse ist, liegen müssen – und eine Dichte von ungefähr einer Tonne pro Kubikzentimeter. Sie stürzen unter der Schwerkraft zusammen, werden dann aber von einem Gegendruck entarteter Elektronen infolge des Paulischen Ausschließungsprinzips stabilisiert. (R. H. Fowler hat 1926 vermutlich als erster diese Möglichkeit gesehen.) Sie haben aufgehört, Kernbrennstoff zu verbrennen, und kühlen allmählich ab, indem sie Wärme abstrahlen. 1949 zeigte S. A. Kaplan, daß die Relativitätstheorie ihre Instabilität für den Fall voraussagt, daß sie einen gewissen unteren Radius – er sprach von 1 100 Kilometern – unterschreiten.

2. *Neutronensterne* haben etwa dieselbe Masse, aber einen viel kleineren Radius (um die 10 km), was die Dichte gewaltig macht: etwa 100 Millionen Tonnen pro Kubikzentimeter, was der Dichte eines Atomkerns vergleichbar ist. Den Gravitationskollaps verhindern zweierlei Kräfte, der Druck der Neutronen und gewisse abstoßende Kernkräfte (Kräfte der „starken Wechselwirkung"). Die von ihnen abgestrahlte Energie entstammt zum Teil dem Wärmevorrat, zum Teil geht sie auf Kosten ihrer Rotationsenergie. Sie waren – wie erwähnt – implizit in der Theorie von L. D. Landau

(1930) enthalten und wurden von Baade und Zwicky (1933/34) zur Erklärung von Supernovas herangezogen. Man hielt den Ausbruch einer Supernova für die Folge des Zusammenbruchs eines normalen Sterns zu einem Neutronenstern. 1939 benützten J. R. Oppenheimer und G. Volkoff die Relativitätstheorie, um die Einzelheiten des Prozesses auszuarbeiten, und ebneten damit späteren relativistischen Theorien der Sternstruktur den Weg. (Oppenheimer wurde während des Zweiten Weltkriegs für das Atombombenprojekt verpflichtet.) 1942 wurde von Baade und Minkowski ein Stern als Rest der Crab-Supernova ausgemacht. Nach Golds Vorschlag (1968), daß Pulsare rotierende Neutronensterne seien, wurde im folgenden Jahr von W. J. Cocke, H. J. Disney und D. J. Taylor gezeigt, daß dieser Stern tatsächlich ein Pulsar ist. Dies schien die vermutete Verbindung festzuknüpfen.

3. Obwohl die Idee eines *schwarzen Lochs*, eines Gebiets mit so viel Masse, daß das Licht nicht entkommen kann, eine lange Geschichte hat, wurden innerhalb der allgemeinen Relativitätstheorie erst 1939 die Fundamente der Theorie schwarzer Löcher gelegt. Damals zeigten J. R. Oppenheimer und Hartland Snyder, daß ein Stern ausreichender Masse kollabiert, wenn alle thermonuklearen Energiequellen erschöpft sind. Die zusammenstürzende Kugel schließt sich vom Rest des Weltalls ab. Es entsteht ein „Horizont", eine „Oberfläche des schwarzen Lochs", die kein Licht von außen reflektiert und durch die kein Bild des „kollabierten Sterns" nach außen dringen kann. Eine Wechselwirkung mit der Außenwelt ist unmöglich. (Eine Darstellung, die die Standpunkte sowohl innerer als auch äußerer Beobachter berücksichtigte, würde sich radikal von dem der Newtonschen Theorie unterscheiden.)

4. *Supermassive Sterne* wurden von Fred Hoyle und Wiiliam Fowler 1963 konzipiert, und S. Chandrasekhar und R. P. Feynman entwickelten kurz darauf eine Theorie ihrer Pulsationen und ihrer Instabilität. Ursprünglich dachte man, daß sie etwas mit den Galaxienkernen zu tun haben und die Energiequellen für die neuentdeckten quasistellaren Objekte, die Quasare, sein könnten. Sie würden aus heißem Plasma bestehen und weniger dicht sein als normale Sterne; der Druck des weitgehend in ihnen gefangenen Lichts (der Photonen) würde sie stabilisieren. Sie hätten Massen zwischen einem Tausend und einer Milliarde Sonnenmassen. („Plasma" bezeichnet einen Aggregatzustand, der eine große Zahl freier positiver und negativer elektrischer Ladungen enthält, wie unsere Ionosphäre oder die Gase, in denen eine Fusionsreaktion stattfindet.)

5. *Relativistische Sternhaufen:* So dicht gepackte Haufen, daß die newtonsche Physik nicht zur Erklärung ihres Verhaltens taugt, wurden 1965 von Ya. B. Zel'dovich und M. A. Podurets analysiert. 1968 zeigte J. R. Ipser, wie ein Haufen, wenn er groß genug wird, zu einem schwarzen Loch zu kollabieren beginnt. Je größer übrigens die in ein schwarzes Loch gepackte Masse ist, desto weniger dicht muß diese gepackt werden, also um so kleiner ist seine minimale Dichte.

Soviel zur Situation um 1970. Obwohl nun unser Astronom damals wußte, daß jeder Stern mit mehr als drei Sonnenmassen theoretisch zu einem schwarzen Loch kollabieren sollte, war die Zahl der Bezugnahmen auf diese Idee in der astronomischen Literatur relativ gering. Es gibt viele Sterne, deren Massen bekanntermaßen die drei Sonnenmassen übertreffen. Die Gravitation wird dort durch den Druck von Kernreaktionen aufgewogen, und es wurde weithin angenommen, daß es am Ende der Kernprozesse eine Explosion gibt, die die zentrale Masse unter die kritische Masse bringt – und vielleicht einen weißen Zwerg erzeugt. Kurzum, viele glaubten, schwarze Löcher nicht allzu ernst nehmen zu müssen.

Nicht alle waren dieser Meinung. 1964 begannen Zel'dovich und O. Kh. Guseynov eine Suche nach schwarzen Löchern, indem sie die Sternkataloge nach Sternen durchsuchten, die aufgrund des spektroskopischen Befunds als Doppelsternsysteme gelten, von denen aber nur eine Komponente zu sehen ist. Die Massen konnten abgeschätzt werden, und die beiden suchten Beispiele, wo die Masse des unsichtbaren Begleiters mehr als drei Sonnenmassen beträgt. Über Jahre war das Beweismaterial sehr schwach, und es gab viel Streit um seine Interpretation. Aber allmählich änderte sich die Haltung, und der bloße Disput half eine Atmosphäre zu schaffen, die dem Gedanken an die Existenz schwarzer Löcher günstig war. Andere Gründe drängten sich auf, und obwohl sie aus einer hochtheoretischen Richtung kamen, hatten sie völlig unerwartete Folgen, was die Methoden betrifft, wie die schwarzen Löcher *nachzuweisen* sind. Die beiden zentralen Figuren in dieser Geschichte sind Roger Penrose und Stephen Hawking.

Zel'dovich, Penrose und Hawking

Die schwarzen Löcher waren ein Gegenstand intensiver mathematischer Erforschung, bevor die Astrophysiker voll wahrnahmen, wie bedeutend sie sein könnten. Die Zahl der Beteiligten war nicht klein, aber in unserer viel zu kurzen Abhandlung müssen wir uns auf drei hervorragende Gestalten beschränken: Yakov Boris Zel'dovich (1914–87), Roger Penrose (1931–) und Stephen William Hawking (1942–). Zel'dovich war der Leiter eines Instituts für physikalische Forschung an der sowjetischen Akademie der Wissenschaften in Moskau, ein Mann mit einer enormen Energie, der ein Team von hochbegabten jüngeren Physikern leitete, die über schwarze Löcher, insbesondere ihre Wechselwirkung mit Licht arbeiteten. In ihrer Arbeit aus den frühen 1960ern sahen sie schwarze Löcher unter einem Aspekt, auf den der Name hinweist, den sie ihnen damals gaben: „gefrorene Sterne", Sterne, die sich zusammengezogen hatten, bis die Kontraktion am Schwarzschildradius zum Halt gebracht wurde.

Penrose war ein angewandter Mathematiker und zu der Zeit am Birkbeck College der Universität London. (Er hatte hier am Universitätskollegium studiert und hatte später in Cambridge und in den Vereinigten Staaten gearbeitet.) Um 1965 zeigte er, wie man Koordinaten einer neuen Sorte („Eddington-Finkelstein-Koordinaten") einführen konnte, in denen der Sternkollaps nicht langsamer wird, sondern den Weg zur Singularität – einem Gebiet mit verschwindendem Volumen und einer unendlichen Materiedichte – fortsetzt und einen „Horizont" am Schwarzschildradius zurückläßt. Tatsächlich war es in der Reaktion auf diese Art der Sprache, daß John Wheeler 1968 die Worte „schwarzes Loch" wählte, um die gekrümmte, leere Raumzeit mitsamt dem Horizont zu beschreiben.

Zur selben Zeit führte Denis Sciama (1926–) eine Gruppe, die am Department of Applied Mathematics and Theoretical Physics in Cambridge über Ralativität und Kosmologie forschte. In einer Reihe von Doktoranden befanden sich George Ellis (aus Südafrika), Hawking, Brandon Carter und Martin Rees. Zu dieser Zeit waren Hoyle und Narlikar in Cambridge, und es gab intensive Kontakte zwischen Sciamas Gruppe und Bondi, Penrose und anderen in London. Bei der Rückkehr von einem Treffen in London hatte Hawking eine Idee, die seiner Doktorarbeit ihre Bedeutung verlieh. In ihr wandte er die sog. Singularitätstheorie" von Penrose nicht auf einen Stern, sondern das Universum im ganzen an. Der zentrale Gedanke war, die Zeit herumzudrehen und Penroses Punktsingularität eher als *Anfang des Weltalls* denn als Ende eines Sternkollapses aufzufassen.

1970 schrieben Hawking und Penrose eine gemeinsame Arbeit, in der sie forderten, ein Universum mit der Expansion und Materie, die wir bei dem unseren beobachten, müsse als Singularität begonnen haben. Dies wurde zunächst nicht bereitwillig akzeptiert, aber die meisten in der Kosmologengemeinde wurden allmählich bekehrt. Tatsächlich änderte Hawking später seine Haltung in der Frage der anfänglichen Singularität, als er Wege fand, die Quantenmechanik, die Theorie des sehr Kleinen, in die Behandlung aufzunehmen.

Hawking hatte vor seinem Umzug nach Cambridge im Jahr 1962 in Oxford Physik studiert. Er hatte kaum als Doktorand begonnen, als sich zeigte, daß er ernsthaft an einem Nervenleiden (ALS, „Amyotrophische Lateralsklerose") erkrankt war, das ihn bald weitgehend sprech- und bewegungsunfähig machen würde. Sein anschließender Kampf mit dem Schicksal wäre schon für sich genommen beachtlich, aber gerade damals machte er einige der beachtlichsten wissenschaftlichen Fortschritte des Jahrhunderts. Sie sollten ihm großen Beifall bringen. 1979 wurde er auf den Lukasischen Lehrstuhl für Mathematik in Cambridge berufen und so ein Nachfolger Newtons; schließlich sollte er einer der bekanntesten Wissenschaftler seiner Zeit werden.

In den 1960ern gab es eine für die schwarzen Löcher entwickelte Dynamik; ein bedeutender Pionier darin war der mathematische Physiker Werner Israel. Israel – der in Berlin geboren und in Südafrika aufgewachsen war, war Doktorand in Irland, arbeitete zu jener Zeit aber in Kanada – hatte 1967 einige ihrer physikalischen Eigenschaften enträtselt, hatte aber damals nur mit *statischen* schwarzen Löchern zu tun. Er glaubte, sie müßten kugelsymmetrisch sein und könnten nur durch den Kollaps kugelsymmetrischer Objekte entstehen. Penrose und Wheeler behaupteten, daß die Forderung der perfekten Kugelform nicht so bindend sei, da der Stern beim Zusammenziehen Gravitationswellen abstrahlen und immer kugelähnlicher werden würde, bis er am Schluß eine wirklich vollkommene Kugel sei.

Nach Israel dürfen die kollabierenden Sterne äußere Felder (Gravitationsfeld und elektrisches Feld) haben, die durch ihre Massen und Ladungen bestimmt sind. Carter (1970) und Hawking (1971/72) in Cambridge modifizierten und erweiterten das Prinzip, indem sie den Drehimpuls als dritte Eigenschaft hinzufügten und zeigten, daß die Formen nicht sphärisch sein müssen. Gemeinsam hatten die drei gezeigt, daß schwarze Löcher keine anderen unterscheidenden Charakteristika als die erwähnten haben können. Nach einer gängigen Redewendung damals „haben sie keine Haare", um sie zu unterscheiden. Die chemische Eigenart der Materie, die in sie hineingeht, verliert zum Beispiel ihre Relevanz für das, was wir von außen über sie erfahren können.

Die Chancen, schwarze Löcher zu finden, schienen gering, dennoch war man sich bewußt, daß sie womöglich einen bedeutsamen Teil des Weltalls ausmachen könnten. 1966 schrieben Zel'dovich und Novikov über etwas, was man heute schwarze Löcher nennen würde, die sich als Störungen in der Materie des Universums am Anfang der Expansion gebildet haben. Ein schwarzes Loch kann jede Masse besitzen: Je kleiner die Masse ist, desto größer muß der Druck darauf sein. Aber große Drücke waren nach dieser Theorie keine Schwierigkeit im frühen Universum. Einige dieser Mini-schwarzen-Löcher könnten inzwischen Materie und Strahlung in einem solchen Ausmaß eingesaugt haben, daß sie so massereich wie eine Million Galaxien geworden sind, dachten sie. Hawking meinte später (1971), andere könnten unverändert geblieben sein und immer noch nur einige Millionstel Gramm Masse haben.

1969 zeigte Penrose, daß ein schwarzes Loch Energie verlieren und so elektromagnetische Strahlung (Licht, Radiowellen usw.) in der Nähe mit Energie versorgen könnte. Aber was ist mit seiner Größe. Gerade das Nachdenken über diese Frage brachte Hawking gegen Ende 1970 eine seiner fruchtbarsten Entdeckungen. Wenn nichts aus einem schwarzen Loch herauskommen kann, dann kann die Oberfläche seines „Horizontes" nicht abnehmen, und falls irgendetwas – Materie oder Strahlung – in es hinein fallen sollte oder falls es sich mit einem anderen schwarzen Loch vereinigen sollte, dann würde die Fläche tatsächlich anwachsen. Dies mag allein noch ein harmloser Gedanke sein, aber Hawkings Schlußfolgerungen daraus waren dramatisch.

Das Nicht-abnehmen-Können der Fläche des schwarzen Loches erinnerte an eine physikalische Größe namens Entropie. Sie ist ein Begriff, der zusammen mit anderen wie Temperatur, Druck, Wärmeenergie usw. verwendet wird, um den thermodynamischen Zustand eines Systems zu beschreiben. Sie kann über die Wärmemengen bestimmt werden, die wir einem System zuführen müssen, um es von einem Referenzzustand in den betrachteten Zustand zu überführen. Umgekehrt dient sie zur Beschreibung der „Qualität" des Energieinhalts, die durch den Anteil an der Energie eines Systems gegeben ist, der für nützliche Arbeit zur Verfügung steht. Ein anderer Aspekt der Entropie ist der eines Maßes der Unordnung, zum Beispiel unter den Atomen, aus denen ein System besteht. Der „zweite Hauptsatz" der Thermodynamik besagt, daß die Entropie eines abgeschlossenen Systems – eines Systems, das nicht mit seiner Umgebung in Wechselwirkung tritt – niemals abnimmt, oder (in manchen Darstellungen) daß eine Abnahme extrem unwahrscheinlich ist. Er ist eine Verallgemeinerung des Prinzips, daß Wärme nie von selbst von einem kälteren auf einen wärmeren Körper übergeht. Ohne Einflußnahme von außen fängt ein Glas Wasser nicht plötzlich an, im einen Teil zu kochen, während sich im anderen Eis bildet, um die zum Kochen nötige Energie bereitzustellen. Einige wollen dafür eine entfernte Möglichkeit offenhalten, doch dürften alle zustimmen, daß die Wahrscheinlichkeit dafür extrem gering ist. Wenn man eine Flasche Parfüm in einer Ecke des Zimmers öffnet, können eine Stunde später überall im Raum Duftmoleküle wahrgenommen werden. Die Wahrscheinlichkeit, daß sie sich irgendwann später wieder gleichzeitig in ihrem hochgeordneten Anfangszustand in der Flasche befinden, ist so klein, daß sie zu vernachlässigen ist. Die Entropie des Systems hat zugenommen.

Verletzen schwarze Löcher dieses Gesetz? Was wäre, wenn Materie mit einer gewissen Entropie in ein schwarzes Loch fallen würde. Die Entropie außerhalb des Lochs würde abnehmen. Und innerhalb? Wir können nicht hineinsehen, aber könnte es nicht eine indirekte Möglichkeit der Beurteilung geben? Ein Forschungsstudent in Princeton, Jacob Bekenstein hatte vorgeschlagen, daß die Fläche des Ereignishorizonts eines schwarzen Lochs als Maß seiner Entropie dienen könnte. Da diese beim Fall von Materie ins Loch zunehmen würde, werden wir zu dem Gedanken ermutigt, daß der zweite Haupsatz der Thermodynamik für das Gesamtsystem seine Gültigkeit behält.

Hawking erhob hier den Einwand, wenn ein schwarzes Loch eine Entropie habe, sollte es auch eine Temperatur besitzen und dann müßte es Strahlung aussenden. Aber schwarze Löcher senden nach Definition nichts aus. 1972 verwarf Hawking, zusammen mit Carter und Jim Bardeen, einem amerikanischen Kollegen, Bekensteins Idee, sah allerdings später, wie er davon Gebrauch machen könnte. Erst als Hawking 1973 in Moskau einen Besuch machte, erfuhr er von einem Beweis von Zel'dovich und Aleksandr A. Starobinsky (1971 veröffentlicht), wonach ein *rotierendes* schwarzes Loch Teilchen bilden und aussenden könnte. Als Hawking später versuchte, die Mathematik des Beweises zu verbessern, fand er zu seiner „Überraschung und Verärgerung", daß selbst *nichtrotierende* schwarze Löcher Teilchen mit einer konstanten Rate bilden und emittieren sollten. Er glaubte an einen Fehler in seiner Arbeit, bis ihm klar wurde, daß die Ausstrahlung genau den von der Thermodynamik geforderten Betrag hatte, das heißt, so groß war, daß Verletzungen des zweiten Hauptsatzes vermieden werden. Das schwarze Loch verhält sich, als hätte es eine Temperatur, und je höher die Masse ist, desto geringer ist die Temperatur.

Hawking erklärte dieses Entkommen aus der vermuteten absoluten Sicherheit des schwarzen Lochs damit, daß die Teilchen gerade aus der äußeren Randzone des Ereignishorizonts kommen. Dort gibt es elektrische und magnetische Felder. Wir würden sie wohl zu Null annehmen, wäre da nicht die Quantenmechanik, die das verbietet. Heisenbergs „Unschärfeprinzip" (1927) der Quantenmechanik leugnet die Möglichkeit, Ort und Impuls eines Teilchens gleichzeitig und völlig genau zu bestimmen. Je größer die Genauigkeit bei der einen Größe ist, desto geringer ist sie bei der anderen. Niels Bohr erweiterte dies im selben Jahr (in seinem „Komplementaritätsprinzip") auf die experimentell gewonnene Kenntnis anderer Aspekte physikalischer Situationen. Im Falle der schwarzen Löcher gibt es ein gewisses Minimum der Unsicherheit über den Wert des Feldes. Hawking schlug vor, sich unter den Quantenfluktuationen des Feldwertes Paare von Licht- (oder Gravitations-)teilchen vorzustellen, die irgendwann zusammen auftauchen, auseinanderlaufen und sich dann bei der Wiedervereinigung gegenseitig annihilieren. In einigen Fällen jedoch könnte eines der beiden „virtuellen Teilchen", sei es ein Teilchen oder sein „Antiteilchen", von dem schwarzen Loch eingefangen werden; wenn dann das andere nicht auch eingefangen wird und eine positive Energie hat, könnte es entkommen. In diesem Fall scheint es vom schwarzen Loch gekommen zu sein, und weil das Teilchen negativer Energie, das ins schwarze Loch geht, dessen Masse vermindert, rundet das die Illusion ab, daß das schwarze Loch Teilchen aussendet.

Indem ein schwarzes Loch Masse verliert, steigt seine Temperatur an und seine Emissionen nehmen zu. Wahrscheinlich beschleunigt sich dieser Prozeß so lange, bis das Ding zum Schluß mit einem gewaltigen Knall explodiert. Was man die „Verdampfungszeit" solcher Objekte nennen könnte, läßt sich berechnen; im Fall eines schwarzen Lochs von einer Sonnenmasse dürfte sie weit über dem vermuteten Alter des Weltalls liegen. Die uranfänglichen schwarzen Löcher, die von Zel'dovich und Novikov vorgeschlagen wurden, könnten inzwischen verdampft sein, sofern ihre Masse weniger als eine Milliarde Tonnen war. Die mit etwas größerer Masse könnten immer noch im Übermaß Röntgen- und Gammastrahlen aussenden – schwarze Löcher, die aber weißglühend sind, wie Hawking bemerkte. Seine Berechnungen aufgrund der beobachteten Hintergrundstrahlung im Gammabereich setzte diesem Phänomen eine obere Schranke, sofern es überhaupt real ist. Es stellte sich heraus, daß uranfängliche schwarze Löcher nicht mehr als ein Millionstel der Materie des Universums ausmachen können, freilich würde man erwarten, daß sie sich in der Nähe großer Massen wie den Galaxienzentren ansammeln.

In diesem Zusammenhang wurde das Ausmaß und die Natur der Hintergrund-Gamma-Strahlung eine Frage großen Interesses. Wenn das frühe Universum deutlich unregelmäßig war, würde es viel mehr uranfängliche schwarze Löcher gebildet haben, als die erwähnte Schranke anscheinend zuläßt. Ein Universum, das glatt und homogen war und unter hohem Druck stand, erzeugte der Erwartung nach weniger davon als ein irreguläres Universum oder eines bei geringem Druck.

Diese Gedankengänge stießen auf allgemeine Ungläubigkeit, als sie Hawking zunächst seinen Kollegen mitteilte, doch nach anfänglicher Skepsis wurden sie weithin akzeptiert. Ihre Folgerungen sind von enormer Bedeutung, denn vorher hielt man ein schwarzes Loch sozusagen für eine Einbahnstraßen-Sackgasse zu einer anderen Welt. Nach Hawking hingegen gibt es offenbar einen kosmischen Recyclingprozeß, der von ihnen in Gang gehalten wird.

Von einem höheren theoretischen Standpunkt aus können wir sagen, mit Hawkings Arbeit sei etwas noch Grundsätzlicheres geschehen: Die allgemeine Relativitätstheorie selbst wurde insofern modifiziert oder erweitert, als sich die Quantenphysik als dazu fähig erwies, einige der von der Relativitätstheorie vorausgesagten Singularitäten zu beheben. Doch würden die Singularitäten in einer kombinierten Quantentheorie der Gravitation wieder auftauchen?

Seit 1975 wandte sich Hawking Problemen der Quantengravitation zu, wobei er die „Pfadintegral-Methode" des amerikanischen mathematischen Physikers Richard Phillips Feynman (1918-88) benützte. Nach Feynman sollten wir uns ein Teilchen nicht wie gewöhnlich als etwas vorstellen, das eine einzige Geschichte hat, indem wir es auf einer ganz bestimmten Bahn durch die Zeit führen. Vielmehr sollten wir jede mögliche Geschichte in Betracht ziehen und jeden möglichen Pfad in der Raumzeit nehmen. Nicht alle Wege werden dabei gleich wahrscheinlich sein, und es wurden den Regeln der Quantenmechanik gemäße Methoden für die Berechnung der Wahrscheinlichkeiten angegeben. Mit jeder „Geschichte" sind zwei Zahlen verknüpft: Die eine gibt die Intensität einer Welle, die andere ihre Phase an. An jedem Punkt der Raumzeit ist die Wahrscheinlichkeit, das Teilchen dort zu finden, durch eine Summierung aller Wellen für alle möglichen Geschichten gegeben. An den meisten Orten löschen sich die Wahrscheinlichkeiten (genauer die Wahrscheinlichkeitsamplituden) gegenseitig aus, es gibt aber in der Regel Orte, wo sie sich gegenseitig signifikant aufbauen. Zum Beispiel besteht bei einem Elektron, das einen Atomkern umrundet, hohe Wahrscheinlichkeit für den Aufenthalt in bestimmten Umlaufbahnen, von denen es nicht beliebig viele gibt.

In Einsteins Gravitationstheorie folgt ein freies Teilchen einer „Geodäten" in der gekrümmten Raumzeit. Sie ist die Entsprechung einer Geraden im euklidischen Raum und stellt die Linie mit der kürzesten Länge zwischen zwei Punkten dar. Wenn wir hier die Feynmansche Pfadintegral-Methode verwenden, bedeutet die einfache Geschichte eines einzelnen Teilchens die Hereinnahme der ganzen Raumzeit, der ganzen Geschichte des Universums. In der klassischen allgemeinen Relativitätstheorie wurden verschiedene Modelle entwickelt, die die Geschichte des Universums von seinem Anfangszustand an beschrieben. In Hawkings neuer Theorie können wir keine spezifischen Angaben darüber machen, wie das Weltall begann, obwohl die Wahrscheinlichkeiten für manche Ergebnisse größer sind als für andere.

Wenn das Weltall einem schwarzen Loch ähnelt, dann kann alles so dargestellt werden, als entwickle es sich aus einer Singularität am Anfang (gemeinhin als „Beginn der Zeit" bezeichnet), und nach einem gewissen Stadium stürzt es wieder in sich zusammen, was man nun als „Big Crunch" (der am „Ende der Zeit" endet) bezeichnet, der den „Big Bang" spiegelt. Es gab keine Ränder, solange es um die räumliche Anordnung der akzeptierten Modelle ging: Sie waren endlich, doch ohne Ränder, in der Weise, wie der zweidimensionale Raum, der die Oberfläche eines Balls darstellt, endlich und doch unbegrenzt ist. Daß es anscheinend Zeitränder gibt, mißfiel Hawking jedoch aus Gründen, die auf den ersten Blick ästhetisch anmuten. Was auch immer die Gründe waren, es folgten überprüfbare Voraussagen.

Wie die Zeitränder aufgelöst wurden, bedarf einer sorgfältigen mathematischen Beschreibung, aber Hawking hat eine bildliche Analogie mit den Breitenkreisen auf der Erdoberfläche aufgezeigt. Diese sollen die räumliche Ausdehnung des Universums darstellen, und die Entfernung zum Nordpol die Zeit. Das Universum beginnt als Punkt (Nordpol) und wächst als Breitenkreis, bis es den Äquator erreicht; danach schrumpft es bis zum Erreichen des Südpols, wo es wieder zum Punkt wird. Das Universum hat verschwindende Ausdehnung an den Polen, aber sie sind genausowenig Singularitäten wie die Erdpole. Das soll illustrieren, wie das Universum völlig in sich abgeschlossen ist und sozusagen keine Kanten oder Ränder besitzt. In dem Modell ist für eine negative Zeit kein Platz, keiner vor dem Urknall und keiner nach dem Big Crunch. Doch ist das Modell annehmbar?

Unter der „keine Ränder"-Annahme fand Hawking – 1981 zunächst nur näherungsweise, dann präziser mit der Hilfe von Jim Hartle von der Universität von Kalifornien 1982 –, daß aus der Schar der dem Universum zu Gebote stehenden Geschichten eine spezielle Gruppe viel wahrscheinlicher ist als die anderen. Es wurde eine sehr hohe Wahrscheinlichkeit dafür ausgerechnet, daß die gegenwärtige Expansionsgeschwindigkeit der Weltalls in allen Richtungen fast gleich ist – ein Ergebnis, das anscheinend von Beobachtungen der Mikrowellen-Hintergrundstrahlung bestätigt wird. Dies führte zu einer Untersuchung der Größen und Konsequenzen von Abweichungen von der überall gleichen Dichte in den Frühstadien des Universums. Das Unschärfeprinzip legt nahe, daß am Anfang – vor zehn bis zwanzig Milliarden Jahren – keine vollkommene Uniformität herrschte und sich die anfänglichen Schwankungen verstärkten. Das heißt, die Fluktuationen am Anfang dürften zu den Wolken, Sternen und Galaxien, sowie nebenbei zu den Menschen geführt haben. Wie könnten die Astronomen die ursprüngliche Granulation der Materie feststellen?

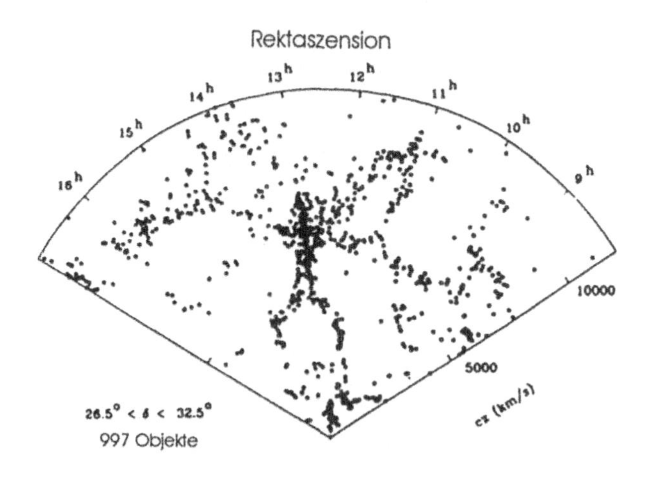

Bild 20.1 Eine „Wand" von Galaxien

Der Schlüssel lag wahrscheinlich in der Mikrowellen-Hintergrundstrahlung, die – so dachte man – irgendwelche Schwankungen als Überreste des Urknalls zeigen könnte. Seit den 1970ern wurde ein beträchtlicher Aufwand bei der Suche nach solchen Unregelmäßigkeiten betrieben, und zahlreiche kurzlebige Behauptungen wurden aufgestellt. Daß es eine massive Inhomogenität in der Verteilung der *Galaxien* gibt, steht außer Zweifel, und eine Nebenbemerkung zu diesem engergefaßten Problem ist hier am Platz, denn zwischen den beiden muß irgendein Zusammenhang bestehen.

In unserer Nachbarschaft kommen Galaxien in Abständen von ein paar Millionen Lichtjahren vor. 1975 nahm eine Untersuchung von G. Chincarini und H. J. Rood für sich in Anspruch, Ballungen der Materie auf einem Maßstab von etwa 20 Millionen Lichtjahren entdeckt zu haben. Auf einem IAU-Symposium im Jahre 1977 berichteten mehrere Astronomen von Räumen, die mehr oder weniger frei von Galaxien waren, Hohlräumen mit mehreren hundert Millionen Lichtjahren Durchmesser. Ein Jahr später lieferten S. A. Gregory und L. A. Thompson den Nachweis für eine große Ansammlung von Galaxien, die als Coma-Superhaufen bekannt ist und von relativ leerem Raum umgeben ist. Allmählich wurde ein Bild einer Welt von Galaxien aufgebaut, die in der Tat sehr klumpig ist, und seit den späten 1980ern schien die Verteilung der eines Schaums aus Seifenblasen zu folgen: einige groß, einige klein, alle mit Galaxien auf ihrer Oberfläche und einem von Galaxien relativ freien Raum im Innern. Die Einzelheiten dieses dreidimensionalen Bildes stammen hauptsächlich von Margaret Geller, John Huchra und Valerie de Lapparent vom Smithsonian Astrophysical Center. Eine seltsame Struktur, die sie später fanden, war eine „Wand" von Galaxien, die sich über mindestens eine halbe Milliarde Lichtjahre hinzieht. (s. Bild 20.1)

Aber was war mit der Glätte der kosmischen Hintergrundstrahlung? 1992 lieferte der COBE-Satellit (Cosmic Background Explorer) der NASA einige aufregende neue Indizien einer Inhomogenität darin. John Mather war 1974 ein junger Doktorand an der Columbia-Universität, als er einen bescheidenen Entwurf für eine solche Sonde an die

NASA schickte, die sich dazu entschloß, die Idee zu unterstützen. Der Plan war, nach Richtungsabhängigkeiten in der Stärke der Signale zu suchen, die zuerst 1964 von Penzias und Wilson gefunden worden waren. Eines der größten Probleme, die sich Mather und seinen Kollegen am Goddard Space Center stellten – George Smoot war Leiter des Teams –, bestand darin, die Detektoren in ihrem Satelliten davon abzuhalten, Mikrowellenstrahlung aus unserer eigenen Galaxie zu empfangen. Drei verschiedene Detektoren wurden eingesetzt, um die Srahlungsniveaus bei etwas verschiedenen Frequenzen zu überwachen, und die Resultate wurden dann mit dem Computer verglichen.

Im Dezember 1991 hatten sie Daten, die anscheinend klare Anzeichen für Fluktuationen zeigten, Anzeichen eines Flickenteppichs in der Strahlungskarte, wenn sie sozusagen in die Vergangenheit blickten. Innerhalb von vier Monaten hatten sie eine Anzahl überzeugender Kontrollen und Gegenproben laufen lassen. Die Schwierigkeiten waren immens, denn die gefundenen Schwankungen waren nur um ein Hunderttausendstel dichter als die Hintergrundstrahlung. Noch größer wären die Schwierigkeiten gewesen, sie von unterhalb der Erdatmosphäre zu registrieren, wie verschiedene Astronomengruppen planten, insbesondere die Jodrell Bank-Gruppe, die in Teneriffa arbeitete.

Die Ergebnisse des COBE-Satelliten waren in einer wichtigen Beziehung überraschend: Sie deuteten darauf hin, daß die Schwankungen innerhalb von 300 000 Jahren nach dem Urknall gebildet wurden, was implizierte, daß das Weltall viel dichter ist als allgemein angenommen. (Je größer die Masse, desto schneller würden sich Schwankungen gebildet haben. Die Vorkommen von außerirdischem Deuterium, die 1973 im Jupiter, dem Orion-Nebel, in interstellaren Wolken und anderswo bestimmt worden waren, hatten als Indiz auf ein Weltall geringer Dichte gegolten.) Dies war genau die Art von Daten, die von den Advokaten eines „Big Crunch" gebraucht wurden, und stand im Gegensatz zu den „Wärmetod"-Modellen, die ewig mit der Expansion und Ausdünnung fortfahren und ein Weltall erzeugen, das mit einem immer feineren Dunstschleier aus der Asche ausgebrannter Sterne angefüllt ist.

Ein massiveres Universum als allgemein angenommen paßte gut zu einem Satz kosmologischer Modelle, die in den 1980ern beliebt wurden und auf dem „inflationären Modell" (1980) von Alan Guth vom MIT beruhen. Guth hatte eine sehr schnelle Expansion am Anfang vorgeschlagen, die zu dieser Zeit mit einer zunehmenden Geschwindigkeit stattfand (im Gegensatz zu der abnehmenden Rate, die für die Gegenwart angenommen wird). Ein in diesem Sinne „inflationäres" Universum würde zunächst von einer durch die Vereinheitlichung der starken und schwachen Kernkräfte sowie der elektromagnetischen Wechselwirkung entstehenden Kraft beherrscht. Im Laufe der Expansion würde ein „Phasenübergang" eintreten, dann würde die starke Kraft vom Rest abgespalten.

Die inflationäre Theorie wurde in den 1980ern von Hawking und anderen entwickelt, von denen besonders der junge sowjetische Kosmologe Andrei Linde zu nennen ist; dies geschah unabhängig von Paul Steinhardt und Andreas Albrecht von der Universität von Pennsylvania. Deren neues inflationäres Modell brachte eine *langsame* Auflösung der Symmetriebedingung ins Spiel, was im Gegensatz zur ursprünglichen Idee von Guth stand, daß diese sehr schnell stattfinde.

Eine der seltsameren Folgerungen der Theorien des inflationären Universums war, daß viele Versionen unser sichtbares „Universum" als eine einzelne Insel unter vielen in einem stationären Hintergrund sahen. Der Tod des Steady-state-Modells war vielleicht weit übertrieben worden.

Von den Andersdenkenden ist die Situation unmittelbar nach dem Beginn des Urknalls mit unterkühltem Wasser verglichen worden: Es ist unterhalb seines Gefrierpunkts immer noch flüssig und in einem falschen Gleichgewichtszustand, voller Energie, die auf ihre Freisetzung wartet. Beim Übergang zum Zustand geringerer Energie soll nun die freigesetzte Energie die außergewöhnlich schnelle inflationäre Expansion des Weltalls antreiben. Lindes Gedanke war, der Durchbruch könnte an verschiedenen Orten zu verschiedenen Zeiten gekommen sein – gewöhnlich wird eine Analogie mit den Champagner-Bläschen hergestellt. Die inflationären Modelle waren allgemein erfolgreich bei der Erklärung, wie sich Unregelmäßigkeiten im frühen Universum im Lauf der späteren Expansion sehr effektiv ausglätten konnten. Andere Varianten wurden später hinzugefügt – zum Beispiel von Linde 1983 („das chaotische inflationäre Modell"). Sie unterscheiden sich vor allem in den Temperaturschwankungen, die sie bei der Mikrowellen-Hintergrundstrahlung fordern. Die chaotischen Versionen stellen ein Weltall dar, in dem sich einige Gebiete in der Expansion, andere in der Kontraktion befinden, einige bei einer hohen und einige bei einer tiefen Temperatur. Es wurde vorgeschlagen, wir könnten sozusagen eine Blase bewohnen, die nicht mit einer anderen verschmolzen ist, was sie im Prinzip hätte tun können; oder daß es Gesetze geben könnte, die das Verschmelzen solch ungleicher Regionen verbieten.

Von solchen Ideen kam ein Strom neuer kosmologischer Modelle. Die Hawking-Strahlung, die ursprünglich mit dem Horizont um das schwarze Loch in Verbindung gebracht worden war, erschien nun in einer anderen Rolle. Mit Gary Gibbons zeigte Hawkings, daß diese Art Strahlung bei anderen Horizontarten entstehen könnte – zum Beispiel denen, die Teile des Universums von der Kommunikation durch Lichtsignale abhält, wenn sie sich (bei der Expansion des Raums) mit Überlichtgeschwindigkeit voneinander entfernen. Sie zeigten, daß dies für die Frühgeschichte des Universums von Bedeutung hätte sein können. Wiederum wurden diese Ideen ausgearbeitet und führten zu einer Vielfalt neuer Möglichkeiten. Das Beobachtungsmaterial genügte kaum der Aufgabe, zwischen ihnen zu unterscheiden, aber die Ergebnisse des COBE-Satelliten markierten zumindest eine neue Phase in diesem Prozeß.

Nach den COBE-Befunden war die vollkommene Uniformität nicht mehr wie vorher das Gewünschte, gleichwohl war die beobachtete Gleichförmigkeit immer noch sehr beträchtlich. Die COBE-Daten, auf einem Treffen der American Physical Society im April 1992 verkündet, wurden als Bestätigung der Modelle mit einem Urknall angesehen, konnten aber nicht der ständigen Verfeinerung konventionellerer Testverfahren ein Ende setzen, die über ein halbes Jahrhundert mit der Korrelation von Zählungen, galaktischen Größen, Rotverschiebungen usw. bescheidene Fortschritte gemacht hatten.

Genau wie bei den letzten Teilen eines Puzzle, so sorgen neue Daten zu einem kritischen Problem immer für mehr Aufregung als die Masse der Daten, an die sich alle gewöhnt haben. Der Unterschied ist, daß es in der Kosmologie so etwas wie Vollendung nicht gibt. Eines der ungelösten Probleme, die in der letzten Dekade des Jahrhunderts geblieben sind, ist das der fehlenden Masse. Die Kandidaten dafür sind von Natur aus schwer zu fassen: ausgebrannte Sterne, schwarze Löcher und dunkle Materie verschiedener Arten, die von herkömmlichen bis zu sehr exotischen reichen. Und hier können wir nicht mehr tun, als beiläufig zu erwähnen, daß dazu wimps (weakly interacting massive particles), Axionen und Photinos gehören, die von einigen Physikern als Teilchen vorgeschlagen wurden, die um uns herumfliegen, aber mit Standardmethoden nicht nachzuweisen sind.

Mensch und Universum

Wie in den späten 1940ern die Steady-state-Theorien viel Feindschaft bei den Theologen säten, so war das auch in den 1980ern. Einige theologische Abschweifungen von Kosmologen, die von den neuen Ansätzen zur Beschreibung des Weltalls angeregt waren, führten zu einer Folge von Auseinandersetzungen, die an die 1950er erinnerten. Neue Theorien wurden gelegentlich so dargestellt, als würden sie „Gottes Gedankengänge" oder „die Einzelheiten von Gottes Schöpfungsakt" beschreiben. Trotz vieler Parallelen mit der früheren Geschichte hat es ein paar wahrnehmbare Änderungen in der Gewichtung gegeben. Die Menschheit, die in räumlicher Hinsicht durch die ganze Geschichte hindurch an den Rand gedrängt wurde – man denke nur an Aristarchos und Kopernikus –, wird auf dem Hauptschauplatz gehalten durch ein Beharren auf einer Teilung der Zuständigkeit: Der Wissenschaftler erklärt, *wie* die Dinge geschehen, *wie* sich das Universum entwickelt, während die Theologen heute im allgemeinen darauf bestehen, daß sie nur noch nach dem *Warum* fragen. Die Theologen wissen seit langem, daß man sich besser nicht auf Diskussionen über den Buchstaben in heiligen Schriften einläßt. Im jüdisch-christlichen Zusammenhang zum Beispiel wird heute oft gesagt, das Buch Genesis sage nicht mehr aus, als daß die Welt existiere, weil Gott das um der Menschen willen so wolle, und daß Gott nicht als ein kosmischer Impressario zu betrachten sei, oder als derjenige, der den Knopf zum Start des kosmischen Feuerwerks gedrückt habe. Sei dies weise oder nicht, ängstlich oder tapfer, dies liegt jedenfalls nicht in der Tradition, die die Astronomie und die Theologie über mehr als 3 000 Jahre in engem Kontakt hielt, während der die Theologen im allgemeinen stolz darauf beharrten, daß sie sich mit einem *vollständigen* Bild – einem mit Gott als Schöpfer der physikalischen (sinnlich wahrnehmbaren) Welt – befassen würden. Die Zeiten haben sich in dieser Hinsicht geändert.

Seltsamerweise boten einige Wissenschaftler während der letzten Jahre des 20. Jahrhunderts etwas der traditionellen Theologie Ähnliches an, und oft taten sie das ohne irgendeinen theologischen Beweggrund. In einer recht eigentümlichen Weise versuchten sie, die Eigenschaften des Universums im Zusammenhang mit der Menschheit zu erklären. Auf den ersten Blick erscheint dieser Versuch zum Scheitern verurteilt, aber nach kurzem Nachdenken verschwindet das Überraschungselement in der Beweisführung und wirkt fast wie fauler Zauber. Wenn ich inmitten des thailändischen Dschungels zufällig auf einen kambodschanischen Zigarettenhersteller treffe, von dem sich herausstellt, daß er bei einem engen Freund von mir in England Geschichte studiert hat, überrascht mich das. Wenn ich ihm im Hause meines Freundes in England, einer anderen Welt, begegne, ist das nicht so. Daß da wahrscheinlich enge Beziehungen zwischen uns und dem Universum der beobachteten Art bestehen, sollte uns nicht überraschen. Wir begegnen in der Geschichte häufig Argumenten der folgenden Art:

A: „Durch Gottes Gnade behandeln die Tiere ihren Nachwuchs pfleglich."

B: „Nein – nur die Arten mit dieser Eigenschaft überleben und bringen spätere Generationen hervor."

Es existiert nun ein extensives Schrifttum, das Fragen in ganz ähnlicher Weise diskutiert:

A: „Nur aufgrund der Gnade Gottes leben wir in einem Universum, das perfekt an unsere Bedürfnisse angepaßt ist, d. h. die für unsere Existenz nötigen Bedingungen erfüllt."

B: „Gott mag ja dafür verantwortlich sein; trotzdem sollte es uns nicht überraschen, Bedingungen anzutreffen, die zu unserer Existenz passen. Wären sie nicht gegeben, würde es uns nicht geben."

Ob solch ein Gegenargument nun mit der Theologie zu tun hat oder nicht, jedenfalls ist die moderne Kosmologie davon berührt.

Zu allen Zeiten hat es Leute gegeben, die behaupteten, die Verfassung der Welt, wie sie von uns beschrieben werde, hänge von Prinzipien ab, die wir selbst erschaffen. Der Geist ist in gewissem Sinn der Schöpfer der Natur – wie der Philosoph Kant neben vielen anderen betonte. Was wir sehen, ist in gewissem Grad ebenfalls durch das gegeben, was wir als biologische Wesen sind. Die Astronomen sind sich der Grenzen der menschlichen Sinne seit langem bewußt, sowie der Tatsache, daß es eine Welt der Strahlungen – Herschels Infrarot, Ritters Ultraviolett usw.– gibt, von der wir nur dank der Instrumente Kenntnis haben. Unsere Beziehungen zum Universum hängen vom Charakter der Lebensformen – von der Sprache, unserer Psyche usw. – ab, aber es gibt andere, die mit unserer bloßen materiellen Existenz zu tun haben. Zu den Elementen, die für die Existenz der uns bekannten Organismen nötig sind, gehören Stickstoff, Sauerstoff, Phosphor und vor allem Kohlenstoff. In der Urexplosion des Universums wurden Wasserstoff und Helium synthetisiert, und erst nach einem sehr langen Prozeß wurden sie hauptsächlich im Innern von Sternen in die schwereren Elemente umgewandelt. Dem Tod der Sterne folgt die Verbreitung dieser Elemente und ihre Umwandlung in Planeten und Lebensformen. Im ganzen muß eine Zeit von wenigstens zehn Milliarden Jahren verstreichen, ehe dies geschehen kann. Es kann daher nicht im mindesten überraschen, daß wir – eine auf Kohlenstoff basierende Lebensform – uns in einem mehr als zehn Milliarden Jahren alten Universum befinden. Insoweit ist es nichts Okkultes oder Mystisches, wenn wir von einer Verbindung zwischen der Menschheit und dem Universum sprechen.

In der ganzen Geschichte hat es Versuche gegeben, die Wahrscheinlichkeit für außerirdisches Leben einzuschätzen, und diese Versuche haben gewöhnlich eine Art Verbindung unserer biologischen Eigenschaften und den vermuteten Bedingungen anderswo mit sich gebracht. Während des 19. und 20. Jahrhunderts gab es ein Wechselspiel im Dreieck der Theorien der Tierevolution, der geologischen Veränderung der Erde und des Sonnenalters – von denen alle auf die Zeit bezogen waren. Thomas Chamberlin glaubte zum Beispiel an einen irgendwie gearteten atomaren Energienachschub für die Sonne, einfach weil bei den bekannten Alternativen das Sonnenalter für die anderen Prozesse zu kurz gewesen wäre. Es wurde in diesem Jahrhundert verschiedentlich versucht, Intelligenz und Biologie in Beziehung zu setzen, und so die Diskussion um eine Stufe höhergebracht. Wir haben kurz die Bemühungen von Eddington, Dirac und anderen in den 1930ern angesprochen, Beziehungen zwischen den fundamentalen Konstanten der Physik aufzuspüren. Einige von Diracs Ideen gingen dahin, daß einige der Natur-„konstanten" einem langsamen Wechsel unterworfen sind, und Robert Dicke (1916–) brachte mehrere Jahre damit zu, das astronomische und geologische Beweismaterial für diesen Wandel zu prüfen.

1957 wies Dicke darauf hin, daß die Zahl der Teilchen im beobachtbaren Teil des Universums und Diracs numerische Koinzidenzen nicht zufällig, sondern durch biologische Faktoren bedingt sind. Er meinte, wäre das Universum bedeutend älter, als es ist, „wären alle Sterne kalt", und unter diesen Bedingungen würde es ganz einfach keine Menschheit geben, die sich das Ganze anschaut. 1961 und später stellte er seine Gedanken mit detaillierteren Rechnungen vor. Er schlug vor, was allgemein als das *(schwache) anthropische Prinzip* bekannt ist: Die Bedingungen, die für die Entstehung von Leben nötig sind, bringen gewisse Beziehungen zwischen den Fundamentalkonstanten der Physik ins Spiel. Zum Beispiel hätte eine kleine Veränderung der Elektronenladung unter Beibehaltung der anderen physikalischen Konstanten den Mechanismus der Kernfusion in Sternen betriebsunfähig und so unsere Lebensform unmöglich gemacht. Martin Rees, ein Cambridger Astronom mit einer breitgefächerten Erfahrung, verbrachte seit den 1970ern viel Zeit damit, die detaillierten und ganz dramatischen Folgen für die Entwicklung des Universums zu erforschen, wenn nur die Gravitationskonstante geringfügig geändert wäre. Leben könnte entstanden sein, aber überhaupt nicht so, wie wir es kennen.

Eine andere Argumentationslinie besteht darin, daß die physikalische Natur des Universums so beschaffen ist, daß es in einem gewissen Stadium Lebewesen und insbesondere Menschen enthalten muß. Brandon Carter gab dem Prinzip, daß das Universum erkennbar sein und in einem gewissen Stadium „die Schöpfung von Beobachtern darin zulassen" muß, den Namen *starkes anthropisches Prinzip.* Die Befürworter dieses starken Prinzips sind oft so vorgegangen, daß sie in sehr breitem, aber akzeptablem physikalischem Rahmen alle möglichen Welten zu beschreiben suchten, von denen einige günstige Voraussetzungen für das Leben boten, einige sicher kein Leben aufwiesen. Die Idee war dann, die strukturellen Eigenschaften festzulegen, die nötig sind, wenn Beobachter gebildet werden sollen. Wir müssen notwendig in einer aus dieser begrenzten Gruppe möglicher Welten leben. Die Wahrscheinlichkeit eines Fortschritts in dieser Richtung mag gering erscheinen. Ein Großteil der Arbeit in der Kosmologie und Astrophysik der zweiten Hälfte des 20. Jahrhunderts fällt jedenfalls in den Rahmen dieser Auseinandersetzung. Fred Hoyle betrachtete schließlich die anthropischen Prinzipien als natürliche Folgerung aus seiner Entdeckung einer Reihe von Übereinstimmungen in den Beziehungen zwischen gewissen Eigenschaften („Kernresonanzniveaus") biologisch wichtiger Elemente.

Als eine Fußnote zu der langwährenden Debatte über die Wahrscheinlichkeit von Leben auf anderen Planeten irgendwo im Universum könnte nachgetragen werden, daß die Bedeutung der Planetentrabanten für die Rechnung seltsamerweise bis vor kurzem nicht beachtet wurde. Wenn unser Mond nicht existierte, wäre die Orientierung der Erdachse nicht stabil und im Laufe der Zeit chaotischen Änderungen unterworfen gewesen. Sie hätten für klimatische Wechsel gesorgt, die die Entwicklung biologischer Organismen vielleicht nicht verhindert, sicherlich aber stark beeinflußt hätten.

Im größten Teil der Menschheitsgeschichte, zumindest solange man die Astronomie als auf Gesetzen beruhend aufgefaßt hat, wurde die Welt als im Wandel begriffen gesehen. In ihren wesentlichen *Veränderungsmustern* wurde sie jedoch als eine Welt von Ordnung und *Dauer* gesehen. Leibniz zum Beispiel berührte eine wunde Stelle, als er Newton vorwarf, Gott sei bei ihm ein Uhrmacher, der von Zeit zu Zeit die Uhr des Universums aufziehen müsse. Dem Anschein nach war die „Uhr" das Universum selbst, das sich wegen der Reibung entsprechend den Newtonschen Gesetzen todläuft. Die wirkliche Unvollkommenheit in den Augen der Streitparteien bestand in einem Gesetz, in diesem Fall dem Gesetz der Vollkommenheit des Universums. Für gläubige Christen war die Streitfrage, ob die Newtonschen Gesetze eine Beleidigung des Schöpfers seien. Der leichteste Weg aus der Schwierigkeit ist eine Umdefinition der Vollkommenheit, das Universum und seine Gesetze umzuinterpretieren – theologisch zum Beispiel.

Gegen Ende des 19. Jahrhunderts löste die Idee des „Wärmetods" des Weltalls, den die Thermodynamik anzudeuten schien, eine lebhafte Debatte über Gottes Plan für die Welt aus – eine Debatte, die immer noch andauert. Sie ist eine von vielen theologischen Diskussionen aufgrund wissenschaftlicher Entdeckung, wo Theologen und andere der Meinung sind, sie könnten leicht das neu beschriebene Universum interpretieren. Wiederum steckt die Crux in der Interpretation. Wie, so wurde in diesem Fall oft gefragt, könnte ein wohltätiger Gott ein zerfallendes Universum geschaffen haben? Die Antwort war leicht: Finde eine neue theologische Interpretation. Die Geschichte zeigt, daß diese Übung nie sehr schwierig war, und die Interpreten haben fast stets gefunden, was sie zu finden trachteten. In diesem speziellen Fall zum Beispiel haben wir den amerikanischen Psychologen William James – den Bruder des Romanschriftstellers Henry James –, der meint, während der endgültige Zustand die totale Auslöschung sein könne, „könnte der *vorletzte* Zustand das Tausendjährige Reich (der Geheimen Offenbarung) sein". Er dachte, der „letzte Pulsschlag des Universums" stehe unmittelbar bevor, und setzte hinzu: „Ich bin so glücklich und vollkommen, daß ich es nicht mehr erwarten kann."

Die große Mehrheit der Astronomen ist von nüchternerem Zuschnitt, damit zufrieden, eine wissenschaftliche Behandlung der Welt, in der wir leben, anbieten zu können – eine Behandlung, die sich nicht wesentlich von denen der anderen physikalischen Disziplinen unterscheidet. Die Astronomie ist im Lauf der Zeit vieles gewesen, nicht zuletzt ein Prototyp der fundamentaleren Wissenschaften. Sie versorgte sie mit ihren Methoden, mit Bewegungsgesetzen und mit empirischen Daten, erst später borgte sie von ihnen, zahlte aber mit Zins zurück. Die Astronomie bleibt, was sie in ihrer ganzen Geschichte war: eine Spielwiese für ungezügelte metaphysische und theologische Spekulation, aber heute kann man kaum noch sagen, daß dies ihr Wesen ausmache. Wenn moderne Astronomen sich im einen Atemzug als Agnostiker bekennen und im nächsten die vom COBE-Satelliten enthüllten Schwankungen als „Spuren von Gottes Geist" bezeichnen, sagt uns das nur, daß die theologische Sophistik nicht mehr das ist, was sie einmal war. Die Äußerung überrascht eigentlich nicht, wenn man bedenkt, wie stark die Wurzeln der Astronomie mit denen der Religion verwachsen sind. Es ist eine Ironie der Geschichte, daß das Studium eines so gewaltigen und unpersönlichen Gegenstands vom Anfang bis zum Ende so eng mit den Prinzipien der menschlichen Natur verknüpft sein sollte.

Bibliographischer Anhang

Einleitung

Diese Bibliographie enthält nur eine kleine Auswahl – es wäre ein Leichtes, sie auf den hundertfachen Umfang zu bringen – und beschränkt sich hauptsächlich auf Bücher statt auf Artikel. Um ein übermäßiges Ungleichgewicht zu vermeiden, wurden mehrere Werke ohne englische Entsprechungen aufgenommen. Obwohl gelegentlich auf wissenschaftliche Texte verwiesen wird – speziell einige, die Klassiker geworden sind, und jene aus jüngster Vergangenheit, für die bis heute wenige historische Darstellungen vorliegen –, ist die Zielrichtung die Geschichte und nicht die Astronomie als solche. Dieses Buch ist mehr oder weniger als eigenständig konzipiert, aber Lesern, denen die Astronomie relativ fremd ist, werden zwei Vorschläge für die weitere Lektüre unterbreitet. Wir können die Astronomietexte grob in zwei Klassen unterteilen: die mathematische „sphärische Astronomie", in der sich auf einführendem Niveau ein Standardlehrbuch vor hundert Jahren wenig von einem heutigen unterscheidet, und physikalische Astronomie, in der sich der Kenntnisstand fast täglich ändert. In der ersten Kategorie wird W. M. Smarts (1931) *Text Book of Spherical Astronomy* (Cambridge: Cambridge University Press, 6. Aufl., 1977) noch immer weithin verwendet und empfohlen, aber es ist zu bedenken, daß es sich notwendigerweise um einen Text handelt, der einige mathematische Kenntnis erfordert. Wer eine einzelne Informationsquelle der physikalischen Astronomie sucht, die schön illustriert und mit einem Minimum an wissenschaftlichem Vorwissen zu lesen ist, sollte nach der neuesten Auflage von *The Cambridge Atlas of Astronomy* (Cambridge: Cambridge University Press) schauen. Er hat seinen Ursprung in *Le Grand Atlas de l'Astronomie*, herausgegeben von Jean Claude Falque unter der allgemeinen Herausgeberschaft von Jean Audouze und Guy Israel (Paris: Encyclopaedia Universalis, 1983); die zweite englischsprachige Auflage erschien 1988. Wenn ein Sternenatlas (im konventionelleren Sinn) gebraucht wird, hat man eine große Auswahl. Die 18. Auflage des *Norton's* dürfte (auch als allgemeine astronomische Einführung) für nützlich gehalten werden, seine Karten sind jetzt auf den Stand der Jahrtausendwende gebracht: Ian Redpath (Hrsg.), *Norton's 2000.0 Star Atlas and Reference Handbook* (London: Longman, und New York: Wiley, 1989).

Da die Astronomie ausgiebigen Gebrauch von Daten aus der Vergangenheit macht, finden sich selbst in der Antike einfache Formen historischer Untersuchungen. Eine der ersten Geschichtsdarstellungen, die engagierte historische Gelehrte gerne zu Rate ziehen dürften, ist P. J. B. Ricciolis wahrhaft monumentales *Almagestum novum* (Bologna, 1653); aber es ist in Latein abgefaßt, und sogar viele der besten Bibliotheken dürften es nicht in ihrem Bestand haben. Andere klassische Geschichtswerke sind die von J. B. J. Delambre, die mit seiner *Histoire de l'astronomie ancienne* in zwei Bänden (Paris, 1817) beginnen und weitere Bände über mittelalterliche (ein Band, 1819) und „moderne" Astronomie (2 Bde., 1821) sowie die Astronomie des 18. Jahrhunderts (1 Band, 1821) umfassen. Sie sind eine fundamentale Quelle und wurden neu gedruckt (in Französisch, New York und London: Johnson Reprint Corporation, 1965–69). Delambres Arbeit war von der Notwendigkeit motiviert, die Geschichte als ein astronomisches Werkzeug zu nutzen, aber endete, indem sie hohe Standards in der Geistesgeschichte als solche setzte. Nicht von derselben Klasse, aber sicherlich enzyklopädisch ist Pierre Duhemes umfangreiches *Le Système du monde. Histoire des doctrines cosmologiques de Platon à Copernic* (Paris 1913-59, 10 Bde.). Auszüge aus diesem Werk wurden von Roger Ariew in einer englischen Übersetzung unter dem Titel *Medieval Cosmology* (Chicago: University of Chicago Press, 1985) herausgegeben.

Nicht mehr neu, aber immer noch wertvoll ist Harlow Shapley und Helen E. Howarth, *A Source Book in Astronomy, 1900–1950*, (Cambridge, Mass.: Harvard University Press, 1960). Es sollte durch Kenneth R. Lang und Owen Gingerich, *A Source Book in Astronomy and Astrophysics, 1900–1975* (Cambridge, Mass.: Harvard University Press, 1979) ergänzt werden. Die Auswahl der Auszüge spiegelt nicht nur den astronomischen Geschmack der Herausgeber, sondern auch die Erhältlichkeit der Quellen wieder.

Als ein modernes Beispiel für die erfolgreiche Verwendung der Geschichte für astronomische Zwecke ist David H. Clark und F. Richard Stephenson, *The Historical Supernovae* (Oxford: Pergamon, 1977) anzusehen. Robert R. Newton hat etwa in derselben Weise geschrieben, zum Beispiel *Ancient Planetary Observations and the Validity of Ephemeris Time* (Baltimore und London: Johns Hopkins University Press, 1976). Er hat eine etwas beißende Art, mit den Astronomen der Vergangenheit umzugehen, und seine Kollegen dürften bei dem Gedanken erschauern, daß sie in 2 000 Jahren einmal ähnlich behandelt werden.

Artikel über die Geschichte der Astronomie als Teil der Wissenschaftsgeschichte finden sich in den vielen Zeitschriften – mehrere Hunderte –, die diesem weiteren Gegenstand gewidmet sind. Die meisten der von nationalen Organisationen getragenen Zeitschriften sind heute von internationalem Zuschnitt, zum Beispiel *Isis*, das Journal der American History of Science Society, und das *British Journal for the History of Science*, die fast ganz in Englisch geschrieben sind. Artikel in fünf oder sechs Weltsprachen finden sich in der Zeitschrift der International Academy of the History of Science: *Archives internationales d'histoire des sciences*, das gegenwärtig vom Institut der italienischen Enzyklopädie, Rom veröffentlicht wird. Eine Spezialistenzeitschrift von großem Wert ist das *Journal for the History of Astronomy* (Chalfont St Giles, Bucks: Science History Publications), das seit 1979 *Archaeoastronomy* als Ergänzung herausgegeben hat.

Unter den internationalen Körperschaften, die für die Organisation von Konferenzen auf dem Gebiet verantwortlich sind, publiziert die IAU (International Astronomical Union, mit einer geschlossenen Mitgliederschaft) extensiv (vorwiegend bei Kluwer, Dordrecht). Die IAU hat eine historische Kommission. Die IUHPS (International Union for the History and Philosophy of Science, mit Ländern als Mitgliedern) veranstaltet alle vier Jahre große Treffen, und da sie häufig die dort gehaltenen Vorträge veröffentlicht, kann sie eine Vorstellung der laufenden Arbeit vermitteln. Eine der nützlichsten aller bibliographischen Quellen ist jedoch die laufende *Isis Critical Bibliography*. Zunächst wurde sie als gelegentliche Ergänzung der Zeitschrift *Isis* veröffentlicht, dann wurde von der History of Science Society eine Reihe großer gebundener Bände begonnen, die von Magda Whitrow herausgegeben werden und zum ersten Mal Bibliographien der Jahre 1913–65 verbinden (London: Mansell, 1971–76, 3 Bde.). Diese und spätere Bände listen einen sehr großen Teil der aus vielen Ländern kommenden Bücher und Artikel in der Wissenschaftsgeschichte auf.

Es gibt verschiedenartige Überblicksarbeiten, die das Zurechtfinden im weiteren Gebiet erleichten. Zum Beispiel: David Knight, *Sources for the History of Science* (London: The Sources of History, 1975), S. A. Jayawardene, *Reference Books for the Historian of Science* (London: Science Museum, 1982). Detaillierte bibliographische Informationen lassen sich oft in verschiedenen Nationalbiographien (wie dem britischen *Dictionary of National Biography*) finden. Biographien von Wissenschaftlern, verbunden mit Teilbibliographien, waren auf deutsch lange in einem wichtigen Kompendium erhältlich, das gewöhnlich einfach als der „Poggendorff" bekannt war. Johann Christian Poggendorffs erste zwei Bände des *Biographisch-Literarischen Handwörterbuches* erschienen 1863, und seitdem wurde das Werk in vielfältiger Form herausgegeben. Ein anderes deutsches Werk, das Erwähnung verdient, ist die *Encyklopädie der mathematischen Wissenschaften* (Leipzig: Teubner, 1898–1935), von denen Abschnitt VI zwei Bände astronomisches Material enthält, die von Karl Schwarzschild, Samuel Oppenheim und Walter von Dyck herausgegeben wurden. George Sarton machte in seiner *Introduction to the History of Science* (Washington: Carnegie Institution, 1927–1948, 3 Bde. in fünf Teilen, oft nachgedruckt) den ehrgeizigen Versuch, für die gesamte Geschichte einen bio-bibliographischen Überblick zu geben, kam aber nur bis zur zweiten Hälfte des 14. Jahrhunderts. Diese schwergewichtigen Bände sind heute überholt, sowohl was den Inhalt als auch was den Stil betrifft, sind aber immer noch nützlich.

Die bei weitem wichtigste einzelne biographische Quelle von Wissenschaftlern ist heute C. C. Gillispie (Hrsg.), *Dictionary of Scientific Biography* (New York: Charles Scribner's Sons, 1970–78, 15 Bde.), das ganz in Englisch abgefaßt ist. Eine abgekürzte Version erschien 1981 in einem Band, aber bei der Reduzierung schlichen sich Fehler ein, und man verwendet diese Ausgabe am besten nicht. Derselbe Herausgeber veröffentlichte unter dem allgemeinen Titel *Album of Science* eine Reihe bebilderter Bände, um das *Dictionary* zu ergänzen, und alle davon sind von gewisser Relevanz für unser Thema: John E. Murdoch (Hrsg.) *Antiquity and the Middle Ages*, I. Bernard Cohen (Hrsg.), *From Leonardo to Lavoisier, 1450–1800*, L. Pearce Williams (Hrsg.), *The Nineteenth Century*, Owen Gingerich (Hrsg.), *The Physical Sciences in the Twentieth Century*. Für reine Übersichten der Biographien von etwa 30 000 Wissenschaftlern, von denen (1968) die Hälfte lebt, siehe Allen G. Debus (Hrsg.), *World Who's Who in Science* (Chicago: Marquis Who's Who, 1968).

Es gibt mehrere moderne Astronomiegeschichtsbücher, die große Zeiten der Geschichte abdecken. Für die Antike ist der vollständigste Überblick der Astronomie mit mathematischem Inhalt Otto Neugebauer, *A History of Ancient Mathematical Astronomy* (New York: Springer-Verlag, 1975, 3 Bde.), auf die im folgenden unter *HAMA* verwiesen wird. Willy Hartner, *Oriens–Occidens*, in zwei Bänden (Hildesheim: Olms, 1968, 1984) überdeckt einen so großen Bereich der Geschichte, daß es zu dieser Kategorie gezählt werden kann. Andere sind unten erwähnt, darunter die Bände einer wichtigen und noch unvollständigen Reihe: *The General History of Astronomy*. Sie wird unter der Leitung der IAU und der IUHPS veröffentlicht und wird am Ende vier Bände umfassen, von denen alle mehrere Teile enthalten: (1) O. Pederson und J. D. North (Hrsg.), *Antiquity to the Renaissance*, (2) R. Taton und C. Wilson (Hrsg.), *Planetary Astronomy from the Renaissance to the*

Mid-Nineteenth Century, (3) M. A. Hoskin (Hrsg.), *Stellar Astronomy, Instrumentation and Institutions from the Renaissance to the Mid-Nineteenth Century*, (4) O. Gingerich (Hrsg.), *Astrophysics and Twentieth-Century Astronomy to 1950*. Ein weiteres ehrgeiziges Projekt, die Veröffentlichung einer Reihe von maßgebenden Arbeiten über die Geschichte der Wissenschaft allgemein, wird von der International Academy of the History of Science und dem Istituto della Enciclopedia Italiana gemeinsam geplant. Die Veröffentlichung sollte um die Jahrtausendwende beginnen.

Abschließend sollte wegen der verwickelten Geschichte der Sternnamen eine Warnung ausgesprochen werden, die für alle frühen Kapitel bedeutsam ist. R. H. Allens *Star Names, their Lore und Meaning*, (1899, Nachdruck New York: Dover, 1963) hat gute Dienste getan, aber ist nicht ganz zuverlässig und sollte wenigstens durch das exzellente, aber sehr knappe Buch von P. Kunitsch und T. Smart, *Short Guide to Modern Star Names and their Derivations* (Wiesbaden: Harrassowitz, 1986) ergänzt werden, wo man eine weitergehende Bibliographie findet.

Kapitel 1

Das historische Wissen um die astronomischen Interessen vorgeschichtlicher Völker ist selbst alt, trotzdem wurde vor dem Ende des 19. Jahrhunderts wenig Arbeit von bleibendem Wert getan. Norman Lockyers Werke sind dennoch von einigem Wert, ihre Mängel sind oft auf exzessiven Enthusiasmus zurückzuführen. Siehe *The Dawn of Astronomy* (London: Macmillan, 1894, Nachdruck Cambridge, Mass.: MIT Press, 1964) und *Stonehenge and Other British Stone Monuments Astronomically Considered* (London: Macmillan, 1909, Nachdruck Cambridge, Mass.: MIT Press, 1965). Bücher über prähistorische Astronomie sollten zusammen mit solchen gelesen werden, die den archäologischen Kontext geben – wie R. J. C. Atkinson, *Stonehenge* (London: Penguin Books and Hamish Hamilton, 1956, 1979) für dieses Monument.

Einen hohen Standard erreichte die Archäoastronomie erstmals mit dem Werk von Alexander Thom, dessen Bücher *Megalithic Sites in Britain* (Oxford: Oxford University Press, 1967) und *Megalithic Lunar Observatories* (Oxford: Oxford University Press, 1971) umfassen. Mehrere Artikel von ihm und seinem Sohn A. S. Thom erscheinen im *Journal for the History of Astronomy* und seiner Ergänzung (s. oben). Ein Buch von mir selbst zu diesem Thema ist *Stonehenge. Neolithic Man and the Cosmos* (London: Harper Collins, 1996). Ein wichtiges Symposium von 1972 führte zu der Publikation von F. R. Hodson (Hrsg.), *The Place of Astronomy in the Ancient World* (Oxford: Oxford University Press, für die British Academy, 1974). E. C. Krupp (Hrsg.), *In Search of Ancient Astronomies* (London: Chatto und Windus, 1979) gibt auf einführendem Niveau eine gute Gesamtübersicht der europäischen, amerikanischen und ägyptischen Astronomie sowie der anderer früher, weitgehend primitiver Völker. Es enthält eine nützliche Bibliographie, wenn auch manche Punkte von Übereifer zeugen.

Kapitel 2

Die Pyramidenkunde hatte lange ihre Adepten unter den Astronomen, die man aber besser nicht beachtet. Um seiner selbst willen interessant – vielleicht auch, weil es von keinem Geringeren als dem königlichen Astronomen für Schottland verfaßt wurde – ist Piazzi Smyth, *The Great Pyramid. Its Secrets and Mysteries Revealed* (London und New York: Bell, 4. Aufl., 1880, Nachdruck New York: Outlet Book Co., 1990). Beachte auch Lockyers *Dawn of Astronomy* (Bibliographie zu Kapitel 1) als eine einflußreiche Quelle aus derselben Zeit. Eine ausgewogenere Sicht der ägyptischen technischen Kompetenz, die lange übertrieben wurde, ist von O. Neugebauers *HAMA* (s. Einleitung der Bibliographie), seinen *The Exact Sciences in Antiquity* (2. Aufl., Providence, RI, 1957, neu herausgegeben New York: Dover, 1969) und seiner *Astronomy and History. Selected Essays* (New York: Springer-Verlag, 1983) zu erhalten. Mit R. A. Parker verfaßte er eine prächtig gedruckte Untersuchung, die in größeren Bibliotheken vorhanden sein dürfte: *Egyptian Astronomical Texts* (Providence, RI, 1960–69, 3 Bde.). Leichter zugänglich ist Parkers aktueller Aufsatz in Band 15 von *Dictionary of Scientific Biography* (s. oben), das eine weitergehende Bibliographie enthält.

Kapitel 3

Zu den Werken über babylonische Astronomie gehören B. L. van der Waerden (mit Beiträgen von Peter Huber), *Science Awakening*, Bd. 2, *The Birth of Astronomy* (Groningen: Wolters Noordhoff, 1950 und Leiden und New York: Oxford University Press, 1974) [deutsch: *Erwachende Wissenschaft*, Bd. 2, *Die Anfänge der Astronomie* (Basel und Stuttgart: Birkhäuser, 1968)], Kapitel 2–8, A. Pannekoek, *A History of Astronomy* (London und New York: Dover, 1961, Nachdruck 1989, Übersetzung der holländischen Ausgabe von 1951), Kapitel 3–6, O. Neugebauer, *The Exact Sciences in Antiquity* (neu herausgegeben New York, 1969), und seine gesammelten Aufsätze (s. Bibliograhie zu Kap. 2), H. Hunger und D. Pingree, *MUL.APIN: An Astronomical Compendium in Cuneiform* (Horn, Österreich, 1989). Diese Werke enthalten wie O. Neugebauer, *A History of Ancient Mathematical Astronomy* (s. oben) zahlreiche Verweise auf grundlegende Arbeiten von Gelehrten wie T. G. Pinches, J. N. Strassmaier, J. Epping, F. X. Kugler, A. J. Sachs und A. Aaboe.

Von den vielen exzellenten Einführungen in die Geschichte der Region ist Joan Oates, *Babylon* (London: Thames and Hudson, 1979, 1986) leicht zu haben.

Kapitel 4

Um einen Eindruck zu gewinnen, wie primitiv die griechische Kosmologie vor Eudoxos, selbst im brillanten *Timaios* von Platon war, siehe dessen mit laufenden Kommentaren versehene Übersetzung in F. M. Cornford, *Plato's Cosmology* (London: Routledge, 1937, oft nachgedruckt). D. R. Dicks, *Early Greek Astronomy to Aristotle* (London: Thames and Hudson, 1970) überprüft einige der traditionellen Ansichten seines Gegenstandes. Das

Pionierwerk von Delambre wurde bereits erwähnt, ferner Neugebauers *HAMA*. Unter den verschiedenen klassischen Werken von Thomas L. Heath ragt eines heraus: *Aristarchus of Samos. A History of Greek Astronomy to Aristarchus, together with his Treatise on the Sizes and Distances of the Sun and Moon* (Oxford: Clarendon Press, 1959). Es ist viel allgemeiner, als sein Titel vermuten läßt. J. L. E. Dreyer, *A History of Astronomy from Thales to Kepler* (London, 1912, Nachdruck New York: Dover, 1953) ist immer noch über einen weiten historischen Bereich wertvoll. (Wir haben Dreyers astronomisches Werk an mehreren Stellen im Text erwähnt.)

Die technischen Einzelheiten der homozentrischen Astronomie von Aristoteles werden in den hier erwähnten Werken gut abgehandelt. Seine vollständigen Schriften sind, wie es aufgrund ihres enormen Einflusses über zwei Jahrtausende nicht anders zu erwarten ist, in zahlreichen Ausgaben und Übersetzungen leicht zu haben. Wegen eines allgemeinen Kommentars zu seinem System der Naturphilosophie siehe G. E. R. Lloyd, *Aristotle: The Growth and Structure of his Thought* (Cambridge: Cambridge University Press, 1978).

Um die große Figur des Ptolemäus richtig einschätzen zu können, ist es fast nötig, seine eigenen Schriften zu lesen, insbesondere seinen *Almagest*, der heute in einer guten englischen Übersetzung von G. J. Toomer (London: Duckworth, 1984 und später New York: Springer-Verlag) zu haben ist. Dies könnte bezüglich der physikalischen Ansichten von Ptolemäus durch Bernard R. Goldstein (Hrsg.), *The Arabic Version of Ptolemy's Planetary Hypotheses* (Philadelphia: American Philosophical Society, 1967) ergänzt werden. Siehe auch Goldsteins gesammelte Artikel, *Theory and Observation in Ancient and Medieval Astronomy* (London: Variorum Reprints, 1985). Ein exzellenter Führer zu den schwierigen Teilen von Ptolemäus' *Almagest* ist Olaf Pedersen, *A Survey of the Almagest* (Odense, Dänemark: Odense University Press, 1974). Auf einer einfacheren Stufe behandelt das Werk von Pedersen und M. Pihl, *Early Physics and Astronomy* (London: Macdonald und New York: American Elsevier, 1974; neu herausgegeben in Cambridge: Cambridge University Press, 1993) die Geschichte bis zum Mittelalter in einer ausgezeichnet zu lesenden Weise.

A. Bouché-Leclercq, *L'Astrologie grecque* (Paris, 1899, Nachdruck Brüssel: Culture et Civilisation, 1963) ist in einigen geringeren Aspekten überholt, aber sie bleibt die beste Einzelquelle über griechische Astrologie und hat keine Entsprechung im Englischen. Auf Deutsch setzen Wilhelm Gundel und Hans Georg Gundel, *Astrologumena: die Astrologische Literatur in der Antike und Ihre Geschichte* (Nachdruck Wiesbaden: Steiner, 1966) und F. Boll, C. Bezold und W. Gundel, *Sternglaube und Sterndeutung: Die Geschichte und das Wesen der Astrologie* (Nachdruck Darmstadt: Wiss. Buchgesellschaft, 1977) die Geschichte in spätere Epochen fort. Auf Englisch ist Jim Tester, *A History of Western Astrology* (Bury St Edmunds, Suffolk: Boydell Press, 1987) nützlich und sehr gut zu lesen. Von den klassischen astrologischen Texten ist Ptolemäus' *Tetrabiblos* der wichtigste und in einer Parallelübersetzung in einer Standard-Loeb-Ausgabe (Heinemann und Harvard University Press) zu erhalten.

Die Astronomie wurde in Byzanz weiter gepflegt, und eine Reihe mit dem Titel *Corpus des Astronomes Byzantins* ist der Publikation relevanter Texte gewidmet, zum Beispiel (Nummer 3 der Reihe) Alexander Jones (Hrsg.), *An Eleventh-Century Manual of Arabo-Byzantine Astronomy* (Amsterdam: J. C. Gieben, 1987).

Kapitel 5

Die Geschichte der chinesischen Wissenschaft wurde mit dem Lebenswerk von Joseph Needham, dessen vielbändige *Science und Civilization in China* (Cambridge: Cambridge University Press, 1954–) in vielen großen Bibliotheken zu finden sein dürfte, auf eine völlig neue Basis gestellt. Colin A. Ronan *The Shorter Science and Civilization in China* (Cambridge: Cambridge University Press, 1978–86) ist eine Kürzung von Needhams Originalbänden und hat heute drei Bände. Zahlreiche Werke ranken sich um das von Needham, doch sind Ho Peng Yoke, *Li, Qi, and Shu: An Introduction to Science and Civilization in China* (Hong Kong: Hong Kong University Press, 1985) und Wang Ling, Joseph Needham und Derek J. De Solla Price, *Heavenly Clockwork* (Cambridge: Cambridge University Press, 1960, 2. Aufl. mit Ergänzung von J. H. Combridge, 1986) zu erwähnen. N. Sivin, *Cosmos and Computation in Early Chinese Mathematical Astronomy* (Leiden: Brill, 1969) ist ebenfalls wertvoll. Siehe zusätzlich die Artikel in Hartners *Oriens-Occidens* (zitiert in unserer Einleitung) und andere von Yasukatsu Maeyama (auf Englisch) in den *Archives internationales d'histoire des sciences* von 1975 und 1976 und in *Prismata, Festschrift für Willy Hartner*, herausgegeben von W. Saltzer und Y. Maeyama (Wiesbaden: Steiner, 1977).

Obwohl frühere japanische Arbeiten aus sprachlichen Gründen für die meisten gewöhnlichen Sterblichen unzugänglich sind, ist es der Erwähnung wert, daß Japan heute eine exzellente Zeitschrift der Wissenschaftsgeschichte in Englisch, *Historia Scientiarum* oder *Japanese Studies in the History of Science*, publiziert. Die darin enthaltenen Artikel von K. Yabuuchi, speziell die über chinesische und japanische Kalender, sind von großer Bedeutung. Ein ausgezeichneter Überblick über die japanische Astronomie, der dem historischen Hintergrund viel Aufmerksamkeit schenkt, ist Shigeru Nakayama, *A History of Japanese Astronomy. Chinese Background and Western Impact* (Cambridge, Mass.: Harvard University Press, 1969), und dieses enthält eine nützliche Bibliographie bis zu dieser Zeit.

Die meisten Darstellungen der Jesuitenperiode sind ohne viel astronomischen Sachverstand geschrieben. Eine Ausnahme bildet Noël Golvers und Ulrich Libbrecht, *Astronoom Van de Keizer. Ferdinand Verbiest en zijn Europese Sterrenkunde* (Leuwen: Davidsfonds, 1990). Wäre es nicht so gut bebildert, wäre man ermutigt, Holländisch zu lernen. Selbst ohne Sprache kann man nicht umhin, sich an dem großartig illustrierten Katalog zu erfreuen, der für eine Ausstellung in Brüssel unter dem Thema *China, Hemel en Aarde. 5000 Jaar Uitvindingen en Ontdekkingen* (China, Himmel und Erde: 5000 Jahre Erfindungen und Entdeckungen) (Brüssel: Vlaamse Gemeenschap, Trierstraat 1000, 1988) hergestellt wurde. In einem der Bände der Reihe *Studia Copernicana* (Bd. 6, s. Bibliographie zu Kapitel 11) zeigt Nathan Sivin, daß der Fehlschlag der Jesuiten bei der Verbreitung von Kopernikus eine Folge davon war, daß sie – unter dem Schatten der Kirche – sein Werk so verstümmelt hatten. Siehe *Copernicus in China* (Warschau: Polnische Akademie der Wissenschaften, 1973)

Kapitel 6

Standardwerke zum Maya-Schrifttum sind J. E. S. Thompson, *Maya Hieroglyphic Writing* (Norman: University of Oklahoma Press, 1960) und sein *A Commentary on the Dresden Codex* (Philadelphia: American Philosophical Society, 1972). Anthony Aveni hat extensiv über Astronomie geschrieben. Zu den von ihm herausgegebenen Büchern zählen: *Archaeoastronomy in Pre-Columbian America* (Austin: University of Texas Press, 1975), *Native American Astronomy* (Austin: University of Texas Press, 1977), *Archaeoastronomy in the New World* (Cambridge: Cambridge University Press, 1982). Wegen einer Geschichte der ersten spanischen Kontakte mit der Neuen Welt siehe T. Todorov, *The Conquest of the Americas* (New York: Harper und Row, 1982). Wegen der Maya-Zivilisation siehe M. Coe, *The Maya* (New York: Praeger, 1973).

Allgemeine Studien über die Azteken sind A. Demarest, *Religion and Empire* (Cambridge: Cambridge University Press, 1984) und M. Léon-Portilla, *Aztec Thought and Culture* (Norma: University of Oklahoma Press, 1963). N. Davies, *The Ancient Kingdoms of Mexico* (Harmondsworth: Penguin Books, 1982) ist lesbar und zugänglich.

Im Fall der Inkas siehe J. Hemming, *The Conquest of the Incas* (New York: Harcourt Brace, 1970). Eine allgemeine Studie der Inka-Kultur ist A. Kendall, *Everyday Life of the Incas* (London, Batsford, 1973). Die Konzepte der kosmischen Religion werden in einem Kapitel von L. Sullivan in R. Lovin und F. Reynolds, *Cosmogony and Ethical Order* (Chicago: University of Chicago Press, 1985) berührt.

Beiträge auf einem allgemeinen und einführenden Niveau sind in E. C. Krupp (Hrsg.), *In Search of Ancient Astronomies* (London: Chatto and Windus, 1979) und – wegen des kulturellen Hintergrunds all dieser Gruppen – C. A. Burland, *Peoples of the Sun. The Civilizations of Pre-Columbian America* (London: Weidenfeld and Nicolson, 1976).

Kapitel 7

Die gigantische Aufgabe, die verstreuten historischen Quellen aufzulisten, wurde ganz unterschiedlich angegangen. David Pingree stellt einen *Census of the Exact Sciences in Sanskrit* (Philadelphia: American Philosophical Society, begonnen 1970) zusammen, und siehe S. N. Sen, *Bibliography of Sanskrit Works on Astronomy and Mathematics* (New Delhi, begonnen 1966). Es gibt eine Zahl von Punkten, über die die Historiker der indischen Astronomie geteilter Auffassung sind. Drei wichtige Geschichtswerke, von denen das erste das am leichtesten zugängliche ist, sind: D. Pingree, „History of Mathematical Astronomy in India" im *Dictionary of Scientific Biography*, Bd. 15 (New York: Scribner's, 1978), S. 533–633, R. Billard, *L'Astronomie indienne* (Paris: Ecole française d'extrème Orient, 1971) und S. N. Sen, „Astronomy" in *A Concise History of Science in India* (New Delhi, 1971), S. 58–135.

Die klassische Quelle der indischen Kultur- (und Astronomie-) Geschichte vom Standpunkt eines *Außenstehenden* ist die von Albiruni. Wegen einer englischen Übersetzung des arabischen Textes siehe Edward C. Sachau, *Aberuni's India* (Delhi: S. Chand, 1964). Eine ähnlich reiche frühe Quelle ist *Māshā allāh, the Astrological History*, übersetzt und herausgegeben von E. S. Kennedy und D. Pingree (Cambridge, Mass.: Harvard University Press, 1971). Jeder, dem daran gelegen ist, daß der Westen mehr von indischer und chinesischer Astronomie weiß, wird J. B. Biot, *Etudes sur l'astronomie indienne et sur l'astronomie chinoise* (Paris, 1862, Nachdruck Paris: Blanchard, 1969) zu Rate ziehen wollen.

Zu den astronomischen Aktivitäten von Europäern in Indien, einem bis heute wenig untersuchten Gegenstand, siehe S. M. Razaullah Ansari, *Introduction of Modern Western Astronomy in India during the 18th–19th Centuries* (New Delhi: Institute of History of Medicine and Medical Research, 1985). Zur persischen Astronomie siehe die Artikel in W. Hartners *Oriens-Occidens* (siehe unsere Einleitung zur Bibliographie) und sein Kapitel „Old Iranian Calendars" in *The Cambridge History of Iran*, Bd. 2, *The Median and Achaemenian Periods*, Hrsg. Ilya Gershevitch (Cambridge: Cambridge University Press, 1985), S. 714–92. Wegen weiterer Studien, die für Kapitel 7 relevant sind, siehe den nächsten Abschnitt (King/Saliba und Kennedy).

Kapitel 8

B. Lewis (Hrsg.), *The World of Islam* (London: Thames and Hudson, 1976) ist eine hübsch bebilderte Sammlung von maßgebenden Kapiteln über die Hauptaspekte des Glaubens, der Menschen und der Kultur des Islam, im Osten und Westen. Die mittelalterliche islamische Astronomie wurde extensiv studiert, und zwei bedeutende Sammlungen von Artikeln sind: David A. King and George Saliba (Hrsg.), *From Deferent to Equant: A Volume of Studies in the History of Science in the Ancient and Medieval Near East in Honor of E. S. Kennedy* (New York: New York Academy of Sciences, 1987) und E. S. Kennedy mit Kollegen und ehemaligen Studenten, *Studies in the Islamic Exact Sciences* (Beirut: American University of Beirut, 1983). Davon ist das erstgenannte Werk leichter zu finden als das zweite. Willy Hartner, *Oriens–Occidens*, 2 Bde. (Hildesheim: Olms, 1968, 1984) enthält wichtige Studien, die drei Kontinente umspannen. Zu Observatorien siehe Aydin Sayili, *The Observatory in Islam* (Ankara, 1960, Nachdruck 1980), und zu mathematischen und instrumentellen Techniken siehe David A. King, *Islamic Mathematical Astronomy* und *Islamic Astronomical Instruments* (London: Variorum, 1986 bzw. 1987).

Verschiedene Zeitschriften haben sich auf arabische Wissenschaft spezialisiert. Zwei wesentliche Journale, die anscheinend gut eingeführt sind, heißen *Arabic Sciences and Philosophy* (Cambridge: Cambridge University Press) und *Zeitschrift für Geschichte der Arabisch-Islamischen Wissenschaften* Hrsg. F. Sezgin (Frankfurt, seit 1984 jährlich). Im ersten sind die meisten, im zweiten viele in Englisch, und die Astronomie ist in beiden ein wiederkehrendes Thema. Sezgin hat auch eine bedeutende Reihe von bio-bibliographischen Hilfen veröffentlicht: *Geschichte des arabischen Schrifttums*, deren Band 6 von der Astronomie handelt (Leiden: Brill, 1978). Derselbe Verleger gibt die prächtige *Encyclopaedia of Islam* heraus, ein internationales Gelehrtenwerk, das lange in französischen und englischen Ausgaben erhältlich war. Eine zweite Auflage davon ist mehr als zur Hälfte vollständig und sollte um die Jahrtausendwende fertig sein.

Kapitel 9

Der westliche Islam hat mit seinen Historikern, die weitgehend in Barcelona zentriert sind, Glück gehabt. Die beste Literatur ist weitgehend in Spanisch. Zu den Klassikern dieses Gebiets gehören zwei Werke von J. M. Millás Vallicrosa: *Estudios sobre Historia de la Ciencia Española* (Barcelona: CSIC, 1949) und *Nuevos Estudios sobre Historia de la Ciencia Española* (Barcelona: CSIC, 1960), beide wurden zusammen mit einer Einführung von Juan Vernet (Barcelona, 1987) neu herausgegeben. Von den vielen wertvollen Werken von Vernet wurde eine allgemeine Geschichte dessen, was die europäische Kultur der spanisch-arabischen verdankt, ins Französische übersetzt: *Ce que la culture doit aux Arabes d'Espagne* (Paris: Sindbad, 1978). Das aktuellste allgemeine Werk der Barcelonaer Schule, das einen starken Bezug zur Astronomie hat, ist Julio Samsó, *Las Ciencias de los Antiguos en al-Andalus* (Madrid: Mapfre, 1992).

Zu spezifischen technischen Dingen kann man viel aus O. Neugebauer, *The Astronomical Tables of Al-Khwārizmī, trans. with Commentaries on the Latin Version edited by H. Suter,* (Kopenhagen: Hist. filos. Dan. Vid. Selskab, 1962) erfahren. Das kann durch Bernard R. Goldstein, *Ibn al-Muthanna's Commentary on the Astronomical Tables of al-Khwārizmī. Two Hebrew Versions,* herausgegeben, übersetzt und mit Kommentaren versehen (New Haven und London: Yale University Press, 1967) und G. J. Toomer, „A Survey of the Toledan Tables", *Osiris,* **15** (1968): 1–174 ergänzt werden. Eine nützliche Ausgabe, die sich eng an die frühen Drucke der Alfonsinischen Tafeln (die Version von Johann von Sachsen) anlehnt, ist E. Poulle (Hrsg.), *Les Tables Alfonsines, avec les canons de Jean de Saxe* (Paris: Editions du CNRS, 1984). Einen Überblick der Geschichte der Tafeln allgemein gibt J. D. North, „The Alfonsine Tables in England", Neuabdruck als Kap. 21 in seinen *Stars, Minds, and Fate* (London und Ronceverte: Hambledon, 1989). Artikel über das Alfonsinische Thema in mehreren Sprachen liegen in M. Comes, R. Puig und J. Samsó (Hrsg.), *De Astronomia Alphonsi Regis. Proceedings of the Symposium on Alphonsine Astronomy held at Berkeley, August 1985* (Barcelona: Inst. „Millás Vallicrosa", 1987) vor. Ein schön illustriertes Werk über die Wissenschaft im muslimischen Spanien (Al-Andalus) mit maßgebenden, aber gut lesbaren aktuellen Aufsätzen wurde unter der Leitung von J. Vernet und J. Samsó in Verbindung mit einer 1992 in Madrid abgehaltenen Ausstellung produziert: *El Legado Científico Andalusí* (Madrid: Ministerio de Cultura, 1992). Es gibt Pläne, es in Englisch („The Andalusian Scientific Legacy") zu publizieren.

Kapitel 10

Lynn Thorndike, *A History of Magic and Experimental Science* (New York und London: Columbia University Press, 1923–58, 8 Bde.) gibt auf hohem Niveau und auf der Grundlage der erhaltenen Manuskripte einen Überblick über die mittelalterliche Wissenschaft mit viel Astrologie und etwas Astronomie. Auszüge aus zahlreichen Texten finden sich in Edward Grant (Hrsg.), *A Source Book in Medieval Science* (Cambridge, Mass.: Harvard University Press, 1974). Der mittelalterliche Umgang mit der Physik des aristotelischen Kosmos ist ein wiederkehrendes Thema in Grants gesammelten Aufsätzen: *Studies in Medieval Science and*

Natural Philosophy (London: Variorum Reprints, 1981), siehe auch sein *Much Ado about Nothing: Theories of the Infinite Void* (Cambridge: Cambridge University Press, 1981). Die Sammlung in J. D. North, *Stars, Minds, and Fate* (London und Ronceverte: Hambledon, 1989) deckt viele astronomische Themen des Mittelalters und der Renaissance ab und enthält eine elementare Einführung in das Astrolabium. Bilddarstellungen von Astrolabien sind in vielen Museumskatalogen zu finden. Die besten Sammlungen sind gewöhnlich nicht auf den mittelalterlichen Westen beschränkt. Bedeutende Sammlungen werden vom Museum of the History of Science (Oxford), dem National Maritime Museum (Greenwich), dem British Museum (London), dem Smithsonian Museum (Washington), dem Adler Planetarium (Chicago) und dem Museo di Storia della Scienza (Florenz) unterhalten. Sie haben alle eine große Vielfalt mittelalterlicher astronomischer Instrumente. Ein herausragender und reich bebilderter Katalog einer Ausstellung, die auf über 70 Sammlungen (insbesondere die des Germanischen Nationalmuseums in Nürnberg) zurückgriff, ist Gerhard Bott (Hrsg.), *Focus Behaim Globus*, 2 Bde. (Nürnberg: Germanisches Nationalmuseum: 1992). Der erste Band enthält aktuelle Aufsätze (alle auf deutsch), einige behandeln astronomische Themen und einige den Erdglobus von Martin Behaim, das Hauptthema der Ausstellung. Ein bedeutendes Buch über astronomische Instrumente, das das 11. bis 18. Jahrhundert abdeckt, ist Ernst Zinner, *Deutsche und niederländische Astronomische Instrumente des 11.–18. Jahrhunderts* (München, 1956, überarbeitete Ausgabe von 1967). Bilderübersichten allgemeiner Art sind Henri Michel, *Scientific Instruments in Art and History* (London, 1966), Harriet Wynter und Anthony Turner, *Scientific Instruments* (London: Studio Vista, 1975), Anthony Turner, *Early Scientific Instruments. Europe 1400-1800* (London, 1987) und Gerard l'E. Turner, *Antique Scientific Instruments* (Poole, Dorset: Blandford, 1980).

Die Prozesse höherer Bildung sind der Gegenstand von Hilde de Ridder-Symoens, *A History of the University in Europe*, Bd. 1, *Universities in the Middle Ages* (Cambridge: Cambridge University Press, 1991). Für Einzelheiten zu Oxford siehe J. I. Catto und T. I. R. Evans (Hrsg.), *The History of the University of Oxford*, Bd. 2 (Oxford: Oxford University Press, 1992). Theodore Otto Wedel, *The Mediaeval Attitude Toward Astrology, Particularly in England* (New York: Archon Books, 1968) und Don Cameron Allen, *The Star-Crossed Renaissance: The Quarrel about Astrology and its Influence in England* (N. Carolina: Duke University Press, 1941) sind zwar heute überholt, sind aber immer noch bedeutend und berichten leicht leserlich über die allgemeine Stellung der Astrologie in der Kultur des Mittelalters und der Renaissance. Eugenio Garin, *Astrology in the Renaissance: the Zodiac of Life*, aus dem Italienischen übersetzt von C. Jackson und J. Allen (London: Routledge and Kegan Paul, 1983) nimmt einen anderen Standpunkt ein. „Astrology at the English Court and University in the Later Middle Ages" ist der Gegenstand von Hilary M. Carey, *Courting Disaster* (London: Macmillan, 1992). Mehrere mittelalterliche Themen werden in Patrick Curry (Hrsg.), *Astrology, Science and Society: Historical Essays* (Woodbridge, Suffolk: Boydell Press, 1987) diskutiert.

Wegen einer Einführung in die Hauptlehren der mittelalterlichen Astrologie, wie sie von islamischen Autoren übernommen wurden, und wegen Chaucers literarischer Verwertung siehe J. D. North, *Chaucer's Universe* (Oxford: Clarendon Press, 2. Aufl., 1990). Dieses Buch erklärt auch die Prinzipien des Astrolabiums und von Chaucers Aequatorium. Wegen einer ausführlichen Geschichte des mittelalterlichen Aequatoriums siehe E. Poulle, *Equatoires et Horlogerie planétaire du XIIIe au XVIe siècle* (Genf und Paris: Droz, 1980, 2 Bde.). Wegen einer kürzeren englischen Darstellung siehe die Beschreibung des Albion und seines historischen Zusammenhangs in J. D. North, *Richard of Wallingford* (Oxford: Oxford University Press, 1976, 3 Bde.). Diese Bände enthalten die früheste Beschreibung einer mechanischen (und astronomischen) Uhr und (in Anhang 31) auch einen ausführlicheren Überblick über die mittelalterliche Planetentheorie, als in dem vorliegenden Buch gegeben werden kann.

G. V. Coyne, M. A. Hoskin und O. Pedersen (Hrsg.), *Gregorian Reform of the Calendar . . . 1582–1982* (Vatikan-Stadt: Pontifical Academy of Sciences and Specola Vaticana, 1983) ist sehr viel weiter gefaßt, als sein Titel vermuten läßt, und enthält die Antworten zu den meisten Fragen, die der Leser vermutlich zu der Beziehung zwischen Astronomie und Kirchenkalender hat.

Kapitel 11

Die Schriften von Kopernikus sind in vielen Ausgaben erhältlich, aber die vollständigste ist die der polnischen Akademie der Wissenschaften, von der der erste Band eine Reproduktion von Kopernikus' Manuskript von *De revolutionibus* (Warschau und Krakau, 1973) ist. Die Reihe enthält lateinische Texte und englische Übersetzungen. Eine weitere Übersetzung ist A. M. Duncan, *On the Revolutions of the Heavenly Spheres* (Newton Abbot und London: David and Charles, 1976). Der *Commentariolus* wurde von Noel Swerdlow (*Proceedings of the American Philosophical Society*, **117** (1973): 423–512) gut übersetzt und ist mit Übersetzungen von zwei anderen geringeren Kopernikanischen Werken (der *Brief gegen Werner* und die *Narratio Prima* von Rheticus) in Edward Rosens *Three Copernican Treatises* (New York: Dover, 3. Aufl., 1971) erhältlich. Das letztere enthält eine Kopernikus-Bibliographie mit über tausend Einträgen und kurzen kritischen – oft überkritischen – Beschreibungen. Eine polnische Bibliographie, die 1958 von H. Baranowski produziert wurde, enthält fast viertausend Einträge, und diese Nummer wurde durch die 500-Jahrfeiern 1973 stark aufgebläht. Das Schicksal der verschiedenen frühen Ausgaben und Kopien der *De revolutionibus* sind der Gegenstand des Artikels, der den Titel von Owen Gingerichs *The Great Copernicus Chase and other Adventures in Astronomical History* (Cambridge, Mass.: Sky Publishing, 1992) liefert.

Das vollständigste einzelne Geschichtswerk, das die mathematischen Aspekte des Werkes von Kopernikus analysiert, ist Noel M. Swerdlow und Otto Neugebauer, *Mathematical Astronomy in Copernicus' De Revolutionibus* (New York: Springer, 1984, 2 Bde.). Eine gute allgemeine Biographie in Englisch ist M. Biskup und J. Dobrzycki, *Copernicus, Scholar and Citizen* (Warschau, 1973). Eine weithin bekannte, aber etwas phantasievolle Behandlung liegt in Arthur Koestler, *The Sleepwalkers. A History of Man's Changing Vision of the Universe* (New York und London: Grosset and Dunlap, 1959) vor. Dieses Buch läßt Kepler mehr Gerechtigkeit widerfahren als Kopernikus und Galileo. Zu den besseren Sammlungen von Studien, die von den Feiern im Jahr 1973 stammen, gehört Jerzy Dobrzycki (Hrsg.), *The Reception of Copernicus' Heliocentric theory. Proceedings of a Symposium held by the IUHPS in Torun, 1973* (Dordrecht und Boston: Reidel, 1973).

Eine wertvolle Reihe von Monographien, die weit über die eigentlichen kopernikanischen Untersuchungen hinausgeht, wird von der Polnischen Akademie der Wissenschaften unter dem Titel *Studia Copernicana* herausgegeben. Eine spätere Parallelreihe wird in Leiden unter dem Namen „Brill Series" publiziert, und diese enthält Janice Adrienne Hendersons *On the Distances between Sun, Moon, and Earth According to Ptolemy, Copernicus and Reinhold* (Leiden: Brill, 1991). Beispiel eines Autors, der Kopernikus' Werk als eine relativ oberflächliche Transformation von Ptolemäus darstellt, ist Derek J. de S. Price, „Contra Copernicus" in M. Clagett (Hrsg.), *Critical Problems in the History of Science* (Madison: Wisconsin University Press, 1959), S. 197–218.

Kapitel 12

Die Werke von Tycho Brahe wurden von J. L. E. Dreyer (Kopenhagen, 1913–29) in 15 Bänden herausgegeben. Dreyer verfaßte eine Standardbiographie, die immer noch wertvoll ist: *Tycho Brahe. A Picture of Life and Work in the Sixteenth Century* (1890, Nachdruck New York: Dover, 1963). Dreyers allgemeine Geschichte (s. die Bibliographie zu Kapitel 4) ist keineswegs völlig überholt und ist für diese Periode gut. Er gab ein Faksimile von Tychos Arbeit über Instrumente heraus, das später von H. Raeder, E. Strömgren und B. Strömgren ins Englische übersetzt und unter dem Titel *Tycho Brahe's Description of his Instruments and Scientific Work as given in Astronomiae Instauratae Mechanicae* (Kopenhagen, 1946) herausgegeben wurde. Die beste Biographie von Tycho ist heute Victor E. Thoren, *The Lord of Uraniborg: A Biography of Tycho Brahe* (Cambridge: Cambridge University Press, 1990).

Ein großer Teil des bedeutenden Werks von Alexandre Koyré konzentrierte sich auf diese Zeit, und die folgenden Arbeiten bleiben einflußreich: *Etudes Galiléennes* (Paris: Hermann, 1966), *Galileo Studies*, übersetzt von John Mepham (Hassocks, Sussex: Harvester Press, 1978, nicht mit dem französischen Buch identisch), *From the Closed World to the Infinite Universe* (Baltimore and London: Johns Hopkins University Press, 1970), *The Astronomical Revolution: Copernicus–Kepler–Borelli*, übersetzt von R. E. W. Maddison (London: Methuen, 1973).

Grundlegende Texte zur Erfindung des Teleskops waren lange nur in holländischen Ausgaben erhältlich, aber siehe Albert van Helden, *The Invention of the Telescope* (Philadelphia: American Philosophical Society, 1977). Wegen einer allgemeinen Geschichte siehe Henry C. King, *The History of the Telescope* (New York: Dover, 1979).

Zu Galilei siehe die noch erscheinende Studie von A. C. Crombie und A. Carrugo, die sowohl das Leben als auch das Werk in maßgebender Weise abhandelt. Die Werke von Galilei wurden in einer italienischen Ausgabe von A. Favaro (Florenz, 1890–1909) veröffentlicht und mit Zusätzen nachgedruckt (Florenz: Barbèra, 1929–39, 1965). Die englischen Übersetzungen sind zahlreich und beginnen mit der von Thomas Salusbury von 1661. Für die Astronomie relevant sind zum Beispiel Stillmann Drake und C. D. O'Malley (Übers.), *The Controversy of the Comets of 1618* [Texte von Galileo Galilei, Horatio Grassi, Mario Guiducci, Johannes Kepler] (Philadelphia: University of Pennsylvania, 1960), S. Drake, *Dialogue Concerning the Two Chief World Systems* (Berkeley, Cal., 1953, überarb.

1967), S. Drake, *Discoveries and Opinions of Galileo* (New York, 1957). Letzteres enthält unter anderem eine Arbeit über Sonnenflecken und Teile des *Sternenboten.* Eine vollständige Übersetzung des letzteren mitsamt einem Kommentar ist von Albert van Helden: *Sidereus Nuncius, or the Sidereal Messenger* (Chicago: University of Chicago Press, 1989).

Zu Harriot siehe John W. Shirley (Hrsg.), *Thomas Harriot, Renaissance Scientist* (Oxford: Oxford University Press, 1974) und auch die Artikel in J. D. North und J. J. Roche (Hrsg.), *The Light of Nature. Essays . . . presented to A. C. Crombie* (Dordrecht: Nijhoff, 1985). Shirley ist Autor des Standardwerks *Thomas Harriot: A Biography* (Oxford: Oxford University Press, 1983). Da Harriot an astronomischen Techniken der Navigation interessiert war, ist hier eine passende Gelegenheit, David Waters, *The Art of Navigation in England in Elizabethan And Early Stuart Times,* 3 Bde. (Greenwich: National Maritime Museum, 1978) zu erwähnen. Eine natürliche Ergänzung dazu ist E. G. R. Taylor, *Mathematical Practitioners of Tudor and Stuart England* (Cambridge: Cambridge University Press, 1967).

Eine neue Ausgabe des vollständigen Werks von Kepler ist seit langem in Vorbereitung (München, 1938–). Die englischen Übersetzungen sind ein Flickwerk. Kepler schreibt auf einem ziemlich hohen mathematischen Niveau; aber weniger schwierige Werke sind: Johannes Kepler, *Kepler's Somnium: The Dream, or Posthumous Work on Lunar Astronomy,* von Edward Rosen (Madison: University of Wisconsin Press, 1967) übersetzt und mit einem Kommentar versehen, und *Mysterium Cosmographicum: The Secret of the Universe,* übersetzt von A. M. Duncan, die Einführung und der Kommentar sind von E. J. Aiton (New York: Abaris Books, 1981). Längliche Übersetzungen aus der *Astronomia nova* stehen in Koyrés *Astronomical Revolution* (s. oben), und eine vollständige Ausgabe findet sich in William H. Donahue, *Johannes Kepler, New Astronomy* (Cambridge: Cambridge University Press, 1922). Eine Standardbiographie von Kepler ist Max Caspar, übers. von C. D. Hellman, *Kepler* (London und New York, 1959, ursprünglich 1938). Caspar fertigte eine Grundbibliographie an (1936), die von Martha List (München, 1968) überarbeitet wurde; aber die am leichtesten zugänglichen aktuellen Bibliographien in Englisch sind die von O. Gingerich im *Dictionary of Scientific Biography,* Bd. 7 (1973), S. 308–12 und die in J. V. Field (unten). Eine Anzahl guter Artikel erschien in Arthur und Peter Beer (Hrsg.), *Kepler: Four Hundred Years. Proceedings of Conferences Held in Honour of Johannes Kepler* (Oxford: Pergamon, 1975). Judith V. Field, *Kepler's Geometrical Cosmology* (London: Athlone Press, 1988) vertritt eine ausgewogene Sicht des mathematischen Mystizismus bei Kepler. Verwandte Themen werden behandelt in: Owen Gingerich und Robert S. Westman, *The Wittich Connection: Conflict and Priority in Late Sixteenth-century Cosmology* (Philadelphia: American Philosophical Society, 1988), Curtis Wilson, *Astronomy from Kepler to Newton: Historical Studies* (London: Variorum Reprints, 1989), Albert van Helden, *Measuring the Universe: Cosmic Dimensions From Aristarchus to Halley* (Chicago: University of Chicago Press, 1985).

Zu Hevelius siehe das *Dictionary of Scientific Biography* (Bd. 6, 1972, S. 360–4). Zu Sonnentheorien des 17. Jahrhunderts siehe Yasukatsu Maeyama, „The historical development of solar theories in the late sixteenth and seventeenth centuries", *Vistas in Astronomy,* **16** (1974): 35–60. Ein umfassender Überblick über Sternkarten von der Erfindung des Buchdrucks bis 1800 findet sich zusammen mit einer Anzahl von Reproduktionen von seltenen und weniger seltenen Karten in Deborah J. Warner, *The Sky Explored. Celestial Cartography, 1500–1800* (Amsterdam: Theatrum Orbis Terrarum, 1979).

Francis Johnson, *Astronomical Thought in Renaissance London* (Baltimore: Johns Hopkins University Press, 1937) behandelt in größerem Umfang, als seinem Titel entspricht, den Niederschlag der Fortschritte der Kosmologie in der Literatur. Als Maß des Voranschreitens der Astrologie zu dieser Zeit und später siehe Bernard Capp, *Astrology and the Popular Press: English Almanacs 1500–1800* (London: Faber, 1979). Daß die Astrologie immer noch sehr lebendig war und sogar neue mathematische Techniken entwickelte, ist aus J. D. North, *Horoscopes and History* (London: The Warburg Institute, 1986) ersichtlich. Die permanente Frage von Wahrheit und Hypothese aus der Sicht der Astronomen ist das Thema von N. Jardine, *The Birth of History and Philosophy of Science: Kepler's A Defence of Tycho Against Ursus and Essays On Its Provenance and Significance* (Cambridge: Cambridge University Press, 1984).

Kapitel 13

Einen guten Überblick über die kosmologischen Ansichten von Descartes gibt Eric J. Aiton, *The Vortex Theory of Planetary Motions* (London und New York: Macdonald and American Elsevier, 1972). Wer Descartes näher studieren möchte, sollte Gregor Sebbas ausgezeichnete und kommentierte Bibliographie verwenden, die die Zeit von 1800 bis 1960 abdeckt: *Bibliographia Cartesiana* (Den Haag: Nijhoff, 1964), ergänzt von den *Isis Critical Bibliograhies* (s. Einleitung zur Bibliographie). Die Newton-Bibliographie zu einer etwas späteren Zeit findet sich bei Peter und Ruth Wallis, *Newton and Newtoniana, 1672–1975* (London: Dawson, 1977), und diese kann durch die *Isis*-Listen und die ausgezeichnete Biographie von R. S. Westfall, *Never at Rest. A Biography of Isaac Newton* (Cambridge: Cambridge University Press, 1980) ergänzt werden. Newtons *Principia* sind in englischer Übersetzung leicht zugänglich; es gibt zahlreiche Ausgaben und Drucke, von denen viele letztlich auf der von Andrew Motte aus dem Jahr 1729 beruhen (zum Beispiel Florian Cajoris Überarbeitung von 1934, die von der University of California Press in Berkely häufig nachgedruckt wird). Newtons mathematische Arbeiten, in denen viel theoretische Astronomie steckt, wurden, übersetzt und in meisterhafter Weise kommentiert, in D. T. Whiteside, *The Mathematical Papers of Isaac Newton* (Cambridge: Cambridge University Press, 1967–80, 8 Bde.) herausgegeben.

John Flamsteed, *The Gresham Lectures of John Flamsteed*, von Eric Forbes (London: Mansell, 1975) herausgegeben und mit einer Einleitung versehen, gibt einen Begriff der damaligen praktischen Astronomie und bildet ein nützliches Gegengewicht zu den Newtonschen Abstraktionen. Flamsteeds Instrumente werden in Allan Chapman, *Dividing the Circle. The Development of Critical Angular Measurement in Astronomy, 1500–1850* (New York und London:Horwood, 1990) behandelt. Derek Howse, *The Greenwich List of Observatories. A World List of Astronomical Observatories, Instruments and Clocks, 1670–1850* (Chalfont St Giles, Bucks: Science History Publications, abgedruckt im *Journal of the History of Astronomy*, 17 (4) (1986): 100 pp.) ist ein Werkzeug für künftige Historiker der praktischen Astronomie, das seinen Entstehungsort in den Titel aufnimmt.

Kapitel 14

Die Artikel in Michael A. Hoskin, *Stellar Astronomy. Historical Studies* (Chalfont St Giles, Bucks: Science History Publications, 1982) erhellt viele Aspekte der Astronomie dieser Zeit. Die Literatur über die Instrumente ist sehr umfangreich, aber siehe wieder die letzten Punkte von Kapitel 13 und H. C. King, *The History of the Telescope* (New York: Dover, 1979). Maurice Daumas, übers. von M. Holbrook, *Scientific Instruments in the Seventeenth and Eighteenth Centuries* (London: Batsford, 1972) behandelt ein weiteres Gebiet als die Astronomie allein, läßt aber die französische Praxis in einem guten Licht erscheinen. Die Anmerkungen in der englischen Version sind chaotisch, deshalb sollte die originale französische Ausgabe vorgezogen werden. Zu Werk und Einfluß von Short siehe David J. Bryden, *James Short and his Telescopes* (Edinburg, 1968). Wegen einer Übersicht des damals hochbedeutenden englischen Instrumentengewerbes siehe E. G. R. Taylor, *Mathematical Practitioners of Hanoverian England* (Cambridge: Cambridge University Press, 1966).

Zu Halley siehe C. A. Ronan, *Edmond Halley—Genius in Eclipse* (New York, 1969; London, 1970), und zu seinem Kometen siehe die Bibliographie in Bruce Morton, *Halley's Comet, 1755–1984: A Bibliography* (Westport, Conn.: Greenwood Press, 1985). Eine historische Einführung in die Astronomie in der südlichen Hemisphäre, wenn auch bei Australasien nicht überzeugend, ist David S. Evans, *Under Capricorn: A History of Southern Hemisphere Astronomy* (Bristol: Hilger, 1988).

Ein Schlüsseltext in der neuen Kosmologie ist Thomas Wright, herausgegeben und mit einer Einführung versehen von Michael Hoskin, *An Original Theory or New Conception of the Universe* (London: Macdonald, 1971). Diese Ausgabe schließt *A Theory of the Universe* (1734) ein. Immanuel Kants kosmologische Gedanken sind gewöhnlich in einen See irrelevanter Philosophie getaucht. Wegen eines englischen Textes siehe seine *Universal Natural History and Theory of the Heavens*, Übersetzung mit Einleitung und Bemerkungen von Stanley L. Jaki (Edinburg: Scottish Academic Press, 1981). Lamberts Beitrag zu dem sich entwickelnden Bild eines Welteninsel-Universums kann in Johann Heinrich Lambert, *Cosmological Letters on the Arrangement of the World-Edifice* Übersetzung mit Einführung und Bemerkungen von Stanley L. Jaki (New York: Science History Publications, 1976), direkt gesehen werden. William Herschels gesammelte Artikel wurden von J. L. E. Dreyer herausgegeben und mit biographischem Material in *Scientific Papers of Sir William Herschel* (London: Royal Astronomical Society, 1912, 2 Bde.) gedruckt. Lange Auszüge aus den Artikeln sind mit historischen Kommentaren von M. A. Hoskin und astrophysikalischen Bemerkungen von K. Dewhirst in *William Herschel and the Construction of the Heavens* (London: Oldbourne, 1963) enthalten. Siehe auch relevante Studien in Hoskins *Stellar Astronomy* (oben aufgelistet). Ausführliche Biographien stehen in J. B. Sidgwick (1953), Angus Armitage (1962) und Günther Buttmann (Stuttgart, 1961, in Deutsch) zur Verfügung. Buttmanns Biographie von John Herschel ist in Englisch unter dem Titel *The Shadow of the Telescope* (New York: Scribner's, 1970; London: Lutterworth, 1974) erhältlich.

Zur Möglichkeit einer Pluralität der Welten siehe Steven J. Dick, *Plurality of Worlds: The Origins of the Extraterrestrial Life Debate from Democritus to Kant* (Cambridge: Cambridge University Press, 1984) und Michael J. Crowe, *The Extraterrestrial Life Debate 1750–1900:*

The Idea of a Plurality of Worlds from Kant to Lowell (Cambridge: Cambridge University Press, 1986). Nachdrucke von zwei für diese Debatte bedeutenden Texten sind John Ray, *Wisdom of God Manifested in the Works of Creation* (New York: Garland, 1979) und Bernard Le Bovier De Fontenelle, *Conversations On the Plurality of Worlds*, aus dem Französischen übersetzt von H. A. Hargreaves (Berkeley: University of California Press, 1990).

Die außergewöhnlichen Beiträge, die besonders von französischen Astronomie-Mathematikern zur newtonschen Planetentheorie im 18. und frühen 19. Jahrhundert geleistet wurden, bilden den Hauptgegenstand der klassischen Studie von Robert Grant, *History of Physical Astronomy From the Earliest Ages to the Middle of the Nineteenth Century* (London: Robert Baldwin, 1852). Es ist das Thema des letzten der Geschichtswerke Delambres (s. Einleitung zur Bibliographie). Das vielleicht bedeutendste Einzelwerk über Laplace ist der Artikel im ersten Ergänzungsband zum *Dictionary of Scientific Biography* (Bd. 15, 1978), S. 273–403. (Daß der Beitrag siebeneinhalbmal so groß ist wie der von Einstein und siebenundachtzigmal so groß ist wie der von Richard von Wallingford, illustriert das „Gesetz", daß sich die Größe eines Geschöpfes wie die dritte Potenz der Schwangerschaftsdauer verhält. Harry Woolf, *The Transits of Venus. A Study of Eighteenth-Century Science* (Princeton: Princeton University Press, 1959) liefert einen Blick auf den Hintergrund der Skalierung des Sonnensystems. Wegen eines guten allgemeinen Überblicks über die Newtonsche Mechanik und die Theorien, die ihr vorausgingen oder ihr folgten, lohnt sich immer noch die Lektüre von René Dugas, übers. von J. R. Maddox, *A History of Mechanics* (London: Routledge, 1955). Es ist auf einem moderaten wissenschaftlichen Niveau gehalten. Ein Begleitband desselben Autors behandelt die Mechanik im 17. Jahrhundert. Eine Zeitschrit, die einer systematischen Durchsicht nach Artikeln über dieses allgemeine Thema wert ist, ist *Archive for History of Exact Sciences.* Der Untertitel „A new perspective on eighteenth-century advances in the lunar theory" beschreibt treffend den Inhalt von Eric G. Forbes, *The Euler–Mayer Correspondence (1751–1755)* (London: Macmillan, 1971), das interessierte Leser in die tieferen und ergiebigeren Wasser von Eulers gesammelten Arbeiten führt.

Kapitel 15

Eine Bibliographie von über 1 400 Einträgen findet sich in David H. DeVorkin, *The History of Modern Astronomy and Astrophysics* (New York: Garland, 1982). Eine bequeme und kurze Quelle biographischer Information über den bedeutenden Astronomen Bessel ist Jürgen Hamel, *Friedrich Wilhelm Bessel* (Leipzig: Teubner, 1984). Agnes M. Clerkes *A Popular History of Astronomy During the Nineteenth Century* (London: Black, 1893, 4. Aufl., 1902) ist ein klassisches historisches Werk, in dessen Titel das Wort „popular" nicht „commonplace" bedeutet. Ihre historischen Interessen verleihen ihren allgemeinen astronomischen Beiträgen wie *The System of the Stars* (1890) und *Problems in Astrophysics* (1903) zusätzlichen Wert. Auf einem elementareren Niveau ist Camille Flammarions *Astronomie populaire* (Paris, 1880) instruktiv. Da in dieser Zeit so viele wichtige Fortschritte in Deutschland gemacht wurden, sind das vergleichbare Buch Rudolf Wolf, *Geschichte der Astronomie* (München, 1877) oder, für einen modernen Blick aus der Vogelperspektive, Dieter B. Herrmann, *Geschichte der Astronomie von Herschel bis Hertzsprung* (Berlin: Deutscher Verlag der Wissenschaften, 1975), übersetzt und überarbeitet von K. Krisciunas unter dem Titel *The History of Astronomy from Herschel to Hertzsprung* (Cambridge: Cambridge University Press, 1984) nützlich. Dieses letzte beliebte Buch hat einen nützlichen bibliographischen Führer zu weiteren Quellen. (Die zahlreichen Verweise auf Friedrich Engels müssen nicht allzu ernst genommen werden.) Es ist auf knappem Raum unmöglich, Autobiographien viel Beachtung zu schenken, aber ich mache bei *The Reminiscences of an Astronomer* (Boston, 1903) eine Ausnahme, in der Simon Newcomb eine vergangene Ära lebendig macht.

Zur Instrumentation wie zur Entstehung der Astrophysik siehe Owen Gingerich (Hrsg.), *Astrophysics and Twentieth-century Astronomy to 1950: Part A.* [Bd. 4A der *General History of Astronomy*, hrsg. von M. Hoskin] (Cambridge: Cambridge University Press, 1984). Dies schließt eine Liste von Refraktoren und Reflektoren von 1850 bis 1950 ein. H. C. Kings Geschichte des Teleskops (s. die Bibliographie zu Kapitel 11 oben) kann durch D. Howses „Greenwich list" von Observatorien und Instrumenten (s. Bibliographie zu Kapitel 13) ergänzt werden. Die Geschichten von Observatorien sind Legion, sie können jedoch meist mit Hilfe des vorher Erwähnten aufgespürt werden. Pulkowo war bedeutend genug, um hier herausgehoben zu werden: s. A. N. Dadaev, *Pulkovo Observatory. An Essay on its History and Scientific Activity*, übers. von Kevin Krisciunas (Springfield, Virginia: NASA, 1978). Krisciunas schrieb später eine Übersicht über Observatorien, die hauptsächlich für die spätere Periode nützlich ist (sie enthält zum Beispiel ein gutes Kapitel über Pulkowo sowie weitere über Harvard, Lick, Yerkes, Mount Wilson und Palomar): *Astronomical Centers of the World* (Cambridge: Cambridge University Press, 1988). Obwohl wir nicht den Platz haben, viele einzelne Observatoriumsgeschichten aufzuführen, erwähne ich wegen ihres leichten Erzählstiles die Geschichte des Lick-Observatoriums (gegründet 1888) von Donald E. Osterbrock et al. *Eye on the Sky: Lick Observatory's First Century* (Berkeley und London: University of California Press, 1988).

J. B. Hearnshaw, *The Analysis of Starlight. One Hundred and Fifty Years of Astronomical Spectroscopy* (Cambridge: Cambridge University Press, 1986) ist eine umfassende Studie der Spektroskopie, die das Wesentliche der wissenschaftlichen Originalquellen zusammenfaßt. Siehe auch R. L. Waterfield, *A Hundred Years of Astronomy* (London und New York: Macmillan, 1938). Zur Astrophysik der Sonne siehe A. J. Meadows, *Early Solar Physics* (Oxford: Pergamon, 1970). Zur Photographie siehe Gérard de Vaucouleurs, *Astronomical Photography, from the Daguerrotype to the Electron Camera* (London, 1961) and Dorrit Hoffleit, *Some Firsts in Astronomical Photography* (Cambridge, 1950). Eine hübsche Sammlung von Photographien, die mit den Schmidt-Teleskopen in Tautenberg und an der Europäischen Südsternwarte aufgenommen wurden, zusammen mit einer Biographie von Bernhard Schmidt, ist S. Marx und W. Pfau, aus dem Deutschen übers. von P. Lamle, *Astrophotography with the Schmidt Telescope* (Cambridge: Cambridge University Press, 1992; ursprünglich Leipzig: Urania Verlag).

Hales bemerkenswerte Leistungen werden mit einer Fülle von Illustrationen in Helen Wright, Joan N. Warnow und Charles Weiner, *The Legacy of George Ellery Hale. Evolution of Astronomy and Scientific Institutions in Pictures and Documents* (Cambridge, Mass.: MIT Press, 1972).

Wegen einer Geschichte unseres Verständnisses von Meteoriten, das im 19. Jahrhundert große Fortschritte machte, wendet man sich an John G. Burke, *Cosmic Debris: Meteorites in History* (Berkeley und London: University of California Press, 1987).

Kapitel 16

Zusätzlich zur Bibliographie des vorigen Kapitels (Clerke, Gingerich (Hrsg.), Hearnshaw, Meadows) sind die folgenden Originaltexte eine nützliche historische Quelle in der Sternphysik: J. Scheiner, Übers. einer deutschen Ausgabe von 1890 von E. B. Frost, *A Treatise on Astronomical Spectroscopy* (Boston, 1894), Arthur Stanley Eddington, *The Internal Constitution of the Stars* (Cambridge: Cambridge University Press, 1930), Ejnar Hertzsprung, hrsg. von D. B. Herrmann, *Zur Strahlung der Sterne* (Leipzig: Ostwalds Klassiker, 1976), Martin Schwarzschild, *Structure and Evolution of the Stars* (Princeton, 1958, Nachdruck New York: Dover, 1965), Subrahmanyan Chandrasekhar, *An Introduction to the Study of Stellar Structure* (New York: Dover, 1967).

Die in der Einleitung zur Bibliographie erwähnten Quellenbücher sind nützlich. Zu den Sonnentheorien: Karl Hufbauer, *Exploring the Sun: Solar Science Since Galileo* (Baltimore: Johns Hopkins University Press, 1991). Zu der berühmten Karte, die die Sternentwicklung zeigt, siehe B. W. Sitterly, „Changing interpretation of the Hertzsprung-Russell diagram, 1910–1940" in *Vistas in Astronomy*, 12 (1970): 357–66. Wegen Hintergrundinformation zur Frage der Geochronologie siehe Francis Haber, *The Age of the World, Moses to Darwin* (Baltimore: Johns Hopkins University Press).

Nicht leicht zu finden, aber nützlich ist W. Strohmeier „Variable Stars, their Discoverers and First Compilers, 1006 to 1975", *Veröffentlichungen der Remeis-Sternwarte Bamberg* (no. 129, 1977). Die Rolle des Harvard College Observatory ist darin so bedeutend, daß Solon I. Bailey, *The History and Work of Harvard Observatory, 1839–1927* (New York und London, 1931) wert ist, herausgesucht zu werden.

Wegen der Entdeckung der Spiralen siehe Charles Parsons (Hrsg.), *The Scientific Papers of William Parsons, Third Earl of Rosse, 1800–1867* (London, 1926). Der Hintergrund der Entdeckung ist in Patrick Moore, *The Astronomy of Birr Castle* (London: Mitchell Beazley, 1971) gut beschrieben. Eine einführende Geschichte, in der die Illustrationen die gelegentlichen Fehler (zum Beispiel findet sich unter einer Photographie von John Herschel Williams Name) mehr als wettmachen, ist Richard Berendzen, Richard Hart und Daniel Seeley, *Man Discovers the Galaxies* (New York: Science History Publications, 1976). Dieses behandelt die Zeit bis zu den 1930ern.

Kapitel 17

Wegen einer umfassenden Geschichte der Kosmologie in der ersten Hälfte des 20. Jahrhunderts und ihres mathematischen Hintergrunds siehe J. D. North, *The Measure of the Universe. A History of Modern Cosmology* (Oxford: Oxford University Press, 1965, 1967, New York: Dover, 1990). Einen lesbaren Überblick über den sich wandelnden Raumbegriff findet man in Edmund Whittaker, *From Euclid to Eddington* (Cambridge: Cambridge University Press, 1949). Von den vielen Biographien Einsteins ist Abraham Pais, *Subtle is the Lord. The Science and Life of Albert Einstein* (Oxford: Oxford University Press, 1982) [deutsche Übersetzung von Roman U. Sexl et al. unter dem Titel *Raffiniert ist der Herrgott. . . Albert Einstein – eine wissenschaftliche Biographie* (Braunschweig: Vieweg, 1986)] eine der umfassendsten. Jeremy Bernstein, *Einstein* (London: Viking Penguin, 1976, 2. Aufl., Fontana) konzentriert sich auf Einsteins Physik für den allgemeinen Leser. Wegen einer Auswahl klassischer Artikel von H. A. Lorentz, A. Einstein, H. Minkowski und H. Weyl siehe *The Principle of Relativity. A Collection of Original Papers On the Special And General Theory of Relativity*, Übers. aus dem Deutschen (New York: Dover, ohne Datum) [Original unter dem Titel *Das Relativitätsprinzip. Eine Sammlung von Abhandlungen . . .* (Leipzig: Teubner)]. Texte kosmologischen Charakters, die eine Vorstellung der Ereignisse der ersten Hälfte des Jahrhunderts geben sollten, ohne exzessiv schwierig zu sein, sind: Arthur Stanley Eddington, *Stellar Movements and the Structure of the Universe* (London: Macmillan, 1914), *Space, Time and Gravitation* (Cambridge: Cambridge University Press, 1920), *The Internal Constitution of the Stars* (Cambridge: Cambridge University Press, 1926), *The Expanding Universe* (Cambridge: Cambridge University Press, 1933) und *Stars and Atoms* (Oxford: Oxford University Press, 1927), wobei das letzte seine einzige populäre Darstellung seines astrophysikalischen Werkes ist; James Jeans, *The Mysterious Universe* (Cambridge: Cambridge University Press, 1930); Edwin Hubble, *The Realm of the Nebulae* (Oxford: Oxford University Press, 1936), *The Observational Approach to Cosmology* (Oxford: Oxford University Press, 1937); Georges Lemaître, *The Primeval Atom: A Hypothesis of the Origin of the Universe*, aus dem Französischen übers. von B. H. Korff und S. A. A. Korff (Toronto und New York: Van Nostrand, 1950). Schwieriger, aber Klassiker des Gebietes sind R. C. Tolman, *Relativity, Thermodynamics and Cosmology* (Oxford: Oxford University Press, 1934), Otto Heckmann, *Theorien der Kosmologie* (Berlin: Springer, 1968) und Herman Bondi, *Cosmology* (Cambridge: Cambridge University Press, 1960).

Wegen einer Biographie von Friedmann siehe E. A. Tropp, V. Ya. Frenkel und A. D. Chernin, *Alexander A. Friedmann. The Man Who Made the Universe Expand*, von der russischen Ausgabe (Nauka, Moskau) übers. von A. Dron und M. Burov (Cambridge: Cambridge University Press, 1993). Die beste Einzeldarstellung der Geschichte des Paradoxons des dunklen Nachthimmels ist Edward Harrison, *Darkness at Night: A Riddle of the Universe* (Cambridge, Mass.: Harvard University Press, 1987). Der Untertitel von Robert Smith, *The Expanding Universe: Astronomy's 'Great Debate' 1900–1931* (Cambridge: Cambridge University Press, 1982) ist selbsterklärend. Edward R. Harrison, *Cosmology: the Science of the Universe* (Cambridge: Cambridge University Press, 1981) ist nur halbhistorisch, aber einfach und instruktiv. Norriss S. Hetherington, der in seiner *Science and Objectivity: Episodes in the History of Astronomy* (Ames: Iowa State University Press, 1988) auch frühere Jahrhunderte bespricht, ist ziemlich schroff bei seinen Angriffen auf die Professionalität und Integrität der Astronomen, aber stellt einige interessante Fragen. Pierre Kerszberg, *The Invented Universe: The Einstein–De Sitter Controversy (1916–17) and the Rise of Relativistic Cosmology* (Oxford: Oxford University Press, 1989) ist eine detaillierte und professionelle historische Studie.

Wegen eines Überblicks über die Astronomie in der Sowjetunion von der Revolution bis zu Stalins Säuberungen siehe E. Nicolaïdis, *Le Développement de l'astronomie en l'URSS, 1917–1935* (Paris: Observatoire de Paris, 1984). H. van Woerden, R. J. Allen und W. B. Burton (Hrsg.), *The Milky Way Galaxy: Proceedings of the 106th Symposium of the IAU held in Groningen, 30 May–3 June, 1983* (Dordrecht und Boston: Reidel, 1985) hat einen nützlichen historischen Teil. B. Bertotti et al. (Hrsg.), *Modern Cosmology in Retrospect* (Cambridge: Cambridge University Press, 1990) ist ein unschätzbares Dokument, denn es enthält viele Kapitel von wissenschaftlichem, aber auch autobiographischem Zuschnitt von Leuten, die am Anfang des Jahrhunderts zur Kosmologie beigetragen haben (dazu gehören R. A. Alpher, R. Herman, H. Bondi, W. McCrea, F. Hoyle, R. M. Wilson und M. Schmidt). Wolfgang Yourgrau und Allen D. Breck (Hrsg.), *Cosmology, History and Theology. Based on the Third International Colloquium Held at Denver, 1974* (New York: Plenum, 1977) hat einen ähnlichen Wert, enthält es doch Artikel von H. O. Alfvén, P. G. Bergmann, W. H. McCrea, C. W. Misner, A. Penzias, Kenji Tomita und anderen, die für berühmte Fortschritte verantwortlich sind.

Kapitel 18

Die gründlichste Geschichte der ersten Jahrzehnte der Radioastronomie ist W. T. Sullivan III., *The Early Years of Radio Astronomy* (Cambridge: Cambridge University Press, 1984), das mit dem Quellenmaterial in seinen *Classics in Radio Astronomy* (Dordrecht: Reidel, 1982) ergänzt werden könnte. D. O. Edge und M. J. Mulkay, *Astronomy Transformed* (New York und London, 1976) und auch G. I. Verschurr, *The Invisible Universe Revealed* (Berlin, London, New York: Springer-Verlag, 1987) handeln beide von den verschiedenen drastischen Änderungen in der astronomischen Technik. Lesbares autobiographisches Material von Pionieren der Radioastronomie sind J. S. Hey, *The Evolution of Radio Astronomy* (London, 1973) und Bernard Lovell, *The Voice of the Universe. Building the Jodrell Bank Telescope*, überarbeitete Ausgabe (London und New York: Praeger Press, 1987). Eine Darstellung der neuen Wissenschaft aus der Perspektive einer europäischen Institution wird von Adriaan Blaauw, *Early History: The European Southern Observatory, from Concept to Reality* (München: ESO, 1991) gegeben. Peter Robertson, *Beyond Southern Skies. Radio Astronomy and the Parkes Telescope* (Cambridge: Cambridge University Press, 1992) erzählt von Bau und Betrieb des bedeutenden Parkes-Radio-Teleskops in Neu-Süd-Wales (1961 fertiggestellt).

Kapitel 19

Die Zeit ist noch nicht gekommen, da man viele wirkliche Geschichten der Astronomie der zweiten Hälfte des 20. Jahrhunderts auflisten kann. K. Krisciunas, *Astronomical Centers of the World* (Cambridge University Press, 1988) widmet einen ziemlich großen Teil seines Buches der Astronomie im Weltraum. Robert W. Smith et al., *The Space Telescope. A Study of NASA, Science, Technology and Politics* (Cambridge: Cambridge University Press, 1989) wurde vor dem Start des Hubble-Teleskops veröffentlicht, ist aber zufällig eine wichtige Untersuchung des Hintergrunds vieler Unternehmungen dieser neuen Kategorie. Richard Hirsch, *Glimpsing an Invisible Universe. The Emergence of X-Ray Astronomy* (Cambridge: Cambridge University Press, 1983) ist wertvoll, wenn es auch hinsichtlich der keinesfalls unbedeutenden Arbeit außerhalb der USA dürftig ist. Allan Needell (Hrsg.), *The First 25 Years in Space* (Washington: Smithsonian Institution Press, 1989) behandelt die Auswirkungen der politischen, militärischen, kommerziellen und wissenschaftlichen Aspekte des Weltraums.

Kapitel 20

Bis heute sind wenige historische Untersuchungen der modernen Periode vorhanden, und die Trennlinie zwischen Biographie und Hagiographie ist so schmal wie je. John D. Barrow und Frank J. Tipler *The Anthropic Cosmological Principle* (Oxford: Clarendon Press, 1986) ist kein Geschichtswerk, enthält aber wertvolle historische Hinweise. Stephen W. Hawking und W. Israel (Hrsg.), *Three Hundred Years of Gravitation* (Cambridge: Cambridge University Press, 1987) erhebt trotz seines Titels keinen Anspruch, historisch zu sein, wenn auch Werner Israel über die Entwicklung der Idee dunkler Sterne schreibt und C. M. Will die experimentelle Seite der Gravitation von Newton bis ins 20. Jahrhundert zusammenfaßt. Der Rest des Bandes wird erst in der Zukunft von extremem historischem Wert sein. Er enthält Kapitel von R. Penrose über Quantentheorie und Realität, von A. H. Cook über Gravitationsexperimente, von R. D. Blandford über astrophysikalische schwarze Löcher, von K. S. Thorne über Gravitationsstrahlung und von M. J. Rees über Galaxienbildung und dunkle Materie. S. K. Blau, A. H. Guth und A. Linde schreiben über inflationäre Kosmologie, und S. W. Hawking schreibt über Quantenkosmologie. Stephen Hawking, *A Brief History of Time from the Big Bang to Black Holes* (London: Bantam Press, 1988) braucht kaum vorgestellt zu werden, es hat zahlreiche Verkaufsrekorde gebrochen. Steven Weinberg, *The First Three Minutes* (New York und London: Basic Books, 1976) hatte mit der Physik des Urknalls ein Jahrzehnt früher großen öffentlichen Erfolg. Seine *Gravitational Cosmology* (New York: Wiley, 1972) war ein erfolgreiches Lehrbuch, mit dem der Leser einen Zugang zu dem historischen Gebiet gewinnen konnte, wenn auch D. W. Sciama, *Modern Cosmology* (Cambridge: Cambridge University Press, 1971) und Michael Rowan-Robinson, *Cosmology* (Oxford: Oxford University Press, 1977) geringere mathematische Ansprüche stellen. G. C. McVittie, *General Relativity and Cosmology* (London: Chapman and Hall, 2. Aufl., 1965) ist ein klassisches Werk und diente lange als Lehrbuch. Ya. B. Zel'dovich und I. D. Novikov, *Relativistic Astrophysics, vol. 1, Stars and Relativity; vol 2, The Universe and Relativity* (Chicago: University of Chicago Press, 1971–74) wirft viel Licht auf bedeutende sowjetische Arbeiten. Ich unternehme keinen Versuch, das beste Quellenmaterial für das letzte Viertel des Jahrhunderts zu benennen. 27 Interviews mit Kosmologen sind in Alan Lightman und Roberta Brawer, *Origins. The Lives and Worlds of Modern Cosmologists* (Cambridge, Mass.: Harvard University Press, 1990) zu finden, das eine gute, exklusive Bibliographie der aktuellen Kosmologie enthält.

Zu theologischen Haltungen der Kosmologie gegenüber könnte man Aufsätze von Charles Misner, Philip Hefner, David Peat, Arthur Peacocke zu Rate ziehen. Ferner Stanley Jaki in Yourgrau und Breck (s. Bibliographie zu Kapitel 18) oder das frühere Werk von Jaki, *Science and Creation: From Eternal Cycles to an Oscillating Universe* (Edinburg und London: Scottish Academic Press, 1974), das die Theologie mit der Geschichte bestimmter kosmologischer Ansichten verbindet. Wegen 18 historischen Ansichten, die ein breites Spektrum abdecken – das heißt die Naturwissenschaften und die christliche Theologie über zwei Jahrtausende –, siehe David C. Lindberg und Ronald L. Numbers, *God and Nature* (Berkeley und London: University of California Press, 1986). Wenn man das liest, wird einem klar, daß die Kosmologie bei der Ausgestaltung der Theologie mehr als einen gebührenden Anteil gehabt hat und daß dies aus irgendeinem Grund fortbesteht.

Sachwortverzeichnis

B

C

H

I

J

K

L

N

O

P

Q

R

S

T

V

W

Printed by Printforce, the Netherlands